GÉOGRAPHIE DE L'AIN

TROISIÈME PARTIE

GÉOGRAPHIE ADMINISTRATIVE

Notre Administration sous l'ancien régime

I

L'idée de faire précéder ce qu'il faut dire ici des institutions et divisions administratives du département de l'Ain, de quelques notions sur les institutions des provinces qui l'ont précédé, semble assez naturelle. Toutefois, l'administration de la Bresse, de la Dombes, du Bugey, de Gex, sous l'ancienne monarchie, a duré moins de deux siècles. Elle a, du moins en fait, notablement varié pendant ce laps de temps, n'étant régie que par l'usage, celui-ci étant peu respecté, et les intendants tirant le pouvoir à eux sans cesse et empiétant sur les Etats. Elle a duré moins en somme et a été moins fixe que celle de l'âge précédent. Celle-ci serait presque aussi utile et plus curieuse à connaître. Mais le tout mènerait loin. Et c'est à un atlas historique plutôt qu'à une géographie qu'il sera demandé de l'une et de l'autre un tableau complet.

Il faut savoir se borner à quelques renseigne-

ments au plus sur le régime dit *ancien*, bons à expliquer certains faits, à faire mesurer aussi les changements de 1790, apprécier plus justement le régime dit *nouveau*, lequel va avoir demain un siècle.

En 1600, les gouverneurs du Dauphiné et de la Bourgogne se disputèrent la conquête d'Henri IV. Elle fut dévolue aux seconds, princes du sang, le plus souvent nos maitres de fait au XVIIe siècle; au XVIIIe, réduits à des fonctions purement honorifiques par la méfiance royale, la jalousie du ministre, l'esprit envahissant de l'intendant.

L'intendant de justice, police et finances dans les provinces de Bourgogne, Bresse, Bugey, Valromey et Gex « connaissoit de l'exécution des arrêts, édits et ordonnances du Conseil du Roi, lesquels lui étoient adressés; de tout ce qui concerne la ferme des postes; des cochers et messageries; des poudres et salpêtres; du contrôle des actes notariés, petit scel, insinuations laïques, centième denier, papier timbré, amortissement, nouveaux acquêts et francs-fiefs; des troupes, des haras; des dettes et affaires des communautés d'habitants qui ne pouvoient plaider, faire de dépenses et réparations, s'imposer qu'avec son congé. Enfin il étoit chargé de la répartition des tailles, pour laquelle faire il tenoit *chacun an* son département à Bourg. »

C'est tout! tout ce que disent Lalande et Gacon. Mais je vois l'intendant qui a presque tout l'exécutif dans quatre de nos départements actuels, empiéter sur le législatif aux occasions. Ainsi Bourg doublant l'impôt du vin pour payer ses dettes, et les consommateurs se mettant à boire de la bière, monseigneur l'intendant (on lui donne du monseigneur sans barguigner au XVIIIe siècle), de sa pleine puissance, frappe la bière d'une taxe égale à celle du vin.

Ce potentat réside à Dijon. Quand l'état des routes le lui permet, (cela dépend des pluies), il vient faire le département de l'impôt et tenir sa cour ici « en la maison du Roy ». Nous nous ruinons pour lui en fêtes. Gex lui offre une fois un déjeuner de 2,000 fr. d'aujourd'hui.

Il est représenté par ses subdélégués qui sont quatre, à Bourg, Belley, Nantua, Gex. La principale différence qu'il y a entre les subdélégués et nos sous-préfets, c'est qu'ils sont du pays qu'ils administrent. En 1769, la subdélégation de Bourg vaut 5,000 livres, qui font bien 15,000 de nos francs. M. Périer qui l'a, la partage amiablement « avec M. de Montessuy, au grand contentement de tous. » En 1783, Périer quitte. « L'Hôtel de Condé fait nommer Riboud. » (Lalande, *Anecdotes*).

Dans les pays d'*Etats*, le pouvoir de l'Intendant est limité par ces assemblées. Nous avions des Etats, confirmés par Henri IV en leurs prérogatives fort étendues sous les princes de Savoie. Mais en fait, sous Louis XIV, on nous avait fait descendre au rang des pays d'*Elections*. Et les principaux droits des Etats leur avaient été retirés.

A la veille de la Révolution, Varenne de Fenille écrit : « Chez nous, les Ordres n'ordonnent rien. Toute l'autorité réside dans la personne du Commissaire de l'Intendant. Lui seul arrête le montant des impositions provinciales et ordonne les dépenses.

« Ces ordonnances, il est vrai, doivent avoir l'*attache* des Ordres; mais l'Intendant peut ne pas s'arrêter à leur avis. »

En 1777, le subdélégué fait « toute sorte de procédures sous le nom des Trois Ordres sans leur participation ». Deux ans après il accorde une gratification de 900 livres, sur leurs fonds, à un ingénieur qui est leur adversaire, « sans communication à eux! » (Archives de l'Ain.)

« Les objets confiés, ajoute Varenne choisissant ses mots, à *la prudence* du Commissaire de l'Intendant et à *la vigilance* des Trois Ordres, sont les chemins, les abonnements (d'impôts), la milice, *les emprunts*, dépenses négociales, encouragements à l'agriculture, au commerce. »

En matière *d'emprunts* ou de répartition des subsides « les deux premiers ordres n'avaient pas voix prépondérante contre le tiers », si l'on ne s'accordait pas « l'impôt était réparti par l'Intendant ».

Pas d'assemblées des Trois Ordres. L'entente, quand il y avait lieu, était faite entre leurs syndics. Ceux-ci étaient désignés au choix de leurs commettants par l'Intendant.

L'ordre du clergé se composait de l'Archevêque de Lyon, président, ou de son Délégué (je le vois présider lui-même, en 1769, « la maréchaussée *lui va au-devant* jusqu'à Corgenon »); des abbés, prieurs, députés des chapitres de collégiales, six en Bresse, trois en Bugey, et de neuf curés, dix en Bresse et trois en Bugey (Varenne).

Tous les gentilshommes appartenant à l'Ordre de la Noblesse avaient droit de siéger dans ses assemblées. On examinait là les titres de ceux qui aspiraient à y être admis; ils devaient prouver seulement 60 ans de noblesse pour se présenter.

Le Tiers en Bresse se composait des députés des vingt-cinq mandements; — en Bugey de ceux des vingt-deux que comptait la province, Belley, Seyssel, Saint-Rambert et Nantua ayant deux voix. Les réunions du Tiers ne pouvaient durer que deux jours; en quatre séances, il fixait les impositions négociales pour trois ans et rédigeait ses cahiers pour être présentés au Roi par son premier ministre (Varenne).

Ajoutons quelques lignes qui achèveront de nous fixer sur la valeur de cette représentation qui avait à peine un pouvoir consultatif.

L'ordre des avocats de Bourg, par délibération du 27 octobre 1788, approuvant *les Considérations sur l'Administration de la Province*, de Gauthier-des-Orcières, expose que « les députés du Tiers aux Etats ne défendent pas leur ordre, étant pris parmi les officiers des seigneurs » (juges seigneuriaux, hommes d'affaires et autres dépendants de toute sorte).

Et quand il s'agit de désigner au Roi un maire de Bourg, selon l'usage introduit sous Louis XV, la Noblesse disposant des voix du Tiers choisit le candidat agréé.

Nous relevions de trois évêchés; — celui de Lyon avait en Bresse et en Bugey 250 paroisses; — celui de Genève, transféré à Annecy, en comptait en Bugey et Gex 80; — celui de Belley, le plus petit des Gaules, en avait en tout 35.

Judiciairement, le Présidial et Baillage de Bresse était juge en première instance dans toutes les terres de la mouvance directe du Roi — et juge d'appel pour les mêmes terres en Bresse, Bugey et Gex. — Au criminel, il jugeait baillagèrement, présidialement et prévotalement selon les cas.

Mais, *à côté* de ce tribunal de première instance, il y avait :

Les élections de Bourg, Belley et Gex, arbitres des questions d'impôts ;

Des mairies, ayant la justice contentieuse civile et criminelle ; d'autres ayant la police ;

L'Officialité de M. de Lyon, tribunal d'église, ayant les causes concernant les clercs, les sacrements, etc. ;

Au-dessous, les justices seigneuriales, dont la compétence varie selon qu'elles sont hautes, moyennes ou basses. M. de Combes en compte, en Bresse seulement, cent vingt-sept. Le Présidial prétendait les contrôler en appel. Elles, par contre, prétendaient ressortir soit de six juges-mageries des seigneurs, soit directement du Parlement de Bourgogne. Le conflit dura un siècle et demi ou plus.

Au-dessus, le Parlement de Dijon jugeait souverainement.

Militairement du moins, notre unité était faite. Nos quatre petites provinces formaient une lieutenance générale.

Sous le lieutenant-de-Roi, un Montrevel d'ordinaire, douze villes ou places avaient un gouverneur ; la famille Choin garda le gouvernement de Bourg un siècle et demi.

II

Régime nouveau. — Formation. — Etat présent

L'ancienne France était faite de trente-deux *grandes provinces* se subdivisant en *petits pays*. La Constituante voulut, en premier lieu, faire « toutes choses nouvelles »; en second lieu, constituer indissolublement l'unité française.

Sans hésiter, elle abolit les trente-deux grandes provinces dont la moitié au moins avaient formé ou formaient des états dans l'État et qui, dotées d'institutions libres, seraient aisément restées ou devenues des nations dans la Nation.

Quand elle dut à cette division supprimée en substituer une nouvelle, deux projets, deux possibles, furent proposés:

L'un, de Mirabeau ou par lui patroné, créait cent vingt départements. Cet émiettement du territoire paraissait devoir rassurer les *unitaires;* des départements si étroits ne devaient pas leur inspirer d'inquiétudes, et on pouvait en dire qu'il donnait ample satisfaction aux *particularistes,* la majeure partie des petits pays se reconstituant là par le fait sous de nouveaux noms.

Et ces petits pays, relativement primitifs, et vraiment nés du sol; plus vivaces que les anciennes provinces assurément, auraient retrouvé de toute nécessité, avec des institutions libérales, une vie distincte de la vie nationale, égoïste ; une activité propre, indépendante, indifférente au but commun, sinon hostile. Et le fédéralisme, moins inquiétant en apparence dans ces conditions-ci, en réalité devenait inévitable autant, plus solide peut-être.

Autre péril (majeur). Quantité de petites villes, quarante ou cinquante, anciennes capitales, nids de nobles et de clercs à demi ruinés par l'oisiveté d'abord, par la révolution ensuite, vraies forteresses de l'ancien régime, du fait ressuscitaient, irréconciliables avec le nouveau. Et on pouvait se demander si ce fractionnement et cette résurrection, au lieu d'aider la Révolution en son œuvre régénératrice, n'aboutirait pas à rétablir, au lieu et place du passé monarchique, un passé plus suranné, plus ennemi, aristocratique sinon féodal.

Dans le projet qui avait contre lui de tels arguments, nous aurions eu deux départements, un sur chaque rive de l'Ain. Quand on le connut, les objections locales surgirent. Nantua refusa absolument d'accepter la suprématie de Belley. Gex déclara qu'il préférait pour chef-lieu Bourg aux deux cités bugistes.

Le projet de Mirabeau fut écarté. La Constituante décréta la division de la France en quatre-vingt-cinq départements. Faits comme ils le furent, ils ne devaient, pour la plupart, avoir d'autre existence que celle à eux concédée par le pouvoir générateur.

Le nôtre est encore l'un de ceux qui avait dans le passé le plus de raison d'être. Notre vie économique et historique nous menait à la réunion de nos quatre ou cinq *petits pays*. — La montagne ne peut se passer des blés de la plaine. — Au XVe siècle, dans les guerres civiles de Savoie, nous avions fait corps contre la Savoie propre. Henri IV en nous groupant sous le même gouvernement, avait reconnu déjà notre unité, il l'avait aidée à se constituer en fondant le Présidial. Tous la réclamaient ici sauf une seule ville.

Deux propositions vinrent à l'encontre. — Les Mâconnais, irrités contre Talleyrand sacrifiant leur évêché à celui d'Autun, parlaient de se réunir à nous. Leur prétention d'avoir le chef-lieu fit repousser le projet de ce côté de la Saône. Lyon demanda la Dombes; mais à Paris on trouva Rhône-et-Loire (gardant le Forez) assez grand comme il était.

Finalement, le 15 février 1790, la Constituante décréta notre unité politique, administrative et judiciaire. Tout ce qui s'est passé depuis a conspiré à consolider et achever son œuvre.

L'Ain, anciennement le Dain (Idanis), donnait son nom au département nouveau qu'il coupe en deux parties un peu inégales, la rive droite en superficie et en population dépassant la rive gauche.

Le Département fut composé de la Bresse, de la Dombe, du Bugey, du Valromey et du pays de Gex, — ne perdant guères de leur territoire que Thoirette et Cornod détachés au profit du Jura. Depuis, en 1814, Genève a acquis six communes du pays de Gex.

Le chef-lieu fut placé à Bourg, ville la plus peuplée de la circonscription, et un moment capitale de l'Etat de Savoie.

Belley eut pour dédommagement l'*Evêché de l'Ain*, ressuscité en 1822, sous le nom d'évêché de Belley, qui, au lieu de trente-cinq paroisses, en compte quatre cent cinquante et va rester la seule création révolutionnaire qui subsiste intégralement.

L'Ain sous la Constitution de 1791. — La loi du 20 septembre 1789 avait statué que, dans chaque département, une assemblée composée de trente-six membres élus par les assemblées électorales primaires, serait chargée de l'administration, de la répartition, assiette et perception des impôts directs.

Ces assemblées étaient divisées en deux sections, le *Directoire*, composé de neuf membres (un par district), investi du pouvoir administratif proprement dit, et en permanence au chef-lieu.

Et le *Conseil*, assemblée délibérante se réunissant une fois par an, votant le budget départemental, etc.

Directoire et Conseil siégèrent à Bourg en l'ancien Hôtel de Province, en 1800 la Préfecture, depuis annexe de l'Hôtel-de-Ville.

Le décret du 22 janvier 1790 établit en outre des administrations de districts dont les douze membres étaient éligibles également. Ces assemblées de districts se divisaient aussi en Conseil et Directoire, le second composé de 4 membres et chargé d'administrer le district en sous-ordre.

Ces deux Corps nommés pour quatre ans, renouvelés par moitié tous les deux ans.

L'Ain fut partagé en neuf districts : Bourg, Pont-de-Vaux, Châtillon-sur-Chalaronne, Trévoux, Montluel, sur la rive droite de la rivière ; Saint-Rambert, Belley, Nantua, Gex, sur la rive gauche.

Les districts furent subdivisés en quarante-huit cantons ou justices de paix. Les cantons étaient les cantons actuels (moins celui de Villars) et ceux de Marlieu, Montmerle, Chavannes, Villebois, Aranc, Songieu, Ceyzérieux, Saint-Benoit, Sonthonax, Montréal, Billiat, Grand-Abergement, Thoiry,

Ces cantons comprenaient alors cinq cent six communes.

Les départements ayant en grand nombre adhéré à la sécession girondine, en 1793, La Convention, par la loi du 14 frimaire an II, transféra aux districts les principales attributions des conseils départementaux.

Trois districts chez nous lui étaient restés fidèles et avaient fort contribué à faire avorter le mouvement sécessionniste partant de Bourg et de Belley.

La constitution de 1793 rendait les districts

renouvelables tous les ans; on sait qu'elle n'a jamais existé que sur le papier.

L'Ain sous la Constitution de l'an III. — Cette Constitution, œuvre des Girondins rentrés à la Convention après Thermidor, réagit contre la loi de l'an II. Elle rétablit en leurs pouvoirs Conseils et Directoire départementaux. Elle supprima les Districts, transféra leurs pouvoirs aux cantons auxquels elle donna une existence et une activité qu'ils ont gardée autant qu'elle a duré (environ cinq ans).

Ce mécanisme est oublié. A plusieurs fois on a essayé de le rétablir en tout ou en partie. Il n'est pas sans intérêt de voir comment il était organisé. « La réunion des agents municipaux de chaque commune forme la municipalité du canton. » — Il y a de plus un président, nommé directement par l'Assemblée électorale primaire : et un commissaire du Directoire exécutif nommé par lui.

C'est là tout ce que m'apprend le texte de la Constitution de l'an III. Pour en savoir un peu plus, j'ouvre les registres conservés (aux Archives de l'Ain) de quelques-unes de nos municipalités cantonales ; j'y vois ceci :

A Bourg, l'assemblée est installée dans les salles nord de l'ancien hôtel de province, naguères occupées par le District (aujourd'hui par la bibliothèque populaire et les Sociétés d'émulation et de géographie). Elle s'est divisée en trois bureaux sur lesquels un secrétaire-général, nommé par elle et largement rétribué, a la haute main; et où, sous les ordres de celui-ci, sept employés, rétribués aussi, font les écritures. Le premier bureau est occupé des contributions (répartition, dégrèvements) ; des levées d'hommes, d'argent (emprunts forcés, etc.), des réquisitions en nature, si fréquentes alors; des secours, etc — Le second, des domaines nationaux (ventes, fermages, réparations) ; et des subsistances (approvisionnement des marchés par voie de réquisitions).— Le troisième bureau a la comptabilité.

On a créé les finances nécessaires par le plus simple de tous les moyens. Les percepteurs des communes du canton reversent à la municipalité cantonale le dixième net de leurs rentrées.

Le secrétaire général est l'ardent réactionnaire qui accepta la mairie de Bourg au lendemain du 18 brumaire. Le commissaire du Directoire est un montagnard ardent (Paté). L'assemblée composée de vingt-neuf membres, presque tous paysans, est visiblement conduite par son secrétaire-général. Le président que lui a donné l'assemblée électorale primaire est un riche agriculteur de la commune toute rurale de Saint-Denis. Il refuse opiniâtrement de siéger étant, dit-il, illetré et incapable. On insiste. Il finit par dire «qu'il a *peur de se compromettre.* » Le secrétaire-général a écrit cela au procès-verbal.

On voit vite comment cela était possible. La réunion a son avis à donner sur des radiations de la liste des émigrés. Je la vois sommée par Paté de faire enlever une croix que les paysans de Buellas viennent de rétablir devant le « *Temple* ». Une autre fois, le zélé commissaire annonce que les *ganses blanches* aux chapeaux des muscadins se multiplient, il invite l'assemblée à aviser; et comme elle y parait peu disposée, il la menace de la dénoncer au Directoire exécutif...

Dans un autre registre cantonal resté au lieu où il a été minuté, et conservé tant bien que mal contre les entreprises des rats mal intentionnés, j'ai pu, il y a quelques années, constater des dissidences habituelles entre des communes voisines et rivales, sans doute inévitables — et une hostilité non déguisée, inévitable aussi, entre le Président de la municipalité cantonale et le Maire du chef-lieu forcés de vivre côte-à-côte. Ces tracasseries et ces tiraillements ont dû rendre pénible le fonctionnement de cette institution si nouvelle et servir de raison ou de prétexte à son enterrement précoce.

L'Ain sous la Constitution de l'An VIII.— Consulat, Empire, Restauration. — C'est la loi inéluctable des choses. Quand dans un Etat, d'ailleurs viable, la décentralisation arrive à désorganiser, elle provoque et amène la dictature. En moins d'un siècle on verra cela chez nous trois fois, en 1793, en 1800, en 1848.

La Constitution de l'an VIII avait disposé (art. 41), « Le premier Consul nomme et révoque à volonté... les membres des administrations locales... La loi du 28 pluviôse, même année, supprime donc les directoires départementaux et les municipalités cantonales. Elle crée des « préfets de la République ».

Ils sont représentants de l'Etat, représentants du département, tuteurs des communes, juges en certaines questions. A chacun de ces titres ils ont des attributions multiples. On peut résumer celles-ci en ces deux mots : ils sont dépositaires de la puissance exécutive dans le département ; ils l'administrent.

Un conseil de préfecture de 3 à 5 membres les aide en ces fonctions.

Un Conseil général de 14 à 24 membres répartit les contributions directes entre les arrondissements; détermine les centimes additionnels destinés aux dépenses départementales; *entend* le compte annuel de ces dépenses; exprime son opinion sur l'état et les besoins du département. Sa session ne peut durer plus de quinze jours.

Ses membres sont *nommés pour trois ans par le Gouvernement.*

Le département est divisé en arrondissements, administrés par des sous-préfets. Ceux-ci remplissent « les fonctions des municipalités cantonales » (loi du 28 pluviôse, an 8), à l'exception de celles dévolues aux conseils d'arrondissement. Ces conseils, comp[illegible]s de 11 membres, *choisis par le Gouvernement,* répartissent l'impôt direct entre les communes, *entendent* le compte-rendu du sous-préfet, etc.

En 1809, le conseil général de l'Ain, nommé par

le Gouvernement, votait, avec nos centimes additionnels, une frégate à S. M. l'Empereur et Roi. Nos routes étaient abandonnées.

La Constitution de l'an VIII a régi la France quatorze ans, les départements de France trente ans.

Elle avait partagé l'Ain en quatre arrondissements : Bourg, Trévoux, Belley, et Nantua ; Gex était au Léman.

La Restauration nous rendit Gex, mais ne nous rendit pas le droit d'élire nos mandataires.

L'Ain depuis 1830. — La Charte de 1830 rétablit en principe le système de l'élection dans les Conseils départementaux et municipaux. Conformément, la loi du 22 juin 1833 dispose que les conseils généraux et d'arrondissements seraient nommés par les électeurs censitaires d'alors, auxquels furent adjoints les citoyens portés sur les listes du jury.

Le Conseil général, nommé pour neuf ans, renouvelable par tiers tous les trois ans, était composé de trente membres au plus. La loi du 10 mai 1838 régla et étendit ses pouvoirs.

Le Conseil d'arrondissement bénéficia de dispositions analogues.

La Constitution de 1848 disposa, art. 79 : Les Conseils généraux et municipaux sont élus par le suffrage direct de tous les citoyens domiciliés dans le département ou la commune. Chaque canton élit un membre du conseil général.

Elle promit une loi réglant les attributions de ce conseil qui ne fut pas faite.

Sous le régime suivant, une loi du 7 juillet 1852 réserve au Chef de l'Etat le droit de nommer le bureau du Conseil général. Une autre du 18 juillet 1866 étend les attributions de cette assemblée. Une troisième, du 23 juillet 1870, lui rend l'élection de son bureau.

La troisième République a fait la loi organique promise par la seconde. Elle est du 16 août 1871.

Le Conseil général est nommé pour six ans, renouvelable par moitié. Il a deux sessions ordinaires. La première, le lundi suivant le 15 août, est de plein droit; elle peut durer un mois. La seconde dite d'avril, fixée par l'assemblée, peut durer quinze jours. Sur la demande adressée au président par les deux tiers des membres, le conseil peut se réunir extraordinairement.

Il élit son bureau pour un an. Ses séances sont publiques. Il en publie en outre un compte rendu.

On ne peut entrer ici dans le détail de ses attributions que la loi de 71 a fort étendues. En gros, il vote le budget départemental, recettes, dépenses; examine la manière dont les fonds votés sont employés; répartit l'impôt direct entre les arrondissements; juge les demandes en réduction; classe les chemins vicinaux de grande communication et les routes départementales, en règle l'ouverture, la largeur, le redressement; fixe le contingent des communes pour leur entretien; divise les communes en sections électorales; prononce sur les délibérations des conseils municipaux, prorogeant ou augmentant leurs taxes d'octroi; dresse la liste du jury d'expropriation, etc., etc.

Il nomme une commission permanente « chargée de guider le Préfet dans l'intervalle des sessions et investie, en outre, d'un certain nombre d'attributions précédemment confiées au Préfet ou au conseil de préfecture ». (Block. *Dict. de l'Admin.*)

Enfin la loi de 1871 permet les conférences interdépartementales, dont elle règle les conditions et les pouvoirs.

Une autre loi du 15 février 1872, dérogeant pour un cas donné à la loi d'août 1871 qui interdit les questions politiques aux conseils généraux, leur confère le droit, si l'Assemblée nationale était dissoute illégalement, de nommer des délégués qui, réunis au gouvernement légal, formeraient une assemblée chargée de pourvoir à l'administration du Pays.

Nos cinq arrondissements restent les successeurs déshérités des neufs districts de 1791. Leurs conseils conservent la situation subordonnée que la Constitution de l'an VIII leur a faite, à l'élection près; mais les droits à eux conférés sont contenus dans les mêmes limites.

L'organisation judiciaire ayant varié moins que l'organisation administrative, est généralement connue. La magistrature fut élective de 1790 à 1800, les parquets restant nommés par le gouvernement. Depuis 1800 elle est nommée par le pouvoir central, et, en droit, inamovible.

Il y a au chef lieu un tribunal criminel; un tribunal civil dans chaque arrondissement; un juge de paix dans chaque canton.

Bourg est la résidence des chefs de service des administrations : l'ingénieur en chef des ponts et chaussées; l'inspecteur d'académie, qui relève de l'académie de Lyon; le trésorier-payeur général; le directeur des contributions directes; celui des contributions indirectes; le directeur de l'enregistrement; le directeur des postes; l'inspecteur des télégraphes, etc.

L'Ain a en superficie : 5,800 kilomètres carrés.

Il a 453 communes, dont 120 dans l'arrondissement de Bourg; 116 dans celui de Belley; 31 dans celui de Gex; 74 dans celui de Nantua; 112 dans celui de Trévoux.

Sa population (en 1881) est de 361,279 habitants; le nombre des ménages de 99,010; celui des maisons, 79,882.

Mouvement de la Population pendant le dernier siècle.

Voici, extraits de la statistique officielle, les chiffres de nos mouvemenls décennaux, en regard de ceux de la France :

Années	Ain	France
1786......	288.000 (Lalande)	
1790......	286.000...............	24.800.000
1801......	297.071 (moins Gex)...	27.349.003
1811......	304.468...............	29.889.040
1821......	328.838 (avec Gex).....	30.461.875
1831......	346.030...............	32.569.223
1841......	355.694...............	34.250.178
1851......	372.939...............	35.690.393
1856......	370.969...............	36.139.364
1861......	369.767...............	37.386.313 (1)
1866......	371.673...............	38.067.064
1872......	363.290...............	36.281.335 (2)
1876......	365.462...............	36.905.788
1883......	361.279...............	37.865.918

Le parallélisme est loin d'être rigoureux.

Le mouvement ascensionnel dans l'Ain s'arrête vers 1850. En France, il ne s'arrête que 15 ans plus tard. Il a donc chez nous *des causes locales et spéciales* : ces causes devront être étudiées dans la quatrième partie de ce livre consacrée à la géographie économique.

Les dates où, en France, les naissances excèdent le plus les décès, sont 1816, 1834, 1846.

(1) Annexion de la Savoie et de Nice.

(2) Séparation de l'Alsace et de la Lorraine.

Celles où cet excédant est le moindre, sont 1804, 1832, 1847, 1849 et 1859,

Celles où les décès l'emportent sur les naissances sont : 1783, 1854, 1855, 1870, 1871.

Si ces dates se retrouvaient, pour la plupart, identiquement, dans l'Ain, comme je crois le voir, les causes ici seraient donc générales et plus faciles à déterminer. On doit ici se borner à indiquer le problème.

UNE RÉFLEXION

En Belgique, pays voisin de France, de même langue et de même race, la province s'administre en réalité elle-même à la satisfaction de tous.

Ce système, essayé chez nous de 1790 à 1800, a peu réussi, il faut l'avouer. On voit à cela deux causes : 1° Nous avions tout un apprentissage à faire, la monarchie ayant détruit toute vie provinciale peu à peu et systématiquement ; 2° cet apprentissage se fit dans les circonstances politiques les plus défavorables, dans la famine, la guerre civile et la guerre étrangère en permanence. Il n'y a rien à conclure d'un essai pareil contre le système.

En 1800, le pouvoir central le plus jaloux revint à la centralisation et l'exagéra. Les administrations locales indigènes furent remplacées par des préfets, sous-préfets, exotiques pour l'ordinaire. Nous eûmes, sous le premier Empire, ce qui a été nommé dans un pays voisin, le *despotisme éclairé*. Sous les deux monarchies suivantes, ce système administratif, à peine modifié pour la forme, persista bien que combattu. Son déclin date du second Empire. Il se détruisit lui-même comme presque tous les pouvoirs font, en abusant. A cette date, le despotisme administratif perd tout son droit à l'épithète qu'on lui donnait tout à l'heure. Il manqua de probité et de lumières. Les préfets qui, sous les régimes précédents, duraient parfois huit ou dix ans, ne durent pas toujours huit ou dix mois. Sous ces nomades qui ne savent rien du pays qu'ils sont censés conduire, le député déjà règne, les bureaux administrent de fait.

Sous le régime démocratique centraliste établi nominalement en 1870, réellement un peu plus tard, les ministères changeant plusieurs fois l'an, les fonctionnaires (politiques et autres) font de même ou font pis, travaillés et tourmentés qu'ils sont à la fois par les caprices et les soubresauts du pouvoir central et par une fièvre d'*avancement* devenue chronique. Nos administrateurs ont deux soucis — durer — et se rapprocher de Paris. Ces deux soucis prenant tout leur temps, ils ne nous administrent plus guère. Leur pouvoir passe en fait et par la force des choses, à nos représentants et au Conseil général, indigènes ayant au moins quatre ans pour étudier nos affaires et aux bureaux qui ont pour cela plus de temps encore.

Si, d'ailleurs, le régime démocratique seconsolide et se régularise, comme il y a lieu de le croire, la décentralisation qu'il a commencée timidement continuera. Et le système administratif, détruit en 1800, sera essayé à nouveau avec plus de chances de succès. Nous pourrons regarder (si l'expérience faite est pour nous de quelque chose), comment la Belgique aussi jalouse de son unité que nous, aussi menacée par un voisin puissant, a su concilier l'autonomie provinciale et municipale avec l'autorité et la sécurité de l'Etat.

GÉOGRAPHIE ADMINISTRATIVE

Arrondissement de Bourg

par Jarrin.

L'arrondissement de Bourg est formé de la majeure et meilleure part de l'ancienne Bresse (dont l'extrémité sud réunie à la Dombes forme l'arrondissement de Trévoux).

Sa surface est de 166,476 h. 28 ares, — celle du département étant de 580,058 h. 09 ares.

Il possède environ les 2/5 des terres arables de l'Ain, — le tiers de ses vignes, — le tiers de ses prés, — le cinquième de ses bois.

Sa population de 109,588 habitants en 1805 de 126,103 en 1881, n'a augmenté de 1876 à 1881 que de 750 personnes.

Il se divise en 10 cantons dont 6 sur le plateau de Bresse et 4 sur les collines et les montagnes qui le ferment à l'est. Les habitants du plateau appellent ceux des montagnes *cavets*. Ceux-ci se disent *montagnards*.

L'arrondissement de Bourg, presque égal aux deux arrondissements de Belley et de Nantua réunis, par le nombre de ses habitants, était divisé naguères en deux arrondissements électoraux et nommait ainsi deux députés sur six.

Ses principaux produits sont les céréales ; et sa première industrie l'élève du gros bétail. Bien qu'une étoile de voies ferrées ayant Bourg pour centre ait rendu nos exportations plus faciles, moins coûteuses et plus rapides que jadis : les deux grandes sources de notre richesse ont diminué — le blé par les défrichements même et l'abaissement des prix — le bétail par la seconde de ces causes qui diminue l'élève. Les produits de vignoble ont aussi notablement décru par le fait du phylloxéra.

Le canton de Bourg

I

Le canton de Bourg est placé entre le 46e degré 30 minutes et le 45° 40" de latitude nord — à 415 kilomètres sud-est de Paris ; longitude orientale, 5° 58".

Il est dans la partie sud-est de l'arrondissement, sur un plateau dont l'altitude varie de 225 à 250 mètres.

La superficie totale des 14 communes qui le composent est de 24,377 hectares. Leur population est de 29,742 habitants (en 1881).

Il participe des régions qui l'avoisinent, c'est-à-dire de la montagne à l'est, de la Dombes au sud et à l'ouest, de la *bonne* Bresse au nord.

Les deux bassins de la Reyssouze et de la Veyle le coupent du sud au nord. Le premier de ces deux cours d'eau a pour affluents la Vallière, le Cône, le Jugnon : le second reçoit l'Irance.

Le sol du canton est plutôt ondulé, surtout à l'est et au sud. Il est argileux, siliceux et marneux, facile à amender et cultiver. Il produit des céréales en abondance et de bonne qualité ; une assez grande quantité de foin et un peu de vin (dont on ne peut dire de même).

Il y avait autrefois 1,312 hectares d'étangs alternativement en eau et en culture ; il n'en restait plus (en 1879) que 267 hectares dans les communes ouest, limitrophes de la Dombes. Et depuis le dessèchement a fait des progrès.

Le sol, en général, est très morcelé. Le nombre des feux ou ménages, en 1881, de 4,331, n'a pas dû varier beaucoup. Il y avait, en 1879, 5,061 cotes foncières — 2,678 propriétaires domiciliés dans le canton et 3,910 maisons.

Les propriétaires cultivent eux-mêmes, surtout en petite culture. On compte cependant des terres cultivées en moyenne culture et 28 domaines exploités en grande tenue.

La population (Bourg excepté), est toute agricole, Prise dans son ensemble, elle fait un commerce important de céréales, de gros bétail et de volailles dont le marché est à Bourg où ce commerce alimente 25 foires annuelles.

La Reyssouze, la Veyle et leurs affluents meuvent 25 moulins ayant 112 paires de meules et battoirs à chanvre, 3 machines à vapeur de 45 chevaux sont employées dans ces moulins. 5 de 39 chevaux mettent en mouvement un moulin de 5 paires de meules et 11 machines à battre. On compte aussi une fabrique de bougies — 13 tuileries et poteries

(48 ouvriers) 2 tanneries — 3 fabriques de chaux — 2 brasseries — 3 fonderies — 2 fabriques de tissus de soie, etc.

Bourg, en particulier, a 4 imprimeries d'où sortent cinq journaux politiques, trois revues scientifiques ou littéraires, un journal d'agriculture, etc. — Plusieurs fabriques de bijoux (émaux bressans) — Une poterie d'art. — Plusieurs fabriques de sabots travaillant pour l'exportation. Il fait, en outre, un commerce actif d'objets de consommation usuelle.

II

Bourg (en Bresse), chef-lieu du département, est situé à 225 mètres au dessus de la mer, par 46° 12" de latitude, 2° 53" de longitude, à 415 kilomètres au sud-est de Paris.

La ville est construite sur le sommet et la déclivité d'une colline que la Reyssouze cotoie à l'est. Le vert bassin du petit cours d'eau au matin et au nord ; à l'ouest un plateau cultivé ; au sud, la grande forêt de chênes de Seillon lui font un cadre assez gracieux. L'horizon est fermé au soir par les belles cimes bleues du Beaujolais, au matin par la petite chaine, azurée aussi, du Revermont, au-dessus de laquelle le Mont-Blanc laisse voir son dôme par les temps clairs.

Toute ville de quelque importance a sa raison d'être. Bourg est placé au point d'intersection de deux routes nécessaires ; l'une longeant le pied des montagnes et reliant le sud et le nord de la Gaule orientale ; l'autre allant de Mâcon à Genève et rattachant à l'est le centre de la même région.

Plusieurs milliers d'années après ces routes primitives déjà frayées par les hommes de Solutré et des palafittes du Léman et du Bourget ; de notre temps ; six voies ferrées sont venues, en se soudant à notre gare, constater ce même fait : on ne choisit pas les chefs-lieux ; ils se créent spontanément et s'imposent.

Cinq routes nationales, deux routes départementales, trente-cinq chemins vicinaux complètent notre viabilité.

Bourg a environ deux kilomètres et demi de tour, les faubourgs non compris. La commune englobe, en outre, plusieurs hameaux, etc. Elle a 2,374 hectares de superficie. Son revenu est de 260,838 francs. Le centime est de 1,279,14. Nous en payons 34, dont 20 extraordinaires.

La ville, sous Louis XIV, n'avait pas 4,000 habitants. Sous Louis XVI, elle en avait de 6 à 7,000. Pendant le premier quart du XIXe siècle, sa population resta stationnaire. Depuis elle s'est accrue assez rapidement. Au dernier recensement, en 1881, elle était de 18,353 têtes. Il y avait 4,326 ménages, 1,707 maisons.

Malheureusement, cet accroissement n'est pas dû à l'excédant des naissances sur les décès.

Pendant les trois années 1800 à 1802 (inclusivement) les naissances sont 861, soit 287 par an.

Pendant la période de 36 ans qui suit, et de 1803 à 1842, elles s'élèvent lentement mais constamment ; le chiffre le plus haut qu'elles aient atteint est celui de 1842. Depuis elles décroissent, bien que la population n'ait cessé d'augmenter. Cette augmentation est due à l'émigration des campagnes. L'apport dû à leurs populations vigoureuses et saines ne relève pas le chiffre de la vie moyenne fort bas ici.

Notre climat passe pour humide. C'est brumeux qu'il faudrait dire. Nous ne recevons pas les deux tiers des pluies qui tombent dans les montagnes du Bugey. Et Paris a plus de jours pluvieux que Bourg.

Notre ville au moyen-âge était entourée d'eaux stagnantes. Ses ruelles étroites étaient sans air et quasi sans lumière. Les habitudes, la diète étaient malsaines. La peste était endémique.

La dernière visite du fléau est de 1675. Un médecin envoyé par Louis XIV nous apprit à couvrir nos égoûts et à enterrer nos morts (on mettait ceux-ci sous la dalle des églises, à 15 centimètres des vivants).

A la fin du XVIIIe siècle nous obtînmes du Roi la permission de dessécher nos fossés.

Mais le vent du sud-ouest apportait ici les exhalaisons des soixante-dix étangs semés dans le grand massif de bois qui va de Seillon à la rivière d'Ain (voir la carte des ingénieurs, ils y sont encore). De là des fièvres paludéennes nombreuses à l'automne. Le dessèchement lent de ce grand marais boisé, l'usage de la quinine, y ont rémédié à peu près.

On accuse nos égoûts. Ils datent du moyen âge ; l'augmentation de la population les rendrait déjà insuffisants. Mais on ne les cure plus. Et ils ne font pas leur fonction. Pour nous décider à enterrer nos morts, il a fallu la peste de 1675. Pour nous décider à drainer notre sous-sol, faudra-t-il une visite du choléra? — Nous l'avons vu à Seyssel et plus près....

Bourg n'a point d'âge. De la nécropole primitive de Brou notre temps a vu sortir une hache en serpentine du temps de la pierre polie — un bracelet d'or gaulois — force débris latins — des anneaux d'oreilles mérovingiens — une tombe carlovingienne... Ce lieu-ci a été habité à peu près constamment depuis les âges préhistoriques.

Rome avait construit sur sa colline un blockhaus de pierre fait de blocs non taillés qu'elle avait trouvés là plantés en cercle vraisemblablement, ou alignés par les hommes de la pierre polie. Les Sires de Bâgé noyèrent la petite forteresse dans leur manoir. La Restauration a démoli ce bizarre et curieux monument. Dans le soubassement de la prison construite sur son emplacement elle a employé et on distingue encore les menhirs primitifs.

Notre époque a découvert, en place, quelques-unes des bornes marquant les confins de la paroisse de Bourg au XIIe siècle, confins restés ceux de la commune actuelle. Ces bornes sont timbrées de la clef du paradis ; notre église première étant sous le patronage et le vocable du portier céleste. Pour supplanter saint Pierre il n'a pas fallu moins qu'une de ces vierges noires réputées égyptiennes d'origine il y a cinquante ans ; crues celtiques aujourd'hui, non sans vraisemblance.

Ce sont les comtes de Savoie qui ont définitivement fait de Bourg la capitale de la Bresse. Ils lui ont vendu la franchise en 1251, la commune en 1408. La bourgade libre doubla (au XVe siècle) d'étendue et de population. Enfermée dans une enceinte bastionnée par François Ier et Henri II, la ville resta quasi stationnaire jusqu'au XVIIIe siècle. De la démolition de cette enceinte en 1770 date la transformation de la cité du moyen âge.

Nous ne gardons de ce temps que trois édifices religieux. Le plus ancien et le plus vaste était la chapelle des dominicains, construite au commencement du XVe siècle, et ou l'Inquisition a logé deux cents ans. A moitié détruite en 1794, depuis réparée, elle était et reste sans valeur artistique. La grande porte ogivale du couvent ouvrant sur l'intérieur de la Ville mérite d'être conservée.

Des deux autres, Brou et Notre-Dame, il a été assez parlé plus haut (monuments).

Le XVII siècle a bâti ici trois couvents, il en reste la chapelle du Lycée, dans le style des Jésuites, Lalande enfant y prêchait.

Le XVIIIe siècle finissant construisit l'Hôtel-de-Ville, la Halle au blé, la salle de spectacle, créations modestes, bien appropriées à leur destination; l'Hôpital dont on ne peut dire la même chose est relativement luxeux. Du même temps sont deux magnifiques promenades, le Bastion, le Quinconce; nos premières fontaines (nos premières maisons de bains), quelques belles maisons particulières.

Pendant quarantes années de 1790 à 1830, on a redressé quelques rues, élargi une place. De construction je ne vois que la maison de Justice rebâtie sous la Restauration, fort simplement; et la Prison où l'on crut devoir faire encore des cachots sous le sol; ils ont été comblés depuis.

La meilleure œuvre, ici, du règne de Louis-Philippe, ce fut le transport hors de la ville du cimetière remplacé par une assez belle place publique. Du même temps est la Bibliothèque, l'Ecole normale (des garçons, on y a mis les filles récemment); la statue de Bichat, demandée à David (d'Angers) par la Société d'Emulation et érigée dans l'hémicycle de verdure du Bastion de Henri II. Mentionnons aussi l'éclairage au gaz.

Pendant les trente ans suivants la création des voies ferrées ayant augmenté d'un tiers la population de la ville, deux nouveaux quartiers sont sortis de terre, les Brotteaux à côté d'un nouveau champ de foire, sans plan malheureusement; et le quartier de la Gare bien percé et où surgit une ville nouvelle.

L'empire nous dota d'une Préfecture luxueuse, d'une Caserne, de deux ou trois couvents. Nous transformions au même temps le vieux Collège communal en Lycée. Et un legs de Mme Lorrain nous créait un Musée enrichi depuis par la ville d'un tryptique de Michel Wohlgemuth provenant de Brou; par l'Etat, de cette *Gardeuse de vaches* qui a fait Millet célèbre; d'un petit Chintreuil; d'un Gustave Moreau, etc. Nous avons mis là aussi le bracelet d'or de Brou, et le Sténéosaurus de Montmerle, unique reste d'une espèce perdue.

La République de 1792 a détruit beaucoup. Celle de 1870 bâtit énormément. Le Conseil général de l'Ain nous a doté d'une vaste et belle école normale et d'une gendarmerie neuves. La ville a amené à grands frais de Lent des eaux salubres et abondantes. Elle a ouvert la place à laquelle on a donné le nom d'Edgar Quinet. Le legs généreux du plus ignoré et plus affectionné de ses enfants, Carriat, lui a permis de construire une école professionnelle bien appropiée à sa destination. Cepen dant la commission des hospices réédifiait sur un plan plus vaste l'hospice de la Charité.

En 1884 une souscription privée à laquelle l'Etat, Paris, le département, la cité sont venus en aide, érigeait, à l'entrée de notre plus belle promenade, une statue en bronze au grand citoyen et au grand écrivain qui reste le représentant de notre pays devant la France, à Edgar Quinet : elle est d'A. Millet.

L'an d'après, le gouvernement de la République, non sans le concours du département et des villes de Bourg et de Pont-de-Vaux, nous faisait don d'un Joubert de bronze décorant à la fois la place qui depuis longtemps porte le nom du héros et le palais départemental.

Enfin l'un des sénateurs de l'Ain, M. le Dr Goujon, mettait un beau médaillon de Lalande sur la maison où le grand astronome est né, et où la Société d'Emulation fondée par Lalande n'avait pu mettre que son nom.

Cette dernière statue et ce médaillon sont d'Aubé. Il manque ici un lycée de filles. On le commence. Il manque surtout des égoûts, un pavé, un marché couvert, une piscine publique, quelques percées de plus en plus nécessaires... Les exigences d'une civilisation qui ne transige pas avec les besoins réels ne tarderont pas à nous les imposer.

Nous sommes pourvus, au point de vue intellectuel et moral plus complètement qu'au point de vue matériel.

Il y a ici, une bibliothèque municipale, une bibliothèque populaire. — Trois sociétés scientifiques ou littéraires. Une société d'agriculture. — Une société d'horticulture. — Une société de tir. — Une société d'escrime et de gymnastique. — Deux sociétés musicales. — Dix organes périodiques. — Cinq politiques. — Trois scientifiques ou littéraires. — Un commercial. — Trois agricoles ou horticoles.

Les établissements où l'instruction est départie sont :

Le grand séminaire. — Le lycée. — Les deux écoles normales. — Les trois écoles communales (dont une congréganiste). — L'école Carriat. — L'école d'accouchement. — Six institutions libres (dont quatre congréganistes).

La charité publique ou privée entretient ici : l'hôpital, l'hospice de la Charité, deux orphelinats, un asile des vieillards, un asile de sourds-muets, deux asiles d'aliénés.

Il y a un bureau de bienfaisance et neuf sociétés d'assistance mutuelle dont une de femmes et une d'enfants. Il serait ingrat de ne pas mentionner enfin notre brave compagnie de pompiers

En donnant quelques lignes plus haut aux hommes qui ont marqué dans notre histoire, on renvoyait ici les noms des hommes distingués. Sauf oubli involontaire les principaux sont :

Saint-Etienne, prieur de Meyriat ; Picquet, missionnaire au Canada ; Gorini, apologiste ;

Loubat de Bohan, Picquet, Bugey, maréchaux de camp ;

Aubry, Vincent, Monnier, ingénieurs ;

Vincent, avocat ; Riboud, érudit, député ; Chevrier-Corcelles, auteur d'un petit traité de philosophie, un des 221 ; Dufour, publiciste ;

Dr Pacoud, fondateur de l'école d'accouchement ; Dr Ebrard, auteur de travaux d'histoire naturelle et d'hygiène, fondateur de la bibliothèque populaire ; Carriat, fondateur de l'école qui garde son nom ;

La Teyssonnière, historien du département ;

Varenne de Fenille, sylviculteur ; Puvis, agronome éminent ; Mas, pomologiste ; ces deux derniers nés l'un à Cuiseaux, l'autre à Lyon, mais ayant vécu et travaillé ici ;

De Moyriat, Rossan, Faguet, Jannot, Leduc, poètes ;

Elisa Blondel, portraitiste.

III

On a fait ici une large place au chef lieu. Il a à lui seul 18,000 habitants. Les chefs lieux réunis des quatre arrondissements n'en ont pas ensemble plus de 14,000, et notre canton le plus populeux, celui de Belley, n'en a que 15,000.

Venons aux treize communes à bien peu près toutes rurales qui ressortissent à la Justice de paix de Bourg ; dont nos foires sont le marché et notre gare le débouché.

Ce sont :

Saint-André-le-Panoux, à neuf kilomètres à l'ouest de Bourg, sur un plateau entre la Veyle et son affluent le Vieux-Jonc. La superficie de la commune est de 2,422 hectares. Le centre déboisé et cultivé est cerné de tous côtés de taillis encore semés de quinze étangs.

Le revenu communal est de 271 francs. Saint-André paie 95 centimes, en valeur de 37,43 l'un.

La population. de 770 habitants en 1805, en compte 833 en 1881, elle est disséminée entre le Bourg et onze hameaux. Cette population, entièrement agricole, est sourtout composée de fermiers. Il y a 194 ménages, 153 maisons.

L'abbaye de Tournus, nommait à la cure depuis le xiie siècle. L'église romane, pillée par le sire de Beaujeu, en 1246, a été incendiée en 1458 par le duc de Bourbon. On y vient en pélérinage (à l'intention des porcs), le 17 janvier, jour de Saint Antoine, jour de grande fête pour les habitants.

Buellas (dans l'usage Buel), à l'ouest et à 8 kilomètres de Bourg, sur un rideau de collines entre la Veyle et le Vieux Jonc. Au nord, la Loutre, sortie des Léchères, fait tourner le moulin de la Poudrerie.

Superficie, 1,021 hect. — Revenu, 357 francs. La commune paie 92 cent. en valeur de 35 fr. 55.

La population, de 699 habitants en 1805, en compte aujourd'hui 696. Elle est répartie entre le Bourg et dix hameaux, toute agricole et composée de fermiers. Il n'y a pas de domaine de plus de 60 hectares — 193 ménages — 132 maisons. Compagnie de pompiers.

Poipe. — Tuiles romaines. — Église romane, réputée du xie siècle.

A cette dernière date, Buel dépend de Tournus. L'abbé dut en confier la garde au damoiseau de Corgenon dont la tour dominait la contrée du sommet d'une colline de 273 mètres d'altitude. Il en reste une butte de décombres et des souterrains sonnant sous les pas.

Le 28 octobre 1477, on tira de ces oubliettes six pauvres créatures, ramassés huit mois auparavant dans les villages voisins, et on les brûla « pour leur malice hérétique ». Le Loup, carnacier de Bourg, toucha 24 florins pour ses peines. Les six mitres coûtèrent 1 florin. Les cinq *berrots* de fagots 28 deniers.

Saint-Denis-le-Ceyzériat, à 3 kilomètres, à l'ouest de Bourg. Petite commune de 1,258 hectares, sise sur un plateau et sur sa déclivité vers la Veyle, qui reçoit un ruisseau nommé le Bief-des-Poches. Il y avait 655 habitants en 1805; il en a 1,115 en 1881. Saint-Denis est, nous écrit-on, la pépinière du département. Les cultivateurs s'attachent au sol « couvert de riches cultures ». Les deux tiers sont fermiers; un tiers est propriétaire. Cette population est répartie entre le Bourg qui n'a que 175 habitants et 47 maisons, et 18 hameaux. La commune a en tout 308 ménages et 236 maisons. Son revenu est de 143 fr. Elle paie 69 centimes en valeur de 45 fr. 23.

Pas un archéologue n'hésitera à le reconnaître; ce lieu est de ceux, en petit nombre dans la Gaule, qui portaient le nom de César. Et son *fanum* ou *sacellum* était dédié à Dyonisos.

L'église qui lui a succédé était, au XIVe siècle, à l'abbaye de Tournus. On a trouvé à Saint-Denis un tombeau romain. Dans le jardin de la cure, il y a une statue de pierre de Saint-Bruno : c'est une assez bonne sculpture décorative du statuaire lyonnais Chinard.

Saint-Just, à 4 kilomètres à l'est de Bourg, et à 203 mètres d'altitude; sur le premier gradin du Revermont coupé et accidenté d'une façon pittoresque par la Reyssouze, son petit affluent la Vallière et un ruisseau nommé le Porcheril. Sur ce sol maigre apparaissaient jadis les premières vignes, trop voisines des prés et des bois pour valoir grand'chose.

Saint-Just, dont la superficie n'est que de 357 hectares, avait 300 habitants en 1805. Il n'en a, en 1881, que 209. Le nombre des naissances est tombé à 111 dans les dix années de 1842 à 1853, à 65 de 1873 à 1883. Cette population est composée en majeure part de petits fermiers ; il n'y a plus de domaine de 60 hectares.

La commune a deux hameaux, 111 ménages, 73 maisons. Elle a 1,467 fr. de revenu, paie 118 centimes en valeur de 11 francs 68.

Saint-Just faisait partie de la seigneurie de Jasseron ; il appartenait donc à l'abbaye de Saint-Claude à qui les Coligny avaient donné cette terre.

Lent, à 11 kilomètres au sud de Bourg, sur la route n° 86 (de Strasbourg à Lyon). Cette grande commune a 3,488 hectares de superficie. Elle est sise dans le vallon de la Veyle et sur ses deux versants, l'un et l'autre cultivés, mais bordés à l'est et à l'ouest par des taillis, semés jadis d'une trentaine d'étangs (voir la carte des ingénieurs) ; il n'en reste plus que quatre.

Lent a une société de secours mutuels et une compagnie de pompiers. Sa population composée surtout de fermiers et de métayers, était en 1805 de 931 habitants ; elle en compte en 1881 1,229. Le nombre des naissances ayant diminué pendant les deux dernières périodes décennales, la durée de la vie moyenne a dû augmenter. Cette augmentation serait due au déssèchement des étangs (réponse au questionnaire).

Les habitants sont partagés entre la ville et sept hameaux. Ils forment 319 ménages ayant 225 maisons.

Le revenu de Lent est de 1,002 fr. La commune paie 92 centimes en valeur de 51 fr.

On a trouvé à Lent quelques monnaies romaines.

La petite ville était jadis au chapitre de Saint Jean de Lyon. Les sires de Beaujeu, maîtres de la Dombes, l'usurpèrent et en firent leur place frontière. La garnison venait fourrager aux portes de Bourg. Le 27 avril 1594, le marquis de Treffort s'empara de Lent pour le duc de Savoie et le ruina. En 1598, il n'y avait plus que deux habitants. Quelques restes de la vieille enceinte sont encore debout.

Une chapelle de la Vierge, au hameau de Longchamp « est fréquentée pour la conservation des enfants et la réussite des abeilles ». Elle cumule.

MONTAGNAT, à 8 kilomètres au sud-est de Bourg. La commune a 1,372 hectares de superficie, 1,045 fr. de revenu. Elle paie 54 centimes en valeur de 36 fr. 26.

La population est très dispersée. Le bourg n'a que deux maisons, l'église, la cure et l'école. En dehors, il y a 9 groupes d'habitations qu'on peut à peine appeler des hameaux.

La population était de 484 habitants en 1805. Elle en a 464 en 1881. Le tableau des naissances par périodes décennales en donne 132 sous le règne de Louis XIV; Louis XV, 145 environ ; il arrive à 180 à la fin du XVIIIe siècle ; tombe à 154 de 1803 à 1813 ; se relève de 1813 à 1824 à 183 ; reste à peu près stationnaire, pendant les 30 années qui suivent, autour de 160; enfin descend de 1853 à 188• à 141, puis 115, puis 110.

Celui à qui nous devons ces chiffres curieux attribue la diminution de la population à la répartition de la propriété. Les trois quarts de la commune sont possédés, nous dit-il, par trois familles nobles. Mais cette répartition date de plusieurs siècles, et la décroissance de la natalité date de 30 ans; il faut donc chercher à cette décroissance une autre cause.

Ce bourg de Montagnat, composé de cinq bâtiments, est assis sur une colline étroite et longue, au-dessus du confluent de la Reyssouze et de la Vallière, au milieu d'un pays très ondulé, encore boisé en partie. Sa petite église ogivale, construite en 1862, domine les plus gracieux paysages des environs de Bourg. Les platanes de Montplaisant sont les plus beaux arbres de notre pays.

Montcet, à 1 myriamètre à l'ouest de Bourg, sur une hauteur ayant 246 mètres d'altitude, entouré de trois côtés par l'Irance, affluent de la Veyle (où le Vieux-Jonc descend aussi). La surface de la commune est de 656 hectares. Les habitants étaient 376 en 1805; 414 en 1881. (Cet accroissement est imputé au défrichement). Cette population, toute agricole, d'aisance moyenne, est composée de fermiers. Elle est répartie entre le Bourg et 16 soi-disant hameaux, formant 117 ménages ayant 101 maisons.

La commune a 108 fr. de revenu, paie 163 cent. en valeur de 21 fr. 50.

Eglise romane, bâtie en 1870. Bon sol, quelques vignes donnant du vin blanc famé dans le pays.

En 1654, le régiment d'Aleigre, logé à Montcet, pilla l'église. Ses registres de baptême, mariage, furent détruits.

Montracol, à 10 kilomètres à l'ouest de Bourg, dans la région qui s'appelle la *mauvaise* Bresse. Le paysage morne de cette moitié occidentale du canton fait le plus complet contraste avec les jolies ondulations du pied du Revermont. C'est un large plateau couvert au trois quarts de bois, où stagnaient jadis une quinzaine d'étangs (dont il reste quatre). L'Irance à l'est, le Vieux-Jonc, à l'ouest, le Pré-Vieux au centre le ravinent faiblement.

La commune a 1,456 hectares de surface. Elle a 109 fr. de revenu, paie 118 centimes en valeur de 27 fr. 26 ; elle comprend six hameaux avec 145 ménages et 114 maisons. La population est composée en majeure part de fermiers. Il y a trois domaines de plus de 60 hectares.

En 1805, Montracol avait 561 habitants ; il y en a eu, en 1881, 569. Le nombre des naissances ayant diminué du quart de 1793 à 1883, la vie moyenne a augmenté.

Montracol était au seigneur de Corgenon ; sa cure à l'abbé de Tournus.

Le 15 janvier; on y vient en pélérinage pour obtenir de Saint-Bonnet la conservation des veaux.

Péronnas, à quatre kilomètres au sud de Bourg. Une part énorme de sa superficie, de 1,759 hectares est couverte par la belle forêt domaniale de Seillon (1,228 hectares 46 centiares), jadis à la chartreuse du même nom. Le reste, bien cultivé, est arrosé par la Veyle et le bief des Poches. La population est composée en majorité de propriétaires ; trois domaines ont plus de 60 hectares. Il y en sus du bourg quatre hameaux — trois châteaux féodaux plus ou moins restaurés — une tuilerie à vapeur.

Le revenu de la commune est de 364 fr. Elle paie 52 centimes, en valeur de 37,78.

Les habitants sont répartis en 145 ménages ayant 114 maisons. Ils étaient en 1805, au nombre de 306, ils sont 806 en 1881.

Le nombre des naissances est de 132 pendant la période décennale de 1793, 1803, s'abaisse des deux cinquièmes sous le premier empire — se relève du quart, de 1813 à 1863 — et dans les vingt dernières années monte de 100 à 16'.

Ce résultat paraît dû à la division de la propriété, qui est ici au cultivateur, en majeure part — au dessèchement de l'immense marais boisé, sous le vent duquel Péronnas est plus immédiatement encore que Bourg.

Il y avait jadis dans le cimetière de ce bourg un crucifix curieux. Le crucifié, de fortes proportions, était entièrement vêtu, et d'une laideur toute byzantine. Je le mentionne pour ajouter que plus les images de ce genre dérangent nos idées et nos habitudes plus elles méritent d'être conservées. Leur barbarie même est un titre à l'intérêt de l'historien et à l'attention de l'iconographe. Même choses des croyances et pratiques superstitieuses, documents si précieux pour l'histoire des idées.

POLLIAT, à un myriamètre au nord-ouest de Bourg, a 2,008 hectares de surface ; un revenu de 724 fr., paie 95 cent. en valeur de 88.01.

Son vaste territoire est sis sur un plateau, abrité au nord par la forêt de Saint-Martin, arrosé par la Morte, l'Etre, l'Iragnon et pendant au sud vers la Veyle, qui le coupe en deux. Le versant exposé au midi est cultivé en partie en vignes, d'un bon rapport. La terre est ici (dans la bonne Bresse), profonde et féconde, les cultures sont riches.

La population est composée en majeure part de propriétaires (un seul domaine de plus de 60 hectares). Il y a quinze hameaux, 410 ménages 331 maisons.

Les habitants, en 1805, étaient 1,499 ils sont 1,480en 1881. Le nombre des naissances de 560, en la période décennale 1792-1802, tombe, en la suivant, à 359 ; atteint 551, de 1833 à 1843 ; décroît constamment depuis et descend, de 1873 à 1883, à 353. Il aura diminué des deux cinquièmes en 80 ans.

Il y avait à Polliat une poipe ; on y a trouvé une monnaie d'or gauloise (à la Société d'Emulation) et quelques débris de l'époque romaine. Au Xe siècle la terre est à l'archevêque de Lyon ; au XIIIe siècle aux Templiers de l'Aumusse, plus tard à la famille de Chaumont.

Le Bourg a une compagnie de pompiers, une société de secours mutuels — et une station sur la voie ferrée de Bourg à Mâcon.

SAINT-REMY, à 6 kilom. à l'ouest de Bourg, sur la rangée de collines qui séparent la Veyle de son affluent le Vieux-Jonc (celui ci reçoit le Cône à l'ouest). La surface de la commune est de 738 hect. Elle a 89 fr. de revenu, paie 66 cent. en valeur de 21.64. Le sol médiocre, en partie boisé, n'a qu'un seul petit étang. La population, répartie entre le bourg et trois hameaux, est composée de propriétaires et de fermiers. Il reste un seul domaine de plus de 60 hectares. Les habitants ont 86 ménages et 70 maisons. Ils étaient 253 en 1805, ils sont 333 en 1881

Le nombre des naissances à la fin du XVIIe siècle et au commencement du XVIIIe siècle était par période décennale d'environ 80. De 1733 à 1793, il a fort varié, le moindre chiffre étant 59, le plus gros 81. La période de 1793 à 1803 l'élève à 106. De 1803 à 1843, il oscille de 73 à 88 ; remonte de 1843 à 1853 à 99 ; et pendant les trente dernières années se maintient entre 84 et 87,

La dîme, à Saint-Remy, appartenait aux moines de Saint-Claude. Il y avait, il y a un siècle, au lieu dit la Vierge, dans un chêne creux, une vierge noire, recevant un culte.

Servas (dans l'usage Serve), à 6 kilomètres au sud de Bourg. Surface 1,304 hectares. Bois ; cultures médiocres. Six étangs sur seize autrefois. La commune à deux hameaux, un revenu de 229 francs. Elle paie 102 centimes en valeur de 21,54. La population est composée surtout de fermiers. Il y a trois domaines de plus de 60 hectares. Les habitants forment 107 ménages ayant 78 maisons. Ils étaient 386 en 1805 et sont 426 en 1881.

Le nombre des naissances aurait atteint 141 de 1790 à 1799. Il flotte de 1800 à 1870 entre 123 et 130. De 1870 à 1879, il est de 120. L'accroissement de la population serait dû au déssèchement des étangs, nous écrit-on (et peut être à l'augmentation de durée de la vie moyenne ?)

Servas au chapitre de Lyon, donné par un archevêque à Saint-Pierre de Mâcon, fit procès entre les deux corporations. L'église fut pillée en 1375 par le sire de Beaujeu, incendiée en 1459 par le duc de Bourbon.

Viriat à 6 kilom., au nord de Bourg, est une des plus vastes communes de la Bresse. Elle a 4,503 hectares de superficie. Son revenu est de 469 fr. elle paie 97 cent. en valeur de 138,92.

Elle comprend les vallées de la Reyssouze, du Jugnon, de la Durlande qui ravinent un plateau ondulé couvert au centre de riches cultures. A l'est, le plateau se relève de quelques mètres et se revêt de taillis où restent trois petits étangs.

La population était en 1805 de 2,199 têtes, en 1881, de 2,705. Sur ce chiffre le bourg n'en compte que 519, les neuf hameaux prennent le reste. Environ 1,000 sont propriétaires; 1,200 fermiers ou métayers ; ouvriers 275. Il y a en tout 713 ménages dans 439 maisons,

Le nombre des naissances était de 1793 à 1803 de 898. Il est resté presque stationnaire de 1803 à 1833. Il diminue de 1833 à 1873, et, dans les années 1863, 1873, descend à '01. De 1873 à 1883, il se relève un peu.

Viriat a sept moulins, deux tuileries, deux poteries — une fruitière, une société de secours mutuels — une compagnie de pompiers.

Son territoire est coupé par deux voies ferrées, à l'est celle de Bourg à Lons-le-Saunier, à l'ouest celle de Bourg à Chalon, une station de la seconde, aux Greffets, dessert la commune.

L'église de Viriat était à l'abbaye de Saint-Claude qui y nomme jusqu'en 1742. Il y avait dans la commune trois possédant-fief.

Substructions romaines à Champagne.

De l'enquête, dont ce chapitre est le premier résultat, ressortent deux faits surtout. La Bresse a toute une mythologie: elle a été exposée dans un chapitre spécial de la *Géographie de l'Ain*. La population de nos communes augmente ou diminue, selon les lieux, dans les proportions les plus variables et les plus inattendues ; dans cette partie descriptive on se borne à préciser le mieux possible ce second fait; plus loin et quand les renseignements seront complets, on cherchera s'il y a une loi appréciable et quelle.

Canton de Bâgé.

Ce canton est situé sur le rebord et le versant occidental du plateau bressan. Il prend vers la rive gauche de la Saône qui le longe douze kilomètres durant et le sépare du département de Saône-et-Loire. Il est, dans sa longueur et de l'est à l'ouest, coupé par la Loëse et le Virollet, petits cours d'eau sortant des bois (qui couvrent encore la partie centrale du plateau). venant se jetter dans la Saône au-dessous de Feillens.

L'altitude moyenne du canton de Bâgé est de 200 mètres. Sa surface totale est de 11,879 hectares, ses onze communes comptent, en 1805, 10,626 habitants, en 1881, 12,212 habitants répartis en 342 ménages, ayant 2,632 maisons.

Il se diviserait logiquement en trois zônes assez distinctes : A l'ouest, la plaine et *prairie* basse de la Saône (dont l'altitude est d'environ 120 mètres) avec les trois communes d'Asnière, d'Aisne ou Vésine et de Saint-Laurent ; — au centre, le rebord extrême du plateau bressan où sont assis, par 200 mètres d'altitude, Manziat, Feillens, Replonges, Bâgé-le-Châtel et Saint-André-de-Bâgé ; — à l'est, le centre du plateau, haut de 210 à 216 mètres, avec Dommartin, Bâgé-la-Ville et Saint-Sulpice. Le rebord du plateau est déboisé, le centre ne l'est pas encore.

Le sol est argileux, sablonneux, fait sur le bord de la Saône du calcaire d'alluvion. Il produit du froment, du seigle, du maïs, du sarrasin en quantité et aussi de l'orge, de l'avoine, beaucoup de pommes de terre, des betteraves fourragères, du chanvre, du colza.

Les prés et prairies artificielles ne manquent pas sur le plateau. La *prairie* naturelle qui borde la rive gauche de la Saône atteint, sous Manziat, 2,300 mètres de largeur, elle est recouverte annuellement, fécondée d'ordinaire, parfois aussi ravagée par les inondations de la rivière.

Huit hectares d'étangs existant quand on a fait le cadastre ont été desséchés.

La propriété est ici en général morcelée. Elle est cultivée en moyenne et petite tenue par les propriétaires eux-mêmes (ou par les fermiers). Quelques domaines sont affermés et cultivés en grande tenue.

Commerce de céréales, fourrages, chanvre, pommes de terre, bois, bétail et volaille.

Les cours d'eau réunis ont une force motrice de 46 chevaux, mettant en mouvement 19 moulins avec 22 paires de meules, une machine à battre et un battoir à chanvre.

En outre on compte 12 machines à battre à vapeur (46 chevaux), 14 presses ou cylindres à bras, 3 fabriques de tuiles et poteries (9 ouvriers), 2 fabriques de chaux, 1 fabrique de bougie (12 ouvriers), 1 fabrique de vinaigre.

La population est en général aisée, excepté peut-être à Bâgé-le-Châtel.

Bagé-le-Chatel est situé par longitude 46.12, par latitude 2.36 ; à 3 myriamètres nord-ouest de Bourg, son altitude est de 212 mètres.

La commune n'a que 88 hectares de surface. Sa

population, où les fermiers sont en majorité, était en 1805 de 926 habitants, en compte 709 aujourd'hui. Le revenu de la ville (qui a un octroi) est de 3,965 fr. Bâgé ne paie que 9 centimes dont la valeur est 10.31. Il a un hôpital fondé en 1422, un bureau de bienfaisance dont le revenu est de 982 francs et une Compagnie de sapeurs-pompiers.

L'origine de la seigneurie de Bâgé est sur. En 830, Louis-le Débonnaire donna pour ses services au soldat Hugo, *Miles*, l'abbaïe de Laurent-les-Mâcon. Cette maison sise dans une prairie basse, couverte ou bloquée par les eaux souvent, n'était pas défendable. Le soldat fit son Châtel sur cette éminence ronde de Bâgé ou Baugié dominant au loin de tous côtés le riche bien d'église, embrion de la sirerie et dynastie qui a duré quatre siècles.

Ce châtel était assis à l'extrémité sud de la colline : il en subsiste encore quelques restes noyés dans une construction moderne. La petite ville qui le jouxtait était coupée en croix par deux rues principales, entourée d'un chemin de ronde intérieur. elle a gardé son plan primitif. Mais elle a perdu la physionomie peu attrayante qu'elle avait encore en 1808 (voir la *Statistique de l'Ain*, page 86). Il lui a suffi pour cela de démolir les arcades bordant les rues ici comme à Louhans, Cuiseau, etc. Arcades est impropre : c'es appentis ou *forjets* de bois qu'il faudrait dire ; et ce Baugié antique devait ressembler à la Bibracte celtique retrouvée en notre temps. A la destruction totale de ces *forjets*, les rues ont doublé ou triplé de largeur. Il a fallu refaire des façades. Et nos sires ne reconnaitraient dans leur ville que l'Église où quelques uns d'entr'eux dorment. Cette église est sans grande valeur. Mais des parties assez considérables de l'enceinte à peu près circulaire de la ville subsistent, pittoresques surtout par le mélange de verdure qui les égaie.

En tout la déconvenue de ceux qui viennent chercher le Moyen-âge ou son fantôme est absolue. Et la petite ville des marquis de Bresse est plus moderne et gaie, plus propre aussi que Pérouge ou que Saint-Sorlin ; aussi moderne et aussi riante que Coligny sa sœur.

Ce Bâgé du XIXe siècle ne sait plus le nom d'Hugues qui incendia la cathédrale de Mâcon, d'Ulrich qui nous mena mourir à la Massoure : mais il a érigé en 1853 sur sa promenade un buste de bronze du général Puthod, son enfant et notre plus belle réputation militaire après Joubert.

Il y avait dans le voisinage trois poipes.

Il paraît bien s'être produit ici un fait peu rare dans les sociétés anciennes. A côté du Beaugié féodal groupé dans l'ombre des tours du sire, il y avait et il reste deux autres Baugié.

C'est d'abord, au nord-ouest, et à 2 kilomètres Bagé-la-Ville. Cette grande commune a de superficie 3,968 hectares, soit à peu près le tiers du canton. Sa population de 1,918 habitants (42 de moins qu'en 1806) n'a pas tout à fait le sixième de la population cantonale ; elle forme 479 ménages, distribués en 441 maisons. Vingt-huit hameaux partagent avec le bourg son territoire ondulé, mélangé de cultures et de bois, arrosé par la Loëse et le Ferrand. Cette population est composée en majorité de fermiers. Si elle a diminué depuis 1805 c'est qu'elle émigre. Les naissances excèdent les décès notablement (de 351 naissances dans la période 1833-1843).

Ce Bâgé des cerfs aujourd'hui est plus libre que le Bâgé féodal. Il a un revenu de 3,373 ; et paie 39 centimes dont la valeur est 123,44. Il a une Société de secours mutuels.

Enfin au sud de Bâgé-le-Châtel, à deux kilomètres à peine de ses murs, sur une colline de 184 mètres d'altitude, notre dixième sire, Ulrich, en 1074, établit les Bénédictins de Tournus à condition qu'ils y bâtiraient un prieuré, une église où ils serviraient *jugiter* le seigneur et les saints. La fabrique du XIe siècle, pas moins surprenante aux hommes du XIXe qu'une bête de l'âge quartenaire, est encore debout sur son piédestal naturel, dans son cimetière tout en fleur, d'où l'on a sur la Bresse une vue radieuse ; quand nous la vimes l'été 1883, les francs-maçons venaient de loger un des leurs sous une dalle où ils ont sculpté leurs symboles.

Ce Bâgé des clercs, *Saint-André-de-Bâgé*, arrosé par la Loëse a une population de 197 habitants (moitié propriétaires, moitié fermiers). Ses 48 ménages sont disséminés dans cinq hameaux et ont 48 maisons. La commune qui a 270 hectares de surface, n'a que 43 fr. de revenu. Elle paie 86 cent. en valeur de 10,93.

La population n'était en 1805 que de 151 têtes. Les naissances ici l'emportent sur les décès. De 1833 à 1843, elles l'emportent de moitié.

De 1863 à 1873 au contraire il y a 70 décès pour 52 naissances.

De 1873 à 1883, les décès sont 33, les naissances 47.

La différence d'altitude entre le plateau bressan et la Prairie (de la Saône) qui le borne à l'ouest est au plus de 50 mètres. Le contraste entre les deux régions n'en est que plus grand.

Les deux communes suivantes ont dû être des îles de la vieille Arar, et le redeviennent encore tous les ans quand elle sort de son lit. De là leur incontestable insalubrité.

Aisnes *(apud priscos aniscum)*, s'appelle aussi Vésines : à 9 kilom. au n.-o. de Bâgé, 3 myriam. de Bourg.

Son territoire de 288 hectares, sis entre la Saône et son affluent la Loëse n'est guère qu'un grand pré naturel. Dans les fortes crues il est inondé tout entier. Chaque maison a son bateau à sa porte. En 1883, il y avait dans certaines maisons 0,40 d'eau ; dans l'école 0,20. Les habitants montent dans les greniers, envoient le bétail en Mâconnais.

La population, de 211 habitants en 1805, est de 191 en 1881. Elle forme 57 ménages occupant 53 maisons agglomérées dans le village à 300 mètres de la Saône. Le revenu de la commune est de 1,050 francs. Elle paie 35 cent. en valeur de 23,90.

Les habitants sont presque tous propriétaires. Les plus grandes tenures sont de 6 à 7 hectares. Les vols et les procès sont, dit-on, inconnus à Vésines. On y parle un patois mêlé de Bressan et de Mâconnais.

Dans la berge de la Saône, on a trouvé sous Vésines une station de la pierre polie. En 1025 Othon, comte de Mâcon, donne Vésines à l'abbaïe de Cluny. En 1301 le seigneur de Vaugrigneuse, possesseur de fait, la vend à la Savoie qui l'inféode aux Corsant, de qui elle va aux La Baume.

Asnières, à 1 myriamètre 2 kilom. au nord-ouest de Bâgé ; à 4 myriamètres, 2 kilom. de Bourg.

Cette commune a 468 hectares de superficie. Elle est arrosée par la Saône et le Porcelet, et dans les mêmes conditions que Vésines qui la jouxte au sud. Son revenu est de 683 fr. Elle paie 54 cent. en valeur de 27,16.

Les habitants sont tous propriétaires. Ils parlent le patois de la rive droite de la Saône où ils vendent les bateaux qu'ils construisent — et les asperges qu'ils cultivent en grand.

Ils étaient en 1805 au nombre de 232. Ils ne sont en 1881 que 145, et forment 54 ménages ayant 48 maisons.

Les naissances étaient jadis 4 par an ; elles ne sont plus que 3. Les décès annuels sont 3.

Asnières a la même histoire que Vésines. Station de la pierre polie. Statuettes en terre, poterie romaine, monnaies.

La diminution de la population dans ces deux communes contraste avec son accroissement marqué dans les communes limitrophes à l'Est sises, il est vrai, sur le plateau.

DONMARTIN, à 6 kilom., au N.-E. de Bâgé, à 3 myriam. 2 kilom. de Bourg.

Nous sommes ici au cœur du plateau bressan, très ondulé, sillonné par la Loëze, non encore entièrement déboisé, au sol riche, aux cultures prospères. La commune a 1,719 hectares de surface, un revenu de 306 fr. paie, 80 cent de 57,50 l'an. Onze hameaux ont ensemble plus des deux tiers de la population totale.

Cette population augmente un peu ; les naissances l'emportent sur les décès. Elle était en 1885 de 926 habitants. Elle en compte, en 1881, 971, répartis en 242 ménages avec 222 maisons.

Ils sont fermiers en majeure partie. Il reste cinq domaines de plus de 60 hectares. Deux châteaux (Lapeyrouse, Chanais) tout encore debout entourés de leurs fossés ; mais ils sont habités par des fermiers.

Il y avait jadis une poipe. La paroisse était au chapitre de Mâcon lequel s'associa un sire de Bâgé en pariage, en 1205, à charge d'être par lui défendu. Ici comme ailleurs le protecteur devint le maître.

Saint-Blaise, patron de Donmartin, rend les femmes fécondes.

FEILLENS, à 5 kilom. Ouest de Bâgé, 3 myriam. 5 kilom. de Bourg.

Belle commune de 1,491 hect. de superficie, sise au bord Ouest du plateau bressan, par altitude de 200 à 219 mètres.

Ce plateau est coupé et arrosé par les petits cours d'eau de la Loëze et du Virollet, comporte tous les genres de culture, la vigne y comprise. Feillens a 1,740 fr. de revenu, paie 85 cent., de 141,93 l'an. Le paysan ici est propriétaire du sol.

Les habitants, répartis en onze gros hameaux, forment 694 ménages avec 608 maisons. En 1805, ils étaient 2,227. En 1881, ils sont 2,000. Les naissances de 1833 à 1843 atteignaient 870. De 1873 à 1883, elles sont 660.

Feillens est une des trois ou quatre communes réputées jadis par l'érudition locale d'origine sarrasine : cela pour des raisons peu convaincantes à nos yeux ; et nous connaissons mieux les Arabes depuis la soumission de l'Algérie. Les *Feillentis*, catholiques fervents, renient cette origine. C'est affaire à la Société d'antropologie d'examiner.

Une poipe. Une église ogivale de 1834.

Les chanoines de Mâcon avaient la dime ; les seigneurs la leur ayant donnée en 1100. Ces seigneurs ont porté le nom de Feillens au moins sept siècles. Le dernier mâle est mort en 1772 (Guigues).

Saint-Laurent, à 9 kilom. Ouest de Bâgé ; à 3 myriam. 3 kilom. de Bourg.

Comme Asnières et Vésine, Saint-Laurent a pour territoire un morceau de la Prairie. Ce morceau n'a que 40 hect. La population est agglomérée au bourg, seul point émergeant de l'inondation lors des hautes eaux.

La situation de ce bourg, sur une rivière navigable, en face de Mâcon, à l'extrémité de la levée qui a été si longtemps l'unique moyen de communication entre ce riche Mâconnais et la Bresse, en a fait le marché au blé le plus important du département. Ce marché se tient le samedi. Il s'y fait aussi un commerce actif de chevaux et bestiaux.

Saint-Laurent a une population tout industrielle et commerçante et ne parlant plus guère patois. Il a une tuilerie, une fabrique de bougie, une huilerie, des charcutiers consommant de 3 à 400 porcs par semaine.

Cette population était de 832 têtes en 1805. Elle est de 1,293 en 1883. Il y a 519 ménages et seulement 212 maisons. Les constructions sont coûteuses, le terrain solide manquant.

La commune qui a un revenu de 27,915 fr. a construit récemment une belle halle. Elle paie 29 cent. en valeur de 127,14 l'an. Elle a une Société de sauvetage, et une brigade de gendarmerie.

On a retrouvé dans la berge de la Saône les restes d'une station de la pierre polie. L'embrion de Saint-Laurent, l'abbaïe, existait, dit-on, dès le IVe siècle ; il n'en est plus parlé depuis le XIe.

Au Xe le village existe : il n'est pas encore rattaché à Mâcon par un pont. Pour la levée qui le relie à la Bresse, elle n'a pas encore 200 ans.

MANZIAT, à 8 kilom. au Nord-Ouest de Bâgé, à 3 myriam 8 kilom. de Bourg.

Le territoire de cette commune a 1,262 hectares de superficie : un tiers (390 hect.) est dans la Prairie ; le reste est sur le versant Ouest du plateau bressan, ou sur le plateau même, coupé ici par la Loeze. Ce reste est à peu près déboisé et en culture : il rend plus de seigle que de blé ; on y introduit le houblon avec succès. Vingt-cinq hectares de vignes avec quelques hautains suffisent à la consommation.

La population était en 1805 de 1,311 habitants ; elle en a 1,638 en 1881. Le nombre des naissances et décès ici varie peu au XVIIIe siècle et la population semble stationnaire. De 1783 à 1852, le progrès est continu ; de 1843 à 1852 les naissances l'emportent sur les décès d'un tiers. A partir de 1852, le progrès se ralentit, cependant, depuis, les naissances restent avec les décès dans la proportion de 5 à 4.

Le bourg n'a en tout que 534 habitants. Le reste est distribué en 8 ou 10 hameaux. Il y a dans la commune 476 ménages ayant 386 maisons. Des habitants 17 sur 18 sont propriétaires. Pas un seul grand domaine. Un étang de 75 ares.

Manziat a 5,040 fr. de revenu, paie 34 cent. en valeur de 83,12 l'an. Il y a dans cette commune prospère une Société de secours réciproques et, fait notable, une *assurance mutuelle contre l'incendie dont tous les chefs de ménage, sans exception font partie et qui fonctionne, nous écrit-on, admirablement.* Exemple à imiter partout.

Une poipe au hameau des Pinoux. Monnaies et tuiles romaines aux Prasles.

Le chapitre de Mâcon nommait à la cure. Les Templiers de l'Aumusse, possessionnés largement dans 28 communes de Bresse, avaient de bons biens à Manziat. Eglise ogivalere construite dans le même style en 1866.

Replonges à 3 kilom. à l'ouest de Bâgé ; à 3 myriam. 2 kilom. de Bourg.

Le territoire de cette commune a 1,660 hectares de surface. Il est tout entier sur le plateau et son versant ; à très peu près déboisé est richement cultivé. La Saône, la Veyle, la Guaire l'arrosent. Il comprend treize hameaux dont cinq ou six presque contigus.

Replonges avait en 1805 1414 habitants et en a, en 1881, 1792. Les naissances de 1823 à 1833 étaient 657. De 1863 à 1873, elles sont 476. Jusqu'à 1836 elles ont excédé les décès. Il y a 438 ménages ayant 435 maisons. La majorité des habitants est propriétaire. Les plus fortes tenures sont de 20 à 30 hectares.

La commune a 604 fr. de revenu, elle paie 68 centimes de 123,89 l'an.

Il y a dans l'église un Saint-Martin à cheval qu'on dit du IXe siècle. Replonges du moins existe au Xe au XIIIe, presque tout son territoire est aux Templiers de l'Aumusse. Le prieur de Mâcon nommait à la cure.

SAINT-SULPICE à 9 kilom. Est de Bâgé, à 2 myriam. 4 kilom. de Bourg.

Le territoire de cette commune, arrosé par le ruisseau des Lioux (Loups?), à peu près au centre du plateau bressan, par une altitude de 216 mètres, est encore fort boisé. Il n'a que 525 hectares de superficie.

La population de 203 habitants en 1805 en a, en 1881, 194. Les naissances sont 79 de 1833 à 1843. Elles sont 51 de 1873 à 1883. Les décès pendant ces dix dernières années sont 35. La durée moyenne de la vie augmente donc.

Les habitants, en majorité fermiers, sont agglomérés au bourg qui a 40 ménages et 32 maisons. Le revenu de la commune est de 66 fr., elle paie 84 cent. valant 15,10 l'an.

Il y avait jadis dans les bois de Saint-Sulpice trois poipes. Deux existent peut-être encore. Sur l'une des trois s'élevait la tour d'un Pernold de Saint-Sulpice qui se croisa en 1,120.

Canton de Ceyzériat

On conserve dans l'usage l'ancien nom de Revermont à la partie montagneuse de notre territoire, située sur la rive droite de l'Ain et formée des deux premiers gradins ou chaînons du Jura.

De ses habitants un proverbe local dit : « Entre la rivière (l'Ain) et Suran, ni Bugistes, ni Bressans ». Et en Bresse on leur donne le nom de *Cavets* qui n'est pas pris en bonne part. Les Cavets sont-ils plus courts de taille, plus osseux de figure que leurs voisins de Bresse et de Bugey ? Je l'entends dire et n ai pas de moyen de le vérifier.

Le Revermont forme deux de nos cantons, Ceyzériat et Treffort; une partie de deux autres, Coligny et Pont-d'Ain. Ceyzériat, qui a été découpé dans sa largeur, se présente ici le premier. Il se partage naturellement en quatre sections assez distinctes.

1° Le versant occidental de sa double chaîne comprenant les trois communes de Jasseron, Ceyzériat, Revonnas ; — 2° et 3°, deux cuvettes ou bassins parallèlles que les deux chaînes creusent dans leurs flancs, chacune à peu près à la même hauteur. — La première dans la chaîne ouest loge les communes de Drom et de Ramasse. — La seconde dans la chaîne est, loge Cize, Romanèche et Hautecour. Grand-Corent au sommet de la même chaîne domine cette seconde cuvette; — 4° le bassin central du Suran et les déclivités intérieures des deux rangées de montagnes ; il contient Simandre, Villereversure, Bohas, Meyriat et Rignat.

Le versant sur l'Ain abrupt, étroit, peu habité ne vaut pas qu'on en fasse une 5me section.

L'altitude générale du canton varie de 200 à 594 mètres.

Le sol est siliceux, argileux et calcaire. Il produit du froment, du maïs, de l'avoine, du sarrazin, un peu d'orge, des pommes de terre, betteraves fourragères, du chanvre, du colza, du vin. L'assolement est biennal là où il est pratiqué.

La propriété très morcelée, est cultivée par les possesseurs en moyenne et petite tenue. Il y a peu de fermiers. La vigne est souvent en métayage ou à moitié fruit entre le propriétaire et le vigneron.

Sauf la vente du vin et de quelques céréales, le commerce est nul. Les produits du sol suffisent à peine à la consommation.

Les cours d'eau ont une force motrice utilisée de 254 chevaux, mettant en mouvement 17 moulins à 49 paires de meules, 12 machines à battre, 17 battoirs à chanvre, presses ou cylindres. — On compte en outre 8 machines à battre à vapeur (32 chevaux), 14 machines à battre, presses ou cylindres à manège ou à bras, une fabrique de chaux, une tuilerie.

Il y a dans le canton 7,872 cotes foncières (pour une superficie de 14,423 hectares. Sur ces cotes 2,675 sont à des propriétaires forains.

La population de 9,508 habitants en 1805 est de 7872 en 1881. Le canton a perdu la commune de Corveyssiat, mais il a acquis celle de Rignat. Tenant compte des deux faits, je vois que le canton a perdu 1344 habitants depuis 75 ans.

Dans l'Ain, comme dans le reste de la France, la population a suivi une marche ascendante continue depuis les premiers recensements réguliers jusqu'en 1866. Depuis elle a décru dans l'Ain de 8,201 habitants soit d'un 46me environ. Ici la décroissance est du 8me.

Je vais retrouver un fait analogue dans les autres parties du Revermont. Je le constate ici sans l'étudier autrement. Il y aurait à chercher à quelle date il a commencé à se produire, à en indiquer les causes. Ce chapitre est chargé. Je renvoie cette tâche à celui consacré à la Géographie économique.

Ceyzériat, à 8 kilomètres à l'est de Bourg, est au pied des montagnes sur une terrasse naturelle.

La commune a une superficie de 937 hectares; quelques taillis, 320 hectares de terres médiocres; un vignoble de 297 hectares qui passe pour donner le meilleur vin du Revermont ; une fromagerie produisant annuellement 14,000 kilogr. de fromage (façon Gruyère).

La population, presque toute propriétaire, était de 1,012 têtes en 1805 (d'après la Statistique : la réponse au questionnaire dit 935). Elle est en 1883 de 1,029, distribuée en quatre agglomérations, en 319 ménages avec 303 maisons.

Le nombre des naissances, de 374 de 1793 à 1803, serait allé décroissant constamment jusqu'à 1863. De 53 à 63, il ne serait plus que de 206, remonterait pendant la décade suivante à 267, pour redescendre à 240 de 73 à 83. — Les décès seraient allés diminuant peu à peu de 367 (1re décade) à 226 (dernière).

La réponse au questionnaire parle d'immigration. Sans contester celle-ci, faisons remarquer la diminution des décès, par conséquent l'augmentation de durée de la vie moyenne.

La commune a un revenu de 4,979 fr. Elle paie 35 cent. en valeur de 69,72. Elle a une société de secours mutuels et une station du chemin de fer de Bourg à Nantua.

La petite ville est vraissemblablement une des plus anciennes de la Bresse. Quelque soldat de César, possessionné là par Octave (relisez la première Bucolique) aura donné le nom du Dictateur, le nom de *Mons Julii*, si l'on veut à la montagne voisine. Et au Moyen-Age Ceyzériat sera une de nos premières villes libres : ses chartes de franchises sont de 1319 et 1328. Rien ne reste soit de la villa romaine du Ier siècle, soit du château et de l'enceinte du XIIe (bâtis par les Coligny).

Peut-être ici ou là, dans le bas du village, quelque porte de cellier en ogive parle du passé. La petite église garde la dalle funéraire de Loys van Boghem « maistre masson » flamand qui acheva Brou sur des patrons que Marguerite « luy avait baillés. »

A l'entrée du village, à gauche, est une petite maison à tourelle où Lalande venait passer les automnes : on se souvenait encore de lui ici il y a quelque vingt ans.

Ceyzériat se ressent de la proximité de Bourg (comme ses deux voisines du nord et du sud, Jasseron et Revonnas). Dès le Moyen-Age les bourgeois de Bourg avaient adopté la petite ville sise en bon air, au-dessus de la plaine, au pied de la première chaine du Jura, comme lieu de villégiature. C'étaient eux qui réglaient ce point important, la date de la vendange, plus précoce alors qu'aujourd'hui, soit que le climat fut plus chaud, soit qu'on aimât le vin plus vert. En retour nous avions fermé la Bresse aux vins *étrangers*, c'est-à-dire aux vins du Mâconnais et du Bugey.

Il y a à deux pas de Ceyzériat une grotte insignifiante; et à Ceyzériat même une cascade, chose rare en Bresse et dont on parle aux voyageurs. La Vallière, mince filet d'eau filtrant de la montagne, ayant traversé la bourgade à petit bruit, tombe au-dessous dans une gorge étroite et profonde, en couvrant d'un réseau d'argent le rocher moussu qui fait le fond de la combe, puis s'enfuit en suivant ses sinuosités gracieuses. Cela vaut d'être vu quand il y a de l'eau. — Mais quand il n'y en a pas, tournez le dos au fond du rocher. Regardez la verte vallée s'ouvrant au couchant sur la plaine. Si au dernier plan du cadre merveilleux le soleil couchant couvre la Bresse qui rit de bonheur, de sa brume de pourpre et d'or, vous vous surprendrez à adorer... Claude Lorrain a fait de ces rêves ; mais on n'égale jamais son rêve, ni surtout celui que Cybèle fait le soir avant de s'endormir sous le long baiser de son amant.

On a trouvé à Ceyzériat quelques débris de poterie romaine. Au-dessus du hameau de Montjuly, sur un sommet dont l'altitude est de 594 mètres, une enceinte irrégulière en pierres sèches passait jadis pour un camp romain. Des dépressions circulaires de 80 à 100 mètres de diamètre, d'une assez grande profondeur (10 à 20 mètres peut-être) dont cette enceinte est semée étaient attribuées d'autorité aux Légions. La roche qui borde et soutient l'enceinte à l'ouest ayant nom Cuiron ou Coiron, on la baptisait *rupes Quiritum*. — M. Quicherat passant ici il y a vingt-cinq ans visita Cuiron et voulut bien me dire au retour que le prétendu camp romain lui paraissait être un *oppidum* gaulois. Si après ce mot du maitre il pouvait rester là une question pendante, des fouilles sérieuses la trancheraient seules.

BOHAS, à 7 kilomètres à l'est de Ceyzériat, à un myriamètre 5 kilomètres de Bourg. Le territoire de cette commune a 621 hectares de surface. Il occupe la combe du Suran, se faisant ici plus étroite, et les deux versants qui la resserrent; l'un est en partie couvert de bois, l'autre de vignes ; le fond du vallon est une prairie médiocre.

Bohas avait 326 habitants en 1805 ; il en a 295 en 1881. La diminution est attribuée dans le pays à l'émigration. Mais les naissances décroissent, de 114 qu'elles étaient entre 1823 et 1833, à 59 entre 1873 et 1883 ; la décroissance est de près de moitié.

Les habitants sont petits propriétaires en très majeure partie. Ils sont répartis en deux hameaux, 83 ménages le bourg compris, et 79 maisons.

La commune a 451 fr. de revenu. Elle paie 85 centimes en valeur de 18,34 l'un. Il y a à Bohas deux moulins avec batteuses à vapeur.

Le village aux Coligny, fut par eux inféodé au XIIIe siècle aux seigneurs de Buene ou Bohas, dont la tour sise sur Hautecour domine Bohas d'un sommet de 455 mètres d'altitude.

CIZE, à un myriamètre 7 kilomètres au nord-est de Ceyzériat ; à 2 myriamètres 5 kilomètres de Bourg.

Son territoire de 452 hectares est quasi clos entre deux ramifications de la seconde chaine du Revermont ; dans un fond. « Pays de culture, mais d'un médiocre produit », disait la *Statistique* de 1808. La population de 184 habitants, trois ans auparavant, en a 188 en 1881. C'est, avec Ceyzériat, la seule commune du canton où elle n'ait pas décru. Cependant le nombre des naissances diminue à Cize dans une effrayante proportion. Entre 1843 et 1853 les naissances sont 70. Entre 1873 et 1883, elles sont 33. Il faut que la durée de la vie moyenne ait augmenté.

Les habitants sont tous propriétaires ; ils ont dans l'agglomération unique 48 ménages en autant de maisons. Quelques-uns s'occupent d'apiculture. Une scierie à planches et un moulin mu par la rivière d'Ain.

Le revenu de la commune est de 614 fr. Elle paie 15 centimes en valeur de 8,02 l'un.

Cize était aux seigneurs de Bohan qui en faisaient hommage aux sires de Thoires.

La voie ferrée de Bourg à Nantua, débouchant du tunnel de Racouse, franchit l'Ain au-dessous de Cize sur un superbe viaduc.

Drom, à un myriamètre au nord-est de Ceyzériat, à un myriamètre 4 kilomètres de Bourg.

Le territoire de 778 hectares est dans une cuvette dont le fond est à 291 mètres d'altitude. Les hauteurs qui l'entourent ont, celle de l'ouest 416 mètres, celle de l'est (boisée) 413.

Un bassin souterrain, dans lequel on a pu descendre et naviguer sur un radeau, déborde parfois et inonde le village qui n'y gagne pas en salubrité. En 1856 on a creusé un canal, souterrain aussi, de 960 mètres de longueur, destiné à verser au Suran ces eaux pernicieuses, et y réussissant assez mal (si j'en crois ce qu'on me dit).

La population, agglomérée, et qui compte 112 ménages dans 124 maisons, était en 1805 de 552 têtes, elle en a 425 en 1881. Les naissances étaient de 174 de 1803 à 1813. Elles sont de 101 de 1873 à 1883; et dans cette dernière décade d'années il y a 111 décès.

Les habitants sont presque tous propriétaires. Ils ont 200 hectares cultivés en blé, 100 en maïs, 60 en vignes. Ces cultures sont d'un médiocre rapport. Il y a une fromagerie, une fabrique de chaux, une machine à battre.

La commune a 960 francs de revenu. Elle paie 35 centimes en valeur de 14,28 l'un.

Au revers est de la première chaine, au Mont-de-Lys, à 2 kilomètres au nord-ouest du village, est une grotte peu connue. MM. L. Dufour, F. Tardi, Ecuer, de la Société d'Emulation et M. Topinard de la Société d'Antropologie de Paris l'ont visitée en 1873. Dans la première de ses deux chambres, à un mètre de profondeur, ils ont trouvé de la poterie du temps de la pierre polie.

Drom a appartenu à l'abbaye de Saint-Claude, puis aux sires de Beaujeu.

Grand-Corent, à un myriamètre 8 kilomètres au nord-est de Ceyzériat ; à 2 myriamètres 2 kilomètres de Bourg.

Comme le village même, le territoire (de 710 hectares de superficie) est perché sur la seconde chaine du Revermont, à une altitude de 500 mètres environ. Pays pauvre, dit la *Statistique*.

Il y avait à Grand-Corent, en 1805, 288 habitants (propriétaires tous). Il y en a, en 1881, 265. Les naissances étaient, de 1793 à 1803, au nombre de 105. De 1833 à 1843, il y en avait encore 73. De 1873 à 1883, il n'y en a plus que 51.

La commune a 72 ménages en 62 maisons. Elle a des bois, un revenu de 1,324 francs et paie 42 centimes en valeur de 7,87.

Il y a une fromagerie (façon Gruyère).

La voie ferrée de Bourg à Nantua traverse le sous-sol de Grand-Corent, par le tunnel de Racouse.

Hautecour, à un myriamètre un kilomètre à l'est de Ceyzériat ; à un myriamètre 9 kilomètres de Bourg.

Son territoire est sis au fond de la seconde cuvette dont il est parlé ci-dessus, dans sa meilleure partie ; il la déborde à l'est et s'étend de ce côté jusqu'à l'Ain.

La commune a 1,558 hectares de superficie, 5 hameaux ; une population formant 215 ménages avec 213 maisons, tombée de 1,026 têtes en 1805, à 862 en 1881. Les naissances à Hautecour sont 398 de 1793 à 1803. Elles vont décroissant jusqu'en 1823 ; se relèvent, pendant les deux décades suivantes, à 385 et 340 ; puis tombent, de 1863 à 1873, à 167 ; de 1873 à 1883, elles sont de 215.

Hautecour a 1,531 francs de revenu, paie 89 centimes en valeur de 31,03 l'un. Les habitants ont 340 hectares de pâturages communaux, ils sont tous propriétaires ; pas un ne possède 30 hectares.

Il y a une fruitière d'un considérable rapport.

Au nord-est et à 3 kilomètres du village, presque au sommet de la seconde chaîne, à une altitude de 413 mètres, s'ouvre en face du couchant la plus belle grotte du département. Son entrée, plus large que haute, est sinistre. Un couloir sombre de 60 mètres de long conduit à un puits étroit, noir, quasi perpendiculaire, profond de 75 mètres, où l'on ne peut descendre qu'au moyen d'une échelle. Au bas, s'ouvrent deux salles, une de 70 mètres de longueur, large de 10, d'une hauteur variable (de 9 à 30) ; l'autre moins vaste, presque circulaire, plus élevée. Toutes deux, tapissées de stalactites transparentes, sont, quand on les éclaire, d'une beauté indescriptible.

La difficulté de l'accès, et surtout de la descente, empêchaient cette grotte d'être visitée. On y a remédié.

Hautecour était au seigneur de Buenc (Bohan), lequel au XIIIe siècle, en faisait hommage au comte de Savoie ; au XIVe à Thoires-Villars.

La grande tour de Buenc, au nord-ouest du village, sur une cime, se voit d'une moitié du Revermont dont elle domine le bassin central. Elle devait son importance à ce qu'elle commandait la plus courte et directe des routes unissant la Bresse et le Bugey. Les péages devaient faire son principal revenu. Elle est encore habitée par des oiseaux de proie.

JASSERON, à 4 kilomètres au nord de Ceyzériat, à 8 de Bourg.

Cette commune, la plus vaste du canton, a 1,891 hectares de surface, deux hameaux, d'après la *Statistique*, sept d'après la réponse au questionnaire.

La moitié de ce territoire est en plaine (et arrosé par le Jugnon). Le sol est là argilo-siliceux, il devient argilo-calcaire en se rapprochant des hauteurs. Dans le vallon de Tiremale il est marneux. La vigne et le blé sont les récoltes principales.

Les habitants, propriétaires presque tous, forment 193 ménages avec 181 maisons. Ils étaient 828 en 1805 ; ils sont 680 en 1881. La diminution est du quart. Il y avait à Jasseron 300 naissances de 1793 à 1803 ; 195 de 1833 à 1863. Il n'y en a que 110 de 1873 à 1883.

La commune a des bois, un revenu de 2,141 francs et paie 30 centimes en valeur de 41,30. Elle a une fromagerie, un moulin, deux machines à battre. Une société de secours mutuels. Sapeurs-pompiers.

Dans l'église, on a remis en lumière et en honneur une Vierge (haut-relief) abritant les hommes sous les pans de son manteau, longtemps noyée dans une couche de plâtre. Le sobriquet trivial de *mère Gigogne* qui lui avait valu cette disgrâce est oublié.

Au nord du bourg, à l'extrémité d'une mince arête séparée de la première chaine par une gorge étroite, s'élève un château en ruines, visible de presque toute la Bresse. Sa légende est curieuse : dans ses décombres est un souterrain, lequel s'ouvre de lui-même la nuit du solstice d'hiver. Une femme y descend, son enfant au bras, y trouve un monceau d'or, en prend ce qu'elle peut et l'emporte, laissant là son marmot. Quand elle revient chercher celui-ci, *la pierre qui vire* s'est refermée. Cette légende est celtique, Bullier l'a retrouvée à Bibracte. On l'a christianisée assez niaisement.

Près de la Dhuys, source du Jugnon, on a trouvé des tuiles romaines, Dans le vallon de Tiremale, à un mètre sous le sol, on a mis au jour un carrelage, la voûte d'un four dont une brique portait le nom de Rufus.

En 974, Manassé de Coligny donne Jasseron à l'abbaye de Saint-Claude. Les Coligny restés ou redevenus co-propriétaires, affranchissent Jasseron en 1301, puis le vendent en 1307 à la Savoie.

MEYRIAT, à un myriamètre un kilomètre à l'est de Ceyzériat ; à un myriamètre 9 kilomètres de Bourg.

Le territoire de 976 hectares occupe le fond de la vallée du Suran et le versant est de la seconde chaine. La population (propriétaire du sol) occupe 3 hameaux, forme 123 ménages avec 123 maisons.

Elle comptait, en 1805, 603 personnes ; elle en compte 460 en 1881. Le nombre des naissances était 262 entre 1793 et 1803, 148 entre 1833 et 1843, 99 entre 1873 et 1883.

Le revenu de la commune est de 400 francs. Elle paie 12 centimes en valeur de 18,08 l'un.

Meyriat a été acheté par un archevêque de Lyon au commencement du XIIe siècle.

Sur une colline de 290 d'altitude, au sud du bourg, dans un repli du Suran, croule le château de Beaurepaire, successivement aux Buenc, aux Corant et aux Chateauvieux.

RAMASSE, à 8 kilomètres au nord de Ceyzériat ; à un myriamètre 9 kilomètres de Bourg ; son territoire de 796 hectares occupe la partie sud de la cuvette de la première chaine. Il est en partie boisé, cultivé en bois et vigne. La population (propriétaire du sol) est distribuée en 111 ménages avec 104 maisons. En 1805 elle comptait 531 têtes ; en 1881 elle est réduite à 394. Les naissances qui étaient 205 de 1823 à 1833, — sont 99 dans les dix années suivantes — et tombent à 63 de 1873 à 1881.

La commune a une fromagerie ; un revenu de 1,193 francs et paie 65 centimes en valeur de 13,02 l'un.

En cette année 1884, des délégués de la Société de Géographie de l'Ain lui ont rapporté, d'une carrière à l'extrémité sud de la commune (sur la voie ferrée de Bourg à Nantua), une dent d'Hipparion, l'ancêtre du cheval, de l'époque miocène ; des restes d'Elephas primigenius, etc. D'autres visiteurs auraient trouvé au même lieu, dans une couche supérieure, des armes de bronze et de fer. Ce riche dépôt va donc de l'époque tertiaire à l'époque gauloise.

Dans le courant de 1873, la Société d'Emulation a fouillé un cimetière antique situé à 500 mètres au sud-est du village. (Voir *Annales de l'Ain*, t. VI, p. 289). Les vingt-cinq tombes dont elle a mis les épaves au Musée de Bourg remontent au Ve siècle. MM. Broca et Topinard, accourus au bruit de la découverte l'ont continuée et ont enrichi la Société d'Antropologie de Paris de débris de toute sorte déclarés Burgondes par M. de Mortillet.

REVONNAS, à 2 kilomètres au sud de Ceyzériat ; à un myriamètre de Bourg. Le village est dans une situation charmante, sur une terrasse de 302 mètres d'altitude, d'où l'œil plane sur un immense horizon. La commune a une superficie de 775 hectares en terres et vignes. La population est en majeure partie propriétaire. Elle est partagée entre le bourg et le hameau de Sénissiat qui a une station sur la voie ferrée de Bourg à Nantua. En 1805 elle était de 659 habitants. Réduite de plus du tiers, elle n'en a plus que 414. La réponse au questionnaire évalue vaguement les naissances à *une centaine*. Il y a à Revonnas 137 ménages et 129 maisons. Le revenu communal est de 1,262 fr. 61 cent. de 32,65 l'un.

Eglise rebâtie il y a une douzaine d'années. Société de secours mutuels. Une fromagerie.

Revonnas dépendait du château de Rivoire encore existant.

RIONAT, à 6 kilomètres à l'est de Ceyzériat ; à un myriamètre 4 kilomètres de Bourg.

Sur la pente est de la première chaine du Revermont. Une seule agglomération à flanc de coteau (une seule fontaine). Sol médiocre en terres, vignes et bois. Superficie de 930 hectares.

Population propriétaire en majeure partie, qui, de 536 habitants qu'elle avait en 1805, tombe à 360 en 1881, diminuée du tiers. Les naissances sont, de 1792 à 1802, 108 — 105 de 1802 à 1813 — 76 de 1863 à 1873 — 103 de 1873 à 1883.

Il y a à Rignat 125 ménages en 108 maisons. La commune a 474 fr. de revenu, paie 136 centimes valant 17,66 l'un. L'église a été rebâtie en 1858.

La maison forte dont Rignat relevait depuis le XVIe siècle était intacte, il y a 50 ans et donnait une mince idée de la richesse, du bien-être et de la culture des châtelains. Elle est tombée en roture et a été restaurée.

SIMANDRE, à 1 myriamètre 3 kilomètres au nord-est de Ceyzériat, à 1 myriamètre 7 kilomètres de Bourg.

Grande commune de 1,631 hectares, occupant le fond et les deux versants de la vallée du Suran. Simandre était jadis et reste en partie entouré de bois. — La forêt domaniale de la Rousse, qui a 900 hectares de superficie au soir ; les bois de la Chartreuse de Sélignat au matin ; les taillis de Valluisant au sud.

Le beau ruisseau de Sélignat et la fontaine de la Dhuis abreuvent la commune avec le Suran. Les cultures sont relativement peu étendues et d'un produit médiocre. Il n'y a que quatre fermiers, deux propriétés, dont celle des Chartreux, ont plus de 60 hectares.

La population, distribuée en trois hameaux, forme 236 ménages avec 218 maisons. Elle était en 1805 de 937 têtes, elle n'en a en 1881 que 835. Les naissances sont de 1692 à 1702 229 — de 1732 à 1742 323 — de 1792 à 1802 274 — de 1813 à 1823 261 — de 1853 à 1863 210 — de 1873 à 1883 153.

Nulle part ne ressortent mieux ces trois faits historiques. 1° La paix, la création des routes, sous le ministère Fleury, ont déterminé un progrès notable dans la natalité. 2° Même progrès de 1792 à 1802. Avènement du paysan à la propriété. 3° Même chose de 1813 à 1843. Paix, ordre, création des chemins vicinaux. Emiettement du sol par la *bande noire*.

Simandre à 510 fr. de revenu, paie 78 cent. valant 46,77 l'un. Il a 5 moulins, une fromagerie, une station du chemin de fer de Bourg à Nantua. — Eglise ogivale bâtie en 1865.

Il reste là, dans la maigre plaine à blé entourée de forêts, le plus ancien monument érigé par les hommes sur notre territoire, un mégalithe de 4 mètres de hauteur, d'une largeur et épaisseur relativement énorme. Il avait un frère jumeau, qui a été dépecé et dont on trouva les fragments reconnaissables dans les constructions voisines. Préservera-t-on celui qui reste de la même fin ? — Alentour on a recueilli des haches en serpentine du temps de la pierre polie. L'érudition du XIIIe siècle voyait dans ce menhir une borne...

VILLEREVERSURE, ce bourg au nom parlant est sur le revers de la première chaine à 3 kilomètres à l'est de Ceyzériat, à 1 myriamètre 6 kilomètres de Bourg, son territoire de 1,745 hectares de surface, cultivé en céréales et vignes, contient sept hameaux. La population compte 307 ménages et 281 maisons.

Les habitants sont presque tous propriétaires. Ils étaient 1203 en 1805, sont de 1131 en 1881. Les naissances là sont 471 de 1793 à 1803 — 328 de 1813 à 1823 — 410 de 1833 à 1843. — Elles descendent de 1863 à 1873 à 186. — Se relèvent de 1873 à 1883 à 231.

Les mariages sont 101 de 1793 à 1803 (deux divorces en tout). — Ils tombent de 1843 à 1853 à 82 — remontent de 1873 à 1883 à 92.

La commune à 1358 fr. de revenu, paie 60 cent. valant 59,36 l'un.

Ville à 4 moulins sur le Suran, une tuilerie, une fromagerie, une compagnie de sapeurs-pompiers, une station de la voie ferrée de Bourg à Nantua.

Elle dépendait du Seigneur de Chateauvieux.

On a trouvé là des poteries romaines, une urne funéraire.

Reste-t-il encore à la porte de l'église, le siège en pierre entre deux lions où le prêtre rendait la justice ? Je n'ai pu le savoir. Dans l'église rebâtie en 1863, il subsiste je crois, un bas-relief trinitaire curieux. Le Père assis, de face, tient entre ses jambes le Fils crucifié; de sa bouche sort une colombe descendant sur Jésus. L'oiseau est mutilé, informe ; on a cru à une facétie mal séante du vieil imagier ; on a fait du bas-relief une marche d'autel *abouchant* sur la face ce « *bon Dieu qui tirait la langue* ». Il a été remis en lumière il y a douze ou quinze ans.

Canton de Coligny

Le canton de Coligny est composé de deux parties fort distinctes. Les trois communes de Coligny, Salavre, Verjon à l'est : elles sont assises sur les pentes ici plus accidentées et dans deux vallons du Revermont. Les six autres à l'ouest, Domsure, Beaupont, Pirajoux, Villemotier, Marboz, Bény occupent la partie la plus haute et la meilleure du plateau bressan.

La première chaine à laquelle Coligny s'adosse atteint 550 mètres d'altitude. Coligny est à mi-côte à 240. Le plateau bressan au dessous est à 230. Les vallées du Solnan et du Sevron qui le coupent du sud au nord sont à 200 environ.

Le canton, sur une superficie de 14,429 hectares, a 9,687 habitants ; il en avait 10,087 en 1806. Il a 2,535 feux, 4,673 cotes foncières, dont 2,170 à des forains.

Le sol est argileux et calcaire. Il produit du froment, du maïs en grande quantité (2,000 hectol.), du sarrasin, peu d'orge, du seigle, du méteil, de l'avoine, des pommes de terre, betteraves fourragères ; du chanvre, du colza et de l'œillette ; prés, prairies artificielles ; vignes, bois taillis.

Les 8 hectares 90 d'étangs existant lors du cadastre sont desséchés presque totalement.

La propriété est en général assez morcelée, cultivée en moyenne et petite tenue par les propriétaires ou des fermiers.

L'assolement est biennal là où il est usité.

Les denrées sont vendues aux marchés de Marboz et de Coligny : il se fait là un commerce actif de gros bétail pour la boucherie et de volailles, expédiées par le chemin de fer de Bourg à Lons-le-Saulnier qui traverse le canton du sud au nord.

Les cours d'eau ont une force motrice utilisée de 402 chevaux mettant en mouvement 40 moulins à 120 paires de meules ; 34 battoirs à chanvre ; 10 pressoirs, machines à battre et cylindres ; 1 scierie à deux lames. On compte, en outre, 9 machines à battre à vapeur (44 chevaux) ; 23 presses et cylindres à broyer, à manège ou à bras. — 2 fabriques de tuiles (5 ouvriers) ; 1 de chaux.

La ville de Coligny est à 2 myriam. 3 kilom. de Bourg. Son territoire pend du sommet de la première chaîne du Revermont au bord du Solnan, grossi du ruisseau de Rocarnoz et de l'excédant de huit sources. Il a 1,688 hectares de superficie, dont un tiers peut être en bois, le reste en terres, prés et vignes.

La ville et les cinq hameaux ont 528 ménages et 414 maisons. Les habitants sont presque tous propriétaires. Ils étaient 1,669 en 1805. Ils sont 1754 en 1881. Les naissances étaient, de 1813 à 1843, d'environ 530. De 1845 à 1881, elles sont d'environ 400 : le chiffre le plus bas est celui de la dernière décade.

La commune a 2,765 fr. de revenu, paie 60 centimes en valeur de 109 09. Elle a deux fromageries, une compagnie de pompiers, une société de secours mutuels. — Une station de chemin de fer de Bourg à Lons-le-Saulnier (au bas de la côte).

Une vue cavalière du XVIIe siècle commençant montre les deux Coligny (le vieil et le neuf) se joustant et enfermés dans une même enceinte sous les deux hauts manoirs de la dynastie des sires du Xe siècle, découronnée, non encore éteinte à cette date. De l'enceinte il ne reste pas vestige. Les deux bourgs étalent en toute liberté et éparpillent leurs maisons blanches, leurs beaux jardins, leurs rues larges et propres sur une terrasse haute, accidentée, d'où l'on voit partout la montagne et la Bresse, une montagne et une Bresse non reconnaissables, tant les plans ont ici de mouvement, la végétation d'opulence, le paysage en son ensemble de variété et de grâce.

Que reste-t-il ici du passé ? De petits bronzes du Bas-Empire ont été trouvés au Châteigneret à l'automne 1883 ; en faisant un chemin derrière l'église neuve, on a ouvert une nécropole antique ; à la forme des tombes, toutes semblables à celles de Ramasse et de Corveissiat, on peut les supposer burgondes.

Et au nord de Coligny le Vieil, voilà encore la roche superbe de forme, d'attitude, de hauteur, où le drapeau des dynastes au nom sémite du xe siècle a flotté si longtemps. Ils tiennent de la place dans dans notre petite histoire et leurs avant-derniers descendants plus de place encore dans l'histoire de France. Leur tour est tombée et on ne la relèvera pas : séparée d'elle par une gorge étroite et boisée, la Tournelle sa sœur existe, un peu au-dessus de Coligny-le-neuf, restaurée visiblement et à demi cachée dans la verdure d'un parc. Mais qui, d'ailleurs, en ces lieux où ils ont régné neuf siècles, se souvient d'eux ?

Coligny fut affranchi en 1290 : il ne doit pas ses libertés à ces princes (qui n'ont de nom que le sien) ; mais à un sire de Montluel, marié à une des leurs, qui l'eût à lui et le leur revendit.

Eglise gothique neuve.

Beaupont, à 8 kilom. à l'ouest de Coligny, à 2 myr. 5 kilom. de Bourg. Cette commune est, comme Marboz et Bény, sur le haut du plateau bressan, dans la partie la plus richement dotée des apports calcaires du Jura. Son territoire, de 1,407 hectares, arrosé par le Solnan et le Sevron, est comme celui de ces deux communes, ondulé, fécond, encore assez boisé. Avec ses cinq hameaux, Beaupont a une population de 1,051 habitants. Le recensement de 1805 en compte 723. Les naissances ici sont, de 1803 à 1813, 214 ; de 1813 à 1823, 232 ; de 1833 à 1843, 230 ; de 1853 à 1862, elles tombent à 212 et 203 ; de 1862 à 1883, elles se relèvent à 256 et 270. Les décès, d'environ 200 par décade, varient peu. Les habitants ont 235 ménages (plus de 4 têtes par ménage) avec 206 maisons. Ils sont en majeure part petits propriétaires. Pas un domaine de plus de 40 hectares. La commune n'a que 101 fr. de revenu ; elle paie 114 centimes, en valeur de 42,45 l'an. L'église a été reconstruite en 1875. Cinq moulins. Une batteuse à vapeur.

Beaupont était aux Coligny.

Béni, jadis Saint-Vincent-des-Bois, à 8 kilom. au sud de Coligny, à 2 myriam. 5 kilom. de Bourg. Riche commune, à cheval sur le Sevron, arrosée encore par le Solnan, le bief du Lignon, de nombreuses sources, ayant 1,826 hectares de superficie, dite *le Rognon* de la Bresse pour son sol excellent, son opulente végétation, ses bonnes cultures, ses produits d'élite, son bétail, sa volaille. Malgré cela, ou pour cela même, la population, de 1,222 habitants en 1806, n'est plus, en 1883, que de 996. Et les naissances descendent de 326 au commencement du siècle à 208 entre 1873 et 1883. On se marie là, les hommes après 30 ans, les filles après 25. (Rép. au questionn.) Les habitants, répartis en 283 ménages, avec 306 maisons, sont propriétaires en majeure part. Pas de domaine de plus de 60 hect. Une douzaine de hameaux. Deux moulins, une tuilerie. L'église a été rebâtie en 1881. Il y avait là une relique *De Spongiâ Beatæ Virginis* (Guigues).

Une maison forte à Dananche, à la famille du même nom (éteinte, Guigues).

Domsure, à 7 kilom. au nord-ouest de Coligny, à 2 myriam. 8 kilom. de Bourg. Cette commune avoisine Beaupont et semble dans les mêmes conditions. Son territoire, de 1,251 hect., arrosé par le Solnan, le Besançon et le Turin, est plus accidenté et reste plus boisé. Le village est sis sur un mamelon de 310 mètres d'altitude. Non loin, on a trouvé un dépôt de tourbe trop terreuse pour servir de combustible (et dans le dépôt ? des ossements d'éléphant). Domsure est-il insalubre ?

Sa population, de 951 habitants en 1805, tombe à 835 en 1883. Les naissances, de 287, tombent à 181, de 1793 à 1883. Cette population, divisée en 233 ménages, avec 26 maisons, est distribuée dans cinq hameaux. Les habitants sont propriétaires en majeure part. Il y a deux domaines au-dessus de 60 hectares. Le revenu de la commune est de 1,803 fr. Domsure paie 231 cent. en valeur de 1,002 l'an.

Une poipe. Eglise rebâtie récemment.

MARBOZ, à 9 kil. ouest de Coligny, à 1 myriam. 6 kilom. de Bourg. Selon *la Stastistique* la plus grande et la plus riche commune de Bresse. Son territoire de 4,013 hectares, est coupé par le milieu et du sud au nord par le Solnan et arrosé aussi par la Durlande. Il est boisé à l'ouest, accidenté à l'est, semé de 36 hameaux selon *la Statistique*, de 63 dans la réponse à notre *Questionnaire.*

Cette population si disséminée était, en 1805, de 2,502 habitants, et reste, en 1883, de 2,550. On peut la considérer comme stationnaire. Marboz contraste en cela non moins avec Béni limitrophe au sud, qui rétrograde, qu'avec Beaupont limitrophe au nord, qui s'accroit. Les naissances cependant tombent ici de 881 à 802. La moyenne durée de la vie augmente donc.

Les habitants, fermiers en majeure part (deux domaines ont plus de 60 hectares), sont partagés en 607 ménages ayant chacun plus de 4 têtes. 473 maisons.

La commune a 877 fr. de revenu, paie 69 cent, en valeur de 148 31 l'an. Grande église ogivale neuve. Compagnie de sapeurs-pompiers. 11 moulins, 2 batteuses.

Au xe siècle, Marboz est aux Coligny. Il est affranchi en 1259 par un Latour-du-Pin qui l'a reçu en dot. La Savoie s'en empare en 1270 et le donne en 1359 aux La Baume-Montrevel.

PIRAJOUX, à 5 kilom. à l'ouest de Coligny, à 2 myriam. 1 kilom. de Bourg. Cette commune est située sur la rangée de collines de 230 à 240 mètres d'altitude qui sépare le Solnan du Suran. Son territoire, très accidenté, a 1,290 hectares. Il est arrosé par le Solnan, le Sevron, les biefs de Quinte, des Reivons et des Corbiers. Bon sol. Riches produits. Population stationnaire (de 745 habitants en 1805, de 725 en 1883). Les naissances varient peu depuis 1875, les décès diminuent.

Les habitants, moitié gros fermiers, moitié petits propriétaires, forment 179 ménages avec 156 maisons et sont disséminés en 7 hameaux. Pirajoux a 110 fr. de revenu, paie 100 cent. valant 40 87 l'un.

Eglise reconstruite en 1816.

Petite seigneurie indépendante, qui a souvent changé de maîtres.

SALAVRE, à 2 kilom. au sud de Coligny, à 2 myriam. 2 kilom. de Bourg. Cette commune, qui a 777 hectares, est en montagne, en grande partie couverte de vignes (quelques châtaigners). Elle est arrosée par le Solnan, le bief de Laval, la source des Fontanettes qui abreuve le bourg sis à l'issue d'une gorge étroite et profonde. Salavre a 3 hameaux dont l'un Saint-Rémy-du-Mont, à une altitude de 378 mètres, a été le chef-lieu de la commune jusqu'en 1789. La population, propriétaire en majeure part, de 907 habitants en 1805, n'est plus que de 616 en 1883. Les naissances ont décru, entre 1793 et 1883, de 311 à 112. Il y a à Salavre 197 ménages dans 190 maisons. La commune a 1773 fr. de revenu, paie 8 cent. en valeur de 38 78 l'an.

Une fromagerie. Sept moulins, deux pourvus de batteuses.

Une croix mutilée curieuse à Dingier. Une vieille église intéressante à Saint-Rémy.

Plusieurs grottes au-dessus de la source du Laval, l'une ressemblant à une cheminée et garnie d'énormes stalactites. (Réponse au *Questionnaire.*)

VERJON, à 5 kilom. de Coligny, 2 myriam. de Bourg. Son territoire n'a que 511 habitants. Une moitié est en montagne, une moitié dans la vallée du Solnan. Une des sources de ce cours d'eau, au sortir de terre, remplit une *doye* (ou bassin en partie naturel) de 150 m. de long, 40 de large, puis fait ensuite tourner plusieurs moulins au milieu d'un paysage fort gracieux. La population de Verjon, de 523 habitants en 1805, est tombée à 403 en 1883. Et depuis 1843 les naissances ont diminué de moitié (de 121 à 61). Les habitants sont propriétaires en majeure part. La commune a 2,575 fr. de revenu, elle paie 93 cent. en valeur de 55 52.

2 hameaux ; 126 ménages ; 115 maisons.

Le fief de Verjon, après avoir passé de famille en famille, vint aux Jésuites par le fait d'une femme. En 1761, il fut remis aux Joséphistes de Lyon.

VILLEMOTIER, à 5 kilom. sud de Coligny, à 1 myriam. 8 kilom. de Bourg. Quatre ruisseaux descendant de Salavre, de Verjon, de Courmangoux et de Cuisiat se donnent rendez-vous ici pour former le Solnan. Villemotier, entre ces communes qui se dépeuplent (celle de Béni a perdu un sixième de sa population), est moins atteint. En 1805 il avait 825 habitants ; il en a, en 1881, 785. Cependant les naissances décroissent, de 280 aux premières années du siècle à 150 ou 147, dans ces derniers temps. Les habitants, généralement fermiers, ont 191 ménages, 184 maisons. L'église a été rebâtie en 1876. La commune a 395 fr. de revenu, paie 93 cent. valant 55 52. Son territoire, de 1,387 hectares, comprend 10 hameaux.

Prieuré avec haute et basse justice jadis.

Nous retrouvons ici sur notre chemin un problème économique déjà indiqué, à préciser le mieux possible, dès à présent, à étudier et s'il se peut résoudre plus loin.

A Asnières, à Vésines, la population a décru depuis 1800.

De même dans le Revermont. A Salavre, à Verjon qui en sont, le fait est confirmé.

Mais en descendant de ce premier gradin assez aride du Jura sur le plateau bressan si fécond, ici surtout, nous rencontrons le même fait plus étonnant, moins compréhensible.

Les réponses, toutes provisoires d'ailleurs, dont nous étions tentés de nous payer, ne seraient plus de mise ici. Au bord de la Saône, nous pouvions imputer la dépopulation à l'insalubrité causée par des inondations fréquentes, parfois durables. Dans ce Revermont maigre, où les mauvaises récoltes par séries se produisent trop souvent, nous pouvions l'imputer à tort ou à raison à l'accroissement de la misère, à celui simultané de l'impôt et à l'émigration qui en est la conséquence. Rien ici de pareil ; et nous avons pensé d'abord que ce serait volontairement que le mariage aurait cessé d'être fécond ici. Mais quand on regarde aux détails, on voit vite que cette explication serait insuffisante.

Voilà sept communes dans des conditions quasi identiques : même hauteur, même climat, même sol, même exposition, mêmes cultures, même race, mêmes mœurs et niveau de civilisation.

Trois ont décru, Bény du sixième, Domsure du dixième, Villemotier du dix-neuvième. — Deux, Marboz et Pirajoux, sont à peu près stationnaires. — Deux ont gagné, Coligny un dix-huitième environ, Beaupont près de moitié...

A expliquer ces chiffres singuliers, évidemment les causes générales sont impuissantes. Ce sont, je crois, des circonstances toutes locales, toutes spéciales, des différences à chercher qui sont responsables.

Canton de Montrevel

Le canton de Montrevel est au centre du plateau bressan. Il est partagé en deux parties presque égales par la vallée assez large ici déjà et peu profonde de la Reyssouze (dont le lit est à environ 190 mètres d'altitude). Sa moitié orientale, la plus élevée (225 mètres), est boisée encore. L'autre moitié (215 mètres), l'est relativement moins.

Le sol est ici argileux et siliceux. Partout on trouve la marne à une faible profondeur. La terre produit du froment, du maïs en quantité, de l'orge, du méteil, un peu de seigle ; des pommes de terre, betteraves pour fourrage ; du chanvre ; du colza, de l'œillette ; peu de vignes (en hautains) ; beaucoup de prés et prairies artificielles ; quelques bois.

Sur 170 hectares, 80 ares d'étangs existant lors du cadastre, il en reste 35,33.

La Statistique disait ce canton le plus fertile, le mieux cultivé, le plus boueux, le plus mal pourvu de chemins vicinaux de la Bresse. Il ne mérite plus le dernier reproche.

La propriété est assez morcelée. La culture en petite et moyenne tenue est faite par les propriétaires ou des fermiers. Il reste quelques grands domaines affermés.

Le commerce se borne à la vente des produits, céréales, fourrages, bestiaux et volailles.

L'exportation se fait par le chemin de fer de la Haute-Bresse (de Lyon à Chalon par Bourg). Il y a des stations à Attignat, Montrevel et Jayat.

Les cours d'eau ont, avec une machine à vapeur supplémentaire (de la force de 10 chevaux) une force motrice de 370 chevaux, mettant en mouvement 26 moulins à 84 paires de meules, une machine à battre, 6 battoirs à chanvre. On compte en outre 12 machines à battre à vapeur de 40 chevaux ; 62 pressoirs, presses ou cylindres à manège ou à bras. Il y a 3 tuileries avec 6 ouvriers.

La population est en général aisée. Elle était, en 1806, de 13,754 habitants ; elle en a 14,763 en 1881, distribués en 3,701 feux. Elle a diminué dans les trois communes de Cras, Marsonnas, Saint-Didier-d'Aussiat. Elle est à peu près stationnaire à Jayat. Elle a augmenté dans les autres communes, plus notablement à Montrevel (accrue de près de moitié), à Foissiat, Attignat, Confrançon.

Il y a, sur une surface totale de 20,870 hectares, 6,307 cotes foncières. Près de la moitié, 2,906, appartiennent à des forains.

Montrevel est à 1 myriam. 8 kilom. au nord de Bourg. C'était une baronnie aux sires de Châtillon. Une fille l'apporta en dot à Galois de la Baume, le grand ancêtre des Montrevel, en 1250. Leur fils fit ériger la baronnie en comté en 1427.

Jusqu'en 1808 Montrevel est resté au spirituel une dépendance de la paroisse de Cuet déjà existante en 1184. Aujourd'hui Cuet est un hameau conservant toutefois une chapelle et une école à lui.

La Statistique de 1808 nous montre Montrevel clos encore dans une enceinte fortifiée, et ne comptant pas plus de 80 maisons. Il ne reste plus vestige de cette enceinte : les murs du château féodal, sis à son extrémité nord, ont été noyés dans la construction du presbytère.

La petite ville domine la vallée de la Reyssouze, et voit au matin, par-dessus les chaines du Jura bugiste, passer la cime lointaine du Mont-Blanc. Elle est propre et gaie : ses seuls édifices notables sont une église ogivale, assez iolie, construite en 1865, et une halle bâtie récemment.

Peu d'industrie. Foires importantes; marchés actifs (le mardi), grand commerce de gros bétail exporté par le chemin de fer de la Haute-Bresse. Compagnie de sapeurs-pompiers.

La commune arrosée par la Reyssouze et le Reyssouzet a 1,008 hectares de superficie. Sa population a augmenté du tiers depuis 1805. Elle était de 1,118 habitants ; elle en a 1,545. Toutefois, le nombre des naissances diminue notablement : de 1833 à 1848, 507; il est 377 de 1873 à 1883. Les habitants sont une moitié propriétaires, une fermiers. Il reste deux domaines ayant plus de 100 hectares. La commune a 15 hameaux, 429 ménages avec 306 maisons. Son revenu est de 8,393 fr. (il y a un octroi). Elle paie 88 cent. en valeur de 89 fr. 84.

On a trouvé à Montrevel quelques tuiles romaines; il y a une poipe au hameau du Temple.

Attignat, à 6 kilomètres au sud de Montrevel, à 1 myriamètre 1 kilomètre de Bourg. Cette commune a un territoire de 1,868 hectares à cheval sur la Reyssouze et sept hameaux. Le bourg dissémine ses groupes d'habitations sur les hauteurs de la rive gauche de la rivière; celle-ci a un affluent, le Jugnon, et reçoit en outre force sources arrosant d'immenses prés.

Attignat avait, en 1806, 1,198 habitants, et en a 1,360 en 1881. Les naissances décroissent cependant (de 518 au commencement du siècle, elles tombent à 372 de 73 à 83).

Sur 365 ménages avec 317 maisons, il y a 103 fermiers. Un seul propriétaire en a 12. Il reste 3 domaines : un de 195 hectares — un de 175 hertares — un de 62 hectares.

La commune a 1,072 fr. de revenus, paie 57 cent. en valeur de 70 62. — Compagnie de pompiers.

Tuiles et poteries romaines. Au moyen-âge, une partie du territoire dépend du château d'Attignat (encore debout, conservant ses quatre tours et ses fossés); une part des seigneurs de Jalamonde et de Crangeat.

Béréziat, à 9 kilomètres nord-ouest de Montrevel, à 1 myriamètre 6 kilomètres de Bourg.

La commune, arrosée par un bief, l'Enfer, a 1,083 hectares de superficie et compte sept hameaux. C'est un plateau cultivé penchant au nord entre deux massifs boisés à l'est et à l'ouest. La population est composée surtout de fermiers (un très grand propriétaire terrien). Elle était en 1805 de 612 habitants; elle est à 616 en 1881. Ils ont 160 ménages, 145 maisons.

Le nombre des naissances, de 317 entre 1792 et 1803 est tombé à 170 de 1853 à 1863; pendant la dernière période décennale, il est de 213.

Le revenu de Béréziat est de 103 fr. La commune paie 75 centimes en valeur de 31.57. L'église a été reconstruite en 1836.

Béréziat existe au IXe siècle.

Confrançon, à 1 myriamètre 1 kilomètre au sud-ouest de Montrevel, à 1 myriamètre 6 kilomètres de Bourg.

Grande commune de 1,816 hectares, arrosée par le bief Corian, plutôt débrisée, bien cultivée, avec huit hameaux. La population était en 1805 de 1,122 habitants; elle en a 1,318 en 1881. Le nombre des naissances de 450 entre 1833 et 1843 n'est descendu qu'à 338 pendant la dernière décade d'années. Les habitants sont fermiers en majeure part. Il reste trois domaines au-dessus de 60 hectares. Les 389 ménages sont répartis en 311 maisons. La commune a 1,816 fr. de revenus, paie 71 centimes en valeur de 72,33. Elle a une Société de secours mutuels.

Confrançon était aux chanoines de Saint-Vincent, de Mâcon. Il y avait sur son territoire deux terres, Loriol et Montburon : elles sont encore aux familles de ce nom. Le château de Loriol du XVe siècle a été restauré récemment dans l'ancien style.

Curas, à 6 kilomètres au sud de Montrevel, à 1 myriamètre 4 kilomètres de Bourg.

Commune de 1,382 hectares, sise dans le bassin de la Reyssouze et sur les deux plateaux qui l'encadrent, arrosée par cette rivière et les deux petits affluents, le Salençon et la Goitfonnière. Bon pays dit la *Statistique*. Grand commerce de volailles, selon la réponse au questionnaire. Il y reste deux étangs.

La population est propriétaire en majeure part. Elle était en 1825 de 1,313 habitants (disséminés dans sept hameaux), en avait en 1826 1,332, et n'en compte en 1881 que 1,137; diminuée d'un sixième. Les naissances sont allées croissant jusqu'en 1823 : de là à 1843, elles fléchissent un peu et depuis diminuent rapidement. Le plus gros chiffre atteint en dix ans est 476 de 1813 à 1823, le moindre 271 de 73 à 83.

Les décès aussi diminuent. Il y en avait 451 entre 1813 et 1823. Il y en a 212 entre 73 et 83.

La commune a un revenu de 367 fr., paie 92 centimes en

valeur de 56,81. Il y a à Cras 300 ménages en 662 maisons. Il y a une Société de secours mutuels.

Cras est une paroisse dès le XIIIᵉ siècle. Les Templiers y sont possessionnés.

CURTAFOND, à 9 kilomètres au sud-ouest de Montrevel, à 1 myriamètre 3 kilomètres de Bourg. Cette commune a un territoire de 1,241 hectares, sur un plateau fortement ondulé, arrosé par le bief du Corian, qui court de l'est à l'ouest. La population est éparse dans une dizaine de hameaux, dont l'un (Comassine) est aussi populeux que le bourg.

Cette population est composée en majeure part de propriétaires. Parmi les fermes, il en reste une seule de plus de 60 hectares.

Curtafond avait, en 1805, 626 habitants; il en a 707 en 1881. Cependant le nombre des naissances diminue. Il était de 1,792 à 1802, de 279, — de 1833 à 1843, de 274. Il tombe à 129 de 1858 à 1868, et remonte à 185 de 1873 à 1883. — Il y a à Curtafond 191 ménages ayant 157 maisons.

La commune a 137 fr. de revenus, paie 53 centimes valant 34,36 l'un. — Elle appartenait au moyen-âge à diverses églises.

SAINT-DIDIER-D'AUSSIAT, à 8 kilomètres au sud-ouest de Montrevel, à 1 myriamètre 9 kilomètres de Bourg. Cette commune, qui a une superficie de 1,509 hectares, est située sur la partie la plus élevée du plateau qui sépare la vallée de la Veyle de celle de la Reyssouze (220 mètres). Le Reyssouzet l'arrose et la sépare à l'est de celle de Montrevel. Elle conserve deux étangs et quelques bois.

La population est composée en majeure part de fermiers. Il reste cinq domaines de plus de 60 hectares.

Elle comptait, en 1805, 1,089 habitants; elle en a 1,009. Le nombre des naissances atteignait 439 de 1793 à 1803.

Il était encore de 390 entre 1833 et 1843. Il tombe au-dessous de 300 entre 1863 et 1873, et n'est plus que de 270 de 1873 à 1883.

La réponse au *Questionnaire* attribue cet état de choses au nombre croissant des célibataires et à l'émigration. Il y a 265 ménages avec 210 maisons.

La commune a 105 fr. de revenus, elle paie 89 centimes en valeur de 47,66.

Elle appartenait au moyen-âge à l'église de Mâcon, aux Templiers de l'Aumusse.

Etrez, à 5 kilomètres à l'est de Montrevel, à 2 myriamètres 2 kilomètres de Bourg. Son territoire de 1,230 hectares, à l'est de la Reyssouze, est encore boisé. Il y reste trois petits étangs. Il est arrosé par les biefs de la Spire, des Leschères et de l'Hôpital.

La population, assez clairsemée, est en outre fort disséminée. Elle est composée en majeure part de petits et moyens propriétaires. Un seul domaine de 70 hectares est exploité par ses propriétaires indivis.

Il y avait à Etrez, en 1805, 480 habitants. Il y en a 628 en 1883. Le nombre des naissances varie ici notablement depuis cent ans, mais ses variations sont fort différentes de celles constatées ailleurs. De 1793 à 1803, il y en a 186. La décade suivante arrive à 190. La troisième, de 1813 à 1828, descend à 161. La quatrième remonte à 183. La cinquième, la plus féconde dans tant de communes, l'est ici le moins : de 1833 à 1843, il n'y a que 148 naissances. De 1843 à 1863, nous en retrouvons 168 et 165. La décade 63 à 73 arrive au maximum 251. Enfin, de 73 à 83, nous avons 192.

L'anomalie est ici aussi complète que possible.

« Les traditions religieuses sont conservées à Etrez plus que dans tout autre lieu du département. (Réponse au *Questionnaire.*)

« La surface boisée en 1805 faisait la moitié du territoire, les défrichements l'ont réduite au quart. » (Réponse au *Questionnaire.*)

Etrez a 157 ménages dans 101 maisons, 138 fr. de revenu, paie 53 centimes en valeur de 31,36.

Au fief noble de Châtillon et à diverses églises avant 1789.

Foissiat, à 6 kilomètres au nord-est de Montrevel, à 2 myriamètres 3 kilomètres de Bourg.

Cette commune est la plus vaste de la Bresse après Marboz. Elle a 4,835 hectares. Son territoire, fort mamelonné, encore boisé à l'est, est arrosé par la Reyssouze et sept biefs : Bézentet, les Billardats, les Favières, les Queues, la Gravière, Saua-la-Morte, les Leschères. Il n'y a plus qu'un petit étang.

La population est disséminée dans 16 hameaux, selon la *Statistique*. La réponse au *Questionnaire* en connait 25. Elle est composée en majeure part de propriétaires. Il y a un domaine de 63 hectares, un autre de 70; ce dernier est à l'hôpital de Bourg.

Foissiat avait, en 1805, 2,318 habitants, il en a 2,722 en 1883. On a là le chiffre des naissances depuis 1635. Il se maintient entre 605 et 680 par décade, pendant tout le xvii° siècle. Pendant le xviii°, il fluctue assez peu entre 607 (de 1705 à 1715, guerre de la succession d'Espagne) et 688, chiffre de la décade allant de 1775 à 1785.

Il monte, de 1793 à 1803, à 1,070, — se maintient de 722 et 905 entre 1803 et 1853, — tombe à 695 de 63 à 73, — se relève à 716 de 73 à 83.

Cette population est répartie en 616 ménages avec 570 maisons, il y a donc ici plus de 4 têtes par ménage.

La commune a 4,035 fr. de revenu, paie 81 centimes en valeur de 140,95. Elle a donné naissance à Pierre Messon, paysan qui y a introduit la marne comme amendement et en a fait « un excellent pays de culture. » (*Statistique.*)

Le bourg a une grande église ogivale récemment bâtie.

Au XIe siècle, Foissiat était aux moines de Gigny ; au XIIIe à des seigneurs portant le nom et tenant *la poipe* de Foissiat, depuis aux La Baume-Montrevel.

JAYAT, à 4 kilomètres au nord de Montrevel, à 2 myriamètres 1 kilomètre de Bourg.

Cette commune, qui a 1630 hectares de superficie, est située sur la rive gauche de la Reyssouze entre ce cours et son affluent, le Reyssouzet. Elle contient 17 hameaux. Sa population est composée en majeure part de fermiers.

De 1,125 habitants en 1805, elle en compte 1,130 en 1883. Le nombre des naissances était, à Jayat, de 370 (par décade) à la fin du XVIIe siècle. Il s'est élevé, de1758 à 1768, à 488. De 1813 à 1843, il atteint presque le dernier chiffre. Depuis, il a constamment diminué, et de 1873 à 1883, il est descendu à 270. Ici encore il faut que la durée de la vie moyenne ait augmentée, puisque la population reste stationnaire.

Il y a à Jayat 289 ménages avec 286 maisons.

La commune a 743 fr. de revenu. Elle paie 60 centimes en valeur de 74,78 l'un ; et achève une église neuve en style ogival.

Elle est traversée du sud au nord par la voie ferrée dite de la Haute-Bresse, qui aura remplacé avantageusement la route où l'artillerie d'Henri IV faillit s'enliser dans des boues proverbiales.

Jayat a passé des seigneurs portant son nom aux sires de Bâgé, puis aux Loëse, qui le vendirent aux La Baume.

MALAFRETAZ, à 3 kilomètres au sud-est de Montrevel, à 1 myriamètre 6 kilomètres de Bourg.

Cette commune, qui n'a que 515 hectares de superficie, est en partie dans la vallée de la Reyssouze, en partie sur le plateau à l'ouest. Elle est coupée du sud au nord par le chemin de fer de la Haute-Bresse, et arrosée par la Reyssouze et le Salençon.

Sa population est composée en majeure part de fermiers. Pas d'exploitation ayant 60 hectares.

Il y avait 180 habitants en 1802. Il y en a 566 en 1883. Les naissances étaient 136 de 1702 à 1712. Elles atteignent 148 de 1746 à 1752, montent à 159 de 1823 à 1833, tombent à 114 de 53 à 63; se relèvent à 120 de 73 à 83.

Cette population est répartie en 150 ménages avec 110 maisons.

La commune a 149 fr. de revenu, paie 68 centimes, valeur 38,67.

Marsonnas, à 5 kilomètres à l'ouest de Montrevel, à 2 myriamètres 2 kilomètres de Bourg.

Territoire de 1,865 hectares, découvert, mamelonné, arrosé par le Reyssouze et le bief Bracan.

Un tiers de la population est propriétaire, un tiers fermier, un septième possède et afferme.

Les habitants étaient 1,267 en 1805; ils sont 1,227 en 1883. En 1825, ils étaient 1,369. — Le nombre des naissances s'est élevé à 615 de 1793 à 1803. — Entre 1833 et 1843, il varie de 532 à 547; — à partir de 1843, la décroissance est continue, le dernier chiffre de 73 à 83 n'est plus que de 327.

La population, répartie dans 8 agglomérations, a 318 ménages ayant 286 maisons. La commune a 212 fr. de revenu, paie 99 centimes ou valeur de 60,59.

Il y avait encore au bourg des cheminées dites sarrasines il y a 50 ans. Au XIIe siècle commençant, Marsonnas est donné par un croisé à l'église de Mâcon, qui dut s'associer en *pariage* aux sires de Bâgé pour se défendre (d'eux?) — Beyvier, maison forte, a passé des Beyvier aux Planet, aux Berbin, à un Joly, parlementaire de Dijon.

Saint-Martin-le-Chatel, à 8 kilomètres au sud-ouest de Montrevel, à 1 myriamètre 4 kilomètres de Bourg.

Territoire de 1,267 hectares, ondulé (un mamelon atteint 229 mètres), arrosé par le Reyssouzet.

La population, fort disséminée, est composée en majeure part de petits propriétaires. La propriété moyenne est à des forains. Pas de grands domaines.

Cette population était, en 1805, de 813 habitants, elle en a 902. Le nombre des naissances est, au XVIIIe siècle, d'environ 330 par décade. De 1793 à 1803, il est de 337. De 1803 à 1813, il fluctue un peu au-dessous de 300. Il descend de 43 à 83, peu à peu, à 193. Il a donc diminué du tiers. L'accroissement de la population vient donc de l'augmentation de la durée de la vie.

Cette population a 212 ménages, 172 maisons (plus de 4 têtes par ménage). — La commune a 191 fr. de revenu, paie 100 centimes en valeur de 47,66. Elle a une compagnie de sapeurs-pompiers. — Eglise neuve.

Au moyen-âge, Saint-Martin passe des Templiers aux chevaliers de Saint-Jean-de-Jérusalem.

ERRATA DU CAHIER PRÉCÉDENT

Page 122, ligne 12 : *le Solnan*, lire le Sevron.
Page 123, ligne 4 : *du Suran*, lire du Solnan.

Canton de Pont-d'Ain

Ce canton est composé de deux parties fort dissemblables : de ses onze communes, cinq sont en montagne, six en plaine ; les premières occupant l'extrémité sud des deux chaînes du Revermont ; les secondes le plateau, boisé en grande partie, situé entre la Reyssouze et la Veyle.

Grande diversité de sol, argileux, siliceux, calcaire et graveleux sur les bords de l'Ain, qui à l'est longe le canton 18 kilomètres durant.

Le triangle qui a pour base la ligne de Neuville à Journans, pour sommet Priay, est cultivé en vignes surtout. Journans et Gravelle (hameau de Saint-Martin) produisent des vins estimés.

Cultures : froment, maïs, avoine, orge, prés naturels et artificiels, arbres fruitiers. Bois à l'ouest avec 269 hectares d'étangs (en eau et à sec alternativement).

Carrière de lignite à Soblay (commune de Saint-Martin)

La propriété, dans ce canton, est très morcelée, surtout dans la montagne et la petite culture y domine. Il reste cinq grands domaines dans la plaine.

La surface du canton est de 17,578 hectares, inférieure de 3,292 à celle du canton de Montrevel; le nombre des cotes foncières, qui est 6,874, est plus élevé de 573. Près de la moitié de ces cotes (3,138) appartient à des forains.

Il y a dans le canton 2,727 feux — 1,538 chefs

de famille faisant valoir directement ou cultivant eux-mêmes leurs terres — 223 fermiers et colons partiaires — 105 vignerons ou ouvriers cultivateurs — 153 familles, avec 400 têtes, sont secourues par les bureaux de bienfaisance.

Le canton est essentiellement agricole. Le commerce est restreint aux objets de consommation. L'industrie est plus active. Il y a plusieurs tuileries et fours à chaux — une usine à fabriquer du verre trempé — quelques métiers pour tissage de soie (à Neuville) — sur l'Ain, 4 moulins à blé et à huile avec 26 paires de meules et 2 cylindres — Sur le Suran, 5 moulins à blé, 3 à huiles de 18 paires de meules et 4 cylindres — sur la Veyle, 5 moulins à 3 paires de meules — sur la Reyssouze, 4 moulins à 11 paires de meules — sur les ruisseaux, 7 moulins à 12 paires de meules. On fabrique à Oussiat des manches de parapluies — à Pont-d'Ain des vitraux de couleur.

La population du canton était, en 1805, de 9,006 habitants (la commune de Rignat étant distraite pour être réunie au canton de Ceyzériat).

Elle est, au dernier recensement, de 10,172. Elle s'est donc accrue d'un neuvième. Cette augmentation se répartit sur sept des onze communes du canton. Les quatre autres diminuent. Des sept, est Pont-d'Ain, qui doit peut-être ce bénéfice à sa gare, la seule active de la voie de Paris à Genève qui coupe le canton du nord-ouest au sud-est. — Et Dompierre et Certines, limitrophes de la Dombes, qui le doivent sans doute aux dessèchement de leurs étangs et défrichement de leurs bois.

Pont-d'Ain, à 2 myriamètres 1 kilomètre au sud de Bourg.

La construction du pont qui relia le premier les deux parties de la province amena, on l'a vu plus haut, celle du château.

Au pied de la forteresse, sur une étroite bande de terrain entre l'Ain et la montagne, se forma tard une bourgade relevant au spirituel d'Oussiat, ancien prieuré de Gigny, ayant titre de paroisse.

Au commencement du XIXe siècle, Pont-d'Ain n'était encore qu'une rue étroite et tortueuse, fermée aux deux bouts par deux portes, celle *de France* à l'ouest, celle *de Savoie* à l'est ; sans autre enceinte que celle formée par les maisons crénelées dont la rivière, aux crues, battait les murailles presque sans ouvertures. Une vue du XVIIe siècle montre le chevet de la chapelle de l'Assomption saillant sur la rive, imprudemment ; les eaux la minèrent et la firent subitement crouler. Le cœur de Philibert-le-Beau, confié au petit sanctuaire, alla nourrir les brochets.

Le pont du Moyen-Age avait été entraîné aussi et remplacé par un bac à *traille*, ne mettant pour passer les voyageurs d'un bord à l'autre pas bien plus d'une demi-heure. La transformation de Pont-d'Ain en ville moderne date du remplacement de cette machine primitive par un pont suspendu. La création de la voie ferrée de Mâcon à Genève, qui a une station ici, l'a accélérée. Il s'est construit un Pont-d'Ain nouveau, aéré et gai, à l'ouest de l'ancien. Un quai vient le défendre contre les caprices de la rivière.

Le vieux quartier a été doté d'une église neuve assez belle. Une mairie, une école sont sorties de terre. Un pont *de pierre*, longtemps sollicité de l'Etat, va remplacer le pont de 1830, ruiné par un récent méfait de l'Ain : il achèvera de rendre légendaires ces incartades et le temps où Voltaire, allant de Ferney à Paris, attendait que *le Din* (sic) fut rentré dans son lit pour passer cette *traille* dont j'ai usé vingt fois.

La commune de Pont-d'Ain a 1,112 hectares de superficie. Une moitié est sur la dernière colline du Revermont, l'autre en vallée ou plaine. Elle est abreuvée par l'Ain, le Suran et l'Oiselon, ruisseau affluent de l'Ain.

La population est composée de propriétaires en très grande majorité. Elle comptait, en 1805, 1,150 têtes. Elle en a 1,404, répartis en 400 ménages avec 344 maisons. (Le hameau d'Oussiat a 200 habitants).

Pont-d'Ain a un octroi, un revenu de 4,726 fr. Il paie 105 centimes en valeur de 87.61.

Il a une compagnie de pompiers et une Société de secours mutuels.

L'accroissement de la population est d'un cinquième. Il est à craindre qu'il ne soit dû à la voie ferrée et à la gare, la seule de quelque importance entre Ambérieu et Bourg. La réponse à notre *Questionnaire* est muette là-dessus, et le tableau des naissances, qu'on nous a donné presque partout, nous a été refusé ici.

CERTINES, à 1 myriam. 2 kilom. au nord-ouest de Pont-d'Ain, à 1 myriam. de Bourg.

Son territoire, de 1,590 hectares, est sis au nord-est du massif boisé qui va de Bourg à la rivière d'Ain. Il est encore assez pourvu de bois, mais ses étangs sont pour la plupart desséchés et mis en culture. Il est coupé de l'ouest à l'est par la Léchère, affluent de la Reyssouze.

114 maisons, 141 ménages, 525 habitants, en 1805, 370.

Des restes de la maison où Edgar Quinet a grandi existaient encore il y a vingt ans.

DOMPIERRE, à 1 myriam. 4 kilom. à l'ouest de Pont-d'Ain, à 1 myriam. 7 kilom. de Bourg.

Cette grande commune, de 2,909 hectares, est à cheval sur la Veyle et tient ses deux versants, celui à l'est, en grande partie couvert de bois, jadis semé d'étangs, dont il ne reste plus que trois petits. Sa population est extrêmement disséminée (*huit* hameaux selon la statistique, la réponse au *Questionnaire* en nomme *quarante*). Elle se compose en majeure part de fermiers. Il reste deux domaines ayant plus de 60 hectares.

En 1805, Dompierre avait 685 habitants, il en compte 1,132. L'augmentation est de plus de moitié. On peut l'attribuer, pour partie au moins, aux dessèchements d'étangs et défrichements de bois. Quant aux naissances, la réponse au *Questionnaire* me laisse sans renseignement aucun.

Il y a 271 ménages avec 219 maisons. La commune a 365 fr. de revenu, paie 120 cent. en valeur de 40.10. Elle a une Société de secours.

Dompierre était en partie à l'Eglise, en partie à la baronnie de Belvey, dont le manoir est aux Marron depuis 1728.

DRUILLAT, à 3 kilom. de Pont-d'Ain; à 1 myriam. 9 kilom. de Bourg.

Cette commune, de 2,072 hectares, est assise entre le mont

Margueron, le point le plus élevé de la Cotière (377 m.) à l'ouest, et les déclivités du Revermont à l'est, au milieu de paysages fort gracieux. Elle est arrosée par le Suran, le Durlet, le bief de la voirie de l'étang, et compte en outre six sources. Il y reste des bois et deux étangs, une partie du territoire est en vigne.

La population est composée en majorité de petits propriétaires peu aisés. Il y a quatre domaines de plus de 60 hectares.

Cette population, répartie en six ou sept agglomérations, 325 ménages, 305 maisons, comptait, en 1805, 835 têtes. Elle en a, en 1883, 1,156. Le chiffre des naissances, de 288 entre 1793 et 1803, descend à 269, chiffre minimum entre 1823 et 1833; il est 345 de 33 à 43, 308 de 43 à 53, 325 de 53 à 63; 348, chiffre maximum, de 63 à 73, 339 de 73 à 83. Il serait curieux d'examiner de près les causes (toutes locales) qui ont amené ici des résultats si peu semblables à ceux que nous voyons ailleurs.

Druillat a 657 fr. de revenu, paie 103 cent. en valeur de 43.43. Il a deux Sociétés de secours mutuels.

Il appartenait en partie aux Templiers de Molissol, dont le manoir encore existant est nommé le Temple.

JOURNANS, à 1 myriam. 4 kilom. nord de Pont-d'Ain, 1 myriam. 4 kilom. de Bourg.

Nous nous rapprochons de la région qui se dépeuple. Cette petite commune, de 243 hectares de superficie seulement, est assise dans un bassin étroit du Revermont occidental, où la Reyssouze sort de terre sous une cime encore boisée. (Elle recevra plus bas le Chalix, qui arrose le nord de la commune). Le sol, cultivé en vigne principalement, et donnant un vin estimé dans la région, est très morcelé. Le territoire en culture, ayant 236 hectares, contient 3,599 parcelles distribuées en 107 exploitations, dont 54 au-dessous d'un hectare ; 51 d'un hectare à 5; 2 de 5 à 10 hectares. La population est composée de propriétaires en majeure partie. Elle était, en 1805, de 402 têtes ; en 1881, il n'y en a que 370, divisées en deux agglomérations, 114 ménages, 114 maisons.

Les naissances étaient 131 de 1793 à 1803, de 119 entre 1823 et 1833, de 87 entre 1833 et 1843. Elles tombent à 65 de 1843 à 1853, et depuis varient de 63 à 66 par décade. La réponse au *Questionnaire* dit que cette diminution est voulue.

La commune a 1,481 fr. de revenu, paie 61 cent. de 20.31 l'an. Elle a 2 moulins, une machine à battre à vapeur, une scierie. Il y a à Journans une Société de secours mutuels.

Saint-Martin-du-Mont, à 1 myriam. au nord de Pont-d'Ain; 1 myriam. 6 kilom. de Bourg.

Grande commune de 2,800 hectares avec 9 hameaux. Son territoire, arrosé par le Suran et une quinzaine de sources, est en partie sur le haut du plateau bressan, en partie sur la première chaine du Revermont, y compris le versant oriental pendant sur le Suran. La vigne est la principale culture de cette seconde partie: le vin blanc mousseux de Gravelle a quelque renom.

La population est composée de propriétaires en majeure part, ne comprend qu'une douzaine de fermiers, un métayer. Deux domaines ont plus de 60 hectares. Elle était, en 1805, de 1,735 personnes et en a 1,700 en 1881. Les naissances tombent de 632 entre 1792 et 1802 à moins de moitié, 312 entre 1873 et 1883.

Elle est répartie en 451 ménages avec 443 maisons. La commune a un revenu de 1,735 fr., paie 106 cent. en valeur de 65.29.

Le bourg, assis sur un gradin de la première chaine, domine la plaine (on l'avait nommé Bellevue en 1793). Il a une église ogivale récente assez jolie.

Mentionnons la carrière de lignite de Soblay sur le versant est de la première chaine, et au pied de celle-ci, au bord du Suran, l'*abri* de Châteauvieux, découvert et fouillé en 1881 par des membres des Sociétés d'Emulation et de Géographie de l'Ain. Les silex et les débris d'animaux quaternaires y abondent.

Saint-Martin fut à l'abbaye d'Ambronay, puis dépendit de la baronnie de Pommier, dont la maison forte l'avoisine. Il y avait sur son territoire deux autres fiefs, Chateauvieux et Chiloup, dont les manoirs subsistent.

NEUVILLE-SUR-AIN, à 7 kilom. au nord-est de Pont-d'Ain, à 2 myriam. 7 kilom. de Bourg.

Le territoire de cette commune a 1,078 hectares de superficie. Il est tout entier en montagne, cotoyé à l'est par l'Ain, à l'ouest par le Suran, divisé en sept hameaux, et cultivé en vigne et céréales.

La population est composée de propriétaires principalement. Elle était de 1273 personnes en 1805, et de 1,488 au dernier recensement. Les naissances au XVIIIe siècle commençant sont environ 300 par décade, elles vont à 373 de 1730 à 1740. Entre 1790 et 1800, il y en a 519 ; entre 1800 et 1810, il y en a 420. A partir de 1810 et jusqu'en 1850, elles varient entre 325 et 359. Entre 50 et 60, elles tombent à 270, se relèvent depuis à 304 et 329.

Neuville a 415 ménages, 390 maisons ; 1,181 fr. de revenu, paie 92 cent. de 62.22 l'un.

Le pont de deux arches en pierre est le premier horizontal construit dans l'Ain ; sa construction, sous Louis XVI, fut un événement.

Neuville, très anciennement aux archevêques de Lyon, dépendit plus tard de la baronnie de Fromente, dont la tour croule dans le Suran, comme celle de Saint-André, jadis aux Coligny. Au sud du bourg était une troisième seigneurie, celle de Thol, dont la maison forte en ruines domine l'Ain, et par-delà un immense paysage.

Les bords de l'Ain et du Suran sont ici charmants.

PRIAY, à 8 kilom. au sud-ouest de Pont-d'Ain, à 2 myriam. 7 kilom. de Bourg.

Cette commune est située presque tout entière sur la Cotière et son versant est, que borde l'Ain, où descendent quatre ruisseaux, l'Ecottay, le petit et le grand Durlet, et Brinettant. Plus de la moitié du territoire, de 1,573 hectares, est en bois.

La population, répartie entre neuf hameaux, est composée de propriétaires en majeure part. Il reste quinze domaines de plus de 60 hectares. En 1805, il y avait 974 habitants à Priay; il y en a 1,018 en 1881.

Les naissances au XVIIe siècle varient entre 177 et 337 par décade. Elles tombent après la dernière guerre de Louis XIV (1708 à 1718) à 219. Pendant le XVIIIe siècle, elles se rapprochent de 400, qu'elles dépassent de 1782 à 1802. Elles se maintiennent de 1802 à 1853 au-dessus de 300. Pendant les trois dernières décades, elles tombent à 275 — 307 — 238.

Il y a à Priay 290 ménages, 272 maisons. La commune a 123 fr. de revenu, paie 140 cent. en valeur de 37.47.

Priay était aux seigneurs de Varambon. En 1595, il fut ravagé par Biron ; en 1603, il n'y avait que 16 ménages.

TOSSIAT, à 1 myriam. 2 kilom. au nord-est de Pont-d'Ain, à 1 myriam. 1 kilom. de Bourg.

Le territoire de cette commune a 1,017 hectares ; il est en majeure partie sur le plateau bressan, arrosé par la Reysouze et une source nommée la Chanaz. Une partie est cultivée en vignes. Selon la statistique, Tossiat a deux hameaux. La réponse au *Questionnaire* lui en donne treize.

La population est composée presque uniquement de propriétaires. Il n'y a que dix fermiers. Elle était de 621 têtes en 1805 ; elle en compte, en 1881, 655. Cependant, le nombre des naissances là a rapidement décru. De 208 entre 1813 et 1823, il descend de dix en dix ans dans la progression suivante : 208 — 173 — 195 — 151 — 163 — 131.

Il y a à Tossiat 176 ménages avec 164 maisons. La commune a 935 fr. de revenu, paie 67 cent, en valeur de 31.

Le bourg était fortifié comme Pérouges, Lagnieu, etc., c'est-à-dire que les maisons, closes sur la campagne et crénelées, formaient enceinte.

Tossiat a passé de La Tour-du-Pin aux La Palud, de Varambon.

La Tranclière, à 1 myriam. 1 kilom. au nord-ouest de Pont-d'Ain, à 1 myriam. 2 kilom. de Bourg.

Le territoire de cette commune, couvert de bois en très grande partie, a 1,475 hectares. Il est arrosé par trois biefs, les Pisseurs, les Marais, Cochet. Il y reste trois étangs seulement ; les autres, fort nombreux, sont desséchés et plantés en bois.

Il reste dix fermes. Les habitants sont presque tous propriétaires. Ils étaient 361 en 1805, ils sont 292 en 1881. Les naissances sont 140, 122, 114, 90. dans les quatre premières décades du siècle. De 33 à 48, elles sont 99 ; de 43 à 53, elles sont 123 ; 122 de 53 à 63 ; de 63 à 73, elles tombent à 85.

La commune a 56 fr. de revenu, paie 159 cent. valant 16.20.

La Tranclière fut ravagée par Biron en 1595. Il n'y avait plus en 1603 que 6 ménages. Les habitants, en partie de mainmorte, dépendaient de la terre de Varambon.

Varambon, à 3 kilom. sud-ouest de Pont-d'Ain, à 2 myria. 3 kilom. de Bourg.

Le territoire de Varambon, de 795 hectares, est sis sur la partie la plus élevée de la Cotière, boisée encore, et sur son versant est cultivé en vigne. Il est bordé par l'Ain et arrosé par quelques sources.

La population, répartie en trois ou quatre hameaux, est propriétaire en majeure part. Il reste deux domaines de plus de 60 hectares.

Les habitants étaient 484 en 1805 ; en 1831, ils sont 430.

Les naissances descendent de 1802 à 1813, se relèvent de 13 à 53, baissent de nouveau de 53 à 73. La dernière décade est meilleure.

Il y a 127 ménages avec 120 maisons. La commune a 890 fr. de revenu, paie 77 centimes valant 18.32. Le bourg était clos de murs ; il a dépendu cinq siècles de la grande famille de la Palud, qui a donné trois hommescélèbres, un militaire au xve siècle et deux d'église aux xive et xve.

En 1595, Varambon, détruit par Biron, n'avait plus que 14 habitants.

Canton de Pont-de-Vaux

Le canton de Pont-de-Vaux est une terrasse de 200 à 210 mètres de hauteur, pendant doucement à l'ouest sur la prairie de la Saône, dont le niveau est 170, coupée à son milieu, et de l'est à l'ouest par la vallée et la prairie de la Reyssouze (180^{m}), limitée au nord par la vallée et la prairie de la Seille (184^{m}).

Sa surface totale est de 14,581 hectares.

Le sol argileux, sablonneux, fait en bonne partie de calcaire d'alluvion, et profond, produit en abondance les céréales, les plus beaux chanvres du département, un peu de vigne sur les pentes de la terrasse. Une moitié peut-être est en prairies. L'extrémité sud-est du canton est encore boisée.

Il reste 8 étangs, dont 2 sur Chevroux. Le grand étang de 68 hectares, construit par un sire de Bâgé en 1247 et appartenant aux Augustins de Brou, est desséché.

La population du canton était, en 1805, 12,423. Elle est aujourd'hui 12,179. Elle est répartie en 12 communes, 3,545 ménages avec 2,857 maisons.

La décroissance est minime : on peut regarder, sous ce rapport, le canton comme stationnaire. Quatre de ses douze communes, toutefois, augmentent : ce sont Chavannes, Chevroux, Ozan et Sermoyer.

Le sol appartient en majeure part aux habitants dans sept communes. Il est cultivé par des fermiers en cinq.

Il reste dans le canton huit domaines de plus de 60 hectares, dont six sur le seul Chevroux sont les restes d'anciens fiefs.

Ce canton est un des plus producteurs du département. Ses marchés étaient des plus actifs. La création des deux voies ferrées, de Bourg à Mâcon et de Bourg à Chalon, a été préjudiciable à ces marchés en les restreignant aux produits des communes du canton.

Pont-de-Vaux, à 3 myriam. 7 kilom. au nord-ouest de Bourg.

A l'endroit où la Reyssouze, sortant de sa petite vallée, s'épandait sur la prairie basse qui longe la Saône ; aussi tard que le XIIe siècle, un pont mettant en communication les deux rives et les deux plateaux qui les dominent fut construit, le premier peut-être ayant existé sur la moitié inférieure de notre rivière. Il y avait là déjà un hameau chétif appelé Vaux (*valles*) Le pont dut aider à faire du hameau dépendant de Saint-Bénigne un village de quelque importance.

Aujourd'hui encore, mais bien plus au XIIe siècle, un village sans église était impossible. Pour faire une église à Pont-de-Vaux fut arrangé un miracle fait aussi à Bourg, vers le même temps, pour les mêmes fins. Une Vierge existe par là dans un saule. On lui donne en l'église paroissiale, Saint-Bénigne, un logement plus décent (que l'arbre, fétiche primitif). Elle tient à son saule et y retourne. On lui construit alors à côté du gite affectionné par la déesse (ou par ses adorateurs), une chapelle qui devient Notre-Dame-de-Vaux.

Le pont, la chapelle et aussi la fécondité d'un sol profond, bien arrosé, sont les trois facteurs qui ont créé la seconde ville de la Bresse ; au XVIIIe siècle, un canal la mettant en communication avec la Saône et une chaussée latérale achèvent de donner de l'importance à ses marchés.

La petite ville est sise sur la rive droite de la Reyssouze. Elle est mieux percée et aérée que le chef-lieu, plus propre aussi, et par là plus saine. Ses trois places, la large rue qui les relie; des édifices publics sans luxe, mais vastes, bien appropriés à leur destination, l'hôtel-de-ville, musée et bibliothèque ; la halle au blé construite par Racle, le collége communal, l'hospice construit par Poisat, la statue de Joubert, le buste de Chintreuil, une belle promenade menant à l'ancien établissement de l'Arquebuse, devenu celui de la Société de tir, constituent un ensemble comme dans l'Ain je n'en sais pas deux.

Entre autres choses enviables, notons cette salle du Conseil où vingt portraits d'enfants de Pont-de-Vaux, distingués, sont rangés fraternellement, d'où Deydier, conventionnel *votant* ne chasse ni l'amiral

Decourt, ni Bertin de Vaux, le vieux *seigneur*, ni Poisat, le député bourgeois. Sur la cheminée est un gant taché du sang de Joubert, au musée un buste en terre cuite garde ses traits ; ses restes sont dans la petite église.

Il y a aussi là sur l'autel deux anges attribués à Coustou, des peintures de Lagrenée, venant de la chartreuse de Montmerle. Un Murillo authentique, donné par M. Poisat, décore l'hôpital. N'oublions pas un beau Chintreuil et une terre cuite de Racle au musée. Quelques maisons gardent des cheminées, des vases en *argile-marbre* du potier auquel Voltaire accordait *du génie* et qui a construit le canal de Pont-de-Vaux.

Decourt, Borjon, Textor, Guichelet, Deydier sont des enfants de la féconde petite cité.

La commune a 762 hectares, 4 hameaux, 929 ménages, 454 maisons. La population rurale est composée de fermiers sur le plateau, de petits propriétaires sur les versants; il y en a 324 dans la commune. Une propriété de plus de 60 hectares appartient à l'hôpital. Il y a 635 cotes foncières, dont les forains ont 332. La ville a un octroi, un revenu de 55,646 fr. Elle paie 22 cent. en valeur de 226.82 l'un. 120 personnes sont secourues par le bureau de bienfaisance. Il y a une Société de secours mutuels.

La population était, en 1805, de 2,830 personnes. Elle est, en 1883, de 2,996.

Le chiffre des naissances, de 1792 à 1803, est 1,159. Jusqu'en 1843, il se maintient entre 895 et

941. Depuis, la décroissance est continue. De 1873 à 1883 le nombre est 617.

Les franchises de Pont-de-Vaux, dues à un Bâgé, sont de 1250. — En 1521, le duc de Savoie donne la terre, érigée en comté, aux Gorrevod, qui seront faits ducs en 1623. Elle passe aux Bauffremont, qui la vendent aux Bertin.

Arbigny, à 6 kilom. au nord de Pont-de-Vaux, à 4 myriam. 6 kilom. de Bourg.

Cette commune a 1,747 hectares de superficie, dont une moitié peut être dans la prairie, une moitié en cultures, vignes et bois. Il y reste trois étangs, d'où sortent trois biefs : Buttière, la Rue, Monnayeux. Le sol est argileux, sablonneux et calcaire. Il y a au Bourg et dans les 11 hameaux 162 propriétaires, 72 fermiers. Deux gros domaines font le vingtième du territoire ; à cela près la terre est morcelée. 1,119 cotes foncières. Aux forains, 901. Quatre moulins.

La population, répartie en 283 ménages, avec 198 maisons, est tombée de 1,055 en 1805 à 770 en 1881. Les naissances sont ici, au XVIIe siècle, de 200 à 250 par dizaine d'années. — Au XVIIIe, elles sont de 310 en 1701-1713, de 377 de 1781 à 1793. A partir de 1793 elles décroissent lentement jusqu'en 1833 ; rapidement de 1833 à 1873. — Entre 1873 et 1883, elles se relèvent un peu, il y en a 199.

La commune d'Arbigny a 3,505 fr. de revenu. Elle paie 25 cent. en valeur de 66 20.

Arbigny apparaît au Xe siècle. Il dépend de la seigneurie de Chavannes. Une poipe.

Saint-Bénigne, à 4 kilom. au nord-est de Pont-de-Vaux, à 4 myriam. 1 kilom. de Bourg.

Cette commune a 1,086 hectares de surface. Le sol, sablonneux, argileux, calcaire, est pour un tiers environ dans la prairie ; le reste est cultivé en céréales, chanvre et vignes. Il est bordé par la Saône à l'ouest, la Reyssouze au sud et traversé par le ruisseau de Longelys.

La population, répartie en 9 hameaux, avec 311 ménages, 291 maisons, est composée en majeure part de propriétaires. Deux grandes propriétés, l'une au-dessus de 60 hectares, et six moyennes forment un quart du territoire ; elles sont affermées. Il y a 841 cotes aux habitants ; 557 aux forains.

En 1805, il y avait à Saint-Bénigne 1,271 habitants ; il y en a, en 1881, 1,139.

Le nombre des naissances était de 510, de 1698 à 1708 — de 565, de 1783 à 1792. — Il décroit constamment depuis, sans temps d'arrêt, il n'est plus, de 1873 à 1885 que de 255, ayant diminué de moitié. La population étant presque stationnaire, il faut que la moyenne de la vie se soit accrue notablement.

La commune a 3,871 fr. de revenu. Elle paie 17 cent. en valeur de 78 53.

Eglise romane construite par M. Poisat, il y a 50 ans. — Saint-Bénigne était à l'abbaye de Tournus.

Boissey, à 1 myriam. au sud-est de Pont-de-Vaux, à 3 myriam. 3 kilom. de Bourg.

Boissey est dans un terrain relativement accidenté, argileux, boisé, coupé par les biefs de Loize et des Bronds. Il y reste deux étangs. La commune a 931 hectares de superficie. Sa population, dispersée dans six hameaux, est composée en majorité de fermiers. Le sol est morcelé pour les 3 cinquièmes. Six grandes propriétés (inférieures à 60 hectares), affermées, occupent les deux autres. La population est pauvre, il y a 25 familles secourues.

Il y avait, en 1805, 601 habitants ; il y en a 537. Les naissances, qui sont 213 de 1793 à 1803, décroissent constamment jusqu'en 1858-1862 où elles descendent à 132. Elles remontent pendant les décades suivantes à 161 et 172.

Il y a à Boissey 127 ménages, 117 maisons. 325 cotes foncières aux habitants, 212 aux forains. Le revenu de la commune est de 152 fr. Elle paie 111 cent. en valeur de 28 01. Le bureau de bienfaisance a 106 fr. de revenu.

Boissey a appartenu successivement à Gigny, à Cluny, puis aux seigneurs de Chavannes.

Boz, à 4 kilom. au sud de Pont-de-Vaux, à 1 myriam. de Bourg.

La commune a 761 hectares de superficie. Son sol, argileux et sablonneux est arrosé par la Saône et les deux biefs de la Jutane et de la Rieuse, il y reste deux étangs décorés du nom de lacs (les Frêtes, la Rieuse). Grandes et productives cultures d'asperges.

La population est agglomérée au Bourg, composé de quatre quartiers. Elle est en majorité propriétaire. Deux tenures, une grande et une moyenne, occupent une part notable du territoire. Il y a à Boz 222 ménages, 176 maisons, 440 cotes aux habitants, 222 aux forains.

Il y avait à Boz, en 1805, 788 habitants. Il y en a, en 1881, 701. Les naissances, pendant le XVIIIe siècle, flottent entre 250 et 300 par décade. De 1793 à 1803, elles sont 296. Depuis elles décroissent de 1833 à 1883, époque où elles se relèvent ailleurs, elles descendent à 181. — Le chiffre minimum est de 141, de 1853 à 63. — Celui de la dernière décade est 155.

La commune a un revenu de 1989 fr. Elle paie 29 cent. en valeur de 46 33.

Les Sarrazins. Un problème d'ethnologie nous attend à Boz. Pour quelques coutumes singulières, un costume particulier, quelques mots patois bizarres et l'habitude, conservée jusqu'au milieu du siècle, de ne se marier qu'entre eux, les *Burrhins* et les *Chizerotes* (habitants d'Uchizy en Mâconnais, assez voisins) étaient présumés d'origine sarrazine.

Les *Cagots* du Béarn, les *Colliberts* de l'Ouest, les *Caqueux* bretons, les *Marons* d'Auvergne étaient dans le même cas pour les mêmes causes vraisemblablement.

A la fin du XVIIIe siècle, un érudit voulut établir scientifiquement la présomption accréditée. Il ne savait pas d'arabe, et sur les mœurs, les croyances, le costume des Arabes n'avait pas les notions courantes à notre époque, où on sait un peu de tout cela et où on a lu au moins le Coran dans quelque traduction. De ce chef déjà son mémoire n'existe pas.

L'hypothèse d'une poignée d'envahisseurs du VIIIe siècle prisonnière, épargnée, convertie, attachée au sol, gardant ses coutumes, n'est pas historique : 1° les Arabes ne se convertissent pas ; 2° la politique de ces temps avec eux est contenue tout entière dans un vers de la *Chanson de Roland*, il résume le discours de Turpin contenant et absolvant l'armée en masse : « *Par pénitence les cumandet à férir* ». Pour pénitence il leur ordonne de tuer les sarrasins.

Un officier qui a vu l'Afrique veut que les Burrhins soient des Kabyles chrétiens (il y en avait parmi les envahisseurs), reconnus pour tels, et épargnés. C'est une supposition ingénieuse.

Il y aurait lieu de la soumettre : à la Société d'anthropologie. Elle a créé une science, lui a trouvé des règles. Les inductions, les conjectures, en ces matières, ne sont plus de mise.

CHAVANNES-SUR-REYSSOUZE, à 5 kilom. à l'est de Pont-de-Vaux, à 3 myriam. 6 kilom. de Bourg.

Cette commune a 1,652 hectares de superficie. Elle est composée de trois parties distinctes : le fond de la vallée de la Reyssouze, qui est en prairies (150 hectares); le versant nord du bassin richement cultivé et peuplé ; le plateau au sol argileux et compact « jadis en friche, partagé récemment aux habitants de la commune par feu et proportionnellement au nombre des naissances » *(Questionnaire)*. Deux biefs, Berlaton et les Murisères, affluents de la Reyssouze, sont à sec l'été. — La propriété est très divisée. Sur 252 exploitations, 242 sont cultivées par leurs propriétaires, 10 par des fermiers. Il y a 4 grandes fermes. Le sol passe pour le mieux cultivé et le plus productif du canton.

La population est répartie en 7 hameaux. Corcelles a 260 habitants ; Giffe, 150 ; tandis que le chef-lieu n'en a que 111. Elle était, en 1805, de 1,052. Elle est de 1,163, répartie en 302 ménages, avec 292 maisons. Le nombre des naissances, d'environ 400 par décade pendant la première moitié du XVIIIe siècle, dépasse un peu 500 de 1782 à 1792, et de 1792 à à 1805. Il baisse depuis jusqu'en 1863 (il est de 273 de 1853 à 63). Il se relève un peu depuis et arrive à 293 de 1873 à 83.

L'accroissement de la population est attribué au défrichement du plateau.

Chavannes payait, en 1714, 3,172 l. 6 s. au Roi. Le revenu du sol était évalué 3,000 l. — dont l'impôt prenait le dixième. Les fermages, plus nombreux alors qu'aujourd'hui, en prélevaient plus de moitié (17,000 l.). Chavannes a 192 fr. de revenu, paie 105 cent. en valeur de 56 13.

Chavannes était, au XIIe siècle, une seigneurie en toute justice à une famille qui en portait le nom. Elle a passé depuis aux Mareste et aux Grippiere.

CHEVROUX, à 5 kilom. sud de Pont-de-Vaux, à 3 myriam. 4 kilom. de Bourg.

Le territoire de Chevroux, au nord-ouest du plateau bressan, est peu accidenté, arrosé par le bief de la Perouse. Il a 1,721 hectares. Le sol est sablonneux et argileux, couvert de céréales, prés, vignes et bois. Deux étangs.

Une moitié est morcelée ; six anciens fiefs sont aujourd'hui convertis en six grosses fermes de plus de 60 hectares. Il y a peu de propriétaires ; 30 familles d'ouvriers ; 25 personnes secourues. Sur 580 cotes foncières, 165 appartiennent aux forains.

La population, distribuée en 11 hameaux, en 230 ménages,

avec 213 maisons, était, en 1805, de 832 habitants. Elle en compte 1,017. De 1793 à 1802, il y a à Chevroux 482 naissances. Ce chiffre décroit jusqu'à 1813, se relève de 43 à 53 à 430; tombe à 328 et 329 pendant les deux décades suivantes et se relève à 347 de 73 à 83.

Chevroux a 5,067 fr. de revenu, paie 30 cent. valant 43 13.

L'histoire de Chevroux remonte à la fin du xe siècle. Au début, l'abbaye de Tournus y règne; à la fin, le territoire dépend moitié de la terre de Pont-de-Vaux, moitié du marquisat de Bâgé.

Saint-Etienne-sur-Reyssouze, à 5 kilom. de Pont-de-Vaux, à 4 myriam. 1 kilom. de Bourg.

Commune de 1,882 hectares, sur le versant du plateau qui pend vers la Reyssouze, arrosée par cette rivière et ses deux affluents descendant du sud au nord, le bief d'Enfer et le bief d'Ouche. Le sol argileux est cultivé en céréales; le maïs y prospère. Il est morcelé pour moitié. Les deux cinquièmes sont cultivés par les propriétaires. Il reste à Saint-Etienne sept grandes propriétés affermées. Sur 412 cotes, il y en a 218 aux forains. Quinze indigents.

La population, disséminée en sept hameaux, compte 201 ménages, a 192 maisons. Elle était, en 1790, de 706 habitants, en 1805, de 882; elle en a 861. Le nombre des naissances était, de 1802 à 13, de 330. Il commence à décroître de 1823 à 38, tombe à 210 de 53 à 63, se relève à 247 de 63 à 73, et à 250 de 73 à 83.

La commune a 205 fr. de revenu, paie 80 cent. en valeur de 56.98.

Saint-Etienne a été successivement aux comtes de Genève, puis aux La Baume-Montrevel.

Gorrevod, à 2 kilom. au sud de Pont-de-Vaux, à 3 myriam. 7 kilom. de Bourg.

Cette commune, dont on a détaché celle de Reyssouze en

1818, n'a que 680 hectares de superficie. Elle est sise sur la déclivité nord du plateau s'abaissant pour donner passage à la Reyssouze, et arrosée par trois biefs, ses affluents, Pétuisard, Ouche et Rollin. Le sol est argileux, sablonneux, peu accidenté, avec quelques mamelons à l'est. Prés, bois et vignes.

Une moitié du territoire est morcelée. Les trois cinquièmes sont cultivés par les propriétaires. Il reste deux grands domaines (de 160 hect. ensemble) affermés, en outre 4 domaines de grande culture, 8 de culture moyenne. Il y a à Gorrevod 20 familles d'ouvriers, dont un quart possède quelque chose. Quinze personnes sont secourues. Sur 501 cotes, les forains en ont 336.

La population de Gorrevod est distribuée en 7 hameaux. Elle compte 151 ménages avec 121 maisons. En 1805, Gorrevod (avec Reyssouze) comptait 1,599 habitants. Les deux communes en ont aujourd'hui (ensemble) 1,443. Les naissances à Gorrevod (depuis la séparation) sont 195 de 1843 à 1853, elles tombent à 126 de 63 à 73, remontent à 142 de 73 à 83.

Gorrevod a 1,229 fr. de revenu, paie 49 cent. valant 86.14 l'un.

La communauté est mentionnée à la fin du XIe siècle. La seigneurie du XIIe est restée [illegible] ans dans la même famille.

OZAN, à 5 kilomètres au sud de Pont-de-Vaux, à 3 myriam. 7 kilom. de Bourg.

Cette commune a 612 hectares. Elle est située sur le rebord ouest du plateau. Son sol sablonneux est arrosé par la Jutane. Il est totalement déboisé et cultivé en céréales, prés et vigne. Il compte quatre hameaux, est morcelé pour les 5/6mes et cultivé par les propriétaires. Il y a une seule propriété de plus de 60 hectares affermée. 14 individus sont secourus. Six familles d'ouvriers sont sans bien.

La population, répartie en 166 ménages, avec 159 maisons, était en 1805 de 475 habitants. Elle est aujourd'hui de 530.

Les naissances, de 1792 à 1803, sont 257. L'année moyenne est donc 25 naissances. De 1873 à 1883, le chiffre est 124 et la moyenne 12.

La commune a 535 fr. de revenu. Elle paie 69 cent. valant 28.09.

Ozan faisait partie de la terre de Pont-de-Vaux.

Reyssouze, à 3 kilomètres ouest de Pont-de-Vaux, à 4 myriam. 5 kilom. de Bourg.

Cette commune a 991 hectares de superficie. Elle est arrosée par la Reyssouze, qui la borde au nord, et la Saône, qui la limite à l'ouest. La majeure partie de son territoire est en culture et produit les plus beaux chanvres du département. Le reste est en prairies. Les habitants, répartis en deux hameaux, ont 200 ménages et autant de maisons. Ils sont presque tous propriétaires.

Reyssouze a été détaché de Gorrevod en 1816. Sa population était, selon la réponse au *Questionnaire*, de près de 1,200 habitants. Une épidémie et l'émigration l'auraient réduite à 900. — Les naissances, de 1813 à 1853, sont 102; de 53 à 63, elles sont 186; de 63 à 73 montent à 210, et redescendent de 73 à 83 à 168.

Reyssouze a 3,819 fr. de revenu, paie 26 cent. en valeur de 58.11.

Reyssouze a passé des chanoines de Mâcon aux comtes de Savoie.

Sermoyer, à 6 kilom. au nord de Pont-de-Vaux, à 4 myriam. 7 kilom. de Bourg.

Sermoyer a 1,670 hectares. Il est sis sur un plateau dominant la Seille au nord, la Saône à l'ouest, coupé par les biefs Bourdon et des Jalliets. Son sol argileux, sablonneux et calcaire est partagé par les céréales, les prés (au nord). les vignes et les bois. Il est morcelé pour les trois-quarts. Les propriétaires cultivent eux-mêmes. Une grande tenure de

190 hectares est affermée. Il y a 679 cotes, dont 330 aux forains, 20 familles d'ouvriers, 25 individus secourus.

La population était, en 1815, de 1,070 habitants. Elle est, en 1883, de 1,169. Elle est répartie en un grand nombre de hameaux, compte 371 ménages en 316 maisons.

La réponse au *Questionnaire* attribue l'augmentation assez faible à l'immigration. Les naissances sont 598 de 1793 à 1803, de 383 entre 1803 et 1813, de 405 entre 13 et 23. Elles décroissent depuis et sont de 73 à 83 de 258.

Sermoyer a 4,380 fr. de revenu, paie 17 cent, en valeur de 69.10.

Il y a une poipe et des débris gallo-romains. Sermoyer a appartenu aux seigneurs de ce nom, puis aux La Baume, aux La Chambre et aux Gorrevod.

Canton de Pont-de-Veyle

Ce canton est le moins vaste de l'arrondissement de Bourg : sa superficie est de 12,336 hectares.

Il est aussi le moins populeux (sauf le canton de Treffort plus étendu que lui). Sa population de 8,900 personnes en 1865 est au dernier recensement de 9,469. L'augmentation est d'un dix-huitième.

Il est assis sur le bord ouest du plateau bressan haut ici de 210 à 215 mètres, et coupé en deux et échancré par le bassin de la Veyle qui diffère en cela de celui de la Reyssouze, et s'élargit en se rapprochant de son embouchure dans la Saône. La Veyle s'y répand, s'y divise en plusieurs bras et forme trois ou quatre grandes iles couvertes de riches prairies.

Le sol argileux et sablonneux dans deux communes (Pont-de-Veyle et Saint-André) est argileux et calcaire dans les dix autres. Il est sur le plateau cultivé en céréales, en vigne sur les pentes. Il y a quelques bois encore et un ou deux étangs au nord-est.

Ce sol est morcelé partout. Il appartient *en majeure part* aux habitants et cultivé par eux dans sept communes — pour *moitié* dans deux — pour *un tiers* dans une — pour *le quart* seulement en deux autres. Il reste de grands domaines en nombre, un ou deux dépassant 60 hectares, d'autres approchant du même chiffre.

Pont-de-Veyle est à 8 myriamètres, 1 kilomètre au nord-ouest de Bourg.

La commune, une des plus petites du département n'a que 196 hectares de superficie. Elle est tout entière dans le bassin que la Veyle coupe de ses deux ou trois bras et partage en ilots couverts de riches prairies. Le sol est morcelé et cultivé par les propriétaires, sauf une grande tenure (l'ancien fief) gardant le quart de la commune. Sur un total de 287 cotes, 70 sont à des forains.

La population était en 1805 de 1,366 habitants. Elle n'est plus que de 1,285. Je n'ai pas de renseignements sur la natalité.

La commune a un octroi, 6,795 fr. de revenu. Elle paie 9 centimes en valeur de 82 fr., et compte 438 ménages dans 238 maisons. Elle a une Société de secours mutuels, 2 moulins, 2 huileries, 1 poterie, 2 machines à battre.

La petite cité est à cheval sur les deux ou trois bras de sa rivière ; des fossés de ceinture achevaient d'en faire une ville aquatique : et la statistique de 1808 parle de son insalubrité, laquelle depuis lors aura diminué. Pont-de-Veyle est dans tous les cas largement percé du nord au sud par une belle rue, bien construit et fort propre (fossés à part).

Une porte surmontée d'une horloge et qui serait du XIIIe siècle, est le plus ancien édifice de Pont-de-Veyle. Une tour à l'Hôtel-de-Ville est postérieure. Une maison, dite de Savoie, et qui parait avoir été celle des gouverneurs du XVIe siècle, est le plus bel édifice de la ville de beaucoup.

Pont de-Veyle, au commencement du XVIIe siècle était plus qu'à moitié protestant. Vers 1710, à force d'iniquités, la Réforme n'y existait plus. Un hôpital a hérité du temple, notamment des archives curieuses de l'église calviniste, longtemps intactes et qui, dit-on, ne le seraient plus.

L'église de Pont-de-Veyle est jésuite de style. Une simplicité, inspirée par la modicité des ressources, et ne manquant pas d'élégance, la distingue de ses congénères.

Le château est au nord-ouest de la ville, dans une île que son parc remplit. L'extérieur (du siècle dernier), est sans caractère. Le parc entièrement plane, arrosé admirablement, est tapissé de pelouses d'une opulence rare et ombragé d'arbres magnifiques. L'ombre d'Aïssé l'habite.

Au XIe siècle, Pont-de-Veyle était à une famille portant son nom. En 1182, il est aux Bâgé — à la

Savoie, au XVI siècle — aux Lesdiguière, au XVIIe — au XVIIIe, aux Ferréol et aux d'Esclignac.

Le journaliste girondin Carra qui a fait, dit-on, le 10 août, est né à Pont-de-Veyle.

Saint-André-d'Huiriat, à 7 kilomètres sud-est de Pont-de-Veyle, à 3 myriamètres 8 kilomètres de Bourg.

Cette commune a 900 hectares de surface, elle est au bord de la région relativement accidentée et encore boisée qui sépare le bassin de la Veyle de celui de la Chalaronne ; arrosée par le ruisseau des Guillonnes et la source de Gravet.

Le sol est argileux et sablonneux, morcelé pour les deux tiers. Cinq grandes propriétés divisées en 17 fermes occupent près d'une moitié du territoire. Le reste est cultivé par les possesseurs. Sur 262 cotes foncières, les forains en ont 121. Il y a 20 personnes secourues et deux châteaux.

La population était en 1805, de 423 personnes ; elle en compte aujourd'hui 601. Les naissances sont 151 de 1793 à 1803. Elles montent de 1813 à 1853 à 186 — sont encore 173 de 63 à 73 — tombent pendant la dernière décade à 148. — La réponse au questionnaire attribue l'augmentation de la population « à l'esprit de famille et aux défrichements ». Il y a 157 ménages, dans 120 maisons disséminées en hameaux nombreux.

La commune a 297 fr. de revenu, paie 110 centimes en valeur de 38.44.

Bey, à 8 kilomètres sud-ouest de Pont-de-Veyle, à 3 myriamètres 8 kilomètres de Bourg.

Petite commune de 277 hectares, sur un plateau pendant à l'ouest vers le ruisseau de l'Avanon, au nord, vers son affluent le Crésançon. Le sol est argileux et calcaire, assez accidenté, cultivé en céréales, prés et vignes. Une moitié est morcelée et possédée par le cultivateur. Le reste, divisé en tenures moyennes, est cultivé par des fermiers.

La population de 306 habitants en 1805, n'en compte plus que 230. Le nombre des naissances, de 105 entre 1795 et 1803 est tombé à 46 de 1873 à 1883.

La diminution de la population serait due d'abord à celle des naissances, puis à l'émigration dans les communes voisines.

Bey a 71 ménages, dans 69 maisons; sur 247 cotes foncières, 181 sont à des forains. La commune a 66 fr. de revenu, paie 100 centimes en valeur de 16.30.

CORMORANCHE, à 6 kilomètres au sud-ouest de Pont-de-Veyle, à 3 myriamètres 7 kilomètres de Bourg.

Commune de 985 hectares, sur le versant du plateau bressan, limitée par la Saône à l'ouest, l'Avanon, son affluent au sud et arrosée par le Crésançon et l'Asnières. Le sol est argileux et calcaire, cultivé en céréales, prés et vignes. Il est très morcelé, cultivé par les propriétaires, sauf six fermages moyens.

La population était de 1,077 habitants en 1805, mais Bey en faisait partie et y entrait pour 305. Ainsi Cormoranche avait à cette date 772 habitants. Il en garde 746 en 1883. Le nombre des naissances a cependant décru constamment de 1814 (date de la disjonction de Bey) à 1823, il était de 369. Il est tombé de 73 à 83 à 116; la diminution à Bey est de moitié, ici des deux tiers.

Cormoranche a 253 ménages dans 286 maisons. Sur 523 cotes foncières, les forains en ont 271. La commune a 7,612 fr. de revenu et paie 10 centimes de 67.10.

L'église serait du XIe siècle. Le chœur est roman.

Il reste une poipe à la Ronzière.

Le patois est mélangé de Mâconnais.

CROTTET, à 3 kilomètres nord de Pont-de-Veyle, à 3 myriamètres de Bourg.

Cette commune a 1,225 hectares. Elle est assise sur la rive

droite de la Veyle qui la limite au sud — en majeure part sur le plateau bressan. Le sol est argileux et calcaire, morcelé pour les deux tiers ; cultivé en céréales, prés, bois et vignes. Sauf cinq grandes propriétés occupant trois dixièmes du territoire (l'une, l'Aumusse, a 170 hectares), le sol est cultivé par les propriétaires.

Il reste un étang près du château de Genod.

La population était en 1805 de 730 habitants. Il en reste 680. Elle avait atteint 838 en 1856. Le nombre des naissances était de 398 entre 1792 et 1802. Il tombe entre 43 et 53 à 205. Il est descendu à 132 de 73 à 83.

215 ménages en 181 maisons disséminées en nombreux hameaux. Sur 581 cotes foncières, 380 sont aux forains.

La commune a 883 fr. de revenus, paie 40 centimes valeur 71.37.

L'Aumusse était aux Templiers. La commanderie était possessionnée dans 28 communes et avait plus de douze feudataires. La maison des Templiers était entourée d'une palissade de madriers de 10 pieds de hauteur. Neuf *membres* (maisons) en dépendaient. Les hospitaliers de Saint-Jean-de-Jérusalem, successeurs des templiers, ont gardé ces domaines jusqu'en 1789.

Cruzilles-Méphillat à 6 kilomètres au sud de Pont-de-Veyle, à 3 myriamètres 2 kilomètres de Bourg.

Cette commune a 1,183 hectares. Elle est sise sur le plateau qui a ici de 210 à 220 mètres d'altitude, et est presque plane. Le sol argileux et calcaire, arrosé par l'Avanon, est cultivé en céréales, prés, vignes et bois. Quand la vigne produisait, le vin blanc de Cruzilles était renommé.

Le sol, morcelé aux trois quarts est cultivé par les propriétaires, sauf le quart restant divisé en sept ou huit grandes tenures et affermé. Sur 457 cotes foncières, il y en a 238 aux forains.

La population était en 1805 de 619 habitants, elle en

compte 780, répartis dans un grand nombre de hameaux, divisés en 236 ménages, avec 209 maisons.

Les naissances sont 278 de 1803 à 1812 — 237 de 1832 à 1842 — elles tombent à 189 de 73 à 83.

Cruzilles a 1,292 fr. de revenu, paie 20 centimes en valeur de 108.

Saint-Cyr-sur-Menthon, à 8 kilomètres au nord-est de Pont-de-Veyle, à 2 myriamètres 2 kilomètres de Bourg.

Commune de 1,693 hectares, sur la rive droite de la Veyle et coupée du nord-est au sud-ouest par son affluent le Menthon. Le plateau argileux et calcaire est ici un peu accidenté. Le sol est cultivé en céréales, fourrages artificiels, vignes donnant un vin blanc estimé. Il est morcelé aux deux tiers. Le reste est composé de neuf grosses tenures. Les fermiers y sont plus nombreux que les propriétaires. Sur 511 cotes foncières il y en a 207 aux forains. 25 familles sont secourues.

La population, de 1,070 habitants en 1805, en a aujourd'hui 1,214. Le nombre des naissances est 450 de 1793 à 1803. Il s'élève à 503 de 1833 à 1843 et descend pendant les trois dernières décades d'années à 391, 358, 307.

Elle est disséminée en 18 hameaux, répartis en 306 ménages ayant 325 maisons.

La commune a 2,928 fr. de revenu, paie 83 centimes valeur 60.45.

Du xie au xive siècle, Saint-Cyr est à des seigneurs portant son nom, tenant leur maison et poipe des sires de Bâgé. La poipe existe encore, elle a 12 mètres de hauteur : est plantée en chênes — on a du sommet une vue superbe sur la Bresse.

Saint-Genis-sur-Menthon, à 1 myriamètre 3 kilomètres au nord-est de Pont-de-Veyle, à 2 myriamètres de Bourg.

La commune a 1,151 hectares. Elle est située sur le Menthon, au-dessus de Saint-Cyr, dans une région encore boisée, accidentée. Le sol argileux et calcaire est cultivé en céréales, prés et taillis. Un tiers seulement est morcelé. Trois grandes tenures en occupent un quart. Un quart est cultivé par les propriétaires, le reste par des fermiers. Sur 240 cotes foncières seulement il y en a 119 aux forains.

La population de 419 habitants en 1805, en a aujourd'hui 601. Le nombre des naissances au XVIIe siècle, varie de 140 à 160 par décade d'années. Au XVIIIe il monte à 200 environ. Il est 246 de 1792 à 1802 — de 227 entre 1873 et 1823 — descend de 73 à 83 à 217.

Elle est disséminée en nombreux hameaux, compte 147 ménages en 119 maisons (plus de 4 têtes par ménages).

La commune a 31 fr. de revenus, paie 139 centimes valeur 38.51.

Le nom ancien de Saint-Genis est *Coconiacum*, Cocogne.

Griéges à 4 kilomètres sud-ouest de Pont-de-Veyle, 3 myriamètres 4 kilomètres de Bourg.

Commune de 1,470 hectares; sur le versant ouest du plateau, pendant à l'ouest sur la Saône, au nord sur la Veyle. Sol argileux et calcaire, cultivé en céréales, chanvre et vigne; morcelé pour les neuf dixièmes. Sauf dix domaines moyens affermés, les propriétaires cultivent eux-mêmes. Sur 698 cotes foncières, les forains en ont 328.

La population était en 1805 de 1,171 habitants, elle atteignait 1,247 en 1856. Elle est retombée à 1,065. Le nombre des naissances était 438 de 1802 à 1813. Il a baissé depuis d'une manière continue. De 1863 à 1883, il est pour la première décade de 200, pour la seconde de 208.

Les habitants disséminés en nombreux hameaux comptent 363 ménages en 327 maisons.

Trois moulins. Une fromagerie.

La commune a 0,327 fr. de revenus, paie 14 centimes en valeur de 105.03.

Griéges est la patrie du voyageur en Afrique, J. Bonnat.

Saint-Jean-sur-Veyle, à 3 kilomètres à l'est de Pont-de-Veyle, à 3 myriamètres 2 kilomètres de Bourg.

Commune de 1,121 hectares, située partie sur le plateau, partie dans le bassin de la Veyle, au confluent de cette rivière et du Menthon son affluent. Sol argileux et calcaire, cultivé en céréales, prés vignes et bois ; morcelé et exploité par les propriétaires pour les quatre cinquièmes, le reste est à cinq forains qui l'afferment. Sur 512 cotes foncières, ces forains en ont 245.

La population était en 1805 de 976 habitants, elle en a en 1881 un millier. Le nombre des naissances était de 1803 à 1823 de 368. Pendant les 40 ans suivants il est de 300 à 310 par décade. Les deux dernières donnent 227, et 241.

Les habitants disséminés en dix à douze hameaux ont 308 ménages et 263 maisons.

Il y a sept moulins (une source ferrugineuse).

La commune a 4,196 fr. de revenu, paie 30 centimes valeur 73.05.

Laiz, à 2 kilomètres au sud de Pont-de-Veyle ; à 3 myriamètres 2 kilomètres de Bourg.

Commune de 1,028 hectares, située sur le plateau et versant sud du bassin de la Veyle. Le sol argileux et calcaire est cultivé en céréales, prés et vignes. Une moitié est morcelée. Un tiers est à sept propriétaires dont six forains. Un autre tiers est cultivé par des fermiers et divisé en une trentaine de domaines. Un tiers est cultivé par les propriétaires. Sur 366 cotes, il y en a 245 aux forains.

La population était en 1805 de 452 habitants. Elle est en 1881 de 509. Les naissances sont 147 de 1803 à 1813. Elles montent à 183 de 1823 à 1833. Elles descendent à 117 de 63 à 73 ; à 125 de 73 à 83.

La population est répartie en 6 hameaux et autant de fermes isolées. Elle compte 144 ménages et 125 maisons.

La commune a 254 fr. de revenu, paie 70 centimes valeur 49.56.

Perrex, à 9 kilomètres à l'est de Pont-de-Veyle, à 2 myriamètres 9 kilomètres de Bourg.

Commune de 1,106 hectares, sur le plateau, entre la Veyle et le Menthon. Le sol argileux et calcaire, accidenté, est cultivé en céréales, prés et bois ; exploité pour moitié par les propriétaires, affermé pour le reste : sept propriétés, dont une de plus de 60 hectares, en tiennent un tiers. Sur 320 cotes, il y en a 155 aux forains. Un étang.

La population était de 567 habitants en 1805. Elle est de 675 en 1881. Les naissances sont 218 de 1793 à 1803 — 181 de 1873 à 1883.

Elle est disséminée en 11 hameaux, compte 206 ménages en 187 maisons.

La commune a 83 fr. de revenus, paie 90 centimes valeur 43.28.

Canton de Treffort

Le canton de Treffort s'étend, des plaines de la Bresse à la rivière d'Ain, sur une largeur de vingt kilomètres.

Il est parcouru, du nord au sud, par trois chainons du Jura. Sur le versant ouest du premier chainon se trouvent six des douze communes du canton. C'étaient de riches communes : les ravages du phylloxéra les ont considérablement appauvries. Entre le premier et le deuxième chainon, une large vallée, prolongement de celle de Drom ; entre le deuxième et le troisième, le bassin du

Suran ; enfin, du troisième à la rivière d'Ain, un plateau rocailleux et pauvre. Le Signal de Nivigne, point culminant du Revermont (771m), est sur la limite nord du canton.

Une bonne partie du territoire est encore couverte de bois, de broussailles ou de pâturages ; le reste est cultivé en céréales dans la partie ouest, en maïs et pommes de terre dans la montagne.

La vigne se trouve partout, mais est d'un médiocre rapport depuis quelques années.

La propriété est morcelée ; on trouve pourtant six domaines au-dessus de 60 hectares, dont trois dans la commune de Meillonnas. Peu de commerce, peu d'industrie.

La population est, en général, peu aisée, exception faite pour Chavannes-sur-Suran, Meillonnas, Saint-Etienne, où elle est riche, dit le questionnaire.

En 1805 le canton était peuplé de 10,268 habitants ; il n'en a plus, en 1881, que 8,416, formant 2,457 ménages. La population a diminué dans 11 des communes du canton ; à Saint-Etienne, elle a un peu augmenté.

La surface du canton est de 15,616 hectares.

TREFFORT, à 16 kilomètres au nord-est de Bourg, est bâti en amphithéâtre sur le versant ouest de la première chaine du Revermont. Il est formé d'une grande rue, large et propre, qui va du nord au sud. Perpendiculairement à cette rue, et d'un côté seulement, s'en vont trois ou quatre petites rues étroites et tortueuses.

Le seul monument à remarquer est l'église ; elle représente assez bien, à l'intérieur comme à l'extérieur, la disposition de Notre-Dame de Bourg. On trouve, dans le chœur, de belles boiseries du XVIIe siècle, venant de la chartreuse de Sélignat. On ne les voit malheureusement pas bien ; des vitraux aux couleurs foncées ont été placés là et interceptent la lumière.

On trouve encore des débris du château et quelques vestiges de fortifications.

En 1808, dit la *Statistique,* le sixième du territoire est couvert de bois ; une grande partie du reste est plantée en vignes. Aujourd'hui, le phylloxéra a passé et les vignes s'arrachent.

A la même époque, la population de Treffort est de 2,264 habitants ; elle tombe, en 1881, à 1,752 habitants, formant 548 ménages, avec 512 maisons.

Il y a là, une Société de secours mutuels. Des onze hameaux, le plus important est Montmerle.

La commune a un revenu de 12,192 fr. ; elle paie 35 centimes, en valeur de 82 fr. 93 l'un.

En 1150, Treffort appartenait aux Coligny, il passa, bientôt après, aux sires de la Tour du Pin. En 1284, la possession de Treffort est le sujet d'une guerre sanglante entre les La Tour du Pin et les ducs de Bourgogne. Le roi de France intervient et Treffort demeure aux ducs de Bourgogne.

Après plusieurs changements de maitre, la seigneurie de Treffort est érigée en marquisat ; elle est alors donnée aux seigneurs de Saint-Claude.

Saint-Étienne-du-Bois, à 7 kilomètres ouest de Treffort, à 11 kilomètres de Bourg.

Cette commune est la seule du canton qui soit complètement dans la plaine ; elle est arrosée par le Sevron et plusieurs autres petits ruisseaux ou biefs.

La population, essentiellement agricole, cultive les céréales ; mais la principale richesse est l'élève et l'engrais des bestiaux et surtout de la volaille. Il y a aussi trois fromageries rapportant annuellement de 12 à 14 mille francs chacune. Quelques foires importantes.

La commune, d'une étendue de 2,830 hectares, comprend 14 hameaux dit la statistique, 24 répond le questionnaire. Le bourg est bâti sur un petit plateau à un kilomètre ou deux du Sevron ; c'est une large rue formée par la route de Bourg à Besançon. Il compte 337 habitants ; au total la population de la commune est de 1,409 habitants.

Elle forme 380 ménages logés dans 330 maisons.

En 1805, elle n'était que de 1207 habitants ; elle a augmenté de 202, pourtant le nombre des naissances, par période de 10 ans, a beaucoup diminué : de 1793 à 1803 il y a 511 naissances ; de 1873 à 1883 il n'y en a que 312. La diminution est constante, si ce n'est pour la période qui suit les guerres de l'empire de 1813 à 1823.

Les habitants sont en majeure partie propriétaires : 175 propriétaires, 108 fermiers. Point de domaines au-dessus de 60 hectares.

La commune a un revenu de 1,251 fr. ; elle paie 38 centimes, en valeur de 80 fr. 50 l'un.

Courmangoux, à 11 kilomètres au nord de Treffort, à 24 kilomètres de Bourg.

Cette commune, d'une superficie de 1,482 hectares, est adossée au Revermont. Le bourg est bâti au pied de la colline ; Roissiat, le plus important des six hameaux, riche vignoble, est sur la colline, plus au nord que le bourg ; dans la plaine on trouve seulement des habitations éparses.

La population est exclusivement agricole ; elle est composée surtout de propriétaires. Le sol est morcelé ; il y a pourtant un domaine de 100 hectares. On cultive les céréales et la vigne, mais le phylloxéra étend chaque année ses ravages.

La commune a un revenu de 474 fr ; elle paie 62 centimes, en valeur de 43 fr. 88 l'un.

En 1805, la population était de 1,070 habitants ; elle est descendue, en 1881, à 766, formant 258 ménages dans 238 maisons. Il faut attribuer cette diminution, dit le questionnaire, à l'émigration des jeunes gens dans les villes et au nombre restreint d'enfants dans les familles. Le nombre des naissances a, en effet, considérablement diminué ; de 347 pour la période de 1793 à 1803, il n'est plus que de 150 pour la période de 1873 à 1883.

L'église est très ancienne ; le chœur dâte du quinzième siècle, la construction de la nef remonterait au douzième. On trouve à Courmangoux une fontaine intermittente qui projette ses eaux de six heures en six heures.

Revel (Charles), avocat au présidial de Bourg, est né à Courmangoux. On lui doit un *Traité des usages de Bresse, Bugey et Pays de Gex.*

Pressiat, à 7 kilomètres de Treffort, à 23 kilomètres de Bourg. Pressiat, comme Courmangoux, est adossé au Revermont.

Le bourg est sis au bas de la colline ; il communique, par une gorge profonde, avec la vallée du Suran. Au sommet de la colline, à la limite sud de la commune, se trouve le château de Montfort, aujourd'hui en ruines ; au nord du château et séparé de lui par un ravin profond, on voit un ancien travail de nivellement en forme de fer à cheval. On dit, dans le pays, que cela a été un camp établi là pour faire le siège du château. On l'appelle *Pré sarrasin ?*

La commune, d'une superficie de 601 hectares, a un revenu de 339 fr. ; elle paie 102 centimes, en valeur de 16 fr. 16 centimes l'un. Elle possède une fromagerie faisant 18 à 20,000 fr. par an.

La population est entièrement agricole; elle cultive les céréales et la vigne. Le phylloxéra fait diminuer tous les jours la culture de cette dernière.

Les habitants sont propriétaires, mais beaucoup, au moins le quart, font en même temps des vignes à moitié.

La population était de 370 habitants en 1813; elle est aujourd'hui de 301. Il faut chercher la cause de cette diminution dans la décroissance constante du nombre des naissances. Voici les nombres des naissances, par période de dix ans, à partir de 1813 — 98 — 85 — 82 - 76 — 64 — 63 — 61.

Les 301 habitants de Pressiat forment 105 ménages avec 97 maisons.

Au bourg, ruines du château de Pressiat, démoli pendant la Révolution, après l'émigration des propriétaires.

Cuisiat, à 4 kilomètres de Treffort, à 19 kilomètres de Bourg. Cette commune, d'une étendue de 1,158 hectares, est moitié en montagne et moitié en plaine ; le bourg est au pied du Revermont. Il y a deux hameaux en plaine.

La population, entièrement agricole, cultive les céréales et les plantes fourragères. Le vignoble, d'une étendue de 200 hectares, richesse principale de la commune, est en grande partie détruit par le phylloxéra.

Cuisiat possède un moulin, un pressoir à huile, une fromagerie façon gruyère donnant annuellement 15,000 kilogrammes environ. La commune a un revenu de 3,263 fr. ; elle paie 19 centimes en valeur de 32 fr. 01 l'un.

La population est de 621 habitants, répartis en 191 ménages. Six ménages seulement sont fermiers, le reste est propriétaire. En 1805, la population était de 884 habitants. La différence, 263, est causée par la diminution du nombre des naissances qui, de 278 pour 1803-1813, tombe à 130 pour 1873-1883.

Le château de Montfort, à la limite de Pressiat, appartient à la commune de Cuisiat ; il en reste une tour de 10 mètres de hauteur environ.

Meillonnas, à 4 kilomètres sud de Treffort, à 13 kilomètres de Bourg. C'est une des plus importantes et des plus riches communes du canton ; c'est peut-être aussi la plus jolie.

Le bourg est bâti au pied du Revermont ; deux hameaux : un au sud, très important, Sanciat, autrefois commune ; un outre au nord, sont dans la même position ; deux autres hameaux sont à l'ouest, en plaine ; enfin un cinquième, France, se trouve dans une très jolie gorge, à l'est d'un premier chainon du Revermont,

La commune est arrosée par le Sevron qui prend sa source dans la gorge de France.

La population, en majorité agricole, cultive les céréales et la vigne. Il y a quelques poteries occupant une trentaine d'ouvriers. La majeure partie des habitants est propriétaire ; il y a trois domaines au-dessus de 60 hectares.

Meillonnas possède plusieurs fromageries : deux d'une égale importance, au bourg et à Sanciat, une troisième, plus petite, dans un autre hameau. Elles rapportent ensemble 51,000 kilogrammes de fromage et 38,600 kilogrammes de beurre ; le tout valant environ 90,000 fr.

La commune a un revenu de 1,160 fr. ; elle paie 63 centimes, en valeur de 61 fr. 91 l'un. Son étendue est de 1,775 hectares.

En 1805, la population était de 1,627 habitants, elle tombe aujourd'hui à 1,015 répartis en 327 ménages dans 326 maisons. Le questionnaire attribue cette diminution à la chute des fabriques de poterie qui, autrefois, étaient très importantes ; on peut l'attribuer aussi à la diminution des naissances. Celles-ci étaient de 516 pour la période 1793 — 1803 ;

elles sont, pour les périodes suivantes, 468 — 385 — 334 — 326 — 251 — 246 — 266 et 195.

Meillonnas possède une société de secours mutuels à laquelle est adjoint un orphelinat pour les enfants des membres défunts. On trouve aussi là une bibliothèque de plus de 1,000 volumes pour 1,015 habitants.

Il reste encore du château de Meillonnas 4 tours carrées, reliées entre elles par de grands corps de bâtiments. Ce château a appartenu aux familles de Corgenon, Sigismond de Seyssel, puis enfin à la famille de Meillonnas. Vers 1780, il était habité par une femme d'esprit, Mme de Meillonnas : elle s'occupait quelque fois à manipuler la terre à poterie ; on peut encore admirer, dans la grande salle du château, de beaux spécimens de son travail. Elle composait des tragédies. Avec l'aide de quelques personnes amies de Bourg, elle les jouait. Elle invitait à ses soirées une grande partie de la haute Société de Bourg ; les oubliés, jaloux, qualifièrent ces réunions d'Académie des ânes (il y avait au blason des Messieurs de Meillonnas une ânesse et deux ânons), et c'est de là qu'est venue l'expression bien connue dans les environs : Académie de Meillonnas.

Corveissiat, à 16 kilomètres est de Treffort, à 25 kilomètres de Bourg.

Cette commune, située sur un plateau limité à l'est par l'Ain, faisait autrefois partie du canton de Ceyzériat. D'une étendue de 1,073 hectares, elle est en partie couverte de bois, de pâturages ; la partie cultivée en maïs, pommes de terre et vigne, donne de médiocres produits. Les habitants sont en majorité propriétaires. Il y a, dans la commune, deux moulins, deux machines à battre, deux pressoirs à huile et une fromagerie donnant des produits estimés.

La population était, en 1805, de 578 individus ; elle est aujourd'hui de 497, formant 114 ménages dans 107 maisons.

Là encore les naissances vont en diminuant, mais moins

vite que dans les communes de l'ouest du canton. De 215, pour la période 1793 à 1803, elles tombent à 197 de 1803 à 1813, puis à 187 de 1813 à 1823. A ce moment, on distrait de la commune le hameau de Racouze pour le rattacher à la commune de Grand-Corent, aussi les naissances ne sont plus que 147 de 1823 à 1833; elles remontent à 158 — 161, puis redescendent à 142 — 133 — 136 pour les périodes suivantes.

Corveissiat possède une grotte assez connue et assez jolie ; je lui préfère le délicieux et verdoyant vallon au fond duquel elle est située.

Saint-Maurice-d'Echazeaux, à 19 kilomètres est de Treffort, à 30 kilomètres de Bourg.

C'est une commune pauvre, située sur le même plateau que Corveissiat. Son étendue est de 439 hectares. Elle est arrosée par la Valouze et l'Ain, qui la limitent à l'est.

La population, entièrement agricole, cultive le blé, l'orge, l'avoine, la pomme de terre et la vigne. Elle est, en majeure partie, composée de propriétaires ; point de grands domaines.

En 1805, la population était de 219 habitants ; elle est, en 1881, de 159, formant 37 ménages avec 35 maisons.

Le nombre des naissances a diminué ici de plus de moitié ; la diminution n'est pourtant pas continue : de 76 pour 1793 à 1803, il descend à 63-59-41, de 1833 à 1843, il remonte à 46, puis à 56, puis à 62, et redescend brusquement à 53, et enfin à 32 pour la période 1873-1883.

La commune a un revenu de 450 fr. ; elle paie 82 centimes en valeur de 5 fr. 17 l'un.

Le joli hameau de Conflans dépend de Saint-Maurice-d'Echazeaux. Il est situé en bas du plateau, au confluent de la Valouze et de l'Ain.

Arnans, à 14 kilomètres de Treffort, à 25 kilomètres de Bourg.

Cette commune, d'une étendue de 748 hectares, est la plus

pauvre du canton. Elle est située au sommet du troisième chainon ; elle domine toute la Bresse.

La population diminue tous les ans ; tous les ans la zone des terrains cultivés se resserre autour des habitations. Les habitants, en majeure partie propriétaires, sont cultivateurs, ils récoltent du blé, des maïs, des pommes de terre, un peu de raisins.

En 1805, la population était de 443 habitants, elle n'est plus, en 1881, que de 257, formant 71 ménages dans 66 maisons. La commune a un hameau, Cuvergnat ; son revenu est de 400 fr. ; elle paie 146 centimes en valeur de 7 fr. 64 l'un.

POUILLAT, à 16 kilomètres nord de Treffort, à 26 kilomètres de Bourg.

Cette commune est située dans un vallon fermé, du côté du Suran par une colline appelée Montpetit, à l'ouest par le signal de Nivigne, 771 mètres d'altitude, le plus haut du Revermont. D'une étendue de 622 hectares, elle est cultivée en céréales et en vigne, mais le terrain est pauvre. On ne trouve point de grands domaines ; la population est composée exclusivement de propriétaires.

En 1805, la commune comptait 295 habitants ; elle n'en compte plus, en 1881, que 211, formant 65 ménages avec 58 maisons. Il faut attribuer cette diminution à la pauvreté du pays, dit le questionnaire ; les jeunes gens *vont en condition* et s'établissent hors de leur pays natal. De plus les naissances diminuent.

De 1823 à 1833 elles sont 85, pour les périodes suivantes elles sont 63 — 62 — 55. Elles remontent à 73 de 1863 à à 1873 et reviennent à 58 de 1873 à 1883.

La commune a un hameau, Dalles. Entre Dalles et le bourg se trouve l'église, antérieure à la Révolution ; au bourg même il y a une chapelle datant de 1515.

Pouillat a un revenu de 181 fr., et paie 118 centimes, en valeur de 8 fr. 67 l'un.

Germagnat, à 14 kilomètres de Treffort, à 25 kilomètres de Bourg.

Cette commune est située dans la vallée du Suran, son étendue est de 948 hectares. Le terrain est cultivé en froment, maïs, pomme de terre et vigne. On y trouve une fromagerie produisant environ 23,000 fr. par an. Les habitants sont en majeure partie propriétaires ; point de grands domaines.

L'église a été construite partie au xive siècle, partie au xvie, partie plus tard. On y voit le caveau destiné à recevoir les dépouilles mortelles des seigneurs de Toulongeon. Sur une colline, à l'ouest du village, sont les ruines de la forteresse féodale.

La population, en 1805, est de 478, en 1881 elle est de 313 habitants, formant 81 ménages dans 81 maisons.

Le nombre des naissances a diminué ici presque de moitié ; il était 160 pour 1793 à 1803, il n'est plus que 87 pour 1873 à 1883.

La commune a un revenu de 1,018 fr. ; elle paie 61 centimes, en valeur de 19 fr. 43 l'un.

Chavannes-sur-Suran, à 8 kilomètres de Treffort, à 19 kilomètres de Bourg.

Riche commune, d'une étendue de 2,150 hectares, située dans une vallée étroite. Elle est arrosée par un seul cours d'eau, le Suran. L'eau potable était, il y a quelques années, très rare à Chavannes pendant la belle saison. Tous les matins le garde champêtre faisait la distribution d'eau ; aujourd'hui on y a amené l'eau des sources environnantes, et Chavannes n'a plus rien à craindre de la sécheresse.

La population est en majorité agricole et cultive les céréales, le maïs, la pomme de terre ; un seul domaine est au-dessus de 60 hectares.

On trouve à Chavannes beaucoup de prairies artificielles ;

un nombreux bétail entretient deux importantes fromageries. Il y a quelque peu d'industrie : extraction et taille de pierre à bâtir, fabrique de manches de parapluie (scierie et tournerie).

La commune a un revenu de 2,112 fr. ; elle paie 87 centimes, en valeur de 55 fr. 58 l'un. Elle a une société de secours mutuels.

La population était, en 1805, de 1063 habitants ; elle est aujourd'hui de 985 individus, formant 278 ménages logés dans 270 maisons.

Le nombre des naissances est de 290 pour 1803 à 1813, il monte et arrive à 312 pour 1833 à 1843. Depuis, il descend constamment et n'est plus que 220 pour 1873 à 1883.

Cette importante commune, chef-lieu de canton jusqu'en l'an X, a été l'un des neuf alors supprimés ; les communes ont été réparties entre les cantons environnants, la part principale étant restée à Treffort. C'est pourquoi certaines communes sont si loin du chef-lieu de canton ; les habitants de Saint-Maurice ont vingt kilomètres à faire, trois montagnes à franchir pour arriver à Treffort.

Chavannes était autrefois une ville fortifiée ; on trouve encore quelques vestiges des murailles et des tours. Les Espagnols y ont tenu garnison jusqu'en 1674. Souvent la garnison espagnole vint ravager les terres des Bressans ; quelquefois aussi les Bressans allèrent piller Chavannes. Un jour même, ils en rapportèrent une grosse cloche qui orna le clocher de Notre Dame de Bourg jusqu'en 1792. La Convention la fit fondre avec les autres pour en faire des canons. Lors de la division de la France en départements, les communes francs-comtoises de Chavannes, Germagnat, Pouillat furent données au département de l'Ain ; par compensation, on attribuait au département du Jura Cornod, Thoirette, etc., qui faisaient partie de la province de Bresse.

Canton de Saint-Trivier-de-Courtes

Le canton de Saint-Trivier-de-Courtes comprend deux parties assez différentes : au sud, la vallée de la Reyssouze, partie inclinée du nord-est au sud-ouest, d'une manière à peu près uniforme, elle est bien cultivée, on n'y trouve pas d'étangs ; au nord, une deuxième partie, inclinée du sud-ouest au nord-est, c'est une plaine fortement ondulée, arrosée par les affluents de la Seille ; on y trouve encore une vingtaine d'étangs et quelques bois, entre autres une forêt de 160 hectares.

La propriété, dans ce canton, est assez morcelée, on ne trouve que deux domaines au-dessus de 60 hectares. Les cultivateurs, fermiers en majorité, récoltent des céréales, des pommes de terre, du maïs, du chanvre...

Le commerce consiste dans la vente des produits du sol qui s'expédient par le chemin de fer de la Haute Bresse. Les stations sont à Saint-Julien, Mantenay, Saint-Trivier.

On compte, dans le canton, dix-sept moulins à blé, trois pressoirs à huile, trois tuileries ; il y a aussi de nombreux tisserands, charrons, forgerons, sabotiers...

La population est d'aisance moyenne ; elle était, en 1805, de 11,716 individus, en 1881, elle est de 11,803, formant 2,898 ménages. L'augmentation est insignifiante, elle porte sur six communes :

Saint-Julien, Mantenay la doivent à leur gare ; Vernoux, Saint-Nizier, Lescheroux, Cormoz, à des défrichements. La population des six autres communes a diminué : Saint-Trivier, Saint-Jean ont perdu chacun deux cents habitants.

La surface totale du canton est de 19,385 hectares.

SAINT-TRIVIER-DE-COURTES, à 31 kilomètres au nord de [illegible]

En 517 « [illegible] *saint personnage nommé Trivier, qui faisoit des courses apostoliques dans la Bresse* » fait construire une église dans un des hameaux de Courtes. Le hameau grandit et devient Saint-Trivier. En 1376, les habitants obtiennent la permission d'entourer leur bourg de murailles ; en 1805, il compte 50 maisons, dont un hôpital ; aujourd'hui Saint-Trivier possède une gare, un nouveau quartier, le quartier de la Gare, s'est construit à côté de la ville ancienne.

La commune, d'une superficie de 1,653 hectares, est située dans une plaine ondulée ; elle a 18 hameaux, d'après la Statistique, le Questionnaire en cite 42. Elle est arrosée par trois petits biefs ; on y trouve quatre étangs.

La population est composée, en majeure partie, de fermiers ; ils cultivent les céréales, le chanvre. Il n'y a pas de propriété au-dessus de 60 hectares.

La ville a un octroi, son revenu est de 4,745 fr. ; elle paie 82 centimes en valeur de 76,90 l'un. Le bureau de bienfaisance a un revenu de 617 francs. Il y a, à Saint-Trivier, une Société de Secours mutuels des Sapeurs-Pompiers.

En 1805, la population était de 1,608 habitants; elle est aujourd'hui de 1,431, formant 394 ménages, dans 281 maisons. Le nombre des naissances a diminué beaucoup : de 630 pour la période 1792-1802, il descend à 420 de 1863 à 1873; pour la dernière période 1873-1883, il remonte à 449.

Saint-Trivier était l'apanage des puinés de la maison de Baugé, un mariage le fit passer dans la maison de Savoie, où il est resté trois cents ans.

Au XVIe siècle, le duc Emmanuel-Philibert affranchit, moyennant finances, les habitants de Saint-Trivier; il employa la somme à la construction de la citadelle de Bourg. Plus tard, le comté de Saint-Trivier passe à Guillaume de Crémaux, baron d'Entragues.

VESCOURS, à 5 kilomètres de Saint-Trivier, à 36 kilomètres de Bourg.

Cette commune, toute plane, est d'une étendue de 1,257 hectares; elle renferme encore six étangs : Montalibord est le plus important; il en sort le bief du même nom.

La population, répartie dans 17 hameaux, est agricole en totalité, elle cultive les céréales, le maïs, le chanvre. Elle est composée, un tiers de petits propriétaires, deux tiers de fermiers; on ne trouve que deux métayers.

La commune a un revenu de 179 francs; elle paie 101 centimes en valeur de 26 fr. 02 l'un.

En 1805, la population est de 500 habitants, en 1836 elle est de 617, aujourd'hui Vescours compte 557 habitants formant 120 ménages avec 83 maisons. Le nombre des naissances, par période décennale, a diminué d'une centaine; de 251 pour 1792-1802, il arrive à 151 pour 1873-1883.

L'église de Vescours, « d'un style plus que modeste, » date

du XIVe siècle ; sous la Révolution, le clocher fut démoli, il a été relevé vers 1881. On trouve aussi, dans la commune, l'ancien château de Montsymond, restauré et agrandi en 1862-63.

SERVIGNAT, à 3 kilomètres sud de Saint-Trivier, à 29 kilomètres de Bourg.

Petite commune de 705 hectares de superficie, située sur un plateau ; elle comprend 12 hameaux ou fermes isolées. Le bourg est bâti sur le flanc du coteau qui va du plateau à la Reyssouze. Servignat est arrosé par la Reyssouze et trois ou quatre autres petits biefs ; on y trouve encore deux étangs.

La population cultive les céréales, le chanvre, le colza ; elle est formée, en majorité, de fermiers. Il y a un domaine au-dessus de 60 hectares. Comme industrie, on ne trouve que deux moulins. — La commune a un revenu de 141 francs, elle paie 86 centimes en valeur de 32 fr. 41 l'un.

En 1805, la population était de 370 habitants ; elle est, aujourd'hui, de 317, répartis en 81 ménages avec 51 maisons. De 1803 à 1813 le nombre des naissances va de 133 à 141, à 125, à 134, pour les quatre périodes suivantes il est 106 — 108 — 97 — 86. D'après le Questionnaire, la diminution de la population viendrait de l'émigration vers les villes.

MANTENAY-MONTLIN, à 4 kilomètres sud de Saint-Trivier, à 26 kilomètres de Bourg.

Formée des deux communes de Mantenay et de Montlin, réunies par décret du 6 janvier 1807, elle a 1,080 hectares de superficie, comprend 11 hameaux, plus quelques fermes isolées. Elle est arrosée par la Reyssouze, qui est là « très profonde, très poissonneuse » et souvent visitée par les pêcheurs de Bourg. A la limite nord de la commune on trouve le bief du Frêne.

Le bourg, à cheval sur la route nationale de Chalon à Sisteron, est agréablement situé sur un plateau à 500 mètres de la Reyssouze ; une gare du chemin de fer de Bourg à Chalon.

La population est entièrement agricole et cultive, comme dans les communes voisines, les céréales, le maïs, les pommes de terre. Elle est partagée à peu près moitié en petits propriétaires, moitié en fermiers. Il y a trois moulins sur la Reyssouze ; à 3 ou 400 mètres du village on trouve une espèce de terre rouge très recherchée des potiers de Bourg.

En 1805, la commune comptait 624 habitants ; elle en a aujourd'hui 643, répartis en 158 ménages dans 101 maisons. De 1793 à 1863 le nombre des naissances varie entre 264 et 224 ; de 1863 à 1873 il tombe à 170 et remonte, pour la dernière période 73-83 à 206.

La commune a un revenu de 208 francs ; elle paie 84 centimes en valeur de 36 fr. 15 l'un.

On trouve encore, dans une ferme de Mantenay, une ancienne et vaste cheminée, placée au milieu de la maison.

Saint-Jean-sur-Reyssouze, à 7 kilomètres sud de Saint-Trivier, à 28 kilomètres de Bourg.

C'est une grande et riche commune située sur un plateau entre la Reyssouze et le bief d'Enfer. Ses 2,750 hectares de superficie sont couverts de bois ou cultivés en céréales, on n'y trouve plus d'étangs. Son sol est peu morcelé, il appartient en grande partie à des personnes habitant en dehors de la commune. On n'y trouve pourtant pas de propriété au-dessus de 60 hectares.

La population, disséminée dans 22 hameaux, est de 1,507 habitants formant 366 ménages avec 349 maisons. Il y a là plus de quatre têtes par ménage. En 1805, la population était de 1,720 habitants. La diminution provient de l'émigration vers les villes. Si le terrain était plus divisé, si les habitants étaient propriétaires, ils resteraient : ce n'est pas la pauvreté du sol qui les fait partir.

La commune a un revenu de 1,200 fr., elle paie 80 centimes en valeur de 87 fr. 97 l'un.

Le nombre des naissances a diminué là plus qu'ailleurs ; de 920 pour la période de 1792,1802, il tombe brusquement à 595 pour la période suivante 1802-1813 et arrive à 407 de 1873 à 1883.

L'église de Saint-Jean est très ancienne, elle remonterait au XIIe siècle ; on trouve aussi dans la commune les ruines du château de Moutiernoz, mais elles n'ont rien de remarquable.

SAINT-JULIEN-SUR-REYSSOUZE, à 7 kilomètres de Saint-Trivier, à 21 kilomètres de Bourg.

On arrive là dans une petite ville ; Saint-Julien a une gare sur la ligne Bourg-Chalon, il y a un octroi, on y trouve quelque industrie ; beaucoup de tisserands, de sabotiers, beaucoup de commerçants marchands-forains, une teinturerie, une mégisserie. Tous les premiers lundis du mois, il y a foire, tous les lundis, marché. Pour compléter són air de ville, Saint-Julien a aussi une petite mais vaillante fanfare qui glane des lauriers dans tous les concours des environs. — Il y a aussi une Société de secours mutuels. — La commune, d'une étendue de 752 hectares est située dans la vallée de la Reyssouz ; le bourg est traversé par la route nationale de Bourg à Chalon, il compte 600 habitants. La commune en a 913 formant 252 ménages avec 190 maisons. En 1805, la population était de 792 habitants, elle a donc augmenté. Comme le nombre des naissances diminue, il faut que la durée moyenne de la vie ait augmenté ou que l'on ait immigré à Saint-Julien. Le nombre des naissances varie d'une manière assez irrégulière : de 336 pour la période 1792-1803, il descend à 326-300, remonte à 301-332-315, descend brusquement pendant la période 1853-63 au nombre de 215, puis remonte à 237 et à 261 pour 1873-1883.

La population est divisée à peu près par moitié en propriétaires et fermiers.

La commune a un revenu de 2,798 fr., elle paie 86 centimes de 55 fr. 40 l'un.

Sous la Révolution, la commune s'est appelée Julien-sur-Reyssouse.

Lescheroux, à 10 kilomètres de Saint-Trivier, à 27 kilomètres de Bourg.

C'est une grande commune de 2,001 hectares, située dans une plaine ondulée, arrosée par la Reyssouze à l'ouest et par deux autres petits ruisseaux: Sanna-la-Vive — Sanna-la-Morte. On n'y trouve plus que trois étangs, encore ne sont-ils en eau que de fin septembre à fin mars. Le grand étang du Villard est maintenant toujours à sec et cultivé.

Sa population, agricole en totalité, est formée en majeure partie de fermiers. Elle est répartie dans le bourg et vingt hameaux. On trouve à Lescheroux deux moulins et deux pressoirs à huile.

La commune a un revenu de 145 fr., elle paie 78 centimes en valeur de 61 fr. 24 l'un.

En 1805, la population de Lescheroux est de 1,014 habitants, elle arrive à 1,193 en 1881. Elle forme 290 ménages dans 195 maisons. Voici les nombres des naissances par période de 10 ans à partir de 1792: 514 — 418 — 351 — 379 — 457 — 392 — 322 - 341 — 360. Le plus petit nombre est de 1853 à 1863, période des guerres de l'empire ; pour les deux dernières périodes, il augmente.

L'église de Lescheroux a été dernièrement reconstruite, le chœur ancien est resté, il est du XVe siècle. On trouve dans la commune les ruines de la Chartreuse de Montmerle et celles du château de Chemillat.

Saint-Nizier-le-Bouchoux, à 6 kilomètres de Saint-Trivier, à 31 kilomètres de Bourg.

C'est la commune la plus peuplée et la plus étendue du canton ; elle a une superficie de 2,830 hectares. Le bourg et les 15 hameaux sont dans une vaste plaine un peu ondulée et dont les vallées vont du sud au nord. Elle est arrosée par deux ruisseaux venant de Lescheroux : Sanna-la-Vive à l'ouest, Sanna-la-Morte à l'est. Il ne reste plus que deux petits étangs : l'étang Poulet, l'étang Pocheret.

La belle forêt du Villard qui, sur toutes les géographies de l'Ain, est portée comme faisant partie de Lescheroux, est en totalité sur le territoire de Saint-Nizier. Elle a une superficie de 160 hectares. Elle appartenait autrefois à l'Etat, elle est aujourd'hui à des particuliers.

La population de Saint-Nizier, en totalité agricole, est composée de fermiers en majeure part; elle forme 406 ménages dans 315 maisons. Elle était, en 1805, de 1581 individus; en 1881, elle est de 1686. Il y a augmentation, pourtant le nombre des naissances diminue (de 660 il est arrivé à 535) et la population émigre vers les villes; il faut donc que la durée moyenne de la vie ait beaucoup augmenté. Le dessèchement des étangs est peut-être pour quelque chose dans ce résultat.

On cultive, à Saint-Nizier, les céréales, les pommes de terre; on y trouve cinq moulins, un pressoir à huile et trois tuileries.

Le revenu de la commune est de 315 fr., elle paie 82 centimes en valeur de 81 fr. 12 l'un. Le bureau de bienfaisance a 451 fr. de revenu.

L'église est très ancienne; elle date du XIIe ou du XIVe siècle; elle est encore couverte en pierres plates.

Courtes, à 2 kilomètres de Saint-Trivier, à 32 kilomètres de Bourg.

Petite commune de 906 hectares de superficie, située sur un plateau. On n'y trouve aucun cours d'eau. On y compte 18 hameaux ou fermes isolées. La population est de 408 habitants; elle cultive les céréales, le chanvre; elle est logée dans 81 maisons et forme 92 ménages, en majeure part fermiers. Elle était, en 1805, de 485 individus; la différence provient de l'émigration vers les villes et aussi de la diminution du nombre des naissances. Ce dernier a pourtant peu varié, de 165 pour 1802 à 1812 il est monté à 175 de 1833 à 1813 et arrive à 144 pour la dernière période.

La commune a un revenu de 2,163 fr. ; elle paie 48 c. en valeur de 24 fr. 60 l'un.

VERNOUX, à 4 kilomètres de Saint-Trivier, à 34 kilomètres de Bourg.

Vernoux a 1,019 hectares de superficie, comprend 22 hameaux. Elle est arrosée par deux petits ruisseaux, le Souchan et le Voge.

La population, toute agricole, comprend 32 fermiers et 70 propriétaires. Elle était, en 1805, de 441 habitants ; en 1836 elle était 506 ; elle est revenue aujourd'hui à 470. Elle forme 102 ménages logés dans 102 maisons. Le nombre des naissances de 203 pour la période décennale 1792-1802 est tombé à 158 de 1873 à 1883.

La commune a un revenu de 196 fr. et paie 107 c. en valeur de 25 fr. 82 l'un.

Au hameau de Montrichard, il y a une certaine étendue de terrain à la partie supérieure duquel on trouve du minerai de fer.

Avant 1789, Vernoux faisait partie de Romenay (Saône-et-Loire).

CURCIAT-DONGALON, à 6 kilomètres de Saint-Trivier, à 33 kilomètres de Bourg.

Cette commune a 2,893 hectares de superficie, sur un terrain ondulé, arrosé par deux rivières : Sanna-la-Vive, Sanna-la-Morte ; elle ne renferme plus qu'un étang de 12 hectares environ.

La population éparse dans 18 hameaux, cultive les céréales et le maïs ; elle est composée en majorité de fermiers. Comme industrie, on trouve au bourg des charrons, menuisiers, forgerons... et sur chacune des deux rivières un moulin.

La commune a un revenu de 202 fr. ; elle paie 62 centimes en valeur de 75 fr. 85 l'un. Le bureau de bienfaisance a 710 fr. de revenu.

L'église est très ancienne, le clocher, démoli en partie pendant la Révolution, n'a pas encore été reconstruit.

En 1805, la population de Curciat était de 1,340 individus, elle est aujourd'hui de 1,412 personnes formant 329 ménages dans 284 maisons. Le Questionnaire ne donne pas le tableau des naissances, il dit l'augmentation de la population due à des défrichements et au dessèchement des étangs.

Cormoz, à 13 kilomètres est de Saint-Trivier, à 28 kilomètres de Bourg.

Autrefois, après les pluies, Cormoz était séparé du reste du monde, impossible d'en sortir ou d'y aller avec une voiture tant les chemins étaient boueux.

Aujourd'hui les chemins ont été empierrés, les étangs ont été desséchés, on a défriché quelques bois et, grâce à la fertilité de son sol, Cormoz voit sa population augmenter petit à petit.

La commune, de 1,956 hectares de superficie, comprend 28 hameaux ; elle est arrosée à l'est par le Sevron, à l'ouest par le ruisseau Sanna-la-Morte et au centre par un petit cours d'eau appelé bief de Quinte.

La population, partagée à peu près par moitié en fermiers et en propriétaires, est entièrement agricole ; elle cultive les céréales, le maïs, le sarrazin, l'avoine. Cormoz a deux moulins ayant chacun quatre paires de meules.

La commune a 158 francs de revenu ; elle paie 92 centimes en valeur de 53 fr. 79 l'un.

En 1805, la population de Cormoz était de 1040 habitants, elle est, aujourd'hui, de 1176, répartie en 308 ménages, avec 264 maisons.

Arrondissement de Belley

L'arrondissement de Belley est en grande partie formé par l'ancien Bugey. Le Valromey, si bien colonisé par les Romains, lui a fourni quelques cantons. Il est, en général, fort pittoresque. Parcouru en tous sens par les ramifications du Jura, il présente une série de vallées fort resserrées, mais d'une fertilité très grande.

Il se subdivise en 9 cantons, dont les chefs-lieux sont Ambérieu, Belley, Champagne, Hauteville, Lagnieu, Lhuis, Saint-Rambert, Seyssel et Virieu-le-Grand. Ceux d'Ambérieu et de Lagnieu ont seuls, le long du Rhône et de l'Ain, des plaines étendues. Le nombre des communes s'élève à 116. En 1805, la population était de 73,055 habitants; en 1856, de 83,656; en 1876, de 78,348; en 1886, de 79,864. On pourrait en conclure que la population augmente faiblement. En réalité, il n'en est rien. Dans la très grande majorité des communes, la dépopulation est effrayante (v. Lhuis, Hauteville, etc.). Seules, les localités industrielles progressent. On peut citer Ambérieu, Saint-Rambert, Tenay, Virieu, etc. Et là l'augmentation est due surtout à l'immigration. Les Italiens sont en grand nombre dans nos usines du Bugey.

La superficie de l'arrondissement est de 127,563 hectares. Le sol donne des produits variés. Le vin

est cependant la richesse principale Il s'exporte e
quantité assez considérable à Genève et à Lyon
Les prairies, fort étendues, fournissent des millier
de bêtes à cornes dans chaque canton. Dans le
régions élevées, celles d'Hauteville, de Champagne
par exemple, les associations fromagères ont pri
un grand développement. Elles permettent la vent
au loin de denrées très rémunératrices. Les forêt
de sapins sont assez étendues, et fournissent a
commerce local et extérieur de beaux bois de cons
truction (forêts de Cormaranche, de Jailloux
d'Arvières). La production des céréales, fromen
seigle et orge, suffit à peine aux habitants.

L'industrie est représentée par de nombreuse
carrières de pierres à bâtir (Villebois a la plus im
portante). La pierre lithographique s'y rencontr
en grandes masses. La minoterie n'y compte qu'u
moulin important. Sa fabrication de chaux hydrau
lique a pris récemment de l'importance ; elle es
faite dans d'importantes usines, à Saint-Rambert
Bons, et surtout à Virieu, où près de 1,000 ouvrier
sont employés. La production de l'asphalte es
concentrée à Pyrimont-Seyssel.

La grande industrie de l'arrondissement est en
core celle de la soie. Il y a quelques années, l'éle
vage du vers à soie était en faveur. Les maladie
qui sont venues fondre sur l'animal producteur on
tari cette source de richesse. Il serait facile d
la retrouver depuis les merveilleuses découverte
de M. Pasteur.

A Tenay et à Saint-Rambert se sont établies d

Documents manquants (pages, cahiers...)

NF Z 43-120-13

Pages 145 à 160

verte de poteries et de nombreuses médailles de l'époque impériale. Au Moyen-Age, le centre populeux n'était pas situé sur le même emplacement que la bourgade moderne. Aujourd'hui les villes grandissent, surtout dans les plaines, où les communications sont largement ouvertes, où le commerce et l'industrie se développent à l'aise. Nos ancêtres s'établissaient sur les endroits faciles à défendre. Aussi la ville du Moyen-Age s'élevait-elle dans le défilé où coule l'Albarine, sur un escarpement, à Saint-Germain. Il y avait déjà là une station gauloise. Vers le XIIe siècle s'éleva un des plus beaux châteaux-forts du Bugey, possédé par les sires de Coligny.

Il eût de l'importance jusqu'au jour où Biron le détruisit. Il ne reste plus du vieux manoir que deux tours énormes et quelques pans de murailles d'une solidité à toute épreuve. Ces ruines ont du moins le mérite de donner au paysage un cachet de grandeur et de sauvagerie remarquable. Ce fut là, sans doute, que le roi burgonde, Gondebaud, rédigea en partie un code célèbre connu sous le nom de loi Gombette. A la même commune se rattache le vieux manoir des Allymes situé, lui aussi, en pleine montagne, restauré et habitable.

L'étendue de la commune est considérable (2,400 hect.). Les terres labourables ont une superficie de 750 hectares. Les forêts n'ont que des bois-taillis de peu de valeur. Son vignoble est d'une étendue considérable (450 hect.), donnant une récolte moyenne de 35 hectolitres à l'hectare.

L'industrie est assez développée. Dans le hameau

de Vareilles, notamment, on fabrique des draps et on travaille le cuivre. Le commerce est actif dans le bourg lui-même. Le mouvement de la gare est important. Voyageurs et marchandises y passent en foule. A noter de très grands ateliers pour les réparations de locomotives.

Hameaux : Les Allymes-Breydevant (127 hab.) ; Saint-Germain (287 hab.), avec ses ruines et ses beaux vignobles ravagés par le phylloxéra ; Tiret (687 hab.), château-fort mentionné en 1339, a disparu ; Vareille (103 hab.), avec ses manufactures, existe depuis le XIIIe siècle.

L'Abergemet-de-Varey (490 habitants) est appelée quelquefois avec raison l'Abergement-en-Montagne. Elle est en effet formée par nombre de hameaux dissiminés dans la dépression pittoresque au bord de laquelle bondit l'Oiselon (affluent de l'Ain) et que domine les hauteurs de Râtelier et l'Echaud. Sur les pentes on a planté 200 hectares de vignes donnant 7,000 hectolitres de vin. Plus d'un tiers du territoire (260 hectares) est rempli de bois-taillis. Cela seul indique bien la nature et l'aspect du pays. A citer quelques scieries et moulins.

Hameaux : chez Chabois, Cote-Savin, chez Gavet, La Forêt, La Montagne. Aucun de ces villages n'atteint le chiffre de 100 habitants.

Ambronay (1,492 habitants) est, après Ambérieu, la commune la plus importante par sa population et son étendue (2,244 hectares).

Au Moyen-Age elle a possédé un célèbre monastère de l'ordre de Saint-Benoit. La date de la fondation remonte au IXe siècle. Il fut construit par Barnard, seigneur de la cour de Charlemagne. Il fut enrichi de nombreuses dotations et ses possessions territoriales étaient immenses. Aussi les abbés étaient-ils à peu près indépendants ; ils n'avaient besoin de l'archevêque de Lyon que pour être installés et confirmés après leur élection par les moines.

Ces abbés étaient aussi seigneurs de la ville, dont l'importance était attestée par les nombreux privilèges municipaux dont elle était dotée. On peut les voir dans une Charte de 1798. A ce moment, elle était ceinte de murailles. Nous voyons qu'en 1468 elle fut ravagée par une forte troupe du duc de Bourbon. De l'ancienne abbaye, il reste quelques ruines intéressantes, notamment l'édifice où se rendait la justice. Du cloître proprement dit, l'on voit des murs des colonnes. Le dessin de plusieurs salles peut même être reconstitué. L'église subsiste encore, c'est un curieux monument d'architecture du Moyen-Age. (Voir Jarrin, *Bresse et Bugey. — Fouilles dans notre histoire*).

La commune est riche par la variété et l'importance de ses cultures. Les terres labourables ensemencées en blés, pommes de terre, etc., ont une superficie de 1,528 hectares, les prairies ont une étendue de 350 hectares et la vigne de 150 hectares. Malgré cette richesse, la population a rapidement diminuée.

Hameaux : Coutelieu (168 habitants), date de 1280, Le Genoud (136 habitants), Longeville (100 habitants), Merland, Le Vorgey.

Beitant (428 habitants), petite commune peu étendue (270 hectares), a été distraite de Saint-Denis en 1816. Elle se compose d'un seul groupe d'habitation divisé en quartier d'en haut, du milieu et du bas. Bois pittoresques.

Chateau-Gaillard (554 habitants), s'élève sur une sorte de terrassement faisant saillie dans la plaine. C'est un endroit facile à défendre. Aussi fût-il très anciennement habité, on y a trouvé des tombeaux et des médailles romaines, et bien qu'il n'en soit fait mention qu'au XVIe siècle, le Moyen-Age avait dû y être représenté.

Elle est aujourd'hui d'importance restreinte, de grands espaces incultes occupent plus du tiers de son territoire (600 hectares). Le blé y est largement cultivé (770 hectares). La vigne ne donne là que médiocres produits.

Hameau : Cormoz (191 habitants), ce village renferme de nombreux tumulis, tombeaux primitifs formés par des monceaux de terre. Les érudits, M. Guigue entre autres, croient qu'ils furent élevés simultanément à la suite d'un combat. En 1862 quelques-uns furent ouverts. Des armes, des ornements en bronze enfermés dans un cercle de gros cailloux y furent trouvés. Au-dessous on avait placé les corps, soumis préalablement à l'incinération. Un glaive en fer découvert avec des débris de colliers et de perles en émail, a été envoyé au musée de Saint-Germain. Ces témoignages semblent bien prouver qu'il y eût une bataille à Cormoz, mais on ne saurait en fixer la date.

Douvres (341 habitants), petite commune adossée à la montagne et formée de maisons éparses.

Son château, dont il est fait mention dès 1200, n'est plus représenté que par des ruines informes et une tour assez bien conservée.

Hameaux : Babillière, Carbonnaz (91 habitants), le plus populeux ; Cozance, moulins ; Reylloux, Saint-Pierre, Saint-Denis, etc.

Saint-Denis-le-Chosson (751 habitants) est une forte agglomération sur la rive gauche de l'Albarine. De toute antiquité, elle a été habitée. On y a trouvé des monnaies portant une effigie grecque. Les Romains ont eu là un établissement ; le pont, du reste, a de l'importance ; de là, on surveille la vallée de l'Albarine, celle de l'Ain, la route de Lagnieu et, par suite, la vallée du Rhône. Les médailles de l'époque impériale, à l'effigie « de Cetricus et de Victorinus » sont nombreuses.

Au Moyen-Age, le bourg dut sa naissance et son importance à une léproserie qui y fut installée. On la trouve mentionnée dès le XIIIe siècle.

Renaud de Foretz, archevêque de Lyon, lui fit un legs (1226). Sur la colline qui domine le village, sorte d'éperon d'où la vue s'étend sur les plaines voisines, s'élevait un solide et remarquable château-fort. Il fut distrait lors de l'annexion du Bugey à la France. Il y avait intérêt pour Henri VI à démolir une forteresse pouvant barrer tant de routes.

Seule, une large et forte tour carrée subsiste, conservant intactes ses épaisses murailles. Elle est dénuée de tout mérite artistique. mais fait cependant assez bel effet, et donne au paysage, fort beau du reste, un charme de plus.

SAINT-MAURICE-DE-RÉMENS (541 habitants) s'élève non loin du confluent de l'Albarine et de l'Ain. Elle possédait un château-fort. Biron, en 1795, le détruisit de fond en comble. Il s'en suivit, semble-t-il, une dépopulation assez grande, puisqu'en 1603 on y comptait que 20 « ménagiers ». Son territoire très peu accidenté renferme surtout des terres labourables (290 hectares) et des prairies temporaires ou permanentes (438 hectares).

Hameaux: Martinaz doit son origine à la grange que les Chartreux de Portes y firent édifier à la fin du XIIe siècle. Sous-la-Côte (174 habitants) non loin des grèves sablonneuses de la rivière d'Ain.

Le canton de Champagne

Le canton de Champagne est formé par le front méridional du Grand-Colombier et par le vaste plateau du Valromey. Ses limites sont, au Nord, l'arrondissement de Nantua, au Sud, le canton de Virieu, à l'Est, le canton de Seyssel, à l'Ouest, le canton d'Hauteville. Son territoire, divisé en 18 communes, a une superficie de 15,561 hectares et une population de 7,227 habitants. La population diminue : en 1851, elle s'élevait à 8.019 habitants, en 1861, à 7,853, en 1871, à 7,412. L'amoindrissement est dû, en partie, aux maladies de la vigne, cause de ruine, et par suite d'émigration.

L'orographie du canton est facile à saisir. Au centre un large plateau de 500 à 600 mètres de hauteur. De chaque côté, de grandes chaines de montagnes, au pied desquelles coulent de fougueux torrents. La chaine occidentale appartient, en partie, au canton d'Hauteville. Elle a de grandes sapinières entremêlées de bois de hêtres. Deux cols sont traversés par deux routes, le col de la Lèbe et le col de la Rochette. La limite orientale du canton est marquée par la chaine du Grand-Colombier, plus importante par sa masse et sa hauteur.

Les sommets principaux regardent le plateau du Valromey. C'est Planapose (1151^{m}), le Signal de Cuerme (1446^{m}), le Grand-Colombier (1534^{m}), le point le plus élevé de la chaine, le plateau d'Arvière (1442m). De magnifiques forêts de sapins recouvrent les flancs de la montagne. Les arbres atteignent, en hauteur et en épaisseur, des proportions remarquables. En certains endroits la neige reste pendant huit mois.

Deux rivières importantes parcourent le canton. La principale, le Seran, traverse le canton du Sud au Nord, puis de l'Ouest à l'Est. Il coule dans une vallée profonde, encaissée jusqu'à Cerveyrieu, village de la commune d'Artemare. Il arrive alors en face de l'escarpement formé par le Valromey et tombe dans un précipice de 50 mètres, formant ainsi, à l'époque des pluies, une superbe cascade à Cerveyrieu. Au pied du Grand-Colombier coule l'Arvière, l'affluent principal du Seran. Il prend naissance en une gorge profonde, au milieu du plateau d'Arvière, en face des plus hauts sommets de la chaine. Il sort de la montagne, à côté de Virieu-le-Petit, et son lit est, dès lors, à découvert. Au moment de descendre dans la plaine d'Artemare, l'Arvière doit traverser un épais rocher. Il creuse alors des gorges profondes et fort pittoresques, analogues à celles du Fier de la Savoie. L'eau a taillé d'énormes cuves, où l'on peut voir le torrent écumer et se briser.

La ligne de Lyon-Genève dessert le Valromey par la gare d'Artemare. De nombreuses routes parcourent, du reste, la région tout entière. Dans la vallée du Seran, la grande route d'Artemare à Nantua dessert nombre de communes. Une seconde route, longeant le Colombier, va d'Artemare à la vallée du Rhône. Entre ces deux grands chemins, d'autres routes réunissent les communes éparses sur le plateau.

Cela a permis d'exploiter, d'une façon fructueuse, les immenses forêts de sapins du Valromey. De solides attelages de bœufs descendent les arbres jusqu'aux scieries d'Artemare ou jusqu'au chemin de fer, qui les emporte au loin. Le blé est, avec le bois, le produit principal du haut plateau (Songieu, Ruffieu, Sutrieu, Lompnieu). Dans la partie méridionale on trouve surtout les prairies et les vignes, qui s'élèvent jusqu'à Lochieu. Les vignes qui s'étendaient sur les flancs du Colombier tendent à disparaitre. Le phylloxéra les ravage. Les grands vignobles créés par les moines, tels que Machuraz et la Lavanche, sont presque perdus.

Les prés sont fort étendus (5,500 hectares), aussi la race bovine est-elle représentée par plus de 5,000 têtes. Les moutons, autrefois nombreux, ne sont plus que 1,300. La principale richesse du pays vient de la fabrication des fromages façon Gruyère. Dans chaque commune nous trouvons une ou plusieurs associations possédant une usine ou « fruitière » pour la fabrication des fromages. En 1885, vingt-huit de ces associations fromagères fonctionnent donnant, pour l'année, 300,000 kilos de « gruyère ». C'est l'industrie la plus prospère du Valromey et la plus rémunératrice.

Dans l'ensemble, le canton a une certaine monotonie d'aspect. Les champs de blé, les prés et les sapinières s'y succèdent avec uniformité. La race qui l'habite est vaillante, robuste et rudement trempée. Elle a perdu rapidement ses vieilles mœurs et ses coutumes particulières. On s'est souvent demandé si l'invasion sarrazine avait réellement eu lieu dans ce pays. Une arme tranchante des deux côtés et fortement arquée fut trouvée au Colombier, par M. Guigue. En 1884, en réparant un chemin forestier, dans la même montagne (territoire de Virieu-le-Petit), on a recueilli deux armes d'origine orientale. Mais il serait peut-être téméraire d'affirmer que les Sarrazins ont laissé des descendants. Les Romains, qui avaient colonisé tout le pays (dont le nom conserve encore le souvenir), y sont représentés par une quantité de monuments de tous genres, dont la réunion aurait pu former un très beau musée.

Champagne (584 hab.) a été choisie comme chef-lieu du canton, à cause de sa position au centre du Valromey. L'antiquité n'y est représentée par aucun monument. Au Moyen-Age, les de Luyrieu y avaient un château. Il n'en reste point de traces.

Depuis que la viabilité a été perfectionnée, Champagne est devenue un centre commercial important. Là se tiennent des marchés hebdomadaires où s'écoulent les produits des villages voisins. On y vend des bois, des bestiaux, des blés, etc. Son territoire est peu étendu (509 hec.), mais il est assez riche pour nourrir de gros troupeaux de bêtes à cornes. Sa fruitière est la plus importante du canton. Située à égale distance des deux chaines de montagnes, au centre du plateau, Champagne n'a pas de forêts.

Le bourg (456 hab.) a des maisons bien bâties ; à citer, les halles, l'école, l'église et surtout le grand hôpital, fondé par la famille Costaz.

Hameaux : Charron, Lafaverge.

Béon (411 hab.) est composée d'une série de villages établis sur les pentes méridionales du Grand-Colombier. Elle doit son origine au château de Luyrieu, dont on peut voir encore de pittoresques pans de murs dans un repli de la montagne. Les de Luyrieu avaient là une seigneurie de haute justice avec château-fort datant du XIe siècle. Les Romains y avaient élevé des maisons ; on a trouvé des monnaies antiques, des inscriptions, une statue.

Aujourd'hui Béon est en pleine décadence. Sa population qui, il y a trente ans, était de 550 habitants, diminue avec une rapidité prodigieuse. Cela tient à la disparition des vignes, sa principale richesse. Où venait autrefois un vin fort et généreux, on ne trouve plus que des pierres et des ronces. Aussi, nombre de familles émigrent-elles. Elle possède encore de belles forêts et d'immenses prairies (500 hect.). Une fruitière dans la commune.

Les hameaux : Luyrieu, le plus important. Le Buisson. Sous-le-Château, dominé par de belles ruines.

Brénaz (313 hab.) possède une église portant la date de 1606, assez curieuse. Elle appartient à la région où la vigne cesse d'être cultivée. La richesse des habitants vient des sapinières (300 hect.), des prairies (120 hect.) et de deux fruitières.

Hameaux : Boirin. Larnin. Méraléaz, peuplé par 51 habitants, mais qui a formé paroisse et a dû être un gros bourg. Les Granges de Sous-Chalamont

Charancin (251 hab.), sur la rive droite du S[illegible] existe depuis 1182, sans qu'on puisse mentionner aucun souvenir historique intéressant. Elle est remarquable par la beauté de ses forêts noires dont l'exploitation est active. Les arbres vont alimenter les scieries d'Artemare. Deux fromageries. Autour des villages de nombreuses landes infertiles donnent au paysage quelque tristesse.

Hameaux : Blanod. Fossieu. Puits-des-Barres. Saint-Maurice (90 hab.), la plus forte agglomération de la commune, a formé commune. Située en face de la Lèbe, elle fait un grand commerce de bois.

CHAVORNAY (385 hab.), à gauche de l'Arvière, a ses maisons dispersées dans un des derniers plissements du Colombier. La culture de la vigne y est née de bonne heure. En 1200 les Chartreux l'y introduisaient et depuis elle s'est beaucoup développée (80 hect.). Les vergers sont aussi nombreux. Deux fromageries.

Hameaux : Charaillin (137 hab.). Dazin. La Chapelle. Ouche Vovray. La Lavanche, sorte de vaste château, au milieu d'un grand vignoble. Il était la propriété des Chartreux d'Arvière. Son état de conservation est parfait et il a gardé son style particulier et sa disposition ancienne.

FITIGNIEU (224 hab.) est riche en pâturages, en terres à blé. Son éloignement relatif de la montagne l'a privée de sapinières, mais elle a encore quelques vignes.

Hameau : Cossonod.

LILIGNOD (101 hab.), la moins peuplée des communes du département. On y voit des vestiges d'anciennes habitations, une quantité de tuiles romaines. Les anciens y avaient sans doute un établissement.

LOCHIEU (252 hab.) possède les ruines du château de Prangin, au confluent de deux torrents. Il surveillait la route qui longeait la montagne. Les ruines sont insignifiantes. Dans la commune se trouvent les plus hauts sapins de la région. La forêt d'Arvière, qui lui appartient, renferme des troncs énormes.

Hameaux : La Bordaize. Bergon. Granguige. Moulins d'Arvières. La Rivoire, dans un site extrêmement pittoresque. — A cette commune se rattachent les curieuses ruines de la Chartreuse d'Arvière. Cet immense monastère, fondé en 1135 par Amédée III, comte de Savoie, avait été construit à une grande altitude, sur un vaste plateau, qu'environnent de trois côtés d'immenses précipices. De tous côtés grondent les torrents. Des montagnes, couronnées de sapins, l'entourent et ajoutent encore à la sauvagerie du lieu. L'abbaye avait, jusque dans la plaine, de beaux et riches domaines et ses revenus étaient considérables. De toute cette splendeur il ne reste que des murs éboulés, des débris de murailles marquant la place des cellules. Une sorte de cave voûtée et soutenue par de beaux piliers subsiste encore. Au milieu des ruines s'élève une grande et confortable maison forestière.

Lompnieu (350 hab.) renferme quelques ruines romaines et des murs du Moyen-Age. Des cultures variées se rencontrent dans cette commune dont la prospérité s'est accrue depuis l'ouverture de la grande route allant à Nantua.

Hameaux : Chavilleu, non loin du Seran, ruines. La Chapelle. La Rochette. Tremblay. Les Vibesses.

Luthézieu (206 hab.) remonte au XIIe siècle. Elle possédait une maison forte dont on peut déterminer les fondations. Elle a des bois de 250 hectares, deux fromageries, une distillerie.

Hameaux : Bioléaz (89 hab.), en pleine montagne, au milieu des sapins. Condamine. Glargin. Les Moulins de Muftieu, utilisés pour les blés du pays. Vercosin.

Passin (452 hab.), située comme Champagne entre l'Arvière et le Seran, a eu des maisons romaines. Au hameau d'Ossy, dans la propriété Martinand, on a trouvé de nombreux objets antiques, des poteries, dont l'une porte le nom de son auteur (Sabinus), deux statuettes en bronze, l'une représentant Cérès, découverte en 1843, a 30 centimètres de haut, est bien conservée. L'autre représentant Upnas est un peu mutilée. Au Moyen-Age, Passin possédait un monastère. L'endroit où il s'élevait porte encore le nom du Mollard des Moines. Située sur le plateau proprement dit du Valromey, la commune possède de belles prairies (525 hect.) et trois fruitières. Elevage considérable de gros bétail.

Hameaux : Chassonod. Chemillieu. Le Burdet. Nusin. Ossy. Poisieu.

Ruffieu (433 hab.) a un nom d'origine romaine ; on y a trouvé une médaille de Gordien III. Au Moyen-Age elle est anciennement connue. De nos jours elle doit son importance à la route du col de La Rochette qui la fait communiquer avec Hauteville, à ses 500 hectares de forêts, à ses prés (537 hect.). C'est là que se trouve une des écoles départementales de fromagerie.

Hameaux : En dehors du bourg, on trouve de nombreux groupes de maisons d'importance médiocre, comme Bornarel, Bucle, etc.

Songieu (594 hab.) a le territoire le plus étendu du canton (2,050 hect.). Là se trouvent les ruines fameuses de Châteauneuf, la capitale du Valromey au Moyen-Age. La justice et l'administration y avaient leur principal centre. L'éminence sur laquelle s'élevait le château-fort ne conserve plus qu'un amas de ruines informes. Elles donnent néanmoins une idée saisissante de la masse imposante des constructions. Elles ont dû former une véritable petite ville. Tout fut ruiné au temps de Biron. Le bourg de Songieu, au milieu d'une plaine que domine le Colombier, possède de beaux champs de blé (500 hectares), des prairies naturelles et artificielles de 800 hectares, (2 fromageries). Il y a quelques marécages. On a essayé d'y planter la vigne dans ces dernières années.

Hameaux : De nombreuses fermes isolées le long de la montagne. Bassieu, sur la grande route. Châteauneuf, misérable village dont les maisons ont été construites avec les débris du Moyen-Age. Comboz. Recouza. Reoux possède un château, ancienne possession des de Luyrieu, en partie ruiné, conserve encore un portail, des murs crénelés. Sothonod (172 hab.), sur le flanc du Colombier, à 800 mètres d'altitude, avec un ancien château parfaitement situé.

SUTRIEU (210 hab.), petite commune adossée à la montagne, possède bois, prairies, marécages, terres arables et fromagerie.

Hameaux : Mongonod. Rayeur. Lairin.

TALISSIEU (500 hab.) est une ancienne station romaine. Des inscriptions importantes, de nombreuses médailles y ont été découvertes. Le Moyen-Age est représenté par de rares débris. Sur une éminence s'élève le château-fort, dont on a coupé les tours, à l'intérieur du village de nombreuses maisons avec croisées et porches anciens.

La commune possédait de beaux vignobles, le phylloxéra les a détruits. Les prairies seules fournissent quelques ressources aux habitants (1 fruitière). Les arbres à fruits sont nombreux. Le site, fort beau par lui-même, est encore embelli par une végétation luxuriante qu'activent les torrents de la montagne.

Hameaux : Ameyzieu et son annexe le Moulin (213 hab.) formait autrefois une commune dont dépendait Artemare. C'est un des plus gracieux villages de la contrée, littéralement enfoui au milieu des arbres, parcouru par de petites rivières, qui ici font mouvoir des moulins et là tombent en joyeuses cascatelles. Marlieu, au milieu d'une prairie marécageuse.

VIEU (604 hab.) était la capitale des Romains. M. Guigue y a fait des fouilles très fructueuses. Il a découvert, notamment, un temple de Mithra assez bien conservé. Les champs sont remplis de briques et de poteries. En temps de sécheresse il est facile de voir l'emplacement des maisons romaines. De nombreuses inscriptions ont été découvertes. Autour de l'église on peut encore voir de remarquables pierres tombales. Beaucoup d'objets curieux, trouvés dans la localité, ont été réunis au château d'Hostel. (C. de Belmont).

Il existe encore à Vieu un aqueduc en parfait état de conservation, fournissant l'eau au bourg. La voûte est formée de grosses pierres brutes, à plein cintre, et a de loin l'aspect d'une grotte. L'aqueduc est souterrain. De nombreuses pierres, provenant de constructions anciennes, sont conservées dans la commune. Il semble que la ville romaine a disparu dans une grande catastrophe, un incendie sans doute. M. Guigue croit pouvoir fixer le fait au IVe siècle.

Vieu est riche surtout par ses vignes (128 hect.), dont les produits ont une certaine renommée (vins de Machuraz).

Hameaux : Don (232 hab.), sur son territoire se trouve le Pont-du-Diable, lancé sur des gorges fort pittoresques, au fond desquelles coule l'Arvière. Scieries. Chongnes, avec de nombreux débris romains, pierres tombales. Linod. Machuraz, ancienne maison des moines de Saint-Sulpice. Elle s'élève au milieu d'un grand et beau vignoble. Ses archives étaient riches de papiers intéressant notre histoire. Elle a été, de nos jours, transformée et agrandie.

VIRIEU-LE-PETIT (511 habit.) a possédé deux châteaux-forts, ceux des Montclair et des Terreaux. Il n'en reste que des pans de murailles et des amas de ruines. Elle est riche en vignes et en prés.

Hameaux : Assin et Munet, deux villages réunis et qui

constituent une agglomération de 250 habitants. Granges de Montclair. Romagnieu, gros hameau en face des gorges d'Arvière. Vaux. Valençon.

Yon-Artemare (873 habit.). La commune la plus peuplée du canton, n'a eu longtemps qu'une minime importance. Elle est aujourd'hui en pleine voie de prospérité. Le chemin de fer de Lyon-Genève y a établi une station. Les nombreuses routes descendant du Valromey augmentent encore son commerce. Elle possède de nombreuses usines où sont travaillés les bois de la montagne. La force motrice fournie par les torrents du Colombier est utilisée dans de grandes scieries. Dans les ateliers de tourneurs on trouve les mêmes aménagements. On construit encore de grands bateaux plats, qui servent pour la navigation du Rhône.

Enfin, par sa position, Artemare jouit d'un climat agréable. Placée au centre d'une cuvette que défendent, de tous côtés, les montagnes, elle regarde le midi. Aussi les étrangers viennent-ils en foule, dès le printemps. Les hôtels s'y multiplient. Le vin est la seule richesse fournie par le sol. Quelques carrières.

Hameaux : Avec la Mortlan, qui possède une maison du siècle dernier, nous citerons Cerveyrieu (152 hab.), avec ses grands vignobles. A signaler, la belle cascade qu'y forme le Seran. La rivière se précipite, par une étroite fissure, et tombe dans un précipice de 50 mètres, au milieu d'énormes rochers, au travers desquels bondit l'eau du torrent.

Canton d'Hauteville

Le canton d'Hauteville est situé sur un plateau que couronnent des cimes boisées et irrégulières. Ses limites sont : au nord, l'arrondissement de Nantua, au sud, les cantons de Virieu, de Saint-Rambert, à l'est, le canton de Champagne, à l'ouest, le canton de Saint-Rambert. Sa superficie de 12,046 hectares est occupée par une population de 4,598 habitants. Cette population décroit rapidement : en 1851, elle était de 5,311 habitants, en 1866, elle n'était déjà plus que de 4,881 habitants.

Les montagnes qui parcourent ce canton reposent toutes sur un large plateau qui vient finir en escarpements très abrupts sur la gorge des Hôpitaux. Des biefs, des vallées étroites découpent le plateau en de nombreux sillons au fond desquels se sont placés les villages. La chaine la plus importante est située sur la limite orientale du canton. Elle forme comme une haute muraille régulière, recouverte jusqu'au sommet par la sombre verdure des sapins. A remarquer la magnifique forêt de Gervais avec le signal de la Bourbellière (1,054^{m}). La chaine s'abaisse à 900^{m} au col de la Lèbe pour se relever avec la forêt et le signal de Cormaranche (1,237^{m}). La chaine d'Hauteville (1,100^{m}) n'a que le col de la Rochette. Les autres chaines, moins régulières, s'étendent dans une direction parallèle à la première : c'est la forêt de Jailloux (1,000^{m}) ; la chaine du Dergit (1,002^{m}) ; la chaine d'Esculaz, de Lacoux et d'Arane (900-950^{m}).

Les eaux sont ramassées par deux ruisseaux : l'Arène, qui prend naissance dans la vallée de Thézillieu, arrose des prairies maigres et étroites, après avoir bondi à travers les cailloux de la montagne, forme la belle cascade de Claire-Fontaine et se jette dans le Furan. Le second, c'est l'Albarine : ses eaux sont peu abondantes, son lit est encombré parfois par les herbes. En sortant d'Hauteville, son courant s'accélère et forme les cascades de Charabotte. Lorsque le volume d'eau de l'Albarine est considérable, on ne peut imaginer spectacle plus grandiose, plus pittoresque et plus terrifiant.

Par son élévation, le canton d'Hauteville semblait voué à l'isolement. Mais des routes ouvertes de tous côtés le mettent en contact avec les pays voisins. S'il n'est touché par aucune ligne ferrée, du moins un chemin très carrossable l'unit à Tenay, à Virieu, à Nantua, et d'autres routes rayonnent sur le plateau. Deux d'entre elles le rapprochent de Champagne, deux autres le mettent en rapport avec Poncin et Jujurieux. La viabilité est donc fort bonne.

Aussi la richesse générale a-t-elle augmentée. L'agriculture est prospère. Les prairies sont étendues et productives et les animaux de ferme nombreux. La race bovine est représentée par 4,000 têtes. Le canton de Seyssel, plus peuplé, n'en a que 1,900. La race ovine arrive au chiffre de 1,500. Les chevaux sont en petit nombre et de race inférieure. Les fromages, façon gruyère, sont exportés de chaque commune en quantité considérable (produit approximatif : 400,000 fr.). Vient ensuite, comme objet d'exportation, le bois, vendu sous forme de planche ou de bois de chauffage. La vigne ne pousse en aucun endroit, quelques essais ont été tentés, mais les raisins ne sont jamais arrivés à maturité.

Les habitants, comme tous les montagnards, ont des dehors un peu rudes et la gaité bruyante. Mais ils joignent, à un esprit très vif de solidarité, un amour presque passionné pour leur pays. Le type général diffère peu de celui des cantons voisins. Toutefois, dans certains villages, on montre encore des « Sarrazins » de physionomie et d'allures particulières. Dans la nomenclature géographique des noms étranges et significatifs : La Ragiaz, Leaz, Lood, Senoz, Esculaz, etc. Pendant le long hiver, le soin du bétail est l'unique occupation des habitants. Autrefois une émigration curieuse enlevait chaque hiver tous les hommes valides. Ils allaient peigner le chanvre en Alsace et en Bourgogne. Ils avaient leur langue secrète, « le beleau », intelligible pour les initiés. Cette émigration a cessé depuis dix ans, soit par suite du manque de travail au pays d'émigration, soit par suite de l'augmentation de la richesse publique.

Hauteville (759 hab.), capitale administrative et judiciaire du canton, est fort riche et fort vivante. Elle existe depuis 1137. Son nom se trouve dans une charte de Meyriat. Elle payait des redevances aux moines de Saint-Sulpice et dépendait de la seigneurie de Lompnes. Elle n'était, sans doute, qu'une petite bourgade.

Dans ce siècle Hauteville a pris une réelle importance. Grâce à la facilité des communications, on a pu exploiter ses nombreuses richesses naturelles. Son territoire, de 1,478 hectares, est fertile en céréales ; ses prairies fournissent un foin abondant. Aussi trouve-t on de superbes bêtes à cornes et une association fromagère fonctionnant toute l'année (70 à 80,000 fr.) Les 400 hectares de forêts appartenant à cette localité alimentent les scieries. Les richesses minières sont encore peu connues. On sait qu'il y a, dans la commune, d'importants gisements de fer.

Une carrière de pierres blanches, rivales de celles de Villebois, est ouverte depuis quelques années. Enfin, grâce à sa position élevée, grâce aux arbres résineux qui l'entourent, Hauteville jouit d'un climat extrêmement sain. L'atmosphère est chargée d'effluves térébenthineuses, si salutaires aux malades. Aussi, chaque année des centaines de voyageurs viennent s'installer dans les hôtels et les maisons coquettes qui s'élèvent de tous côtés. Paysages gracieux et excursions pittoresques abondent.

Les hameaux : Scie, Miguet, Trépont, Nantuy (92 hab.), avec d'importantes scieries, Le Puiset, La Ragiaz, Lezines, Les Granges, fermes isolées sur la lisière des forêts.

Aranc (828 h.) est la commune la plus populeuse du canton. Elle est mentionnée dès le XIIIe siècle, comme dépendant de la seigneurie de Rougemont. Il reste des ruines très apparentes du château-fort. Les titres historiques ayant trait à Rougemont se trouvent à Champdor.

Placée en dehors des chemins fréquentés, Aranc a vu sa population décroître (1,116 habitants en 1813). Elle tire ses ressources de la culture. Les terres à blé donnent une récolte plus que suffisante pour les besoins des habitants. Les prairies (400 hectares), nourrissent des bestiaux dont les produits alimentent trois fruitières. Enfin elle exporte du bois de chauffage (bois et bruyères, 1,100 hectares).

Les hameaux : Pézières, Rougemont, avec ses souvenirs féodaux, Resinand, où se trouve un commencement d'exploitation d'une mine de manganèse.

Corlier (210 habitants) dépendait au Moyen-Age des sires de Rougemont. Un château s'élevait en cet endroit. Il a été détruit lors de la réunion du Bugey à la France. Il en reste aujourd'hui d'informes vestiges. Le clocher du village, si l'on en croit les traditions, a été construit avec les pierres du château. Signalons encore quelques débris d'un ancien couvent des dames de Blyes.

Cette petite commune, adossée à des montagnes boisées et hautes (925^{m}) est isolée à l'extrémité septentrionale du canton. Son territoire (530 hectares) est recouvert pour la moitié de bois exploités et vendus au dehors. Les céréales ne peuvent nourrir les habitants. Mais par contre elle vend des pommes de terre et possède une fruitière donnant un revenu de 25,000 francs.

Cormaranche (670 habitants), riche commune, avec maisons coquettes et bien bâties, n'a point d'histoire et ne possède aucun débris ancien.

Le commerce d'échange y est assez actif grâce aux routes nombreuses, ouvertes récemment. L'une, passant par le col de la Lèbe, met Cormaranche en communication avec le Valromey. Le partage des terres entre les diverses cultures est assez égal. Un marais de deux cents hectares existe dans le bief de Vendru. Cormaranche ne forme pas un groupe compacte d'habitations, elle s'étend le long de la route, formant une série de quartiers, tels que le quartier du Borgey, Frêne, Miraillet, Carré derrière, etc., etc.

Les hameaux : Grange des Cuissonnières, la Grange Léaz, Sous-le Rocher, Grange de Tellières-de-Lood. Le plus curieux est Vaux-Saint-Sulpice (115 h.). Ancienne possession des moines de Saint-Sulpice, ce village n'est relié au monde, que par un chemin à peine praticable. Des rochers l'isolent de toutes parts, interdisant toute communication facile. Il serait urgent de l'ériger en commune indépendante.

LACOUX (233 h.), s'élève au-dessus de la cascade de Charabotte. Son château surplombait ce gouffre et dressait ses tours en face de celles de Longecombe. Les guerres étaient continuelles entre ces deux maisons fortes. Quelques ruines subsistent encore.

Lacoux est rattaché à Hauteville par une belle route. Malgré cela, elle est loin d'être prospère. En quarante ans elle a perdu plus du quart de sa population. Les bois et les prairies forment la richesse principale, et la fruitière donne par an 12,000 kilog. de fromage façon gruyère.

Le bourg principal est formé de deux quartiers : Lacoux en bas et Lacoux en haut ; la position en est pittoresque et agréable. Les hameaux : La Bertinière et la Verrerie. Au Ruht on ne trouve que des granges d'entrepôt.

LOMPNES (451 h.) est la continuation d'Hauteville. Elle est reliée à elle par une série non interrompue d'habitations et en dépend au spirituel. Elle doit son origine au château que les comtes de Savoie y possédaient dès le XIIIe siècle. En 1457 il appartenait à Louis de Bonnivard. Son fils fut ce Louis de Bonnivard, qui joua un rôle si important à Genève.

Le château subsiste encore et s'élève fièrement sur une éminence, il n'a plus les défenses qui en faisaient une véritable place forte. C'est une confortable habitation, propriété de la famille d'Angeville. Rappelons que c'est Mlle d'Angeville qui.

au milieu de ce siècle fut la première femme qui tenta avec succès l'ascension du Mont-Blanc.

Les maisons de Lompnes sont groupées au pied du château, elles sont fort propres et beaucoup sont neuves, les étrangers s'installent dans ce village pendant la belle saison. Aucun hameau important n'est rattaché à cette commune. Autour de petits groupes de fermes lui appartiennent : Les Granges Billard, les Granges Figuet, les Granges de Gourd, le Pré frais, Sous-la-Roche, les Combes.

Longecombe (380 h.) se trouve sur un plateau, au pied d'une élévation, le dominant au nord d'une centaine de mètres. Elle appartenait à une puissante famille portant le nom de la localité et dont il est fait mention jusqu'en 1789. L'un d'eux, Barthélemy de Longecombe, se distingua à la bataille de Villaviciosa

Le château, qui commandait la route venant de Tenay, est détruit. On voit le large plateau sur lequel il était assis. Les caves subsistent encore ; quant aux murailles, elles ont été démolies pour servir aux constructions modernes.

La commune n'a pas un aspect gracieux et riche. Son territoire (1,583 h.) est couvert en partie de forêts de sapins, de fayards et de taillis (1,000 hectares). L'exploitation de ces forêts est assez active et permet aux habitants de vivre dans ce pays triste et froid. Les fruitières donnent un produit d'au moins 70,000 francs. Malgré cela, la population diminue ; elle émigre vers les fabriques de Tenay, où elle trouve des salaires peu élevés, il est vrai, mais réguliers et permanents.

Les hameaux : Dergis-Michaud, Dergis Saint-Anne, avec une ancienne chapelle ; Grand-Dergis, Pouvilleux-Chappe et Cérarge. La maison de secours, bâtie à l'endroit le plus sauvage de la route de Tenay-Hauteville. Depuis 1883, Charabotte dépend de Chaley.

Prémillieu (260 h.) est une création des moines de Saint-Sulpice. Ceux-ci, maitres de ce territoire, y établirent quelques fermes et granges. Pour lutter contre l'âpreté du climat et les pauvretés de la terre, ils accordèrent aux habitants de sérieux privilèges.

Cette commune est une des plus pauvres du canton. Encaissée entre des collines ici dénudées, là boisées, elle a un territoire marécageux, plein de bruyère, peu fertile. Les bois, les prairies et la fabrication des fromages sont les ressources principales des habitants.

Hameau : Tard (63 h.).

Thézillieu (711 h.) mérite une mention spéciale. Elle doit son origine et son importance à l'ancienne abbaye de Saint-Sulpice, construite sur son territoire.

Ce grand monastère, d'abord établi à Hostias, fut transporté, en 1119, à Thézillieu. Les possessions des moines étaient immenses dès les premiers temps de la fondation. (V. Guigue, Charte d'Amédée III). Leurs revenus considérables les incitèrent à la mollesse. Ils eurent des mœurs fort relachées, surtout lorsqu'en 1601 le grand bénéficiaire de l'abbaye fut le *huguenot* Pierre d'Escodeça, comte de Pardaillan. Le récit d'une visite, que leur fit Brillat-Savarin, nous en fournit encore une preuve. Leur domination était dure. Aussi étaient-ils peu aimés. Lorsque la révolution éclata, dès les premiers jours, les moines furent chassés et le couvent fut brûlé. Ils étaient en lutte incessante contre la commune, au sujet des forêts d'alentour, dont ils revendiquaient l'entière propriété. Un procès fut engagé. Le curé prit parti contre les moines et soutint les revendications de ses paroissiens. La cause, après avoir été jugée à Dijon, au profit de Thézillieu, fut portée à Paris. Les archives très riches du monastère ont été incendiées. Il ne reste que des pans de murs et une enceinte assez vaste. Plus loin, c'est un ancien réservoir, les ruines d'un moulin et d'une tuilerie, preuve d'une large exploitation agricole. Enfin une petite chapelle à croisées ogivales, propriété de la famille Figuet, célèbre par ses luttes contre les moines.

Thézillieu, située dans une gorge étroite, entre les belles forêts de Gervais et de Jailloux, possède une très ancienne église et quelques inscriptions curieuses. Elle est riche, grâce à ses prairies et à ses fruitières (revenu 100,000 fr.). Son territoire, le plus vaste du canton (2,600 hectares), renferme 1,500 hectares de bois de sapins, remarquables pour leur hauteur.

Les hameaux : Les Catagnoles (98 h.), à côté duquel se trouvent les ruines de Saint-Sulpice. *Jenevray* (119 h.) moulins, inscription de 1511. Lavant, détaché de Longecombe. *Ponthieu*, vieux village en décadence, moulin sous Ravière. Sainte-Blaisine (125 h.), non loin, se trouvent des tombes anciennes, dans le champ des « Cindrettes ». Une tradition veut que là s'élevât un gros village. La peste y éclata ; tous les habitants moururent et leurs maisons furent réduites en cendres.

Canton de Lagnieu

Ce canton est situé à la partie sud du département. Il est borné au nord et au nord-ouest par le canton d'Ambérieu, au nord-est par celui de Saint-Rambert, à l'est par celui de Lhuis et le Rhône, et à l'ouest par la rivière d'Ain. Il est de forme irrégulière et divisé en deux parties fort inégales et très dissemblables. L'une, de moindre étendue, est constituée par une bande étroite et montueuse, s'étendant dans la direction S.-E. — N.-O, en partie parallèlement au Rhône qui, à la hauteur de Saint-Sorlin, abandonne brusquement cette direction pour courir vers le sud-ouest jusqu'à Anthon, où il reçoit la rivière d'Ain. Cette partie montagneuse est formée par un plateau très accidenté, tombant à pic dans le Rhône et la plaine; son altitude décroît de Villebois à Ambutrix, où il se termine, en passant de 800 mètres à 350 mètres. Il se relève graduellement quand on s'avance vers la limite nord-est. En moyenne, sa hauteur est de 600 mètres ; ses points principaux sont : Montfalcon, 804 mètres, le signal de Souclin, 820 mètres, et le crêt de Pont, le point le plus élevé, 1,050 mètres, à peu de distance de la Chartreuse de Portes. Il est en majeure partie couvert de bois et de taillis ; le reste est livré à la culture dans les combes et les dépressions où apparaissent des marnes ou des roches délitables, donnant d'ailleurs un sol d'une médiocre fertilité. Il s'étend sur la commune de Souclin et en partie sur celles de Villebois, Saint-Sorlin, Vaux et Ambutrix.

L'autre partie du canton, de beaucoup la plus étendue, est une plaine longue et étroite comprise entre le Rhône et l'Ain. La portion qui comprend les communes de Sainte-Julie, Lagnieu, Leyment et Chazey, est en partie boisée; elle est semée d'accidents qui rappellent, en petit, les combes et les chaines du Jura. Son altitude varie de 240 à 300 mètres. Bien qu'entièrement formé de cailloux roulés, le sol est assez fertile et donne de bons produits, grâce à la présence d'une couche plus ou moins épaisse de terre végétale. L'autre portion est une plaine alluviale plus élevée que le Rhône, de 20 à 30 mètres — altitude moyenne 215 mètres — sans accidents de terrain, si ce n'est vers les Gaboureaux, sans autre partie boisée que le petit bois des Terres vers Blyes, sans eau, souvent sans terre végétale suffisante, donnant de maigres récoltes, et parfois d'une désolante aridité, de Posafol à Blyes, par exemple.

Le canton est essentiellement agricole, le sol fournit des céréales et des pommes de terre; on y trouve d'assez bonnes prairies artificielles et quelques prés de bon rapport. Le coteau qui va d'Ambutrix à Villebois était naguère tapissé d'excellentes vignes: aujourd'hui elles sont à peu près détruites par le phylloxéra.

Il y a peu d'industrie, à part celle de la pierre: quelques tanneries, fabriques de vinaigre et moulins. Le sol est arrosé par le Buisin, le Rhéby, le Taroz, venant de la montagne, et quelques maigres ruisseaux, dans la région de Lagnieu, entre autres, le ruisseau des Fontaines d'Or, la Dangereuse et le ruisseau de Proulieu : tous ces ruisseaux sont affluents du Rhône.

Le canton est traversé par 3 routes : l'une de Bourg à Grenoble, par le saut du Rhône, l'autre de Lyon à Belley, par Meximieux ; la troisième, de moindre parcours, va de Lagnieu à Bourgoin, par Crémieu. Les communes de la plaine sont reliées entre elles par des chemins vicinaux bien entretenus. On pénètre dans la montagne par le chemin de Lagnieu à Souclin, avec embranchement à Vachine pour Clézieu, et par un chemin partant de Vaux et allant rejoindre, par Dorvan, celui de Clézieu à la vallée de l'Albarine.

Le canton est traversé par deux lignes ferrées : celles d'Ambérieu à Lyon et d'Ambérieu à Montalieu.

La population, qui était en 1805 de 11,979 habitants, est aujourd'hui de 11,493, répartis entre 3,162 maisons. Elle a ainsi diminué de 486 habitants, malgré le gain fait par les communes de Sainte-Julie, Lagnieu et Loyettes.

Le canton de Lagnieu a une superficie de 18,243 hectares, bois, prés, vignes et terres labourables. Il comprend 14 communes : Ambutrix, Blyes, Chazey-sur-Ain, Lagnieu, Leyment, Loyettes, Proulieu, Sainte-Julie, Saint-Vulbas, Sault-Brénaz, Souclin, Vaux et Villebois.

LAGNIEU, chef-lieu du canton, à 37 kilomètres de Bourg, station du chemin de fer d'Ambérieu à

Montalieu. Cette petite ville, d'environ 2,638 habitants, est située sur les pentes d'une moraine frontale de l'ancien glacier du Rhône, au sommet nord d'une vallée de 2 kilomètres de long, couverte de prairies, semée de bouquets d'arbres et s'ouvrant au sud vers le fleuve ; à l'ouest sont les coteaux de Chamoux ; à l'est s'elèvent, avec leurs rochers rouges ou gris, les montagnes de la Battière et de Bramafan (540 mètres). La ville est traversée par deux routes, l'une de Bourg à Grenoble par le saut du Rhône, l'autre de Lagnieu à Bourgoin, franchissant le Rhône sur un pont suspendu à 2 kilomètres de Lagnieu. Ces routes sont bordées de maisons propres, bien bâties et d'une certaine élégance : c'est la partie la plus neuve et la plus agréable de la ville. Vers le centre, aux environs de l'église et dans les dépendances ou à l'abri du vieux château, est tout un quartier aux maisons noires et vieilles, aux fenêtres à croisillons, aux rues étroites et sales qui peuvent donner une idée de ce qu'était Lagnieu au Moyen-Age, alors qu'il était enserré dans une enceinte étroite dont quelques restes subsistent encore.

A la partie supérieure de la ville, on trouve la Fontaine d'Or, dont les eaux limpides et abondantes s'épanchent au sortir de la source dans un canal en pierre servant de lavoir public, font tourner un moulin à quelques mètres de là, et traversant le bourg, alimentent encore deux tanneries et deux moulins.

La population était de 2,253 habitants en 1806. Le chiffre des naissances dans la période qui va de 1803 à 1813 a été de 802. Ce nombre a été constamment en diminuant dans les périodes suivantes, pour arriver à 577 dans celle de 1873-1883. Les décès qui étaient de 690 dans la période 1803-1813, se maintiennent à peu près à ce chiffre dans les périodes suivantes, atteignent 757 dans la période 1863-1873 et tombent à 646 dans celle de 1873-1883.

En somme, il y a eu une notable augmentation dans le chiffre de la population ; cet accroissement doit être attribué à l'immigration due à la richesse du sol et aux abondantes récoltes en vin qui se sont succédé jusqu'à ces dernières années.

Le territoire de la commune, d'une superficie de 1,825 hectares, est arrosé par le Rhône, le ruisseau des Fontaines d'Or et le ruisseau de Chessieux. Le sol, d'une assez grande fertilité, fournit des céréales et des pommes de terre ; il y a des prairies naturelles et artificielles. Jusqu'à présent, la principale culture était celle de la vigne. Un magnifique vignoble s'étendait naguère sur les pentes des collines ou des montagnes voisines ; malheureusement le phylloxéra l'a envahi et sa destruction est aujourd'hui à peu près complète. — Le revenu communal est de 5,468 francs. Il y a 42 centimes.

Lagnieu possède 2 tanneries, 3 moulins, une usine à percer le diamant, une fonderie de suif, 3 distilleries de marc de raisin et 2 fabriques de vinaigre.

Il y a une compagnie de sapeurs-pompiers — un hôpital, 3 sociétés de secours mutuels.

La ville est, depuis deux ans, éclairée à l'électricité.

L'église, de construction récente, de style ogival, est vaste et bien éclairée.

Douze hameaux : Posafol, Charveyron, le plus important, Chanves, Chassagnon, Gervais, Solan, Pavillon, Molliat, Terre-Brosse, Chamoux, Bollérin, Biaune, Chessieux, Millière, Vernay.

Entre Vaux et Lagnieu est la tour de Mont-Vert, assez bien conservée, et qui était destinée, croit-on, à entretenir une communication entre la tour de Saint-Denis et Lagnieu.

Non loin du Rhône, on a trouvé des vestiges de constructions et des tuiles romaines.

Lagnieu existait au Ve siècle de notre ère, suivant la légende de Saint-Domitien.

Plus tard, à l'époque féodale, sa terre était aux Coligny ; en 1272, elle passa aux seigneurs de la Tour-du-Pin. Elle entra ensuite dans la maison de Savoie. Puis elle appartint à Gaspard de Varax (1460), à Claudine de Bretagne (1466) et à Jacques de Savoie, duc de Nemours (1571). En 1716, elle fit partie des possessions des chartreux de Portes qui y rendaient la justice en leur nom et la gardèrent jusqu'en 1789.

Ambutrix, à 5 kilomètres de Lagnieu, à 1 kilomètre de la route de Lagnieu à Ambérieu, station du chemin de fer d'Ambérieu à Montalieu.

Ce petit village est situé, partie en plaine, partie sur le flanc d'un coteau garni de noyers et de vignes. Dans la partie haute, tout paraît assez vieux, irrégulier et mal bâti, maisons, église, ruelles, etc. La partie basse est plus propre et un peu plus élégante. La population était de 490 habitants en 1805; aujourd'hui elle n'est plus que de 280, soit une diminution de près de la moitié. Presque tous les habitants sont propriétaires. Il y a 93 maisons, 93 ménages. Le sol, de rendement moyen, est calcaréo-siliceux. Le territoire, d'une superficie de 522 hectares, est arrosé par le Buizin ; il produit des céréales, etc. La principale culture est celle de la vigne, mais elle est aujourd'hui bien compromise.

Le revenu de la commune est de 566 francs. Il y a 56 centimes en valeur de 21 fr. 27.

Au-dessus du village sont les ruines du château des Verneaux, bâti au XIIIe siècle par la famille de Vareilles.

Ambutrix dépendait, avant la Révolution, du marquisat de Saint-Sorlin et avait pour seigneurs les Chartreux de Portes.

Blyes, à 10 kilomètres de Lagnieu, 47 kilomètres de Bourg et à 1 kilomètre de la rivière d'Ain, qui limite la commune à l'ouest. Assez régulièrement bâti, il est situé à 210 mètres d'altitude environ, sur une terrasse alluviale, extrêmement caillouteuse, recouverte d'une mince couche de terre et partant très peu fertile. Érigé en commune en 1863, ce village, qui dépendait de Chazey, compte 73 maisons et 267 habitants ; il en avait 350 en 1805. A part quelques ouvriers tisseurs en velours, les habitants sont adonnés à l'agriculture. Le nombre des naissances est de 74 dans la période 1863-1873 et de 66 dans celle de 1873-1883. Le chiffre des décès est de 88 dans la première période et de 81 dans la deuxième. La superficie de la commune est de 932 hectares, dont une partie, en forêt, forme le bois des Terres. Le revenu est de 1,577 francs. Il y a 90 centimes en valeur de 9 fr. 55.

Église sans importance, datant de 1880.

A vingt mètres des maisons il y a neuf petites sources, les sources Grobon, formant à l'ouest du village un ruisseau qui, après un cours de 200 mètres, s'infiltre dans le gravier.

Il y avait, dès 1136, un prieuré de Bénédictines. Il n'en reste que quelques vestiges.

Tous les ans, au commencement de mai, les habitants de Saint-Maurice-de-Gourdans et de Loyettes viennent à Blyes demander à Saint-Roch, patron de la paroisse, de les préserver de la peste.

CHAZEY-SUR-AIN. — Le village de Chazey est situé sur la route de Lyon à Ambérieu, à 9 kilomètres de Lagnieu et 42 kilomètres de Bourg. Il est bâti sur la rive gauche de l'Ain, qu'il domine d'une trentaine de mètres ; les rues sont propres, les maisons de bonne apparence. La population est exclusivement agricole. Le sol fournit des céréales, des pommes de terre et des betteraves pour les bestiaux. Il y a quelques vignes donnant un vin de médiocre qualité. La superficie de la commune est de 2,140 hectares. Chazey compte 722 habitants, répartis dans 221 maisons, tant au bourg que dans les hameaux de Rignieu-le-Désert, l'Hôpital, Luizard et Port de Loyes ; il y en avait 800 en 1805. Le nombre des naissances, de 213 dans la période de 1792-1803 s'élève à 299 dans celle de 1813-1823, subit des fluctuations dans les périodes suivantes, est de 218 dans celle de 1843-1853, et décroit constamment pour arriver à 172 dans la période 1873-1883. Le nombre des décès, toujours inférieur à celui des naissances jusqu'à la période 1853-1863, suit, à partir de celle-ci, une marche inverse ; il est de 213 pour la période 1873-1883, supérieur ainsi de 41 au nombre des naissances.

Le revenu de la commune est de 3,550 francs ; il y a 53 centimes, en valeur de 38 fr. 10.

Église datant du XVIe siècle et de construction très simple.

Deux fromageries façon Mont-d'Or.

A 2 kilomètres du village, pont suspendu faisant communiquer la route de Lagnieu et d'Ambérieu à Meximieux.

Chazey était autrefois enfermé dans une enceinte dont on retrouve çà et là les restes.

A la partie la plus élevée du village est un superbe château, réédifié sur les débris d'une antique résidence princière. Au XIe siècle la seigneurie de Chazey appartenait à la maison de Coligny, qui fit bâtir le château sur l'emplacement d'un palais des rois burgondes. En 1534, Chazey passa à la maison de Savoie et dès lors les ducs y eurent un pied à terre. Après diverses vicissitudes, il passa aux Crémeaux d'Entragues, dont les descendants le gardèrent jusqu'à ces derniers temps. Il est actuellement la propriété de M. Côte, banquier à Lyon, qui en a fait une habitation somptueuse.

Leyment, à 5 kilomètres de Lagnieu, à 34 kilomètres de Bourg et à 2 kilomètres du chemin de fer de Lyon à Ambérieu. De très modeste apparence et de peu d'importance, Leyment est caché au milieu des faibles ondulations qui terminent le bois de la Servette. Il domine d'environ 50 mètres la plaine de l'Ain, qui s'étend à l'ouest, et à travers laquelle, au nord, serpente l'Albarine.

La superficie de la commune est de 1,420 hectares. Le sol fournit des céréales ; la vigne est cultivée ; en bois, il y a la belle forêt de la Servette. La population, d'aisance moyenne, est entièrement agricole ; presque tous les habitants sont propriétaires ; il n'y a que deux fermiers et deux métayers. Deux domaines seulement ont plus de 60 hectares. Il y a 156 maisons et 157 ménages pour 492 habitants.

En 1805, Leyment avait 605 habitants. Depuis, le nombre va constamment en décroissant. Le chiffre des naissances, de 130 dans la période 1792-1802, atteint 213 dans celle de 1813-1822, tombe à 135 dans la décade 1833-1843, se relève un peu dans les suivantes et finit à 105, dans la période 1873-1883. Le nombre des décès, toujours inférieur à celui des naissances et quelquefois notablement, comme dans la période 1813-1822, où il y a 130 décès pour 213 naissances, devient supérieur à partir de 1853 et dans la décade de 1873-1883, il atteint 143, supérieur de 38 à celui des naissances.

Cette diminution est attribuée, en partie, à l'émigration des habitants vers Lyon et la gare d'Ambérieu, où ils trouvent un salaire plus élevé que celui qu'ils obtiendraient en cultivant la terre. Le revenu de la commune est de 900 fr. Il y a 65 centimes.

L'église, en partie de style gothique, est antérieure à la Révolution.

A peu de distance, au nord de Leyment, est le château de la Servette, sur une terrasse assez élevée, du côté du nord. Il a remplacé une ancienne maison forte, construite en 1314, par Gilles d'Arloz, qui avait reçu la terre de Leyment en récompense de services rendus aux moines d'Ambronay ; ceux-ci, les premiers seigneurs de cette terre, y avaient établi un prieuré, dont l'emplacement se nomme encore la ville.

LOYETTES, à 20 kilomètres de Lagnieu et à 57 kilomètres de Bourg. Ce gros village, de 913 habitants, est situé sur le Rhône, à l'extrémité d'un promontoire, terminant le canton ; il est relié au Dauphiné par un pont suspendu.

Le territoire, d'une superficie de 2,124 hectares, est limité à l'est par le Rhône, à l'ouest par la rivière d'Ain, qui se réunissent à Anthon, à 3 kilomètres plus bas.

Sa population, d'aisance moyenne, et à peu près entièrement agricole, se compose, en grande partie, de petits propriétaires. Il n'y a que 2 fermiers. Un seul domaine, de médiocre valeur, atteint 60 hectares. Quelques ouvriers et ouvrières y travaillent le velours. Le sol, de médiocre qualité, fournit des céréales. Une partie est cultivée en hautins. Il y a deux fromageries, façon Mont-d'Or.

La population était de 619 habitants en 1805 ; elle a augmenté jusqu'en 1846, où elle était de 1,055 ; un ralentissement dans le trafic sur le Rhône la fait décroître depuis.

Les naissances, qui étaient de 289 dans la décade 1813-1823, s'élevaient à 324 dans la suivante ; et étaient encore de

310 dans celle de 1843-1853. Elles sont de 280 dans la suivante et tombent à 200 dans celle de 1873-1883.

Le chiffre des décès, de 191 dans la première décade, est 233 dans celle de 1833-1843 ; 277, 222, 227 et 250 dans les suivantes. Il est de 211 dans celle de 1873-1883, supérieur de 2 à celui des naissances.

Le revenu de la commune est de 4,542 francs. Il y a 30 centimes en valeur de 58,18.

L'église a été restaurée il y a une vingtaine d'années. On n'a conservé de l'ancienne que le chœur, de style gothique, style que l'architecte a adopté dans les nouvelles constructions.

Les premiers seigneurs de Loyettes furent les abbés d'Ambronay. Possédée ensuite par la maison de Genève, la terre de Loyettes passa dans celle de Savoie, où elle resta jusqu'en 1565. En 1715 le marquis de Tavannes la vendit à Durand de la Buissonnière, qui la posséda jusqu'en 1789.

Loyettes avait un château fort, bâti sur les bords du Rhône. Il n'en reste que peu de choses.

Proulieu. — Ce village est situé à 5 kilomètres de Lagnieu et 42 kilomètres de Bourg, sur la rive droite du Rhône, qui borne la commune à l'est. Assez régulièrement bâti, et de modeste apparence avec ses maisons construites pour la plupart en pisé. il est traversé par la route de Lagnieu à Loyettes. Le sol, formé presque entièrement de cailloux, sauf sur les bords du Rhône, est de mauvaise qualité : il produit des céréales et des pommes de terre. La vigne est cultivée dans les endroits mieux exposés.

La population est composée de petits propriétaires. Un seul domaine a plus de 60 hectares. La superficie du territoire est de 883 hectares. Il y a 90 maisons, 101 ménages et 345 habitants. Il y en avait 439 en 1805. Le nombre des naissances, de 174 pour la période 1793 1803 tombe à 128 dans celle de 1803-1813, se maintient à peu près tel dans les périodes suivantes, devient 98 dans celle de 1853-1863 et n'est plus que 74 dans la dernière, 1873-1883. Le chiffre des décès, en général inférieur à celui des naissances, ne devient supérieur qu'à partir de 1853-1863, où il y a 123 décès ; dans la dernière période il y a 94 décès, chiffre supérieur de 20 à celui des naissances. Le territoire est arrosé par le Rhône et par un petit ruisseau limpide, le Riou, qui naît à un kilomètre et demi au nord-est du village et qui fournit un volume d'eau suffisant pour faire tourner deux paires de meules.

Le revenu est de 168 francs ; il y a 77 centimes.

Deux tuileries sans importance ; une usine où on moud de la pierre blanche employée dans la fabrication des produits chimiques et qui provient des assises rocheuses qui supportent le château de Ruffieu.

Trois hameaux, ou plutôt trois groupes de quelques maisons : Ruffieu, Posafol, Cassières.

A 1 kilomètre 5, au nord-ouest, sur un petit monticule aux pentes couvertes de vignes, sont les restes du château de Ruffieu, bâti en 1300, par Humbert de La Fontaine, et qui fut démantelé sous Henri IV.

Avant la révolution, Proulieu dépendait de la paroisse de Saint-Sorlin ; il n'y avait alors qu'une chapelle qui, restaurée et agrandie plus tard, est devenue l'église actuelle.

Sainte-Julie. Le village de Sainte-Julie, à 7 kilomètres de Lagnieu, 44 kilomètres de Bourg, s'étend en majeure partie le long de la route de Lagnieu à Meximieux. De bonne apparence, il est situé dans une plaine assez fertile, sa population, de 440 habitants, est presque uniquement composée de propriétaires ; il y a trois domaines de plus de 60 hectares. La commune a une superficie de 1,159 hectares, dont 36 sont en vignes. Le reste fournit des céréales, des pommes de terre ; il y a de bonnes prairies artificielles. Le sol n'est arrosé par aucun cours d'eau. En 1805, la population était de 401 habitants ; elle a ainsi augmenté de 150. Le chiffre des naissances, qui était de 126 dans la période 1792-1802; de 122 dans celle de 1853-1863, tombe à 78 dans celle de 1873-1883. Le nombre des décès, de 110 en moyenne dans les périodes de 1792 à 1833, est de 90 dans la période 1833-1843, augmente un peu dans les suivantes et est de 98 dans celle de 1873-1883.

L'église, sans importance, ne date que de 1875.

Quatre hameaux : Le Troillet, le Mas Dupuy, la Plaine, l'Hôpital.

Le revenu de la commune est de 1,224 francs. Il y a 122 centimes.

Sainte-Julie a longtemps fait partie de la seigneurie de Chazey. Après avoir passé en diverses mains, il appartenait à la famille Balme, avant la Révolution. Le vieux château, avec tours et croisillons, est situé près de l'église. Il est habité par trois propriétaires-cultivateurs qui l'ont acheté.

Saint-Sorlin, à 2 kilomètres 1/2 de Lagnieu, à quelques centaines de mètres du Rhône, station du chemin de fer d'Ambérieu à Montalieu. Une partie du village, la plus propre et la mieux bâtie, s'étend sur un kilomètre et demi de longueur, le long de la route de Bourg à Grenoble. Le reste se presse confusément sur les pentes inférieures des montagnes de Bramafan et de Terdon qui s'élèvent à l'est; c'est un amas irrégulier de constructions anciennes, lézardées et percées de fenêtres de petites dimensions; quelques-unes, perchées sur des rochers à pic, semblent d'une solidité douteuse. L'église se trouve dans cette partie du village, sur un plateau étroit. A droite et à gauche, sur deux rochers aux parois verticales, s'élevaient autrefois deux châteaux-forts, bâtis par les Coligny : le Grand-Château et le Cuchet. Il n'en reste que quelques pans de murs et une tour incomplète; Biron a passé là et a fait sa besogne consciencieusement. Du Grand Château on a une vue délicieuse sur le Rhône et la vallée de Lagnieu.

Le territoire, d'une superficie de 936 hectares, comprend, en montagne, des bois ; sur les bords du Rhône, des prés et d'excellentes terres cultivées, et sur les pentes, des vignes en majeure partie détruites.

La population est de 804 habitants, répartis dans 227 maisons ; il y en avait 1,068 en 1805, soit une perte de 261 habitants, qui s'explique en partie par la formation du village de Sault-Brénaz, en 1867.

Le revenu communal est de 869 francs. Il y a 85 centimes, en valeur de 50,1.

Le territoire est limité par le Rhône et arrosé par un petit ruisseau se jetant dans le fleuve près du moulin de Buis.

Hameaux : Vachine et le Bessey.

Saint-Sorlin portait au Moyen-Age le nom de Saint-Saturnin, à cause du voisinage d'un temple de Saturne, existant encore au temps de Saint-Domitien.

Après avoir appartenu aux Coligny, la terre de Saint-Sorlin passa aux barons de la Tour-du-Pin ; puis dans la Maison de Savoie et dans celle de Nemours d'où elle sortit vers le commencement du XVIIe siècle. Ses derniers seigneurs furent les Chartreux de Portes.

A l'est de Saint-Sorlin est la grotte « Poudrier », qui a donné des silex taillés, des poteries anciennes et quelques débris humains de l'époque néolithique.

Saint-Vulbas, à 10 kilomètres de Lagnieu, 47 kilomètres de Bourg, sur la route de Lagnieu à Loyettes.

Le village est assez bien bâti ; il est situé sur la rive droite du Rhône, au bord de la plaine alluviale qui s'étend entre ce fleuve et l'Ain. Presque totalement caillouteux, le sol est de médiocre qualité ; il produit des céréales ; quelques parties sont consacrées à la vigne. La population, en majeure partie agricole, est composée à peu près entièrement de petits propriétaires. Quatre domaines seulement ont plus de 60 hectares. En 1805 il y avait 589 habitants ; il y en a aujourd'hui

600, soit une minime augmentation, répartis dans 160 maisons entre le bourg et les deux hameaux de Maréilleux et des Gaboureaux.

Le chiffre des naissances, de 141 dans la période de 1803 à 1813, s'élève à 196 dans la suivante, il décroît ensuite et reste à 157 dans celle de 1873-1883. Le chiffre des décès, de 133, dans la décade 1803-1813, subit de légères fluctuations dans les périodes suivantes, tout en restant constamment inférieur à celui des naissances; pour celle de 1873-1883, il est de 133.

Le territoire, d'une superficie de 2,144 hectares, est arrosé par le Rhône et l'Ain qui le limitent à l'est et à l'ouest.

Le revenu de la commune est de 642 francs.

L'église, assez récemment restaurée, renferme, dit-on, le tombeau de Saint-Vulbas. Chaque année, le 11 mai, les habitants des communes voisines y viennent en pèlerinage avec leurs enfants et les font passer sous le sarcophage pour les préserver des coliques.

Point d'industrie, hormis quelques métiers à tisser le velours.

On a trouvé, en creusant le sol, des pierres de taille, des fondations de murs et des monnaies romaines.

Le nom de Saint-Vulbas, ou Saint-Bourbas, doit sa célébrité, dans l'histoire locale, à une forte source dont les eaux fraiches alimentent la fontaine où le duc de Savoie, Philibert-le-Beau, puisa les germes de la maladie dont il mourut.

SAULT-BRÉNAZ. — Ce village, situé au bord du Rhône, est à 7 kilomètres de Lagnieu et à 43 kilomètres de Bourg. Reserré entre le fleuve et les rochers à pic qui forment le rebord du plateau de Gratet, il s'étend le long de la route de Bourg à Grenoble qui en forme la rue principale. La population, répartie dans 225 maisons comprenant 282 ménages, est de 1,002 habitants, occupés en majeure partie au travail de la pierre. Celle-ci, d'excellente qualité, se trouve abondamment dans les rochers qui encaissent le fleuve, ou sur le plateau, en montant à Souclin. Cette pierre est en partie employée dans le pays, et en partie transportée par le Rhône. Le village ne date que de 1867, époque à laquelle il a été formé aux dépens de Villebois et de Saint-Sorlin. Il y a en moyenne 287 naissances pour 233 décès. Il doit son nom à des espèces de chutes ou de sauts que fait le Rhône en passant sur des rochers presque à fleur d'eau. Ces sauts rendent la navigation assez dangereuse. En ce moment on creuse, sur la rive de l'Isère, un canal de 1,800 mètres de longueur qui permettra de les éviter.

Le territoire de la commune a une superficie de 554 hectares. La principale culture est celle de la vigne, dont l'existence est fort compromise aujourd'hui. Il n'y a qu'un domaine de 60 hectares.

Cours d'eau : le Rhône et le ruisseau de Grattet.

Le revenu communal est de 1,323 francs.

Eglise sans importance. — Un joli groupe scolaire a été récemment inauguré au Sault. Un beau pont sur le Rhône joint l'Ain à l'Isère. Ce pont, en pierre de taille, date de 1826. Il est à trois arches ; celle du milieu est remarquable par sa belle portée.

Il y a, depuis quelques années, une usine mue par le Rhône où l'on scie la pierre d'Hauteville et le marbre d'Italie et des Pyrénées.

Hameau : Brénaz. — Maisons isolées : Chante-Merle ; Grattet ; Chaillon ; île Saint-Véran.

Souclin, à 9 kilomètres de Lagnieu et à 46 de Bourg, à environ 600 mètres d'altitude, au pied d'une montagne dont les flancs sont couverts de terres cultivées. Le village est mal bâti ; les rues, irrégulières et malpropres, sont bordées de maisons de chétive apparence, vieilles généralement, noircies par le temps et la plupart couvertes de pierres plates sur lesquelles poussent l'herbe et la mousse. La population, en majeure partie agricole, est de 485 habitants pour 152 maisons ; il y a deux domaines supérieurs à 60 hectares. En 1805, Souclin comptait 560 habitants. Le nombre des naissances, de 201 dans la période de 1806 à 1813, va constamment en diminuant pour arriver à 145 dans la période de 1863 à 1873, et tombe rapidement à 89 dans celle de 1873-1883. Le chiffre des décès, de 137 de 1806 à 1813, monte à 191 dans la période suivante ; va ensuite constamment en s'abaissant et est de 138 dans la période 1873-1883. Le questionnaire attribue cette dépopulation au départ des jeunes filles.

Le territoire a une superficie de 1,319 hectares ; le sol produit des céréales et des pommes de terre ; il y a quelques prés et des vignes sur les pentes les mieux exposées.

Le revenu communal est de 1,039 francs. Il y a 88 centimes en valeur de 18 fr. 35.

L'église, de construction moderne et de style roman, est des plus simples.

Mines de fer qu'on a essayé d'exploiter il y a une quarantaine d'années.

Deux hameaux : Fay, dans une espèce d'entonnoir, et où on a tenté, il y a 2 à 3 ans, l'exploitation du gypse ; Soudon, le plus important, dans une belle position au milieu de prés et de champs cultivés.

Souclin et ses hameaux, comme dépendances de Saint-Sorlin, appartenaient avant 1789 aux Chartreux de Portes.

Vaux. — Ce village, situé à 3 kilomètres de Lagnieu, au nord, et à 35 kilomètres de Bourg, se trouve à l'entrée d'une gorge profonde et étroite ; il est bâti, partie au fond de la vallée, partie à flanc de coteau. Les rues sont quelque peu irrégulières ; elles sont bordées de maisons propres et bien construites, sauf dans deux ou trois endroits, où il reste des constructions du Moyen-Age. Au sud-est, au milieu du défilé, est le hameau de Vaux-Fevroux, encadré de vignes, de prés et d'arbres fruitiers ; il est traversé par le Buisin, cours d'eau torrentueux, qui prend sa source près de Fay, sur la commune de Souclin, vers 600 mètres d'altitude, et qui forme deux cascades en tombant au fond de la gorge ; les eaux ont creusé en trois endroits les calcaires de leur lit et ont formé de grandes excavations, à peu près circulaires, appelées *Tines*.

Le territoire de la commune, d'une superficie de 822 hectares, est très accidenté ; le sol est calcaire sur les hauteurs, calcaréo-siliceux dans la plaine.

La population, de 844 habitants, en 251 maisons, est en général aisée ; elle est presque toute agricole, et composée en majeure partie de petits propriétaires. Il n'y a pas de domaine de 60 hectares.

La vigne, jusqu'aujourd'hui, a été la principale culture ; elle est actuellement dévastée par le phylloxéra.

En 1805, Vaux comptait 1,300 habitants. Il en a ainsi perdu un tiers. Le nombre des naissances a été constamment en diminuant. De 349 dans la période de 1802 à 1813, il tombe à 145 dans la décade 1873-1883, et celui des décès, dans la même décade est de 196, supérieur ainsi de 50 à celui des naissances.

A 1 kilomètre, à l'est de Vaux, est la chapelle de Nièvre, lieu de pèlerinage où se rendent chaque année, au 15 août, les habitants des paroisses voisines. Autrefois, dit le Questionnaire, d'après les actes de l'Etat civil, on apportait à cette chapelle les enfants morts sans avoir reçu le baptême, dans l'espoir que, pendant la messe dite à leur intention, ils reviendraient un instant à la vie et pourraient être baptisés.

L'église, de peu d'importance, date de 1829. — Le revenu est de 1,325 francs. Il y a 124 centimes, en valeur de 46 francs 76.

Usine à percer le diamant. — Minerai de fer et gypse qu'on a essayé d'exploiter.

En face de la mairie, se trouve un cimetière gallo-romain. On y a trouvé des tombes nombreuses, faites de pierres plates et assez bien conservées. Plusieurs renfermaient des vases de terre, dont quelques-uns intacts, mais assez grossiers.

Avant la Révolution, Vaux appartenait aux Chartreux de Portes.

Villebois, à 11 kilomètres de Lagnieu et 48 de Bourg, à l'extrémité sud d'un plateau calcaire, au pied duquel coule le Rhône.

Le village, à 1 kilomètre du fleuve et de la station du chemin de fer d'Ambérieu à Montalieu, est dominé à l'est par des montagnes escarpées, derniers contreforts du massif de Portes. Les maisons, de construction peu ancienne, en général, sont propres et dénotent une certaine aisance. La population de 1,596 habitants en 1805, est aujourd'hui de 1,660, répartie en 419 maisons et 478 ménages, soit une augmentation de 64 habitants, bien qu'une partie de la commune ait été distraite pour former le Sault.

La majeure partie des habitants est occupée au travail de la pierre. Cette pierre, dite « Choin de Villebois », est d'excellente qualité. Elle a fourni la taille de la plupart des grands édifices de Lyon. Elle est taillée sur place d'après les plans des architectes et expédiée par chemin de fer. Le trafic est assez considérable, il alimente la petite ligne d'Ambérieu à Montalieu. La superficie de la commune est de 1,463 hectares, bois, terres labourables, prés et, sur les pentes, quelques vignes déjà bien endommagées.

Le territoire est arrosé par le Rhône et le Rhéby, qui prend naissance vers la Courrerie, dans les montagnes de Portes, et vient se jeter dans le Rhône après quelques kilomètres de parcours.

Eglise de style ogival, datant d'une trentaine d'années, et passant pour l'une des plus belles du diocèse. Mine de fer peu riche, exploitée pourtant ; le minerai est envoyé aux usines de la Loire. Revenu communal de 2,409 francs. Il y a 122 centimes, en valeur de 66,34.

Villebois possédait un vieux château, qui eut pour seigneurs les Groslée, et sur l'emplacement duquel on a construit la mairie et les écoles communales.

A l'ouest de Villebois est le hameau pittoresque de Bouis, traversé par le Rhéby, qui y fait tourner un moulin important; Bouis, plus ancien que Villebois, est dominé par les ruines du château féodal de Bouvens, qui fut détruit par Biron; c'était un arrière-fief du marquisat de Saint-Sorlin.

Autre hameau : la Carriaz.

Le Canton de Lhuis

Le canton de Lhuis s'étend le long du Rhône. Ses limites sont, au Nord, le canton de Virieu, au Sud, l'Isère, à l'Est, le canton de Belley, à l'Ouest, l'Isère et le canton d'Ambérieu. Son territoire, divisé en 12 communes, présente une superficie de 15,184 hectares. Sa population est de 7,130 habitants. La dépopulation est grande dans chaque commune. Il y a trente ans, Lhuis avait 1,342 habitants, elle n'en a plus que 1,147. Dans le canton nous trouvons, en 1851, 8,091 habitants, dix ans plus tard, 7,865, en 1871, 7,574.

Les montagnes recouvrent tout le canton. On n'y trouve que deux plaines de quelque étendue, vers Saint-Benoit et vers Serrières. La chaine la plus élevée est celle du Mollard de Don, aux formes ballonnées comme les Vosges, qui se dresse au-dessus d'un plateau aride et désolé (1,219m). Du Sud-Est au Nord-Ouest, le canton est traversé par la montagne de Saint-Benoit, de Tantaine (1,020m), de la Morgne, de Luide, de Chasse, de Cuny (850m). L'étage inférieur s'élargit au plateau où la culture s'est développée (250m500).

Le Rhône sert de frontière au canton du côté de l'Ouest, sauf une très légère exception vers Saint-Benoit. Son cours offre à chaque pas des sites remarquables. Le défilé de Saint-Alban est à citer. Le fleuve, fortement resserré entre de hauts rochers, traverse une région sauvage et pittoresque. Plus haut, à Rix, des tableaux plus gracieux. Il reçoit la Brivaz, venue des cimes boisées de la Morgne. Les Romains, par un bel acqueduc, en partie souterrain, menaient les eaux dans leur grande cité de Briord. Des montagnes où se trouvent Ordonnaz et Porte, descendent des torrents, la Goille, l'Héradin, le Tréfond, qui coulent dans de profonds abîmes, entre des rocs à pic. Au-dessous de Bénonces, ils se réunissent pour passer à Serrières et se jeter non loin dans le Rhône.

Le canton est à l'écart des grandes routes. Son territoire n'est touché par aucun chemin de fer. La route la plus praticable longe le Rhône et va déboucher à Ambérieu. La partie montagneuse est couverte de chemins bien entretenus. Ils sont médiocrement fréquentés, à cause du peu d'activité commerciale, à cause aussi des obstacles naturels qu'on peut atténuer sans les supprimer.

L'agriculture fournit à la contrée ses principales ressources. Les céréales occupent 4,490 hectares.

Les prairies ont moins d'étendue (2,400 hectares). Le nombre des animaux de ferme est élevé. On compte, pour l'espèce bovine, 5,000 têtes. La race chevaline, la race porcine ont de nombreux représentants. Enfin, sur les landes où poussent les bruyères roses et quelques maigres graminées (1,700 hectares), se nourrissent 1,100 moutons, bétail qu'on rencontre toujours dans les cantons pauvres. Les forêts ont 4,700 hectares d'étendue. Elles sont formées surtout de bois-taillis, quelques beaux arbres, des hêtres, surtout dans les montagnes qui avoisinent la Chartreuse de Porte. La culture de la vigne a réussi (800 hectares) donnant d'excellents produits. La récolte moyenne dépasse 40,500 hectolitres.

Dans ce pays éloigné des grandes routes et privé de chemins de fer, l'industrie n'est pas largement représentée. Il y a de nombreux moulins que font mouvoir les torrents, quelques tuileries, des scieries et des carrières de pierre à bâtir, comme à Serrières-de-Briord. La plus curieuse industrie est l'extraction des pierres lithographiques de Cirin, qui n'ont point de rivales pour la finesse du grain et le poli achevé qu'elles peuvent recevoir.

Lhuis (1,147 habitants), chef lieu du canton, est la commune la plus peuplée et la plus étendue (2,443 hectares). Elle est située à l'entrée d'une route depuis longtemps fréquentée, menant vers le haut pays.

On y a trouvé peu de monuments gallo-romains, à peine quelques médailles. Guichenon nous parle de « Luys » et dit qu'il y avait là, beau château et grand logement. Ce château, avec ses fortes tours et ses larges remparts, s'élevait sur une éminence d'où l'on jouit d'une vue fort étendue. Biron le détruisit ; ses débris ont servi à bâtir nombre de maisons modernes. Il reste encore des ruines intéressantes.

Le territoire, compris presque tout entier sur le premier gradin de la montagne de Tantaine, qui domine le Rhône, renferme des terres fertiles (terres labourables, 721 hectares). Le vignoble étendu (112 hectares) est très productif. Les forêts, landes et patis occupent une part très large du territoire (1,150 hectares).

Hameaux : Ansolin (280 habitants), Charantonod, Milieu (129 habitants), Rix, joli village au bord du Rhône, entouré de pittoresques et gracieux paysages, ombragé par des noyers centenaires. En 1850, on y fit des découvertes gallo-romaines. Il y existait, semble-t-il, une importante villa dont on a retrouvé des colonnes, etc.

Bénonces (577 habitants) est située non loin d'un torrent descendu de la Combe-des-Archers, dans une région d'un pittoresque saisissant. Elle est fort ancienne. Il en est fait mention dès 1135.

Ce qui lui donne une certaine importance, c'est la présence sur son territoire de la Chartreuse de Portes. C'est en 1115, que deux religieux de l'abbaye d'Ambronay, Ponce et Bernard, vinrent fonder une première Chartreuse à la Courrerie. En 1125, le prieur Bernard chercha un autre emplacement. Le monastère s'éleva en un endroit désert, aride et sans grâce.

C'est l'emplacement actuel. Il a le caractère de toutes les demeures monastiques du Bugey : l'isolement absolu, la tristesse de la nature, et aussi la rigueur du climat.

Le monastère acquit rapidement une très grande importance. Les seigneurs voisins, les sires de Coligny, les barons de la Tour-du-Pin, lui cédèrent forêts, terres et villages d'alentour. Nombre de ses prieurs l'illustrèrent. L'un d'entre eux fut saint Anthelme, patron vénéré dans le Bugey. Au XIIe et au XIIIe siècle, elle devint une pépinière d'hommes remarquables formés dans l'école du monastère. On y enseignait la théologie, le droit canon et même, croit-on, le droit civil. De là sortirent des archevêques, des cardinaux. Deux des généraux de l'ordre ont appartenu à Portes.

Les possessions territoriales immenses attirèrent aux moines des procès. Les moines défendirent avec tenacité et acharnement leurs droits. Pendant la Révolution, les bâtiments conventuels et les propriétés qui en dépendaient furent vendus comme biens nationaux. Les bois furent dévastés. La Chartreuse vit ses murailles tomber en ruine. En 1855, les Chartreux rachetèrent 210 hectares de leurs anciens domaines et relevèrent les bâtiments dans leur primitive simplicité. On se tromperait si on venait chercher là des monuments artistiques intéressants. Le cloître est sans ornement, l'église seule a quelque valeur. Ce qui surprend le plus, c'est la présence de quinze moines en un pays où les arbres poussent à peine, où l'herbe des prés est triste et rare, où rien n'est favorable aux hommes.

Le territoire de la commune est riche en paysages remarquables, et en curiosités naturelles : à citer la Balme-de-Roland, où fut retrouvé un olifant, celui-là même qui servit au légendaire neveu de Charlemagne ! nombreuses cavernes ; des bois sauvages, comme celui d'Arretât. Les forêts sont fort étendues, et parfois renferment des hêtres d'une merveilleuse grandeur (680 hect.). Il n'y a que 148 hectares de terres labourables.

Hameaux : Le Cairé, La Courrerie, Fosseau, Onglas (170 hab.), mentionné dès 1142, possède de beaux vignobles.

BRIORD (612 hab.) sur le bord du Rhône, aujourd'hui localité sans importance, a joué dans l'histoire du Bugey un rôle considérable et vraiment intéressant.

Les romains avaient établi là une véritable ville, s'étendant des rives du fleuve à la montagne. C'était une des principales stations de la grande voie militaire qui suivait le Rhône. On peut juger de sa grandeur par le nombre des monuments qui y existaient. Il y avait plusieurs temples, un théâtre dont le proscenium fut bâti par Camulia Attica, riche matrone romaine. L'aqueduc qui amenait des eaux limpides à la cité, existe encore en partie. Les eaux étaient empruntées au Brivaz. Les romains avaient coutume d'aller chercher au loin, au prix d'incroyables travaux, une eau pure. La présence de tous ces monuments indique très bien l'importance extraordinaire de Briord. Les médailles et les poteries sont nombreuses, portant même la marque des artistes (Severinus et Sextinus).

On y a fait ample moisson d'inscriptions. Les plus curieuses sont douze inscriptions chrétiennes. Elles prouvent qu'au ve siècle, une importante colonie de chrétiens existait dans la ville. Briord disparait subitement. Les médailles trouvées portent pour la plupart des traces d'incendie. Ajoutons que beaucoup de monuments gallo-romains ont été détruits et par suite perdus pour l'histoire. Il n'est pas inutile de constater ici un fait très curieux, mais qui est resté et restera longtemps encore très obscur. Toutes les villes romaines, qui s'élevaient dans le Bugey, étaient arrivées à un état de splendeur et de richesse incontestable. Elles avaient des théâtres, des thermes, des temples, des maisons particulières parfaitement ornées. Vers la fin du IVe siècle, elles disparaissent toute subitement : Briord eut le sort commun. L'histoire n'a pas enregistré le récit de ces catastrophes épouvantables.

Mais il reste écrit sur le sol même. Partout des preuves d'une destruction rapide et sans merci. Le feu a tout ravagé; briques et objets en fer en portent encore les traces. Les hordes barbares qui traversèrent la Gaule pour se ruer sur l'Italie, furent sans pitié pour les belles constructions qui faisaient l'orgueil de Briord, de Grolès, de Vieu-en-Valromey.

Briord reparait au IXe siècle avec un nouvel éclat. Elle devint le centre d'une vaste et puissante seigneurie dépendante des sires de Coligny, puis des barons de la Tour-du-Pin. Le château de Saint-André s'élevait à quelque distance sur une colline escarpée, dominant le Rhône et surveillant les routes de la montagne. L'assiette en était forte. Les ruines sont sans importance et ne disent point que là s'élevait une puissante forteresse.

La principale culture de Briord est la vigne (210 hectares), dont le produit moyen dépassait 9,000 hectolitres. Les forêts sont peu étendues (10 hectares). Les prairies et les terres labourables s'étendent sur 500 hectares.

Hameaux : Dormieux, Flevieu, Verisieu (250 hab.). Les maisons sont presque toutes construites avec les pierres du château de Saint-André, de nombreux débris gallo-romains y sont trouvés chaque année. Enfin, une tradition veut que Charles-le-Chauve y soit mort en 877 lorsqu'il revenait d'Italie.

GROSLÉE (617 hab.) à quelque distance du Rhône, est situé au pied de Tantaine, sur un plateau que protège de deux côtés les montagnes et qui s'ouvre largement sur le fleuve.

Là s'élevait une ville romaine d'une certaine importance. Un acqueduc, venant du lac de Crotel, lui amenait les eaux. Dans la gorge de Varepe, on pouvait lire sur un rocher une inscription mentionnant le fait. (1) Détruite, on ne sait à quelle époque, Groslée reparaît au XIIIe siècle. Un magnifique château-fort, aujourd'hui ruiné, dominait le village. L'orgueil et l'insolence de ses seigneurs étaient devenus légendaires. On sait leur fière devise : « Je suis Groslée. » Henri IV y reçut une hospitalité vraiment princière. Il y festoya joyeusement, causa avec esprit, et se moqua même de son hôte qui était quelque peu contrefait.

C'est pendant la Révolution que disparût ce beau monument. Son dernier propriétaire le vendit à quatre paysans avec l'obligation de renverser tours et murailles. Tout disparut : objets d'art, collection d'armures. Les archives étaient curieuses et Guichenon y a trouvé des matériaux intéressants pour ses livres.

Le territoire, peu étendu (727 hectares), se partage en terres labourables (188 hectares), prairies (100 hectares) et en forêts (250 hectares). Les landes et les patis ont une étendue assez grande.

Hameaux : Arandon (132 hab.) ; Pont-Bancet, Le Port (229 hab.) sur le fleuve, avec un bac pour passer sur la rive dauphinoise.

INNIMONT (354 hab.) est établie dans la région la plus triste et la plus inculte du canton. Le climat y est froid, les hivers longs et rigoureux. Par suite de l'abondance des neiges, les maisons sont basses ; les toits touchent presque le sol. Des moines de l'ordre de Cluny, s'y établirent cependant en l'an 1000. L'église qu'ils construisirent s'élevait au-dessus du village, dominant le paysage le plus dénudé et le plus monotone de la région.

---

(1) Elle est ainsi libellée : Agrippa Montanus, intendant des chemins, a amené les eaux du Lac. L. Varus Lucanus les a dirigées. L'acqueduc qui partait du lac de Crotel, était pendant assez longtemps souterrain. — V. Baron Raverat, *Vallées du Bugey.*

La nature des terres indique mieux qu'une description étendue ce qu'il y a de sauvagerie et de tristesse dans cette sombre contrée. La superficie de la commune est de 1,312 hectares, dont 380 en terres labourables, 204 en maigres prairies, 236 en bois et plus de 400 en terrains rocheux et incultes. Aucune culture délicate ne peut réussir sur ce plateau élevé. Le noyer en est absent et la vigne n'y a jamais paru. L'hiver, les communications sont difficiles. Les neiges très abondantes et très tenaces, arrêtent les marches. C'est un pays de chasses assez fructueuses.

LOMPNAS (352 hab) est située en pleine montagne, au milieu de forêts. Son territoire, de 1,250 hectares, en compte 750 en bois et en terrains rocheux. Elle apparaît en 1150. Elle payait la dime aux Chartreux de Portes.

MARCHAMP (452 hab.) s'élève dans la montagne comme sa voisine Lompnas. Son histoire est peu connue. On sait seulement qu'au xe siècle, les moines de Saint-Benoit y firent bâtir une église. Ils percevaient les dimes dans la commune, ne laissant que la sixième partie au curé pour son entretien. Son territoire est occupé par les bois et les landes incultes (710 hectares). La vigne y prospère péniblement (16 hectares), et les terres labourables (280 hectares) suffisent à peine à la nourriture des habitants.

Hameau : Cerin, possède une carrière de pierres lithographiques, fournissant d'excellents produits. Les pierres, les meilleures de France, se polissent très bien. Les géologues y trouvent des poissons fossiles fort rares.

MONTAGNIEU (564 hab.), à quelque distance du Rhône, sur les derniers renflements du bois de Souhait, renferme, comme toutes les communes des bords du fleuve, des souvenirs romains, substructions, poteries, débris d'acqueducs. etc. Fort belles vignes (100 hectares), avec un vin blanc renommé et des forêts (250 hectares).

Hameau : Les Granges-sous-Buvat. — Moulins. — En face de Montagnieu, un pont suspendu mène dans l'Isère.

ORDONNAZ (473 hab.) est située sur le même plateau désert et monotone qu'Innimont.

Ses premiers habitants furent des moines. Les religieux de Saint-Ruf s'y établirent au XIe siècle. Il semble que le prieuré était peu important, puisqu'en 1222 on n'y comptait plus que deux ou trois frères qui furent bientôt remplacés par des femmes. Les Chartreux de Portes trouvèrent le voisinage dangereux et incommode et les firent expulser par le pape Honorius.

La commune av. -elle alors une certaine importance ? On ne saurait l'affirmer. Elle fut dotée de franchises et qualifiée de ville. La légende y voit aussi un des établissements les plus prospères et les plus durables des Sarrazins. On constate chez les habitants un caractère d'étrangeté dans la physionomie.

La commune est divisée en vieille et nouvelle ville. On a voulu voir dans cette division une preuve de l'ancienneté et de l'importance de la « cité ». Son territoire est d'une grande pauvreté. Les landes, où poussent à peine les genêts et les bruyères, où émergent des rochers crevassés, ont une étendue de 350 hectares. Les arbres de haute futaie sont rares dans les 400 hectares de bois que possède la commune, et si les terres labourables sont étendues (600 hectares), par contre le vigne n'a jamais pu y être cultivée.

SAINT-BENOIT (1,036 hab.), sur les bords du Rhône, doit son origine aux Romains. On y a retrouvé de nombreuses traces de leurs constructions, des médailles, des poteries. L'église est faite en grande partie avec des matériaux anciens.

A remarquer une belle inscription latine encadrée dans le mur.

En 859 un monastère de l'ordre de Saint-Benoit y fut fondé par Aurélien, archidiacre d'Autun ; il fut très prospère. Les Hongres le ravagèrent au xe siècle.

Le territoire est étendu (2,200 hectares), il comprend une des deux plaines du canton, plaine fertile mais marécageuse. Les terrains marécageux s'étendent sur une superficie de 200 hectares. La vigne est bien cultivée. Les forêts (600 hectares), les terres arables (800 hectares et les prairies (260 hectares) font de Saint-Benoit une commune riche et prospère. Quelques châteaux modernes.

Hameaux : Evieu (221 hab.), possédait en 1271 une maison forte. Glandieu (147 hab.), avec la belle cascade formée par le Gland. On y a trouvé des meules en pierres de lave, des bracelets en bronze, etc. La force motrice fournie par le torrent, est utilisée dans des scieries de marbres assez importantes.

Seillonaz (325 hab.), dans une jolie mais sauvage vallée. Nous y retrouvons des traditions sarrazines. La vigne y réussit et les terres sont fertiles.

Hameaux : Chozat (113 hab.), Crept, La Serra, vieux château féodal, fort curieux, datant du xviie siècle. « Noirci par huit siècles, le château est assis fièrement au sommet d'un col entre deux montagnes, sur une haute et forte terrasse, ombragée de vieux tilleuls ». Il a grand air avec ses tours massives et ses fortifications anciennes.

Serrières-de-Briord (641 hab.), belle commune des bords du Rhône, à l'entrée d'un défilé par où s'écoule le Pernaz. Une plaine assez large, quelque peu marécageuse, la sépare du fleuve.

Les Romains y sont représentés par quelques inscriptions conservées dans les murs de l'église. Cette église elle-même est un monument du XVe siècle, assez curieux.

Le territoire, fertile, ombragé par de beaux noyers, est riche en terres arables (174 hectares) et en forêts (400 hectares). Ce qui donne de l'activité et de l'importance à la commune, ce sont ses tuffières, ses moulins et ses mines de fer.

Le Canton de Saint-Rambert

Le canton de Saint-Rambert appartient à la partie nord-ouest de l'arrondissement de Belley. Il se trouve placé entre 3° 3' de longitude orientale, et 3° 12' ; et 45° 52' de latitude nord et 46° 1'. Il est de forme irrégulière et partagé en deux parties inégales par la cassure d'Ambérieu à Culoz.

C'est un plateau fortement ondulé, disloqué de toutes parts, et de 700 mètres environ d'altitude moyenne. Les crêtes qui rayent sa surface ne dépassent guère 850 mètres, sauf dans la partie orientale, où l'on trouve le signal de Chaney, 1,084 mètres, et les hauteurs qui dominent Hostiaz, et qui atteignent 1,068 et 1,117 mètres.

Il a une superficie de 13,998 hectares.

Au point de vue hydrographique, il dépend du bassin de l'Albarine. Ce cours d'eau torrentiel reçoit plusieurs affluents peu importants; ils coulent dans des vallées transversales, dues ordinairement à des cassures secondaires, qui donnent au plateau un aspect très pittoresque. Ces affluents sont la Câline, venant du sud, et le Brévon et la Mandorne, qui viennent du nord.

Le sol, entièrement calcaire, est en majeure partie rocheux; aussi présente-t-il de grandes surfaces dénudées ou boisées; les vignes, les prés et les terres labourables ne se trouvent guère que dans les Combes où apparaissent les marnes ou les parties les plus délitables des roches; il est d'une médiocre fertilité. Heureusement, l'industrie est venue s'implanter dans les parties basses des vallees, et elle a apporté à la population des ressources qu'elle ne pouvait trouver dans la culture de la terre. Le canton compte aujourd'hui des usines où l'on travaille la soie (Saint-Rambert, Argis, Tenay) des moulins; une scie hydraulique (Tenay); une fabrique de papiers (Saint-Rambert).

La population est de 10,849 habitants, soit sur celle de 1805, une augmentation de 2,404 habitants; mais si on en retranche tout ce que l'étranger, l'Italie surtout, a envoyé dans ces derniers temps, et qui forme un total assez important, on voit que le chiffre de la population du canton est resté stationnaire ou n'a subi qu'un accroissement minime.

Le canton de Saint-Rambert se compose de 12 communes: Arandas, Argis, Chaley, Cleyzieu, Conand, Evosges, Ostiaz, Nivollet-Montgriffon, Oncieu, Saint-Rambert, Tenay et Torcieu.

SAINT-RAMBERT, à 41 kilomètres de Bourg, chef-lieu du canton et station sur le chemin de fer de Lyon à Genève. Bâti au fond d'une gorge étroite et tortueuse que des montagnes paraissent barrer aux deux extrémités, il est dominé par de hautes crêtes rocheuses, séparées par des combes, ici boisées ou couvertes de vignes, là parsemées d'habitations entourées de prés verts et cachées dans des bouquets d'arbres. La ville s'étend sur une longueur de un kilomètre, sur la rive droite de l'Albarine, le long de la grande route de Paris à Chambéry, qui en forme la rue principale. Cette rue est bordée de maisons de médiocre apparence, à l'exception de l'Hôtel-de-Ville, et de quelques maisons de construction récente ; elle est traversée, sur une portion de sa longueur, par un canal en partie découvert, qu'on appelle le bief des Moines ; elle est reliée, par des petites rues transversales, au quai de l'Albarine, qui est propre et suffisamment large. Un élégant groupe scolaire a été bâti récemment près de la gare. L'église, sombre et basse, est sans caractère architectural.

Deux usines, dont la construction est déjà ancienne, font de Saint-Rambert un bourg industriel d'une certaine importance. L'une emploie 900 ouvriers pour le cardage, le peignage et la filature des déchets de soie. L'autre, où on tisse la soie et où on fabrique des étoffes unies et brochées d'or et d'argent compte 200 ouvriers Autour de ces deux usines principales se groupent d'autres petites usines de moindre importance : 1° Sur la Câline, une papeterie, où l'on fabrique du papier de pliage, spécialement du papier bleu ; 2° une carderie de déchets de soie, au hameau de Serrières ; 3° un moulin, près de cette dernière, et 4° une fabrique de chaux et ciments.

C'est à l'industrie, surtout à celle de la soie, qui prend de l'extension chaque jour, qu'il faut attribuer l'augmentation de la population de Saint-Rambert. Celle-ci, qui était de 2,244 habitants en 1865, est actuellement de 2,931. Elle est répartie entre les hameaux de : Angrière, Buge, Lupieu, Morgelaz, Vorage, Périne, le Moulin-à-Papier, Javornoz ; Gratoux, où l'on a autrefois exploité une carrière de plâtre ; Blanaz, sur un plateau au sud de Saint-Rambert, et qui est doté d'une église ; enfin, Serrières, sur la Câline, ces deux derniers étant les plus importants. La population du bourg est en majeure partie industrielle ; celle des hameaux, à l'exception de Serrières, est au contraire agricole.

Saint-Rambert a un hôpital d'une vingtaine de lits, une compagnie de sapeurs-pompiers, une fanfare, une bibliothèque scolaire.

Le revenu communal est de 4,270 francs ; il y a 94 centimes en valeur de 140 francs 39.

La superficie de la commune est de 2,855 hectares ; le sol, entièrement calcaire, est peu fertile ; il donne, en médiocre quantité, des céréales et des pommes de terre ; des prés couvrent quelques coteaux et la vigne est cultivée sur les pentes les mieux exposées.

Le territoire est arrosé par l'Albarine, qui le

traverse de l'est à l'ouest, et sur laquelle se trouvent les principales usines; elle reçoit, à gauche, la Câline, qui coule du sud au nord et finit à Serrières; et à droite, coulant du nord au sud, la Mandorne et le Brevon, qui font mouvoir des moulins et des scies hydrauliques.

Dans la pittoresque vallée du Brevon, sur la rive droite de ce cours d'eau et un peu au nord de son embouchure, s'élevait autrefois une abbaye, dont la légende fait remonter la fondation à saint Domitien, vers l'an 624. Agrandie et fortifiée plus tard, elle eut, au Moyen-Age, une certaine importance. Il en reste une chapelle souterraine, basse et sombre, dont la voûte est soutenue par des piliers grossiers, surmontés de chapiteaux, où l'on a essayé une sculpture naïve et informe. Au-dessus, à l'entrée d'une pièce où l'on dépose des instruments d'horticulture, se trouvent les statues noircies et assez bien conservées de saint Domitien et de saint Rambert. Çà et là, quelques fûts de colonnes ou de chapiteaux mutilés gisent épars sur le sol, ou sont noyés dans les constructions modernes, élevées sur les ruines du vieux monastère.

Enfin, à l'est, sur un promontoire rocheux et étroit, détaché de la montagne de Rombois, et dominant à pic la ville d'une centaine de mètres, se dressait le château de Cornillon, bâti également par les moines, et à l'aide duquel ils ouvraient ou fermaient la vallée de l'Albarine et celle du Brevon. Quelques pans de murs croulants, une tour à demi ruinée, voilà tout ce que le temps et les hommes ont laissé subsister de la vieille forteresse des puissants abbés de Saint-Rambert.

ARANDAS, à 14 kilomètres de Saint-Rambert, 54 de Bourg, est bâti au pied de hauteurs boisées, sur un plateau aride de 750 mètres d'altitude, au-dessous duquel s'ouvrent deux vallées profondes mais peu importantes. La superficie de la commune est de 1,410 hectares, bois, prés et terres labourables ; le sol est médiocre. Tous les habitants sont propriétaires ; un seul domaine est supérieur à 60 hectares. La population est de 508 habitants répartis en 118 maisons ; elle était de 1,402 en 1805. Elle s'est maintenue à peu près à ce chiffre jusqu'en 1843. Le nombre des naissances qui était de 341 pour la période 1833-1843 et qui dépassait même le chiffre dans les périodes précédentes, tombe à 251 pour la période 1843-1853 et à 235 pour 1853-1863. Ce nombre est réduit, après la séparation de Conand, à 160 pour 169 décès dans la période suivante ; et de 1873 à 1883, il y a 112 naissances et 108 décès. La population de Conand et d'Arandas réunis, est aujourd'hui de 931 habitants. Il y a donc une perte totale de 421 habitants ; et il est fort à croire qu'une telle diminution ne s'explique qu'imparfaitement par l'émigration des jeunes gens à Tenay et à Saint-Rambert.

La commune n'est arrosée par aucun cours d'eau ; et les habitants n'ont pour leur fournir de l'eau potable qu'une fontaine et quelques citernes.

Le revenu communal est de 793 fr. Il y a 215 centimes en valeur de 13 fr. 22.

Arandas possède une fromagerie qui produit en moyenne 150 quintaux.

Deux hameaux : Indrieu et Chantigneux.

Eglise ancienne (1150), plusieurs fois restaurée.

Arandas dépendait des moines de Saint-Rambert, qui y élevèrent un château pour maintenir leur autorité et arrêter les incursions des chartreux de Portes. Plus tard, il passa dans la maison de Savoie.

Argis, à 5 kilomètres de Saint-Rambert, à 45 kilomètres de Bourg, sur la rive droite de l'Albarine, au débouché d'une gorge étroite conduisant à Evosges, et sur la route de Paris à Chambéry. Des vignes sur les coteaux, et dans les vallées, des prés verdoyants entourent le village qui est propre et bâti, partie le long de la route, partie à flanc de coteau. La mairie et les deux écoles sont installées dans un bâtiment neuf et très coquet.

La commune comprend neuf hameaux : Averliay, Reculafol, la Pavaz, Mortier, aux Echeneaux, Indrizet, Villars et Mollet, sur la rive gauche de l'Albarine ; ils s'étagent sur les pentes des hauteurs d'Indrieu, cachés dans des prés au milieu de nombreux bouquets d'arbres et de champs bien cultivés. Le territoire est arrosé par l'Albarine et par plusieurs petits affluents : le torrent de Mollet, les biefs de la Tana, de la Rate, du Mortier, de Michel, de Galet, d'Enragea.

La commune a une superficie de 783 hectares ; son revenu est de 433 francs. Il y a 171 maisons pour 243 ménages. La population, moitié industrielle, moitié agricole est de 976 habitants ; elle était de 624 en 1805. Cette augmentation est due surtout à l'établissement d'usines où l'on s'occupe de la filature et de la cuisson de la soie, et qui comptent un certain nombre d'ouvriers.

L'Eglise, antérieure à la Révolution, a été réparée à diverses époques ; le chœur a été restauré en 1790. — Quelques restes d'un vieux château sur le flanc droit de la vallée menant à Evosges. La terre d'Argis longtemps disputée entre les Moines de l'abbaye de Saint-Rambert et la chartreuse de Portes, finit par appartenir à celle-ci. Aliénée en 1500, elle passa aux Dubourg de Sainte-Croix, aux La Vernée, etc. En 89, elle appartenait à la famille Trocca de la Croze.

Chaley, à 13 kilomètres N.-E. de Saint-Rambert, 53 kilomètres de Bourg et à 492 mètres d'altitude, dans la cassure allant de Tenay à Hauteville. Le territoire de la commune ne comprend que 360 hectares. Il ne s'étend que sur les flancs nus ou boisés de la gorge sauvage au fond de laquelle serpente l'Albarine; aussi la culture y est de peu d'importance, et c'est à l'industrie que les habitants demandent leurs principaux moyens d'existence. Chaley compte une usine importante de tissage, celle de Sainte-Madeleine, à 800 mètres du bourg, et cinq usines pour le peignage de la soie, dont les principales sont celles des Essaillants et de Charabotte. A Charabotte, le seul hameau de la commune, se trouvent aussi une fabrique de cannes à parapluie et une carrière de tuf en exploitation. Le territoire de la commune est arrosé par l'Albarine et par un petit ruisseau torrentiel, dit de Chaley, qui, dans un parcours de moins d'un kilomètre, fait mouvoir deux usines et un moulin, et se jette dans l'Albarine après avoir distribué ses eaux à tout le village.

L'Albarine forme à Charabotte la magnifique cascade du même nom; prés de là, se trouve la grotte de la Balme-Gondran, remarquable par ses stalactites et ses stalagmites. La population, de 270 habitants en 1805, a constamment augmenté depuis 1863. Elle est actuellement de 565 habitants. Il y a 97 maisons, 110 ménages. Cet accroissement est dû au développement de l'industrie et à l'annexion de Charabotte, en 1883.

L'Eglise, antérieure à la Révolution, a été agrandie dans ces dernières années; elle n'offre rien de remarquable. Le revenu communal est de 816 francs.

Cleyzieu, à 9 kilomètres de Saint-Rambert, à 42 kilomètres de Bourg et à 600 mètres environ d'altitude sur le flanc occidental d'une montagne aride et dénudée. Le village, assez mal bâti, s'étend du nord au sud sur une longueur de 1,020 mètres. Le sol, tout calcaire et d'une médiocre fertilité, comprend 35 hectares de bois; le reste, 748 hectares est formé de terres labourables, d'un petit nombre de vignes et de quelques coins de prés, les uns au-dessous du village, les autres, un peu plus loin, au pied du mont Falcon. Le territoire est arrosé par le bief Ravinet, affluent de l'Albarine, et qui reçoit sur sa droite plusieurs petits ruisseaux ; au confluent de l'un d'eux est le moulin de Muret.

Un seul hameau, celui de Villeneuve, à environ 1 kilomètre à l'ouest de Cleyzieu. La population, peu aisée, ne comprend que des propriétaires ; de 388 habitants en 1805, elle est de 371 en 1881. Il y a 106 maisons, 107 ménages. Le revenu communal est de 273 francs.

Vestiges d'un ancien château. — Eglise construite en 1660. — Minerai de fer. — Sur le plateau est le trou de Lent, précipice profond de 300 mètres.

La terre de Cleyzieu appartenait à l'abbaye de Saint-Rambert ; plus tard, elle passa aux princes de Savoie. En dernier lieu, elle appartenait à Jujat d'Ambérieu.

CONAND. — Le village de Conand, à 7 kilomètres de Saint-Rambert, 45 kilomètres de Bourg, est situé au pied de la montagne élevée du Crêt-de-Pont, dans une vallée pittoresque, s'ouvrant au nord-ouest sur celle de l'Albarine. Erigé en commune en 1865, il comprend 7 hameaux : Sous-la-Croix, le Vachat, Epierre, le Devant, l'Argentière, Charvieux et Charioz, ces deux derniers les plus importants. A l'exception du Vachat, ils sont tous sur des plateaux assez élevés. La population entièrement agricole et composée de petits propriétaires, est de 473 habitants pour 131 maisons. Un seul domaine a plus de 60 hectares. Le territoire d'une superficie de 1,530 hectares, comprend des bois, des vignes quelques prés et des terres labourables. Le sol fournit des céréales et des pommes de terre. La commune est arrosée par la Câline (18 kilomètres), qui fait mouvoir un moulin à deux roues, au Vachat ; elle est grossie de quelques ruisselets, entre autres le ruisseau de la Boissière qui forme la cascade de Charvieux.

Le revenu communal est de 750 francs. Il y a 121 centimes en valeur de 15 fr. 30.

Eglise inachevée.

La terre du Vachat appartenait à la seigneurie de Montferrand. En 1501, elle fut engagée à Philibert Reynaud, écuyer, seigneur de Maingueval. Elle passa ensuite en différentes mains et enfin, dans celles de la famille Juvanon.

Evosges, à 9 kilomètres de Saint-Rambert, 51 de Bourg et à 750 mètres d'altitude, au fond d'une combe s'ouvrant vers le nord et finissant au sud, à la gorge étroite et profonde, descendant sur Argis. Des chaines élevées et boisées la ferment au sud, et leurs pentes, au nord, sont parsemées de prairies couvertes d'une herbe fine et serrée. Le village, formé de maisons isolées ou disposées par petits groupes, séparés par des jardins ou des prés couverts d'arbres fruitiers, s'étend sur une assez grande surface. Le sol, entièrement calcaire et que n'arrose aucun cours d'eau important, est d'une fertilité moyenne; il donne des céréales et des pommes de terre; la superficie de la commune est de 1,209 hectares.

La population, qui s'occupe exclusivement d'agriculture, comptait 585 habitants en 1805; en 1865, elle était de près de 700; aujourd'hui, elle n'est plus que de 317, habitant 90 maisons. Cette diminution rapide s'explique peut-être par l'émigration vers le bourg industriel de Tenay.

La commune a un revenu de 1,064 francs; elle paye 122 centimes, en valeur de 12 fr. 74.

Evosges avait un château qui appartenait à la famille Troccu de la Croze. Il n'en reste que des débris dont on a fait quelques masures.

Hostiaz, à 17 kilomètres de Saint-Rambert, 58 de Bourg, est bâti sur un plateau élevé, presque au bord de la grande faille d'Ambérieu à Culoz. Il est dominé à l'est par une crête dont l'attitude dépasse 1,100 mètres. Le sol, très ondulé, en partie boisé, est tout calcaire et peu fertile. On en tire, avec beaucoup de travail, du blé, de l'avoine, de l'orge et des pommes de terre. La superficie de la commune est de 1,066 hectares. La population, entièrement agricole, se compose en majeure partie de petits propriétaires : il n'y a que deux ou trois fermiers. Aucun domaine n'atteint 60 hectares. De 557 habitants en 1805, la population aujourd'hui de 287, répartis en 76 maisons, a été toujours en diminuant, surtout depuis 1843. De 1843 à 1853, le nombre des naissances, encore de 127 contre 127 décès, tombe à 84 contre 96 décès dans la période de 1863 à 1873 ; et dans la période suivante, il y a 71 naissances seulement contre 73 décès. Cette diminution est due, au moins en grande partie, à ce que de nombreux jeunes gens vont s'établir à Tenay pour y travailler la soie.

Le territoire de la commune n'est arrosé par aucun cours d'eau ; il y a seulement au lieu dit « Fontenailles » deux sources sans grande importance. Le revenu communal est de 1,287 fr. Il y a 108 centimes en valeur de 9 fr. 32.

On fait à Hostiaz un fromage façon Gruyère assez estimé.

Un seul hameau, Saint-Sulpice-le-Vieux à 2 kilomètres 5 du bourg, où il y avait une abbaye dépendant de l'Ordre de Cluny.

Eglise postérieure à la Révolution et sans importance.

Nivollet, chef-lieu de la commune, à 7 kilomètres nord de Saint-Rambert, à 41 de Bourg, est au pied de la montagne du Ratelier, au point culminant de la vallée allant de Saint-Jérôme à l'Abergement-de-Varey. Le sol, de fertilité moyenne, arrosé par le Riez et l'Oiselon, comprend 841 hectares de terres labourables, vignes et prairies. La population, entièrement agricole et composée de propriétaires, était de 473 habitants en 1805. Elle n'est plus en 1881, que de 357, habitant 107 maisons. Dans les huit périodes qui vont de 1803 à 1883, le nombre des décès dépasse invariablement celui des naissances ; la plus grande différence a lieu dans la période de

1813 à 1823, où la statistique accuse 192 naissances pour 217 décès ; l'écart diminue dans les périodes suivantes, et de 1873 à 1883, on enregistre 82 naissances pour 88 décès.

Le revenu communal est de 127 fr., le nombre des centimes est de 155, en valeur de 12 fr. 57.

Un seul hameau, Montgriffon, longtemps chef-lieu de la commune, et situé sur un plateau de 800 mètres d'altitude.

Carrières de choin. — Deux fromageries en gruyère.

Deux églises, une à Nivollet, l'autre à Montgriffon ; la première, antérieure et la seconde postérieure à la Révolution.

A peu de distance du village, sur un rocher élevé, sont les ruines du château du Vieux-Montgriffon, détruit par Biron. Le fief de Montgriffon, appartenait au XIVe siècle, à la famille de Grammont ; il passa ensuite aux seigneurs de Châtillon de Cornelle ; en dernier lieu, ces seigneurs étaient les Orsel de Jujurieux. Ces seigneurs avaient tous les droits de justice et avaient fait élever sur leur terre des fourches patibulaires.

Oncieu, à 4 kilomètres au nord est de Saint-Rambert, à 45 de Bourg, et à 450 mètres environ d'altitude, est sur le flanc d'une étroite vallée, qui s'étend, vers le nord, jusqu'à Montgriffon, et est enfermée entre des pentes raides et boisées, à l'ouest, et les hauteurs à pic formant le bord occidental du plateau d'Evoges. Le village, sale et mal bâti, est disposé circulairement autour d'un pré communal planté de quelques arbres.

La superficie de la commune est de 776 hectares. Le sol, essentiellement calcaire, produit des céréales en petite quantité ; la principale culture est celle de la vigne, qui trouve là un terrain et une exposition favorables.

La population est entièrement agricole ; les habitants sont tous propriétaires ; il n'y a qu'un métayer. Oncieu comptait 296 habitants en 1805 ; il y en a actuellement 234 en 57 maisons, soit une perte de 62. Elle doit être attribuée à l'excès du nombre des décès sur celui des naissances. Dans les sept périodes décennales de 1813 à 1883 les décès l'emportent constamment sur les naissanses, sauf pour celle de 1843-1853, qui accuse 73 naissances contre 59 décès.

Le territoire de la commune est arrosé par le ruisseau de la Mandorne, qui fait mouvoir deux moulins ; il est grossi de la Braire, qui sort de la grotte du même nom, et forme la petite cascade de Bruignand, sur le territoire de Résinand.

Le revenu communal est de 218 fr. ; il y a 162 centimes en valeur de 10 francs 31.

Eglise moderne (1842). — Un seul hameau, Moment, dans la vallée de la Mandorne. — Grotte profonde avec stalactites et stalagmites. — Cimetière gallo-romain. — Restes d'une maison-forte qui, en 1602, appartenait à Geoffray de Bavoz.

Tenay, à 7 kilomètres de Saint-Rambert et à 48 de Bourg et à 350 mètres d'altitude, sur la route de Paris à Chambéry ; station de chemin de fer de Lyon à Genève. Le bourg, bien bâti, s'allonge sur une longueur de près de deux kilomètres ; il est situé au fond d'une vallée étroite, suffisante à peine pour le passage de la voie ferrée, de l'Albarine et de la route, et d'où la vue, extrêmement limitée, ne s'étend que sur les pentes boisées des hauteurs qui le dominent au sud, et sur la haute ceinture de rochers abrupts qui le ferme au nord et à l'est, et qu'interrompt un instant la fracture profonde et tortueuse qui conduit à Hauteville.

La superficie de la commune est de 1,312 hectares, comprenant des bois, quelques vignes et des terres où l'on cultive des céréales et des pommes de terre. Mais Tenay est surtout un bourg industriel. Depuis quelque temps on a établi, sur l'Albarine, pour la filature et le cardage de la soie, plusieurs belles usines occupant un grand nombre d'ouvriers. Au nord de Tenay, sur la route conduisant à Hauteville, se trouvent une scie hydraulique et une usine à chaux et ciment. Ce développement de l'industrie explique suffisamment l'accroissement constaté de la population. Celle-ci, qui était de 850 habitants en 1805 est de 3,193 habitants en 1881, dont plus de 2,000 ouvriers.

Le nombre des naissances est de 312 dans la période de 1813-1822 ; il monte à 492 dans celles de 1853-1862, atteint 579 pour 1863 à 1867 et arrive enfin à 839, contre 695 décès pour 1873-1882.

Tenay possède une fanfare, une chorale, une Société de secours mutuels.

Le revenu communal est de 2,555 francs ; il y a 91 centimes en valeur de 100 francs 41.

Eglise de construction récente. — Deux hameaux, Le Chanay et Malix au nord de Tenay. — Tenay est éclairé par l'électricité.

Torcieu, à 6 kilomètres de Saint Rambert, à 35 kilomètres de Bourg, station sur le chemin de fer de Lyon à Genève et sur la grande route de Paris à Chambéry. Placé à flanc de coteau dans la vallée de l'Albarine, il est dominé au nord par les vignobles qui recouvrent les pentes adoucies du Mont-Charvet et au sud par les rochers à pic et les sommets boisés du Gier et du Soyet.

Il est assez bien bâti ; les maisons sont propres et dénotent une certaine aisance. La superficie de la commune est de 1,072 hectares, bois, prés, vignes et terres labourables. Le sol, assez fertile, surtout dans la partie basse de la vallée, est bien cultivé. La principale culture est celle de la vigne qui trouve des expositions favorables et a donné de bons produits jusqu'à ce jour. Maintenant elle est fort menacée par le phylloxéra.

La population, entièrement agricole, est de 680 habitants ; elle était de 923 en 1805.

Elle est répartie dans 220 maisons entre les hameaux du vieux et du nouveau Montferrand, de Mont-de-Lange et de

Dorvan, celui-ci, de beaucoup le plus pauvre et composé d'habitations à demi ruinées.

Le territoire est arrosé par l'Albarine, grossie du Biez Ravinet au moulin de Montferrand. De ce hameau à Torcieu la vallée, étroite, n'est qu'une suite de lônes à travers lesquelles serpente l'Albarine ; puis elle s'élargit et se couvre de prés et de champs cultivés.

Le revenu communal est de 1,180 fr. ; il y a 102 centimes, en valeur de 36 fr. 30.

Église ancienne, et de chétive apparence.

Montferrand était le chef-lieu de la Terre de Torcieu. Sur le promontoire rocheux, dominant le hameau, sont les ruines d'un ancien château qui dépendit tour à tour des Coligny, des Dauphins, des abbés de Saint-Rambert et des princes de Savoie. Il fut démantelé par Biron.

Canton de Seyssel

Le canton de Seyssel offre, dans son aspect général, une uniformité de caractère très rare. Il est formé par une série de terrasses qui s'étagent sur la pente orientale. du Grand-Colombier. Ses limites sont, au nord, l'arrondissement de Nantua, au sud, le canton de Belley, à l'est, les cantons de Champagne et de Virieu, à l'ouest, la Savoie, dont le Rhône le sépare C'est un long couloir, de forme rectangulaire. Son territoire, divisé en cinq communes, a une superficie de 9,610 hectares, peuplé de 5,794 habitants. La diminution de la population n'est pas sensible. Si les communes rurales s'amoindrissent, les localités commerçantes acquièrent de l'importance ; il y a compensation.

Le grand Colombier parcourt le canton en entier. Il y présente une arête vive et une direction nettement rectiligne. Sa hauteur moyenne est de 1,000 mètres. On y distingue trois zones : Le plateau supérieur, avec des forêts de sapin et de fayards et des prairies à l'herbe courte et parfumée. La seconde zone est formée par une baisse brusque de 500 mètres, où il n'y a aucune maison. Quelques broussailles émergent entre les têtes dénudées des rochers. Enfin, à partir de 500 mètres, nous entrons dans la région cultivée et habitée. Elle se termine par une plaine basse et marécageuse que l'inondation ravage souvent.

Le Rhône arrose le canton dans sa plus grande longueur. C'est au Parc, près Seyssel, qu'on fait commencer la navigation. La limite est presque fictive, car, jusqu'à Culoz, le lit du Rhône se dédouble sans cesse, s'encombre de grands bancs de sables mobiles. De nombreux groupes d'îles permanentes, comme celle de la Maladière, viennent encore obstruer le courant principal. Une épaisse végétation de saules et d'osier les recouvre. Elles sont peu cultivées. Bossi dans la *Statistique* observait déjà qu'on récoltait peu de foin dans ces îles, parce que les eaux les couvrent de limon et de sables qui s'opposent à la végétation. Sauf quelques réserves, cela est encore vrai. La montagne est trop rapprochée du fleuve pour permettre à ses affluents de se développer. Tous ne sont que de rapides torrents qui bondissent à travers les rochers sans être jamais navigables. Citons le Jordan de Culoz, le torrent de Rhemmos, la rivière de Gigniez, dont les chutes successives font mouvoir de nombreux moulins, la Dorche, rivière de Chanay, est aussi un torrent impétueux célèbre par les souvenirs légendaires qu'il rappelle, et par la beauté sauvage du pays qui l'environne, et forme des cascades fort pittoresques. Du haut d'une grotte creusée par la main de la nature, a-t-on dit justement, se précipite avec fracas et de plus de cent pieds d'élévation, une masse d'eau ordinairement considérable dont la blanche écume tranche sur le fond obscur de l'antre. Une grande roche parfaitement colorée s'élève perpendiculairement sur le gouffre dont elle triple ainsi le vide béant. Mais ce qui est moins poétique ce sont les ravages causés par ces ruisseaux impétueux. Souvent, ils dévastent les vignes, arrachent les terres, effondrent les maisons.

L'importance du canton de Seyssel tient surtout à la place qu'il occupe dans le département. Situé sur la grande route naturelle qui fait communiquer la France et la Suisse, il a été à toutes les époques un lieu de passage obligé. Dès les temps les plus reculés, les émigrants barbares y passaient, César y vint avec ses légions et éleva vers Seyssel des fortifications. La grande voie romaine, qui partait de Lyon, traversait le canton dans toute sa longueur. Au Moyen-Age, la route fut fréquentée. Des brigands, les Sarrazins de la tradition populaire en profitaient pour piller les voyageurs. Au siècle dernier, la route de Lyon à Genève passait à Culoz et Seyssel et empruntait ensuite la rive gauche du Rhône. On peut la voir encore pentueuse et impraticable dans le village de Culoz. Elle a été remplacée par une grande et belle route, faisant communiquer entre elles toutes les communes, soit par la voie principale, soit par une multitude d'embranchements. Le chemin de fer Lyon-Genève suit de très près le chemin des piétons, il a trois stations : à Pyrimont, à Seyssel, à Culoz, celle-là très importante.

La construction des routes a eu un premier résultat, celui de doubler la surface cultivable du canton. La route, le chemin de fer, sont autant de digues qui s'opposent aux inondations du Rhône, et qui ont permis de transformer de grands marécages en terres arables et en prairies. Les peupliers et les saules poussent avec vigueur dans ce sol toujours arrosé.

Au-dessus de la plaine, la richesse est plus grande et les produits plus variés. Le blé y est abondant, mais ce qui domine, c'est la culture de la vigne sur une étendue de plus de 900 hectares et fournissant une récolte moyenne de 20,000 hectolitres. Les vins rouges sont hauts en couleurs et les vins blancs pétillent comme s'ils venaient de la Champagne. Malgré l'étendue des prairies (2,100 hectares), l'élevage du bétail est peu prospère et le canton ne possède que deux ou trois fromageries. Les bêtes à cornes sont représentées par 1,900 têtes auxquels il faut ajouter 800 moutons. Un tiers de la superficie est occupée par des landes et des terrains rocheux et incultes.

Aussi, une partie de la population demande à l'industrie une occupation fructueuse. Les moulins sont nombreux dans le canton. Il y a de grandes usines pour l'exploitation de l'asphalte, des fabriques de toutes sortes, et enfin un commerce général assez actif portant sur les étoffes, les bois ouvrés et les fers.

Certains villages isolés et en dehors des grandes routes, donnent lieu à d'intéressantes remarques ethnographiques. On s'y trouve en présence d'une race particulière « les Sarrazins », restes, disent quelques-uns, des invasions passées. Ils se distinguent par leur petite taille, leurs traits fortement accentués, une saillie très prononcée des joues, des cheveux plats et noirs. C'est une tradition constante dans ces montagnes. Partout on trouve le souvenir des Sarrazins. On montre encore des murailles des amas de briques comme provenant de leurs constructions. On a conservé la mémoire de redoutables brigands établis sur les pentes du Colombier, dans des nids d'aigles inaccessibles, d'où ils descendaient pour détrousser les voyageurs. Des châteaux nombreux se sont élevés dans le défilé. Il en est resté peu de traces. Cela tient à ce va et vient perpétuel qui existait sur ce grand chemin et qui, par les incessants changements qu'il a amené, a fait disparaitre les vieilles demeures et les vieux souvenirs.

Seyssel (1,178 habitants) est une très ancienne ville, comme l'attestent les vieux débris trouvés sur son territoire. Rome y est représenté par de nombreuses inscriptions. L'une entre autres a trait à Clodius Crispinus, personnage consulaire. Ce qui tendrait à indiquer qu'une station importante existait à cet endroit. Au Moyen-Age, on y voyait un magnifique château-fort. La ville elle-même était dotée de franchises municipales qu'en 1604 Henri IV lui confirmât. D'ss murs avec fossés et tourelles l'entouraient. On a conservé une gravure de 1600 qui nous fait juger de sa physionomie et de son importance. Dans ce siècle, Seyssel vit sa prospérité grandir tant qu'elle fût ville frontière. Un poste de douane y était établi, et la moitié de la population formant la corporation des « fustiers » était occupée à la fabrication de grands bateaux plats.

Depuis l'annexion de la Savoie, le déclin est venu, et peu à peu Seyssel devient une ville morte. Le chemin de fer, déplaçant les centres commerciaux lui porte un coup terrible. Rien, cependant, ne lui manque pour grandir et prospérer. Elle a des routes, une station de chemin de fer, des quais d'embarquement et un vieux pont sur le Rhône. Enfin, toutes les maisons sont ramassées en un petit espace. Quelques quartiers sont curieux à cause de leurs rues tortueuses, de leurs vieilles constructions et des débris des nombreux couvents qui existaient au siècle dernier. La commune est rattachée à Seyssel-Savoie par un pont de 60 mètres. Il est suspendu et supporté par une seule pile. Des grilles et des crochets, descendus la nuit au milieu du courant, arrêtent les ballots de marchandises prohibées.

Le sol de la commune, peu étendu, 206 hectares

environ, fournit des vins blancs estimés. L'industrie est assez largement représentée. Il y a trois gros moulins, une fabrique d'engrais chimiques. Une industrie plus récente, c'est la fabrique des mèches de sûreté pour les mineurs. L'usine occupe 40 femmes, dont le salaire varie entre 1 fr. 75 et 2 fr. Le travail de nuit est défendu, et tout ouvrier pénétrant dans les bâtiments de fabrication ne peut avoir sur lui aucun objet en fer. Tous portent des chaussures entièrement en laine. C'est le seul moyen d'éviter les explosions dans une maison où l'on marche sur la poudre. Quant au commerce qui se faisait autrefois sur le Rhône, il a disparu.

Le chemin de fer traverse en son milieu la localité. La portion occidentale est la plus intéressante au point de vue pittoresque. On y voit le ruisseau former plusieurs cascades, au pied desquelles se trouvent les roues verdâtres des moulins. Ajoutons que Seyssel n'a pas de hameaux proprement dits. C'est une petite ville. Les Capucins, Groniex, les Moulins, Peyrreroux ne sont que des faubourgs rattachés à la commune. Il y a justice de paix et greffe à Seyssel. La gendarmerie est à Culoz.

L'histoire de Seyssel serait très curieuse à écrire. Elle a été vivement esquissée par M. de Quinsonnas, dans un livre déjà ancien mais intéressant : *Le Guide pittoresque de Lyon à Seyssel.*

Anglefort (1135 habitants) assise sur un large promontoire du Colombier est, comme Seyssel, une ancienne ville romaine. On y a découvert des tombeaux. L'un d'entre eux sert à recueillir les eaux d'une source. Une pierre tombale est encadrée dans la fruitière. César y établit sans doute un camp retranché. Au Moyen-Age il est fait mention d'un prieuré de Bénédictins. Le château-fort existe encore en partie. Il sert de cave aux habitants et de logement au sacristain.

Le territoire de la commune, très étendu (2,830 hectares) renferme beaucoup de terres incultes. Mais la vigne donne d'abondants produits (4,000 hectolitres). Les prés nourrissent assez de bétail pour suffire à une fruitière. Dans la montagne, on exploite les fayards. A citer aussi les carrières de Saint-Cyr, donnant des pierres de taille fine et dure et aussi une pierre blanche et facile à couper. Enfin une industrie particulière à la commune, c'est la culture de l'iris, dont les racines sont employées en pharmacie.

Hameaux : Sont en général situés sur la grande route. Bezonnes, Bourcin (130 habitants) avec un port sur le Rhône, Champrion (112 habitants) avec de beaux vignobles, Chevrier, Sous-Bouilloux et Court, formant une seule et longue ligne de maisons, Mieugy (142 habitants) avec deux moulins, Moyret et Egey (173 habitants) sur le Colombier, à 1,000 mètres d'altitude. La population, bien distincte des autres, est, dit-on sarrazine, elle ne ressemble nullement à celle de la plaine ; elle a des traits vivement accusés. Les deux villages sont très riches. L'élevage du bétail y est très prospère et les bois donnent de nombreux et beaux produits. Pendant l'hiver les communications avec la plaine sont interrompues durant de longs mois, Rhemoz, Saint-Cyr, avec de belles carrières, Vigny.

Chanay (637 habitants) sur la limite septentrionale du canton, possède un fort beau château restauré en ce siècle par M. de Quinsonnas. Il existe encore, sur le torrent de la Dorche, des ruines fantastiques. Elles se dressent sur un rocher, au pied duquel tourbillonne l'eau toujours abondante du torrent. Elles ont conservé quelques-uns de leurs ornements anciens, ce qui les distingue des autres ruines, souvent insignifiantes et sans valeur. De l'histoire de Chanay on sait fort peu de choses. M. Guigue nous dit qu'en 935, la montagne de Chanay fut donnée à l'abbaye de Nantua. Les moines en firent leur terre de chasse. Plus tard ils firent bâtir une église dont il est fait mention en 1198. Le territoire de Chanay, après avoir formé deux seigneuries fut réuni en une seule, et possédé par la famille de Seyssel.

Le territoire de la commune est occupé, en partie, par des exploitations minières, par d'importantes cultures de vignes. Les prairies et les bois ont de l'étendue.

Hameaux : Boconod, Coutamine, Chêne, Dorche (113 habitants) sur un profond torrent, Vovray, Pyrimont, possède une station de chemin de fer. Elle a été établie pour desservir les usines de la Compagnie exploitant les mines d'Asphaltes. Ces mines, découvertes par un géomètre de Seyssel, Secretan, s'étendent sur une surface de 52 kilomètres carrés, entre Seyssel et Bellegarde. Elles sont la propriété d'une compagnie anglaise. On emploie, aux différentes manipulations, 250 ouvriers presque tous italiens. Le mastic asphaltique se trouve généralement à l'état pur, par coulées épaisses, enfoncés dans des rochers très durs. Les galeries, déjà exploitées, forment d'immenses tunnels s'enfonçant dans le sol à de très grandes profondeurs. Cette industrie qui a eu un moment de très grande prospérité, est aujourd'hui en légère décadence. Elle a à lutter contre les ciments qui ont plus de vogue, et partant plus d'acheteurs. Une remarque à faire ici, c'est que les ouvriers employés n'appartiennent pas au pays. Ils viennent tous de l'étranger. C'est tout une série de journées de travail dont le profit n'est pas pour nos nationaux.

Corbonod (1,329 habitants) grande commune possédant de riches cultures, un vignoble considérable et très productif (300 hectares donnant 8,000 hectolitres). Sa population n'est pas agglomérée, elle est dispersée en un nombre considérable de hameaux. Le bourg principal n'a que 117 habitants. L'industrie est représentée par 6 moulins, dont un à turbines, et deux fromageries. A l'encontre des autres communes du canton, Corbonod n'a pas d'histoire. Son antiquité n'est attestée par aucun monument. Il y a eu deux seigneuries : celles de Grex et de Sylans, mais elles n'ont point laissé de souvenir.

Hameaux : Charbonnières, Eilloux, avec des carrières de chaux hydrauliques, Etranginaz, Gignez (278 habitants) le bourg le plus peuplé et le plus commerçant, Fontaine, Montvernier, Orbagnoux, avec des pierres schisteuses, Puthier.

Corbonod possède une maison de refuge pour les vieillards indigents du canton, l'Hospice de Grex. Cet hospice est établi dans une maison fort belle, entourée d'un parc immense. Il est dirigé par six religieuses de Saint-Vincent-de-Paul. Cette très utile création est due à M. Montanier, ancien conseiller général et conseiller à la cour des comptes. Vingt vieillards peuvent y entrer et être nourris avec les revenus de l'Etablissement.

Culoz (1,518 habitants) est la localité la plus importante du canton, étant située à un carrefour de routes venant du Valromey, du Bas-Bugey, de la Savoie. C'est un point central pour les chemins de fer, et il s'y produit un mouvement actif, de voyageurs et de marchandises.

Les romains s'y étaient établis ; sur le Jan, monticule dominant la gare, on a trouvé, en 1852, un cippe ancien d'un beau style portant une invocation à Mars Segomon. Il a été transporté à la mairie. Au Moyen-Age, il est souvent question de « Cule ». La légende veut aussi que les Sarrazins aient eu là un de leurs repaires les plus formidables (Légende de Berold le Saxon, v. Guigue). Le neveu de l'Empereur d'Allemagne, Berold le Saxon, aurait reçu à Seyssel, une généreuse hospitalité. Pour reconnaitre ce bienfait, le jeune et bouillant seigneur aurait débarrassé la contrée des Sarrazins qui la désolaient par leurs brigandages et leurs cruautés. On montre encore le château des Sarrazins, où se voient de grands éboulis de pierres et de briques, des grottes curieuses, un chemin très roide, avec des marches taillées dans le roc, un fragment de gros mur. Du château, on domine la route et on surveille la vallée. Culoz conserve encore la petite maison forte de Montverrand dont il est question en 1336 et qui a été reconstruite plusieurs fois. La porte d'entrée est d'aspect assez grandiose. A signaler encore, la Chevrerie, propriété des Chartreux d'Arvière. La maison bien conservée a un aspect claustral et confortable, tout à la fois. Enfin, chose singulière, on découvre souvent dans les vignes, des ossements de taille extraordinaire. Ils sont trouvés dans des tombes formées de quatre dalles de pierres mal taillées. Sous le crâne une petite pierre. Aucun ornement, aucun bijoux, ne vient indiquer à quelle époque il faut reporter ces restes funéraires. Culoz renferme encore quelques vestiges curieux de son passé : La Tour, amas de vieilles ruines avec portes monumentales, des maisons à croisillons, etc.

Culoz à de grands et beaux vignobles, en partie détruits. Elle a de belles forêts de sapins (600 hectares) et d'immenses prairies un peu marécageuses (700 hectares). Le Jordan qui l'arrose, fait mouvoir trois moulins et une scierie. — La localité est éclairée par l'électricité. La force motrice nécessaire pour l'installation de l'usine a été fournie par la cascade du Jordan ou Jourdain. — Le marché hebdomadaire est très fréquenté, et le commerce important.

Hameaux : Les Chatels Haut et Bas, a qui se rattache le souvenir des Sarrazins, La Gare (111 habitants) Landaize triste hameau, important autrefois, ses grandes carrières ont été délaissées, la pierre impropre à la taille, y est disposée en grands bancs, d'aspect grandiose.

En face de Culoz un pont hardi traverse le Rhône. Il est précédé de puissantes chaussées. Le tablier est large et bien construit, de forts piliers de pierre le soutiennent. Et l'armature toute entière du pont est en pièces de fonte solidement boulonnées. C'est une œuvre d'art de très belle allure. Le climat de Culoz était autrefois très malsain à cause des marais nombreux qui entouraient la localité. Les fièvres y existaient en permanence et anemiaient tous les habitants. Les nombreux travaux, routes, chemins de fer, dessèchements, ont fait presque disparaitre l'insalubrité, et les épidémies ne sont plus qu'un souvenir.

Canton de Virieu-le-Grand

Le canton de Virieu-le-Grand est situé dans la partie occidentale de l'arrondissement de Belley. Il manque d'unité physique. Les limites sont, au nord, les cantons de Seyssel, de Champagne, d'Hauteville, de Saint-Rambert; au sud, les cantons de Lhuis et de Belley; à l'est, le canton de Belley; à l'ouest, celui de Saint-Rambert. Les confins nous disent assez sa forme irrégulière. Ses limites sont du reste purement conventionnelles. Sa superficie est de 11,700 hectares occupés par 7,450 habitants. C'est à peu près la population spécifique moyenne du département. Il y a diminution : en 1851, on compte 7,835 habitants; en 1861, il n'y en a que 7,637, et en 1871, seulement 7,516.

Les montagnes ne se rattachent pas à un système

unique et régulier. Toute la partie méridionale du canton est couverte par de gracieuses collines, couronnées de bois vigoureux, châtaigniers, chênes, etc. Ces collines ont une hauteur variant entre 300 et 400 mètres, elles suivent en général la direction du Rhône. Autour des communes de Vongnes et de Marignieu, elles arrivent à 500 mètres. Elles viennent finir en face du Colombier, par un massif curieux, les Roches, grand champ de pierres striées et rongées par l'eau. Un bloc erratique, solitaire et dépaysé, se dresse au milieu de ce désert.

Les grandes montagnes sont au nord et à l'ouest. A l'ouest, nous rencontrons une chaîne venue de Saint-Rambert. Elle culmine vers Rossillon. C'est le Molard de Don (1,219 mètres.) En face, aussi âpre, aussi sourcilleuse que lui, se dresse la chaîne de Saint-Sulpice (1,055 mètres.) Ces deux chaînes sont d'abord rapprochées l'une de l'autre. Un étroit couloir les sépare ; il y a à peine place pour une route : c'est la terrible gorge des Hôpitaux. Tout est aride en cette région ; les pentes des montagnes sont à peine cachées par de maigres broussailles, et l'action des eaux et du froid est telle que les rochers se crevassent sans cesse et se détachent pour rouler dans la vallée. Vers Rossillon, la fertilité revient, et la chaîne de Saint-Sulpice surtout est habitée même à son sommet (commune d'Armix à 800 mètres.) Mais il n'en est pas moins vrais, que la région est sauvage, dénudée et lugubre.

Dans le régime des eaux, nous noterons la

même irrégularité que dans l'orographie. Deux affluents du Rhône traversent le canton : le Furan et le Seran. Le Furan va prendre naissance dans la gorge des Hôpitaux, arrose la Burbanche, Rossillon et Pugieu, puis entre dans le canton de Belley. Si l'on en croit Brillat-Savarin, fin connaisseur en cette matière, les truites qu'on y prend ont la chair couleur de rose, et les brochets l'ont blanche comme ivoire. Le Furan reçoit nombre d'affluents, d'aspect torrentueux. Le plus important, l'Arène (a. g.) vient du canton d'Hauteville. Il descend sur Virieu par une série de cascades extrêmement pittoresques et très nombreuses ; le ruisseau arrive dans la plaine, sert pour l'arrosage des prés, et se jette dans le Furan, non loin de Pugieu (sa source est à 830 mètres, son confluent à 240 mètres.)

Le Seran vient du Valromay, d'où il se précipite par la cascade de Cerveyrieu ; il entre alors dans le canton ou plutôt lui sert de limite. C'est une rivière au courant assez rapide ; son lit très large est encombré de bancs de sable. Après avoir fait le tour des hauteurs de Saint-Martin et de Ceyzérieu, avoir arrosé d'immenses prairies, il entre dans le canton de Belley.

A ces rivières, il faut joindre un certain nombre de lacs. Le lac de Chavoley dans la commune de Ceyzérieu et celui de Mornieu dans la même commune. Tous deux sont situés sur un plateau assez élevé ; on ne leur connait pas d'affluent. Entre Pugieu et Virieu, deux ou trois lacs moins importants dans une prairie boueuse. Enfin dans la gorge des Hôpitaux, deux lacs, aux eaux noirâtres et profondes, appartiennent encore à ce canton.

Les rivières dont nous venons de parler sont peu navigables. Aussi a-t-on été obligé de construire beaucoup de routes pour permettre aux localités de communiquer entre elles. Le réseau des voies de communication est fort étendu. Le chemin de fer de Lyon-Genève traverse le canton dans sa plus grande longueur, avec des stations à Rossillon et à Virieu. Enfin Virieu est relié au chef lieu d'arrondissement par une ligne nouvelle.

Une certaine activité règne sur ces différentes routes. Le canton est en effet fort riche. L'agriculture donne des produits abondants et appréciés. Le blé sert à la consommation locale. Le vin est exporté en quantité considérable, surtout en Suisse. Ayant un degré d'alcool assez bas, il est utilisé par le commerce pour les coupages. Les prix sont extrêmement variables et oscillent entre 25 et 40 francs l'hectolitre.

De grandes prairies se rattachent à ce canton. Elles sont situées dans la vallée du Rhône et dans celle du Furan. Aussi l'élevage du bétail est-il fort en honneur. On peut estimer à 7,000 têtes le nombre d'animaux de ferme existant dans ce canton. L'espèce bovine figure dans ce chiffre pour plus de 3,000 représentants.

L'industrie n'est pas largement représentée. Nous n'avons à noter que la grande industrie des ciments de Virieu-le Grand, quelques métiers de soie, quelques ateliers de tanneurs. Cela nous explique pourquoi nombre de communes du canton voient leur population diminuer.

Au point de vue intellectuel, la situation est excellente. Sauf de rares exceptions, les écoles sont neuves et voient affluer les élèves. La population scolaire est de 1,200 élèves pour 17 écoles, dont 7 écoles mixtes, et 4 écoles de hameaux. Les illettrés sont peu nombreux, et l'usage du français est général. Le patois local tend à disparaître. C'est vraiment dommage : grâce au voisinage de l'Italie, on avait donné à certaines inflexions un accent fort agréable et presque musical.

Le canton est divisé en 14 communes.

VIRIEU-LE-GRAND (1205 habitants) est la capitale administrative du canton. Sa prospérité et son importance datent de ce siècle. En 1808, d'après la statistique, elle avait 587 habitants. Elle en compte plus du double aujourd'hui, et sa prospérité industrielle va grandissant tous les jours. Pourquoi n'en est-il pas de même de sa prospérité agricole ?

C'est une très ancienne ville. Son nom est romain. En maintes circonstances, on y a découvert des cippes et autres monuments d'un beau caractère, sans compter une inscription du IIIe siècle. Elle a trait à une femme chrétienne, Rebricidia Vixillia « qui conserva toute sa vie une parfaite égalité de caractère ». C'était déjà une qualité fort appréciée en ce temps. Au Moyen-Age nous savons, par des témoignages incontestables, que Virieu est important. Il était possédé par les Comtes de Savoie dès le milieu du XIe siècle et resta presque toujours dans cette famille. En 1582, la terre de Virieu fut érigée en comté, sous le titre de Châteauneuf, puis elle devint la capitale du marquisat de Valromey : ce fut son apogée. A ce moment, toute la justice s'y exerçait. Son personnel était imposant : il y avait là juge ordinaire, juge mage d'appel, bailli, etc.

De 1599 à 1622, elle fut gouvernée par le plus grand romancier du temps, Honoré d'Urfé, baron de Châteaumorand, colonel des gardes de Son Altesse de Savoie. En 1609, il publiait son fameux roman de l'*Astrée*, dont le succès fut prodigieux, et dont le malicieux évêque de Belley Camus disait : « C'est un livre singulier, et qui ne périra point. » On sait que l'*Astrée* a eu, sur le goût de l'époque, une réelle influence. Nul doute que nombre de descriptions champêtres, charmantes du reste, dont le livre est rempli, ne se rapportent aux gracieux paysages du Bugey. C'est presque une gloire locale que ce grand romancier du temps jadis. Le château où d'Urfé composait cette pastorale, dans le goût du jour, s'élevait au-dessus du bourg, en face du col qui relie Virieu au canton d'Hauteville. Sa position était loin d'être forte. Il était dominé de tous côtés par des rochers accessibles, et notamment par le mamelon dit Tête d'Ours. Il était vaste et bien bâti. Un incendie le détruisit au siècle dernier. Il n'en reste plus que de belles maçonneries destinées à retenir les terres de la colline, des arcs en pierre et des monceaux de débris.

D'autres monuments historiques viennent encore attester l'importance de Virieu. Autour du marquis du Valromey, s'étaient groupés les seigneurs d'alentour. On y voit encore, notamment, les maisons des seigneurs de Lompnes et de Longecombe, situées dans une rue étroite et silencieuse. Elles sont remarquables par l'épaisseur de leurs murailles et l'élégance de leurs croisées. On peut encore citer une grosse tour carrée sans grand caractère, connue sous le nom de Tour de Virieu. On y déposait autrefois les archives.

Au commencement de ce siècle, Virieu perdit de son importance. Une seule industrie était prospère, c'était celle de la boulangerie. Le pain blanc de Virieu était vendu dans tout le Valromey. En 1850, ce curieux monopole existait encore. Aujourd'hui on fait partout du pain blanc.

D'autres sources de richesses sont venues remplacer les anciennes. Si on pénètre la nuit dans la localité, on voit de tous côtés de larges lueurs rouges éclairer l'atmosphère : elles proviennent des hauts fourneaux où se fabriquent le ciment et la chaux hydraulique. Cette industrie occupe 600 ouvriers, fournis en général par le Piémont. Les mines de pierre à chaux, découvertes en 1842, furent exploitées dès 1855. Ce n'est qu'en 1864 que l'importance en fut appréciée. M. Juron, le premier, parvint à en extraire le ciment de Portland. Deux usines principales : celle de M. Pochet et Cie, qui emploie des moteurs à vapeur, et celle de MM. Juron et Lourdel. Cette dernière possède une magnifique chute d'eau, Claire-Fontaine. Cette chute, très bien aménagée, fournit à l'usine la force qui fait mouvoir les lourdes meules où sont réduites, en poudre impalpable, les pierres calcinées dans les fours. Les produits de ces usines sont expédiés dans un très large périmètre. Les chemins de fer desservent Virieu et facilitent l'écoulement des ciments.

Les ressources agricoles de Virieu sont assez restreintes ; elle possède quelques prairies marécageuses sur les bords de l'Arène, mais ce qui fait sa richesse, ce sont ses vignobles. Les vins qu'ils donnent, très chauds, très alcoolisés, se conservent indéfiniment. Les moines bernardins de Saint-Sulpice, en Valromey, avaient un cellier et un vignoble dans la commune. Ils avaient su apprécier les qualités généreuses des vins blancs et rouges venus sur ces pentes caillouteuses. La récolte moyenne peut s'évaluer à 7,000 hectolitres, dont le prix varie de 70 à 100 francs. La moitié du territoire (1,255 hectares) est occupée par des bois et des landes stériles.

En dehors de deux ou trois maisons isolées (l'Abbaye, le Murat, etc.), Virieu n'a pas de hameaux. Ses maisons sont toutes groupées en un seul faisceau. Quelques-unes de ses rues étroites ont conservé quelque chose de la sévérité et de la dureté de l'ancien régime. Elle a justice de paix, greffe et gendarmerie.

Armix (171 habitants), commune et paroisse composée d'un seul village, fondée sans doute par les moines de Saint-Sulpice, en un pays solitaire et froid. Le territoire assez étendu (606 hectares) est peu productif. Les céréales y viennent, les prairies nourrissent assez de bestiaux pour suffire à une fruitière. Les bois de toutes essences viennent grossir les revenus des habitants. Administrativement, Armix n'a point de hameaux. Il serait naturel cependant de lui rattacher Egieu, situé sur le même plateau, distant de sa commune, Rossillon, de 5 kilomètres.

Belmont (608 habitants), située toute entière dans la montagne, appartient au Valromey. Elle était partagée, avant la Révolution, entre la famille de Belmont et les moines de Saint-Claude, qui en tiraient un revenu de 1,000 livres.

Cette commune n'offre pas d'agglomération. Belmont n'a que 171 habitants. Cela tient à la nature du sol. Les terres cultivables forment une bande étroite le long de la montagne, ce qui a amené la dispersion des habitants. Elles produisent céréales, foins et surtout des vins rouges. Les crûs les plus importants sont Cravèche et la Muraille (moy. 2,000 hectolitres). Les bois, largement représentés, sont peu exploités, la pente de la montagne étant trop abrupte.

Hameaux : Champdossin, Massignieu (171 habitants), qui possède une carrière de tuf, donnant des pierres légères et très appréciées, Neyrieu, Thurignin, Vogland, Hostel, avec un château ancien. Il intéresse vivement l'histoire locale. On y trouve, en effet, un très joli musée, renfermant nombre de monuments antiques, recueillis dans le Valromey et surtout à Vieu, cette curieuse ville romaine du canton de Champagne. Il y a là de remarquables fragments de statues, des inscriptions importantes, de jolies poteries. Cette collection a été réunie par M. Desjardins, un architecte de grand mérite, et surtout par M. Guigue, cet archiviste si distingué, qui vient de disparaitre. C'est chez nous, lorsqu'il appartenait encore à l'administration des finances, qu'il a commencé sa carrière d'historien. C'est sur notre département qu'il a écrit ses premiers travaux, qui se faisaient remarquer par un grand souci de l'exactitude et une parfaite connaissance des documents. Tous ceux qui se sont occupés du département de l'Ain ont eu à consulter sa *Topographie*, où l'histoire de chaque commune est parfaitement résumée, avec références nombreuses. A citer aussi une *Notice sur la Chartreuse d'Arrière*, sur les *Voies romaines du Bugey*, etc. C'est lui qui avait découvert la grande cité romaine, qui est ensevelie sous les campagnes du village de Vieu. Aussi est-il juste de ne pas oublier les services qu'il a rendus à l'histoire « de la petite patrie ».

CZYZÉRIEU (1,596 habitants), est la plus grande commune du canton : son territoire est de 1058 hectares. Elle a été aussi la plus peuplée : en 1852, elle comptait 1822 habitants Depuis lors, la décadence est venue : tous les recensements faits depuis le prouvent et indiquent une diminution régulière. On pourrait la prédire à l'avance. Cela s'explique par deux causes : émigration constante vers la ville, et pauvreté du chiffre des naissances. On peut dire aussi que l'industrie ne s'y est pas développée. Les salaires, les profits n'ont pas augmenté : on va chercher ailleurs la fortune ou la ruine.

Elle a eu une importance ecclésiastique considérable. Longtemps elle fut le chef-lieu d'un décanat ecclésiastique ; ses droits étaient très étendus. Son doyen, dont il est fait mention dès 1030, percevait des dîmes même dans le Valromey, exerçait une juridiction absolue sur les recteurs des paroisses et avait des dotations fort riches. Saint-François-de-Sales, lorsqu'il était évêque d'Annecy, est venu plusieurs fois dans la commune. Au point de vue civil, il y a pénurie de renseignements. Le nom a cependant une physionomie latine et semble dériver de *Cæsareus vicus*. Une vieille église, dédiée à saint Ennemond et aujourd'hui détruite, semble avoir été fort ancienne : elle dépendait de l'abbaye de Saint-Pierre-de-Lyon. Mais peu ou point d'anciennes maisons, une seule dans le hameau d'Avrissieu. Un vieux château, dont il va être question, a été conservé. Les archives de la mairie sont assez pauvres, comme toutes celles du canton. Quelques régistres anciens.

Commune agricole, Ceyzérieu a une grande variété de cultures. Elle produit du blé en quantité assez considérable pour en vendre. Le vin est une autre source de richesse (vignes et hautins 3,500 hectolitres). Il ne faut pas oublier les grandes tourbières, qui appartiennent à la commune et qui sont situées au centre d'immenses prairies, recouvertes autrefois par les eaux du lac du Bourget ou par celles du Rhône. Ces tourbières sont exploitées et fournissent un combustible abondant, d'assez bonne qualité, mais nauséabond. Au milieu de ces marais surgissent des sources minérales, exhalant des vapeurs sulfureuses et sulfhydriques, et des sources ferrugineuses. Sur les bords, se remarquent des couches épaisses de limon rougeâtre. Ni les unes ni les autres ne sont exploitées à cause des difficultés d'accès. Les foins des prairies, très abondants, nourrissent de grands troupeaux de bêtes à cornes. Aussi la commune possède-t-elle, à elle seule, quatre fruitières : c'est, à ce point de vue, la première du canton. Les produits sont de qualité moyenne. Le revenu, en ce temps de crise agricole, est assez considérable.

Hameaux : Ceyzérieu (599 habitants) est assis sur un plateau, dominant la vallée du Rhône, et est à l'abri des exhalaisons des marais du bas pays. Autour du bourg, s'étend une longue série de hameaux : Avrissieu (207 habitants) possède les seules eaux jaillissantes de la commune : le ruisseau d'Archaille fait mouvoir deux moulins et une batteuse à blé. Patrie d'un philosophe illustre, M. Ferraz, membre de l'Institut de France. Ardosset, ancienne possession des religieuses de Saint Pierre, sur des rochers autrefois brûlés du soleil, avec de profondes forêts et des vignes. Aignoz, au milieu des marais. Près de là, s'élève une butte ou roche calcaire isolée ; au sommet, on a découvert quelques inscriptions à moitié effacées, on peut y voir encore de grands tombeaux, creusés dans la roche même, qui ont une certaine ressemblance avec les tombeaux romains. Du reste, un poste militaire a très bien pu être placé en cet endroit, commode pour surveiller la vallée. Tout autour, dans la prairie, de grands mouvements de terrains, où les archéologues ont cru reconnaitre les traces d'anciens campements romains. César, du reste, en allant contre les Helvètes, a dû passer par là.

Le Caton, Lapierre, Sammissieu, avec un riche territoire, Chavoley, Mornieu, Senoy, Barbillieu, perdu dans les bois; autour on découvre des poteries et de nombreux ossements. Bossieu, avec une ancienne maison seigneuriale. Grammont mérite une mention particulière. Il possède un des châteaux de l'ancien régime les mieux conservés du Bugey. C'est une construction énorme, qui se dresse fièrement sur une butte, au pied de laquelle s'étend un lac aux eaux verdâtres. L'édifice est de plusieurs époques. La pièce principale est un énorme donjon, très haut, aux murailles épaisses. Le propriétaire actuel, M. Pupier, l'a réparé en lui conservant son cachet primitif et son aspect ancien. Les seigneurs de Grammont ou Grandmont sont mentionnés dès 1097. Pendant la Révolution, le château fut respecté, mais les archives seigneuriales et communales furent brûlées ou dispersées, et il est aujourd'hui bien difficile de reconstituer l'histoire de ce superbe édifice.

Chégnieu-la-Balme (386 habitants) est commune et paroisse depuis 1855; elle relevait, avant cette date, au spirituel et au temporel, de Contrevoz. Elle a une chapelle fort ancienne et un château de construction moderne.

Son territoire (612 habitants), resserré entre le chemin de fer et la montagne de Don, nourrit des bestiaux (une fruitière) et produit, année moyenne, 1500 hectolitres de vin. Un crû de vin blanc, le Manicle, est particulièrement connu. Chégnieu (281 habitants) forme la plus forte agglomération. A quelques mètres se trouve La Balme. On y ajoute La Paralire et quelques maisons isolées aux Eclaz et à Manicle.

Contrevoz (711 habitants) est la seconde commune du canton par l'étendue (1789 hectares) on y trouve une inscription romaine dans la muraille de l'église ; situé sur un large plateau, son territoire présente une homogénéité remarquable et une fertilité heureuse. La vigne y est cultivée depuis le commencement du siècle, et c'est déjà la principale ressource des habitants.

Contrevoz (126 habitants) est construite avec régularité, circonstance assez rare. Les hameaux sont : Boissieu, vieux village avec une ancienne chapelle, Montbrezieu. Proveyzieu, avec des habitants d'origine sarrazine, dit-on, a longtemps vendu du charbon de bois ; grâce à M. Greffe, la culture des terres s'y est développé et a enrichi le pays.

Cuzieu (378 habitants), dans une petite vallée solitaire, vaut surtout par les noyers magnifiques dont elle est entourée. Environnée de tous côtés par des collines, elle a vu se développer la culture de la vigne (3,650 hectolitres).

Cuzieu est mal bâti ; au centre une maison assez vaste et ancienne. Les hameaux : Donalèche, Greftins, Fêne, Volliens, Teyrieu, autrefois possédaient des moulins prospères, le ruisseau de Bons les faisait mouvoir.

Flaxieu (131 habitants) a son nom marqué dans l'histoire locale. De hauts et puissants seigneurs, les Montfalcon et les Clermont Mont-Saint-Jean ont possédé son territoire. Ils avaient droit de haute, moyenne et basse justice. Leur château était très vaste et comptait parmi les somptueuses demeures de la région. Il disparut au temps de la Révolution. Ce fut un des premiers renversés. Il en reste encore des ruines très apparentes, et qui permettent de reconstituer facilement le plan de l'édifice. De grands pans de murs de 1 mètre 50 c. d'épaisseur, garnis de meurtrières pour les fusils et les longues couleuvrines, surgissent du sol. Des portes d'entrée se dressent çà et là. Dans le village, quelques curieux motifs d'architecture ; une très ancienne chapelle, qui peut intéresser vivement un archéologue.

Non loin du château, on voit la Sainte-Fontaine, objet de pèlerinage et de vénération ancienne. Un monument la protège. Une de ses faces est couverte par une longue et curieuse inscription en vers latins. Flaxieu et son annexe, le Faubourg, sont prospères. Les terres du château sont restées aux habitants, qui les ont mises en culture et améliorées. Le vin blanc est réputé bon. Le territoire de la commune (281 hectares) est occupé en partie par une vaste prairie qui s'étend jusqu'au Seran.

La Burbanche (386 habitants) est située en grande partie dans le grand couloir allant de Rossillon à Ambérieu. Aussi est-elles pauvre. Elle a une étendue de 945 hectares, 400 sont incultes. Le reste est occupé par des prairies souvent inondées, des terres à blé et des vignes. Plusieurs tuffières sont aussi exploitées.

Hameaux : les Hôpitaux (104 habitants), dans une région désolée et froide, avec des landes désertes, Le Fays, Grange-des-Près, Tard, avec des bois et de riches pâturages. La région est en général très sauvage, pleine de tristesse. En beaucoup d'endroits, ce n'est qu'éboulis de pierres, roches nues et déchiquetées, crevasses profondes. Tout y est désert et silencieux.

Marignieu (281 habitants) relève, au spirituel, de Flaxieu. Elle est perdue au milieu de grands bois de châtaigniers, en dehors des routes importantes. Sur les 277 hectares qui la composent, on en compte 250 en forêts.

Aussi le pays est-il pauvre. De très ancienne date, on élève dans ce pays beaucoup d'enfants trouvés ; l'école, malgré le peu de population de la commune, compte 56 enfants. Le petit hameau de Poirin a des mines de ciment inexploitées.

Enfin, on vient de découvrir dans la commune et dans les localités avoisinantes, des mines de toute espèce. Il y a notamment des dépôts de charbon, des traces de fer, et surtout des dépôts importants de pierres schisteuses. Elles ont souvent servi de combustible. Une société d'exploitation vient de se fonder pour tirer parti de ces ressources jusqu'ici négligées.

Saint-Martin-de Bavel (621 habitants) a fourni à l'archéologie quelques pans taillés, des inscriptions latines, qui indiquent la présence d'un établissement romain. Au Moyen-Age, elle appartenait au doyen de Ceyzérieu et aux moines de Saint-Sulpice en Valromay.

Saint-Martin, avec une église assez belle, est fort prospère. La population a augmenté (1808 – 531 habitants) par suite des défrichements considérables qui y ont été pratiqués. (Superficie 1,035 hectares.)

Les hameaux : La Vellaz (200 habitants), où se trouve une école très grande et un château imitation Moyen-Age, Nicuidaz (100 habitants), avec un sol très riche, Le Truc, isolé sur une éminence, d'où la vue est admirable.

Pugieu (350 habitants) est réunie au spirituel à Contrevoz, distant de 3 kilomètres. Elle a dépendu des Seigneurs de Grammont, puis de la famille d'Andert. En dernier lieu, elle appartenait à Marc-Antoine Brillat-Savarin, procureur de l'élection de Belley.

On ne sait trop à quelle date remonte la fondation de cette commune. Les Romains avaient-ils là une station ? On ne saurait le dire. Mais il existe sur la route de Bons à Belley, qui passe à Pugieu, des témoignages de leurs passages. C'était là qu'était tracée une voie antique. Sur un des rochers qui bordent la route, on peu lire très nettement une inscription latine : IIII VIA PRIVATA. Le site est du reste admirable de pittoresque et mérite d'être visité. Touristes et peintres peuvent y faire ample moisson. Montagnes abruptes et déchictées, ruisseaux bondissants, prairies gracieuses, tout est là réuni.

Sur le territoire de la commune se trouve l'unique tunnel, de la voie ferrée, entre Culoz et Lyon. Il a 680 mètres de long : on a dû le creuser dans une roche très dure ; des deux sorties, vues superbes sur les plaines et les montagnes avoisinantes. Située en partie dans la plaine, Pugieu (176 habitants) est souvent visitée par les gelées. Le Furan, qui la traverse, y développe une végétation abondante et donne à la campagne un charme infini. Les deux hameaux : Gevrin et Chavilleu-sur-Roche sont plus riches, et leurs cultures moins exposées et plus rémunératrices.

Rossillon (501 habitants) est située sur la ligne de Lyon-Genève, où elle a une station. Avant la construction du chemin de fer, elle était le centre d'un très actif commerce de roulage et sa prospérité était grande. Elle est aujourd'hui sans grand mouvement : c'est presque une ville morte.

Elle a été très anciennement habitée, et cela, parce qu'elle garde une position importante. Placée à l'entrée de la longue gorge des Hôpitaux, elle a été place forte, dominant et commandant la route. La légende veut que dans son château ait eu lieu, en 1195, le mariage de Beatrix, fille de Guillaume, comte de Genève, avec Thomas, comte de Maurienne et de Savoie. Elle a été possédée au XIIIe siècle par Boniface de Savoie, archevêque de Cantorbery. Son château-fort, admirablement placé sur une éminence, fut ruiné par Biron, qui fut chez nous le grand destructeur, plus terrible pour les demeures seigneuriales que toutes les révolutions politiques : Biron accomplit son œuvre avec conscience. Il ne reste plus, en effet, du château, que des murs éboulés, qui couronnent le rocher.

Rossillon (369 habitants) est sans importance et sans mouvement elle ; vit de la culture des terres et des vignes. Abritée du côté du nord par la montagne de Don, elle possède de beaux jardins dont les produits se vendent à Belley.

Hameaux : Nivollet, suspendu sur de pittoresques rochers, Egieu (105 habitants) à 5 kilomètres dans les montagnes. Les peintres et les poètes ont illustré toute cette région. Pourquoi ne pas citer Appian et Soulary ? Partout des recoins ravissants, des paysages délicieux, pittoresques, gracieux, d'une délicatesse incomparable.

VONGNES (171 habitants), entre Flaxieu et Marignieu, est située dans un replis bien abrité de la montagne. C'est une très ancienne commune, bien que Guichenon n'en parle pas. Les archives de la commune possèdent un registre des naissances depuis l'an 1557. C'est un des rares recueils de ce genre qu'il nous ait été donné de voir. On a, dans la majorité des cas, brûlé tous les vieux papiers inutiles et illisibles.

Elle a été une dépendance directe du duché de Savoie. Il en subsiste encore une preuve matérielle : c'est l'ancienne maison où résidaient les comtes. Elle est située dans le haut du village. Une partie du bâtiment a été démolie. Il ne reste plus qu'une large cuisine ayant un cachet spécial. La pièce principale consiste en une immense cheminée, couronnée par un superbe chapeau, à l'ombre duquel quarante personnes peuvent se tenir à l'aise. La chambre est voûtée ; au centre un énorme pilier, façonné et historié, soutient à la fois la cheminée et la voûte.

La tradition populaire attribue, dans les âges passés, une population considérable à Vongnes. Tout autour du village, on découvre des briques et des débris de poterie et aussi des tombeaux formés par de grandes dalles en pierre. Aucune inscription, aucun bijou n'est venu donner une date à cette nécropole très étendue, perdue dans des bois de châtaigniers. Aujourd'hui, Vongnes est un coquet village, aux maisons blanches, aux chemins bien entretenus. Une grosse habitation, ayant 200 ans d'existence, s'élève à l'une des extrémités. Elle possède des champs fertiles, des vignes productives, des prés étendus. Deux hameaux : Bossieu, dont une partie est rattachée à Ceyzérieu, Chanoz, perdu au milieu des prairies verdoyantes et des noyers majestueux.

Arrondissement de Trévoux

L'arrondissement de Trévoux occupe la partie sud-ouest du département de l'Ain, il est formé de presque toute l'ancienne principauté des Dombes et de la partie sud de la Bresse. La principauté des Dombes était divisée en douze châtellenies, trois au levant : Lent, le Châtelard et Chalamont séparées des neuf autres par une région appartenant à la Bresse et comprenant les mandements : Loyes, Gourdans, Meximieux, Montluel, Miribel, Montanay, Villars, Bouligneux, St-Paul et Châtillon-lès-Dombes. Les neuf châtellenies situées du côté de la Saône étaient : Trévoux, Ambérieux, Beauregard, Villeneuve, St-Trivier-sur-Moignans, Montmerle, Thoissey, Baneins, Ligneu. En outre sept communes de l'arrondissement ont fait partie du Franc-Lyonnais.

Au nord l'arrondissement de Trévoux est séparé de l'arrondissement de Bourg par une ligne sinueuse qui part de la rivière d'Ain, remonte le bief de Fougères et arrive à la Saône après avoir descendu le bief d'Avanon. La rivière d'Ain le sépare à l'est de l'arrondissement de Belley. Au sud, le Rhône le sépare du département de l'Isère. Au sud-ouest une ligne sinueuse le sépare du département du Rhône. Enfin à l'ouest la Saône le sépare des départements du Rhône et de Saône-et-Loire.

La surface de l'arrondissement de Trévoux est de 1,483 kilomètres carrés. Nous donnons dans le tableau suivant sa population à différentes époques et en regard sa population par kilomètre carré. C'est en 1866 que la population de cet arrondissement a été la plus élevée :

Année	Population	Population par kilomètre carré.
1806	66 490	45
1851	86 626	58
1866	93 638	63
1886	87 955	59

L'arrondissement de Trévoux comprenait sept cantons, on en a formé un huitième, celui de Villars en 1869, de sorte qu'aujourd'hui les deux arrondissements de la plaine Bourg et Trévoux ont dix-huit conseillers généraux, autant que les trois arrondissements de la montagne, Belley, Gex et Nantua.

L'arrondissement de Trévoux est traversé du nord au sud par la route nationale de Bourg à Lyon par Villars, et dans sa partie sud et est par la route nationale de Lyon à Genève par Montluel et Meximieux.

Nous ne décrirons pas les anciennes routes

départementales et les nombreux chemins vicinaux qui desservent cet arrondissement, et dont une partie a été construite avec de fortes subventions de l'Etat sous le nom de chemins agricoles.

Il y a dans l'arrondissement 78 kilomètres de routes nationales, 498 kilomètres de chemins de grande communication, 352 kilomètres de chemins d'intérêt commun, 1.754 kilomètres de chemins vicinaux ordinaires, soit en tout 2.682 kilomètres de routes ou de chemins bien entretenus. Sa superficie étant de 1.483 kilomètres carrés, il y a un kilomètre de chemin pour desservir 55 hectares. Si les chemins formaient sur la surface de l'arrondissement un quadrillage régulier, chaque carré aurait 1 k. 100 mètres de côté.

L'arrondissement est desservi dans sa partie centrale par le chemin de fer de Bourg à Lyon par Villars,avec embranchement à voie étroite de Marlieux à Châtillon-lès-Dombes, dans sa partie sud-est par le chemin de fer de Lyon à Genève par Meximieux,et dans sa partie sud-ouest par le chemin de fer de Lyon à Trévoux.

La population de l'arrondissement de Trévoux est principalement agricole. Sur les terrains siliceux compacts et imperméables, d'origine glaciaire, du plateau, on a établi de nombreux étangs et des cultures de céréales.Des bois occupent souvent les mamelons caillouteux qui dominent la plaine.

Les Côtières, soit du côté du Rhône et de l'Ain, soit du côté de la Saône, formées d'éboulis du terrain pliocène sont généralement un peu calcaires et on y cultive la vigne.

Les fonds des vallées et surtout celui de la vallée de la Saône sont occupés principalement par des prairies.

Les points culminants de l'arrondissement de Trévoux se trouvent sur un demi-cercle qui part de Pont-d'Ain, passe au château de la Moutonnière 316 mètres d'altitude, sur la commune de Villette, à Chalamont 339 mètres, à Crans 325 mètres, à St-Eloy 310 mètres, au château du Montellier 310 mètres, au fort de Vancia 328 mètres, sur la commune de Miribel, au château de Chaillouvre 285 mètres sur la commune de Chaneins.

De la partie convexe de cette ligne de faîte le terrain s'abaisse rapidement vers l'Ain à l'est, le Rhône au sud et même la Saône du côté du sud-ouest. Tandis que dans sa partie concave, du côté du nord-ouest, les pentes sont faibles et le talweg est occupé principalement par le Renon et la Chalaronne.

La partie moyenne du plateau, la région des grands étangs est entre 275 et 285 mètres d'altitude, plus bas les vallées s'enfoncent profondément, ayant souvent 40 mètres de profondeur, comme la Chalaronne à Châtillon-lès-Dombes.

Comme points les plus bas de l'arrondissement nous citerons le confluent du Renon dans la Veyle à Vonnas qui est à 188 mètres d'altitude et la Saône qui est rendue navigable avec un tirant d'eau de 2 mètres par des barrages ; elle est maintenue à 172 mètres d'altitude depuis l'embouchure du Doubs à Verdun jusqu'au barrage de Gigny, sur 48 kilomètres, à 170 mètres d'altitude de ce barrage à celui de Thoissey sur 62 kilomètres, elle prend ensuite un peu plus de pente et n'est maintenue à 167 mètres 47 centimètres que sur 35 kilomètres par le barrage de Port Bernardin situé à 5 kilomètres en aval de Trévoux. Dans les 25 kilomètres suivants on trouve les trois barrages de Couzon, de l'Ile-Barbe et de la Mulatière; ce dernier, situé au-dessous de Lyon, est au confluent de la Saône et du Rhône qui est à l'altitude de 157 mètres 88 centimètres.

L'Ain est à 230 mètres d'altitude au-dessous de Priay, à 206 mètres à Chazey et à 184 mètres à son confluent dans le Rhône.

Le Rhône quitte le département à Crépieu commune de Rillieux, à 169 mètres d'altitude.

Les étangs étaient très nombreux au centre de l'arrondissement de Trévoux, l'orographie et la constitution physique du sol se prêtaient admirablement à leur construction. La création des étangs paraît remonter au douzième siècle environ, car il n'en est question ni dans les lois Gombette ni dans les capitulaires de Charlemagne, mais on en parle dans les chartes du commencement du treizième siècle. Les étangs ont été en augmentant dans l'arrondissement de Trévoux jusque pendant le dix-huitième siècle.

Il y avait dans cet arrondissement 17.210 hectares d'étangs en 1808, d'après Bossi. Le cadastre n'en porte plus que 16.454 hectares. Ils n'occupaient plus que 14.711 hectares en 1859 d'après le rapport de M. Frédéric Dufour, secrétaire de la Commission du Conseil général chargée de donner son avis sur le projet de loi relatif à la suppression des étangs.

Les desséchements ont ensuite été fortement encouragés; ainsi la Trappe du Plantay a desseché sur son domaine, ou auprès d'elle, 800 hectares d'étangs au moyen des subventions de l'empereur. Mais la plus vive impulsion fut donnée au desséchement des étangs par la loi qui chargeait la Compagnie du chemin de fer des Dombes de faire dessécher six mille hectares d'étangs insalubres. Ces desséchements portèrent sur cinq cents étangs et aujourd'hui il ne reste plus guère que huit mille hectares d'étangs dans l'arrondissement de Trévoux, groupés sur une superficie d'environ 90 kilomètres carrés.

Bossi a relevé dans sa statistique, au centre de la région d'étangs, une surface de quinze lieues carrées occupée aujourd'hui par les communes de Chalamont, Châtenay, Le Plantay et Versailleux, du canton de Chalamont ; de St-Paul-de-Varax,

Marlieux, St-Germain-sur-Renon, Birieux, Bouligneux, la Peyrouse et Villars du canton de Villars ; de Joyeux et du Montellier et du hameau de Samans du canton de Meximieux et par la commune de St-Marcel du canton de Trévoux.

Sur ces quinze lieues carrées il y avait en moyenne 19 habitants par kilomètre carré en 1806; il y en avait 27 à 28 en 1851, et d'après le recensement de 1886 il y en a aujourd'hui de 31 à 32.

Canton de Trévoux

Le canton de Trévoux est le plus populeux de l'arrondissement sans cependant être le plus grand en superficie.

Ses limites sont, au nord, le canton de St-Trivier ; à l'ouest et au sud le département du Rhône dont il est séparé à l'ouest par la Saône et au sud par une ligne conventionnelle ; à l'est, les cantons de Montluel et de Villars.

Son territoire, divisé en 22 communes, a une superficie de 20.506 hectares et une population de 17.385 habitants, soit 84 habitants par kilomètre carré. La population n'a fait que croître depuis 1805, ce qui n'a pas eu lieu dans les cantons voisins ; cela tient peut-être à ce que le canton est l'un des plus sains et des mieux situés de la Dombes, mais surtout à son voisinage de Lyon. En 1805 la population était de 10.531 habitants, soit 51 par kilomètre carré ; en 1851, elle était de 14.694, soit une population spécifique de 71 habitants. Voici d'ailleurs le tableau des communes avec leur population à quatre époques différentes :

	1808	1851	1866	1886
Trévoux.........	2.717	3.071	2.794	2.661
Ars..............	230	510	492	522
Beauregard......	307	371	362	302
Civrieux.	319	555	595	661
Frans...........	281	379	380	349
Genay...........	1.168	1.286	1.204	1.137
Jassans-Riottier..	205	403	398	436
Massieux........	213	308	312	254
Mionnay.........	208	391	401	379
Misérieux........	346	724	700	588
Montanay........	663	714	741	728
Parcieux.........	396	403	421	416
Rancé...........	284	253	263	283
Reyrieux........	664	1.705	1.529	1.437
St-André-de-Corcy	309	614	594	804
St-Bernard.......	260	299	318	290
St-Didier-de-For.	394	686	616	546
Ste-Euphémie ...	317	426	404	306
St-Jean-de-Thurig.	233	506	427	416
St-Marcel........	198	334	313	329
Sathonay........	653	454	6.870	4.196
Tramoyes........	166	302	352	345

Le canton de Trévoux est situé à l'extrémité occidentale du plateau des Dombes ; il se compose de deux parties : l'une, la plus étendue, est située sur le plateau, on y trouve encore des marais et des étangs ; la seconde se compose de la Côtière ; elle présente des pentes raides, quelquefois des berges escarpées descendant vers la Saône et vers Lyon. Le plateau atteint 290 m. à l'ouest de Sathonay et 308 à Civrieux et descend à 281 m. à Trévoux ; sa hauteur moyenne au-dessus de la Saône est d'environ 80 mètres.

Au point de vue géologique, le canton de Trévoux appartient comme tout le plateau des Dombes au pliocène supérieur. La base du terrain est occupée par des argiles grasses lignitifères ; au-dessus viennent des sables qui, vers Trévoux, ont une épaisseur de 50 mètres et qui sont caractérisés par Hélix Chaixi, Paludina Falsani, ainsi que par l'intercalation, à diverses hauteurs, de bancs de conglomérats à cailloux calcaires dont beaucoup ont la partie périphérique altérée ou la surface rugueuse, indice de l'action des eaux d'infiltration. Le pays était recouvert autrefois par le glacier du Rhône, qui n'avait plus guère ici qu'une dizaine de mètres d'épaisseur (Falsan) ; on en suit sans interruption les moraines terminales en passant par Sainte Euphémie, Rancé, Civrieux et Sathonay. On trouve de nombreux débris erratiques, parfois même il y a des accumulations de blocs comme on le voit dans la tranchée du chemin de fer de Bourg, au sud de Sathonay. Mais dans ce pays où la pierre est rare on a fait la guerre à tous les blocs dispersés à la surface du terrain, pour les employer comme matériaux de construction ; on en a très peu épargné. Le plus curieux est la *Pierre-Brune* à Rancé, énorme fragment de granite porphyroïde alpin qui cube encore plus de cent mètres malgré sa destruction partielle.

Les rivières arrosant le canton de Trévoux sont de petits affluents de la Saône qui sert de limite sur un assez long parcours ; elles prennent naissance les unes au pied du plateau des Dombes, les autres sur le plateau même et servent à emmener les eaux des étangs.

Ce sont : le ruisseau de Marmont (5 kil.) passe à Frans et Jassans, — le Formans (17 k. 800) passe à Ars, Ste-Euphémie, St-Didier et se jette en amont de Trévoux ; il est formé du Morbier (2 k. 500) et du ruisseau de Fombleins (10 k.) — le Rieux (10 k.) qui passe à Civrieux, — et le déversoir du marais des Echets (14 k.) creusé de main d'homme ; ce travail fut entrepris en 1481, abandonné, repris et mené à bien en 1512.

Les voies de communication sont nombreuses. Le canton est traversé dans sa partie orientale par la ligne de Lyon à Bourg, qui y a les stations de Sathonay, Mionnay et St-André-de-Corcy, et dans sa partie occidentale par le chemin de fer de Lyon à Trévoux, qui entre dans le département à Sathonay, en ressort presque immédiatement et rentre définitivement dans le canton où on trouve les stations de Genay, Parcieux, Reyrieux et Trévoux.

La route nationale n° 83 de Lyon à Strasbourg le traverse dans la partie orientale et longe la voie ferrée. Il y a dans le canton neuf chemins de grande communication et onze d'intérêt commun ayant une longueur de 155 kilomètres et 265 kilomètres de chemins vicinaux ordinaires. Les relations avec le département du Rhône sont facilitées par l'établissement de quatre ponts, ceux de Frans, Beauregard, Saint-Bernard et Trévoux.

Le canton est spécialement agricole. La superficie se répartit en 12.500 hectares de terres labourables, 200 de jardins, 800 de vignes, 1.400 de prés, 350 de pâtures, 2.600 de bois et le reste de terrains vagues, marais et étangs. Le canton produit beaucoup de légumes qui sont dirigés sur le marché de Lyon. On élève des chevaux (1.100) et des bêtes à cornes (2.000 env.) Les vignes ont été atteintes et détruites en beaucoup d'endroits par le phylloxera; il y avait certains coteaux assez renommés dans la contrée.

Comme industrie, il n'y en a presque pas, sauf à Trévoux.

Le canton compte quatre bureaux des postes et télégraphes, à Trévoux, Saint-André-de-Corcy, Sathonay et Ars ; ce dernier est desservi par un courrier venant de Villefranche. Deux communes, Civrieux et Montanay, sont desservies par Neuville-sur-Saône, et Tramoyes l'est par Miribel.

Le pays était habité autrefois par les Romains ; on a retrouvé les traces d'une voie romaine à la Sidoine, près de Trévoux. Du temps de la féodalité, le canton de Trévoux dépendait partie de la souveraineté des Dombes, partie du Franc-Lyonnais (communes de Jassans-Riottier, Saint-Didier, Saint-Bernard, Genay, Civrieux et Saint-Jean-de-Thurigneux), et partie de la Bresse (communes de Sathonay, Mionnay et Montanay). Les communes dépendant de la souveraineté des Dombes étaient réparties entre les cinq châtellenies de Trévoux, Ligneu, Ambérieux, Villeneuve et Beauregard. Il ressortissait au point de vue ecclésiastique de l'archiprêtré des Dombes dépendant du diocèse de Lyon ; Trévoux possédait un chapitre créé en 1523.

TRÉVOUX : 2.661 habitants. Jolie ville bâtie en amphithéâtre sur la côtière, sur la rive gauche de la Saône. Par sa situation sur une colline tournée à l'est et abritée des vents du Nord, Trévoux jouit d'un climat sensiblement plus doux que celui du reste de la Dombes. Elle est reliée par de nombreuses routes avec l'intérieur du pays ; elle est mise en communication avec Lyon par le chemin de fer de la rive gauche et possède encore sur la rive droite une station de la grande ligne de Paris à Lyon.

L'origine de Trévoux remonte à une haute antiquité, ainsi que l'attestent les objets de l'époque de la pierre polie et du bronze trouvés dans son voisinage. On croit que c'est à Trévoux qu'eut lieu le premier choc entre les troupes de Septime-Sévère et d'Albin (197). En tout cas, elle existait au temps des Romains et tirait son nom de Trivium, Tres viœ (trois chemins) ; elle était effectivement à la croisée de trois routes construites par Agrippa. Cependant elle n'apparait d'une manière certaine dans les documents écrits de notre histoire locale qu'en 1010. Au commencement du XIIe siècle, elle appartenait aux sires de Villars, auxquels succédèrent les sires de Thoire en Bugey. En 1300, les seigneurs de Thoire lui accordèrent une charte de privilèges et franchises à tous ceux qui viendraient habiter cette ville ; on y vint de tous les pays voisins, des juifs principalement. Trévoux s'agrandit dès lors et devint bientôt une ville importante par son industrie et son commerce. Cette charte fut confirmée à plusieurs reprises par ses seigneurs et en dernier lieu, en 1653, par Mlle de Montpensier, surnommée la Grande Mademoiselle.

Après les sires de Thoire, Trévoux appartint aux sires de Beaujeu, et passa par mariage dans la possession des Bourbons. Après la défection du connétable de Bourbon, François Ier s'empara de Trévoux en novembre 1523. En 1560, elle fut restituée aux Bourbons, et resta la propriété de cette maison jusqu'en 1680,époque à laquelle la Grande Mademoiselle dut céder le pays de Dombes au duc du Maine. En 1762, le pays fut rattaché au domaine royal.

Trévoux était le siège d'un Parlement ou Conseil souverain, qui, créé par François Ier en 1523, siégea à Lyon jusqu'en 1696, époque à laquelle le duc du Maine le transporta à Trévoux.

En 1438, un hôtel des Monnaies fut établi à Trévoux et subsista jusqu'en 1686 ; il était installé dans une maison qui a appartenu depuis à M. Mantellier, ancien président à la cour d'Orléans, auteur d'ouvrages estimés sur la Dombes. En 1603, le duc de Bourbon-Montpensier établit une imprimerie ; en 1707 le directeur de cette imprimerie fonda avec les principaux libraires de Paris, la Société connue au XVIIIe siècle sous le nom de Compagnie de Trévoux ; c'était à cette époque la plus importante imprimerie de France et la rivale de celles de Hollande ; on connait près de 1,500 ouvrages sortis de ses presses. Les Jésuites y ont fait imprimer le journal littéraire connu sous le nom de Mémoires de Trévoux. C'est de là qu'est sortie en 1707 la première édition du dictionnaire universel qui porta le nom de Dictionnaire de Trévoux. En 1762, à la réunion du pays à la France, la Compagnie fut dissoute et l'imprimerie du prince de Dombes devint imprimerie royale, mais elle périclita rapidement.

Trévoux a conservé de ses anciennes fortifications d'assez beaux vestiges. Au sommet de la colline sur laquelle s'étage la ville, se trouvent les restes du château-fort : ce sont trois tours qui ont encore une dizaine de mètres de hauteur ; ces tours, dont deux sont rondes et une carrée, sont reliées par des murs laissant entre eux la cour d'honneur. Du côté de l'ouest partent quelques pans de murailles descendant vers Trévoux ; du côté de l'est on remarque à peu de distance la porte de Villars et quelques restes de murs. Ces ruines sont très fréquentées autant pour leur intérêt que pour la vue superbe dont on y jouit.

La ville ancienne commence vers le port ; les rues sont tortueuses, étroites, escarpées ; les maisons sont vieilles. On remarque dans cette partie l'hôpital, construction récente, mais dans l'enceinte duquel se trouve une vieille tour. La ville moderne renferme : la sous-préfecture qui sert aussi de palais de justice ; c'est un vaste édifice quadrangulaire ; le rez-de-chaussée est occupé par le tribunal dont la salle, ancienne salle du Parlement des Dombes, est remarquable ; elle a été peinte à fresques par P. Sevin ; le plafond avec poutres à la française est entièrement fleurdelisé ; elle renferme les portraits de Mademoiselle de Montpensier et du duc de Maine. Le pont suspendu dont la pile d'un très bel effet architectural supporte un arc de triomphe mauresque. L'église, placée sous le vocable de Saint-Symphorien, parait avoir été construite au commencement du XIVe siècle ; elle n'offre rien de remarquable. La prison, lieu de détention du département ; la chapelle des Carmélites dont le couvent fut fondé en 1662 par Mademoiselle de Montpensier ; le couvent des Ursulines établi par Gaston d'Orléans en 1640 ; la maison Valentin Smith, l'auteur d'ouvrages célèbres sur la Dombes et possesseur de splendides collections. Quant à l'Hôtel-de-Ville, l'ancien vient d'être démoli et un nouveau va être construit. Dans la Grande Rue, on remarque une tour carrée, sorte de beffroi sans style, portant un beau cadran d'horloge.

Trévoux a d'assez jolies promenades : la Terrasse qui s'étend devant la Sous-Préfecture, d'où l'on jouit d'une vue magnifique sur la plaine de la Saône, les monts d'Or et Verdun et les montagnes du Beaujolais ; la Tournache, les quais, etc.

La commune de Trévoux a une superficie de 556 hectares, un revenu annuel de 9.770 francs, 69 centimes en valeur de 250 francs 82 centimes, et possède un octroi municipal.

Trévoux a peu d'industrie ; il faut citer cependant de nombreux ateliers de lapidaires (taille du diamant et perçage des filières) et des tréfileries d'or et d'argent. A citer aussi une serrurerie artistique.

Hameaux : La Barbançonne, où l'on a découvert des tombes antiques et des objets gallo-romains ; Beauséjour ; Bord-d'eau, ancien fief ; Chantegrillet ; Château-Gaillard ; Corcelles ; Fétan, avec un château construit en 1622 ; Fourquevaux, ancien fief dont il ne reste aucune trace du château ; l'Hermitage ; la Montluède ; le Pin ; Préonde ; le Roquet ; la Sidoine, où se trouve le couvent des Ursulines avec une chapelle gothique.

ARS. Le village d'Ars est situé sur le chemin de grande communication de Frans à Gévrieu, à dix kilomètres de Trévoux et à 44 de Bourg. Le territoire, qui a une superficie de 551 hectares et une population de 522 habitants, est traversé par le ruisseau de Fombleins et le Formans. C'est une des plus anciennes paroisses de la Dombes. Elle est à la limite du pays d'étangs ; on y récolte du froment et du colza. Ars est célèbre grâce au pèlerinage au tombeau de J.-B. Viannay, ancien curé de la localité et qui vient d'être béatifié. L'église qui remonte au XIIIe ou XIVe siècle et qui renferme le mausolée du curé Vianney, possède un chœur nouveau. Derrière l'église se trouve sa statue, œuvre de M. Cabuchet. A l'entrée du village on remarque une belle statue de Sainte-Philomène, patronne de la paroisse.

La commune a un revenu de 125 francs et 55 centimes d'une valeur de 35 fr. 27.

Dans les environs on remarque plusieurs châteaux, notamment le château d'Ars situé au sud-ouest de la commune et qui remonte à 1100.

BEAUREGARD, village construit sur les bords de la Saône, à 9 kilomètres de Trévoux, 46 de Bourg. La superficie est de 86 hectares et la population de 302 habitants. Le sol produit des céréales et des vins. Pont suspendu mettant en communication les habitants de l'Ain et du Rhône. Le revenu communal est de 120 francs et il y a 82 centimes valant 17 fr. 87. Du temps des sires de Beaujeu, Beauregard était capitale de la Principauté des Dombes. Ancien château dans lequel fut installée en 1669 une manufacture de glaces et de cristaux ; cette manufacture cessa en 1765, et le château abandonné tomba en ruines. De nos jours, il a été très habilement reconstruit par les soins de M. Bouchet.

Civrieux (661 habitants). A 10 kilomètres de Trévoux et à 44 de Bourg. La superficie de la commune est de 1.976 hectares, sur lesquels il faut compter les étangs. Le sol produit beaucoup de blé. La commune a un revenu de 271 francs et 68 centimes valant 61 fr. 89.

Cette commune dépendait autrefois du Franc-Lyonnais.

Hameaux : Beaulieu, Bernoud, château-fort chef-lieu d'une châtellenie ; détruit au milieu du XIVe siècle, ce château fut reconstruit en 1373, il n'en reste plus aujourd'hui que des vestiges ; Bussiges, Chasamel, ancien hôpital affecté probablement aux lépreux ; Lizieu, Vernange.

Frans, sur les bords de la Saône, à 8 kilomètres de Trévoux et à 45 de Bourg. La superficie de la commune est de 796 hectares et la population de 349 habitants. Le revenu est de 162 francs, il y a 79 centimes d'une valeur de 40 fr. 12. Pont suspendu sur la Saône.

Possédait un château et une poype dont il ne reste aucune trace. On a trouvé dans la commune des monnaies, des tuiles et poteries gallo-romaines.

Genay (1.137 habitants). Près de la Saône, à 9 kilomètres de Trévoux et à 48 de Bourg. La commune, qui a une superficie de 865 hectares, est un très bon pays de culture. Le revenu de la commune est de 894 francs et il y a 59 centimes valant 89 fr. 20. Station du chemin de fer de Lyon à Trévoux.

Ancienne forteresse, appelée aujourd'hui le Fortin, et dont il ne reste plus que des tours délabrées, une porte principale et des pans de murs. C'était la plus importante des communes du Franc-Lyonnais, et à la fin du siècle dernier on lui donnait le nom de baronnie. Eglise datant de 1839.

On a trouvé à Genay des médailles et des objets gallo-romains. En décembre 1862, M. Guigue y recueillit un cippe antique portant une inscription bilingue, grecque et latine, qui se trouve au musée de Lyon.

Jassans-Riottiers (436 habitants), sur les bords de la Saône, à 6 kilomètres de Trévoux et 47 de Bourg. La commune, qui a une superficie de 481 hectares, produit du froment et du vin. Belle église du style roman, construite il y a une vingtaine d'années aux frais de M. [illegible], architecte à Lyon; elle renferme un bel orgue.

Le revenu de la commune est de 203 francs, il y a 105 centimes d'une valeur de 30 fr. 78.

La section de Jassans faisait partie autrefois de la Souveraineté des Dombes (baronnie de Flécheres), tandis que Riottiers dépendait du Franc-Lyonnais.

Hameaux : Gleteins, Riottiers, qui a donné son nom à la commune ; à l'époque gallo-romaine, ce hameau devait avoir une certaine importance. Les tombeaux, poteries et anciennes monnaies trouvées, soit autour, soit au pied de la Poype, l'attestent. La Poype de Riottiers est aujourd'hui surmontée d'un pavillon ; elle domine tout le pays et elle est détachée du plateau par une combe plantée de vignes ; à mi-côte, du côté de l'ouest, on remarque les restes de deux murs d'enceinte assez bien conservés, et au sommet un pan de mur d'environ deux mètres d'épaisseur. Dans le village même de Riottiers on remarque un vieux château féodal habité par des vignerons.

Massieux, ce village est situé à 7 kilomètres de Trévoux et à 49 de Bourg, sur une petite hauteur (250 m. d'altitude) non loin de la Saône. Le sol est excellent pour le froment : on y récolte du vin fort passable. La population est de 251 habitants et la superficie de 310 hectares. La commune a un revenu de 75 francs et 115 centimes d'une valeur de 18 fr. 28 centimes.

La moitié de la commune dépendait du Franc-Lyonnais. On

a trouvé sur son territoire des urnes cinéraires, des tuiles et des médailles.

Hameaux : Chatfaut, ancien fief et maison forte ; Doriez ; la Genetière ; la Place.

MIONNAY, à 18 kilomètres de Trévoux et 42 de Bourg, sur la route nationale de Lyon à Strasbourg, station du chemin de fer de Lyon à Bourg. Le territoire, d'une superficie de 1.355 hectares, comprend quelques étangs et une grande partie de l'ancien marais des Echets ; on y récolte du froment et du seigle.

La population est de 379 habitants. Le revenu communal est de 457 francs ; il y a 124 centimes en valeur de 38 francs 42 centimes.

Mionnay était une des trois communes du canton qui dépendaient de la Bresse. On y a trouvé des médailles de Pompée fils.

Hameaux : Chassagne ; Fréta ; Grenoble ; les Platières ; Poleteins, anciennement monastère de femmes de l'ordre des Chartreux, qui n'existe plus aujourd'hui et sur l'emplacement duquel on a construit un château ; on y a trouvé les ruines d'une villa de l'époque gallo-romaine.

MIZÉRIEUX, à 6 kilomètres de Trévoux, 44 de Bourg. Ce village est placé dans un vallon où pousse une riche végétation; on y récolte du blé, du colza et on y cultive la vigne. La population est de 588 habitants. La commune a une superficie de 743 hectares, un revenu de 317 francs et 85 centimes d'une valeur de 35 fr. 78 cent.

L'église a la forme d'une croix latine ; elle n'offre aucun style quoique en général elle soit d'assez belle apparence ; le portail seul est du style gothique fleuri, et peut remonter au XVe ou au XVIe siècle ; le clocher a une belle flèche.

Au nord-ouest de la commune se trouve l'ancien château de Cibeins, qui avait haute justice, et fut érigé en comté au dernier siècle ; il ne fut jamais fortifié ; la chapelle qui en dépend date de 1717.

Montanay, cette commune placée sur un plateau qui domine la vallée de la Saône est à la limite du département ; elle est à 12 kilomètres de Trévoux et à 48 de Bourg et non loin de Neuville-sur-Saône. C'est un excellent pays au point de vue agricole ; il y a de nombreuses prairies artificielles et des vignes. Les habitants font avec Lyon un grand commerce de lait. La population est de 728 habitants, la superficie est de 1.323 hectares. La commune a un revenu de 300 francs et 84 centimes en valeur de 61 fr. 66 centimes.

Montanay a une origine très ancienne autant qu'on peut en juger par les médailles et poteries antiques trouvées dans le village et par les tombes que renfermait la poype. Mais il n'est fait mention de cette commune dans l'histoire locale qu'à partir du Xe siècle. Il ne reste de l'ancien château que quelques pans de murs.

Parcieux, à 5 kilomètres de Trévoux et à 48 de Bourg, à mi-côteau et à quelques centaines de mètres de la Saône, station du chemin de fer de Lyon à Trévoux, et non loin du chemin de grande communication de Trévoux à Lyon. Le territoire, d'une superficie de 314 hectares, est d'une grande fertilité ; on y récolte des céréales et il y a beaucoup de vignobles.

La population est de 416 habitants ; en 1762, Parcieux n'était qu'une annexe de Reyrieux et comptait 51 feux.

La commune a un revenu de 260 francs et 105 centimes valant 25 fr. 58 cent.

On a trouvé à Parcieux des urnes cinéraires, des poteries et des médailles.

Rancé, à 10 kilomètres de Trévoux, 42 de Bourg, en plein plateau (293 m. d'altitude). Le territoire, d'une superficie de

953 hectares, comprend plusieurs étangs. On y récolte du froment et du seigle. La population est de 283 habitants. La commune a un revenu de 143 francs et 127 centimes valant 21 fr. 70.

A l'ouest de la commune, non loin de Toussieux, on remarque dans un ravin entouré de broussailles un bloc de granite, le plus gros débris erratique laissé vers sa limite N.-O. par le glacier du Rhône et qui porte le nom de Pierre-Brune.

Hameaux : Ligneux, ancien fief chef-lieu d'une châtellenie de la Principauté des Dombes ; de l'ancien château il ne subsiste plus qu'une poype et ses fossés ; Limandas, ancienne paroisse dont il ne reste plus de traces et qui était autrefois le but d'un pèlerinage fréquenté.

Reyrieux, non loin de la Saône, à 4 kilomètres de Trévoux, 46 de Bourg, station du chemin de fer de Lyon à Trévoux. La commune a une superficie de 2.012 hectares et une population de 1.437 habitants ; le revenu est de 2.187 francs et il y a 74 centimes d'une valeur de 108 fr. 53 cent.

On cultive beaucoup de légumes et la vigne. Reyrieux possède des eaux minérales. L'église est neuve et n'a rien de remarquable. Il y a de nombreuses résidences bourgeoises habitées l'été.

Les substructions, les médailles et objets antiques trouvés à Reyrieux attestent que cette commune existait déjà à l'époque gallo-romaine. Il est très probable que les sources ferrugino-sulfureuses découvertes en 1859 étaient déjà connues, recueillies et fréquentées aux premiers siècles de notre histoire ; ce qui le démontrerait au besoin, c'est l'existence d'une vaste piscine en maçonnerie, rencontrée en 1850, à environ cent mètres du point où jaillissent les sources actuelles. On y a trouvé des fragments de marbre blanc ouvragés, des médailles de la colonie de Nîmes et des premiers empereurs, plusieurs débris de vases antiques sigillés en terre rouge, et notamment un verre à boire, bien caractérisé par sa forme et sa patine irisée.

Il ne reste de l'ancien château qu'une petite poype.

Hameaux : Balmont ; le Bray, ruines d'une importante villa gallo-romaine ; les Bruyères, où l'on a trouvé des haches en pierre et des armes en bronze ; Pouilleux ; Saint-Sorlin ; Toussieux, le plus important des hameaux, dans un vallon arrosé par le Morbier ; en 1851 c'était une commune et comptait 250 habitants, on y voit une petite église fort ancienne ; il y a une vingtaine d'années, ce hameau possédait un menhir.

Saint-André-de-Corcy, à 15 kilomètres de Trévoux, 38 de Bourg, station du chemin de fer de Lyon à Bourg et sur la route nationale de Lyon à Strasbourg. La commune a une superficie de 2.073 hectares et une population de 804 habitants.

Les exploitations se ressentent du voisinage de Lyon ; on y cultive beaucoup de légumes pour les marchés de cette ville, et on y élève un grand nombre d'animaux de basse-cour. A l'ouest du village se trouve le château de Montribloud, centre d'un domaine agricole très important. Non loin de la voie ferrée se trouve une petite poype.

La commune a un revenu de 213 francs, et 99 centimes d'une valeur de 58 fr. 63 cent.

St-Bernard, à 4 kilomètres de Trévoux, 54 de Bourg, sur les bords de la Saône ; c'est le point le plus bas du canton (179 m. d'altitude). On y récolte du vin. La population est de 290 habitants. La commune, qui a une superficie de 315 hectares, possède un revenu de 166 francs et a 72 centimes valant 17 fr. 66 cent.

Les médailles et objets antiques recueillis soit dans le village, soit dans les champs environnants, prouvent que, dès l'époque gallo-romaine et peut-être même dès les temps préhistoriques, cette petite localité était déjà un centre de population de quelque importance ; elle se nommait Spinoza et elle garda ce nom jusqu'au XIe siècle. Saint-Bernard dépendait du Franc-Lyonnais : le village était entouré de fossés et clos de murs ; deux portes seulement en permettaient l'accès. L'arc de l'une de ces portes existe encore, l'autre est ruinée.

Hameaux : la Bruyère ; les Bruyères, qui paraît avoir été une station d'une certaine importance à l'époque préhistorique ainsi que l'attestent les nombreux instruments en silex et en pierres dures qu'on y a trouvés ; ce fut aussi le théâtre de la défaite des Tigurins par César en l'an 696 de Rome ; on y a trouvé en 1862 des sépultures renfermant des haches en bronze, une *ascia* et un glaive romain en fer.

St-Didier-de-Formans (546 habitants), à 3 kilomètres de Trévoux et à 18 de Bourg. Le territoire de la commune d'une superficie de 653 hectares est arrosé par le Formans. C'est un bon pays agricole. Le revenu communal est de 390 francs et il y a 69 centimes d'une valeur de 41 fr. 62 cent.

Dès les temps préhistoriques et à l'époque gallo-romaine, cette commune comptait déjà des habitants, ainsi que l'attestent les objets antiques que l'on y a trouvés. Au temps de la féodalité, elle dépendait en majeure partie du Franc-Lyonnais ; une faible partie était de la Dombes, c'était un terrain de rendement médiocre. Le château de Saint-Didier n'existe plus, il a été démoli en 1822.

Hameaux : Bramefan, où l'on a trouvé des urnes cinéraires en terre et en verre ; les Bruyères ; la Pailiassière où existent les ruines enfouies d'une riche et vaste villa gallo-romaine ; on y a trouvé en 1862 des médailles consulaires et du haut empire, des cubes de mosaïque, des poteries sigillées : Penezan, où l'on a trouvé en 1854 une lance en fer ; Roussille, on y a découvert des substructions, des débris d'amphores et des médailles de Nerva.

Sainte-Euphémie. Le village de Sainte-Euphémie, à 5 kilomètres de Trévoux, 45 de Bourg, est situé sur le chemin de grande communication de Bourg à Lyon, au pied d'une colline, dans un vallon que traverse le Formans.

La commune, qui a une superficie de 461 hectares, produit des céréales et du vin. La population est de 306 habitants ; en 1762, le village ne comptait que 25 feux. La commune a un revenu de 242 francs et 73 cent. d'une valeur de 29 francs 46 cent.

L'église n'a qu'une nef et une chapelle latérale à gauche, voûtée avec nervures et du style gothique ; le chœur, qui est la partie la plus ancienne, est du style de transition entre le byzantin et l'ogival.

Saint-Jean-de-Thurigneux. Ce village, situé dans le pays d'étangs, est à 10 kilomètres de Trévoux et 41 de Bourg. La superficie est de 1,600 hectares et la population de 416 habitants ; le revenu communal est de 504 francs, il y a 92 centimes valant 35 fr. 18.

La paroisse de Saint-Jean-de-Thurigneux était en Franc-Lyonnais, il n'y avait que six à huit métairies qui étaient sur la principauté de Dombes et qui dépendaient de la châtellenie de Ligneux.

Saint-Marcel. Ce village fait partie du pays d'étangs ; il est situé sur la route nationale de Lyon à Strasbourg, à 19 kilomètres de Trévoux et 31 de Bourg. Sur le territoire de la commune, d'une superficie de 1.164 hectares, on rencontre plusieurs étangs. La population est de 329 habitants ; le revenu communal est de 122 francs, il y a 121 centimes d'une valeur de 26 fr. 11 cent.

L'église parait avoir été reconstruite au XIIIe siècle.

SATHONAY. Ce village, situé à 18 kilomètres de Trévoux, 54 de Bourg, est placé sur une colline qui domine la vallée de la Saône et d'où l'on a une vue splendide sur le mont d'Or ; à peu de distance de la route nationale de Lyon à Strasbourg, station du chemin de fer de Lyon à Bourg et de Lyon à Trévoux

La commune de Sathonay est séparée du département du Rhône par la partie inférieure d'un profond ravin ; ce département a souvent demandé qu'elle lui fût rattachée. Elle est totalement distincte du reste du canton de Trévoux dont elle est séparée par la commune de Miribel.

Le pays produit d'assez bon vin, des céréales ; les habitants font un grand commerce de lait avec Lyon.

La commune a une superficie de 686 hectares, une population de 4.196 habitants ; le revenu communal est de 9.098 francs ; il y a 59 centimes d'une valeur de 103 fr. 65 c.

Eglise moderne dans laquelle on remarque dix belles colonnes monolithes en pierre de Villebois.

Ce qui fait la réputation de Sathonay, c'est son camp, occupé par une division d'infanterie de la place de Lyon. Ce camp, dont les baraquements sont de construction durable, est situé sur un petit plateau, à droite et tout près de la station.

Sathonay faisait partie autrefois de la Bresse.

TRAMOYES, ce village, situé à 21 kilomètres de Trévoux et à 45 de Bourg, est à la limite orientale du canton ; il est situé près du marais des Echets dont une partie occupe même son territoire. La superficie est de 1.293 hectares, la population est de 315 habitants. Le revenu communal est de 245 fr. ; il y a 152 centimes valant 32 fr. 72 cent.

Les substructions anciennes que l'on rencontre sur divers points de la commune attestent, comme l'affirme la tradition, que Tramoyes eut jadis une certaine importance ; mais quelle était cette importance ? Tout ce que l'on sait, c'est qu'en 836, Louis-le-Débonnaire tint dans son palatium de Tramoyes une assemblée générale de ses états. Il ne reste pas trace aujourd'hui de ce palatium carlovingien. Les ruines de forme octogonale qu'on voit au milieu d'un étang remontent tout au plus au XIVe siècle.

Hameaux : Les Echets, célèbre par son marais qui était jadis un lac très poissonneux ; on en extrait aujourd'hui de la tourbe ; il y avait autrefois un haras.

Canton de Chalamont

Le canton de Chalamont forme un quadrilatère d'environ 18 kilomètres de diagonale. Il est confiné par la rive droite de l'Ain, du bief de Fougères, entre Priay et Villette, au bief de Janet, entre Châtillon-la-Palud et Mollon.

Les points les plus bas de ce canton sont donc sur la rivière d'Ain, qui est à 230 mètres d'altitude à Priay et à 217 à Mollon. Le terrain s'élève rapidement au-dessus de la plaine de la rivière, et par une côte rapide, on arrive à 301 mètres d'altitude à Sur-Côte, au-dessus de Villette, et à 324 mètres, au-dessus de Gévrieux, ayant monté de cent mètres, à moins d'un kilomètre de distance horizontale de la rivière d'Ain.

Le plateau se maintient ensuite à une altitude moyenne de 300 mètres, dominé par quelques petits mamelons, tels que ceux de Crans, 325 mètres ; Chalamont, 339 mètres ; le Molard, à l'ouest de Châtillon-la-Palud, 329 mètres.

De cette partie haute du plateau, descendent au nord-est les eaux qui, par le bief de Fougères, vont rejoindre la rivière d'Ain. Les eaux du grand étang de Chassagne, qui a 75 hectares et qui est à 305 mètres d'altitude, vont par le ruisseau de Chassagne et la Toison, tomber au sud du canton.

A l'est de Chassagne, se trouvent des étangs,

jusqu'à 320 mètres d'altitude, qui, par le bief Brunet, versent leurs eaux à la Veyle. Un peu plus loin, à l'ouest, sur la limite de Châtenay et de Chalamont, entre Montbernon et Le Geai, se trouvent, jusqu'à 299 mètres d'altitude, des étangs qui versent leurs eaux au Vieux-Jonc, affluent de l'Irance et par conséquent de la Veyle. Un peu plus au sud, l'étang Chapelier, 283 mètres d'altitude, est l'origine du Renon, autre affluent de la rive gauche de la Veyle. Non loin de là, de l'étang des Lavandières, part le ruisseau des Lavandières ou Longevent qui, passant entre Meximieux et Pérouges, descend dans la plaine caillouteuse de La Valbonne, où il se perd à la Rouge.

La Chalaronne sort du même plateau, à 284 mètres d'altitude, au Grand-Birieux. On voit qu'auprès de ce monticule de 339 mètres d'altitude qui domine Chalamont, se trouve le point de partage des eaux qui vont à la Saône par Pont-de-Veyle et Thoissey, et de celles qui vont à l'Ain de Priay à Meximieux. De ce monticule, la plaine s'abaisse lentement vers la région des grands étangs qui sont, sur le canton de Villars, à une altitude de 275 à 285 mètres ; mais elle s'abaisse très rapidement au sud pour former la Côtière de l'Ain, comme nous l'avons déjà dit.

La partie supérieure du plateau est formée de terrain glaciaire, plus ou moins remanié. Les pentes, du côté de l'Ain, sont en grande partie formées d'éboulis, recouvrant le terrain tertiaire qui lui-même est formé de molasses ou de tuf.

Le canton de Chalamont, qui comprenait 13 communes en 1808, n'en comprend plus aujourd'hui que 8, 4 de ces communes en ont été détachées et font aujourd'hui partie du canton de Villars; la commune de Ronzuel a été rattachée à celle de Chalamont.

Les 8 communes actuelles du canton de Chalamont avaient ensemble, en 1808, une population de 4.302 habitants; leur territoire étant de 15.758 hectares, elles avaient en moyenne 27 habitants par kilomètre carré. En 1851, ces communes avaient 5.454 habitants, soit 34 par kilomètre carré; en 1886, elles ont 5.639 habitants, soit 36 par kilomètre carré.

Voici le tableau de la population des communes du canton, à 4 époques : en

	1808	1851	1866	1886
	—	—	—	—
Chalamont...........	1.080	1.824	1.810	1.888
Chatenay	387	420	435	463
Châtillon-la-Palud....	675	870	797	689
Crans	282	262	229	275
Saint-Nizier-le-Désert.	514	532	628	658
Le Plantay...........	386	440	560	556
Versailleux...........	332	405	435	441
Villette	646	701	677	669
TOTAUX........	4.302	5.454	5.571	5.639

Sur le canton de Chalamont passe, le long de la rivière d'Ain, la route nationale n° 84 de Lyon à Genève. De Chalamont, des chemins de grande communication partent dans huit directions ; presque tous les villages sont traversés par un ou plusieurs chemins de cette catégorie. L'ancienne route royale de Bourg à Lyon par Lent et Chalamont, qui n'est plus qu'un chemin de grande communication, a été déclassée quand on a classé comme route royale en 1841 la route de Bourg à Lyon par Villars.

Le canton de Chalamont n'est pas traversé par le chemin de fer ; il est placé entre les gares de Pont-d'Ain, Meximieux, St-Paul-de-Varax, Marlieux et Villars.

Un seul pont, celui de Gévrieux, commune de Châtillon-la-Palud, fait communiquer le canton de Chalamont avec la rive gauche de l'Ain ; mais le pont de Priay est à la limite du canton et facilite ses communications.

Il n'y a dans le canton qu'un bureau de poste à Chalamont, mais deux des communes, Le Plantay et Versailleux, sont desservies par les bureaux des cantons voisins.

CHALAMONT à 35 kilomètres de Trévoux, à 25 de Bourg.

La commune de Chalamont a 3.262 hectares de superficie ; ils sont occupés par des bois, des terres cultivées en blé, orge, avoine, des étangs ; celui de Chassagne a 75 hectares.

La commune qui n'avait en 1808 que 1.080 habitants, en a aujourd'hui 1.888 ; mais, comme on l'a vu plus haut, elle doit en partie cette augmentation au rattachement de la commune de Ronzuel qui, en 1802 comptait 126 habitants.

Le bourg de Chalamont est une des plus anciennes villes de Dombes ; il était entouré de murailles et défendu par un château-fort bâti sur une poype voisine. En 1395, le marquis de Treffort, à la tête de 2.500 hommes, détruisit le château, renversa les murs, incendia les maisons.

Aujourd'hui, Chalamont n'a plus de murailles ; placé loin des grandes routes, loin des chemins de fer, il est assez tranquille ; pourtant, il s'y tient chaque année des courses pour encourager l'élevage des chevaux. Dans le même but, l'Etat a placé là un dépôt des étalons des haras de Cluny.

Il s'y tient annuellement neuf foires, et tous les lundis il y a marché. Deux courriers le relient aux gares de Meximieux et de Villars. La commune possède une compagnie de sapeurs-pompiers, une société de secours mutuels ; son revenu est de 5.235 fr., elle paye 137 centimes en valeur de 110 francs 25 l'un.

L'église était autrefois placée entre la ville et le château ; mais en 1629, on en a construit une à l'intérieur du bourg. Elle n'a, ainsi que l'hôpital, fondé en 1703, rien de remarquable.

Parmi les possesseurs de la chatellenie de Chalamont, on peut citer Louis de Bourbon auquel elle fut confisquée par François 1er, qui la donna à un des gentilshommes de sa Chambre, lequel la vendit aux Gorrevod.

CHATENAY à 5 kilomètres de Chalamont, 40 de Trévoux et 20 de Bourg.

Cette commune est située sur le plateau ; elle est arrosée par la Veyle et le Vieux-Jonc qui y prennent leur source ; la Veyle a la sienne au hameau de Biard. Sur ses 1,495 hectares de superficie, une bonne partie est en bois et étangs ; le reste est cultivé en blé, orge, avoine.

Chatenay compte 463 habitants formant 102 ménages, a un revenu de 213 francs, paye 169 centimes en valeur de 20 francs 05 l'un.

C'est sur cette commune que se trouvait l'importante Commanderie des Feuillets qui appartenait aux Chevaliers de Saint-Jean de Jérusalem. Au hameau de Biard, existe un château qui fut ruiné, en 1378, par Amé le Rouge, comte de Savoie.

CHATILLON-LA-PALUD, à 8 kilomètres de Chalamont, 43 de Trévoux, et 30 de Bourg.

Sur la Côtière ; le bourg est au sommet de la côte, mais plusieurs hameaux sont en bas sur la rivière d'Ain, entre autres Bublane et Gévrieux qui à eux deux comprennent plus de la moitié de la population totale de la commune, 446 sur 709. La superficie de la commune est de 1.401 hectares couverts de bois sur le plateau, de vignes autrefois très productives sur le coteau. Dans la plaine, vers Bublane, il y a d'excellentes terres à blé.

La population, de 709 habitants, forme 233 ménages ; ils payent 106 centimes en valeur de 44 fr. 33 l'un. Le revenu de la commune est de 1,480 francs.

Le hameau de Bublane forme une paroisse. L'église est toute petite et n'a rien de remarquable.

Du château de Châtillon-la-Palud, qui fut démantelé lors de la conquête de la Bresse par Henri IV, il ne reste plus qu'une petite partie.

Crans, à 6 kilomètres de Chalamont, 41 de Trévoux et 31 de Bourg.

C'est la plus petite commune du canton ; c'est aussi celle qui a la population spécifique la moindre, 20 habitants par kilomètre carré. Les 1,321 hectares de superficie de la commune sont couverts en grande partie de bois. Il y a autour du village quelques terres cultivées en blé. Il s'y tient deux fois par an les foires fréquentées par les cultivateurs du canton.

Les 275 habitants de la commune sont répartis en 67 ménages ; ils payent 279 centimes en valeur de 15 fr. 39 l'un. Il n'y a que 69 francs de revenu. Il y a une société de secours mutuels.

Il y avait avant la Révolution, une très importante abbaye d'hommes de l'ordre de Citeaux, au hameau de Chassagne. Etienne II, sire de Villars, avait légué, en 1145, de grands biens pour sa fondation, qui n'eut lieu qu'en 1163, à Aynard, abbé de Saint-Sulpice-en-Bugey. Auprès de l'abbaye était une chapelle, dédiée à sainte Catherine, et qui était un lieu de pèlerinage fréquenté. L'abbaye et la chapelle sont complètement ruinées.

Le Plantay, à 7 kilomètres de Chalamont, 27 de Trévoux et 21 de Bourg.

Cette commune est située sur le plateau vers la région des grands étangs. Ses 2,028 hectares de superficie sont couverts en grande partie en bois et en étangs ; ses 556 habitants forment 105 ménages et payent 171 centimes en valeur de 34 francs 86 l'un. Le revenu est de 190 francs.

En 1863, fut fondée au Plantay une Trappe, Notre-Dame-des-Dombes. Cette abbaye, aidée par Napoléon III, prit une large part aux dessèchements qui ont eu lieu dans ses environs, avant la loi sur la licitation des étangs et la création de la compagnie des Dombes.

Du château-fort du Plantay, il ne reste plus qu'une tour entourée de ruines.

Saint-Nizier-le-Désert, à 7 kilomètres de Chalamont, 34 de Trévoux et 19 de Bourg.

Saint-Nizier est situé sur le plateau et comprend 2.496 hectares de superficie qui se partagent en terres, bois et étangs. De grandes étendues de terres sont cultivées en blé. Il y a quelques années, les habitants ne suffisaient pas à la récolte. On voyait alors arriver à Saint-Nizier, comme d'ailleurs dans toute la Dombes, des moissonneurs de la Bresse. La récolte faite, ces moissonneurs rentraient chez eux, où ils arrivaient assez tôt pour faire encore la moisson.

Le revenu de la commune est de 324 francs ; on y paye 235 centimes, en valeur de 33 fr. 63 l'un.

Hameaux : Les Mouches, les Grumardières, la Veyse.

Le château de la Veyse fut incendié en 1595, par Biron ; il appartenait à l'hôpital de Bourg.

Versailleux, à 6 kilomètres de Chalamont, 28 de Trévoux et 30 de Bourg.

Située sur le plateau, elle a 1.913 hectares de superficie, comprenant des terres à blé, des bois et des étangs. Les domaines que M. de Monicault, président du Comice agricole de Trévoux, y possède, et particulièrement le domaine qu'il fait valoir lui-même, ont été beaucoup améliorés; des pâturages, pour l'engraissement du bétail et pour la production du lait, y ont été créés, des cultures de maïs-fourrage, que l'on ensile pour le conserver, y ont été pratiquées en grand. Des essais d'engrais chimiques, de phosphates ont donné de très bons résultats. Des machines suppléent dans ces domaines à l'insuffisance des bras, aux moments des grands travaux.

C'est certainement dans les domaines de M. de Monicault que l'on peut le mieux étudier les améliorations dont le pays d'étangs est susceptible.

La population de Versailleux forme 92 ménages, elle paye 149 centimes, en valeur de 25 fr.66 l'un. Le revenu de la commune est de 510 francs.

La tour du château de Versailleux, dont la partie supérieure a été démolie, est complètement cachée dans des constructions modernes.

VILLETTE, à 8 kilomètres de Chalamont, 43 de Trévoux, 29 de Bourg.

Cette commune est sur la Côtière ; elle comprend 1.842 hectares de superficie. Ces terres sont cultivées en blé dans la partie plane, entre la route et la rivière d'Ain ; sur le coteau, il y avait autrefois d'excellentes vignes que le phylloxéra a détruites et que les habitants commencent à replanter.

La population est de 659 habitants, formant 174 ménages. Le revenu de la commune est de 263 francs ; on y paye 152 centimes en valeur de 37 fr. 63 l'un.

Les habitations sont partagées en deux groupes importants : Villette d'en haut, sur la Côtière ; Villette d'en bas, sur la route.

Les hameaux sont : Mas-Moiroux, la Moutonnière, Béligneux, Guillots, Tour-de-la-Palud, château de Richemont.

Ce magnifique château, construit en briques, avait été fort endommagé, en 1595, par les troupes de Biron ; restauré par les soins de Mme de Belvey, il est un des plus beaux de la Bresse. On aperçoit de loin sa masse carrée formée de quatre hautes tours aux angles et de gros murs les reliant.

Canton de Châtillon-sur-Chalaronne

Le canton de Châtillon-sur-Chalaronne est situé partie en Bresse, partie en Dombes. La ligne de séparation, Druillat, Montracol, Neuville, Saint-Didier, qui a été fixée dans la première partie de la Géographie, laisse huit des communes du canton au nord, c'est-à-dire en Bresse.

C'est le canton le plus étendu de l'arrondissement, il a 25.658 hectares de superficie ; pour la population, le canton de Trévoux seul le dépasse et de 1.300 habitants seulement. En 1802, le canton de Châtillon était habité par 11.680 personnes et au recensement de 1880 par 15.158. C'est une augmentation de 3.478, bien qu'on en ait détaché, depuis, la commune de Montcey de 414 habitants.

Il est arrosé par les eaux de nombreux étangs, puis par la *Chalaronne* qui trace dans le sud du canton une vallée profonde ; par la *Veyle* qui coupe de l'est à l'ouest la partie nord du canton ; elle coule dans la région la plus basse, la plus fertile et fait mouvoir de nombreux moulins ; par le *Vieux-Jonc* et son affluent l'*Irance* ; par le *Renom*, profondément encaissé et qui va du sud-est au nord-ouest ; par la *Petite-Veyle*. Dans la vallée de la Veyle, les prairies sont nombreuses ; le sol divisé, est cultivé par les propriétaires ; plus au sud, tout le long du Renom, le sol est en entier possédé par quelques grands propriétaires ; les vastes domaines, les grosses fermes apparaissent.

Les richesses du canton consistent dans la pêche et la chasse sur les étangs ; dans la culture des céréales, de la vigne sur quelques points bien exposés, sur le côteau de Châtillon à l'Abergement par exemple ; dans l'exploitation des bois et l'élevage des bestiaux.

La ligne de chemin de fer de Bourg à Mâcon a dans le canton deux gares importantes : à Mézériat et à Vonnas. Le canton est en plus pénétré au sud par le chemin de fer à voie étroite de Marlieux à Châtillon. Mais ce chemin de fer a eu peu d'influence sur le commerce du canton. Son peu de longueur, le peu d'importance relative de Châtillon, la nécessité des transbordements, font qu'il ne transporte guère que les voyageurs et les petits colis.

Il y a quatre bureaux de poste dans le canton : Châtillon, Mézériat, Neuville et Vonnas. Une des communes, Saint-André-le-Bouchoux, est desservie par le bureau d'un canton voisin.

Chatillon-sur-Chalaronne ou Chatillon-lès-Dombes, à 26 kilomètres de Trévoux et 24 de Bourg. C'est le plus important des chefs-lieux de canton de l'arrondissement de Trévoux, tant par sa population que par son importance commerciale.

En 1802, la superficie de la commune était de 3.536 hectares, dont 133 d'étangs, et sa population de 3.436 personnes. Depuis on a détaché tout ou partie des communes de l'Abergement, Sulignat, Romans, si bien que la superficie de la commune se trouve réduite à 1.792 hectares et la population à 2.890 habitants divisés en 957 ménages.

Les hameaux sont : Fleurieux, les Maladières, Buénans, Montaplan, Côte-Buélard.

Son importance commerciale, Châtillon, la doit peut-être au caractère de ses habitants que les Juifs qui ont habité là jusqu'en 1429 auraient adonnés au commerce ; mais il la doit surtout à sa position centrale dans les Dombes, au croisement de plusieurs routes.

De Châtillon, en effet, partent des chemins pour Trévoux, Marlieux, Bourg, Vonnas et la Bresse ; trois autres s'en vont vers la Saône par Pont-de-Veyle, Thoissey et Montmerle. Aussi ses 15 foires annuelles et ses marchés hebdomadaires du samedi sont-ils très fréquentés.

La seule industrie très spéciale qu'on trouve là est celle de ces petits bonbons au safran connus sous le nom de pains de Châtillon. La recette de ces pains a été, parait-il, donnée aux confiseurs châtillonais par les Ursulines qui y avaient fondé un monastère en 1639.

La commune a un octroi ; son revenu est de 18.649 fr. ; elle paye 51 centimes en valeur de 163 fr. 63 l'un.

L'ancienne ville était construite entre la Chalaronne et la route de Bourg à Trévoux ; c'est ce qui forme le centre du Châtillon actuel. On y trouve des rues étroites, pavées de gros cailloux ronds, des maisons dont les étages supérieurs surplombent la rue, des Halles qui mesurent 80 mètres de long sur 20 mètres de large et 10 de haut ; une petite halle aux grains adossée à la précédente, et enfin l'église qui est très ancienne et construite en grande partie avec de grosses briques, comme d'ailleurs beaucoup des maisons anciennes de ces pays où la pierre est rare. Les Halles qui avaient été détruites par un incendie, furent reconstruites vers 1672, sous la direction de Ph. Collet. Parmi les restes de l'ancienne ville il faut de plus citer la porte de Villars, qui est encore intacte ; l'Hôpital à la porte duquel se trouve la statue de Saint-Vincent-de-Paul, qui fut curé de Châtillon vers 1617 ; l'ancien collège dans lequel on a installé aujourd'hui la Mairie, la bibliothèque populaire, la prison, le magasin des pompes ; quelques pans de murs en briques, sur la rive gauche de la Chalaronne, au sommet d'un monticule, sont tout ce qui reste de l'ancien château-fort. L'hôpital possède un tableau de grande valeur artistique ; c'est une Descente de Croix que M. Aug. Perrodin, un peintre un peu châtillonnais aussi, croit pouvoir attribuer à Albert Dürer.

Les constructions nouvelles se sont élevées au nord et à l'est de l'ancienne ville. On y remarque plusieurs hôtels de belle apparence, un magnifique groupe scolaire pour école primaire et école supérieure ; enfin la gare avec les constructions avoisinantes. On y trouve aussi plusieurs promenades bien ombragées.

Il y a à Châtillon une compagnie de pompiers, et de nombreuses sociétés : une société de secours mutuels ; une société de Tir ; deux sociétés musicales dont une de trompes ; une société pour l'étude de la sténographie. On y trouve une bibliothèque ouverte tous les dimanches, et contenant plus de mille volumes.

Au nord, sur la route de Bourg, se trouve un hippodrome de 1.500 mètres de tour, où ont lieu chaque année, sous les auspices de la Société hippique de l'Ain, dont le siège est à Châtillon, des courses qui attirent pendant deux jours une grande affluence d'étrangers dans la ville.

Châtillon s'honore d'avoir donné le jour à :

Etienne de Châtillon, chartreux de Portes, qui devint évêque de Die en 1202 ; Samuel Guichenon, auteur d'une histoire de Bresse et du Bugey ; Philibert Collet, né en 1643, neveu du précédent. C'était un esprit libre, poète, jurisconsulte et philosophe, qui fut continuellement en lutte soit avec les bourgeois de Châtillon, soit avec leur curé ou avec le Chapitre ; il fit paraître plusieurs traités sur les dîmes, sur l'excommunication qui l'avait frappé, sur les cloîtres, etc... ; Commerson, voyageur et naturaliste.

La seigneurie de Châtillon appartenait vers 1272 à Philippe de Bourgogne, qui fit jeter les premiers fondements des fortifications de la ville, lesquelles ne furent achevées qu'en 1321. Châtillon passa ensuite dans la maison de Savoie et arriva aux Montpensier en 1645.

L'Abergement-Clémenciat, à 6 kilomètres de Châtillon, 32 de Trévoux et 25 de Bourg.

Cette commune formée par les anciennes paroisses de l'Abergement et de Clémentia compte 1.561 hectares de superficie ; elle est habitée par 655 personnes formant 166 ménages.

Elle a 1.424 francs de revenu, paye 75 centimes en valeur de 39 fr. 63 ; elle possède une compagnie de pompiers.

L'Abergement fut habité de bonne heure ; quatre poypes qu'on y voit encore tendraient à faire croire que ce fut un lieu de résidence des Gaulois.

On y vient de très loin en voyage pour les enfants qui ne profitent pas. En allant on doit nouer deux à deux six branches de genêt qu'on dénouera en revenant. La chapelle de pèlerinage, dédiée à saint Lazare, était habitée autrefois par des ermites qu'un rapport de l'Archevêque de Lyon a fait supprimer pour cause d'ivrognerie et de scandale.

Les hameaux sont : La Fôle qui possédait un château-fort déjà détruit au XVII° siècle et dont l'emplacement est marquée par une poype : Le Péage, où se trouve une ancienne chapelle qui servait de lieu de refuge aux catholiques pendant que les protestants occupaient l'Abergement — Chamandry — Clémenciat sur la route de Châtillon à Thoissey, Pichad, Vieux-Bourg.

Biziat, à 12 kilomètres de Châtillon, 38 de Trévoux et 28 de Bourg.

Biziat compte 1,140 hectares de superficie pour une population de 867 habitants partagés en 238 ménages. La population était de 993 habitants en 1802. C'est la seule commune du canton dont la population ait diminué.

La commune a un revenu de 3,023 francs ; elle paye 55 centimes, en valeur de 59 fr. 09 l'un ; elle a une compagnie de pompiers.

On a trouvé dans différents hameaux de Biziat des objets qui prouvent que le lieu a été habité très anciennement ; à Bey, on a trouvé deux meules de moulin antique, des tuiles, des poteries romaines et un tronçon de voie formée par une épaisse couche de cailloux de cinq mètres de largeur, se dirigeant de Biziat sur Vonnas. A Rétissinge, on a trouvé plusieurs haches en pierre.

Les autres hameaux sont : Dégletagne, où est né Michel Dégletagne, recteur de l'Université de Turin, Sénateur de Savoie ; Moussière avec un château dans une jolie position ; Chanal, La Route, Les Sèves.

Chanoz-Chatenay, à 9 kilomètres de Châtillon, 35 de Trévoux et 17 de Bourg.

Sur ses 1.312 hectares de superficie cette commune en comptait 98 en étangs vers 1856 ; sa population était de 318 personnes en 1802, de 724 en 1856 et en 1886 de 831 formant 238 ménages.

La commune jouit d'un revenu de 207 francs, elle paye 132 centimes en valeur de 31 fr. 48 l'un.

La commune fut ravagée en 1376 par les troupes du sire de Beaujeu qui pillèrent complètement l'église.

Les hameaux sont : Chatenay qui a 59 habitants, Biol Bois-Bouquin, Les Brosses, Corbuchin, Corrober[illegible] s Cuzenard, Gletagne, Les Rollands, Village d'Avard.

Chaveyriat, à 15 kilomètres de Châtillon, 41 de Trévoux et 15 de Bourg.

Cette commune de 1,686 hectares est arrosée par le Renom. Son revenu est de 1.133 francs; elle paye 142 centimes en valeur de 39 fr. 72 l'un.

En 1802, la population de Chaveyriat était de 841 individus, en 1886 elle est de 1.066, partagés en 280 ménages. Il y a dans la commune une société de secours mutuels et une compagnie de sapeurs-pompiers.

Son château est complètement détruit; il fut assiégé en 1376 par les troupes du sire de Beaujeu, qui saccagèrent le village, pillèrent le prieuré et emmenèrent plus de 200 prisonniers.

Les hameaux sont: Brosse, où existe encore une maison forte en bois, remontant au XVIe siècle; Les Bassettes, Duysiat, Esguérande, Les Picolets, Tournoux.

Condeissiat, à 14 kilomètres de Châtillon, 40 de Trévoux et 11 de Bourg.

Commune de 2.163 hectares de superficie et qui en comptait 404 en étangs vers 18 6. La population de 474 âmes en 1802, de 611 en 1856, est de 833 en 1886; elle forme 213 ménages.

Le revenu de la commune est de 192 francs; il y a 114 centimes en valeur de 31 fr. 80 l'un.

Il y a à Condeissiat une compagnie de pompiers; il s'y tient tous les mardis un marché.

Parmi les hameaux, le plus important est Hauvet, dont le château-fort fut démantelé par Biron.

Neuville-sur-Renom ou Neuville-les-Dames, à 6 kilomètres de Châtillon, 32 de Trévoux et 18 de Bourg.

Grosse commune de 2.630 hectares de superficie dont 142 en étangs. Le bourg est situé sur la rive droite du Renom, sur la route de Bourg à Trévoux.

Neuville comptait 1.160 habitants en 1802; il y en avait 1.450 en 1856 et 1.656 en 1886. Ils forment 481 ménages. On y trouve une société de secours mutuels, une chorale et une compagnie de sapeurs-pompiers. La commune a un revenu de 1.087 francs ; elle paye 92 centimes en valeur de 73 fr. 93 l'un.

Il s'y tient annuellement 6 foires assez importantes ; tous les vendredis il y a marché.

L'église très ancienne, va être remplacée par une nouvelle dont la construction est déjà commencée. Cette église, grâce aux dons de quelques propriétaires de la commune, sera une des plus belles du département et probablement la seule ayant une chapelle en sous-sol.

Neuville possédait autrefois un prieuré dont on ignore la date de fondation ; le prieur reçut en 1118 le droit de haute, moyenne et basse justice, avec le droit d'appliquer le dernier supplice ; en 1138, vingt ans après, ce droit lui fut retiré pour en avoir abusé.

Avant la Révolution, il y avait à Neuville un Chapitre de Dames nobles, auxquelles Louis XV avait donné le titre de comtesses. Il fallait pour y entrer prouver 9 degrés de noblesse. La supérieure, seule, faisait vœu de chasteté, de stabilité et d'obéissance, il ne faut donc pas s'étonner si les mœurs étaient là plus ou moins relachées. Chaque chanoinesse avait son logement séparé ; beaucoup de ces maisons subsistent ; toutes sont construites sur le même plan ; on trouve à l'intérieur leurs anciennes boiseries, quelques-unes ont encore leur écusson sur la porte.

Les principaux hameaux sont : Charmont, La Chassagne, Croix-de-Pierre, Les Gouttes, Montbiez, Poignat, Solliard.

MÉZÉRIAT, à 18 kilomètres de Châtillon, 44 de Trévoux et 19 de Bourg.

Cette commune, arrosée par la Veyle, a 1.917 hectares de superficie, elle était habitée en 1802 par 1.093 personnes ; aujourd'hui elle en compte 1.425 formant 401 ménages. Le bourg, très gai, est bâti entre la Veyle et la ligne du chemin de fer : il est mentionné dès le Xe siècle. Du château-fort et de la poype il ne reste aucune trace.

La commune a un revenu de 1.004 francs ; elle paye 118 centimes en valeur de 80 fr. 78 l'un ; elle a une société de secours mutuels et une compagnie de sapeurs-pompiers. Il s'y tient un marché tous les vendredis et une foire tous les premiers lundis du mois, excepté en janvier.

Les hameaux sont : Montfalcau qui compte 226 habitants et était autrefois paroisse avec château et église dont il ne reste plus de vestiges ; Bayar.., Curtalins, Le Fay, Les Genevons, Nallin, Vaudreuans.

Romans, à 6 kilomètres de Châtillon, 32 de Trévoux et 23 de Bourg.

D'une superficie de 2.232 hectares, la commune en comptait en 1822 plus de 200 couverts d'étangs ; en 1856 il n'en restait plus que 31 hectares. La commune est arrosée par le Renom qui y trace une vallée étroite et profonde ; la rive droite surtout se relève rapidement. C'est au sommet de la côte que se trouve le bourg.

Romans compte 598 habitants divisés en 123 ménages ; il y avait seulement 225 personnes en 1802. Avec un revenu de 189 francs, la commune paye 204 centimes en valeur de 26 francs 12 l'un.

La terre de Romans fut érigée en comté par Louis XV en faveur d'un Ferrari, originaire de Genève et qui s'était distingué en Italie dans plusieurs combats et au siège de Coni. La famille des Romans-Ferrari possède encore le château bien conservé et remarquable par son antiquité. Il fut incendié en 1400 par les troupes du duc de Bourbon.

Les hameaux sont : Chanterelle, Clerdan, Vaccon. Sur la route de Châtillon à Romans se trouve le bois de Saint-Guignefort, lieu de pèlerinage fréquenté par les jeunes femmes qui ont des enfants ou des maris débiles. Le saint, au nom significatif, donne aux uns et aux autres force et vigueur.

Saint-André-le-Bouchoux, à 10 kilomètres de Châtillon, 36 de Trévoux et 19 de Bourg.

Cette commune dont la superficie n'est que de 928 hectares, en compte 259 en étangs ; elle est en outre arrosée par le Vieux-Jonc.

La population qui était de 171 individus en 1802 s'est élevée à 2[illegible]5 en 1856 et en 1886 à 228 formant 53 ménages.

La commune a un revenu de 46 francs, elle paye 191 centimes en valeur de 10 francs 96 l'an.

Saint-Georges-sur-Renom, à 7 kilomètres de Châtillon, 33 de Trévoux, 24 de Bourg.

C'est la plus petite commune du canton pour la superficie et la population. Elle compte 210 habitants formant 57 ménages sur une surface de 565 hectares. En 1802, elle comptait seulement 141 habitants et la statistique la donne comme pays malsain. Elle avait alors 31 hectares d'étangs. En 1856, il n'y en avait plus que 11 hectares.

Son revenu est de 126 francs ; elle paye 367 centimes en valeur de 6 francs 99 l'un. Au XVe siècle, le jour de la fête patronale, il s'y tenait une foire. Aujourd'hui il y a marché le vendredi.

Les hameaux sont : Montessuy— Le Plâtre. C'est sur cette commune que se trouve le bois de Tanay dans lequel Mlle de Montpensier avait permis aux Châtillonais de prendre le bois nécessaire à la construction de leurs Halles.

Saint-Julien-sur-Veyle, à 10 kilomètres de Châtillon, 36 de Trévoux et 26 de Bourg.

Cette commune de 983 hectares est arrosée par la Petite-Veyle et par les eaux de quelques étangs ; elle compte 686 habitants, 36 de plus qu'en 1802. Elle a un revenu de 1.012 francs ; elle paye 81 centimes en valeur de 37 francs 51 l'un.

Elle possède une compagnie de sapeurs-pompiers.

Les principaux hameaux sont : Les Désirs, Les Guillaumes, Rivoire, Roussettes, Saint-Jean-Bichard, Les Villiers.

Sandrans, à 7 kilomètres de Châtillon, 26 de Trévoux et 29 de Bourg.

C'est la seule commune au sud de Châtillon ; elle est couverte d'étangs, 588 hectares sur 2.916 de superficie totale.

En 1802 elle comptait 561 individus ; en 1856 il y en avait 631 et en 1886 seulement 613 formant 130 ménages. Il y a une compagnie de pompiers.

Au milieu du village, on aperçoit sur une poype, l'ancien château-fort qui est bien conservé ; les fossés n'ont pas encore été comblés !

La commune a un revenu de 301 francs et paye 141 centimes de 11 francs 09. Il s'y tient un marché tous les jeudis.

Les principaux hameaux sont : Le Bessay qui possède un château-fort rebâti au XVIIe siècle ; Les Cadolles — Les Cornes, Les Garignons, Léchère, Malivert, Richemont.

Sulignat, à 7 kilomètres de Châtillon, 33 de Trévoux et 23 de Bourg.

Le bourg de cette commune qui n'était en 1802 qu'un hameau de Châtillon est situé au sommet d'une montée longue et rapide de la route de Châtillon à Pont-de-Veyle. La commune a 1.080 hectares de superficie, compte 601 habitants divisés en 171 ménages. Son revenu est de 1.243 francs, elle paye 71 centimes en valeur de 22 francs 70 l'un.

Les principaux hameaux sont : Longes, Les Cruets, Le Mont, Mont-Joly. C'est au hameau de Longes que se trouve le château de Longes ou de la Bévière, du nom de la famille qui l'habite. Ce château que les La Bévière ont acheté en 1762 pour 122.000 livres avait été restauré en 1671 ; Mansard aurait, parait-il, refait sa toiture pendant que Le Nôtre dessinait son jardin et ses avenues.

VANDEINS, à 18 kilomètres de Châtillon, 44 de Trévoux et 13 de Bourg.

Cette commune de 941 hectares de superficie, comptait en 1802 une population de 432 habitants ; elle en a aujourd'hui 513 formant 138 ménages. Elle est arrosée par le Vieux-Jonc et les eaux de quelques étangs. Son revenu est de 437 francs ; elle paye 90 centimes de 28 francs 01 chacun.

L'église de Vandeins date du XIIIe siècle, la porte principale est surmontée de sculptures très intéressantes et d'inscriptions les expliquant.

Les hameaux sont : Chandée, Grand-chemin, Peloux. A Chandée on trouve encore des vestiges d'un château construit en 1270 et qui était un des mieux fortifiés de la région.

VONNAS, à 13 kilomètres de Châtillon, 39 de Trévoux et 24 de Bourg.

Vonnas est une grande commune dont le bourg est situé au confluent du Renom et de la Veyle. Cette position en a fait dès la plus haute antiquité un centre de population ; les premiers hommes y ont laissé des couteaux en silex, des haches en pierre ; les Romains des médailles ; les Mérovingiens des armes.

En 1805, Vonnas comptait 1.053 habitants, elle en a aujourd'hui 1,524 partagés en 450 ménages.

La gare est à 3 ou 400 mètres du village. On a construit dernièrement au milieu du bourg, un joli groupe pour Mairie, maison d'école ; une église nouvelle à la place de l'ancienne dont on a fait un magasin communal pour les pompes à incendie.

La commune a des marchés hebdomadaires, des foires mensuelles très fréquentés ; elle possède une petite halle aux grains et plusieurs moulins très importants. On y trouve une compagnie de sapeurs-pompiers et une société de secours mutuels. Le revenu de la commune est de 3.936 francs ; elle paye 150 centimes en valeur de 89 francs 02 l'un.

Les principaux hameaux sont : Béost avec son château et sa belle forêt de chênes, Champagne, sur l'emplacement duquel aurait existé autrefois une ville appelée Cateline ; Sachins. De la poype et du château des Sachins il ne reste plus de trace que le nom de « terre de la poype » donné au lieu où s'élevait la demeure d'une des plus importantes familles de Bresse ; Namary ou plutôt aujourd'hui Crollet. Ce hameau possède deux lieux de pèlerinage fréquentés : dans l'un, l'on invoque saint Pissereux pour les maladies des voies urinaires ; dans l'autre saint Clément (calmant) pour les douleurs des nourrissons.

Les autres hameaux sont : Féliciat, Les Ballufiers, Bézemême, Chassin, Curville, La Garde, Laval, Luponnas, ancienne paroisse, et Marmont.

Canton de Meximieux

Le canton de Meximieux est situé au sommet de l'angle formé par l'Ain à son confluent avec le Rhône. On peut le partager en trois parties différentes d'altitude et de productions.

D'abord, le long de la rivière d'Ain une lande de terrains bas et sablonneux : c'est l'extrémité de la Valbonne, cette plaine caillouteuse, aride et brûlante qu'on retrouvera encore dans le canton de Montluel. Vers les bords de l'Ain, la plaine se relève un peu pour faire place aux communes de Mollon, de Charnoz à 247 mètres d'altitude, de Saint-Jean-de-Niost à 234 ; de Saint-Maurice-de-Gourdans à 243. Plus à l'ouest, s'étend sur une longueur de plus de 10 kilomètres et à une altitude moyenne de 213 mètres la Valbonne proprement dite. Cette partie, absolument stérile a été acquise par l'Etat qui y fait exécuter des exercices de tir à la garnison de Lyon. En la traversant de Meximieux au Pollet, hameau de Saint-Maurice, on y voit une ou deux fermes et de grands troupeaux de moutons ; on évalue à environ six mille le nombre de ces animaux qui paissent dans la Valbonne. On aperçoit aussi de temps en temps les débris de constructions en terre qui servaient autrefois de but à l'artillerie. Aujourd'hui, les communes de Saint-Maurice, de Saint-Jean ont demandé et obtenu la suppression du tir au canon. On trouve dans cette partie 43 habitants par kilomètre carré.

Plus au nord se trouve une deuxième partie plus élevée que la précédente ; on est ici à une altitude moyenne de 300 mètres, sur le plateau des Dombes. Le terrain est boisé, occupé par des étangs. Dans les cinq communes qu'on trouve sur cette portion du canton il y avait 1.049 hectares d'étangs en 1840. La superficie totale des cinq communes étant de 7.244 hectares, cela donne une proportion de près de 1/7 en étangs. En 1856 il en restait encore 886 hectares.

Ici, la population est peu dense, on n'y compte que 25 habitants par kilomètre carré, tandis que la moyenne du canton est de 50.

Entre ces deux parties se trouve la déclivité connue sous le nom de Côtière et qu'on a déjà rencontrée dans les cantons de Pont-d'Ain et de Chalamont. Seulement dans ces cantons la Côtière est rapprochée de l'Ain ; ici elle s'infléchit vers l'ouest pour aller se ranger parallèlement au Rhône dans le canton de Montluel.

C'est la partie la plus fertile des trois, c'est là que se trouvent les plus riches communes du canton comme on en peut juger par la valeur du centime. On y trouvait, avant l'apparition du phylloxéra, d'excellentes vignes. C'est aussi là que la population est le plus dense : 90 habitants par kilomètre carré.

Au pied de la Côtière on trouve des dépôts considérables de tuf recouverts d'une couche de sable. Ces dépôts de tuf ou tufières sont exploités depuis très longtemps ; on les avait déjà utilisés pour la construction des tours de Miribel, Montluel, Meximieux, qui au Moyen-Age servaient à faire des signaux. D'après Falsan ces dépôts auraient la même origine que ceux de La Burbanche, de la vallée de Saint-Rambert, ces derniers étant seulement plus récents. Ils auraient été déposés là par une rivière qui débouchait du Bugey par la trouée où passe aujourd'hui l'Albarine et dont les eaux étaient chargées de carbonate de chaux enlevé aux roches jurassiques. Le Rhône les aurait ensuite recouverts de sable. Ces dépôts sont intéressants au point de vue géologique. Saporta qui les a étudiés spécialement y a trouvé une flore très abondante qu'on ne rencontre plus aujourd'hui qu'aux Canaries et sur les plus chauds rivages de la Méditerranée.

Le canton de Meximieux est arrosé par quelques petits ruisseaux : la Toison qui sert de déversoir à l'étang de Chassagne et se rend à l'Ain en arrosant Loyes ; le Longevent qui passe entre Saint-Eloy et Rigneux, entre Pérouges et Meximieux, puis se perd dans la Valbonne ; le Cotey qui commence dans un des étangs de Joyeux, arrose Faramans, puis traverse le canton de Montluel pour aller au Rhône.

Le canton d'une superficie totale de 17.639 hectares comprend 13 communes ayant une population de 8.848 habitants ; c'est une population spécifique de 50 habitants par kilomètre carré. En 1802 cette population spécifique n'était que de 42, en 1856 elle était montée à 52, depuis cette époque toutes les communes du canton ont vu leur population diminuer. Il faut excepter Le Montellier qui a augmenté de quelques âmes et Meximieux qui est resté stationnaire.

Les richesses du canton consistent comme on a pu le voir dans les produits du sol, dans l'élevage des troupeaux et l'exploitation des tufières ; il faut y ajouter l'industrie du velours assez prospère dans les communes situées près de la voie ferrée.

Les moyens de communication sont assez nombreux dans le canton : la ligne de Lyon-Genève le traverse et y a une gare à Meximieux ; la gare de la Valbonne est à la limite du canton et dessert le Pollet, Bourg-Saint-Christophe. La gare de Meximieux est reliée par des courriers à Chalamont, à Priay. Ce dernier dessert Loyes et Mollon. Le canton est en plus traversé par la route de Lyon à Genève.

Sur la rivière d'Ain, on trouve le Pont de Chazey, un peu au-dessous de celui du chemin de fer ; il relie Meximieux à Leyment, Lagnieu et le Bugey; plus bas on rencontre le pont de Port-Galland, sur Saint-Maurice, qui relie le sud du canton avec le canton de Lagnieu et avec l'Isère, par le pont de Loyettes. Il y a en plus au confluent de l'Ain un *passeur*, qui met Anthon (Isère) en communication avec Saint-Maurice.

Tout près de la limite nord du canton, le pont de Gévrieux vient encore faciliter les relations avec le Bas-Bugey.

Les treize communes du canton sont toutes desservies par le bureau de poste de Meximieux.

Meximieux, à 35 kilomètres de Trévoux et 35 de Bourg. La ville de Meximieux est située dans une position « agréable et saine », au pied de la Côtière, à quelques kilomètres de la rivière d'Ain, et au point où la route, venant de Lyon, se bifurque pour aller d'une part à Lagnieu, par le pont de

Chazey, et d'autre part, à Pont-d'Ain, par la rive de l'Ain.

On a trouvé à Meximieux des médailles et d'autres antiquités qui montrent que les Gallo-Romains avaient là un établissement; mais il était de peu d'importance encore quand, vers 1070, le possesseur du lieu, Humbert, archevêque de Lyon, fit bâtir un château sur une colline, au nord du bourg. Dès lors, la ville prit plus d'importance, et en 1802 elle comptait 1.805 habitants; elle arrivait à 2.250 en 1856, et depuis la population n'a pas varié.

Au-dessous du château bâti par Humbert on a construit un établissement où on instruit les jeunes gens qui se destinent à l'état ecclésiastique; on le désigne sous le nom de Petit Séminaire de Meximieux. Les autres édifices sont : l'église qui est assez belle, mais n'a rien de remarquable, et au fond de la place Neuve, un joli groupe scolaire tout nouvellement construit. La gare est située au sud du bourg; elle n'a rien de particulier. Meximieux possède en plus un hôpital assez vaste et bien aménagé.

Les 1.373 hectares de superficie de la commune s'étendent sur la Côtière et un peu en plaine. On y trouvait autrefois des vignes d'un bon rapport: le prieur de Meximieux, entre autres redevances, devait à l'abbé d'Ambronay dont il dépendait « quarante setiers de *bon* vin ». Meximieux a 10.470 francs de revenus annuels, dont 5.720 sont fournis par l'octroi. Il y a dans la commune, marché tous les mercredis et samedis, et en plus six foires par an ; on y paye 29 centimes, en valeur de 161 fr. 79 l'un. Le bureau de bienfaisance a 1.140 francs de revenus.

On trouve à Meximieux une Compagnie de sapeurs-pompiers et une Société de secours mutuels.

Meximieux a vu naître :

Antoine Favre, de Vaugelas, Juge-mage de Bresse, puis président du Sénat de Savoie ; il est connu sous le nom de Président Favre pour des ouvrages de droit, entre autres le *Codex Fabrianus* ;

Claude Favre, de Vaugelas, fils du précédent. Il fut nommé membre de l'Académie française, lors de sa fondation, et travailla toute sa vie à épurer la langue ou à des traductions estimées d'auteurs latins.

Les principaux hameaux sont : Vaugelas, fief possession de la famille Favre ; Chavagneux, la Côte.

Des archevêques de Lyon, la terre de Meximieux passa au Sire de Beaujeu qui, en 1309, accorda aux habitants des franchises et des privilèges. Après la bataille de Varey, Meximieux devint la possession des Dauphins du Viennois (qui le gardèrent jusqu'en 1354. Il passa alors au roi de France qui l'inféoda au comte de Savoie.

Bourg-Saint-Christophe, à 3 kilomètres de Meximieux, 36 de Trévoux, 38 de Bourg.

Le village est bâti sur une éminence, il est traversé par la route de Lyon à Genève ; la commune s'étale sur la Côtière, elle comprend 898 hectares, presque tout en bonnes terres et planté en céréales et en vignes. Ces dernières, comme toutes celles de la Côtière, ont eu à souffrir du phylloxera. Le revenu de la commune est de 333 francs ; il s'y tient annuellement trois foires.

Les habitants, au nombre de 661 en 1802, de 795 en 1856, sont maintenant 745 divisés en 248 ménages ; ils payent 69 centimes, en valeur de 35 fr. 72 l'un.

En 1319, une charte de franchise et de liberté fut accordée aux gens de Bourg-Saint-Christophe, par Guichard VIII de Beaujeu, qui voulait construire dans la commune un château-fort. De cette construction, il reste aujourd'hui quelques ruines.

Les hameaux sont : Les Brosses, Marphos, La Ruette.

Charnoz, à 5 kilomètres de Meximieux, 40 de Trévoux et 40 de Bourg.

Ce village est situé tout près de la rivière d'Ain, dans la Valbonne, au milieu de terrains peu fertiles. On y cultive un peu de céréales et on y élève quelques troupeaux. Sur une superficie de 662 hectares, Charnoz compte 261 habitants formant 78 ménages ; en 1802, il y en avait 223 et en 1856, 300.

Le revenu communal est de 1.371 francs ; les habitants payent 34 centimes, en valeur de 13 fr. 79 l'un.

Cette commune existait déjà au treizième siècle ; elle appartenait à cette époque aux seigneurs d'Anthon, de l'autre coté du Rhône.

Il n'y a qu'un hameau : Loyat.

Faramans, à 6 kilomètres de Meximieux, 32 de Trévoux et 36 de Bourg.

Faramans est situé sur le plateau, dans la région boisée qui avoisine la Côtière, il n'y a plus que peu d'étangs ; c'est ce qui fait que la densité de la population, sans arriver à la moyenne du canton, est plus élevée que dans les autres communes situées sur le plateau.

La plupart des 1.122 hectares de superficie de la commune sont couverts de taillis ou cultivés en blé, seigle, pommes de terre. Le revenu communal est de 460 francs. Tous les ans, le lundi après le 1er dimanche d'octobre, il y a foire dans la commune.

En 1802, il y avait 271 habitants ; en 1856, on en comptait 410 et aujourd'hui 401 divisés en 116 ménages. Les centimes sont au nombre de 99, valant 20 fr. 51 l'un.

Les principaux hameaux sont : Le Gailland, Les Gaillanes, La Ternière.

Joyeux, à 11 kilomètres de Meximieux, 29 de Trévoux et 32 de Bourg.

Joyeux se trouve sur le plateau, dans la région des étangs ; c'est la commune du canton qui en a la plus grande surface. En 1856, il y en avait 430 hectares, c'est-à-dire plus du quart de la surface totale. Depuis lors, on en a très peu supprimé. C'est aussi la commune où la population spécifique est la moindre, 18 habitants par kilomètre carré. Elle a 1.659 hectares de superficie ; ce qui n'est pas en étangs ou en bois est cultivé en blé, seigle.

Depuis 1802, la population de la commune a augmenté de 100 habitants ; ils sont aujourd'hui 303 divisés en 51 ménages. C'est encore là que l'on compte le plus de têtes par ménage, probablement parce qu'il y a beaucoup de gros fermiers, peu de petits domaines.

Le revenu communal est de 516 francs ; on y paye 108 centimes, valeur de 26 fr. 07 l'un.

Les principaux hameaux sont : Les Blancs, à 308 mètres d'altitude, un des points les plus élevés du canton ; Brety, Les Bruyères.

Loyes, à 4 kilomètres de Meximieux, 39 de Trévoux et 38 de Bourg.

Cette commune compte 1.015 hectares de superficie étalés le long de la Côtière et un peu dans la plaine ; elle est arrosée par la Toison qui y amène les eaux de Chassagne. Le terrain de la plaine est cultivé en céréales ; le long de la Côtière, on trouve quelques vignes, enfin au sommet commence une forêt qui s'étend sur le plateau jusque dans le canton de Chalamont, vers Crans.

Le bourg, très ancien, est traversé par la route de Lyon à Genève ; on y voit l'ancien château restauré et servant aujourd'hui de résidence d'été à un riche manufacturier lyonnais. Aux XIIe et XIIIe siècles, il y existait une maladrerie. Vers 1474, Yolande de France, duchesse de Savoie, y établit des foires et marchés tous les mercredis. Aujourd'hui, les marchés sont supprimés et il n'y a plus annuellement que quatre foires.

Les habitants étaient au nombre de 970 en 1802 ; en 1856, ils étaient 1.100, et au dernier recensement on n'en comptait plus que 981 formant 311 ménages. Ils ont une compagnie de sapeurs-pompiers. Ils payent 42 centimes, valant 68 fr. 40 l'un. Le revenu communal est de 2.516 francs ; le bureau de bienfaisance a lui-même 5.000 francs de revenu. Comme on le voit, on est là dans une riche commune.

Les principaux hameaux sont : Croisettes, Montoz, Villieux. Ce dernier compte 486 habitants ; il forme une paroisse spéciale et possède une Société de secours mutuels.

Le hameau Port-de-Loyes, sur la rive gauche de l'Ain, et qui appartenait à l'abbaye de Chassagne, fait aujourd'hui partie de Chazey-sur-Ain.

Mollon, à 7 kilomètres de Meximieux, 42 de Trévoux et 35 de Bourg.

Mollon est situé en bas de la Côtière, près de la rivière

d'Ain. Le village est traversé par la grande route de Lyon à Genève par Nantua. La commune a 560 hectares de superficie pour 257 habitants. Depuis 1802, le nombre d'habitants a diminué de 70. Cela tient probablement au peu de fertilité du sol. La partie sud de la commune est formée de terrains rougeâtres, sablonneux ; c'est le commencement de la Valbonne. La partie entre le village et l'Ain est coupée de « lônes » formées par la rivière au moment des grosses eaux. Les terrains environnant le village sont assez fertiles et cultivés en céréales ; on y voit aussi, à côté de jolies maisons bourgeoises, quelques grands jardins bien entretenus et plantés d'arbres fruitiers.

Le revenu de la commune est de 355 francs ; on y paye 80 centimes, en valeur de 20 fr. 68 l'un.

Il n'y a qu'un hameau important : Sablon.

Le Montellier, à 10 kilomètres de Meximieux, 25 de Trévoux et 38 de Bourg.

Cette commune est située sur le plateau, dans la région des étangs, aussi la population spécifique n'est-elle que de 24 habitants par kilomètre carré. Le sol est occupé par des taillis, des céréales et un grand nombre d'étangs qu'on ensemence en blé, seigle, avoine, quand ils sont à sec. Sur les 1.537 hectares de superficie qu'a la commune, il y avait 338 hectares en étangs, vers 1840. En 1856, il en restait encore 244 hectares.

Marguerite d'Autriche avait acheté dans la commune plusieurs étangs pour les Augustins de Brou, il y avait entre autres le Grand étang du Montellier.

Les habitants, au nombre de 367 en 1802, sont maintenant 379 formant 82 ménages ; ils payent 158 centimes, en valeur de 28 fr. 03 l'un. Le revenu communal est de 226 francs.

Le château du Montellier a été rebâti au XIVe siècle ; la plus grande partie subsiste encore. Son donjon, un des points les plus élevés des Dombes, a servi aux opérations géodésiques dans le département. Le propriétaire du château, possesseur d'un vaste domaine est un de ceux qui ont le plus fait pour l'amélioration de la culture dans les Dombes.

Les hameaux sont : Le Château, La Forêt, Machard, Le Poulet, Romagne, Le Sayot.

PÉROUGES, à 1 kilomètre de Meximieux, 34 de Trévoux et 36 de Bourg.

En sortant de Meximieux par la route qui mène à Lyon, à droite, sur une éminence, on aperçoit un fort groupe de maisons d'un aspect tout particulier : c'est Pérouges, la seule ville du département qui conserve encore aujourd'hui sa physionomie du Moyen-Age. Les remparts sont intacts ; au centre du village, une petite place, avec le puits communal ; les rues qui y amènent du chemin de ronde sont étroites, sans trottoirs, creusées au milieu pour l'écoulement des eaux ; les maisons aux fenêtres étroites, aux portes basses, au sol du rez-de-chaussée en contre-bas de la rue, inspirent la tristesse.

Quelques rares maisons seules ont un aspect plus moderne ; elles ont été blanchies, ont eu leurs fenêtres élargies : entre autres un pensionnat bien connu dans la région.

Le territoire de la commune, de 1.904 hectares de superficie, comprend les terres qui entourent le village et qui sont assez fertiles, plantées en vigne ou cultivées en céréales, puis une grande étendue de terrains stériles dans la Valbonne. Le territoire est arrosé par le ruisseau le Longevent, qui passe entre Meximieux et Pérouges et va finir dans les sables de la Valbonne, à la Rouge.

En 1802, Pérouges comptait 821 habitants ; en 1856 il y en avait 900 et aujourd'hui ils sont seulement 706, faisant 213 ménages. Ils ont formé une compagnie de sapeurs-pompiers ; ils payent 34 centimes, en valeur de 63 fr. 42 l'un. Le revenu communal est de 1.165 francs. Tous les samedis il y a marché et trois fois par an, foire.

Les principaux hameaux sont : La Claie, Le Péage, Rapan, Rollan, La Rouge, où se voit un château, Valbonne.

La cité de Pérouges appartint d'abord aux seigneurs d'Anthon, puis aux puînés de la famille Hugues de Genève, et enfin aux Dauphins du Viennois qui lui accordèrent des privilèges en 1320. Vers 1460, Pérouges passa aux ducs de Savoie et en 1469 les Dauphinois vinrent l'assiéger, mais ne purent s'en emparer.

En récompense de cette belle défense, le duc de Savoie accorda aux Pérougiens l'exemption pendant 20 ans des droits de fouages, subsides, péages, gabelles, etc... Et pour perpétuer le souvenir de ce même siège, on a fait placer tout dernièrement au-dessus de la porte sud de Pérouges, celle sur laquelle avait porté le principal effort des assiégants, une pierre commémorative avec une inscription pour rappeler aux Pérougiens actuels la brave conduite de leurs aïeux :

« Pérouges, des Pérougiens, ville imprenable, les coquins dauphinois sont venus et n'ont pu la prendre. Ils ont emporté les portes et les gonds. Que le diable les emporte ».

Rigneux-le-Franc, à 5 kilomètres de Meximieux, 40 de Trévoux et 32 de Bourg.

Rigneux est situé sur le plateau, mais loin des étangs, dans la région boisée qui avoisine la Côtière ; on y trouve 31 habitants par kilomètre carré. Les principales cultures sont celles du blé, du seigle, des pommes de terre.

La superficie de la commune est de 1.502 hectares ; son revenu est de 1.708 francs, celui du bureau de bienfaisance est de 211 francs. La population, de 440 habitants en 1802, est montée à 550 en 1856, puis retombée aujourd'hui à 472 formant 120 ménages. La commune paye 55 centimes, de 32 francs l'un.

Avant la Révolution il existait, près de l'église de Rigneux, une chapelle dédiée à St-Méry et qui était un lieu de pèlerinage très fréquenté.

Les principaux hameaux sont : Le Brevet, Chanoz, Le Gillet, Le Guillon, Marzolas, un fief assez important avec maison forte; Le Morillon, Les Platières, Samans, Troyard.

Samans est une ancienne paroisse dont l'église fut incendiée en 1459 par les troupes du duc de Bourbon. La justice y était rendue par les religieux de Chassagne. Au XIVe siècle il y existait un château-fort dont on ne trouve plus de vestiges.

SAINT-ELOY, à 6 kilomètres de Meximieux, 32 de Trévoux, et 32 de Bourg.

Cette commune est située dans la partie élevée du plateau, à 310 mètres d'altitude, vers la région des étangs ; aussi n'y trouve-t-on que 22 habitants par kilomètre carré. La surface de la commune est de 1.426 hectares occupés par des bois, des étangs, ou cultivés en seigle, froment. Le revenu de la commune est de 5.000 francs. Il s'y tient tous les ans une foire, le 3e lundi de mai.

Les habitants étaient 285 en 1802 ; en 1856 il y en avait 375 et aujourd'hui ils sont 316, formant 72 ménages ; ils payent 128 centimes, en valeur de 23 fr. 73 l'un.

Les hameaux sont : Mas-Garnier, Mas-Plomb, Précieux.

La commune de Saint-Eloy se trouve mentionnée dans des actes datant de 984.

SAINT-JEAN-DE-NIOST, à 8 kilomètres de Meximieux, 42 de Trévoux et 43 de Bourg.

Saint-Jean est situé dans la plaine de la Valbonne, près de la rivière d'Ain. Ses 1.417 hectares de superficie sont formés partie par les sables de la Valbonne, et ceux des bords de l'Ain, couverts de vorgines, de taillis, partie par des terres labourables cultivées en céréales. L'élevage, celui du mouton surtout, est assez prospère dans la commune à cause de la grande étendue des pâturages. Il s'y tient annuellement deux foires ; le revenu communal est de 1.515 francs.

En 1802 il y avait 615 habitants, maintenant i' y en a 647

formant 191 ménages; ils payent 48 centimes, en valeur de 32 fr. 90 l'un ; ils ont une Société de secours mutuels.

Les principaux hameaux sont: Buyat qui compte 295 habitants, le Claveau, Gourdans, Monetroy et Niost.

Le hameau de Gourdans était autrefois une paroisse et un fief important dont dépendait Saint-Jean et plusieurs des communes environnantes.

Saint-Maurice-de-Gourdans, à 10 kilomètres de Meximieux, 39 de Trévoux et 45 de Bourg.

Cette commune est située au sommet de l'angle formé par le Rhône et l'Ain ; elle compte 2.561 hectares de superficie formés d'une partie élevée dominant la plaine de la Valbonne de quelques mètres et le Rhône d'une cinquantaine ; c'est un terrain d'alluvions, fertile, cultivé en céréales, et d'une autre partie située entre la première et le Rhône. Celle-ci est basse, toujours inondée au moment des fortes eaux, elle sert de pâturage ; on y voit çà et là quelques arbres.

Saint-Maurice comptait 951 habitants en 1802; il y en a aujourd'hui 1.135 divisés en 352 ménages ; ils ont une Société de secours mutuels. A la culture de leurs terres, ils joignent presque tous la fabrication du velours.

Il se tient dans la commune trois foires par an ; on y paye 50 centimes, en valeur de 62 fr. 35 l'un. Le revenu communal est de 1.130 francs.

La commune de Saint-Maurice était une des dépendances de la seigneurie de Gourdans.

Les principaux hameaux sont : le Carre, le Donnier, le Donchet, Grande-Charrière, l'Orme, Port-Galland, Pollet, Port-Janot et Ronger.

Le hameau de Port-Galland était habité très anciennement; en creusant les culées du pont qui y traverse l'Ain, on a trouvé des armes de bronze remontant à l'époque gauloise.

Pollet n'est peut-être pas si ancien ; pourtant il est mentionné dans des actes datant du XIIIe siècle. C'est un hameau important, comptant 278 habitants, tous cultivateurs et tisseurs en velours. Pollet possède une église et une école ; on y voit plusieurs jolies maisons bourgeoises.

On trouve à l'ouest du hameau un tumulus que les habitants appellent *la Tour* et qui a une dizaine de mètres de hauteur. C'est là qu'il faut monter si l'on veut bien voir les cinq ou six gradins gigantesques qu'a descendus le Rhône pour arriver dans son lit actuel.

Canton de Montluel

Le canton de Montluel est situé à l'extrémité sud-ouest du département. Il est borné au nord par les cantons de Trévoux et de Villars, à l'est par celui de Meximieux, au sud par le Rhône qui le sépare des départements de l'Isère et du Rhône, à l'ouest par le département du Rhône et le canton de Trévoux.

Son territoire, divisé en 16 communes, a une superficie de 19,485 hectares et une population de 14,388 habitants, soit 74 habitants par kilomètre carré. La population a crû depuis 1805 jusqu'à nos jours. En 1806, elle était de 11,394 habitants, soit 58 par kilomètre carré ; en 1851, elle était de 13,624, soit une population spécifique de 70 habitants. Voici d'ailleurs le tableau des communes avec leur population à quatre époques différentes :

	1805	1851	1866	1886
Montluel	3.259	2.793	2.981	2.755
et Dagneux.		881	979	862
Balan.............	283	463	470	783
Béligneux.........	476	572	554	835
Beynost	862	909	960	833
La Boisse.........	853	915	893	744
Bressolles	458	587	570	464
Cordieux	150	200	196	230
Miribel	2.555	2.913	3.360	3.262
Neyron...........	533	537	578	550
Niévroz...........	343	513	466	428
Pizay.............	184	267	297	299
Rillieux	750	1.116	1.294	1.499
Ste-Croix.........	181	379	361	391
St-Maurice-de-B...	252	320	318	289
Thil..............	265	259	275	250

Le canton de Montluel est divisé en deux parties à peu près égales : la première est située sur le plateau des Dombes, qui atteint ici des altitudes très variées ; il a 279 mètres à Béligneux, 290 à Sainte-Croix, 293 à Cordieux, et atteint 310 et 314 mètres au-dessus de Miribel, et 327 au fort de Vancia. La deuxième partie comprend la Côtière et la grande plaine de la Valbonne ; la Côtière présente des pentes raides, quelquefois des berges très escarpées comme vers Miribel et Neyron ; elle est très découpée ; la plaine de la Valbonne commence vers Miribel et s'étend le long du Rhône jusqu'à la rivière d'Ain, son altitude varie entre 173 mètres vers Miribel et 207 mètres à Châne.

Le plateau et la Côtière font partie, comme le reste des Dombes, du pliocène supérieur et du quaternaire. On y rencontre de nombreux blocs erratiques, preuves de l'existence du glacier du Rhône, surtout vers Béligneux. La plaine de la Valbonne est caillouteuse, aride et brûlante.

Les rivières arrosant le canton sont de petits affluents du Rhône, emmenant les eaux du plateau Dombiste et qui, à certains moments de l'année, n'ont qu'un mince filet d'eau coulant sur des cailloux dans des petites ravines très encaissées et assez profondes, mais qui, au moment des grandes pluies et au printemps, se changent en véritables torrents et causent de nombreux dégâts. Ce sont : le Cotey (13 k.) qui vient de Faramans, passe au pied du village de Bressolles, traverse Dagneux et se jette dans le Rhône non loin de Balan ; la Sereine (19 k.) prend sa source sur Saint-André-de-Corcy, passe à Cordieux, à Sainte-Croix et descend par un charmant vallon boisé jusqu'à Montluel, passe à La Boisse et se jette dans le Rhône non loin de Thil ; elle est grossie de nombreux petits affluents dont le plus important est le ruisseau des Allouettes (13 k.) qui prend sa source dans un étang de la commune de Montluel.

Les voies de communication sont nombreuses. Le canton est traversé de l'ouest à l'est par la ligne de Lyon à Genève qui y a les stations de Miribel, St-Maurice-de-Beynost, Beynost, Montluel et la Valbonne, et dans sa partie nord-ouest par la ligne de Lyon à Bourg avec la station des Echets. Ces deux lignes vont être reliées par une voie ferrée dont le projet est actuellement à l'enquête, voie qui, partant de Sathonay, traversera le plateau des Dombes en tunnel sous Rillieux et aboutira à la gare de Lyon-Saint-Clair.

Il est traversé par les routes nationales de Lyon à Strasbourg et de Lyon à Genève. Il y a quatre chemins de grande communication et quatre d'intérêt commun ayant une longueur de 76 kilomètres, et 279 kilomètres de chemins vicinaux ordinaires. Les relations avec le département de l'Isère ne sont favorisées par l'établissement d'aucun pont ; elles n'ont lieu qu'au moyen de bacs à traille, à Balan et à Niévroz. A partir de Thil, le Rhône se divise en de nombreux bras et forme ainsi de grandes îles, propriétés communales des communes riveraines ; aussi des bacs ont-ils été établis pour traverser le bras nord du Rhône qui est le plus profond et le plus large, il atteint 58 mètres en face de Miribel ; ce sont les bacs de Thil, de Miribel, de Neyron et de La Pape.

La population est en grande partie agricole. On s'occupe beaucoup de culture maraîchère dans la partie ouest, dont les produits sont dirigés sur les marchés de Lyon. Il y avait autrefois beaucoup de vignes sur la Côtière, mais aujourd'hui elles sont à peu près détruites par le phylloxera.

Au point de vue de l'industrie, à part Montluel et Miribel où se trouvent des usines, une partie de la population s'occupe, surtout en hiver, du tissage de la soie, de la fabrication du velours, du chenillage sur tulle pour des maisons de Lyon.

Le canton compte trois bureaux des postes et télégraphes, à Montluel, à Miribel et à la Valbonne.

Il y a deux brigades de gendarmerie à cheval à Montluel et à Miribel, et une à pied pour la surveillance du camp de la Valbonne.

Il y a des Sociétés de Secours mutuels approuvées dans presque toutes les communes du canton; seules, Balan, Cordieux, Niévroz, Sainte-Croix, Saint-Maurice et Thil n'en ont pas. Il n'y a que trois compagnies de Sapeurs-Pompiers, à Montluel, Béligneux et Beynost.

Le pays était habité autrefois par les Romains; il était traversé par une voie romaine qui partait de Lyon, suivait la rive droite du Rhône, passait à Miribel et arrivait à Montluel, où elle se bifurquait; une branche se dirigeait vers la Suisse, un acte de 1171, conservé aux Archives de l'Ain, appelle cette branche *chemin romain*. L'autre branche se dirigeait vers Villars, Bourg et Besançon.

Au temps de la féodalité, le canton de Montluel dépendait de la principauté de Bresse et faisait partie des mandements de Montluel, Miribel et Pérouges. Au point de vue ecclésiastique, toutes les communes, à part Neyron, dépendaient de l'archiprêtré de Chalamont, du diocèse de Lyon; Neyron seul dépendait de l'archiprêtré de Dombes.

MONTLUEL, chef-lieu du canton, à 28 kilomètres de Trévoux et 44 de Bourg, station du chemin de fer de Lyon à Genève, sur la route nationale de Lyon à Genève ; sur les chemins de Montluel à Bourg, de Montluel à Villars et de Montluel à Trévoux. Cette petite ville, de 2,755 habitants, est située au pied du coteau ; elle est traversée par la Sereine.

Montluel est d'origine très ancienne, ainsi que l'atteste les vestiges de l'ancienne ville (Mons Lupelli) trouvés sur le flanc du coteau ; on suppose que c'était le siège d'un phare télégraphique romain. — Ce n'est qu'en 1276 que Montluel commence à prendre le nom de ville dans les privilèges qu'il obtint d'Humbert, dauphin viennois, qui avait eu cette seigneurie en donation de Jean de Montluel, petit-fils de Philippe, comte de Savoie. C'était la capitale de la Valbonne. La ville de Montluel fut cédée par le dauphin, au roi de France, le 23 avril 1343 ; en 1354, le roi Jean II la remit au comte de Savoie, Amé IV, en échange d'autres terres ; elle appartint à la maison de Savoie jusqu'au 8 novembre 1594, époque à laquelle elle fut prise de vive force, au nom d'Henri IV, par le maréchal de Montmorency.

C'est à Montluel que l'empereur Sigismond érigea la Savoie en duché, l'an 1416, en faveur d'Amé VIII. En 1424, cette ville fut le théâtre d'un événement beaucoup plus remarquable ; c'est dans ses murs que se tint la fameuse conférence entre le comte de Richemond, Amé VIII de Savoie et les ambassadeurs du roi de France, Charles VII, pour détacher le duc de Bourgogne, Philippe-le-Bon, de l'alliance des Anglais.

Au XVIe siècle ce fut le refuge de beaucoup d'Italiens, Génois et Florentins, qui avaient été chassés de France ; vers la fin du XVIIe siècle on y trouve encore beaucoup de familles italiennes.

De ses anciennes fortifications, Montluel a conservé un reste d'une vieille tour au sommet du coteau de Saint-Barthélemy et quelques pans de murs ; ce sont les ruines de son château fort qui fut démoli par Biron, en 1600. La chapelle du château est seule restée intacte ; elle date de 1289, ainsi que l'apprend une inscription gravée sur le tympan de la porte d'entrée. — On trouve encore, à Montluel même, le long des quais de la Sereine, des traces des anciennes murailles de la ville et de deux anciennes tours, l'une carrée, qui servait de prison, l'autre ronde.

La ville est assez bien bâtie ; elle possède de jolies promenades le long des quais de la Sereine. On y remarque deux églises assez anciennes : l'église Saint-Etienne, qui existait déjà en 1080, avec un beffroi carré, et l'église de Notre-Dame-des-Marais, qui date de la fin du XVe siècle et fut élevée en 1530 en église collégiale ; elle est plafonnée, possède des orgues, de beaux vitraux et de belles peintures et un Christ de grandeur naturelle, très remarqué par les connaisseurs. On trouve encore, à Montluel, une maison d'un assez bel aspect, ayant appartenu au prince de Condé. Sur la place du Marché se trouve une fontaine surmontée d'une statue de la Liberté, casquée et tenant une lance à la main ; elle date de 1848.

Montluel possède un hôpital, un couvent de la Visitation avec pensionnat.

La population de la ville est de 2,176 habitants répartis en 469 maisons et 755 ménages. La ville est aujourd'hui en décadence, les industries tombent.

Comme industrie, Montluel commence à décroître, il faut cependant citer la minoterie, la soierie, la fabrique du drap. Autrefois, Montluel possédait une usine d'indiennerie fondée en 1788, où l'on fabriquait annuellement de 25 à 30,000 pièces d'indienne de tous genres et qui fut fermée en 1803 ; la même année y fut fondée une filature de coton. Au point de vue agricole, on récolte du blé, du sarrasin, de l'avoine, de la pomme de terre ; quant à la vigne, Montluel qui possédait autrefois de très beaux vignobles les a vus détruits par le phylloxera ; on replante depuis quelques années.

La commune a une superficie de 2,900 hectares, un revenu annuel de 17,777 francs, 33 centimes d'une valeur de 250 fr. 22, et possède un octroi municipal. Le bureau de bienfaisance a un revenu de 9,625 francs.

Il y a marché tous les vendredis.

Hameaux. — La Fabrique (83 habitants), manufacture de draps pour l'armée, à deux kilomètres au nord de la ville, sur les bords de la Sereine, elle occupe une centaine d'ouvriers. Cette manufacture reste stationnaire ; cet état de choses est dû à la concurrence des nouvelles manufactures qui sont outillées pour fabriquer avec l'anilhine tandis que celle de Montluel a le vieil outillage pour la garance. — Jailleux, 178 habitants, chapelle datant du Xe siècle et école. — Romanèche-la-Saulsaie, 199 habitants, vieux château qui fut transformé en école d'agriculture; elle est devenue aujourd'hui une maison de frères. L'ancienne chapelle, démolie au XVIIe siècle, fut remplacée par celle existant aujourd'hui et qui date de la fin du XVIIe siècle. Ecole primaire. La Grange-Brunet, 26 habitants.

BALAN, 783 habitants, à 4 kilomètres de Montluel, 32 de Trévoux et 47 de Bourg. Village situé au milieu de l'immense plaine caillouteuse de La Valbonne, sur le bord de l'ancien lit du Rhône. La commune est arrosée par le Cotey, le Rhône, et par les lônes ou sources dont les eaux se répandent dans l'ancien lit du fleuve et forment une sorte de marécage. La population est à la fois agricole et industrielle; pendant l'hiver elle s'occupe du tissage de la soie et l'été elle s'adonne à la culture; la partie des lônes est assez fertile, on y récolte du blé et de l'avoine. En fait d'industrie continuelle il n'y a qu'une usine à eau pour le concassage de la corne ou autres matières dures. L'église est peu remarquable, elle est postérieure à la Révolution. Il y avait à Balan une maison forte dont on voit encore aujourd'hui des restes au sud du village, comprenant notamment une tour ronde assez bien conservée. On a trouvé à Balan des tuiles, des poteries, des objets de toute nature et une inscription de l'époque gallo-romaine. C'est sur le territoire de Balan que se trouvent la gare et une grande partie du camp de la Valbonne.

La commune a une superficie de 1,809 hectares, un revenu annuel de 979 fr. et 77 cent. valant 35 fr. 35.

Hameaux : Le Content, 13 habitants; les Mouilles, 31 habitants; Mercour, sur l'éminence qui porte ce nom; on y a recueilli à différentes époques des médailles antiques; le Plateron, 14 habitants; dans ce hameau existe les restes d'un antique poste retranché ; le Retenon ; la Valbonne, 125 habitants.

BÉLIGNEUX, 835 habitants, à 8 kilomètres de Montluel, 35 de Trévoux et 44 de Bourg. Le chef-lieu est placé dans une jolie position sur une éminence dominant la plaine de la Valbonne. La commune est traversée par un petit affluent du Cotey, le Pommaret, qui coule dans un joli vallon boisé entre Bressolles et Béligneux ; le pays est très accidenté. La population est essentiellement agricole et se compose en majorité de propriétaires-cultivateurs parlant le patois.

L'église n'a rien de remarquable, elle a été refaite dans ces dernières années ; seul le portail est ancien, mais il menace ruine.

La superficie de la commune est de 1,330 hectares, son revenu est de 270 fr., elle a 92 centimes valant 34 fr. 43.

Hameaux : Chânes, 125 habitants, école primaire ; autrefois hôpital affecté probablement aux lépreux ; on a trouvé à Chânes une inscription gallo-romaine sur un tombeau ; Cruisseau, 38 habitants ; Fayet, 15 habitants ; la Valbonne, 131 habitants ; l'École de tir, 28 habitants.

BEYNOST, situé à mi-côte, non loin de la route et du chemin de fer de Lyon à Genève qui y a une station. A 5 kilomètres de Montluel, 29 de Trévoux et 40 de Bourg. La commune qui s'étend partie sur le plateau et partie dans la plaine, est arrosée par la Sereine qui se jette là dans le Rhône, et par quelques petits torrents de même régime que la Sereine. La population est essentiellement agricole, elle se livre à la culture des céréales, des plantes fourragères et surtout à celle des pois dont il est fait un grand commerce avec Lyon ; elle se compose de petits propriétaires d'une aisance moyenne et parlant le patois.

L'église est antérieure à la Révolution ; elle avait été construite dans le style roman, mais elle a depuis subi de nombreuses réparations qui en ont changé un peu le caractère, ainsi elle possède des fenêtres du pur style ogival.

Non loin de la voie ferrée se trouve le château du Soleil qui est de construction récente, mais on y voit encore des traces de l'ancien château, notamment une tour ronde qui fait partie du mur de clôture.

On a trouvé à Beynost des tuiles, des poteries et une inscription de l'époque gallo-romaine.

Beynost est la patrie d'Henri Debout, célèbre jurisconsulte, qui fut official de Bresse et de Bugey au diocèse de Bourg, sous Louis de Gorrevod, évêque de cette ville, et qui mourut en 1544.

La population de Beynost est de 833 habitants, dont 753 pour le bourg; elle diminue et cela est dû à l'émigration dans les villes; le nombre des naissances est sensiblement égal à celui des décès (175 naissances et 185 décès dans la période de 1873 à 1883).

La superficie est de 1,061 hectares, le revenu annuel de 1,996 fr.; il y a 57 centimes valant 81 fr. 29.

Hameaux : la commune de Beynost comprend 4 hameaux, 3 sont situés à mi-côte et ne font presqu'un avec le bourg; ce sont le Péchut, les Andrés et Saint-Pierre où se trouvait une ancienne chapelle. Le quatrième, le Grand-Peuplier, se trouve sur la route de Lyon à Genève.

La Boisse, sur la route de Lyon à Genève, au pied du coteau, à 3 kilomètres de Montluel, 28 de Trévoux et 46 de Bourg. La commune est traversée par la Sereine. La population est en majorité agricole. Comme industrie, il n'y a qu'un moulin, une fabrique de couvertures de coton et un peu de chenillage sur tulle auquel s'adonnent quelques femmes.

L'église date de 1575, le clocher est de 1863; au-dessus de la porte de la sacristie se trouve une inscription datant de 1303, qui fut longtemps derrière l'église sur un tombeau et qui servit ensuite pendant quelques années de passerelle.

On a trouvé à La Boisse en 1843 des médailles d'Aurélien, Florien, Probus, Tacite, Numérien, etc.

La population est de 741 habitants, dont 707 pour le bourg répartis entre 223 maisons et 248 ménages ; elle diminue de jour en jour.

La superficie est de 940 hectares, le revenu annuel de 595 fr. et l'imposition extraordinaire de 44 centimes valant 73 fr. 56.

Hameaux : Girieu, autrefois chapellenie ; il ne reste aujourd'hui aucune trace du château et de la chapelle ; l'emplacement du château est marqué seulement par quelques pierres moussues.

Bressolles. — La commune est située sur un étroit et long plateau au pied duquel coule le Cotey. A 4 kilomètres de Montluel, 32 de Trévoux et 42 de Bourg. Elle est arrosée par le Cotey qui coule à l'ouest du village et le Pommaret à l'est,entre Bressolles et Bélignoux. Le pays est assez accidenté. La population, essentiellement agricole, est composée en majeure partie de propriétaires d'aisance moyenne, parlant encore le patois et qui s'adonnent à la culture des céréales. du chanvre et de la vigne.

Le bourg est assez bien bâti et possède deux belles maisons d'école.

L'église est assez élégante ; elle a été agrandie il y a une quarantaine d'années.

La population est de 404 habitants dont 242 pour le bourg répartis entre 75 maisons et 82 ménages. Elle ne fait que décroître ; cette diminution est due au départ de nombreux jeunes gens, au petit nombre d'enfants dans chaque ménage ; le nombre des décès excède le nombre des naissances.

La superficie est de 760 hectares, la commune a un revenu annuel de 290 francs et 103 centimes d'une valeur de 29 f. 84.

Hameaux : Le Bichon, 35 habitants ; le Bonnet, 60 habit. ; France, 45 habitants ; la Léchère, 85 habitants.

Cordieux. — La commune de Cordieux est située sur le versant méridional du plateau des Dombes et est formée de deux parties à peu près égales : la partie nord est sur le plateau, la partie sud est formée de petits coteaux en partie boisés ; le bourg est situé sur un de ces coteaux au pied duquel coule la Sereine, sur la route de Montluel à Villars, à 8 kilomètres de Montluel, 22 de Trévoux et 37 de Bourg. La commune est arrosée par la Sereine et par cinq petits ruisseaux ; on trouve 3 étangs sur son territoire : Bachelier, Chevrier et Merlon. La population est essentiellement agricole, elle est composée en majeure partie de petits propriétaires s'adonnant à la culture du blé et de l'avoine ; il n'y a qu'un domaine important, celui de la Philippière, qui a 100 hectares environ. L'église date de 1840, elle n'a rien de remarquable.

A quelque distance du village se trouve un ancien château, dit couvent de Boiron, qui fut habité avant la Révolution par des Augustins ; restauré il y a quelques années, il est la propriété d'un industriel lyonnais. A 400 mètres du village environ, au bois des Trois-Croix, existait un château fort dont on n'aperçoit plus aujourd'hui que quelques ruines ; les fossés, de 100 mètres de pourtour sur 5 mètres de large, sont encore visibles.

La population est de 231 habitants ; celle du bourg est peu importante, elle n'est que de 51 habitants répartis dans 9 maisons. La population a beaucoup augmenté : on attribue cette augmentation à l'établissement d'un certain nombre de familles venues de la Savoie, du Dauphiné et de l'Auvergne. Le chiffre des naissances est le double de celui des décès (61 naissances pour 31 décès dans la période décennale 1873-1883).

La superficie est de 1,110 hectares, le revenu communal de 135 francs, et il y a 148 centimes d'une valeur de 78 fr. 44.

Hameaux : les Bruyères, 27 habitants ; Cazard, 31 habitants ; la Philippière, 16 habitants.

DAGNEUX. — Sur la route de Lyon à Genève, à 1 kilomètre de Montluel, 29 de Trévoux et 44 de Bourg. Le bourg, situé au pied du coteau, n'est en quelque sorte qu'un faubourg de Montluel dont il a fait longtemps partie ; Dagneux n'est en effet commune que depuis 1830. Elle est traversée par le Cotey qui fait mouvoir 2 moulins. La population est composée de deux parties : l'une agricole ne parlant que patois, l'autre industrielle ; cette dernière s'occupe de la fabrication du velours et un peu de chenillage sur tulle.

L'église date du 16e siècle ; la façade est assez jolie, le clocher datant de 1834 est d'un vilain effet. A l'extérieur de l'église, dans le mur latéral droit se trouve encastrée une pierre avec inscription datant de 1279.

Le bourg de Dagneux a une population de 779 habitants répartis entre 244 maisons et 275 ménages ; il est assez bien bâti, on y remarque un assez joli château moderne et un pensionnat libre. La population totale de la commune est de 862 habitants ; elle est stationnaire depuis quelques années ; cet état est dû à l'arrivée d'étrangers venant se fixer dans le pays ; c'est la seule cause, en effet le nombre des naissances est à peu près le tiers de celui des décès.

La superficie de la commune est de 665 hectares ; elle a un revenu annuel de 695 francs et 49 centimes valant 78 fr. 44.

MIRIBEL. — La commune de Miribel est la deuxième du canton par sa superficie (2,713 hectares) et la première par sa population (3,262 habitants), ce qui donne une population spécifique de 120 habitants. Elle s'étend en grande partie sur le plateau des Dombes ; une deuxième partie comprend la Côtière et les iles. Le bourg de Miribel situé à 9 kilomètres de Montluel, 24 de Trévoux et 52 de Bourg, est sur une balme de gravier au pied de laquelle coule le Rhône. Il est traversé par la route de Lyon à Genève, et au pied de la balme entre celle-ci et le fleuve, se trouvent la ligne de Lyon à Genève et la gare.

La population est en partie industrielle, partie agricole. La population agricole s'adonne à la culture ordinaire, mais surtout à la culture maraichère dont les produits sont expédiés sur Lyon ; dans les iles on cultive des asperges assez estimées. Le coteau était autrefois couvert de vignes ; actuellement il n'y en a que fort peu, le phylloxéra ayant causé de grands ravages. La population industrielle habite le bourg ; elle se compose d'ouvriers des usines et d'ouvrières pour le velours et le chenillage sur tulle. Comme industrie on compte à Miribel même une fabrique de briques et 2 usines de teinturerie et d'apprêt ; l'une, celle fondée par M. Grobon, est très importante ; elle s'étend sur plus de 100 mètres entre le Rhône et la voie ferrée et occupe environ 200 ouvriers des deux sexes.

Le bourg de Miribel est très commerçant, grâce à sa proximité avec Lyon ; il s'y tient un marché tous les jeudis. On y remarque de très jolies villas et maisons bourgeoises ; c'est un lieu de promenade pour les Lyonnais.

Miribel a deux faubourgs : l'un, celui de Saint-Martin, est situé au pied du coteau entre celui-ci et l'extrémité de la balme ; l'autre, celui de la Ville, est sur le coteau même.

L'église de Miribel date de la fin de l'empire, elle est inachevée. A côté se trouve un pensionnat congréganiste de filles. Au faubourg de Saint-Martin, église paroissiale très ancienne. L'Hôtel de Ville est assez coquet, il a été réparé il y a quelques années.

Miribel, au XIe siècle, était le nom d'un château bâti sur la Cotière et dominant la plaine à 11 kilomètres de Montluel, 25 de Trévoux et 54 de Bourg. Le château fut pris en 1348, par le dauphin de Viennois, et à cette occasion il y eut, à Miribel, une cérémonie à l'imitation de celle où le doge de Venise épousait la mer ; le dauphin épousa le Rhône en mai 1348. Miribel fut cédé à la Savoie le 5 janvier 1354 et fit partie de la France depuis le 5 mars 1594, époque à laquelle il se rendit, après quelques jours de siège, aux troupes d'Henri IV, commandées par Alphonse d'Ornano. Pendant ce siège, le château fut en grande partie détruit par l'artillerie ; après sa reddition il fut démantelé. Il n'en reste plus aujourd'hui que quelques ruines que l'on voit au-dessus du faubourg de la ville ; elles consistent en une moitié de tour ronde d'une dizaine de mètres de haut et en une enceinte carrée d'où partent deux murailles descendant la colline ; à la Ville même on retrouve l'une de ces murailles avec les restes d'une porte et l'emplacement de la herse et des niches de chaque côté.

On a trouvé à Miribel les ruines d'un aqueduc romain conduisant les eaux du Rhône à la côte Saint-Sébastien, à Lyon (Guigue). Le 12 décembre 1884, on a trouvé à flanc de coteau, au-dessus de Miribel, deux défenses d'Elephas ; l'une a été brisée par les ouvriers, la deuxième a 1 mètre 70 de long.

La population de Miribel est de 3.262 habitants répartis en 738 maisons et 1,023 ménages ; celle du bourg est de 2,161 habitants répartis en 512 maisons et 737 ménages ; le faubourg de St-Martin y compte pour 184 habitants et celui de la Ville pour 63. Le revenu communal est de 17,967 francs, celui du bureau de bienfaisance est de 3,878 francs ; il y a 62 centimes d'une valeur de 279 fr. 58 cent.

Hameaux : Les Echets, 123 habitants, station du chemin de Bourg à Lyon ; école primaire ; la commune de Miribel n'a qu'une faible partie du marais des Echets. — Le Mas-Rillier, 536 habitants, à l'extrémité du plateau, dominant Miribel, non loin des ruines du château ; on y remarque deux écoles et une église. — Vancia, 245 habitants, sur le plateau ; très ancienne paroisse sous le vocable de St-Pierre ; le hameau de Vancia a une école et une église. On y a construit il y a quelques années un fort faisant partie du camp retranché de Lyon.

NEYRON. — Cette commune est située sur le plateau et sur la Côtière; le chef-lieu est sur le flanc de celle-ci, traversé par la route de Lyon à Genève, à 11 kilomètres de Montluel, 25 de Trévoux et 54 de Bourg. La commune est arrosée par le Rhône qui forme de très grandes iles faisant partie de son territoire et par quelques petits torrents descendant du plateau.

La population est agricole, surtout maraichère; elle fait un grand commerce de légumes avec Lyon dont elle est voisine; on y cultive des céréales. La propriété est excessivement morcelée, on n'y trouve ni fermier, ni métayer. Les cultivateurs sont d'aisance moyenne; ils parlent encore le patois, mais se servent beaucoup du français.

Comme industrie, il faut citer une fabrique de boutons de nacre et une quinzaine de métiers pour le tissage du velours. On se livre à Neyron à l'apiculture et l'on y fait du miel assez estimé.

La mairie est assez jolie; l'église est antérieure à la Révolution et fort peu remarquable; elle se trouve au hameau du haut Neyron ou de Saint-Didier.

La population est de 550 habitants dont 307 pour le chef-lieu; elle diminue depuis 1836. Le voisinage de Lyon n'y est certainement pas étranger, ainsi que la mortalité (117 décès pour 94 naissances dans la dernière période décennale).

La superficie est de 609 hectares, le revenu communal de 6,741 francs, il y a 10 centimes valant 11 fr. 75.

Hameaux: Saint-Didier, 156 habitants, sur le plateau, ancien chef-lieu de la commune; église paroissiale. — La Petite-Côte, 52 habitants, à mi-côte. — Sermenaz, 32 habitants, sur le plateau; superbe château moderne; tour Planteau, sorte d'observatoire, construit il y a 50 ans environ et d'une hauteur de 80 mètres; batterie faisant partie du système de défense de la place de Lyon.

NIÉVROZ, à 3 kilomètres de Montluel, 31 de Trévoux et 47 de Bourg. Cette commune est située en entier dans la plaine de La Valbonne ; elle est arrosée par le Rhône, par le Cotey et par la Luénaz qui n'est qu'une branche de la Sereine et qui fait marcher un moulin.

La population est agricole et se compose de propriétaires qui s'adonnent à la culture des céréales ; elle est d'aisance moyenne alors qu'elle serait riche si le sol était mieux cultivé.

Il y a peu d'industrie, on ne s'occupe qu'un peu du tissage du velours. Il se fait un assez grand commerce de lait avec Lyon.

L'église date de 1885.

La population était de 428 habitants en 1886, dont 368 pour le bourg ; elle n'est plus aujourd'hui que de 387.

La superficie est de 1,058 hectares, le revenu communal de 2.917 francs et il y a 34 centimes valant 39 fr. 06.

Hameaux : Les Tuilières, 38 habitants. — La Cras, 22 habitants ; seigneurie avec maison forte dont il ne reste plus que quelques traces.

PIZAY, à 6 kilomètres de Montluel, 35 de Trévoux et 38 de Bourg. Situé sur un plateau que baigne le Cotey, le bourg de Pizay est traversé par la route départementale de Montluel à Bourg.

La population est essentiellement agricole et s'occupe de la culture du blé, du seigle, de l'avoine, des pommes de terre, de la betterave ; elle fait aussi un grand commerce de lait avec Lyon.

L'église date de 1865, elle n'a rien de remarquable. Pizay est le but d'un pèlerinage, le 16 septembre, pour la surdité.

La population est de 299 habitants, dont 262 pour le bourg, répartis entre 59 maisons et 74 ménages ; le nombre des naissances est supérieur à celui des décès.

La superficie est de 1,118 hectares, le revenu annuel de 485 francs et il y a 92 centimes d'une valeur de 29 fr. 38.

RILLIEUX. — La commune de Rillieux, la plus avancée du département de l'Ain du côté du Rhône, est située en majeure partie sur le plateau des Dombes, une partie est à flanc de coteau. Le bourg, situé à 11 kilomètres de Montluel, 20 de Trévoux et 51 de Bourg, sur la route nationale de Lyon à Bourg, est sur le plateau.

La population est essentiellement agricole : elle s'occupe de la culture des céréales et surtout de la culture maraîchère qui est l'objet d'un grand commerce avec Lyon. Les habitants sont en majeure partie des propriétaires ; le patois commence à être abandonné.

L'église est très élégante, elle date de 1865 ; elle est de style roman et se compose de trois nefs ; il y a à remarquer de belles peintures murales, surtout dans la chapelle de saint Denis, œuvres de notre compatriote Auguste Perrodin. L'Hôtel de Ville, de construction récente, est un bâtiment carré d'un assez bel aspect.

On a trouvé à Rillieux des médailles, des tuiles, des poteries et autres objets de l'époque gallo-romaine.

La population est de 1,499 habitants, dont 845 pour le bourg, répartis en 198 maisons et 241 ménages. La population augmente beaucoup ; cela est dû à plusieurs causes : à l'établissement de nombreuses personnes venant des localités voisines, à la proportion des naissances aux décès (le nombre des naissances est égal et même supérieur à celui des décès) ; le développement de l'agriculture et le bien-être matériel des habitants a bien pu y contribuer aussi.

La commune a une superficie de 1,133 hectares, un revenu annuel de 7.225 fr., et 31 centimes d'une valeur de 126 fr. 12 ; le bureau de bienfaisance a un revenu de 1.186 francs.

Hameaux : Crépieux, 153 habitants, à la limite de l'Ain et du Rhône, au pied du coteau ; chapelle. — La Pape, 223 habitants, à flanc de coteau, sur les routes nationales de Lyon à Strasbourg et de Lyon à Genève ; église et école. Le château de La Pape fut, pendant le siège de Lyon, sous la Terreur, le quartier général de Dubois-Crancé, chef de l'armée assiégeante ; il appartient aujourd'hui à M. Germain, député. La Tuilerie, 74 habitants.

SAINTE-CROIX, à 5 kilomètres de Montluel, 25 de Trévoux et 41 de Bourg. Le village de Sainte-Croix est situé au fond de la vallée de la Sereine, dans un site boisé assez joli. La population est essentiellement agricole et s'occupe de la culture des céréales.

L'église est vieille et n'a rien de remarquable. Il y avait anciennement un château et une maison forte dont il ne reste plus de trace aujourd'hui.

La superficie de la commune est de 1,062 hectares, sa population est de 391 habitants, dont 60 pour le bourg. Le revenu annuel est de 355 francs, et il y a 198 centimes d'une valeur de 22 fr. 75.

Hameaux : Le Château, 42 habitants. — Desnières, 49 habitants. — Fouilloux, 43. — Grillet, 17. — Lanchet, 28.

SAINT-MAURICE-DE-BEYNOST, à 7 kilomètres de Montluel, 26 de Trévoux et 51 de Bourg. La commune s'étend partie sur le plateau des Dombes et partie dans la plaine de la Valbonne ; le chef-lieu est au pied de la Côtière, non loin de la route et du chemin de fer de Lyon à Genève, avec une station-halte pour les trains légers. La commune est arrosée par le Rhône au sud et par le ruisseau de Merboux qui descend du plateau, la traverse du nord au sud et fait mouvoir plusieurs moulins.

La population est essentiellement agricole et s'occupe de la culture des grains, des fourrages, des légumes et de la vigne ; elle se compose de propriétaires aisés.

L'église remonte à 1135 ; elle n'a rien de remarquable,

son clocher est bas. Elle est le but d'un pèlerinage pour la fête de saint François Régis, dont elle possède des reliques.

Il existe, au lieu dit Le Bichet, une très ancienne fontaine avec une inscription de 1779.

La population est de 289 habitants, dont 251 pour le bourg, répartis en 83 maisons et 90 ménages ; la population diminue d'année en année.

La superficie est de 699 hectares ; le revenu annuel de 1,239 francs, et il y a 21 centimes d'une valeur de 36 fr. 81.

Thil, à 6 kilomètres de Montluel, 34 de Trévoux et 49 de Bourg. Située entièrement dans la plaine de la Valbonne, la commune de Thil est arrosée au sud par le Rhône et limitée au nord par la Sereine. Le bourg est situé au bord du fleuve.

La population est en grande partie agricole ; elle se compose de petits propriétaires, d'une aisance moyenne, s'adonnant à la culture des céréales, pommes de terre, betteraves, et surtout de petits pois pour le marché de Lyon.

Une partie de la population féminine s'occupe du chenillage sur tulle. Plusieurs tuileries et briqueteries.

Le bourg de Thil date du XIe siècle ; il dépendait du marquisat de Miribel. Le village, bâti primitivement à un kilomètre plus au sud, a été obligé de se reculer vers le nord, par suite des déplacements successifs du lit du Rhône sur sa rive droite. L'église a occupé trois emplacements successifs : le premier se trouve aujourd'hui sur le territoire de Jonage (Isère), le deuxième est au milieu du lit actuel du fleuve, et enfin celui où elle fut construite en 1881.

On a trouvé à Thil une médaille en or de Domitien.

La population est de 250 habitants, dont 195 pour le bourg, répartis en 68 maisons et 70 ménages. Elle a beaucoup diminué et diminue encore ; la cause en est due à l'établissement de tuileries mécaniques dans la banlieue de Lyon, qui ont fait une concurrence acharnée aux usines similaires de Thil, et ont attiré à Lyon l'élément ouvrier. Le nombre des naissances est sensiblement le même que celui des décès (61 naissances et 58 décès dans la période 1863-1872, et 56 naissances pour 59 décès dans la période 1873-1882).

La superficie de la commune est de 513 hectares ; le revenu annuel est de 3,237 francs, et il y a 86 centimes d'une valeur de 16 francs 48.

Camp de la Valbonne. — Situé dans la plaine de ce nom, entre la ligne de Lyon à Genève et le Rhône, à 5 kilomètres de Montluel et 25 de Lyon, le camp de la Valbonne est situé sur les communes de Balan et de Béligneux et de Saint-Maurice-de-Gourdans, du canton de Meximieux. Ce camp ne sert que pendant le printemps et l'été pour les exercices à feu des régiments de la place de Lyon et du département de l'Ain. Depuis quelques années, on y a créé une des trois écoles régionales de tir de France, où l'on envoie chaque année des officiers et sous-officiers des régiments casernés dans la partie sud et sud-est de la France. Le camp de la Valbonne dépend de la place de Lyon, ainsi que l'école de tir.

Station du chemin de fer qui se trouve, ainsi que la plus grande partie du camp, sur la commune de Balan ; l'école de tir se trouve sur Béligneux.

Les hameaux de la Valbonne se composent de villas et maisons bourgeoises ; la population est formée par des restaurateurs et autres marchands ne vivant que de la troupe. — Ecole primaire au hameau de la Valbonne, commune de Balan.

Canton de Saint-Trivier-sur-Moignans

Le canton de Saint-Trivier-sur-Moignans est borné au sud par le canton de Trévoux, à l'est par ceux de Villars et de Châtillon, au nord par celui de Thoissey, et à l'ouest par la Saône qui le sépare du département du Rhône.

Son territoire, divisé en 15 communes, a une superficie de 19,037 hectares et une population de 9,599 habitants, soit 50 habitants par kilomètre carré. La population a crû de 1806 à 1851, et même à 1866 pour certaines communes, mais pour décroitre jusqu'à nos jours. En 1806, la population des communes faisant partie du canton était de 6,889 habitants soit 36 par kilomètre carré ; en 1851, elle était de 10,230, soit une population spécifique de 53 habitants. Voici d'ailleurs le tableau des communes avec leur population à quatre époques différentes.

	1806	1851	1866	1886
St-Trivier-s-Moig....	1.253	1.662	1.818	1.650
Amareins...........	95	244	231	184
Ambérieux-en-Dom..	390	744	887	882
Baneins............	108	435	548	553
Cesseins............	160	216	213	199
Chaleins............	408	915	822	787
Chaneins	634	800	732	660
Fareins.............	1.085	1.336	1.284	1.109

	1806	1851	1866	1886
Francheleins.......	172	203	217	184
Lurcy..............	384	397	333	315
Messimy............	871	855	778	707
Relevant...........	96	392	442	423
Sainte-Olive........	165	239	236	239
Savigneux..........	512	737	671	636
Villeneuve..........	559	1.045	1.134	1.071

Avant 1869, le canton de Saint-Trivier-sur-Moignans comprenait les quatre communes de Bouligneux, Monthieux, La Peyrouse et Villars, qui ont été détachées pour former une partie du canton de Villars.

Le canton de Saint-Trivier, comme son voisin, celui de Trévoux, se compose de deux parties : le plateau, qui est la partie la plus étendue, où se rencontrent encore des étangs, surtout dans la partie est ; la seconde forme la Côtière. Le plateau, qui est à 172 mètres à Messimy, atteint 219 mètres à Lurcy, 238 à Chaleins, 205 à la Fléchère, 260 à Baneins, 274 à Villeneuve et 309 à Ambérieux.

Les rivières arrosant le canton de Saint-Trivier-sur-Moignans sont des affluents de la Saône et de la Chalaronne et servent à emmener les eaux des étangs. Ce sont : 1° le Relevant (8 kilom.) passe à Relevant ; — le Moignans (16 kilom.), qui passe à Saint-Trivier et à Baneins et qui reçoit divers ruisseaux ; affluents de la rive gauche de la Chalaronne ; — 2° la Calonne (10 kilom.) ; — l'Appéum (6 kilom. 5) ; — la Mâtre (11 kilom.), qui reçoit divers ruisseaux ; — le Rougeat (4 kilom.); affluents de la rive gauche de la Saône.

Les voies de communication sont nombreuses ; le canton n'est malheureusement traversé, jusqu'à présent, par aucune voie ferrée. Prochainement, il sera traversé du Nord au Sud par deux lignes de tramways sur route ; l'une, dans la partie centrale, reliera le chef-lieu avec Bourg et Trévoux ; l'autre longeant la Saône.

Il y a, dans le canton, cinq chemins de grande communication et cinq d'intérêt commun, ayant une longueur de 145 kilomètres et 193 kilomètres de chemins vicinaux ordinaires. Les relations avec le département du Rhône sont peu commodes ; il n'existe pas, en effet, de pont sur la Saône, dans ce canton, et pour en trouver les riverains doivent soit remonter à Belleville et Montmerle (canton de Thoissey), soit descendre à Beauregard (canton de Trévoux).

Le canton est essentiellement agricole, on n'y trouve aucune industrie. La superficie se répartit en 11,100 hectares de terres labourables, 110 de jardins, 178 de pâtures, 2,200 de prés, 541 de vignes, 2,000 de bois et le reste de terrains vagues, marais et étangs. La population s'adonne beaucoup à l'élevage du cheval.

Le canton ne compte qu'un bureau des postes et télégraphes, qui est desservi par un courrier venant de Belleville et qui ne sert qu'au chef-lieu. Les autres communes sont desservies par le bureau de Montmerle, à part Baneins et Relevant, qui le sont par celui de Châtillon ; Ambérieux, Savigneux et Villeneuve par celui d'Ars, et Sainte-Olive que dessert le bureau de Villars.

Il y a deux brigades de gendarmerie, l'une à Saint-Trivier, l'autre à Villeneuve.

Il y a des sociétés de secours mutuels approuvées à Saint-Trivier, Ambérieux, Chaneins, Fareins et Villeneuve. Il y a huit compagnies de sapeurs-pompiers.

Au temps de la féodalité, le canton de Saint-Trivier dépendait partie de la principauté des Dombes, partie de la Bresse (portion de la commune de Baneins, de Saint-Trivier et Relevant, qui étaient du mandement de Châtillon). Les communes dépendant de la principauté de Dombes étaient réparties entre les six châtellenies d'Ambérieux, Baneins, Beauregard, Montmerle, Saint-Trivier et Villeneuve. Au point de vue ecclésiastique, il ressortissait de l'archiprêtré des Dombes, dépendant du diocèse de Lyon.

Saint-Trivier-sur-Moignans.— 1.650 habitants. Situé sur la rive gauche du Moignans, à 19 kilomètres de Trévoux et à 31 de Bourg. C'est une ville très ancienne qui doit son nom à un moine, nommé Trivier, qui évangélisa la Bresse et la Dombes au VIe siècle et mourut dans cette localité le 16 janvier 550. — Saint-Trivier fut souvent le patrimoine des cadets de la maison de Beaujeu. A partir de 1556 elle appartint avec sa justice aux pauvres de la Charité de Lyon, par donation du seigneur du lieu. Avant 1790, c'était le chef-lieu de la première châtellenie de Dombes. Anne de France y avait établi, en 1512, un marché le jeudi de chaque semaine. — Saint-Trivier était clos de murailles et entouré de fossés. Les fossés sont tous comblés et les murailles en grande partie abattues ; elles existent sur une centaine de mètres à l'extrémité sud de la ville ; il y a surtout à y remarquer plusieurs rangées de briques triangulaires entrecroisées. Quant au château, qui était déjà construit au commencement du XIIIe siècle, il est complètement détruit.

L'église, placée sous le vocable de saint Denis et de saint Trivier, a été reconstruite presque entièrement en 1733 avec les débris de la chapelle Saint-Michel-d'Ainay, à Lyon.

Le bourg a une population de 593 habitants et 244 ménages, répartis en 109 maisons. Il est situé sur la route de Bourg à Lyon et est relié avec les environs par de nombreuses voies. En 1762, la ville ne comprenait que 70 feux, dont plus de la moitié étaient de pauvres veuves retirées là pour jouir des aumônes qu'y distribuaient les recteurs de la Charité de Lyon.

La population est essentiellement agricole ; le pays, plat dans la partie est, mais très accidenté dans la partie ouest, produit des grains, des légumes, du froment ; avant la maladie de la vigne on y récoltait du vin en assez grande quantité. Le commerce, à part celui des grains, y est à peu près nul.

La commune a une superficie de 4,207 hectares, un revenu annuel de 1,835 francs, 136 centimes en valeur de 107 fr. 75. Il y a une compagnie de sapeurs-pompiers, un hôpital.

On a trouvé, à Saint-Trivier, un cippe creusé dans la pierre dure ; il a 3 mètres de long, 1 mètre de large et 1 mètre de haut, et porte une inscription faisant connaître que ce serait le tombeau d'un nommé Pétronius. Comment cette tombe se trouve-t-elle là ? Pétronius a-t-il été inhumé là, ou le tombeau y a-t-il été apporté ? on ne le sait.

Hameaux : Béreins (131 habitants), seigneurie dépendant, à partir de 1612, de la Bresse ; ce hameau fut commune jusque sous l'Empire ; elle comptait 87 habitants en 1806 ; on y remarque trois poypes ; — les Bieux (52 habitants) ; — Chambéreins (80 habitants) ; — Montagneux (201 habitants, ancienne paroisse de Saint-Trivier, dont la chapelle existe encore ; — Percieux (150 habitants), très ancienne paroisse, qui est mentionnée pour la première fois dans une charte de 965 ; à ce moment, Percieux était le chef-lieu de l'Ager Perciacensis ; — Rippel (106 habitants) ; — Romanans (79 habitants).

AMAREINS. — Près de la Saône, en dehors de tout commerce et de tout passage, non loin du chemin de St-Trivier à Montmerle, sur le versant d'une colline au bas de laquelle coule le ruisseau d'Appéum, qui emplissait jadis de ses eaux les fossés du château d'Amareins. A 8 kilomètres de St-Trivier, 20 de Trévoux et 39 de Bourg. Ancienne seigneurie complètement détruite ; sur ses ruines s'élève un château moderne. — La principale culture du pays est la vigne, seule ressource pour les habitants.

La population est de 184 habitants répartis en 59 ménages et 55 maisons ; le bourg comprend pour sa part 110 habitants, 38 ménages et 36 maisons. En 1762, la commune ne comprenait que 18 feux. La superficie est de 419 hectares, le revenu annuel de 58 francs et il y a 67 centimes valant 21 francs 64.

AMBÉRIEUX. — 882 habitants. Située sur un petit monticule sur la route de St-Trivier à la Croix-Rousse, à 8 kilomètres de St-Trivier, 15 de Trévoux et 38 de Bourg. — Il est très probable que c'est là que fut promulguée en 501 le titre XLII de la loi Gombette. Une tradition constante et quelques historiens veulent que son château ait été une des résidences favorites des premiers rois burgondes. Chef-lieu d'une châtellenie de la principauté des Dombes. Elle possédait des franchises confirmées à plusieurs reprises et notamment en 1152 C'est là que le gouverneur de Lyon vint faire prêter serment au roi François Ier par les seigneurs des Dombes, la peste sévissant à Trévoux. — Le château d'Ambérieux était l'un des plus beaux et des plus forts de la contrée. Son donjon carré, quelques tours et des pans de murailles subsistent encore, mais à l'état de ruine. Ces importants débris, qui marquent peut-être la place où fut le palais de Gondebaud, méritent de fixer l'attention des archéologues ; certaines parties, en effet, portent, très bien accentués, les caractères des constructions militaires des XIIe et XIVe siècles (Guigue). A côté de la tour, cachée au milieu des anciens murs, se trouve l'église qui remonte au XIIIe siècle.

Le pays assez plat est excellent pour le froment et le seigle. Ambérieux était renommé pour ses foires de chevaux dès 1767, et il a gardé sous ce rapport une certaine importance.

En 1762, la paroisse comprenait 64 feux et le bourg 24 maisons. De nos jours, la population se répartit en 241 ménages et 142 maisons ; le bourg compte pour 533 individus, 170 ménages et 81 maisons.

La commune a une superficie de 1.593 hectares, un revenu

annuel de 2.824 francs, 103 centimes d'une valeur de 49 francs 34 centimes.

Baneins. — A 5 kilomètres de St-Trivier, 24 de Trévoux et 28 de Bourg. Le bourg très coquet est situé au pied d'un coteau à la croisée des routes de Pont-de-Veyle à la Croix-Rousse et de Châtillon à Belleville. Il dépendait de la principauté des Dombes, mais l'église et une partie de la commune faisaient partie de la Bresse (mandement de Châtillon). En 1762, au moment de l'annexion, c'était une petite paroisse de 31 feux. La population de nos jours est de 553 habitants, dont 205 pour le bourg, répartis en 160 ménages et 137 maisons. L'église est très ancienne et peut remonter au XIe siècle, le portail et le chœur sont à plein cintre.

Arrosé par le Moignans qui coule au fond d'un vallon assez encaissé. On y cultive le froment et le seigle. — La superficie de la commune est de 902 hectares et son revenu annuel est de 421 francs ; elle a 114 centimes d'imposition valant 32 francs 77.

Hameaux : Atuanceins, qui fut autrefois le nom de la commune, ancienne église : les Bâgés (35 habit.), Bicêtre (41 habit.), les Billom (47 habit.), les Bois (70 habit.)

Cesseins. — Arrosé par la Calonne. A 5 kilomètres de St-Trivier, 22 de Trévoux et 36 de Bourg. La population est de 199 habitants répartis entre 58 ménages et 47 maisons ; le bourg pour sa part comprend 112 habitants, 34 ménages et 27 maisons. Cesseins n'a point d'église et dépend de la paroisse de Francheleins, ainsi qu'Amareins ; autrefois cependant il y avait une chapelle, qui sert actuellement de magasin à fourrage; elle datait du XIe siècle.

La commune a une superficie de 493 hectares, un revenu annuel de 97 francs et 111 centimes d'une valeur de 18 fr. 13 centimes.

Hameaux : Tavernost (18 habit.), ancienne seigneurie avec

château fort, justice haute, moyenne et basse ; il ne reste plus de l'ancien château qu'une tour et quelques pans de mur conservés, à titre de souvenirs historiques, au milieu des constructions modernes. Vataneins (10 hab.) ; Montplaisir (30 habit.)

CHALEINS. — A 9 kilomètres de St-Trivier, 12 de Trévoux et 10 de Bourg. Situé dans un pays plat ; on y récolte du froment de qualité supérieure, des fruits excellents, surtout des pommes.

Au moment de l'annexion à la France, la commune ne comptait que 85 feux et le bourg avait pour sa part 15 maisons. De nos jours la population est de 791 habitants répartis dans 190 maisons et 207 ménages : la population du bourg n'est que de 159 habitants. La commune a une superficie de 1,700 hectares, un revenu annuel de 537 francs et 90 centimes valant 76 francs 11.

Hameaux : Chavaleins (60 habit.) ; Fournieux (137 hab.) ; Joudon (35 hab.) ; Némard (50 hab.) ; Novet (20 hab.), ancien fief du comté de Messimy ; St-Jean-de-Vaux (36 h.) ; Sapins (80 hab.) apparaît dans les actes publics dès le XIe siècle ; Villette (100 hab.), ancien fief avec maison forte.

CHANEINS. — 668 habitants. — Sur la route de Châtillon à Belleville, à 5 kilomètres de St-Trivier, 24 de Trévoux et 33 de Bourg. Cette commune n'apparait dans l'histoire qu'au XIIIe siècle. C'est une riche commune ; on y récolte du froment, du seigle. Le pays traversé par la Calonne est assez accidenté. Le bourg ne comprend que 36 maisons. L'église remonte au Xe ou XIe siècle.

La superficie de la commune est de 1,263 hectares ; le revenu annuel de 487 francs et il y a 82 centimes valant 52 fr. 29.

Hameaux : Beybleu (75 hab.) ; Chabaudières (55 hab.) ; Chaillouvres (60 hab.), ancienne seigneurie en toute justice avec château fort existant déjà très probablement au Xe siècle, mais possédée d'une manière très certaine, dès le XIe siècle, par des gentilshommes du nom et armes de Chaillouvres; le Merle (40 hab.) ; Montessuy (100 hab.).

FAREINS. — Village situé en dehors de la région des étangs sur le rebord du plateau que baigne la Saône. A 13 kilomètres de St-Trivier, 12 de Trévoux et 44 de Bourg. C'est un très bon pays ; on y trouve des prairies et beaucoup de vignes. Il y a de nombreuses maisons bourgeoises.

Fareins était au Xe siècle le chef-lieu d'un *ager*. On y a trouvé des médailles, tuiles et poteries de l'époque gallo-romaine ; au hameau de Grelonges des objets de toilette, dont une pince à épiler, et un anneau en bronze portant le mot IOVI gravé sur le chaton ; au Préau, un poignard en fer et des médailles de Trajan, de Nerva et d'Agrippine ; près du Rougeat, un vase en terre rose ; dans le bois de Groit, un petit buste en bronze de Diane.

C'est dans cette commune que prit naissance, quelques années avant la Révolution, une secte d'illuminés appelés Farinistes. Le Fareinisme n'est pas autre chose que le Jansénisme, qui chassé de Paris par la fermeture du cimetière Saint-Médard et nullement résigné à mourir s'est retiré en province. Cette secte a eu pour fondateurs les frères Claude et François Bonjours, successivement curés de Fareins. Les miracles commencèrent en 1783. La secte qui comptait, au commencement du siècle, plus du tiers des habitants, et s'étendait dans les communes voisines et même en Beaujolais, n'a plus que quelques adeptes et tend à disparaître. Les derniers adeptes sont très austères, leurs mœurs sont graves. (Voir le Fareinisme par M. Jarrin.)

La commune, en 1762, ne comptait que 70 feux ; c'est de nos jours une des plus importantes du canton. La population est de 1,108 habitants, répartis en 360 ménages et 357 maisons ; le bourg y compte pour 274 habitants. La superficie est de 320 hectares, le revenu annuel de 569 francs, et il y a 58 centimes valant 67 francs 80.

Hameaux : Bergneaud (55 habitants) ; Bicheron (121 habitants) ; Flèchères, ancienne baronnie en toute justice ; le château actuel, l'un des plus beaux de notre département, date du commencement du XVIIe siècle ; Néprat (80 habitants) ; le Perrat (66 habitants), c'est là que se réunissaient les Farinistes ; le Poulet (71 habitants) ; le Mas du Puits (71 habitants).

Francheleins. — 185 habitants. A 7 kilomètres de Saint-Trivier, 18 de Trévoux et 38 de Bourg. Bon terrain pour la production agricole. — On y remarque un vieux manoir bâti au 12e siècle par les sires de Francheleins ; il est assez bien conservé ; la construction en est des plus originales.

La commune a une superficie de 454 hectares, un revenu annuel de 42 francs et 141 centimes d'une valeur de 19 francs 85 centimes.

Hameau : Collonges (37 habitants).

Lurcy. — 315 habitants, à 10 kilomètres de Saint-Trivier, 17 de Trévoux et 41 de Bourg. Commune arrosée par la Saône ; très bonne culture, froment, vignes.

Le château, qui subsiste en grande partie, était déjà bâti au commencement du XIVe siècle.

La superficie de la commune est de 481 hectares ; son revenu annuel est de 80 francs et son imposition extraordinaire est de 80 centimes valant 33 francs 27.

Hameaux : Cailleton (67 habitants) ; la Croix, le Rosier (47 habitants) ; le quartier des Juifs (83 habitants).

Messimy. — Près de la Saône, à 14 kilomètres de Saint-Trivier, 14 de Trévoux et 45 de Bourg. On y récolte beaucoup de froment, de colza ; il y a de la vigne. Déjà en 1762 son principal revenu était le vin. Au Xe siècle, c'était le chef-lieu d'un ager. On y a trouvé un grand bronze de Tibère.

La population est de 705 habitants, répartis en 252 ménages et 227 maisons ; celle du bourg est de 222 habitants. La commune a une superficie de 595 hectares, un revenu annuel de 617 francs et 70 centimes d'une valeur de 41 fr. 42.

Hameaux : Bonnevières (50 habitants), la Croix (85 habitants), Guillard (91 habitants), Poyat (75 habitants), la Rue-Basse (152 habitants).

Relevant. — 423 habitants, à 6 kilomètres de Saint-Trivier, 25 de Trévoux et 30 de Bourg. C'est une des communes situées dans la zone des étangs, dans un pays plat, sauf dans la partie N.-E. où le ruisseau du Relevant est très encaissé. Elle n'a été créée commune que par une loi du 3 juillet 1846 et fut formée des anciennes paroisses de Saint-Cyr et de Saint-Christophe, et elle tira son nom du ruisseau qui la traverse. La culture y est médiocre.

La superficie est de 1,222 hectares ; le revenu annuel de 95 francs, et il y a 152 centimes valant 19 francs 31.

Hameaux : Arbignieu, ancien fief ; le Bioley, ancienne maison, au XIIIe siècle, de l'ordre de Saint-Jean-de-Jérusalem ; Malivert ; Rollet ; Saint-Christophe, ancienne paroisse dont l'église a été démolie en 1860 : le clocher faisait partie de la Dombes, mais la plus grande partie de la paroisse était de Bresse ; Saint-Cyr, ancienne paroisse qui, avec la précédente, a formé la commune de Relevant.

Sainte-Olive. — 239 habitants. Le bourg, situé sur un petit mamelon au milieu d'un pays plat de la région des étangs, est à 7 kilomètres de Saint-Trivier, 18 de Trévoux et 39 de Bourg. Bonne culture. On y a toujours récolté du beau blé ; on trouve, en effet, dans la situation des villages en 1762, ces quelques mots : on y est ivrogne, processif, mais pauvre volontairement, car on y récolte du beau blé. Cette commune est en plein pays d'étangs. Le château de Sainte-Olive est ruiné ; il avait été saisi en 1445 par le duc de Savoie, pris de vive force en décembre 1457 par le prince de Piémont, et repris en 1460 par les troupes du duc de Bourbon, qui l'incendièrent et le détruisirent.

La commune a une superficie de 739 hectares, un revenu annuel de 201 francs et 217 centimes d'une valeur de 11 francs 86 centimes.

Savigneux. — 642 habitants, à 10 kilomètres de Saint-Trivier, 11 de Trévoux et 41 de Bourg. En plaine. On y récolte du froment, seigle, avoine et colza.

Cette commune est mentionnée dès le Ve siècle. En 499, Gondebaud, roi des Burgondes, y tint une conférence avec les évêques catholiques. En 934, Hugues et Lothaire donnèrent le village, ses dépendances et ses habitants à l'abbaye de Cluny. — On y a trouvé des médailles de Vérus.

La commune a une superficie de 1,476 hectares, un revenu annuel de 386 francs et 89 centimes valant 43 francs 84.

Hameaux : la Breille (26 habitants), ancien fief ; les Bruyères (39 habitants) ; les Carronnes (21 habitants) ; Chaves (48 habitants) ; Fontaine (60 habitants) ; Fontblin, ancien fief dont le possesseur était seigneur de Villeneuve ; Juis (183 habitants), ancienne châtellenie datant du Xe siècle ; le château existe encore en grande partie, sa construction paraît dater de la fin du XIVe siècle ; le château a la forme d'un dé de briques surmonté de créneaux, à l'angle nord-ouest s'élève la petite tour du guetteur ; Montberthoud (28 habitants), ancien prieuré dépendant des religieux de Cluny et qui existait déjà depuis longtemps au XIe siècle, ainsi que l'apprend une notice de 1097 ; il possédait de nombreuses possessions en Dombes et même en Bresse. Des franchises furent accordées en 1223 aux habitants de ce village par leur comte ; au XVIIe siècle, les officiers du prince de Dombes firent d'office, et malgré l'opposition des abbés de Cluny, reconstruire une partie des bâtiments du monastère ; une aile de ces bâtiments subsiste encore et est utilisée comme grange ; quant à l'église, il n'en reste plus trace.

Villeneuve. — Dans une bonne situation, sur la route de Bourg à Lyon, à 7 kilomètres de Saint-Trivier, 12 de Trévoux et 39 de Bourg. Le bourg est assez coquet, on y remarque une assez belle fontaine surmontée de la statue en bronze de la déesse Cérès. Le territoire, plat dans la partie est, est de bonne culture : froment, seigle, avoine et colza.

C'est une ancienne ville qui, en 1762, était encore un village entouré de mur ; le château de Villeneuve est aujourd'hui entièrement détruit, il n'en subsiste que quelques fondations. C'était une des douze châtellenies de la principauté de Dombes.

La population est de 1,071 habitants, répartie en 270 ménages et 240 maisons ; le bourg a une population de 492 habitants. Brigade de gendarmerie. La superficie est de 2,678 hectares ; le revenu annuel est de 3,101 francs, et il y a 90 centimes d'une valeur de 75 francs 14 centimes.

Hameaux : Agnereins (182 habitants), ancienne commune et, au Xe siècle, chef-lieu d'ager ; Chanteins (172 habitants), ancienne paroisse, au siècle dernier, but d'un pèlerinage fréquenté ; les Communaux (93 habitants) ; Graveins, ancien fief avec toute justice et avec château-fort, dont il ne reste plus aucune trace que la poype ; le Mortier (77 habitants) ; le Mottadès, ancienne seigneurie avec château-fort ; Ouroux (55 habitants), ancienne paroisse ; Saint-Pierre, autrefois chapelle rurale, au XVIIe siècle, célèbre par un pèlerinage pour les fièvres ; Villion, autrefois seigneurie avec château-fort, dont il ne reste aujourd'hui presque rien ; il avait été pris d'assaut en 1378 par Amé Le Rouge, comte de Savoie.

Canton de Thoissey

Le canton de Thoissey occupe l'angle nord-ouest de l'arrondissement de Trévoux. Il est borné au nord par le canton de Pont-de-Veyle, dont il est séparé en partie par le bief d'Avanon, à l'est par celui de Châtillon-sur-Chalaronne, au sud par celui de Saint-Trivier-sur-Moignans, à l'ouest par la Saône qui sert de limite, de Garnerans à Montmerle.

A part la vallée de la Saône, qui n'est large que vers Garnerans et Saint-Didier, et qui se rétrécit de plus en plus vers le sud, le pays appartient déjà au plateau de la Dombes. Il est accidenté et présente des altitudes bien diverses. C'est dans l'est que l'on trouve les points les plus élevés : Barbarelle, hameau de Saint-Etienne-sur-Chalaronne, 254 m ; la Carronnière, territoire d'Illiat, 256 m ; Valeins, 264 m ; Dompierre, 268 m. Près de la Saône, les altitudes sont les suivantes : Mogneneins, 224 m ; Montmerle, Genouilleux, Guéreins, 222 m ; Garnerans, 221 m ; Saint-Didier et Thoissey, 181 mètres.

Les cours d'eau coulent de l'Est à l'Ouest ; l'Avanon dans le nord du canton, la Chalaronne vers le milieu, le bief de Peyzieux et la Calonne vers le Sud. La Chalaronne est de beaucoup le plus important. Tous les quatre se jettent dans la Saône, que l'on franchit par les ponts de Saint-Romain-des-Iles, de Thoissey, de Belleville et de Montmerle.

Desservi par les routes de Châtillon à Belleville, de Thoissey à Châtillon, et de Trévoux à Bâgé, ce canton ne possède aucun chemin de fer, mais le tramway de Trévoux à Saint-Trivier-de-Courtes, dont le Conseil général vient de décider la construction, le traversera dans toute sa longueur, de Montmerle à Garnerans, en suivant la route de Trévoux à Bâgé.

Le terrain est en général argileux et siliceux, mais, dans la vallée de la Saône, il y a beaucoup de terres d'alluvion. La population, en très grande partie agricole, s'adonne spécialement à la culture des céréales, du colza, du chanvre, des pommes de terre, des prairies artificielles. Avant l'invasion du phylloxera, le vin était un des principaux produits, surtout à Mogneneins, Montmerle, Garnerans, Dompierre Illiat, Saint-Didier, etc. La reconstitution des vignobles par les cépages américains et les plants greffés, commencée depuis quelque temps, comblera avant peu le déficit des dernières années.

Sur les bords de la Saône se trouvent de vastes et riches prairies, fertilisées, mais aussi quelquefois ravagées par les inondations devenues beaucoup plus fréquentes depuis la construction des barrages. Enfin les fruits, pommes, poires, cerises, et surtout les pêches dites de Thoissey et de Mogneneins, que l'on récolte dans les vignes et qui jouissent dans la région voisine d'une réputation bien méritée, complètent l'énumération des productions variées de ce riche canton. En général, le terrain est très divisé, on n'y pratique guère que la petite et la moyenne culture. 23 domaines seulement comprennent plus de 60 hectares ; 1 à Saint-Didier, 2 à Valeins et 20 à Saint-Etienne. Le commerce de détail et purement local existe seul. L'industrie ne s'exerce que sur les objets de première nécessité : farine, huile, chaux, etc.

Son histoire se confond avec celle de la principauté de Dombes, dont elle faisait partie, et qui, après avoir appartenu à la Maison de Bourgogne, eut toujours des souverains particuliers, et passa de la famille des ducs de Montpensier, seconde branche des princes de Bourbon, dans celle d'Orléans, par le mariage de Marie de Bourbon avec Gaston d'Orléans, 1626. Leur fille, Anne-Marie-Louise d'Orléans (la grande Mademoiselle), leur succéda dans la principauté, dont elle fit donation, en 1680, au duc du Maine, fils naturel de Louis XIV, afin d'obtenir la liberté du duc de Lauzun, son mari, enfermé à Pignerol. Louis XV l'acquit le 19 mars 1762 du comte d'Eu, l'un des fils du duc du Maine, et, en 1790, elle fut comprise dans le département de l'Ain.

Il comprend 13 communes : Thoissey (le chef-lieu), Dompierre-sur-Chalaronne, Garnerans, Genouilleux,

Guéreins, Illiat, Mogneneins, Montceaux, Montmerle, Peyzieux, Saint-Didier-s-Chalaronne, Saint-Etienne-sur-Chalaronne et Valeins. La superficie est de 12,541 hectares, la population de 11,960 habitants, soit 95 par kilomètre carré, l'une des plus denses du département ; en 1802, elle était de 11,069. Ce canton possède 2 brigades de gendarmerie à Montmerle et à Thoissey, 5 compagnies de sapeurs-pompiers à Thoissey, Garnerans, Montmerle, Saint-Etienne, Mogneneins, et 6 sociétés de secours mutuels, une à Thoissey, 3 à Montmerle, une d'hommes et 2 de femmes, une à Saint-Didier et une à Saint-Etienne.

THOISSEY. — A 30 kilomètres de Trévoux et 34 de Bourg. Baigné par la Saône et la Chalaronne, le territoire de Thoissey est très restreint (134 hectares, mais la population est de 1,518 habitants, répartis en 419 ménages et 269 maisons, presque toutes réunies, car il n'y a que deux hameaux et très secondaires : le Port et l'Arquebuse. Le reste forme un très joli groupe, à quelques hectomètres de la Saône, bien vivant et bien bâti, et disposé en 4 ou 5 rues, dont une large et belle. Le champ de foire est spacieux. En 1802, la population était de 1,377 ; depuis cette époque, le nombre des naissances est allé presque toujours décroissant : 504 de 1793 à 1803 ; 489 de 1813 à 23 ; 348 de 43 à 53 ; 302 de 1863 à 1873, et 275 de 1873 à 1883. On n'y pratique que la petite culture qui, dans un sol presque exclusivement d'alluvions, produit des céréales, des fourrages et des légumes. Sans être aussi développé qu'avant la construction du P.-L.-M., son commerce est encore assez important et s'exerce sur la rouennerie, la mercerie, l'épicerie, la confiserie, les fruits, les légumes ; ses marchés aux bestiaux, qui ont lieu tous les vendredis, sont les plus importants de la région. L'industrie est représentée par un moulin, 2 tanneries, une mégisserie, une scie à vapeur et 2 vanneries.

Le seul établissement à citer est le collège ecclésiastique fondé en 1680 par Anne-Marie-Louise d'Orléans, et destiné à servir à toute la Dombes. Louis-Auguste de Bourbon, duc du Maine, qui lui succéda, le prit sous sa protection. Depuis lors, jusqu'à la Révolution, il a toujours joui d'une réputation bien méritée. Vers les premières années de Napoléon, il fut rétabli dans le même local, avec tous les éléments qui peuvent lui assurer un rang distingué parmi les établissements privés de l'enseignement secondaire. L'hôpital date du 16e siècle. L'église est de construction très récente. Le revenu de la commune est de 11,294 francs ; le centime vaut 123 francs 17 ; le nombre des cotes foncières est de 272, dont 78 payées par les forains.

Dompierre-sur-Chalaronne. — A 10 kilomètres de Thoissey, 32 de Trévoux et 30 de Bourg. — Quoique n'ayant que 478 hectares, renferme, outre le bourg, un assez grand nombre de hameaux : la Sablonnière, la Croix-de-Bresse, le

Parlement, le Palais-Royal en Champagne. Le bourg comprend un groupe de maisons peu important et disposées de chaque côté de la route de Thoissey à Châtillon. Son sol argilo-siliceux produit des céréales, du colza, des pommes de terre et des fourrages ; sur les coteaux de la Chalaronne qui arrose la partie sud, on récolte du bon vin blanc. Il n'y a ni industrie, ni commerce. La population est de 305 habitants en 97 ménages et 84 maisons ; en 1802 elle était de 244. Depuis cette époque le nombre des naissances est resté à peu près stationnaire, 93 de 1793 à 1803, 103 de 1813 à 1823 ; 97 de 1833 à 1843, 94 de 1863 à 1873, 86 de 1873 à 1883.

Sur 191 cotes foncières, les forains en paient 123 ; le centime produit 23 fr. 08, le revenu de la commune est de 385 fr.

Genouilleux. — A 7 kilomètres de Thoissey, 23 de Trévoux et 41 de Bourg. — Baigné à l'est par la Saône, ne comprend que 408 hectares d'un sol moitié sable, moitié argile et qui produit le blé, le colza, les pommes de terre, les betteraves, le foin et le vin. La population qui en 1802 était de 452, n'est plus que de 352 par suite de la diminution constante du nombre des naissances : 181 de 1793 à 1803, 142 de 1813 à 1853, 91 de 1853 à 1863, 88 de 1863 à 1873. Les 108 maisons qui comprennent 119 ménages sont réparties dans le bourg et les 3 hameaux des Rivaux, de Cazan et de Port-Chassy. Le bourg se compose de l'église assez vieille et peu intéressante et de quelques maisons échelonnées de chaque côté de la route de Trévoux à Bâgé. Non loin de là s'élève l'ancienne tour de Chavagneux. Le revenu de la commune est de 80 fr., le centime produit 32 fr. 15, sur les 201 cotes foncières, les forains en paient 95.

Garnerans. — A 6 kilomètres de Thoissey, 35 de Trévoux et 37 de Bourg. — Est longé par la Saône sur une étendue de plus de 3 kilomètres et traversé par l'Avanon, et comprend 857 hectares d'un sol sablonneux ou argileux et qui produit des céréales, du fourrage, beaucoup de pommes de terre, du colza, du vin et des fruits. Parmi les hameaux, il faut citer les Leynards, Romans, Montgoin, les Desbosts. Le bourg renferme outre l'église vieille et d'un aspect peu agréable une douzaine de maisons groupées sur une hauteur à environ 800 mètres de la route de Trévoux à Bâgé. Près de là se trouvent quelques restes du château habité par la famille Cachet de Montézan, et qui fournit un grand nombre de présidents et de conseillers au Parlement des Dombes, et dont l'un Claude Cachet fit construire en 1700 l'église actuelle. La population est de 647 habitants en 211 ménages et 196 maisons contre 770 en 1802. Comme dans la plupart des communes des bords de la Saône, la population est allée se réduisant par suite de la diminution des naissances; 282 de 1793 à 1803, 316 de 1813 à 1823, 289 de 1833 à 1843, 198 de 1843 à 1853, 141 de 1863 à 1873, 104 de 1873 à 1883.

Le revenu de la commune est de 282 fr., le centime vaut 46 fr. 15, sur 603 cotes foncières les forains en paient 293.

Guéreins. — A 8 kilomètres de Thoissey, 22 de Trévoux et 40 de Bourg. — Longé du nord au sud par la Saône, traversé de l'est à l'ouest par la Calonne dont la vallée est assez pittoresque dans la partie orientale de la commune, a une étendue de 451 hectares et 2 hameaux principaux : les Charmes et les Sables. Le bourg se compose d'un assez grand nombre de maisons disposées de chaque côté de la route de Trévoux à Bâgé. On y voit l'église de construction récente et qui avec son clocher très élancé est réellement jolie. Moitié argile, moitié sable, le sol est assez fertile et produit des céréales, du vin, des légumes et des asperges : dans quelques maisons on élève des vers à soie ; le commerce est nul ; mais l'industrie est représentée par un four à chaux, une huilerie et 2 moulins dont un très important sur la Calonne.

Le revenu de la commune est de 329 fr., le centime vaut 46 fr. 95. Les forains paient 96 des 338 cotes foncières. La population est de 672 contre 724 en 1802; depuis cette époque le nombre des naissances est allé en diminuant : 315 de 1793 à 1813, 255 de 1843 à 1853, 191 de 1853 à 1863, 178 de 1863 à 1873.

ILLIAT. — A 8 kilomètres de Thoissey, 38 de Trévoux et 29 de Bourg. — Est arrosé par l'Avanon dont les sources se trouvent à l'ouest du bourg. Son étendue est d'environ 8 kilomètres dont 3 sur le territoire de la commune. Il se jette dans la Saône, à 1 kilomètre au sud d'Arciat.

Ordinairement à sec l'été à moins de fortes pluies, ce cours d'eau est assez faible, et son arrosage n'est nullement profitable aux prés; car il ne favorise que la poussée des joncs, des carex et autres herbes aussi mauvaises.

Pont-Charra et la Glenne, deux autres petits cours d'eau de la commune, se jettent dans la Chalaronne, le premier à Saint-Didier, le second à Saint-Etienne.

Aux Creuses d'Enfer, entre Illiat et Saint-Julien-sur-Veyle, naît le bief Bourbon, qui après avoir traversé les bois de la partie orientale de la commune, va se jeter dans la Veyle à Saint-Julien. Le sol, de nature argileuse, se prête à toutes les cultures; aussi on récolte du blé, du seigle, du colza, des fruits, pommes, poires et du bon vin blanc; les bois d'essence variée, mais surtout de châtaigniers et charmilles, y sont restés nombreux, malgré le mouvement de déboisement qui s'y est produit il y a une trentaine d'années.

Comme industrie on ne peut citer qu'une tuilerie. Avec ses 2,038 hectares, Illiat est une des communes les plus étendues du canton et comprend, outre le village, un grand nombre de petits hameaux assez éloignés les uns des autres : la Collonge, Saint-Loup, Montezan, Montrevel, Farcery, Bramafan, les Jouberts, Combabonnet, le Tang, Pionneins, les Rollets, Montagrimau.

Le bourg ne comprend guère qu'une dizaine de maisons groupées autour de la jolie église, de construction très récente et due en grande partie aux libéralités d'un châtelain du pays. Les hameaux de la Collonge et de Montézan tirent leurs noms d'une famille seigneuriale ; Cachet de Montézan et de Garnerans.

Cette maison est originaire de la Bresse ; elle vint s'établir en Dombes au milieu du XVe siècle et s'allia plus tard par mariage à celle de Sabot dont un membre François de Sabot de Lugny était en 1736 seigneur de la Collonge et de Mérège. En 1746 un membre de la famille Cachet de Montézan s'unit à la famille des Vergennes, en se mariant avec la nièce du comte de Vergennes, commandeur des ordres du roi et ministre des affaires étrangères de Louis XVI. Le dernier descendant de la maison Cachet de Montézan et de Garnerans étant mort sans héritier mâle, ses titres passèrent à sa sœur mariée à M. de Lombardon dont les fils sont autorisés à joindre à leur nom celui de Cachet de Montézan, et dont l'un d'eux vient de faire paraître une brochure intitulée « Notes et souvenirs, l'Ancienne principauté des Dombes et son Parlement. La famille Cachet de Montézan des comtes de Garnerans. »

Au hameau du Tang, se trouve le château de Pionneins, récemment réparé et qui a appartenu à M. Lorin, fondateur du musée de Bourg. Près de là, au hameau de Saint-Loup, existait une chapelle dédiée à ce saint, mais démolie actuellement et dont il ne reste que le vestige d'une pierre qui a, dit-on, recouvert le tombeau du saint. Au bourg se voit la poype de Lurcy.

Le revenu de la commune est de 1,339 fr., le centime vaut 59 fr. 29 ; sur 820 cotes foncières, les forains en paient 611. La population qui n'était que de 318 en 1802 ; est actuellement de 612 habitants répartis en 181 ménages et 167 maisons, quoique le nombre des naissances soit allé en décroissant. 245 de 1793 à 1803, 227 de 1803 à 1813, 196 de 1843 à 1853, 169 de 1853 à 1863, 141 de 1863 à 1873.

MOGNENEINS. — A 4 kilomètres de Thoissey, 26 de Trévoux et 37 de Bourg. — Etait l'une des communes les plus riches du canton avant l'invasion du phylloxera qui a détruit la plupart des vignes, et dont le vin figurait parmi les meilleurs de la rive gauche de la Saône.

Son sol argilo-calcaire produit des céréales, du colza, du vin, des pommes de terre, des fourrages et des pêches renommées. Toutes les eaux de la commune vont par les biefs de Jorfond et de Séran, dans la Saône traversée en cet endroit par un barrage construit il y a une vingtaine d'années, lors de la canalisation de cette rivière.

L'étendue est de 857 hectares; les principaux hameaux : Flurieux, Avaneins, Carillon, Séran, le Deaux, le port du Mure et les Rives. Le bourg se trouve sur une hauteur, à quelques hectomètres, est, de la route de Trévoux à Bâgé ; on y voit une belle église, avec croix de pierre sculptée, construite en 1868. Mogneneins possède plusieurs châteaux, en particulier celui des Avaneins, celui du Carillon avec horizon très étendu; celui du Deaux. Les principales maisons bourgeoises sont : celle de la rue Saint-Jean, de Gravillon avec vue splendide ; celle de la Vennerie, la vaste habitation de Séran, celle de Flurieux.

La population qui était de 1,102 en 1806 est revenue à 1,066 habitants, répartis en 298 ménages qui habitent 259 maisons. Les naissances par décades présentent une diminution assez peu sensible : 395 de 1793 à 1803 ; 361 de 1813 à 1823, 329 de 1833 à 1843, 284 de 1843 à 1853, 241 de 1863 à 1873, 259 de 1873 à 1883. Le revenu est de 4,485 fr. provenant de terrains cédés à la commune par Melle de Montpensier ; le centime produit 67 fr. 87 ; sur 477 cotes foncières 195 sont payées par les forains.

MONTCEAUX. — A 12 kilomètres de Thoissey, 23 de Trévoux et 46 de Bourg, n'est arrosé que par la Calonne qui va ensuite à Guéreins et qui fait marcher 3 moulins. Ses 1,003 hectares sont argileux par moitié, le reste est calcaire ou sablonneux, les cultures sont celles des communes voisines : céréales, pommes de terre, vin, fourrages dans la vallée de la Calonne.

La population a suivi une marche inverse de celle des autres communes : en 1802, elle n'était que de 272 : actuellement elle est de 601 habitants en 185 ménages et 167 maisons, tant au bourg que dans les hameaux des Riveaux, de St-Maurice-le-Reverdi, Charlet, Rivolet, les Fourches, En Ailles, la Grange-Noire.

Ils sont disposés à droite et à gauche de la route de Belleville à Châtillon, le long de laquelle se trouvent quelques maisons qui forment le bourg.

De 1793 à 1803 il y a eu 205 naissances, 214 de 1803 à 1813, 198 de 1843 à 1853, 158 de 1853 à 1863, 133 de 1863 à 1873. Les forains paient 366 cotes foncières sur 507.

Le revenu est de 379 fr., le centime produit 44 fr. 92. En fait de monuments, il n'y a que le château de M. de la Bâtie.

MONTMERLE. — A 12 kilomètres de Thoissey, 18 de Trévoux et 41 de Bourg, est gracieusement assis sur le bord de la Saône et a l'aspect d'une jolie petite ville avec ses 431 maisons, parmi lesquelles 369 disposées en 3 ou 4 rues, dont la principale est parallèle à la Saône et dont les 62 autres se trouvent au hameau du Peloux. Ses 1,790 habitants forment 604 ménages. En 1802 la population n'était que de 1,629 ; depuis cette époque le nombre des naissances est toujours allé décroissant : 624 de 1793 à 1803, 637 de 1813 à 1823, 553 de 1833 à 1843, 384 de 1853 à 1863, 325 de 1863 à 1873, 364 de 1873 à 1883. Le territoire est très restreint : 416 hectares de nature argilo-calcaire et où l'on récolte peu de céréales, mais beaucoup de légumes et de vins. La seule industrie est la fabrication des chaises de tous genres qui occupe bon nombre de ménages. Le commerce se fait surtout par les marchés et foires assez fréquentées, dont l'une, celle du 8 septembre, est la plus importante de toute la région. Il est vrai que depuis la multiplication des chemins de fer et autres voies de communication elle a subi la loi de toutes les grandes foires et diminue tous les ans. Il y a 30 ans elle durait 15 jours : aujourd'hui pendant 3 jours seulement, il y a réellement foule à Montmerle surtout le 9 septembre, où bon nombre d'étrangers venus de fort loin, en particulier du Beaujolais, du Lyonnais et de la Provence, viennent acheter nos jeunes poulains. Les nombreuses distractions de toutes espèces : bals champêtres, cafés chantants, luttes athlétiques, exhibitions, etc., tous installés sur les bords de la Saône, attirent également un grand nombre de visiteurs.

Montmerle possède 2 châteaux : celui de la Zeille, au centre de la ville, et dans la partie élevée celui des Minimes, avec sa chapelle et sa tourelle du haut de laquelle on jouit d'une vue fort étendue dans la vallée de la Saône et le bas Beaujolais.

Le revenu de la commune est de 4,133 fr., le centime vaut 112 fr., 10 ; sur 522 cotes foncières les forains en paient 125.

PEYZIEUX. — A 6 kilomètres de Thoissey, 26 de Trévoux et 37 de Bourg, arrosé par la Saône à l'ouest et le Rapillon de l'est à l'ouest, a 866 hectares d'un sol argileux qui produit des céréales, des pommes de terre, du colza et du vin, etc.

Les 367 habitants comprennent 108 ménages logés en 102 maisons, presque toutes réparties entre le hameau de Simandre et le bourg situé sur une hauteur à environ 1 kilomètre est de la route de Trévoux à Bâgé. En 1802, il y avait 426 habitants. A partir de cette époque les naissances ont été les suivantes : 187 de 1793 à 1803, 143 de 1803 à 1813, 108 de 1843 à 1853, 71 de 1853 à 1863, 76 de 1863 à 1873.

Le revenu est de 676 fr., le centime vaut 38 fr. 17 ; les forains paient 332 cotes foncières sur un total de 402.

ST-DIDIER-SUR-CHALARONNE. — A 1 kilomètre de Thoissey, 30 de Trévoux et 33 de Bourg, est limité à l'est par la Saône, et traversé en son milieu par la Chalaronne, le cours d'eau le plus important, après la Saône, de tout le canton, quoiqu'il charrie fort peu d'eau l'été. C'est à la fois la commune la plus étendue et la plus peuplée du canton avec ses 2,498 hectares, et ses 2,468 habitants répartis en 723 ménages et 600 maisons, formant un grand nombre de hameaux importants : Vanans, Challes, le Haut-Mizériat, Champanelle, Mérèges, Valenciennes, Aufanans, Trève-Giroud, Romanin. Le bourg est très important et assez vivant : il comprend un assez grand nombre de maisons, disposées autour d'une place dont l'église forme un côté, et d'autres échelonnées de chaque côté d'une rue qui semble être la continuation naturelle de celle de Thoissey.

A part le domaine de Bel-Air, qui comprend 80 hectares, le sol est bien divisé et produit des céréales, du colza, du vin et beaucoup de légumes.

Le commerce local est assez important ; les marchands de détail, épiciers, boulangers, bouchers, etc., approvisionnent une partie des communes voisines. L'industrie est représentée par 1 mégisserie, 1 four à chaux, 6 moulins.

Cette commune tire son nom de Didier, archevêque de Vienne en Dauphiné, qui, chassé de la Cour de Bourgogne, fut assassiné en 608 par ordre de Brunehaut, sur les bords de la Chalaronne et qui est devenu le patron de la commune.

On remarque le joli château de Challes et celui de Vanans ; on y voit aussi les vestiges d'une poype. En 1802, la population était de 2,314 habitants, depuis cette époque les naissances ont suivi constamment une progression décroissante : 802 de 1793 à 1803, 783 de 1803 à 1813, 750 de 1833 à 1843, 671 de 1853 à 1863, 546 de 1863 à 1873, 461 de 1873 à 1883,

Le revenu de la commune est de 1,695 fr., le centime vaut 184 fr. 29 ; sur 1,183 cotes foncières, les forains en paient 543.

St-Etienne-s-Chalaronne. — A 7 kilomètres de Thoissey, 36 de Trévoux et 32 de Bourg, a une étendue de 2,099 hectares, et il est divisé en 2 parties à peu près égales par la Chalaronne, qui sépare les hameaux de la rive gauche St-Blaise, Grabost, Champgrillet, St-Martin, de ceux de la rive droite Barbarelle, Beaumont, Corcelles et un peu plus loin Brody, Bézenins. Le bourg, composé d'un assez grand nombre de maisons, est situé près de la Chalaronne, qui reçoit la Glenne, le Merdelon et le bief du Moyne.

Essentiellement agricole, cette commune comprend plus de 20 domaines au-dessus de 60 hectares, et a les cultures les plus variées : céréales, chanvre, colza, fourrages et sur les coteaux de bonnes vignes ; le terrain est en général argileux. Le commerce est insignifiant, mais l'industrie est représentée par 5 moulins à meules, une scierie mécanique, 2 batteuses fixes et des battoirs à chanvre dans tous les moulins. A St-Etienne, ont dominé longtemps les seigneurs de Chazelle et de Barbarelle et les châtelains de Vezay et du Tallard. Du château de Chazelle, on ne voit plus que l'ouverture d'anciens souterrains probablement comblés. A Barbarelle, il ne reste qu'une sorte de poype dénommée le Château. Les châtelains de Vezay et de Tallard (St-Martin), n'avaient que des maisons bourgeoises qui existent encore. Il faut citer également le joli château tout moderne qui s'élève sur le coteau de Beaumont.

La population est de 1,411 habitants, en 426 ménages et 373 maisons. En 1802, elle était de 1,294 ; le nombre des naissances a été de 615 de 1793 à 1803, 516 de 1813 à 1823, 470 de 1833 à 1843, 369 de 1863 à 1873, 360 de 1873 à 1883.

Le revenu de la commune est de 2,822 fr., le centime vaut 101 fr. 63 ; les forains paient 314 cotes foncières sur 638.

Valeins. — A 11 kilomètres de Thoissey, 30 de Trévoux et 31 de Bourg, est la moins importante des communes du canton avec ses 436 hectares et ses 130 habitants, en 32 ménages et ses 34 maisons formant, outre le bourg, les 5 hameaux des Trois-Fourneaux, la Genette, le Cul-de-Sac,

Pothin, la Tour. En 1802, il y avait 117 habitants ; depuis cette époque le nombre des naissances a été de 47 de 1793 à 1803, 60 de 1813 à 1823, 51 de 1833 à 1843, 62 de 1852 à 1863, 58 de 1863 à 1873.

Privée de tous cours d'eau, dépourvue de tout commerce et de toute industrie, cette commune est exclusivement agricole et a 2 domaines de plus de 60 hectares et produit les céréales, les pommes de terre, le colza et un peu de vin. Elle ne renferme aucune curiosité, sinon la vieille église où domine le roman et fermée au culte depuis 1792. C'est là qu'est installée la Mairie, dont les archives sont fort complètes et renferment entre autres de nombreux rapports de St-Just, Robespierre, etc., publiés par ordre de la Convention.

Le revenu est de 52 fr., le centime vaut 38 fr. 17 ; les forains paient 332 cotes foncières sur un total de 402.

Canton de Villars

Le canton de Villars a été formé en 1869, des neuf communes suivantes :

Birieux, détachée du canton de Meximieux.

Bouligneux, Monthieux, La Peyrouse et Villars, détachées du canton de Saint-Trivier-sur-Moignans.

Saint-Germain-sur-Renom, Marlieux, Saint-Paul-de-Varax, détachées du canton de Chalamont.

La Chapelle-du-Châtelard, détachée du canton de Châtillon-lès-Dombes ; en 1808 cette commune était du canton de Chalamont.

Le canton de Villars forme un territoire de 25 kilomètres de long du nord-est au sud-ouest et de 10 kilomètres de large; il comprend 16 974 hectares.

Le canton de Villars est arrosé par trois rivières principales, non compris les biefs de vidange des étangs ; ce sont :

Le Vieux-Jonc qui après être sorti du Grand-Marais sur Dompierre, traverse la commune de Saint-Paul-de-Varax, et reçoit près de ce village le ruisseau de la Croix.

Le Renon qui sort de l'Etang Chapelier, 285 mètres d'altitude, sur Versailleux, et traverse les communes de Marlieux et de Saint-Germain-sur-Renon. Ces deux rivières sont des affluents de la rive gauche de la Veyle.

La Chalaronne qui sort du Grand Birieux, 284 mètres d'altitude, reçoit le ruisseau des Brevonnes et la vidange du Grand Glareins; elle arrose ou plutôt égoutte les communes de Birieux, la Peyrouse, Monthieux et Bouligneux, puis traverse celle de Villars et de la Chapelle-du-Châtelard.

M. Lamairesse, dans ses *études hydrographiques sur les Monts du Jura*, dit que dans leur partie supérieure, les vallées de la Dombes s'épanouissent en vastes plaines plates comme l'ensemble du pays à cette hauteur, dont les cultures sont parfois interrompues le long des talwegs, par des étangs qui, ainsi que ces plaines elles-mêmes, sont de plus en plus petits à mesure que l'on remonte les vallées.

Dans leur partie moyenne ces vallées deviennent en quelque sorte des ravins, dont les versants sont occupés par des prairies pentueuses ou des bois; il aurait dû ajouter, et des vignes.

Au point où convergent les ramifications supérieures d'une vallée principale, c'est-à-dire à la fin de la région supérieure et au commencement de la région moyenne, se trouvent les étangs à la fois très étendus et très profonds, recevant les eaux de la partie supérieure, et à partir desquels le cours d'eau coule sans interruption, et commence à prendre son nom.

C'est dans cette région des grands étangs, à la jonction de la partie supérieure et de la partie moyenne de la Chalaronne, du Renon et du Vieux-Jonc, que se trouve le canton de Villars.

La Statistique de Bossi donne un état des étangs les plus étendus ; nous le reproduisons ci-dessous. Sauf les deux étangs du Grand Marais sur Dompierre, 82 hectares, et celui de Chevroux, 68 hectares, les neuf autres sont sur le canton actuel de Villars. C'est que la configuration topographique de son territoire se prête admirablement à la construction des étangs, ainsi que la nature de la couche superficielle du sol, formé d'un sable siliceux si fin, qu'il parait argileux et qu'il ne se prête qu'à une infiltration excessivement lente.

Nom des étangs.	Communes.	Superficie.	Altitude.
Grand Birieux.....	Birieux......	316 h.	284 m.
Grand Glareins....	La Peyrouse.	235 h.	284 m.
Brevonne (desséché) ..	Monthieux...	158 h.	287 m.
Vavres............	Marlieux.....	105 h.	275 m.
Grand Marais (dessée.)	Dompierre...	82 h.	
Turlet............	Villars.......	79 h.	281 m.
Forêt.............	Bouligneux...	79 h.	282 m.
Curtelet (Vavres)..		72 h.	275 m.
Chevroux (desséché)..	Chevroux....	68 h.	
Balancey.........	Bouligneux...	45 h.	279 m.
Etang Neuf.......	id.	45 h.	285 m.

Autour de cette région les points les plus élevés sont :

Le Châtelard.............	281 mètres d'altitude.
Le Château de terre.......	282 mètres d'altitude.
Villars	295 mètres d'altitude.
Sainte-Olive	301 mètres d'altitude.
Ambérieux	309 mètres d'altitude.
Monthieux	296 mètres d'altitude.
Château du Montellier....	310 mètres d'altitude.
Crans	326 mètres d'altitude.
Versailleux	295 mètres d'altitude.
Chalamont...............	339 mètres d'altitude.
La Maison Blanche (Châtenay)	320 mètres d'altitude.
Saint-Paul	280 mètres d'altitude.

Au centre de cette région nous trouvons les grands étangs de 275 à 285 mètres d'altitude.

Les points les plus bas du canton sont à 260 mètres à la sortie du Renon et à 249 mètres à la sortie de la Chalaronne, mais ces rivières sont dans cette partie de leur cours au fond de vallées étroites et profondes ; aussi pouvons-nous dire qu'à quelques rares exceptions, près il n'y a que 15 à 20 mètres de différence d'altitude entre les points les plus élevés et les points voisins les plus bas de cette plaine.

Au point de vue géologique ce canton se compose d'une alluvion glaciaire plus ou moins remaniée, formée de cailloux alpins, recouverte par cette boue glaciaire à base de silice, qui forme la terre arable ; c'est un des plus importants témoins qu'ait laissé l'ancien glacier du Rhône.

Quelques blocs erratiques importants se trouvent dans le canton de Villars ; il y a quelques années le plus beau d'entre eux a été détruit près du domaine du *Fort Barrat*, sur la commune de Marlieux ; il était en granite porphyroïde des montagnes de la rive droite du Rhône, aux environs de Sion (Valais) ; il avait environ 16 mètres cubes ; un grand nombre d'autres blocs de la région sont du même granite. C'était à notre connaissance le plus beau bloc laissé par l'ancien glacier du Rhône du côté de sa rive droite.

La terre arable siliceuse, qui revêt presque tout le canton, est d'une composition très uniforme qui peut se résumer par une moyenne de 95 0/0 de silice, 3 0/0 d'argile, 1/3 0/0 de chaux.

M. E. Benoit, le savant auteur de notre première carte géologique, dit de cette terre :

« Dans la Bresse, tous les terrains perméables présentent une décomposition très avancée, souvent complète, des éléments provenant de roches silicatées ; le calcaire a plus ou moins disparu. L'action a été d'autant plus énergique que les terrains ont été plus découverts ; c'est-à-dire plus accessibles aux infiltrations aqueuses et aux agents atmosphériques. Cette action décomposante et dissolvante est encore maintenant en fonction, et continue à produire des phénomènes toujours identiques. Dans toute l'épaisseur des dépôts erratiques et de conglomérat, il n'est aucune de ces roches silicatées qui ait échappé à cette décomposition. Les alcalis, la chaux et les autres terres ont disparu dans les roches granitiques et à la place des feldspaths, il ne reste que de la silice pulvérulente, et de l'argile ou du vrai kaolin ; la roche se pulvérise dans la main. Les roches à pâte de silicate tels que porphyres, schistes anciens, roches de transition, roches métamorphiques, ont perdu les mêmes éléments, sont devenues poreuses et légères, se coupent au marteau quand elles sont pénétrées d'eau, et ne donnent plus à l'analyse qu'une grande proportion de silice, quelques centièmes d'alumine et de fer, et un peu d'eau de combinaison, résultats d'ailleurs très variables d'un échantillon à l'autre. »

Le canton de Villars, est traversé suivant sa plus grande longueur du nord-ouest au sud-est, par le chemin de fer de Bourg à Lyon par les Dombes, ouvert en 1866; il a sur ce canton les trois stations de Saint-Paul, Marlieux et Villars.

De Marlieux part un chemin de fer à voie étroite allant à Châtillon-sur-Chalaronne, qui a sur le canton une station au Châtelard.

La route nationale n° 83, de Lyon à Strasbourg, suit la même direction que le chemin de fer de Bourg à Lyon et en est à peu de distance, elle dessert les mêmes communes et a été rétablie en 1841. Elle suit la direction d'une ancienne route qui avait été remplacée par la route de Bourg à Lyon, par Lent et Chalamont. La direction du chemin de fer est aussi celle d'une voie romaine dont, d'après la Statistique de Bossi, il y avait encore des traces au Plantay, et que la tradition nomme encore, dit-elle, chemin des Romains.

Il est inutile de décrire les chemins vicinaux de grande et de moyenne communication, qui ont été construits dans ce canton, sous diverses dénominations, entre autres sous celle de chemins agricoles, avec de fortes subventions de l'État. Nous dirons seulement qu'il en passe dans tous les villages et que généralement plusieurs se croisent dans chaque commune. Le voisinage des dépôts de cailloux facilite du reste leur construction et leur bon entretien.

Il y a un bureau de poste et de télégraphe à Villars, par lequel sont desservis Birieux, Bouligneux et La Peyrouse. Il y a aussi un bureau de poste et de télégraphe à Marlieux, par lequel sont desservis La Chapelle-du-Châtelard et St-Germain-sur-Renon ; il y a encore un bureau de poste à St-Paul-de-Varax. La commune de Monthieux est desservie par le bureau de poste de St-André-de-Corcy.

Il y a dans le canton, deux brigades de gendarmerie, l'une à Villars, l'autre à Marlieux.

Il y a des sociétés de secours mutuels approuvées à Villars, Marlieux, Monthieux et St-Paul-de-Varax.

Les neuf communes qui forment le canton de Villars avaient ensemble, en 1808, une population de 3040 habitants ; leur territoire étant de 16 974 hectares, elles avaient en moyenne 18 habitants par kilomètre carré. En 1851, ces communes avaient 4 465 habitants, soit 26 par kilomètre carré. En 1866, elles avaient 4935 habitants, soit 29 par kilomètre carré et en 1886, elles avaient 5 498 habitants, soit 32 par kilomètre carré.

Voici le tableau de la population des communes du canton de Villars :

	1808	1851	1866	1886
Birieux.............	218	254	247	253
Bouligneux	409	474	495	510
La Chapelle-du-Chât.	284	345	447	422
St-Germain-s-Renon..	318	311	330	332
Marlieux	355	476	527	716
Monthieux..........	306	419	417	401
Saint-Paul-de-Varax.	309	684	784	855
La Peyrouse........	313	349	384	402
Villars..............	528	1.153	1.304	1.607
	3.040	4.465	4.935	5.498

Dans sa Statistique, en 1808, Bossi cite une surface de 15 lieues carrées, au centre de la région des étangs, comprenant tout le canton de Villars, sauf les deux communes de Monthieux et de La Chapelle-du-Châtelard, et comprenant en outre cinq communes du canton de Chalamont, deux de celui de Meximieux, et St-Marcel sur le canton de Trévoux ; sur ces 15 lieues carrées, il n'y avait en moyenne que 19 habitants par kilomètre carré. En 1851, cette région avait 28 habitants par kilomètre carré ; d'après le recensement de 1886, elle en aurait aujourd'hui de 31 à 32.

On voit que la population du canton de Villars a, de 1808 à 1851, progressé un peu plus lentement que la moyenne de la région d'étangs indiquée par Bossi ; mais elle progresse plus rapidement de 1851 à 1886. Les desséchements, l'ouverture du chemin de fer des Dombes, ne sont certainement pas étrangers à cette progression de la population du canton de Villars, particulièrement à l'augmentation de la commune de Villars, pendant que la commune de Chalamont, privée de sa route, tend à diminuer.

On a beaucoup discuté sur les avantages et les inconvénients de la suppression des étangs ; en parlant de ce canton, centre du pays d'étangs, nous ne pouvons nous empêcher de dire que les desséchements d'étangs imposaient des dépenses de chaulages et de construction, auxquelles malheureusement pour la région bien des propriétaires n'ont pas employé les indemnités qu'ils ont reçues de l'Etat, par l'intermédiaire de la Compagnie des Dombes. Les dépenses faites pour ces améliorations seraient sans doute rémunérées aujourd'hui sans la crise agricole que nous venons de traverser.

Au point de vue sanitaire, il y a eu une grande amélioration après les desséchements des étangs, elle est déjà constatée dans le rapport du jury de l'exposition de 1878. Nous y lisons en effet : « En 1857, les fièvres paludéennes atteignaient 49 0/0 de la population des seize communes du centre de la Dombes, aujourd'hui les cas de fièvre sont peu nombreux et sans gravité.... Le recrutement de l'armée montre sous son vrai jour ce qu'était la partie de la population qui parvenait à l'âge viril : les exemptions pour causes physiques étaient plus fréquentes que dans tout le reste de la France. Dans certains cantons, le nombre des jeunes gens ainsi refusés excédait celui des admissibles, et dans toute la Dombes la moyenne s'élevait à 52 0/0. En 1870, dans le canton de Villars, composé des communes les plus inondées, le chiffre des réformés n'a pas été de plus de 9 0/0. »

Il se tient dans le canton de Villars 11 foires ; 8 à Villars, 3 à Marlieux. Il y a de plus des marchés hebdomadaires à Villars, à St-Paul-de-Varax et à Marlieux.

Ce canton est complètement agricole, il n'y a d'autres industries que celles qui se rattachent directement à l'exploitation du sol. Nous n'avons pas à décrire ici son agriculture, nous dirons seulement que les étangs sont aujourd'hui généralement pêchés à un an, après quoi on les sème en avoine ou en blé, puis on les remet en eau la troisième année, et ainsi de suite.

Les terres sont cultivées en assolement biennal, la jachère nue est encore très usitée, les terres sont alors dites : menées à soleil. L'élève du bétail est très développé, mais il est souvent peu soigné dans son jeune âge.

Sous l'influence du Comice agricole de Trévoux, de grands perfectionnements ont été introduits dans l'agriculture de cette région, les engrais chimiques y ont été largement employés, les prairies temporaires ont donné de bons résultats.

L'élevage des chevaux a une véritable importance dans le canton de Villars, des étalons Normands, Danois, Anglais, provenant des haras du royaume, y ont été introduits en 1767. Le dépôt d'étalons de Villars, annexe du haras de Cluny, continue cette tradition, ainsi que la Société hippique : ils ont introduit principalement des étalons de demi-sang anglo-normands.

Les vignes occupent quelques pentes bien exposées sur les côtes au midi, dans la vallée de la Chalaronne et dans celle du Renon ; citons notamment les vignes du Château de terre sur La Chapelle-du-Châtelard.

Devons-nous citer comme un produit du sol la

chasse du gibier d'eau et la pêche des grenouilles sur le bord des étangs.

Le canton de Villars forme neuf paroisses, mais l'église de la commune de La Chapelle-du-Châtelard est à Beaumont, où existe depuis fort longtemps un pèlerinage très fréquenté le lundi de Pâques, jour de la fête patronale ; il y a, derrière l'église, une source réputée pour ses vertus.

Le 25 Janvier, jour de la conversion de saint Paul, il y a un pèlerinage très fréquenté dans l'église de Saint-Paul-de-Varax : on y porte les enfants pour les préserver ou les guérir des convulsions. Est-ce que l'origine de cette dévotion est, comme on a voulu le dire, dans l'analogie entre les mots convulsion et conversion ?

Le canton de Villars est situé au centre du pays qu'aujourd'hui, à Bourg, on appelle Dombes ; mais cinq communes de ce canton faisaient partie de la Bresse, et ont été, à ce titre, annexées à la France en 1601, ce sont : la ville de Villars, le bourg de Saint-Paul-de-Varax, les paroisses de Birieux, Bouligneux et La Peyrouse. Les quatre autres communes faisaient partie de la Dombes et n'ont été annexées à la France qu'en 1762.

Le petit hameau ou mas de la Suisse, commune de Bouligneux, complètement entouré par la Bresse, dépendait néanmoins de la Dombes. Avant la Révolution, Villars, Bouligneux et Saint-Paul donnaient leurs noms à trois mandements de

Bresse ; il y avait une châtellenie de Dombes au Châtelard.

La petite ville de Villars était déjà très probablement un centre de population très important aux premiers siècles de notre ère, ainsi que semblent en témoigner, dit M. Guigues, les objets et les monnaies antiques recueillis sur divers points de la commune, et notamment au lieu dit Perrieron.

Villars était le siège de la justice et de l'administration des sires de Villars. La sirerie de Villars qui n'apparaît que vers 1030, ne consistait que dans les châtellenies de Villars, de Loyes, du Châtelard et de Trévoux. La famille de Villars s'éteignit vers 1186, en la personne d'Etienne II, et sa riche succession passa par le mariage de sa fille Agnès aux sires de Thoire, qui prirent le nom de Thoire et Villars. Ils conservèrent la seigneurie de Villars jusqu'après la mort de Humbert VII, 7 mai 1423. Après lui, cette seigneurie appartint à Amédée VII, comte de Savoie, ainsi que la seigneurie de Loyes ; elles furent annexées au groupe déjà formé par celles de Bâgé, Châtillon, Montluel, Coligny, et la province de Bresse se trouva dès lors constituée, avec Bourg pour capitale.

Après la mort d'Isabelle, veuve d'Humbert VII, sire de Thoire et de Villars, en 1443, la seigneurie du Châtelard passa à Charles de Bourbon, souverain de Dombes. Le château et le bourg du Châtelard furent pris et ruinés par Joachim de la

Rye, marquis de Treffort, gouverneur de Bresse en 1594, ainsi que d'autres villes et châteaux voisins.

Le château de Varax qui, dès la première partie du XIIIe siècle, était sous la suzeraineté des comtes de Savoie, fut saccagé et démoli par les troupes de Biron, en 1595. Des médailles et des objets gallo-romains ont été recueillis à Saint-Paul-de-Varax.

Citons encore la maison forte de Verfey, sur Saint-Paul-de-Varax ; celle de Glareins, sur La Peyrouse ; le château de Bouligneux.

L'église de Saint-Paul-de-Varax est classée comme monument historique. L'église de Villars mérite aussi d'être citée, elle paraît remonter à la fin du XIIIe siècle, elle renfermait une ancienne crédence en bois sculpté. L'église de Monthieux paraît remonter au XIIe siècle.

Le château, qu'on appelle la citadelle de Villars, dont il ne reste qu'un fragment de tour, est sur une poype très importante, entourée d'un grand fossé. Ce fossé vient d'être coupé par le nouveau chemin de la gare. On a trouvé, sous le fond du fossé, de la terre noire, des cendres et des débris de tuiles romaines.

La tour se compose de plusieurs genres de maçonneries superposées à des époques successives et qui semblent indiquer une occupation très longtemps prolongée.

On ne sait pas encore à quelles époques ont été élevées les poypes, ces énormes monticules ordinairement coniques, ceints d'un fossé, qui couvraient jadis en très grand nombre la plaine de notre département et dont un certain nombre subsistent encore.

M. Guigues dit dans sa Topographie historique : Je crois que ces monticules sont aussi anciens que les dolmens et les menhirs, et que les hommes qui ont aligné les pierres de Carnac étaient les contemporains de ceux qui ont édifié les poypes de la Dombes. Les uns et les autres, dans le même but, ont mis en œuvre les matériaux qu'ils avaient sous la main... Les seconds aux prix d'efforts moins rudes, mais plus soutenus ont, à défaut de pierre, entassé de la terre.

A notre connaissance, on n'a souvent rien trouvé du tout en fouillant les poypes, d'autrefois on y a trouvé des amas de cendre et des débris de vases, il est donc encore bien difficile de dire à quelle époque elles remontent.

M. Guigues signale dans sa Topographie six poypes dans le canton de Villars : une à Monthieux (au Coué), une à La Chapelle-du-Châtelard, celle du Châtelard, quatre à Villars, celles: de Filioly, détruite vers 1847, de la Juyre, de Termont et de Villars. Il y aurait lieu d'ajouter à cette liste deux sur St-Paul-de-Varax, celles de Varax et de Verfey.

VILLARS. — A 22 kilomètres de Trévoux, 28 de Bourg. Villars fut probablement un centre de population, dès les premiers siècles de notre ère, comme en témoignent les monnaies antiques qu'on y a recueillies. Son nom n'apparait cependant qu'au commencement du XIe siècle, et sa paroisse ne date que de la fin de ce siècle ; de son ancien château-fort, bâti aussi au XIe siècle, il ne reste qu'une poype couronnée par quelques pans de murailles ; il a été démantelé par les troupes de Biron, qui s'emparèrent de la ville, la saccagèrent et la pillèrent après avoir massacré ses habitants, en 1595.

L'église actuelle de Villars remonte au XIIIe siècle, et, dit M. Guigues, est une des plus intéressantes du département, tant à raison de certains détails de sculptures que des inscriptions du XVe siècle qui y sont conservées.

Avant la Révolution, Villars était une ville de Bresse, siège d'un mandement, qui comprenait : Saint-Marcel, Saint-André-de-Corcy, Bussiges (ancienne paroisse, aujourd'hui hameau de Civrieux), Montellier, Joyeux, Cordieux, Versailleux, La Peyrouse, Birieux, Saint-Nizier-le-Désert, Condeissiat.

Villars doit sa prospérité actuelle au rétablissement de la route nationale, aux nombreux chemins vicinaux qui s'y croisent, et surtout à sa station de chemin de fer ; ses foires et ses marchés sont très fréquentés ; sa population a triplé depuis le commencement du siècle.

Villars a un revenu annuel formé de 2.414 francs et du produit de 113 centimes rapportant chacun 86 francs 96 ; son bureau de bienfaisance a un revenu de 484 francs. La superficie de la commune est de 2465 hectares, et sa population de 1.607 habitants.

Les hameaux principaux sont les grands Communaux et les petits Communaux.

La commune comprend en outre un grand nombre de petits hameaux et de fermes isolées, entre autres Filioly, où il y avait une poype qui a été rasée en 1847. La Juyre, où il y a une poype au milieu d'un étang. Termont, près duquel se trouve une poype. La Vernouze, où il y avait un château qui fut ruiné en 1595 par les troupes de Biron.

BIRIEUX. — A 6 kilomètres de Villars, 25 kilomètres de Trévoux, 34 kilomètres de Bourg. — La paroisse de Birieux doit son origine à un prieuré mentionné dès 1168, que l'abbaye de l'Ile-Barbe y possédait.

Cette commune possède le plus grand étang de notre région, le grand Birieux, construit en 1388 par Humbert, sire de Thoire et Villars : il a 316 hectares, et donne naissance à la Chalaronne. La commune de Birieux a 1578 hectares ; sa population est de 253 habitants, son revenu se compose de 730 francs et du produit de 145 centimes valant 25 francs 89 chacun.

Hameaux : Bergeat, Charbonnières, la Léchère, le Plat.

BOULIGNEUX. — A 4 kilomètres de Villars, 26 de Trévoux, 31 de Bourg, fut cédé au Xe siècle à l'abbaye de Cluny. Ce village possède une belle maison forte, qui est presque entourée par les étangs. Bouligneux était, avant la Révolution, le siège d'un mandement de Bresse, comprenant Bouligneux et Le Plantay. La commune de Bouligneux a 2609 hectares ; sa population est de 510 habitants ; son revenu se compose de 350 francs et du produit de 139 centimes d'une valeur de 39 francs 70 chacun. Ses principaux hameaux sont Collonge et la Suisse. Le petit hameau ou Mas de la Suisse, quoique complètement entouré par la Bresse, dépendait de la Dombes.

La Chapelle-du-Chatelard. — A 7 kilomètres de Villars, 30 kilomètres de Trévoux, 24 kilomètres de Bourg.

Lors de l'annexion de la Dombes à la France, La Chapelle avait 25 feux ; c'était la paroisse du Châtelard qui fut jadis ville et châtellenie détruite par les guerres. Beaumont, qui avait 15 feux, en était une annexe, mais la plus grande partie de son territoire était en Bresse. La Chalaronne, peu guéable, en rendait les abords difficiles. Une dévotion à la Vierge y attirait déjà. De l'ancien château du Châtelard, détruit par Joachim de La Rye, gouverneur de Bresse en 1594, il ne reste plus que la base d'une tour qui s'élève sur une poype contournée par la Chalaronne. Non loin de là, est la station du chemin de fer de Marlieux à Châtillon. Sur le plateau, M. Clément Désormes avait établi une grande briqueterie à feu continu. Près de la station, le chemin de fer a coupé une vieille route pavée comme une voie romaine.

La commune de La Chapelle-du-Châtelard comprend 1 355 hectares ; elle a 422 habitants ; son revenu est formé de 106 francs et du produit de 240 centimes valant 21 francs 56 chacun ; son bureau de bienfaisance a 255 francs de revenu.

Ses hameaux sont Beaumont, où est l'église paroissiale, et le Châtelard, où il y a une source ferrugineuse dégageant de l'acide carbonique.

Saint-Germain-sur-Renon. — A 10 kilomètres de Villars, 32 kilomètres de Trévoux, 22 kilomètres de Bourg, est une très ancienne paroisse dont l'église faisait originairement partie des dotations du siège métropolitain de Lyon. Lors de l'annexion de la Dombes à la France, en 1762, elle avait 26 feux et était couverte de bois. Cette commune a 1 610 hectares et 332 habitants. Son revenu se compose de 198 francs et du produit de 190 centimes valant chacun 22 francs 42. Son bureau de bienfaisance a un revenu de 391 francs.

Hameaux : Curtelet, Montblanc.

Marlieux. — A 8 kilomètres de Villars, 30 kilomètres de Trévoux, 20 kilomètres de Bourg.

Des statuettes et des objets antiques, recueillis près du château de la ville, donnent lieu de croire, dit M. Guigues, que Marlieux possédait au moins quelques *villas* à l'époque gallo-romaine. Les sires de Thoire et de Villars lui accordèrent des franchises et des libertés qui furent confirmées en 1308.

Marlieux doit son importance actuelle à la grande route, aux chemins qui partent de ce bourg, dont le principal est celui qui passe à Châtillon-lès-Dombes, et surtout à la station du chemin de fer de Bourg à Lyon, d'où part le chemin de fer à voie étroite de Marlieux à Châtillon. Il s'y tient trois foires et des marchés hebdomadaires. Sa population a presque doublé depuis le commencement du siècle.

La superficie de la commune de Marlieux est de 1685 hectares et sa population de 716 habitants. Son revenu est formé de 635 francs et du produit de 147 centimes rapportant 36 francs 49 chacun. Son bureau de bienfaisance a un revenu de 421 francs. Son hameau principal, les Villardières, est un ancien fief sans maison forte.

Le château de la ville, sur Marlieux, est une ancienne maison forte qui date du XIIIe siècle.

Monthieux. — A 8 kilomètres de Villars, 16 kilomètres de Trévoux, 36 kilomètres de Bourg. — Cette localité est, dit M. Guigues, une des plus anciennes du département, car, au VIe siècle, elle était le chef-lieu de l'*Ager Monthacensis*. Son église parait remonter au XIIe siècle.

Le second étang de la région, comme étendue, le grand Glareins, qui a 235 hectares, est en partie sur cette commune.

La commune de Monthieux comprend 1075 hectares ; elle 401 habitants, son revenu est formé de 670 francs et de 139 centimes valant 24 francs 29 chacun.

Ses hameaux sont le Breuil (ancien fief avec château), la Rose, le Rozait, Nions, ancien fief avec maison forte.

L'étang des Brevonnes, qui s'étend sur Saint-Marcel, occupe très probablement l'emplacement de la paroisse des Brevennes mentionnée dans les pouillés du XIIIe siècle ; il fut créé, en 1388, par Isabelle d'Harcourt, femme de Humbert VII, sire de Thoire et Villars, qui l'agrandit en 1432.

Saint-Paul-de-Varax. — A 14 kilomètres de Villars, 36 kilomètres de Trévoux, 14 kilomètres de Bourg.

Les objets antiques que l'on a recueillis sur le territoire de cette commune font penser qu'elle était un centre de population à l'époque gallo-romaine.

En 1103, l'archevêque de Lyon donne son église, qui faisait partie des possessions patrimoniales du siège métropolitain, au chapitre de Saint-Paul de Lyon, à charge d'une redevance annuelle de 10 sols.

L'église de Saint-Paul-de-Varax, qui est classée parmi les monuments historiques, mérite d'être signalée au point de vue de l'art, de l'antiquité et des inscriptions qu'elle renferme.

On y vient en pèlerinage pour la conversion de saint Paul. Saint-Paul était avant la Révolution le siège d'un mandement de Bresse qui comprenait Saint-Paul-de-Varax et les Blanchères et Cherluat ; ces deux localités sont aujourd'hui de simples hameaux de Dompierre de Chalamont.

La commune de Saint-Paul-de-Varax a une superficie de 2 597 hectares et 855 habitants, sa population a plus que doublé depuis le commencement du siècle, la route et le chemin de fer ne sont pas étrangers à ce développement.

Cette commune a un revenu formé de 320 francs et du produit de 106 centimes d'une valeur de 45 fr. 56 chacun.

Parmi ses hameaux nous citerons : Varax, ancienne seigneurie dont le château fort, dont il reste encore des ruines intéressantes, a été saccagé et démantelé par les troupes de Biron; il avait autrefois cinq grosses tours.

Verfey était une seigneurie avec maison forte où il y avait une poype.

Vellières était un fief sans justice. L'étang Ratel mérite d'être cité pour les essais d'engrais chimiques qui y ont été faits et qui ont si puissamment contribué à leur introduction dans cette région.

La Peyrouse. — A 5 kilomètre de Villars, 17 de Trévoux, 32 kilomètres de Bourg. Ancienne paroisse sous le vocable de saint Romain qui fut confirmée à l'abbaye le Saint-Claude en 1184 par l'empereur Frédéric Barberousse. La Peyrouse dépendait de la Seigneurie de Glareins dont la maison forte, très bien conservée, est presque entourée par l'étang du Grand Glareins, que l'on dit être un ancien lac, et qui est le plus grand étang de notre région après le Grand Birieux: il a 235 hectares et a été créé en 1407 par Humbert, sire de Thoire et Villars; il s'étend sur les communes de La Peyrouse et de Monthieux.

La commune de La Peyrouse a une superficie de 2004 hectares et 402 habitants; son revenu se compose de 207 francs et du produit de 119 centimes d'une valeur de 36 fr. 26 chacun.

Hameaux : Château de Glareins, Grange Jean-Bal, Bois Renard, Choïn.

Arrondissement de Nantua

L'arrondissement de Nantua est situé à l'est de l'arrondissement de Bourg, il est formé de la partie nord du Bugey, et correspond à peu près aux anciens mandements de Matafelon, de Montréal, de Nantua et de Poncin, et à la partie nord des mandements de Saint-Rambert, de Seyssel et de Valromey.

L'arrondissement de Nantua est séparé, à l'ouest et au nord-ouest, de l'arrondissement de Bourg et du département du Jura, par la rivière d'Ain, dont la rive gauche lui appartient depuis son confluent avec la Bienne, jusqu'au-dessous du pont de Neuville. Au nord, il est séparé du Jura, par la partie inférieure du cours de la Bienne, puis par une ligne sinueuse qui vient rejoindre les montagnes de la rive gauche de la Valserine, qui forment la limite entre le département du Jura et l'arrondissement de Gex, en un point situé au nord du cret de Chalam, et à l'ouest du cret de la Neige. A l'est, l'arrondissement de Nantua est séparé de l'arrondissement de Gex par la Valserine, et de la Savoie, de Bellegarde au Parc, par le Rhône qui, dans cette partie de son cours, coule au fond d'une profonde crevasse à parois abruptes. Au sud, l'arrondissement de Nantua est séparé de l'arrondissement de Belley par une ligne sinueuse qui va de l'est à l'ouest du Parc vers le Pont-d'Ain.

La surface de l'arrondissement de Nantua est de 933 kilomètres carrés ; nous donnons dans le tableau suivant sa population à différentes époques et en regard sa population par kilomètre carré ; c'est en 1851 que la population de cet arrondissement a été la plus élevée.

Années.	Population.	Population par kilomètre carré.
1806	50.316	54
1851	53.759	57
1866	50.764	54
1886	49.678	53

L'arrondissement de Nantua comprenait cinq cantons lors de sa formation : celui de Mornay qui est devenu celui d'Izernore, et ceux de Nantua, de Brénod, de Châtillon-de-Michaille et d'Oyonnax ; on leur a, dès 1806, adjoint le canton de Poncin, détaché de l'arrondissement de Belley.

L'arrondissement de Nantua est à peine touché par la route nationale de Chalon-sur-Saône à Sisteron, après son passage sur le pont de Pont-d'Ain. La route nationale de Lyon à Genève entre dans l'arrondissement de Nantua par le pont de Neuville, passe à la grande montée de Cerdon, et va se joindre à La Cluse, à la route de Nevers à Genève qui est entrée dans l'arrondissement par le pont de Serrières-sur-Ain et qui en sort par le pont de Coupy sur la Valserine.

Il y a dans l'arrondissement de Nantua : 69 kilomètres de routes nationales ; 299 kilomètres de chemins de grande communication ; 169 kilomètres de chemins d'intérêt commun ; 748 kilomètres de chemins vicinaux ordinaires ; soit en tout 1,286 kilomètres de routes ou de chemins.

Sa superficie étant de 933 kilomètres carrés, il y a un kilomètre de chemin pour desservir 76 hectares.

L'arrondissement de Nantua est desservi, dans sa partie centrale, par le chemin de fer de Bourg à Bellegarde qui entre dans l'arrondissement en traversant l'Ain sur le viaduc de Cize-Bolozon, et qui a à La Cluse un embranchement sur Saint-Claude qui dessert Oyonnax et Dortan. Le canton de Poncin est desservi dans sa partie sud par les stations de Pont-d'Ain et d'Ambronay, de la ligne de Bourg à Ambérieu. L'arrondissement de Nantua est encore traversé à l'est par la ligne d'Ambérieu à Genève qui suit la rive droite du Rhône, dans la partie où la rive droite de ce fleuve appartient à cet arrondissement.

La population de l'arrondissement de Nantua est à la fois agricole et manufacturière, elle s'occupe du tissage de la soie, de la tournerie, de la fabrication des peignes, etc. Des forêts de sapins occupent la partie haute des montagnes, des terres et des prairies occupent les vallées. La fabrication des fromages bleus et surtout des Gruyères y est très développée. La vigne y est très peu cultivée, elle ne s'étend guère que dans la partie sud du canton de Poncin.

Le Jura est dans sa partie méridionale formé de chaines presque parallèles et dirigées du nord au sud; les grandes vallées de l'arrondissement de Nantua ont cette direction, sauf la Cluse de Nantua à Bellegarde, qui est une cassure en travers de la chaine du Jura, cette cluse qui contient le lac de Nantua, le lac de Silan et la partie inférieure du cours de la Semine et de la Valserine et qui traverse la chaine de l'est à l'ouest, a fourni un passage facile à toutes les routes anciennes et modernes.

Les points culminants de cet arrondissement montagneux sont le cret de Beauregard, 1.252 mètres d'altitude, le signal de Retord 1.322 mètres, le cret du Nû 1.555 mètres et le signal du Pré Carré 1,234 mètres, sur la ligne de faites qui sépare la vallée du Rhône du Valromey.

Entre le Valromey et la vallée de l'Albarine qui commence au nord de Brénod, dans des marais, à 940 mètres d'altitude, on trouve dans la forêt des Moussières, un sommet s'élevant à 1.438 mètres, et à la limite de l'arrondissement de Nantua et de celui de Belley, un sommet à 1.466 mètres.

Entre l'Albarine et la combe du Val, on trouve, au nord, les Monts-d'Ain qui dominent le lac de Nantua, à 1.031 mètres d'altitude; et au sud, vers la limite de l'arrondissement, un sommet à 1.191 mètres, à l'est d'Izenave.

Entre la combe du Val et la rivière d'Ain, on trouve, au sud, l'Avocat, 1.017 mètres d'altitude, dont la chaine se termine au-dessus de Brion, par un sommet qui a 614 mètres d'altitude. Plus à l'ouest, le long de la rivière d'Ain, nous trouvons le village d'Etables à 726 mètres, et à l'est de Chapiat, commune de Leyssard, le point culminant de la chaine à 797 mètres. Cette chaine se prolonge vers le nord, avec des sommets dépassant 700 mètres d'altitude et se termine au Coiselet, au confluent de l'Oignin et de l'Ain.

Dans sa partie inférieure, la vallée de l'Oignin est séparée de celle de l'Ange, par une chaine dont les sommets atteignent 762 mètres au sud d'Emondau et 784 mètres à l'ouest de Martignat.

Entre la vallée de l'Ange, la Cluse qui contient les lacs de Nantua et de Silan, et la vallée de la Semine se trouve un vaste plateau qui domine Nantua et a 904 mètres d'altitude, au Mont, au rocher qui menace cette ville. Ce plateau s'élève jusqu'à 1.037 m. au signal de la Coutelle, commune d'Apremont, et a 983 mètres dans la forêt de Puthod, commune de Charix, et il a 1.097 à la Roche de la Chaux, commune d'Echallon.

Entre la vallée de la Semine et celle de la Valserine, se trouve un vaste plateau dominé par un sommet à 1.092 mètres, vers la grange sur Marnod, par le cret sur l'Auger 1.262 mètres, dans la forêt de Champfromier, et le cret de Chalam, 1.548 mètres, à la limite du département, en face et à deux lieues à l'ouest du cret de la Neige, 1.723 mètres, et du Reculet, 1.720 mètres ; ces deux sommets qui appartiennent au pays de Gex, sont les points les plus élevés de la chaîne du Jura.

La partie nord-est de l'arrondissement de Nantua est arrosée par la Valserine, et son affluent, la Semine, qui reçoit les eaux du lac de Silan, 595 mètres d'altitude ; la Valserine forme la belle cascade du pont des Oules et tombe dans le Rhône au-dessous de sa perte. Les points les plus bas de l'arrondissement, de ce côté, sont donc : sur le Rhône, qui est à 290 mètres d'altitude au-dessus de sa perte, et à 264 mètres à Pyrimont.

La partie sud-est de l'arrondissement est arrosée par le Seran, qui tombe dans le Rhône, après avoir traversé l'arrondissement de Belley, et par l'Albarine qui traverse aussi cet arrondissement avant de tomber dans l'Ain.

La partie sud de l'arrondissement est arrosée par le Borrey et la Borreyette, qui se réunissent pour former l'Oignin. Cette rivière descend vers le nord et reçoit les eaux du lac de Nantua, 478 mètres d'altitude, et les eaux de l'Ange qui vient du nord. L'Oignin tourne ensuite à l'ouest, dans les marais de Brion, 471 mètres d'altitude, puis reprend la direction du nord, forme de belles cascades, du saut de Béard au saut de Charmine ; il a son confluent dans l'Ain, à Condes, à 284 mètres d'altitude.

L'Ain est à 293 mètres d'altitude, au moment où sa rive gauche commence à appartenir à l'arrondissement de Nantua, au confluent de la Bienne ; il est à 284 mètres au confluent de l'Oignin ; à 266 mètres sous le viaduc du chemin de fer à Cize et à 240 mètres à sa sortie de l'arrondissement ; vers ce point il reçoit le Veyron, qui descend de l'Avocat, et arrive à l'Ain par une vallée perpendiculaire à la direction générale des chaînes de montagne.

Le terrain triasique est peu représenté dans l'arrondissement de Nantua, on y trouve des gypses et des albâtres de cet étage. Le Lias est peu développé.

Les calcaires jurassiques et crétacés inférieurs, forment les montagnes de l'arrondissement et donnent à leurs crêtes leur aspect pittoresque. Les vallées sont généralement occupées par les marnes oxfordiennes. Sur le Rhône, près de Bellegarde, on trouve un lambeau de crétacé moyen contenant des phosphates ; il en existe un autre lambeau près de Leyssard.

Le crétacé supérieur existe au lac Genin, près de Charix. On trouve des asphaltes dans la vallée du Rhône et dans celle de la Valserine.

Le terrain tertiaire est surtout représenté par les mollasses de la combe d'Evoaz, il y en a aussi dans la partie sud-est de l'arrondissement. Le quaternaire, sous forme de cailloux roulés, occupe le fond de presque toutes les vallées.

Dans ces alluvions, qui sont surtout calcaires, on trouve sur plusieurs points, des cailloux siliceux alpins, amenés par l'ancien glacier du Rhône.

Canton de Nantua

Le canton de Nantua est situé vers la partie nord du département. Il est borné au sud par le canton de Brénod, à l'est par celui de Châtillon-de-Michaille, au nord par le canton d'Oyonnax, et à l'ouest par le même canton et celui d'Izernore.

Il est à peu près exclusivement montagneux : il n'y a d'exception que pour une petite bande de territoire à l'ouest, où les montagnes tombent à pic sur les vallées de l'Ange et de l'Oignin. La partie montagneuse est extrêmement accidentée ; les chaînons y sont plus nombreux, plus resserrés, plus déchirés et plus âpres que dans le Bas-Bugey, le sol y est plus froid et moins fertile, ce qui tient à une plus grande altitude et à la différence de constitution géologique. Une cassure transversale, qui commence à Lacluse et se termine à Bellegarde, la divise en deux parties d'inégale étendue, en même temps que des cassures secondaires, celle du Vaud qui s'ouvre vers St-Martin-du-Fresne, celle de Landéron qui s'ouvre en face de Montréal, viennent ajouter aux accidents du sol.

L'altitude moyenne est considérable. Tandis que la partie basse est à la cote d'environ 480, on trouve dans la partie haute des cotes de 750 m. (plateau de Chamoise), de 890 m. vers le Poizat, 900 m. vers Apremont. Les points les plus élevés sont le signal des Monts d'Ain 1031, la roche escarpée qui domine le Poizat, 1153 m. et le signal de Beauregard 1252.

Le sol, presque entièrement rocheux et le plus souvent formé de calcaires blanchâtres du Jurassique supérieur, est peu fertile ; et ce n'est guère que dans les combes, où le terrain, plus marneux et mieux abrité, se prête plus facilement à la culture, que l'on trouve quelques champs, des prés et de bons pâturages. Mais s'il est peu favorable à l'agriculture, il se couvre dans les parties élevées et même les plus escarpées de bois taillis ou de superbes forêts de sapins qui sont une source de richesse pour les habitants. Ajoutons que diverses industries, tanneries, scieries, fabriques d'objets en corne ou en bois tourné, etc., et surtout celle de la soie qui s'est implantée çà et là, viennent compenser, dans une certaine mesure, le peu de fertilité du sol.

Trois lacs d'étendues différentes et très poissonneux sont répartis sur la surface du canton. Ce sont les lacs de Nantua, de Sylans, et le lac Genin. En même temps un certain nombre de cours d'eau arrosent le territoire. 1° l'Oignin qui sort de la combe du Val. Il reçoit : près de Maillat, le Valey qui a arrosé la combe de Meyriat, le Vaud qui prend naissance au sommet de la gorge profonde séparant les plateaux de Chevillard et de Chamoise ; près de Brion, le bras du Lac qui sert de déversoir au lac de Nantua, et l'Ange qui vient du canton d'Oyonnax. Ce dernier s'est grossi au-dessous de Montréal d'un torrent qui naît près de la Late et tombe par bonds dans le ravin profond qui débouche près du moulin Landéron. 2° Le Nant tombé de Coillard et la Doye sortie d'un bas-fond à l'est des Neyrolles, et dont la réunion forme le Merloz, affluent du lac de Nantua. Enfin 3° du lac de Sylans sort le Combet que grossissent de petits ruisseaux se précipitant en cascades, l'un de Charix et l'autre du plateau du Poizat.

Plusieurs routes mettent en communication les différentes parties du canton, soit entre elles, soit avec les régions voisines. 1° La route de Bourg à Lacluse, qui descend des Berthiand à Nurieu et traverse la plaine de Brion. 2° La route de St-Claude à Nantua, croisant la précédente à Lacluse ; 3° la route de Nantua à Pont-d'Ain, par Maillat, Cerdon et Poncin ; un premier embranchement à Saint-Martin-du-Fresne conduit à Brénod, Hauteville et Tenay, et un deuxième conduit de Brénod, par le col de Jalinard, à Ruffieu, Champagne et Artemare. De la route de Bourg à Lacluse se détache près de Brion, un chemin allant par Izernore à Thoirette. De celle de Lyon à Genève, partent : près de Nantua, un chemin montant à Apremont ; au moulin de Charix, un chemin conduisant à Charix, avec embranchement sur Plagne et Echallon, et vers la Tour un chemin allant à Lalleyriat, et se soudant près de là à celui qui vient de la Voûte et rejoint à Mortier la route venant des Neyrolles. Enfin les communications sont facilitées et activées par une voie ferrée, la ligne de Bourg à Bellegarde, avec bifurcation à Lacluse, pour Oyonnax et St-Claude.

Le canton de Nantua a une superficie de 14,274 hectares, et un revenu de 91.176 fr. La population est de 9,045 habitants ; elle était de 9.871 en 1805, et de 9,757 en 1856, elle a été constamment en décroissant depuis 1856. Cette population est répartie entre les 12 communes de Nantua, Apremont, Brion, Charix, Geovreissiat, Lalleyriat, Maillat, Montréal, Les Neyrolles, Le Poizat, Port et Saint-Martin du-Fresne.

Les renseignements fournis par le questionnaire adressé aux instituteurs attribuent à deux causes principales cette diminution. Le nombre décroissant des familles nombreuses, et l'émigration des jeunes gens vers les villes et les centres industriels.

NANTUA, chef-lieu du canton et de l'arrondissement, à 42 kilomètres de Bourg, et station de la ligne de La Cluse à Bellegarde. Cette petite ville est située au fond d'une gorge étroite et profonde, qui commence à La Cluse, à 2 kilomètres 1/2 à l'est. Elle est entourée de montagnes élevées, le Don (900), au nord ; le Mont (900), à l'est ; au midi, les Monts d'Ain (1.031), et à l'ouest la montagne de Chamoise. Leurs pentes, tantôt à pic sur la vallée, tantôt un peu moins raides, sont dénudées, ou couvertes de sapins, ou bien elles présentent, comme au nord-est, en montant vers Apremont, des prés, quelques champs cultivés et de maigres bouquets de bois. La ville se tapit contre la montagne qui l'abrite du Nord, et s'allonge sur près de 1 kilomètre de l'est à l'ouest. Elle a plusieurs rues et quelques ruelles ou impasses trop étroites. La route de Lyon à Genève, qui se bifurque à l'entrée de la ville, y forme les deux rues principales. L'une, où a été bâtie récemment une maison d'école, est étroite, avec des maisons plus ou moins vieilles et souvent de peu d'apparence ; l'autre est plus large ; les maisons y sont élevées, propres et bien bâties. C'est là que se trouvent le Collège, vieil établissement universitaire, datant du siècle dernier, assez vaste, d'une certaine importance, et qui était tenu autrefois par les Joséphistes ; la Sous-Préfecture, bâtiment bien aménagé, avec une façade belle et large ; et, un peu plus loin, le Tribunal et enfin l'Église, le monument le plus important de Nantua par son ancienneté et son style. Ancienne église du Prieuré, elle a remplacé la vieille église paroissiale détruite en 1790. Elle est située sur une légère esplanade, plantée d'arbres, et où s'élève depuis peu la statue d'Alphonse Baudin. Elle est sous le vocable de Saint Michel. Elle a la forme d'une croix latine ; le vaisseau est spacieux ; il y a deux rangs de colonnes et la voûte est très élevée. La grande nef est voûtée avec nervures et clefs ; elle est évasée d'une manière sensible ; les deux petites nefs, voûtées en ogives, semblent d'une construction plus récente. Le style général paraît être de la fin du XIIe siècle. On y remarque un large buffet d'orgues et de riches stalles. Le maître-autel est en marbre, surmonté de deux anges adorateurs, également en marbre, et d'un fort beau travail attribué à Canova : il vient de la chartreuse de Meyriat. Il y a plusieurs chapelles, dont une possède un rétable très élégant. Quelques tableaux sont à remarquer, entre autres celui d'Eugène Delacroix, où l'illustre peintre a représenté le martyre de Saint Sébastien. La partie la plus intéressante et la plus ancienne de l'édifice (Xe siècle) est la façade principale ; le portail, malgré les mutilations qu'il a subies, est remarquable par la richesse de son ornementation. Le bandeau est garni de feuillages et de banderolles, et l'archivolte de petites figures et de dessins profanes et religieux ; sur le tympan sont figurés Jésus-Christ et les attributs des quatre évangélistes. Le linteau représente la Cène de Notre-Seigneur ; Madeleine est aux pieds du Sauveur ; elle les lave et les essuie de sa longue chevelure. Le clocher, plus récent, est de style byzantin. Il y avait autrefois, dans le chœur, à droite du maître-autel, une plaque de marbre avec une épitaphe latine, composée, dit-on, par l'abbé Helmedius, et indiquant que là avait été déposé le corps de l'empereur Charles-le-Chauve, mort en 877, en revenant d'Italie ; plus tard, il fut transporté à Saint-Denis. L'épitaphe disparut en 1597, dans des réparations qui furent faites alors à l'église.

A l'ouest de la ville est le lac, belle nappe d'eau de 2,700 mètres de long, sur 650 mètres de large, et d'une superficie de 170 hectares. Son altitude est de 477 mètres ; sa profondeur de 63 mètres au maximum. Il est très poissonneux : il fournit des truites, des carpes, des brochets, etc. Il est longé par deux routes taillées dans les éboulis de la montagne, l'une allant de Nantua à La Cluse, l'autre de Nantua à Port ; c'est le long de cette dernière que passe la voie ferrée de La Cluse à Bellegarde. Entre le lac et la ville est une belle promenade plantée d'arbres en quinconce.

La montagne du nord, dont les flancs sont en général fort abrupts, présente quelques particularités très connues à Nantua. Ici, le rocher surplombe le vide ; là, il est taillé en pyramides ou colonnes disposées irrégulièrement à la suite les unes des autres ; ailleurs, enfin, des fissures se sont produites, agrandies par les agents atmosphériques, et il en résulte des fècles, espèces de murailles dentelées, échancrées, et d'ordinaire peu distantes de la paroi du rocher. Ces accidents, d'ailleurs, ne sont pas rares dans les assises jurassiques.

Enfin, sur la même montagne, à un kilomètre de Nantua, et à moins d'une centaine de mètres au-dessus du lac, se trouve un rocher debout, détaché de la montagne, et qui porte le nom de Maria-Matre ; il a peut-être été l'objet d'un culte antique. Aujourd'hui encore, quelques personnes croient qu'il préserve le pays contre les inondations du lac, et les habitants de Nantua aiment à se qualifier du nom d'enfants de Maria-Matre.

Le lieu où est aujourd'hui Nantua était depuis longtemps habité quand Saint Amand vint en 666 y bâtir d'abord un ermitage et y fonder plus tard un monastère ; il y mourut en 671. Grâce à des libéralités de toute sorte, à des exemptions accordées par les souverains, l'abbaye devint en peu de temps maîtresse des montagnes et des vallées voisines, rendit la justice, eut ses hommes d'armes et jouit de privilèges presque souverains. En même temps, des habitations s'étaient groupées autour de l'abbaye, et cette agglomération devait devenir plus tard une ville importante, qui eut un château, de grosses tours, et des remparts précédés de fossés. L'abbaye fut détruite vers 954, croit-on, par les Hongres, et cédée en 959 par Lothaire à Cluny, qui devait la relever de ses ruines. Vers 1100, elle fut réduite par saint Hugues, abbé de Cluny, au rang de simple prieuré. Bientôt des contestations s'élevèrent entre elle et la chartreuse de Meyriat ; puis des démêlés bien plus graves avec les seigneurs voisins, démêlés à la suite desquels Nantua fut pris et pillé, une première fois en 1209, une deuxième fois en 1234. La décadence commença pour l'abbaye après la transaction que le prieur dut faire en 1443 avec les moines ; par contre, les franchises de Nantua, qui sont de 1119, s'accrurent sans cesse ; la vie communale prit de plus en plus d'importance, et la cité finit par dominer le couvent. Un bref le supprima en 1788.

Nantua possède un hôpital ; 2 sociétés de secours mutuels ; 2 sociétés de gymnastique ; 2 sociétés de musique, et une compagnie de sapeurs-pompiers. On y trouve aussi une bibliothèque qui a environ 4,000 volumes, et une imprimerie, celle de l'*Abeille du Bugey et du Pays de Gex*, feuille hebdomadaire, dirigée depuis de longues années par M. Arène.

Plusieurs belles fontaines alimentent la ville ; le trop plein des eaux s'écoule souterrainement, reçoit les égouts, et se déverse dans le lac. Nantua est traversé également par le ruisseau le Merloz, qui fait mouvoir plusieurs usines et se partage en deux bras avant de se jeter dans le lac.

On y fabrique des peignes, du tulle ; on y tisse la soie ; il y a aussi des tanneries, une diamanterie, des scieries et des tourneries. Le commerce, assez actif, consiste dans la vente des bois, des planches, et des fromages des montagnes voisines.

La ville est éclairée par l'électricité.

Le territoire, presque tout en rochers et couvert de bois, est peu fertile ; il y a cependant de bonnes prairies vers le lac et le long du Merloz.

La superficie de la commune est de 1,420 hectares, dont 550 en bois taillis ou en sapins, une centaine en terres labourables ; les prairies occupent 440 hectares ; le reste est en terres vagues ou est occupé par le lac.

Le revenu communal est de 28,753 francs. La

population est de 3,157 habitants ; elle était de 3,744 en 1805, et de 4,200 en 1856 ; il y a donc, depuis moins de quarante ans, une perte totale de 1,043 habitants.

Le Bureau de Bienfaisance a un revenu de 4,621 francs.

Il y a deux hameaux, les Battoirs et La Cluse. Celui-ci, le plus important, est partagé entre Nantua et Montréal : il possède une maison d'école et une filature de soie qui occupe plus de cent ouvriers. C'est une station du chemin de fer de Bourg à Bellegarde, et la tête de ligne de la voie ferrée de Saint-Claude.

Apremont, à 10 kilomètres de Nantua et 52 kilomètres de Bourg, est situé dans une petite vallée, inclinée vers le nord, et entourée à l'est et à l'ouest de chaines élevées de 1,000 à 1,100 mètres, en majeure partie couvertes de belles forêts de sapins. Le climat y est rigoureux, et la neige y couvre la terre pendant la moitié de l'année. Le village est divisé en deux parties : le Grand Vaillon et le Petit Vaillon. C'est dans ce dernier que se trouve l'église, qui est de construction assez récente (1818) ; elle est sous le vocable de saint André. L'ancienne église, qui était dans l'enceinte du château, servait auparavant d'église paroissiale. Les ruines de ce château sont à 1,000 mètres d'altitude, sur un monticule dénudé, à un kilomètre au nord-ouest du Petit Vaillon. Il fut bâti par les sires de Thoire et Villars, vers 1296, ainsi que l'établit une charte d'Humbert IV, qui accorde franchises et privilèges à ceux qui viendront s'établir dans la terre d'Apremont. Fondé pour tenir en respect les prieurs de Nantua ou leurs vassaux d'Echallon, de Charix, de Belleydoux et de Saint-Germain, il resta sous la domination des sires jusqu'en 1402, époque à laquelle il fut vendu pour 100,000 florins au comte de Savoie. Des comtes de Savoie, il passa aux mains des Mareste de Mondragon, puis aux Tocquet de Montgriffon qui le possédèrent jusqu'au moment où il fut détruit, croit-on, par un incendie, à la fin du XVIIe siècle.

Le territoire, d'une superficie de 1,482 hectares, produit quelques céréales, des pommes de terre et d'excellents fourrages. Il y a de belles forêts de sapins et d'autres bois en taillis et haute futaie. On y trouve un moulin, 2 scies à eau et des fromageries. Le commerce consiste dans l'élève des bœufs gras et dans la vente des bois de sapin.

Le revenu communal est de 7,025 francs. Il y a deux écoles pour les deux sexes.

Quatre hameaux composent la commune : le Petit Vaillon, le Grand Vaillon, la Goutelle et Ablatrix.

Un seul cours d'eau, l'Ange, qui naît à quelques centaines de mètres au nord de l'église, au sommet de la gorge profonde qui va, par Geilles, s'ouvrir à Oyonnax. Le lac Genin est en partie sur Apremont.

La population est de 294 habitants. Elle était de 491 en 1805 ; elle a diminué du quart depuis 1856, époque où il y avait encore 394 habitants.

BRION, à 7 kilomètres de Nantua, 37 kilomètres de Bourg, est un petit village situé dans une plaine assez fertile, mais un peu marécageuse, au confluent de l'Ange et de l'Oignin : Ce dernier cours d'eau reçoit, un peu plus au sud, le bras du lac, près du hameau du Molard. C'est dans ce hameau que se trouve l'église : elle est sous le vocable de saint Denis et n'offre rien de remarquable.

Le village était anciennement un hameau de Geovreissiat ; il est dominé au sud-est par un monticule allongé, de 50 à 60 mètres de hauteur, que couronnent les ruines d'une forteresse féodale. Elle fut bâtie en 1240 par Etienne II, sire de Thoire et Villars, dans le but de faire obstacle aux entreprises des prieurs de Nantua. Ses démêlés avec l'abbaye durèrent jusqu'en 1248, où les différends furent réglés par l'arbitrage de l'archevêque de Lyon, pour un temps du moins. Les contestations ne tardèrent pas, en effet, à recommencer, et la région, pendant près d'un siècle, eut à souffrir considérablement. Vers 1400, le château fut vendu à Guillaume de Bussy, d'où il passa à la famille Lyotard, puis à celle de Moyriat. Démantelé sous Henri IV, il fut démoli en 1789.

Le territoire de la commune, d'une superficie de 438 hectares, produit des céréales, des légumes, des fruits. Quelques métiers à tisser et deux fromageries.

Le revenu communal est de 836 francs.

La population est de 209 habitants. Elle a diminué de 30 habitants depuis 1856.

Charix, à 11 kilomètres de Nantua, 53 kilomètres de Bourg, est situé à 2 kilomètres au nord de la station de ce nom, sur la voie ferrée de Nantua à Bellegarde. Il est disposé d'une façon fort irrégulière sur un plateau dont l'altitude est d'environ 790 mètres, et qui est entouré de montagnes et de roches escarpées dont le faite est couvert de noirs sapins ; les sommets les plus élevés sont le Mont de Marnant, le Signal de Biolay et le Crêt des Millières (983 mètres). Il est formé de plusieurs agglomérations qui sont : le village d'en bas, où sont l'église et la mairie ; le village d'en haut, les Sauges, Très-Charvais, le Martinet, les Combes, et une partie du Moulin de Charix, sur le lac de Sylans. Il y a deux écoles pour les deux sexes. L'église, construite il y a une quarantaine d'années, est assez belle, à trois nefs, et bien décorée. A peu de distance, sur une éminence voisine, se trouve une chapelle en ruines, qui a été détruite au XVIIe siècle. De Charix, on a une belle vue sur Lalleyriat, le Poizat, et les massifs avoisinants.

Charix parait très ancien. Il en est question en 931 dans la donation faite par le comte Albitius et Odda, son épouse, au monastère de Nantua. Il resta sous la dépendance des prieurs jusqu'en 1789, où la taille cessa d'être payée. Une députation des habitants vint alors au prieuré et prit les titres qui concernaient la commune. Décimé par la peste en 1316, 1500 et 1635, il eut encore beaucoup à souffrir de la guerre entre la France et le duc de Savoie, guerre qui se termina par le traité de 1601 réunissant la Bresse et le Bugey à la France. Il ne souffrit pas moins des querelles sanglantes des Cuanais et des Gris ; le feu le détruisit en 1610, et, pendant que les malheureux incendiés cherchaient un refuge dans les forêts voisines, ils furent surpris et pillés par le partisan franc-comtois Lacuson qui était la terreur du pays.

Au nord de Charix est le lac Genin, nappe d'eau presque circulaire, à l'extrémité d'un pré tourbeux. Il déverse ses eaux au sud, dans des crevasses de rochers. Il est très poissonneux. A l'extrémité sud du territoire est le lac de Sylans. L'exploitation de la glacière qu'on y a établie occupe les habitants de la commune pendant la morte-saison. Le territoire est arrosé par un petit ruisseau qui longe la vallée du nord au sud et se jette dans le lac de Sylans. En temps de pluie, c'est un torrent impétueux ; il forme une chute près du village, puis une cascade de 30 mètres à un kilomètre plus bas, reçoit les eaux de la grotte de La Balme, et forme enfin la belle cascade du moulin de Charix.

La superficie de la commune est de 2,094 hectares, dont 800 hectares en forêts ; 360 en terres cultivables, qui donnent des céréales et surtout des pommes de terre, et 218 en prairies.

Il y a 4 fromageries fournissant du fromage bleu : c'est le principal revenu des habitants ; 2 scieries hydrauliques et des métiers à tisser la soie.

Le revenu communal est de 9,573 francs ; il est fourni par la location des communaux et par le produit des coupes de sapins accordées annuellement par l'administration forestière.

La population était de 769 habitants en 1805 et de 720 en 1856 ; aujourd'hui, elle n'est plus que de 481, ayant ainsi subi une diminution de 239 habitants en moins de quarante ans. Depuis le recensement de 1883, elle en a perdu 80.

Geovreissiat, à 8 kilomètres de Nantua, 38 kilomètres de Bourg, est tapi dans une dépression de la montagne, au-dessous du sommet de Beauregard (771 mètres). Il est disposé en gradins sur les roches qui descendent vers l'Oignin, au milieu de bouquets d'arbres et de prés verts : la vue sur la vallée, sur Mornay et les Berthiand est assez agréable. Les maisons, pauvres en général, sont jetées sans symétrie, et les rues sont tortueuses et peu soignées. L'église est vieille, trop peu élevée, bâtie d'une façon très irrégulière, et dédiée à saint Jean-Baptiste. Le chœur et le clocher datent d'une quarantaine d'années. Le village est à peu près exclusivement agricole ; le sol, fertile en certains endroits, est en majeure partie médiocre. Il produit des céréales, des légumes, des fruits ; il y a des prés et des prairies artificielles de bonne qualité.

L'industrie est peu développée ; il y a une fromagerie sans importance.

La superficie de la commune est de 473 hectares ; le revenu est de 717 francs.

Il y a un bureau de bienfaisance ; son revenu est de 37 fr.

La population est de 226 habitants; elle était de 354 en 1856 et de 244 en 1883. Elle a ainsi, depuis 1856, diminué de plus du tiers.

Deux hameaux : l'un, la Croix-Châlon ; l'autre, situé à l'ouest de la commune, sur l'Oignin, est Saint-Germain-de-Béard, sur la route de Nantua à Izernore ; on y trouve une papeterie et une scierie. L'Oignin est là très encaissé ; il y forme le Saut de Béard, haut d'une quinzaine de mètres.

Lalleyriat, à 13 kilomètres de Nantua, 54 kilomètres de Bourg, est situé sur un plateau incliné au nord, mais relevé fortement vers le sud. L'altitude, en moyenne de 850 mètres vers la mairie, et plus bas de moins de 600 mètres, est, à la hauteur du Poizat, supérieur à 1,100 mètres, et quelques crêts même atteignent plus de 1,200 mètres.

Le village est traversé par le chemin vicinal venant de La Voûte et conduisant à l'Abbergement et à Champagne ; c'est la rue principale ; les maisons qui la bordent, entre autres la mairie et les maisons voisines, sont assez jolies ; les autres sont de chétive apparence et séparées par des rues tortueuses et le plus souvent mal entretenues. L'église est dédiée à saint Blaise ; elle date d'une cinquantaine d'années ; elle est simple, régulière et bien construite.

Plusieurs ruisseaux arrosent la commune : le Combet, qui sort du lac de Sylans, le Tacon, le bief Madame et le bief d'Enfer qui coulent tous deux du sud au nord.

Les principaux hameaux sont le Moulin de Charix (en partie), le Burlandier, la Serra, la Tour, les Bossues et Très-Nairvaz ; près du Burlandier est une cascade qui a 10 mètres de hauteur seulement, mais qui fait, en grandes eaux, un bruit formidable. A la Tour, non loin de l'extrémité du lac de Sylans, il y avait autrefois un château et un village qui ont entièrement disparu. Ce village, appelé l'Hôpital de Challey, où les habitants malades de Lalleyriat, du Poizat et de Charix avaient le droit de venir se faire guérir, fut abandonné, croit-on, à la suite de la peste de 1316 qui le dépeupla entièrement.

Le territoire a une superficie de 1,623 hectares ; la plupart sont en bois taillis et en forêts de sapins. Le reste est occupé par des terrains vagues, quelques prés et des terres labourables. Le sol, peu fertile, produit du froment, du seigle, de l'orge et de l'avoine.

Lalleyriat possède une fromagerie, des scieries et deux moulins. Le commerce consiste surtout dans la vente des bois.

Le revenu communal est de 5,498 fr.

La population est de 420 habitants, la diminution est de 197 habitants depuis 1856, époque où il y en avait 617.

Maillat, à 10 kilomètres de Nantua, 43 kilomètres de Bourg, est situé au pied d'un mamelon boisé en partie et qui le domine à l'ouest. Une portion du village, la plus importante, est bâtie en amphithéâtre parallèlement à l'Oignin ; l'autre portion, la mieux construite, se trouve le long de la route de Nantua à Cerdon, qui franchit l'Oignin sur un beau pont en pierre.

L'église est très simple. Elle renferme le caveau sépulcral des comtes de Meyriat, dont le château est très voisin. Ce château est un grand bâtiment de style moderne, flanqué de tourelles, seules parties sauvées de l'ancienne forteresse abattue par Biron. Construite au XIIIe siècle par la famille de la Balme, elle avait passé un peu plus tard dans celle de Meyriat. Un des membres de cette dernière, jésuite d'un grand savoir, fut missionnaire en Chine, où il obtint le titre de Mandarin et où il mourut en 1748. Un autre membre fut

Gabriel de Moyriat, qui a laissé des ouvrages précieux sur les antiquités du Bugey.

Maillat possède un bureau de poste et un bureau télégraphique, une école de fromagerie, 4 scieries, 4 moulins, un atelier de tissage de la soie qui occupe près de 100 ouvriers et un atelier de constructions mécaniques. Le principal commerce consiste dans la vente de bois et des planches de sapin. Le territoire est arrosé par le Borrey et le Valey, dont la réunion à Maillat forme l'Oignin. Il est de faible étendue : 765 hectares, dont le tiers environ est en terres labourables. Le sol est d'une médiocre fertilité : il produit des céréales.

Le revenu communal est de 712 fr. Il y a un bureau de bienfaisance dont le revenu est de 79 fr. La population qui était en 1805 de 386 habitants, et en 1856 de 423 est aujourd'hui de 560. Il y a donc depuis 1856, un accroissement, de 137 habitants. A noter cependant depuis 1883 une perte de 13 habitants.

Au sud de Maillat, est l'antique chapelle de Notre-Dame des Sept-Douleurs ; tout près est une source où les pèlerins allaient autrefois se laver les yeux pour les fortifier.

MONTRÉAL, à 5 kilomètres de Nantua, 33 kilomètres de Bourg, est station du chemin de fer de La Cluse à Oyonnax et Saint-Claude. Assez régulier, il est formé de deux parties, l'une assise sur les premières pentes de la montagne qui le domine à l'ouest, l'autre, avec des maisons plus modernes, plus confortables, s'étend de l'église au-delà de l'Ange. Il est pourvu de belles fontaines qui donnent une eau abondante. Il y a 2 maisons d'école, une pour chaque sexe.

L'église est dédiée à Saint-Maurice. Le chœur, ancienne chapelle des Seigneurs, avec ses ogives et ses vitraux, coloriés, date du XIIIe siècle. La nef, trop large pour sa longueur, est pauvre de style et d'ornementation ; elle date de 1623. L'une des deux chapelles de droite était la chapelle des comtes Douglas, seigneurs de Montréal. Cette famille habite actuellement, au bas du village, un château tout moderne à deux étages avec fronton.

Montréal dépendait d'abord des seigneurs de Bourgogne ; il passa par le mariage de la fille d'Eudes III à Humbert III, sire de Thoire et Villars, qui bâtit vers 1250, sur un rocher coupé à pic et d'un accès difficile, un château fortifié dont il ne reste aujourd'hui que des ruines ; en même temps le bourg qui s'était formé autour du château fut environné de murs. En 1287, Humbert IV donna des franchises à Montréal, et en fit le chef-lieu des seigneuries qu'il possédait dans le Bugey. La ville et le château furent pris par le maréchal de Vergy en 1402, et furent cédés en 1414 au comte de Savoie. Aliéné en 1566 et érigé en comté en 1570, Montréal fut démantelé et son vieux château détruit par le maréchal de Biron. La seigneurie, après diverses vicissitudes, fut cédée en 1757 pour 60,000 livres, par les héritiers Pictet, à la famille Douglas, établie dans le Bugey, depuis la première moitié du XVIIe siècle.

Le territoire, arrosé par l'Ange et le ruisseau Landéron, a une superficie de 1,282 hectares. La partie basse est en prairies et en terres cultivées : il y a peu de grains, mais beaucoup de fourrages. La partie orientale, d'une élévation moyenne de 7 à 800 mètres, est couverte de magnifiques forêts de sapins (545 hectares).

L'industrie est développée : Montréal a des scieries, une tournerie et des métiers à tisser la soie ; on y fabrique aussi du fromage de gruyère. La moyenne annuelle est de 10,000 kilos. Le commerce des bois et des planches a une certaine importance.

Le revenu communal est de 8,395 fr. Il y a un bureau de bienfaisance : son revenu est de 802 fr.

La population est de 1,083 habitants ; elle était de 802 en 1805, et de 843 en 1856, il y a donc depuis cette époque un accroissement assez notable dû certainement au développement de l'industrie, surtout à La Cluse. Il faut pourtant remarquer que depuis 1883, il y a une diminution de 65 habitants.

La majeure partie du hameau de La Cluse, école, gare, filature, etc.. dépend de Montréal ; l'autre partie, comme nous l'avons dit, dépend de Nantua. Les autres hameaux sont : le Landéron, le Grand-Pont, le Martinet, la Prairie et le Chalet.

Neyrolles, à 3 kilomètres de Nantua, 45 kilomètres de Bourg, est une station du chemin de fer de Bourg à Bellegarde. Le village est caché au fond d'une gorge pittoresque entourée par de hautes montagnes : A l'est le mont Lallier, au nord le mont Cornet, au sud le plateau de Coillard. Il est traversé par la route de Lyon à Genève, le long de laquelle on trouve des maisons propres, et la plupart de construction récente ; les autres, plus basses, plus rustiques, occupent des rues transversales et tortueuses. Il y a un groupe scolaire assez élégant et nouvellement bâti. L'église, dédiée à Saint-Clair, est en forme de croix latine ; elle est simple et dénuée d'ornements ; elle a remplacé en 1850 une ancienne église disparue il n'y a pas longtemps.

La terre des Neyrolles appartenait à l'abbaye de Nantua ; ses habitants étaient taillables à miséricorde. Un château fort, dont les restes occupent la cime du mont Cornet, protégeait les vassaux et les maintenait dans l'obéissance. Il n'empêcha point pourtant le village d'être pillé et brûlé par Etienne II, sire de Thoire et Villars, au temps de ses luttes avec l'abbaye.

Le territoire, d'une superficie de 915 hectares, est peu fertile ; les parties basses donnent des céréales et sont occupées par quelques prairies, la plus grande partie du sol, sur les hauteurs, est couverte de bois taillis et de belles forêts de sapins. Aussi le commerce consiste-t-il principalement dans la vente des bois et dans celle des planches que fournissent 5 scieries établies sur le Merloz ; on trouve aussi aux Neyrolles une fromagerie et des métiers à tisser la soie. Un certain nombre d'habitants sont tourneurs; d'autres vont travailler à la diamanterie et à la fabrique de tulle installées près de Nantua.

Deux ruisseaux principaux arrosent le territoire, et forment par leur réunion le Merloz : l'un, le Nant qui descend en cascades du plateau de Coillard; l'autre, la Doye, qui sort d'un bas-fond au pied occidental d'un petit monticule qui se trouve à la tête du lac de Sylans, et qui forme le point de partage des eaux (623 mètres), entre le bassin du Rhône et celui de l'Ain. C'est ce petit monticule que traverse en tunnel la voie ferrée de Nantua à Bellegarde.

Une partie de l'installation des glacières de Sylans est sur la commune des Neyrolles.

Le revenu communal est de 7,019 fr.

La population était de 340 habitants en 1805; on en comptait 348 en 1856 et 435 en 1883; il y a donc entre ces deux époques un accroissement de 87 habitants; mais depuis 1883, la population a un peu diminué : elle n'est plus que de 412 habitants.

Un seul hameau, Coillard, comprenant les granges établies sur le plateau de ce nom, au milieu de bons pâturages et de maigres terres cultivées; il est traversé par la route venant des Neyrolles et allant par le col de Jalinard, rejoindre celle de Nantua à Belley.

Le Poizat, à 10 kilomètres de Nantua, 52 kilomètres de Bourg. Comme le village de Lalleyriat qui l'avoisine, celui du Poizat est situé sur un plateau élevé, incliné au nord, et fort exposé aux vents froids, contre lesquels rien ne l'abrite. Il est dominé à l'est par une montagne coupée à pic, et dont l'altitude moyenne atteint presque 1.200 m. Il est bien bâti, et desservi par deux chemins vicinaux fort bien entretenus. A la partie la plus élevée, sur une petite place, se trouvent l'église, et à quelque distance les deux écoles très convenablement installées. L'église, postérieure à la Révolution est belle, large et bien proportionnée : elle est dédiée à saint François de Sales et a remplacé une ancienne et petite chapelle.

Tout l'historique de la commune se résume dans les contestations qui s'élevaient, au sujet de leurs forêts, entre les habitants et les prieurs de Nantua, et dont les procès qui en étaient la suite, duraient fort longtemps et se terminaient par des transactions généralement tout à l'avantage des prieurs.

Le territoire, d'une superficie de 1.080 hectares, est arrosé par le bief à la Dame, qui se jette dans le Combet, un peu après sa sortie du lac de Sylans. Ce lac limite la commune au nord ; il est resserré entre des montagnes élevées et n'a guère que 10 m. dans sa plus grande profondeur. Aussi long que celui de Nantua, 2 kilomètres environ, il est beaucoup moins large. Il gèle facilement, aussi y a-t-on établi une vaste glacière.

La plus grande partie du territoire est couverte de belles forêts de sapins ; le reste est en prés ou en terres cultivées qui donnent quelques céréales.

Il y a au Poizat des scieries, des carrières, des fromageries ; le principal commerce consiste dans la vente des bois de charpente et de chauffage.

Le revenu commercial est de 12.709 fr. Le bureau de bienfaisance a un revenu de 324 fr.

La population est de 612 habitants. Elle en comptait 730 en 1856, et a baissé au chiffre de 647 en 1883.

Depuis ces dix dernières années, elle a diminué de 35 habitants.

Deux hameaux : le Replat et les Granges.

Port, à 2 k. 1/2 de Nantua, est au pied de la montagne de Chamoise, sur les bords du lac de Nantua, à l'extrémité ouest d'un étroit défilé entre le lac et la montagne. Peu considérable, il se compose d'habitations assez pauvres et groupées irrégulièrement. L'église, étroite et très simple, est dédiée à sainte Madeleine.

Port appartenait à l'abbaye de Saint-Claude. En 1150, en vertu d'une cession faite par l'abbé Odon, il passa à l'abbaye de Nantua, qui plus tard en confia la garde au sire de Thoire-Villars. Celui-ci, malgré l'opposition du prieur, y fit dresser des fourches patibulaires et y installa un juge-châtelain qui rendait la justice en son nom.

Le territoire a une superficie de 425 hectares, tant en montagne qu'en plaine. La partie basse, un peu marécageuse, comprise entre le bras du Lac et l'Oignin, fournit des céréales ; il y a des prairies naturelles et artificielles. Des taillis et des bois de sapins couvrent la partie montagneuse qui ne comprend à peu près que le revers septentrional du plateau de Chamoise.

Le tissage de la soie occupe à Port quelques ouvriers.

Le revenu communal est de 2.195 fr.

La population était de 266 habitants en 1856. Aujourd'hui on en compte 273. La commune est traversée par la route de Lyon à Genève et par la voie ferrée de Bourg à Bellegarde.

Saint-Martin-du-Fresne, à 7 kil. de Nantua, 45 k. de Bourg, est un gros village bâti, à 1 k. de l'Oignin, au pied des éboulis de la montagne de Chamoise. Sa rue principale est la route de Lyon à Genève, qui le traverse dans toute sa longueur, et qui est bordée de maisons de bonne apparence ; il y a de plus une dizaine de rues transversales, régulières et bien entretenues. Le village possède 7 fontaines pourvues d'une eau abondante ; une église vaste, assez simple, qui a remplacé en 1872 une vieille église dont il reste encore quelques vestiges ; et une maison commune dont la construction ne remonte guère à plus de 30 ans.

Sur un tertre peu élevé on voit les ruines d'un vieux château bâti par les sires de Thoire-Villars ; il n'en reste qu'une grosse tour circulaire fort endommagée. Ce château fut pris vers 1350 par les ducs de Savoie, et démoli plus tard, en 1601, par le maréchal de Biron. Il avait été élevé pour tenir en bride les prieurs de Nantua et s'opposer aux envahissements des Chartreux de Meyriat. Saint-Martin jouit de bonne heure de franchises et de privilèges fort étendus, qui lui furent octroyés par les sires de Thoire-Villars, pour récompenser le dévouement de ses habitants. Ceux-ci en effet avaient défendu courageusement le fils d'Etienne II contre les gens du prieur, un jour que le jeune prince chassait dans la forêt de Brion ; et s'ils n'avaient pu l'empêcher d'être pris et interné à l'abbaye de Nantua, ils aidèrent du moins peu après Aimé du Balmay, gouverneur de Montréal, à le délivrer.

En 1789, les Douglas de Montréal étaient seigneurs de Saint-Martin.

La superficie de la commune est de 1914 hectares, 212 h. en sapins, 457 en taillis ; une partie, la moins étendue, mais la plus fertile, est en plaine ; elle est arrosée par le Vaud et par l'Oignin qui coule à l'ouest du village à travers une prairie un peu marécageuse ; la plus grande partie est en montagne et forme le plateau de Chamoise, d'une altitude moyenne de 700 m. mais relevé vers l'est où se dresse, au milieu d'une belle forêt de sapins, le signal des Monts d'Ain, 1031 m. ; sur ce plateau on trouve un certain nombre de granges habitées par 116 personnes, et on y a établi une école récemment.

Saint-Martin possède une fromagerie qui constitue, avec l'élève du bétail, sa principale richesse. Il y a de nombreux métiers à tisser, un moulin et 3 scieries. Le commerce des bois y a une certaine importance.

La population actuelle est de 837 habitants, elle était de 1015 en 1805. En 1856, il y en avait 966, soit depuis une diminution de 131 habitants.

Le revenu communal est de 7 976 fr. Il y a un bureau de bienfaisance, avec un revenu de 857 fr.

Canton de Brénod

Le canton de Brénod s'étend au sud de celui de Nantua; il touche à l'ouest à ceux d'Izernore, d'Hauteville et de Poncin; au sud à celui de Champagne et à l'est à celui de Châtillon de-Michaille. Il est presque quadrangulaire; à l'ouest il se termine par une ligne sinueuse suivant à peu près la ligne de faite de la chaine de l'Avocat, et à l'est par une ligne sensiblement droite dirigée suivant la crête de la chaine du Grand-Colombier.

Essentiellement montagneux, il comprend un grand nombre de petits chainons et quatre chaines assez élevées alignées dans la direction nord-sud. Ce sont la chaine de l'Avocat, point culminant 1,017 mètres; celle qui part de Meyriat et aboutit vers Rougemont, dans le canton d'Hauteville : les points principaux ont des altitudes de plus de 1,000 mètres ; celle de la forêt des Moussières, prolongement de celle de la Rochette, et où les altitudes atteignent 1,170 mètres ; et enfin la masse de la chaine du Grand-Colombier, dont les points remarquables ont 1,200 mètres à 1,300 mètres, vers le Crêt du Nu et les environs de Retord. Ces chaines couvertes de taillis ou de belles forêts de sapins, comprennent entre elles des vallées de directions différentes : à l'ouest, la Combe du Val ou la vallée du Borrey qui se dirige au nord ; au centre celle de l'Albarine qui se dirige vers le sud ; et enfin la vallée du Séran dont la direction est également au sud.

Ces vallées ont des altitudes diverses. La moins élevée est celle du Borrey : sa partie haute est à 800 mètres ; le point le plus bas est vers 600 mètres. Celle de l'Albarine, à 940 mètres à sa partie supérieure, ne descend pas au-dessous de 800 mètres ; quant à la portion de la vallée du Séran comprise dans le canton elle passe de 950 mètres à 650 mètres environ ; elle est adossée à un plateau accidenté dont les dépressions atteignent 950 à 1,000 en moyenne.

Avec des altitudes aussi élevées en général, le canton présente des conditions peu favorables à l'agriculture. Le sol est d'ailleurs peu fertile ; en majeure partie en effet il ne se compose que des roches dures du Jurassique supérieur ou du Néocomien inférieur ; il n'y a guère d'exception que pour la Combe du Val où il est constitué presque entièrement, au moins sur les pentes inférieures ou dans le fond de la vallée, par les dépôts morainiques de l'époque glaciaire. Aussi les terres cultivées occupent assez peu de place ; et presque partout les sommets sont couverts de forêts, les pentes et les dépressions de prés ou de pâturages ; et les habitants recherchent dans l'élève du bétail, la fabrication des fromages, l'exploitation des bois, les ressources que la culture ne peut leur fournir.

Différents cours d'eau arrosent le canton : Dans la Combe du Val, le Borrey et la Borreyette, le Gour, le Flon et le Valey qui vont au nord et concourent par leur réunion à former l'Oignin ; l'Albarine, grossie du Boittard ; et enfin le Séran que grossissent quelques ruisselets sans importance.

Le canton est traversé par la route de Nantua à Belley. A Jalinard il en part un chemin se dirigeant au nord et se bifurquant au Golet de Belle Roche en deux embranchements, allant l'un par Coillard aux Neyrolles ; l'autre par le Poizat et à la route de Nantua à Bellegarde. De Brénod partent deux chemins, l'un par Champdor et Hauteville à Tenay ; l'autre passant par Corcelles et se soudant vers Rougemont à la route partant de Maillat et desservant la Combe du Val ; une bifurcation met cette route en communication avec Aranc, Oncieu, et Saint-Rambert. Ces routes sont bien entretenues ainsi que les chemins vicinaux reliant entre elles les différentes communes du canton.

Le territoire a une superficie de 20,318 hectares, dont moins d'un quart en terres labourables, un tiers en belles forêts d'un revenu élevé, le reste en prés et pâturages.

La population est de 6,124 habitants ; elle était de 7,483 en 1805 et de 7,319 en 1856. Elle a été ainsi constamment en diminuant, surtout depuis 1856, la perte étant depuis lors de 1,200 habitants, tandis que dans la 1re moitié du siècle elle n'a été que de 164 habitants.

Cette population est répartie entre les 12 communes de Brénod, Champdor, Chevillard, Condamine, Corcelles, Grand-Abergement, Hotonnes, Izenave, Lantenay, Outriaz, Petit-Abergement et Vieu-d'Izenave.

BRÉNOD, chef-lieu du canton, à 20 kilomètres de Nantua, à 57 kilomètres de Bourg. Bâti à 830 mètres d'altitude, le village s'étend sur près d'un kilomètre le long du chemin qui conduit à Champdor. A l'est et à l'ouest il est dominé par des montagnes élevées atteignant 1,000 ou 1,100 mètres et dont le faite est couvert de magnifiques sapins.

Les maisons, de modeste apparence, ont peu d'élévation ; l'église et le cimetière sont presque au centre du village, sur une légère éminence, le long de la rue principale. L'église, dédiée à la Sainte-Vierge, est ancienne ; elle est de syle ogival, elle a trois nefs basses et sombres ; il y a un maître-autel en marbre provenant de l'abbaye de Saint-Sulpice. Le clocher est de construction assez récente.

Sur une petite place près de l'église se voyait naguère un bassin, taillé, disait-on, dans un seul bloc, amené en cet endroit en 1572, et auquel Guichenon attribuait des dimensions un peu fantaisistes. En réalité il a 4 mètres de long, 2 mètres de large, moins d'un mètre de profondeur, et est formé de deux parties rattachées par des crampons de fer.

On l'a transporté, il y a quelques années, à l'extrémité sud du village, à l'intersection des chemins de Corcelles et de Champdor, et il a été remplacé par un bassin circulaire où coule une eau abondante et saine.

Brénod est un ancien prieuré dépendant de l'abbaye de Nantua ; il en est parlé dès 1145 dans une bulle où le pape Eugène III fait le dénombrement des prieurés et églises de la dépendance de cette abbaye. Après la fondation de Meyriat en 1116, les habitants de Brénod eurent souvent à se plaindre des vexations et de l'empiètement des Chartreux, et tout l'historique de la commune, jusqu'à la Révolution, n'est guère qu'une longue lutte et une interminable suite de procès.

A 2 kilomètres au nord, sur le Montoux, à 1,100 mètres d'altitude, au milieu de sapins séculaires, sont les ruines d'un vieux château-fort sur lequel on a peu de renseignements. On suppose toutefois que c'est celui de Montaigu, que Jean de Genève, prieur de Nantua avait fait édifier, mais qu'en 1280 il dut faire démolir sur l'injonction du comte de Genève.

Le territoire a une superficie de 2,380 hectares, dont 500 en bois, près de 800 en prés et 500 en pâturages. Il est peu fertile : il produit des pommes de terre et quelques céréales ; il n'y a point de fruits, la rigueur du climat les empêchant de mûrir.

L'industrie consiste dans l'élève des bestiaux, la fabrication des fromages, celle de divers objets en bois blanc, et l'exploitation des forêts de sapins.

Il y a une scierie près de la route de Nantua au Valromey, au nord-est de Brénod, et un moulin, le moulin de Pontet, vers l'extrémité sud de la commune.

Un seul cours d'eau important l'Albarine, qui passe à 500 mètres à l'est de Brénod. Elle prend naissance à 940 mètres d'altitude, au sommet d'une combe étroite resserrée entre le Montoux et la forêt des Moussières ; elle forme près de l'Etanche et le Golet Ravaux deux petits étangs, et traverse un peu plus bas vers la Léchère une espèce de marécage desséché. Elle reçoit au-dessus de Brénod quelques ruisseaux, dont le plus important est le Boittard, et plus bas, au-dessous du chemin de Corcelles, un ruisselet qui naît d'un bas fonds marécageux.

Le revenu communal est de 8,372 fr. Il y a un bureau de bienfaisance : son revenu est de 289 fr.

La population était de 971 habitants en 1805 ; elle est montée à 1,029 en 1856 ; depuis elle a été en diminuant ; aujourd'hui elle n'est plus que de 872 ayant ainsi perdu 157 habitants en 35 ans.

Un seul hameau : Macconod, au nord-est de Brénod ; et un assez grand nombre de granges, Berthet, Gruent, Léchère, etc., sur les rives de l'Albarine, ou sur les flancs de chaînes et dans les combes : Grange Ballet, la Gouille, Grange de Pré de Joux, la Pérouse, etc.

A 5 kilomètres de Brénod, au sud, au pied et à l'ouest de la forêt de Crétin, dont les points culminants atteignent presque 1,200 mètres, se trouve le village de Champdor. Son altitude est d'environ 838 mètres. Disposé d'une façon assez irrégulière, il est construit sur une éminence à l'est de l'Albarine, et s'étend en grande partie le long de l'ancienne route de Brénod à Hauteville : il a près de 2 kilomètres de longueur. L'église, dédiée à Saint-Victor, est assez jolie : elle est un peu en dehors du village. A peu de distance on trouve un château à quatre tours réduites à la hauteur des toits et qui a été bâti en 1743. A côté est une tour carrée assez élevée, édifiée en 1818 par M. de Montillet pour y placer l'horloge du village.

Primitivement les comtes de Savoie possédaient la terre de Champdor. En 1318 Amé V l'échangea avec ses dépendances contre la seigneurie de Lompnes qui appartenait à Jean de Luyrieux. En 1470 Guillaume de Luyrieux vendit Champdor à Hugonin de Montfalcon. Delà elle passa à Nicolas de Montluel, puis à Hugues Michaud, aux Battandier, et enfin à la famille de Montillet qui l'acheta dans les premières années du siècle dernier.

La superficie du territoire est de 1,736 hectares, dont un quart en terres labourables, un tiers en forêts de sapins, et le reste en prés et pâturages. Le sol, assez fertile, produit des céréales, moins le maïs et le sarrasin, et quelques fruits.

Il y a une scierie et une fromagerie qui rapporte annuellement 35,000 fr. environ.

Le revenu communal est de 7,893 fr.; celui du bureau de bienfaisance est de 555 fr.

La population est de 560 habitants. En 1805 on en comptait 616; elle a augmenté jusqu'en 1856 où elle a atteint le chiffre de 730. Depuis elle a été toujours en décroissant et a diminué de 170 habitants, c'est-à-dire de près du quart.

Un seul hameau, La Palut, au nord-est, qui est peu considérable.

Chevillard, à 8 kilomètres de Brénod, 14 kilomètres de Nantua, est assis sur un plateau élevé, entouré de tous côtés de bois et de sapins, et séparé par des cassures profondes, dirigées de l'est à l'ouest, de la montagne de Chamoise, et des monts d'Ain, au nord; de la forêt de Meyriat, au sud. L'altitude moyenne est de 750 mètres; à l'est, le sol se relève et atteint, vers la limite de la commune, une cote supérieure : 1,000 mètres. Le village n'offre rien de remarquable; l'église est à l'écart au nord-ouest. Elle est sous le vocable de Saint-Théodule et a été bâtie en 1677; elle est petite, mais propre; un écusson à l'intérieur porte la croix de Savoie, un autre porte les armes de la Chartreuse de Meyriat, qui avait la seigneurie du lieu.

Dans la donation faite en 950 à l'abbaye de Nantua, par le comte de Genevois, Albitius, Chevillard est désigné sous le nom de *Chiviliacum*. Il est désigné sous son nom pour la première fois en 1270 dans un écrit passé entre le sire de Thoire-Villars et le prieur de Nantua.

Le territoire a une superficie de 667 hectares, dont un peu plus du quart en terres labourables et en prés, un tiers en bois taillis et en sapins ; 86 hectares sont en terres vagues et en pâturages. Le sol produit des pommes de terre et des céréales, le maïs et le seigle exceptés. Peu d'industrie, si ce n'est celle de la soie, et le commerce des bois. Il y a une fromagerie qui fait par an pour 12 à 15,000 fr. de fromages.

Le revenu communal est de 4,011 fr.

La population, en majorité agricole est de 276 habitants ; elle était de 290 en 1805 et de 289 en 1856. Elle se maintient donc constamment ou ne subit qu'une faible diminution.

La commune comprend plusieurs granges : les granges de Lavuitre, du Cerisier, et de l'Orme, qui comptent chacune 3 ménages.

Deux chemins vicinaux relient Chevillard à la route de Nantua à Brénod.

Condamine-la-Doye, à 12 kilomètres de Brénod, à 11 kilomètres de Nantua, est au nord-ouest du canton. Il est assis dans le fond d'une étroite vallée, à 550 mètres environ d'altitude, dans une petite dépression formée au milieu de puissants dépôts morainiques. Les habitations sont groupées sans symétrie. L'église, située à peu près au centre du village, est nouvellement bâtie ; elle est sous le vocable de Saint-Pierre et Saint-Paul ; elle est de style gothique et a remplacé en 1889 une église datant du 16e siècle.

Le village est relié à la route de Nantua à Brénod qui en passe à moins de un kilomètre au nord, et par Corlier à la route de Pont-d'Ain à Cerdon.

Il est assez ancien : il en est parlé dans une transaction entre le sire de Thoire-Villars et le prieur de Nantua datée du 21 août 1270.

La commune est peu étendue ; sa superficie est de 485 hectares, dont 130 en terres labourables, 123 en forêts de sapins, et 138 en prés et pâturages. Le sol, peu fertile, produit des céréales, blé, orge, avoine, et des pommes de terre. Le territoire est arrosé par le Valey, qui vient de la forêt de Meyriat, et par la Doye, qui donne son nom à la commune et y prend sa source. Cette source est très remarquable; il en sort un mètre cube d'eau par seconde, et la Doye est assez forte dès sa naissance pour faire mouvoir diverses usines. Ce cours d'eau très poissonneux n'a guère que 4 kilomètres de longueur; il reçoit le Valey à la limite nord de la commune et du canton.

L'industrie a quelque importance. On s'occupe à Condamine du tissage de la soie, de tournerie sur bois et sur corne; il y a une scierie et une usine pour le cardage de la bourre de soie. On y trouve également une fromagerie, où l'on fabrique du fromage de gruyère en été et du fromage de Gex en hiver.

Le revenu communal est de 1,342 fr.

La population moitié agricole, moitié industrielle, et entièrement formée de propriétaires, est de 341 habitants; il y en avait 245 en 1805, 320 en 1856 : elle a ainsi augmenté de près de 100 habitants depuis le commencement du siècle.

Corcelles, à 5 kilomètres de Brénod, 25 kilomètres de Nantua, est à la partie sud-ouest du canton. Il est adossé aux pentes inférieures de la Roche Savay et du Crêt de Châtillon, dont le sommet est couvert de bois. Le chemin vicinal de Brénod à Aranc le traverse en entier et en est la rue principale qui a plus de un kilomètre de longueur. L'église, bâtie sur une petite place au milieu du village, est dédiée à Saint-Martin : elle date du commencement du 16e siècle. Elle renferme un bénitier portant la date de 1500 et d'un fort beau travail. A cette date il ne devait y avoir à Corcelles qu'une chapelle, la paroisse n'étant alors qu'une annexe de Champdor.

En tout cas en 1579 et en 1616, l'église a été réparée et agrandie.

Il y avait à Corcelles un château bâti par les comtes de Savoie, au 13e siècle ; le bourg fut plus tard enclos de murs, déclaré ville et reçut des franchises par une charte datée du 13 août 1318. En 1355 Amé V céda Corcelles à Humbert sire de Thoire qui l'inféoda en 1390 à Humbert de Luyrieu. En 1562, il passa à Hugues Michaud qui en fut le dernier possesseur. Le château a été démoli au siècle dernier.

Le territoire est arrosé par l'Albarine qui en forme la limite est sur 2 kilomètres. Il a une superficie de 1,414 hectares ; près de 400 en bois, 414 en terres labourables, 600 en prés et en pâturages. Le sol, assez fertile, produit un peu de blé, de l'orge, de l'avoine, du méteil et des pommes de terre : ces deux dernières cultures sont dominantes. Il y a de bonnes prairies naturelles qui occupent en étendue un quart de la superficie du territoire.

Une fromagerie donne annuellement environ 350 quintaux métriques de fromage dit de Gruyère.

Le revenu communal est de 6,195 fr. Il y a un bureau de bienfaisance dont le revenu est de 333 fr.

La population, en totalité agricole et d'aisance moyenne, est de 516 habitants ; elle était de 581 en 1805, et de 699 en 1856. Depuis cette époque jusqu'en 1873 les décès l'ont constamment emporté sur les naissances ; à partir de 1873 les naissances sont en excès et parfois même notablement.

La commune comprend 5 hameaux : Ferrières, 14 habitants ; le Chavanne, 13 ; la Chenolette, 17 ; Cruichon, 10 ; Cléon, 39 ; et 3 fermes isolées.

Grand-Abergement, à 11 kilomètres de Brénod, 27 kilomètres de Nantua, est placé en amphithéâtre sur les pentes terminant à l'ouest les plans élevés dits Plans d'Hotonnes. Les maisons en général bien construites sont disposées autour d'une petite place contournée par le chemin allant de Neyrolles à Hotonnes et par celui qui du Grand-Abergement va rejoindre,

1 kilomètre à l'est, la route de Nantua à Belley. C'est sur cette place que se trouve l'église : elle est dédiée à Saint-Amand et n'offre rien de remarquable.

Le village est assez ancien : Dans une charte datée de 1339 Louis de Savoie donne aux habitants la permission de couper et de défricher dans ses forêts ce qui leur est nécessaire.

Le Grand-Abergement, en 1705 et en 1759, a été presque entièrement détruit par un incendie.

Le territoire est arrosé par le Séran qui forme la limite ouest sur 7 kilomètres environ, et par deux affluents sans importance. Il est très étendu, allant du canton de Champagne au sud à celui de Nantua, au nord. Aussi sa superficie est-elle de 3,191 hectares, dont la moitié en belles forêts de sapins. La partie basse et d'une altitude moyenne de 800 mètres, se compose d'une bande étroite, de moins de 1 kilomètre de largeur, allant du sud de la commune à la hauteur de Jalinard, en suivant le Séran. L'autre partie forme un plateau accidenté dont la cote en moyenne est de 1,150 mètres, où les forêts de sapins sont entrecoupées de clairières dont le sol est cultivé ou couvert de pâturages, et où se cachent, abritées par de petits mamelons, des granges en assez grand nombre. Le climat est froid, et le sol peu fertile : il produit un peu de blé, de l'orge et de l'avoine ; mais les habitants trouvent dans le commerce des bois et le produit des fruitières les ressources que la culture ne peut leur donner.

Le revenu communal est de 1,415 fr. La population est de 630 habitants ; il y en avait 671 en 1805. Elle en a perdu 170 depuis 1856 où elle comptait 800 habitants.

Il n'y a point de hameau, mais des fermes dispersées dans la montagne et tantôt isolées, tantôt groupées par deux ou trois. C'est aux granges de la Vézéronce que se trouve par plus de 1,200 mètres d'altitude, la Chapelle de Retord, perdue au sein des forêts.

A 17 kilomètres de Brénod, 33 kilomètres de Nantua, au sud-est du canton, près de la limite qui le sépare de celui de Champagne, le village d'HOTONNES, s'abrite contre le revers occidental de la masse du Grand-Colombier. Il est disposé en un groupe compact, irrégulier, assez bien bâti, à la cote de 750 mètres environ, dans une dépression légèrement accidentée qui va s'inclinant vers la vallée du Séran. Il est en grande partie sur la route qui part de Billiat, traverse la montagne à plus de 1,000 mètres d'altitude et va rejoindre à Ruffieu celle de Nantua à Belley. A moins de un kilomètre au nord, le sol se relève brusquement, et jusqu'à la chapelle de Retord où finit la commune, on n'a plus qu'un plateau ondulé, dont les points principaux atteignent 1,250 mètres et 1,295 mètres, qui est couvert en partie de belles forêts, et où commencent à la hauteur du Grand-Abergement, les vastes pâturages constituant ce qu'on appelle les Plans d'Hotonnes. Le sol est peu fertile, sauf dans la partie basse : il produit quelques céréales. L'industrie consiste dans l'exploitation des bois, l'engraissement du bétail et la fabrication des fromages.

Hotonnes est ancien : en 1331 nous voyons Pierre de Savoie accorder aux habitants la faculté de couper dans ses forêts le bois dont ils auraient besoin, et les exempter des corvées auxquelles il étaient assujettis.

Le territoire a une superficie de 2,840 hectares, dont près de 1,300 en prés et pâturages, 700 en bois et 860 environ en terres labourables.

La commune a un revenu de 3,200 fr. ; celui du bureau de bienfaisance est de 70 fr.

La population, de 982 habitants en 1805, croit jusqu'en 1856 où elle atteint le chiffre de 1,030 ; elle va ensuite en décroissant, est de 931 en 1883 et tombe à 900 en 1891.

Il y a 4 hameaux : La Rivoire, à l'ouest ; la Clavelière, à l'est ; le Crozet, près du bourg ; et les Bergonnes, au nord, sur les Plans d'Hotonnes.

Izenave, à 12 kilomètres de Brénod, 20 kilomètres de Nantua, est au sud-ouest du canton, à la partie supérieure de la Combe du Val. Des montagnes boisées, de 1,000 mètres environ d'altitude le dominent à l'est et à l'ouest. Il est bâti irrégulièrement ; l'église sous le vocable de Saint-Jean-Baptiste, est à peu près au centre, sur le chemin vicinal conduisant à Corcelles ; elle est de style gothique et de la fin du 17e siècle. Deux ruisseaux, venant, l'un d'Aranc et passant au Moulin Merlet, l'autre sorti des environs de Rougemont, se réunissent et forment le Borrey, à son entrée dans le village ; leur faible pente les retient dans les prairies et y produit des marécages.

A l'est se trouvent les débris d'une ancienne maison forte, brûlée en 1789, par son propriétaire lui-même, dans un accès de folie. Au sud, à 2 kilomètres, sur un mamelon au milieu d'une forêt, on voit les ruines du château de la Vélière. Tous deux furent bâtis en 1336 par Guillaume de Rougemont qui en fit hommage au sire de Thoire-Villars. Ils passèrent ensuite aux Luyrieu, aux Sénozan et aux Moyriat.

Le territoire a une superficie de 1,300 hectares, près de deux tiers en bois ; il y a 270 hectares en prairies et autant en pâturages. Le sol produit des céréales, blé, orge et avoine et des pommes de terre.

Izenave possède une fromagerie, donnant 300 quintaux métriques de fromages, un moulin et une scierie.

Le revenu communal est de 985 fr.

La population va constamment en décroissant depuis le commencement du siècle. De 529 habitants en 1805, de 411 en 1856, elle n'en compte plus aujourd'hui que 357.

Trois hameaux dépendent de la commune : Brouillat, le plus important, au nord ; Merlet, au sud et Machurieux au sud-est.

Au nord-est d'Izenave, à 11 kilomètres de Brénod, 19 kilomètres de Nantua, se trouve le village de LANTENAY. Il est situé à l'est du Borrey, un peu à flanc de coteau, entre deux monticules ; au levant s'élève une chaîne boisée dont le versant opposé tombe sur Brénod ; au couchant se trouve la montagne de l'Avocat. Il est disposé d'une façon irrégulière ; ses rues, tortueuses, sont négligées ; l'église, ancien doyenné, se trouve à une des extrémités du village et à l'est : elle est dédiée à la Sainte Vierge.

Un chemin vicinal relie la commune à la route de Condamine à Pont-d'Ain.

Lantenay dépendait primitivement des Sires de Thoire-Villars et faisait partie du bailliage de la montagne. Humbert l'inféoda, vers 1300, à Guillaume de Rougemont, dont la famille le posséda jusqu'au 17e siècle. A cette époque, il fut vendu à la famille Grenaud, et passa plus tard à celle de Montillet.

Le territoire a une superficie de 659 hectares ; un quart est en bois ; le reste est en prés, pâturages et terres labourables. Le sol produit des céréales et des pommes de terre.

Une fromagerie produit annuellement 400 quintaux métriques de fromage façon gruyère.

La commune est arrosée par le Borrey. Un autre ruisseau, le Flon, coulant de l'est à l'ouest, la sépare, sur une partie de son cours, de la commune voisine d'Outriaz, autrefois hameau de Lantenay.

Le revenu communal est de 1,810 francs.

La population, toute agricole, est de 315 habitants, à peu près tous propriétaires.

Un seul hameau, le Tremblay, à l'ouest de Lantenay.

Le village d'OUTRIAZ, à 1 kilomètre 1/2 au nord de Lantenay, est situé dans la vallée du Flon, un peu au-dessus de ce cours d'eau ; une montagne couverte de sapins le domine à l'est ; un chemin vicinal le rattache à la route qui, 2 kilomètres plus à l'ouest, traverse du nord au sud la Combe du Val.

En 1872, il a été érigé en commune ; il ne possède point d'église, et dépend de la paroisse de Lantenay.

Le territoire, peu étendu, ne couvre que 593 hectares, dont la majeure partie, terres et prés, est en plaine. Le sol produit des céréales, des pommes de terre et des betteraves. Il est arrosé par le Flon ; deux sources assez rapprochées, l'une, la grande Doye, l'autre, la petite Doye, y donnent naissance à ce ruisseau, le long duquel sont échelonnés deux moulins et une scierie.

Outriaz possède une fromagerie qui fournit annuellement 14,000 kilos de fromage façon gruyère.

Il y a quelques métiers à tisser la soie.

Le revenu communal est de 3,675 francs.

La population est de 256 habitants, à peu près tous propriétaires et cultivateurs. Lantenay et Outriaz réunis avaient, en 1805, 678 habitants et 676 en 1856. Aujourd'hui, les deux communes réunies n'en ont que 569, de sorte que la population, qui était restée stationnaire jusqu'en 1856, a subi, depuis cette époque, une diminution de 107 habitants.

En face du Grand-Abergement, à 1 kilomètre de distance à l'ouest, de l'autre côté du Séran, le Petit-Abergement est assis presque au fond de la vallée, au pied des pentes raides d'une montagne boisée qui le domine à l'ouest de près de 400 mètres. Le chef-lieu de la commune n'est pas considérable ; il ne se compose que d'un petit nombre d'habitations formant un groupe peu compact, à une des extrémités duquel se trouve l'église, dédiée à saint Etienne, et qui n'offre de remarquable que son ancienneté : elle est du commencement du 15e siècle. Le reste est réparti entre les hameaux de Jalinard, les Loges, le Content et un certain nombre de granges isolées. Le village est traversé par la route de Nantua à Belley. Un embranchement le relie au Grand-

Abergement ; un autre, partant des environs de Jalinard, le met en communication avec les Neyrolles, d'une part, et de l'autre avec le Poizat et la route de Lyon à Genève.

Le territoire, arrosé par le Séran qui reçoit à droite des affluents sans importance, a une superficie de 2,694 hectares, dont 1,100 environ en forêts de sapins. Il s'étend du sud au nord, du canton de Champagne à celui de Nantua. La partie basse, d'une altitude moyenne de 8 à 900 mètres, va de Jalinard à la limite sud ; au delà de Jalinard, en remontant vers le nord, on trouve un plateau accidenté, de 1,050 mètres en moyenne, semé de bois, de pâturages et de maigres champs cultivés, et terminé à l'ouest par la superbe forêt de sapins des Moussières.

Le climat est froid et le sol peu fertile ; aussi, la commune a peu d'importance au point de vue agricole ; mais le commerce des bois, l'élève du bétail et le produit des fruitières sont autant de ressources pour les habitants.

Le revenu communal est de 7,668 francs.

La population, de 771 habitants en 1805 et de 682 en 1856, n'est plus aujourd'hui que de 460 habitants, ayant ainsi diminué de près du tiers, depuis le commencement du siècle.

Vieu-d'Izenave, à 14 kilomètres de Brénod, 16 kilomètres de Nantua, est à l'ouest du canton. Il est bâti très irrégulièrement, au pied de la chaîne de l'Avocat, sur le flanc d'un de ces petits mamelons qui sont fréquents dans la Combe du Val ; il est traversé par la route de Condamine à Pont-d'Ain. L'église est à peu près au centre du village ; elle est sous le vocable de saint Jean-Baptiste et a été construite en 1623.

La commune est arrosée par le Borrey, à l'ouest, le Valey, le Flon et la Borreyette.

On y trouve les chutes de Rochin, de la Roche et du moulin Sappey ; elles sont peu considérables. Il y a huit hameaux : Rochin, Talipiat, Rivoire, le Chevril, Meyriat, Oissellaz,

Corcelettes, et surtout le Balmay, plus étendu et plus peuplé que le bourg lui-même.

Le territoire a une superficie de 2,373 hectares, un quart en terres labourables, un tiers en prés et pâturages, et environ 580 hectares en bois taillis et forêts de sapins. La belle forêt de Meyriat est en majeure partie sur Vieu-d'Izenave.

Le sol est peu fertile : il produit, en petite quantité, des céréales et des pommes de terre.

Vieu-d'Izenave possède deux moulins, deux scieries, et trois fromageries : une au bourg, une au Balmay, et la 3e à Oissellaz. Un cinquième environ de la population est occupé au tissage de la soie.

Le revenu communal est de 2,468 francs.

La population, de 917 habitants en 1805, de 821 en 1856, n'est plus aujourd'hui que de 642. Cette diminution considérable provient de l'émigration vers les villes ou les centres industriels.

Le Balmay a donné naissance au bienheureux Ponce, qui devint évêque de Belley et fonda, en 1116, la Chartreuse de Meyriat, où il mourut en 1140. Cette chartreuse, située au milieu de grandes et sombres forêts de sapins, prit en peu de temps une certaine importance, grâce aux libéralités des souverains, des prélats et des seigneurs ; dès lors, elle eut de longs démêlés avec l'abbaye de Nantua et les habitants de Brénod, démêlés qui durèrent jusqu'à la Révolution, époque où elle fut détruite. Une maison de gardes forestiers, au-dessus des prairies de Meyriat, a été bâtie sur ses ruines.

Canton de Châtillon-de-Michaille

Le canton de Châtillon-de-Michaille occupe la partie orientale de l'arrondissement de Nantua. Il confine au nord au département du Jura et au canton d'Oyonnax ; il est limité à l'est par la Valserine et le Rhône ; au sud, il touche au canton de Seyssel, et à l'ouest à ceux de Brénod, de Nantua et d'Oyonnax. Il forme une bande étroite, de 7 à 8 kilomètres de largeur au plus, mais très allongée du sud au nord. La cassure de Nantua le divise en deux parties d'inégale étendue : la moins longue est celle du nord ; elle est extrêmement accidentée. A partir de la fissure étroite qui commence à Saint-Germain et finit à Châtillon, on a une série de chaines plus ou moins élevées, dirigées nord-sud et séparées par des vallées assez encaissées, où l'on trouve des champs cultivés et de verts pâturages. Mais au-delà de Champfromier le sol forme un plateau de 12 à 1,400 mètres d'altitude, composé des roches dures, sèches et peu fertiles du Jurassique supérieur, sur lequel s'élèvent des crêts nombreux, et qui est à peu près entièrement couvert de bois. C'est dans cette partie, à quelques kilomètres du département du Jura, que se dresse le Crêt de Chalam (1,548 mètres).

La partie sud est moins mouvementée. La limite occidentale, jusqu'au crêt de Beauregard, suit le faite de la chaine du Colombier, masse énorme dont les pentes orientales tombent sur le Rhône, sous des inclinaisons diverses, mais en général assez douces, à partir de la cote de 750 mètres en moyenne. Le point de la chaine le plus élevé est le crêt du Nu (1,355 mètres) ; l'altitude va ensuite en diminuant vers le nord, en restant toutefois assez considérable : 1,322 à Retord, 1,206 mètres au crêt de Beauregard, 1,012 près de la grange de la Rochette. Mais à partir de là les pentes fléchissent brusquement et finissent à 500 environ sur la Semine.

De la ligne de faite jusqu'à la cote de 750, le sol est couvert de forêts entrecoupées de pâturages ; plus bas, il est formé de roches plus tendres, plus ou moins friables, soit jurassiques, soit crétacées ou tertiaires ; ou de débris morainiques amenés par le glacier du Rhône, et depuis remaniés par les torrents qui descendent en cascades, et découpés en mamelons nombreux, couverts de cultures, de prés et de bouquets de bois. C'est là qu'une population assez dense est venue s'abriter ; et sur les 17 communes du canton, 11 s'étendent de Châtillon à la limite sud, tandis que dans la partie nord, et sur une étendue plus considérable, on en compte seulement six.

Les fromages sont fabriqués dans toutes les communes du canton ; leur produit, joint à celui de la vente des bois, amène une certaine aisance, complétée par l'activité qui règne dans les localités desservies par le chemin de fer et la route de Lyon à Genève, et parmi lesquelles il faut mettre Bellegarde en première ligne.

Le territoire a une superficie de 10,338 hectares et un revenu de 32,255 francs. Il est arrosé par la Semine, sortie du département du Jura, coulant du nord au sud de Belleydoux à Saint-Germain-de-Joux, et de l'ouest à l'est jusqu'à Châtillon-de-Michaille, près duquel elle se réunit à la Valserine, cours d'eau important sorti également du Jura, coulant du nord au sud dans une étroite fissure et se précipitant dans le Rhône à Bellegarde ; enfin par le Rhône, de Bellegarde à Surjoux.

Deux routes fort bien entretenues traversent le canton : 1° Celle de Lyon à Genève par Nantua ; il s'en détache au moulin de Charix un chemin se dirigeant sur Plagne et Echallon ; à Saint-Germain un chemin parallèle à la Semine et allant à Belleydoux et dans le Jura ; et près de Tacon un chemin montant à Champfromier et Forens, et conduisant à la Faucille. 2° La route de Belley à Bellegarde rencontrant la précédente à Châtillon-de-Michaille ; elle est tracée à peu près parallèlement au Rhône, s'en écartant de 2 à 3 kilomètres. De Billiat, un embranchement mène à Bellegarde ; un autre traverse la chaine du Colombier, par 1,000 mètres environ d'altitude, descend à Hotonnes et va rejoindre la route de Nantua à Belley.

Le canton est desservi également par la voie ferrée de Nantua à Bellegarde et par la grande ligne de Lyon à Genève.

La population est de 9,854 habitants ; on en comptait 9,213 en 1805. L'excédent est dû vraisemblablement à l'extension prise dans ces derniers temps par la commune de Bellegarde qui tend à devenir un centre industriel important.

Le canton de Châtillon-de-Michaille comprend 17 communes : Châtillon-de-Michaille, Arlod, Bellegarde, Billiat, Champfromier, Craz, Forens, Giron, l'Hôpital, Injoux, Montanges, Ochiaz, Plagne, Saint-Germain-de-Joux, Surjoux, Villes et Vouvray.

Chatillon-de-Michaille, à 20 kilomètres de Nantua, est chef-lieu du canton dont il occupe à peu près le centre. Il est situé, à moins d'un kilomètre de la station du chemin de fer de Nantua à Bellegarde, sur un plateau incliné vers le Rhône et au pied duquel, dans une étroite et profonde fissure, coule la Valserine, grossie de la Semine au moulin de Confort. A l'ouest, il est dominé par la partie extrême de la chaine du Colombier dont les pentes s'abaissent à l'est en gradins successifs, et tombent plus fortement au nord, et à pic souvent, sur la Semine. Il est traversé par la route de Lyon à Genève à laquelle vient se souder celle de Belley. Ce sont les deux rues principales : elles sont bordées de maisons propres, bien construites, quelques-unes même élégantes. L'église est située à l'écart, au sud du bourg, sur une petite éminence dominant la ville ; elle est de construction moderne, et bien entretenue. Le clocher est lourd et trop peu élevé.

Sur un rocher, au nord, s'élevait autrefois le château de Châtillon, possédé primitivement et depuis un temps fort reculé par une famille de ce nom ; il en est parlé dès l'an 1170. En 1278, Pierre de Châtillon fit hommage de sa seigneurie aux comtes de Savoie et se reconnut leur vassal. En 1600, la seigneurie passa dans la maison de Bouvens par le mariage d'Hélène, fille de Claude de Châtillon, avec Jean-Aimé Bouvens, alors gouverneur de la citadelle de Bourg. Quant à la vieille forteresse de Châtillon, elle fut démolie par le duc de Biron.

Sur son emplacement se trouve aujourd'hui une statue colossale de la Vierge : De là on a une vue magnifique sur la vallée du Rhône.

Le territoire a une superficie de 1,690 hectares : 580 en terres labourables, 450 en prés et pâturages, 660 en bois. Il produit, en assez faible quantité, du blé, de l'orge, de l'avoine et des pommes de terre.

L'industrie consiste dans l'exploitation des carrières de pierres, la fabrication des ciments hydrauliques, et le sciage des bois.

Il y a cinq fromageries donnant du gruyère et du fromage bleu dans la montagne.

Deux cours d'eau : la Valserine ; et le Tacon,

torrent qui croît vers 1,200 mètres d'altitude, forme à l'ouest la limite du canton et de la commune, et vient se perdre au hameau de Tacon, dans la Semine, à peu près à la cote de 440.

Un étang, celui du Nièvre, qui est de peu d'importance.

A un kilomètre au sud-ouest, dans une étroite dépression, se trouve le hameau d'Ardon, qui était autrefois chef-lieu du canton et possédait l'église paroissiale ; cette église dépendait du prieuré de Nantua ; elle remontait peut-être au 10e siècle, et renfermait les caveaux des anciens seigneurs de Châtillon.

Il y a deux autres hameaux : Tacon, sur la route de Nantua à Genève et près de la voie ferrée de Bourg à Bellegarde ; et les Gallenchons, dans la vallée du Tacon, sur les flancs d'un ravin qui remonte au sud jusqu'au pied du Crêt de Beauregard.

Le revenu de la commune est de 1,067 francs. Celui du bureau de bienfaisance est de 494 fr.

La population était de 1,088 habitants en 1805 ; elle a augmenté jusqu'en 1856, où on en comptait 1,465 : Le transit entre la Suisse et nos départements méridionaux avait donné en effet à Châtillon une certaine importance. Cette prospérité ne s'est pas maintenue. Elle a été en s'affaiblissant depuis l'ouverture des voies ferrées qui ont fait disparaître les diligences, les rouliers, et aussi par suite de la création du centre industriel de Bellegarde. En

1881, la population était de 1,347 habitants ; aujourd'hui, elle n'est plus que de 1,237.

Arlod, à 8 kilomètres de Châtillon, 28 kilomètres de Nantua. C'est un petit village assez bien bâti, sur la rive droite du Rhône et un peu au-dessus, et à l'est de la voie ferrée de Lyon à Genève. Une partie du village occupe le haut d'un ravin qui aboutit plus bas au Rhône. Là le fleuve est très resserré, et les rochers des deux rives sont en encorbellements si saillants qu'ils semblent se rejoindre. A cet endroit il y a une passerelle en bois, « la planche d'Arlod », par laquelle on communique avec la rive gauche. L'église, sous le vocable de St-Nicolas, est à l'extrémité est du village. Elle est de style gothique et date du XIIIe siècle.

Arlod donna naissance à une famille de ce nom ; en 1245, nous voyons Jean d'Arlod traiter de quelques différends avec le prieur de Nantua ; son fils accompagna Saint-Louis à la Croisade : c'est de lui que descendent les d'Arloz, seigneurs de Leyment. En 1434, la terre d'Arlod entra dans la maison de Savoie, et quand elle en sortit elle fut érigée en baronnie.

Le territoire, assez accidenté, a une superficie de 434 hectares, presque toute en terres labourables et en prairies. Il n'y a que 25 hectares de bois. Le sol fournit des céréales ; on y cultive la vigne. Une fromagerie donne en moyenne, par an, 80 quintaux métriques de fromage façon gruyère.

On trouve, à Arlod, une scierie et parqueterie et des moulins à phosphates.

La commune est arrosée par quelques petits ruisseaux affluents du Rhône, le Mortier au nord, le Chantavril et le Poé qui coule de l'ouest à l'est à la limite sud du territoire.

Il y a deux hameaux, Granges et Mussel, au nord de la commune. Dans ce dernier, se trouve un château récemment restauré.

La commune et les hameaux sont alimentés par des fontaines

dont les eaux ont été amenées, au moyen de tuyaux en ciment, au centre des habitations.

Le revenu communal est de 225 francs.

La population est de 150 habitants ; elle en a perdu 50 depuis 1856.

Près du domaine du Martinet est bâti la chapelle de N.-D. d'Acout, où chaque année les communes voisines se rendent en pèlerinage, du 8 au 15 septembre

BELLEGARDE, à 6 kilomètres de Châtillon, 26 kilomètres de Nantua, se trouve à l'est du canton, au sortir de l'étroit défilé de La Cluse à Nantua, sur un plateau descendant au Rhône. Anciennement hameau de Musinens, il a pris depuis quelque temps une grande importance ; il est bien percé, bien bâti, et chaque jour des constructions nouvelles, des habitations confortables, viennent s'ajouter aux anciennes. Cette prospérité rapide est due à sa situation exceptionnelle, au confluent de deux cours d'eau, dont l'un, la Valserine, est peu considérable, il est vrai, mais dont l'autre, le Rhône, est un fleuve de premier ordre, et qui peuvent fournir tous deux, le Rhône surtout, une force motrice considérable. Cette force motrice qui n'est pas moindre de 13,000 chevaux pour le Rhône, — il y a là une chute de 12 à 14 mètres, selon le niveau du fleuve, — exerce son action sur des turbines, et de là, la force disponible se transmet sur le plateau et dans toute la vallée, facilement et à peu de frais, de manière à mettre en mouvement tous les appareils d'une ou de plusieurs usines.

Actuellement cette puissance motrice fait marcher deux fabriques de pâtes à papier ; une papeterie, une minoterie, une usine électro-métallurgique et une usine électrique.

Deux lignes de chemins de fer se réunissent à Bellegarde ; celle de Bourg par Nantua, et celle, bien plus importante et plus ancienne, de Lyon à Genève qui, au sortir de Bellegarde, passe sur un superbe viaduc, le viaduc de la Valserine, dont la longueur est de 250 mètres ; il a 11 arches, 10 petites et une grande ; celle-ci, haute de 50 mètres, a 32 mètres d'ouverture.

Grâce à son activité industrielle, Bellegarde voit sa population augmenter rapidement. En 1871, il comptait environ 800 habitants ; il y en avait 1,463 en 1881 ; aujourd'hui il y en a 1,725. C'est la commune la plus peuplée du canton.

La majeure partie de la population s'occupe d'industrie ; la population agricole est peu nombreuse.

Le territoire n'a d'ailleurs que 225 hectares de superficie, il est cultivé par de petits propriétaires et produit des céréales et un peu de vin. Il est arrosé par le Rhône et la Valserine ; le Rhône forme limite à l'est. Ce fleuve est très rapide et très encaissé, il disparaissait jadis sous des rochers calcaires qu'on a fait sauter depuis, à l'endroit nommé Perte du Rhône, près du pont de Bellegarde. La Valserine, de moindre importance, coule dans une fissure étroite et profonde et va se précipiter en écumant dans le Rhône, près des turbines. A 2 kilomètres en amont du viaduc, elle a creusé dans les calcaires un sillon où elle s'engouffre l'espace d'environ 400 pas. Ce sillon, qui n'a pas plus de un mètre de largeur, se franchit sur une simple pierre équarrie formant le pont des Oulles, ainsi nommé parce qu'aux alentours la surface horizontale calcaire, qui est le lit de la Valserine dans les grandes eaux, a été creusée en nombreux endroits en cavités ovales ou circulaires appelées dans le pays des Oulles (des marmites).

Le revenu de la commune est de 2,555 francs ; celui du bureau de bienfaisance est de 1,458 francs.

L'église, assez jolie, date de 1850.

A 26 kilomètres de Nantua, et à 12 kilomètres au sud de Châtillon, se trouve le village de Billiat. Il est assis au pied des pentes étagées de la chaine du Grand-Colombier, sur une petite éminence de 520 mètres environ d'altitude ; il forme un groupe assez régulier le long de deux routes qui conduisent de Billiat, l'une à Châtillon, l'autre à Bellegarde. A l'angle de ces deux routes est l'église, qui est dédiée à saint Pierre et à saint Antoine, et qui est simple, mais bien entretenue.

Le territoire s'étend du Rhône, à l'est, jusqu'aux pâturages de Retord, à l'ouest. Il a une superficie de 1,370 hectares : un tiers, en montagne, est couvert de forêts et de pâturages ; le reste, plus bas, est en terres labourables et en prés, qui occupent les pentes et les dépressions. Il est arrosé par le Rhône et quelques affluents sans importance. Il est traversé par la voie ferrée de Lyon à Genève qui entre en tunnel aux confins de la commune : ce tunnel a 1 kilomètre de longueur. Vis-à-vis son extrémité nord se trouve le passage de Malpertuis, où le Rhône se resserre de manière à n'avoir plus qu'une très faible largeur, et où il forme un courant rapide et effrayant.

Le sol produit des céréales, blé, seigle, orge et avoine.

Le revenu communal est de 1,414 fr. Le bureau de bienfaisance a un revenu de 919 francs.

La population était de 698 habitants, en 1805 ; elle a augmenté jusqu'en 1856, époque où elle a atteint le chiffre de 826 ; depuis elle a diminué de 220 habitants.

Il y a deux hameaux : Davanod, assez important, à l'ouest ; et Retord, à 1,320 mètres d'altitude, à la limite occidentale du canton.

Champfromier, à 8 kilomètres de Châtillon, 26 kilomètres de Nantua, est au nord du canton. C'est un beau et riche village, assis en amphithéâtre dans une dépression circulaire, sur les dernières pentes des montagnes boisées qui le ceignent presque de tous côtés. Il est entouré de vergers et de bouquets d'arbres, et assez régulièrement disposé à l'ouest du chemin vicinal de Tacon à Forens. L'église, un peu isolée, est située à l'est du village ; elle est sous le vocable de Saint-Martin et est de construction moderne ; elle est grande et régulière. Le chœur est en demi-cercle et a de jolies boiseries.

Plusieurs hameaux dépendent de la commune : Monnetier, au nord, et Communal, au sud, tous deux à peu de distance du bourg ; le Chanaz, au nord-ouest ; le Pont-d'Enfer, à quelques centaines de mètres du village ; ce hameau tire son nom d'un pont hardi jeté sur un torrent impétueux qui a creusé le roc à plus de 20 mètres de profondeur, et dont l'eau, surtout après les pluies, tourbillonne avec fracas au fond de sinuosités nombreuses. Enfin, la Combe d'Evoaz, avec ses chalets, ses vastes prairies, ses fruitières, à 10 kilomètres de Champfromier, au nord, sur la Semine et sur la limite du département du Jura.

Le territoire a une superficie de plus de 3,000 hectares ; il comprend la partie la plus accidentée et presque la plus haute du département. Le crêt des Ordières, 1,153 mètres ; le Crêt de l'Auge, 1,262 mètres ; le Crêt du Mont, 1,380 mètres, dans la belle forêt de Champfromier ; et un peu plus haut le Crêt Mathieu, 1,276 mètres. Aussi le climat est-il rigoureux et les hivers très longs.

Le sol, en majeure partie rocheux, est couvert de forêts : 280 hectares sont en bois taillis, et près de 1,000 hectares en forêts de sapins. Les pâturages couvrent 712 hectares, les prés 180 ; 578 sont en maigres terres labourables qui produisent un peu de froment, d'orge, et autres menus grains.

Il y a des fruitières, des carrières de pierres ; on y a exploité autrefois du plâtre ; on y engraisse les bestiaux. Le principal commerce consiste en bois et planches de sapin.

La commune est arrosée par la Valserine qui forme quelque temps limite à l'est et coule avec fracas dans une vallée très étroite, mais très pittoresque ; et par le ruisseau du Pont-d'Enfer, un de ses affluents.

Le revenu communal est de 1,077 fr. ; celui du bureau de bienfaisance est de 385 francs.

La population était de 1,360 habitants en 1805 ; elle a diminué jusqu'à 730 en 1856 ; depuis elle a été en augmentant et elle est aujourd'hui de 950 habitants.

Craz, à 13 kilomètres de Châtillon, 33 kilomètres de Nantua, est au sud du canton. Il est bâti à flanc de coteau, à 600 mètres d'altitude environ, sur les pentes orientales de la chaine du Colombier ; une partie s'étend le long du chemin de Billiat à Champagne, l'autre sur un chemin allant rejoindre, au sud-est, sur les confins de la commune, la route de Belley à Bellegarde. C'est dans cette partie du village et à peu près au centre que se trouve l'église; elle est de style roman et antérieure à la Révolution.

Le territoire a une superficie de 1,200 hectares. La partie la plus élevée, 1,200 mètres environ, comprend des pâturages; plus bas sont les sapins, puis les bois qui descendent presque jusqu'au village; la partie basse est occupée par des prés et des terres labourables. Le sol est peu fertile ; il produit quelques céréales et des pommes de terre.

La commune est arrosée par la Vézeronce, qui prend sa source dans une grotte profonde et qui forme la limite sud du territoire, et par un ruisseau, le Bérintin, qui coule au fond du ravin boisé au sommet duquel est Craz, traverse la route de Belley à Bellegarde et va, comme le précédent, se jeter dans le Rhône.

Craz est assez ancien : on y trouve des titres qui datent du XIVe siècle.

Il y a une fromagerie fournissant du fromage de gruyère.

Le revenu communal est de 36 fr.

En 1805 la population était de 603 habitants. Depuis elle en a perdu à peu près la moitié, soit par suite de la réunion du hameau de Génissiat à la commune d'Injoux, soit par suite de l'émigration des jeunes gens vers la ville.

Deux hameaux : Bériat, à 1 kilomètre 1/2 au sud-est du village, et Lingiat, à l'est.

Forens, au nord-est de Champfromier, est à 15 kilomètres de Châtillon, 31 kilomètres de Nantua. Il comprend une seule agglomération un peu considérable, Noire-Combe sur la Valserine; le reste est disséminé au milieu de bouquets de bois ou de forêts de châtaigniers, sur les pentes adoucies, mais parfois fort raides, de montagnes escarpées; le bourg a peu d'importance; sa position est assez pittoresque : au nord le massif du crêt de Chalam; à l'ouest la forêt de Champfromier; en face les sommités du Jura avec leurs sombres forêts de sapins.

La Valserine coule au pied du bourg. La vallée qui plus haut n'était qu'une étroite fissure, s'élargit un peu; les berges sont moins abruptes, surtout sur la rive droite. Un torrent, le ruisseau des Etrez, né au pied du crêt de Chalam, coule du nord au sud à travers une crevasse profonde, franchit la roche des Tonnerres, immense rocher de 20 mètres de hauteur, fendu de haut en bas, puis, tournant brusquement à l'est, va, près de Forens, se précipiter en bondissant dans la Valserine. Un deuxième ruisseau, celui de Magraz, moins important que le précédent, arrose aussi la commune.

Le territoire, extrêmement accidenté, forme une bande étroite, allongée du sud au nord jusqu'au département du Jura. On y trouve le crêt aux Merles, 1,450 mètres, le crêt de Chalam, 1,548 qui est sur la limite entre Forens et Champfromier.

La superficie de la commune est de 1,781 hectares, dont la moitié en bois. Le reste est occupé par de maigres terres cultivées, des prés et des pâturages. Le sol est peu fertile; il ne donne qu'en faible quantité du froment, de l'orge et de l'avoine; d'ailleurs, la récolte du froment est toujours aléatoire, à cause de la rigueur du climat.

Le bourg est traversé par un chemin vicinal venant de Montanges et Champfromier et qui franchit la Valserine, vis-à-vis Chézery, sur un pont de construction moderne.

Moulins, scieries, fruitières, taille de diamants, commerce des bois et exploitation de l'asphalte.

Forens n'a pas d'église et dépend de la paroisse de Chézery.

Le revenu communal est de 695 fr.; celui du Bureau de bienfaisance est de 11 fr.

La population était de 592 habitants en 1805, de 519 en 1856; aujourd'hui elle n'est plus que de 370. Cette diminution constante provient de l'émigration des jeunes gens vers les villes et les centres industriels.

Il y a sur la commune une pierre énorme, 7 mètres d'arête, appelée pierre Ranquin, près de laquelle, la nuit, se réunissent fantômes et revenants.

Giron, à 15 kilomètres de Châtillon, 20 kilomètres de Nantua, est à l'extrémité nord-ouest du canton. Il se trouve dans une combe étroite, d'une altitude de 1,000 mètres environ, dirigée parallèlement à la Semine qui coule à l'ouest, 400 mètres plus bas, dans une gorge sauvage dominée parfois par de hautes crêtes couronnées de noirs sapins.

Le village est divisé en deux groupes: Giron derrière et Giron devant, ainsi nommés à cause de leur position par rapport à un monticule sur lequel est placé le cimetière. Giron devant est le plus important: c'est le bourg principal; c'est là que se trouve l'église qui est de construction moderne (1822).

La commune dépendait autrefois d'Echallon et de Champfromier. Giron devant appartenait à Champfromier, et Giron derrière à Echallon. Aujourd'hui encore ces deux sections ont leurs forêts séparées.

Le territoire, très accidenté, est arrosé par le Nan, qui forme, au moment des pluies et de la fonte des neiges, une assez jolie cascade; ses eaux sont reçues à Ecula par la Semine qui arrose elle-même une partie de Giron derrière. Il renferme deux grottes assez remarquables, connues sous les noms de Borne aux Iscariotes et Balme à la Villonne.

Sa superficie est de 933 hectares dont plus de la moitié en belles forêts de sapins, d'une valeur considérable et estimées 2 millions de francs. Il y a 184 hectares de terres labourables et 250 en prés et pâturages.

La population est essentiellement agricole ; cependant une partie s'occupe, pendant les longs hivers, à la taille du diamant. En été elle cultive un peu de blé, de l'orge, de l'avoine, des pommes de terre, du chanvre et du lin.

Il y a des fromageries donnant un excellent « fromage bleu ».

Un bon chemin vicinal relie Giron à St-Germain-de-Joux.

Le revenu communal est de 4,260 fr.

La population a diminué depuis le commencement du siècle jusqu'en 1856, passant de 443 à 296 habitants. Elle paraît stationnaire depuis cette époque ; aujourd'hui elle est de 298 habitants.

Injoux, à 11 kilomètres de Châtillon, 31 kilomètres de Nantua, est à la partie sud du canton. Il se trouve dans une dépression, vers 570 mètres d'altitude, au milieu de mamelons ravinés dont les pentes s'abaissent à l'est vers le Rhône. D'une chétive apparence, les habitations sont disséminées en partie sur le chemin de Billiat à Champagne, en partie sur un chemin allant, 800 mètres plus à l'est, rejoindre la route de Belley à Bellegarde. L'église est au nord du village : elle est dédiée à saint Laurent ; elle est composée d'une seule nef avec de très petites fenêtres pour ouvertures, et surmontée d'un petit clocheton.

Le territoire a une superficie de 1,760 hectares dont un tiers environ en bois. Il est limité à l'est par le Rhône, à l'ouest il comprend le revers occidental de la chaine du Colombier et plus haut un plateau élevé où se trouve le crêt du Nu, 1,355 mètres. La partie montagneuse est boisée ; il y a aussi quelques bouquets de bois dans la partie basse. Le sol est peu fertile ; il produit du blé, de l'avoine et des pommes de terre. Il y a quelques vignes et des prairies naturelles.

Injoux possède une carrière de pierre blanche, et deux fromageries qui donnent par an environ 200 quintaux métriques de Gruyère.

La commune est arrosée par le Rhône et par les torrents de Chevelu et de Bérentin ; elle est traversée par la voie ferrée de Lyon à Genève.

Il y a deux hameaux : Chaix, au nord ; et Génissiat, à l'est, où se dressait autrefois, sur un rocher escarpé dominant le Rhône de 200 pieds, une puissante forteresse appartenant à la famille de ce nom. Cette famille s'éteignit en 1334. Les Coucy de Thol lui succédèrent ; ils furent eux-mêmes remplacés en 1580 par les Guillet de Montoux, qui cédèrent Génissiat aux Doncieu.

Le revenu communal est de 613 fr.

La population était de 418 habitants en 1805 ; elle est aujourd'hui de 700 ; elle a diminué de 32 habitants depuis 1856.

Lhopital, à l'extrémité sud du canton, à 16 kilomètres de Châtillon et 36 kilomètres de Nantua. Il est bâti en partie sur la route de Belley à Bellegarde, en partie en amphithéâtre sur les pentes orientales de la masse du Colombier. Les habitations, sauf quelques-unes, sont pauvres et irrégulièrement groupées ; l'église, de construction récente, est sous le vocable de saint Jean-Baptiste ; elle est située, un peu à l'écart, à l'est du village.

La commune est arrosée par la Vézéronce qui la sépare de Craz, au nord, et au sud par un petit ruisseau qui sert de limite avec Chanay. Peu étendu, le territoire, partie en plaine, partie en montagne, n'a qu'une superficie de 367 hectares. La dernière partie, qui s'élève jusqu'à 1,200 mètres d'altitude, sur la croupe du Colombier, est toute en pâturages. Plus bas les pentes sont couvertes de bois, qui descendent jusqu'au village. Viennent ensuite les prés et les terres labourables, qui occupent environ 200 hectares. Le sol est peu fertile. On récolte, mais en quantité insuffisante, du blé, de l'orge, de l'avoine.

Il n'y a pas d'industrie.

Le revenu communal est de 30 francs.

La population était de 200 habitants en 1805. On en comptait 155 en 1881 ; aujourd'hui il n'y en a plus que 132. La diminution est due aux mêmes causes que précédemment, à savoir, l'émigration vers les villes et les centres industriels.

La commune paraît tirer son nom d'un prieuré de l'Ordre de l'Hôpital ou de Saint-Jean-de-Jérusalem, depuis Ordre de Malte ; et cette conjecture paraît confirmée jusqu'à un certain point par ce fait qu'en rebâtissant la nouvelle église sur l'emplacement de l'ancienne, on a trouvé, en creusant les fondations, des cercueils de chevaliers armés de pied en cap.

Il y a peu de temps, en construisant un chemin, dans un endroit rocailleux et couvert de broussailles, on a découvert un grand nombre de tombes, rangées côte à côte et renfermant des squelettes, la plupart de grande taille ; ces tombes étaient faites avec de larges dalles ; dans l'une on a trouvé des fragments de boucles et d'anneaux en bronze. Depuis, l'endroit en question s'appelle le vieux cimetière.

Il y a probablement là un ancien cimetière burgonde, analogue à ceux de Ramasse et de Corveissiat.

Montanges, à 4 kilomètres de Châtillon, 20 kilomètres de Nantua. Ce village est situé à flanc de coteau, au pied de mamelons boisés, entrecoupés de cultures. Il est assez bien bâti, propre, mais irrégulièrement disposé ; l'église est en haut du village ; elle ne présente rien de remarquable.

Le territoire a une superficie de 1,370 hectares, presque entièrement en montagne. Les parties hautes sont couvertes de bois, 270 hectares ; des prés, des pâturages et des terres cultivées occupent les combes et les parties plus basses. L'altitude varie de 800 à 1,100 mètres ; elle est moindre de quelques centaines de mètres au sud et à l'est. Le sol est assez fertile, en général. On récolte du froment, du méteil, du seigle, de l'orge et de l'avoine.

On fait, à Montanges, du fromage de Gex ; on y engraisse

le bétail ; on y confectionne du charbon de bois. Au lieu dit « Aux Quarts » on a exploité une carrière de plâtre.

La commune est arrosée par la Valserine, à l'est ; la Semine, au sud, et par le Sundezan, qui se jette dans la Valserine, tout près du moulin Wy.

Quelques hameaux dépendent de la commune ; les plus importants sont Fay et Ruty, dans une combe fertile, au milieu de bouquets d'arbres et de prés verts. Le Trébillet est au sud-ouest, sur les bords de la Semine, et sur la route de Lyon à Genève.

Le revenu communal est de 3,271 francs ; celui du bureau de bienfaisance est de 100 francs.

La population était de 816 habitants en 1805 ; réduite à 781 en 1856, elle n'est plus aujourd'hui que de 560, ayant ainsi subi une perte de 256 habitants depuis le commencement du siècle.

Ochiaz, à 13 kilomètres de Châtillon, 33 de Nantua, dans la vallée du Rhône, est placé en amphithéâtre sur les derniers gradins de la chaine du Grand-Colombier. Il s'étend en partie le long de la route de Belley à Bellegarde ; un ravin dont le fond est sillonné par le torrent, affluent du Rhône, remonte jusqu'au village. Les maisons sont de médiocre apparence et les rues, sauf la principale, sont peu soignées ; l'église, plus que modeste, est au nord du village : elle est dédiée à saint Etienne.

Le territoire, dont la plus grande partie est en montagne, a une superficie de 900 hectares. La partie haute, où se trouvent les granges de la Cuvéry, des Frasses, de Raimont, par 1,200 mètres environ d'altitude, est occupée par des bois entrecoupés de pâturages qui descendent jusqu'à 1,100 mètres environ ; plus bas sont les terres labourables et les prés, qui couvrent à peu près 540 hectares. Le sol produit des céréales et des pommes de terre.

Une fromagerie fait annuellement pour 12 à 15,000 francs de fromages.

Le revenu communal est de 401 francs ; le bureau de bienfaisance a un revenu de 21 francs.

La population est de 403 habitants, inférieure de 68 à ce qu'elle était en 1836. En 1805 on ne comptait que 361 habitants.

PLAGNES, à 11 kilomètres de Châtillon, 15 kilomètres de Nantua, est à l'ouest du canton. Peu considérable, le village est situé à 800 mètres environ, sur un plateau adossé à l'ouest à la forêt de Puthod, et incliné à l'est. Ce plateau est échancré par trois ravins profonds, sillonnés par des torrents, dont le plus important est le bief de la Philis, au nord, et ses pentes étagées tombent sur la gorge où, à 200 mètres plus bas, au milieu de roches disloquées, la Semine s'est creusé un lit fort étroit.

Les maisons, assez bien bâties, sont entourées de jardins et d'arbres fruitiers et forment un groupe peu compact. Il n'y a pas d'église ; Plagnes fait partie de la paroisse de Saint-Germain-de-Joux, dont il était un des hameaux, avant 1846.

Le territoire, arrosé par la Philis et les Crozettes, torrents qui forment des cascades d'une trentaine de mètres de hauteur, a une superficie de 619 hectares, la majeure partie en terres labourables, prés et pâturages excellents. Le sol, léger et pierreux, produit des céréales et des pommes de terre ; la plupart des choux fournis à Oyonnax et à Nantua viennent de Plagnes.

Il y a une fromagerie dont le produit annuel monte à 8,000 francs. L'hiver, une bonne partie des habitants est occupée au tissage de la toile et à la fabrication des seaux de sapin.

Le revenu communal est de 2,111 francs.

Lors de son érection en commune, Plagnes comptait 294 habitants. Il n'y en a plus, aujourd'hui, que 179, soit une perte de plus de 100 habitants.

Un chemin vicinal, fort bien entretenu, part du moulin de Charix, traverse le village et conduit à Echallon.

Quatre hameaux : Le Frêne, la Philis, Tré-Montréal et le Chaillay. Ce dernier, situé au milieu de bois et de pâturages ; possède des carrières de pierre blanche : il y a aussi une pierre bleue fort jolie et susceptible d'un beau poli.

On y trouve un puits naturel, appelé Plattière, dont l'orifice a quatre mètres de diamètre, et dont la profondeur paraît inconnue.

Saint-Germain-de-Joux, à 8 kilomètres de Châtillon, 14 kilomètres de Nantua, station du chemin de fer de Nantua à Bellegarde, est à l'ouest du canton. Il est placé un peu à flanc de coteau, au-dessus du confluent de la Semine et du Combet. Les habitations sont propres, les rues assez bien percées ; l'église, dédiée à saint Nicolas, est au sud du village ; elle est de construction moderne, simple, mais bien soignée.

Le village est ancien. Il fut donné, en 930, par Albitius, comte de Genevois, à l'abbaye de Nantua. Le prieur y fit bâtir plus tard un château ; mais en 1270, à la suite d'une transaction, la garde en fut dévolue aux sires de Thoire-Villars.

Le territoire a une superficie de 1,127 hectares. La partie basse est en terres labourables ou en prés : la partie haute est couverte de forêts entrecoupées de pâturages. Le sol est peu fertile ; il produit, mais en faible quantité, du froment, du seigle, de l'orge et de l'avoine.

L'industrie consiste dans l'exploitation des bois et la fabrication des fromages. Il y a des carrières, une tuilerie et des scieries.

La commune est arrosée par la Semine, qui coule du nord au sud, puis, à partir de Saint-Germain, du nord-ouest au sud-est, dans une vallée très encaissée, au milieu de roches usées et de débris morainiques parfois puissants. A l'entrée du village, près de la gare, cette rivière reçoit le Combet, qui s'y précipite en écumant. Ce dernier cours d'eau, sorti du lac de Sylans, se grossit de plusieurs affluents et traverse, près de Saint-Germain, une vallée pittoresque, assez étroite, dont les flancs sont couverts de bouquets de bois, d'arbres fruitiers et de prés verdoyants.

Plusieurs hameaux dépendent de Saint-Germain. Les plus importants sont, au nord, Longefant, Marnod et les Combes, à la limite des bois, sur le flanc est de la vallée de la Semine; au sud-ouest, La Voûte, joli hameau sur le Combet, le long de la route de Lyon à Genève.

De La Voûte, un chemin conduit par Saint-Germain et Belleydoux dans le département du Jura ; un autre conduit à Lalleyriat et à Champagne en Valromey.

Le revenu communal est de 3,506 francs. Le bureau de bienfaisance a un revenu de 260 francs.

La population est de 800 habitants ; elle en a perdu 133 depuis 1856.

Surjoux, à 18 kilomètres de Châtillon, 38 kilomètres de Nantua, est situé sur le flanc d'un de ces nombreux mamelons qui, de Châtillon à Seyssel accidentent cette partie du canton. Très disséminé, le village est à quelques centaines de mètres du Rhône, qui limite la commune à l'est. L'église, au sud de la commune, est antérieure à la Révolution et a été réparée postérieurement.

Le territoire est séparé de celui de Billiat, au nord, par le Bérentin, descendu de Craz ; au midi un petit ruisseau fait la limite de Surjoux et du canton de Seyssel. Un autre cours d'eau plus important, la Vézeronce, traverse le village et va se jeter dans le Rhône, après avoir formé la cascade du Pain-de-Sucre, qui a 30 mètres de hauteur, et qui est tout proche du viaduc métallique, haut de 40 mètres, qui traverse la voie ferrée de Lyon à Genève. Celle-ci entre en tunnel dans la commune jusqu'au viaduc ; un autre tunnel d'environ 5 kilomètres se trouve en face de Bognes.

La superficie du territoire est de 430 hectares, dont 36 seulement en bois ; le reste est en terres labourables, vignes, prés ou pâturages. Le sol produit des fruits, un peu de blé et des pommes de terre. Il y a des carrières de pierre blanche et des mines d'asphalte.

Quatre hameaux dépendent de la commune : Le Molard, Résinet, et le Parc, dont le château sert aujourd'hui de caserne de douaniers : un chemin de grande communication le relie à la route de Belley, qui passe à l'ouest du territoire ; enfin, au nord, Bognes, où se trouve un ancien château, aujourd'hui en partie restauré, qui, après avoir appartenu aux Gerbois et aux Vignod de Dorches, passa, dans les derniers temps à la famille Passerat.

Le revenu communal est de 22 francs.

La population, qui était de 270 habitants, en 1805, descend à 179, en 1856. Depuis elle a remonté à 258. Le questionnaire attribue cette augmentation à l'établissement des douanes et du chemin de fer, et à l'exploitation de l'asphalte.

Villes, à 7 kilomètres de Châtillon, 27 kilomètres de Nantua, est au centre du canton. Situé sur une éminence, à 580 mètres environ d'altitude, il est assez régulier, mais mal bâti et peu soigné ; l'église, dédiée à saint Nicolas, est à l'est du village ; elle n'offre rien de remarquable.

Le territoire forme une bande étroite, qui ne descend pas tout-à-fait jusqu'au Rhône, et qui, à l'ouest, monte jusqu'au sommet de la chaine du Colombier, aux pâturages de Retord et de Planerel, vers 1,270 mètres d'altitude. Sa superficie est de 910 hectares. La partie haute et le flanc oriental de la chaine, jusqu'à la cote de 800 mètres environ, sont couverts de forêts entrecoupées de pâturages. Plus bas, les dépressions et les ondulations sont occupées par des terres labourables, des prés et quelques bouquets de bois.

Le sol produit des céréales. Il y a des fromageries.

Le territoire est arrosé par deux petits cours d'eau, le Nant et la Grania qui font mouvoir plusieurs moulins ; une seule route le traverse, celle de Belley à Bellegarde qui passe à 1 kilomètre à l'ouest du village.

Le revenu communal est de 173 francs.

La population est de 302 habitants ; elle en a perdu 130 depuis 1836.

VOUVRAY, à 4 kilomètres de Châtillon, 24 kilomètres de Nantua, au centre du canton, est placé en amphithéâtre sur les pentes de la chaine du Grand-Colombier ; il est presque en entier à l'ouest de la route de Belley à Châtillon qui le traverse. L'église, située au sud du village, est dédiée à saint Paul ; elle a été reconstruite en 1836. La commune comprend neuf hameaux : les Lades, Chaudavie, le Chaix, la Liez, la Charnaz, la Connay, sur la Croix-Jean-Jacques, les Gorges et la Léchère. Elle est arrosée par deux petits ruisseaux : le biez de Manant et le biez de la Fulie.

Le territoire a une superficie de 1,295 hectares. La partie haute comprend les pentes de la chaine du Colombier et un plateau supérieur dont les cotes atteignent 1,200 mètres ; elle est couverte de forêts. Des terres labourables et des prés occupent la partie basse. Le sol produit du froment, du seigle, de l'orge, de l'avoine et des pommes de terre.

Il y a deux carrières de pierre de taille, deux fromageries façon gruyère, produisant annuellement 9,200 kil. de fromage.

Le revenu communal est de 800 francs.

La population était de 531 habitants en 1820 ; elle est aujourd'hui de 495.

Canton d'Izernore

Le canton d'Izernore est formé d'une longue bande de terre ayant, à vol d'oiseau, 25 kilomètres du N.-N.-E. au S.-S.-O., et 6 kilomètres de large. Il s'étend sur la rive gauche de la rivière d'Ain, depuis 2 kilomètres au nord du confluent de l'Oignin jusqu'à l'entrée de l'Ain dans le canton de Poncin, 3 kilomètres au sud de Merpuis.

Ce canton comprend les deux versants de la montagne qui sépare l'Ain de l'Oignin et de la vallée qui, au sud du coude que cette rivière fait à Brion, en est le prolongement en ligne directe sur Volognat et Peyriat. Ce canton comprend aussi presque tout le versant ouest des montagnes qui séparent la vallée de l'Oignin de celle de l'Ange, et la vallée de Peyriat de celle de l'Oignin supérieur et du Borrey.

La montagne qui sépare l'Ain de l'Oignin a beaucoup de sommets dépassant 700 mètres d'altitude ; son point culminant, qui est à l'est de Chapiat, commune de Leyssard, est à 797 mètres d'altitude, à la limite des trois communes de Leyssard, Ceignes et Peyriat.

La montagne qui sépare Ceignes et Peyriat de la vallée de l'Oignin et de celle du Borrey, s'élève à 800 et 850 mètres.

La montagne qui sépare l'Oignin de l'Ange dépasse rarement 700 mètres.

L'Oignin est à 471 mètres d'altitude à l'est de Nurieux ; son confluent dans l'Ain est à 284 mètres ; la rivière d'Ain est à 266 mètres d'altitude sous le pont de Cize.

Le territoire de ce canton, qui est bordé à l'ouest par la rivière d'Ain qui coule du nord au sud, est arrosé dans sa partie nord par l'Oignin qui coule du sud au nord et semble aller à la rencontre de la rivière d'Ain. Il ne renferme pas d'autres rivières importantes ; nous citerons cependant le bief d'Anconnan qui borde le plateau d'Izernore à l'est et se jette sur la rive droite de l'Oignin, au-dessous de Samognat ; nous citerons encore les biefs de Volognat, Evoaz, Nébois, se jettant sur la rive gauche de l'Oignin, et ceux de Granges, Bombois, Bolozon, tombant dans l'Ain sur sa rive gauche, ainsi que celui de Noire-Fontaine qui fait tourner le moulin de Serrières.

Le canton d'Izernore renferme presque tous les terrains que l'on peut observer dans le département de l'Ain. On a en effet trouvé le Gypse triasique dans le grand tunnel de Nurieux ; il y forme un bombement qui a été coupé sur quelques mètres de longueur vers le milieu du tunnel et qui s'élève jusqu'à la hauteur de la naissance de la voûte. Toutes les assises jurassiques se présentent dans la montagne qui sépare l'Ain de l'Oignin. On y trouve le crétacé représenté jusque dans ses assises supérieures par un lambeau de craie découvert à Leyssard par M. E. Benoit. De nombreuses failles dirigées du N.-N.-E., au S.-S.-O., dans le sens de l'axe de la montagne, et dont la plus considérable est celle qui forme la vallée de l'Ain, mettent les divers terrains à découvert sur bien des points.

Si le terrain tertiaire fait défaut, les alluvions anciennes et le terrain erratique sont très développés ; nous en trouvons à Napt, à 668 mètres d'altitude ; du haut de ces dépôts caillouteux, la vue n'est arrêtée par rien, des plateaux du Haut-Bugey jusqu'à l'autre rive de la Saône, et permet de se rendre compte de l'importance probable du courant d'eau qui les a déposés.

Les alluvions caillouteuses de Mornay sont exploitées pour l'empierrement de la route nationale, celles de Daranche sont exploitées près de la gare de Cize et ont été employées au ballastage de la ligne de Bourg à Châlon et à l'empierrement des chemins dans les cantons de Montrevel et de Saint-Trivier-de-Courtes.

Le plateau d'Izernore, qui a 472 mètres d'altitude au sud du bourg et 466 mètres au nord, est formé d'une alluvion caillouteuse où les serpentines des Alpes ne sont pas rares ; il vient se terminer brusquement à Condamine, comme le ferait le delta d'un fleuve dans un lac.

A la limite Est du canton, nous trouvons une moraine intacte que coupent le chemin de fer et la route, entre Nurieux et La Cluse, avant de traverser l'Oignin.

On trouve des tufs avec empreintes de feuilles à Granges et à Sorpiat.

Ces montagnes si mouvementées présentent une grotte remarquable à Courtouphle, commune de Matafelon ; elle est appelée *Borne du Pessou* ; elle a été explorée par M. Le Grand de Mercey, qui y a trouvé des objets « de l'âge du bronze, alors que le fer faisait déjà son apparition ».

Il y a aussi une grotte au-dessous du moulin de Serrières ; on la dit fréquentée par les fées.

Les cascades sont nombreuses dans ce canton ; nous ne signalerons sur les petits torrents que celles de l'entrée du tunnel de Nurieux, au-dessus de Bolozon, et celle de Pisse-Vache, à Bombois.

Plusieurs cascades méritent d'être signalées sur l'Oignin, au moulin de Béard, au pont d'Intriat, à la Goule d'Enfer, mais celle du Saut de Charmine est surtout remarquable ; les rochers, en bancs presque horizontaux, sont coupés à pic et forment les marches d'un gigantesque escalier, sur lequel s'élance la rivière.

Quoique la plaine d'Izernore et ses environs ne passent pas pour une bonne station botanique, ils renferment cependant bien des espèces intéressantes ; nous ne citerons que l'Aconitum Napellus des bords de l'Oignin, près du Saut de Charmine, le Laserpitium latifolium, et l'Artemisia Absinthium des environs de Matafelon.

En 1808, le canton d'Izernore s'appelait canton de Mornay ; il conserva ce nom jusqu'en 1827. Il comprenait 15 communes ; on en a détaché, en 1831, Saint-Alban et La Balme, qui ont été réunies au canton de Poncin ; mais, en 1830, on avait créé la commune de Serrières, formée des hameaux de Serrières, Malaval, Merpuis, Sonthonnax-le-Vignoble, détachés de la commune de Leyssard.

Le canton d'Izernore comprend donc aujourd'hui 14 communes.

La population du canton de Mornay était, en 1808, de 7,145 habitants, mais en en déduisant celle de Saint-Alban et de La Balme, elle se réduit à 6,560 habitants pour la superficie actuelle du canton.

Cette population a diminué jusqu'au recensement de 1841 ; elle n'était plus alors que de 6,169 habitants, puis elle augmente : en 1846, elle est de 6,829 habitants. Aujourd'hui elle n'est plus, d'après le recensement de 1886, que de 5,229 habitants, et, d'après celui de 1891, que de 4,907 habitants.

Ce canton a suivi, mais en le précédant un peu, un mouvement général dans tout l'arrondissement de Nantua, dont la population, qui était de 50 à 51 mille habitants de 1827 à 1841, dépasse 53 mille habitants au recensement de 1846 et de 1851, pour descendre ensuite et être aujourd'hui de moins de 50 mille habitants. Un mouvement analogue s'est produit sur l'ensemble de la population du département de l'Ain, où le recensement de 1851 donne le maximum de la population depuis le commencement du siècle.

Nous n'entrerons pas dans le détail du mouvement de la population du canton d'Izernore par commune, nous donnerons seulement le tableau de leur population d'après la statistique de Bossi, en 1808, d'après le recensement de 1846, au moment du maximum, et d'après le recensement de 1891 :

	1808	1846	1891
	—	—	—
Bolozon............	389	313	249
Challes.......... ...	504	557	406
Etables-Ceignes......	442	411	267
Granges............	173	175	139
Izernore............	1.016	1.103	1.015
Leyssard...........	883	679	422
Serrières...........	—	454	285
Matafelon...........	783	823	566
Mornay............	533	512	335
Napt................	271	200	115
Peyriat.........	289	284	174
Samognat...........	390	431	305
Sonthonnax....... ..	537	487	360
Volognat...........	350	400	269
	6.560	6.829	4.907

La superficie du canton étant de 13,577 hectares, il a 36 habitants par kilomètre carré. Il en avait 48 en 1808. De ce tableau il résulte que la seule commune qui n'ait pas diminué depuis 1808 est Izernore.

Le canton d'Izernore, qui comprend 14 communes, ne forme que 13 paroisses ; les communes de Napt et de Granges ne forment qu'une seule paroisse dont l'église est à Napt.

Il n'y a pas d'établissements religieux à signaler dans ce canton.

Le chemin de fer de Bourg à La Cluse, ouvert en 1877, entre dans ce canton par le viaduc de Cize, à l'extrémité duquel se trouve, à Daranche, la gare de Cize-Bolozon, sur la commune de Bolozon. Cette gare dessert la vallée de l'Ain ; elle est le point de départ du courrier de Thoirette et d'Arinthod (Jura).

De la gare de Cize-Bolozon, le chemin de fer s'élève par de fortes pentes jusqu'au tunnel de Nurieux, et à sa sortie se trouve la gare de Nurieux, sur la commune de Mornay. Un peu plus loin, le chemin de fer sort du canton d'Izernore et entre dans celui de Nantua.

La route nationale n° 84 de Lyon à Genève traverse le canton d'Izernore, à Ceignes, sur 2 kilomètres environ, quittant le canton de Poncin pour entrer dans celui de Nantua.

La route nationale n° 79 de Nevers à Genève entre dans le canton d'Izernore par le pont suspendu de Serrières, monte à Berthiand, puis redescend à Nurieux, elle passe près des villages de Serrières, Leyssard et Mornay, et sort du canton 2 kilomètres plus loin que Nurieux, se dirigeant sur Nantua.

L'ancienne route départementale de Bourg à

Nantua par Thoirette entre dans le canton d'Izernore par le pont suspendu de Thoirette, monte à Matafelon, descend sur l'Oignin, passe à Izernore et sort du canton quelques kilomètres plus au sud.

Un autre chemin de grande communication va de Cerdon à Matafelon, traversant les communes de Ceignes, Peyriat et Volognat.

Un troisième chemin de grande communication suit la rive gauche de l'Ain, de Dortan au pont de Thoirette, et est prolongé au sud, le long de cette rive, par un chemin d'intérêt commun, jusqu'à Poncin.

De Poncin part un autre chemin d'intérêt commun qui réunit les communes de Challes et de Leyssard à la route nationale, vers Berthiand.

D'Oyonnax partent deux chemins se dirigeant l'un sur Izernore et l'autre sur Matafelon par Samognat.

Enfin, outre les ponts suspendus de Serrières et de Thoirette, l'étage inférieur du pont viaduc de Cize donne aussi passage à un chemin qui relie en un troisième point le canton d'Izernore avec la rive droite de l'Ain.

On voit que, sans parler des chemins vicinaux ordinaires, la circulation est facilitée autant que possible par ce réseau, mais elle reste cependant difficile dans ce canton, par le fait de l'importance des montagnes qu'il renferme.

Dans la statistique de 1808, il est dit : « Il n'y a aucune espèce de manufacture dans ce canton, aucune foire ni aucun marché, l'industrie de ses habitants se borne à élever des chevaux, des bêtes à cornes et des brebis. » On aurait pu ajouter : et à aller l'hiver peigner du chanvre fort loin.

Il n'en est plus de même aujourd'hui ; il y a un certain nombre de métiers pour le tissage de la soie, surtout à Izernore ; des tourneries, principalement au Coiselet; on a employé la plus grande partie de la chute du Saut de Charmine à faire fonctionner une usine électrique qui transmet de la force motrice à Oyonnax et l'éclaire en même temps.

Il n'y avait dans le canton que 5 foires qui se tenaient toutes à Izernore, pendant l'été, on vient d'en établir 2 à Matafelon.

D'après l'enquête faite en 1881, lors de la fondation des écoles de fromagerie, il n'y a dans le canton d'Izernore que 8 sociétés fromagères fabricant surtout des fromages bleus. Volognat vient d'établir une fruitière modèle pour la fabrication du Gruyère.

Quoique situé à une altitude assez considérable, ce canton comprenait, avant l'invasion du phylloxéra, une assez grande étendue de vignes, surtout à Serrières, Sonthonnax-le-Vignoble, Bolozon et Granges.

Plusieurs villages sont entourés de beaux vergers, citons : Samognat, Serrières, Bolozon et Granges.

Ce canton produit des céréales, les prairies y sont très développées. Ses combes oxfordiennes et liasiques renferment de très bons prés et les terres arables qui recouvrent les roches jurassiques sont souvent d'une très grande fertilité.

Les pentes formées par les éboulis des crêtes rocheuses sont généralement bien boisées. La forêt de Chaugeat, commune de Matafelon, présente les premiers sapins que l'on rencontre en remontant la vallée de l'Ain.

Le canton d'Izernore a donné lieu à de nombreuses et importantes découvertes archéologiques. L'emplacement de l'antique cité d'Izernore, dit M. le baron Raverat, dans *les vallées du Bugey*, paraît circonscrit à l'Est par le ruisseau de l'Anconnan, à l'ouest par l'Oignin, au nord et au sud par des fossés et des retranchements en terre dont il ne reste que de faibles vestiges, mais dont les vieillards se rappellent parfaitement l'existence.

Un peu en dehors de cet emplacement, vers le nord-est, était bâti le temple de Mars ; les parties qui ont survécu permettent d'en constater la grandeur et le style, il formait un parallélogramme allongé d'environ vingt mètres sur quinze.

Nous emprurtons à M. Guigue, qui a participé aux fouilles de 1863, le passage suivant : Les restes d'un temple, dont trois piliers corinthiens sont encore en place, les ruines de vastes et beaux édifices et des objets antiques de toute nature, découverts dans des fouilles pratiquées en 1784, 1807, 1813, 1822, 1863, attestent qu'Izernore fut, à l'époque gallo-romaine, une ville d'une certaine importance. Suivant une légende rédigée au VIe siècle, croit-on, par un moine de Saint-Claude, c'était un vicus, dont le nom, en langue gauloise, signifiait *porte de fer*. C'est tout ce que les documents contemporains nous apprennent de l'histoire d'Izernore ; le reste de cette histoire ne peut être lu que dans le sol. Voici ce que j'y ai lu en 1863 :

Les ruines découvertes jusqu'à ce jour sont purement romaines ; elles prouvent l'existence d'une ville dont il est impossible, à raison du peu d'étendue des fouilles, de préciser l'importance relative. Ces fouilles, néanmoins, établissent : 1° que sur ce point a passé, peut-être séjourné, une population gauloise ; 2° que sur ce même point un temple et une ville, construite partie en pierre, partie en bois, furent élevés ; 3° que cette ville, à l'exception du temple, fut détruite par le feu et rédifiée, et subsista au moins jusqu'à Valentinien III, les pièces de cet empereur terminant la série des monnaies romaines que l'on a trouvées.

Notre compatriote, M. le Dr Jacques Maissiat, a publié un travail fort intéressant tendant à placer Alésia à Izernore, d'autres villes se disputent cet honneur, nous n'avons pas à prendre parti, mais, nous rappellerons que M. Maissiat pense que César a dû entrer dans notre pays par la *Perte du Rhône*, ce pont naturel qui supprimait toute difficulté pour le passage du fleuve ; en effet, César, ne décrit son passage qu'en disant : « De là, il conduit son armée chez les Allobroges, des Allobroges chez les Sébusiens, ce peuple est placé en dehors de la province, le premier au delà du Rhône ». César se serait ensuite engagé dans le défilé de Nantua.

M. Maissiat pense que pour regagner ce chemin, César a dû descendre la vallée de la Valouse et arriver au col de Matafelon, c'est au-dessous de ce village qu'il veut qu'on se place, en face d'Izernore, pour lire le texte de César. « L'oppidum d'Alésia était sur le haut d'une colline dans une position d'un accès difficile, à ce point, qu'il paraissait impossible de s'en emparer, sinon à l'aide d'un blocus. Le pied de cette colline était baigné de deux côtés, par deux cours d'eau. Devant cet oppidum, s'ouvrait une plaine d'environ trois mille pas de longueur, de tous les autres côtés des collines à un médiocre intervalle de distance entourait l'oppidum d'une ligne uniforme de crêtes... » Mais, nous ne pouvons examiner davantage l'opinion de M. Maissiat, celà nous entraînerait trop loin.

M. Chapel, chef d'escadron d'artillerie, vient de publier une note où il confirme les conclusions de M. Maissiat, en s'appuyant beaucoup sur la signification que peuvent avoir les noms de lieux; il veut que Izarnore, comme on écrivait au siècle dernier, vienne de Cisarnore, Césariana-ora le champ de César.

Un savant général qui a commandé à Bourg a publié une brochure donnant des raisons techniques à l'appui de la thèse soutenue par M. Maissiat.

Izernore fut à l'époque Mérovingienne, le siège d'un atelier monétaire, on croit que c'est au VIIIe siècle, qu'Izernore fut détruit de fond en comble par les Sarrasins.

Au commencement du XIe siècle l'antique Vicus ne comptait plus que quelques habitants groupés autour d'une modeste église, dont le patronage appartenait au siège de Belley.

Les villages voisins d'Izernore, ont aussi présenté souvent, dit la statistique de Bossi, des objets dignes d'attention. A Liliat, près de Matafelon, un autel votif dédié à Mars; à Perrignat, des constructions et des souterrains ; à Bussy, des médailles romaines; à Matafelon, une inscription romaine et des haches de bronze.

M. Prénat vient de découvrir les restes d'une enceinte fortifiée près de Volognat.

Le plus ancien monument de ce canton paraît être la *pierre qui branle*, sur le bord d'un escarpement près du château de Thoire ; c'est, dit M. Le Grand de Mercey, un plafond épais de 87 centimètres, large de 4 mètres 80 centimètres et long de 6 mètres 30 centimètres ; il est en place, mais du côté du précipice, le lit rocheux sur lequel il reposait primitivement a été enlevé en partie, jusqu'à une ligne droite voisine du centre de gravité.

Cette pierre figure au catalogue des monuments mégalithiques de France dressé en 1880.

Il est de tradition que la *pierre qui branle* se

ment spontanément chaque année à l'heure de la messe de minuit.

Non loin de là, au confluent de la Bienne, sur la montagne Saint-Jacques, il y a, dit M. le Baron Raverat, un bloc erratique dont on a fait un monument druidique, la *pierre qui vire.*

Le canton d'Izernore a été couvert d'un assez grand nombre de châteaux-forts parmi lesquels nous citerons d'abord le château de Thoire. Cette forteresse qui, dit M. Guigue, fut au XIe siècle, le berceau de la très puissante famille des roitelets qui en portaient le nom, n'existe plus ; en 1650, d'après Guichenon, il n'en restait déjà qu'un portail. Le premier des sires de Thoire dont les titres fassent mention est Hugues Ier, en 1086. Etienne Ier épousa Agnès, héritière des sires de Villars, vers 1187, elle lui apporta en dot une partie de la Bresse et des Dombes, il prit alors le titre de sire de Thoire et de Villars. Le dernier des sires de Thoire-Villars fut Humbert VII, mort à Trévoux, le 7 mai 1423, qui vendit ses biens partie à Louis II duc de Bourbon, partie à Amédée VII, comte de Savoie.

Le château de Belvoir dont les ruines couronnent le sommet tronqué de la montagne de Balvay domine un coude de l'Ain à une demi lieue au sud de Bolozon, il fut en 1402, démoli comme plusieurs autres de cette contrée par Jean de Vergy, maréchal et gouverneur du comté de Bourgogne

Nous citerons encore les châteaux et les maisons-fortes plus ou moins ruinés : Coiselet, Matafelon, Montillet, Planet, Sonthonnax-la-Montagne, Heyriat, Mornay, Serrières, Volognat, Bussy et les retranchements en terre de Condamine.

En face de l'extrémité nord du canton d'Izernore, s'élève de l'autre côté de l'Ain, la montagne d'Oliferne, qui est pour ainsi dire le prolongement de la chaîne de Berthiand et qui est couronnée des ruines démantelées du château d'Oliferne, bâti en 1231, par Etienne comte de Bourgogne, pour résister aux sires de Thoire-Villars, dont les domaines arrivaient jusque-là et comprenaient Thoirette, la paroisse de Saint-Martin-de-Vaugrineuse et le château de Cornod, qui faisaient partie de la province de Bresse.

Au pied de la montagne, et plongeant leurs bases dans la rivière, on voit trois pyramides de rochers s'élevant à une certaine hauteur, ce sont les *Traï-Damizellas* au sujet desquelles on raconte une légende qui rappelle Barbe-Bleue.

IZERNORE, à 11 kilomètres de Nantua, 39 de Bourg, possède les ruines d'un temple romain et de divers autres monuments de la même époque, on y a recueilli de nombreuses monnaies romaines allant jusqu'à Valentinien III. Izernore a possédé un atelier monétaire de l'époque mérovingienne, sur les pièces qui en sont sorties, on lit : Isarnobero, Isernobero, Isarnodoro, Isarno. Sur la carte de Cassini, il est écrit Izarnore.

On croit généralement que c'est au VIIIe siècle, qu'Izernore fut détruit de fond en comble par les Sarrasins.

Izernore, ou plutôt son hameau de Cessiat est la patrie de saint Romain, fondateur du monastère de Condat, devenu depuis Saint-Claude, de son frère saint Lupicin, abbé de Lauconne, aujourd'hui Saint-Lupicin.

Leur sœur fonda le ministère de la Balme, aujourd'hui Saint-Romain-de-Roche. Izernore est aussi la patrie de saint Eugent, abbé de Condat.

Izernore, où il se tient cinq foires par an, a un bureau de poste et de télégraphe desservi par un courrier en voiture, le reliant au chemin de fer à la Cluse.

Les principaux hameaux d'Izernore sont Beauregard, Bussy, Cessiat, Charbillat, Intriat, Lalongeon, Perrignat, Surfontaine, Tignat, La Tour, Voerle.

Bussy est un ancien fief avec château-fort dont il ne restait déjà que des ruines au milieu du XVIIe siècle.

La superficie de la commune d'Izernore est de 2,085 hectares et sa population de 1,015 habitants, elle a un revenu annuel de 1,417 francs outre le produit de 70 centimes valant chacun 50 francs 79 centimes.

Bolozon, à 12 kilomètres d'Izernore, 16 kilomètres de Nantua, 29 kilomètres de Bourg, est situé dans une petite vallée bien abritée, dont les côtes exposées au midi étaient cultivées en vignes jusqu'à près de 400 mètres d'altitude ; les noyers et surtout les cerisiers y étaient nombreux, mais depuis le phylloxéra et les grandes gelées, ces côtes ont été en partie abandonnées par la culture.

Les côtes exposées au nord sont boisées et les vallées marneuses sont occupées par des prairies.

Au fond de la gorge sont des cascades et des sources qui alimentent un petit bief qui fait tourner plusieurs moulins.

Depuis l'établissement du chemin de fer on exploite, auprès de la gare, des carrières de pierres de taille, on y a aussi exploité pour le ballastage de la voie, jusqu'à St-Trivier-de-Courtes, les dépôts de cailloux qui s'élèvent depuis l'Ain jusque vers la gare.

L'étage inférieur du viaduc du chemin de fer relie cette commune à l'arrondissement de Bourg.

Les hameaux sont Daranche, la gare de Cize-Bolozon et le Port, sur la rivière d'Ain.

La superficie de la commune est de 492 hectares, et sa population de 249 habitants, elle a un revenu annuel de 515 francs outre le produit de 61 centimes valant chacun 11 francs 28 centimes.

Challes-la-montagne, à 16 kilomètres d'Izernore, 18 de Nantua, 32 de Bourg.

Cette commune est située sur les hauts plateaux qui s'élèvent à près de cinq cents mètres à l'ouest des montagnes sur lesquelles est situé Etables.

Au XVIIe siècle, Challes n'était qu'une annexe de la paroisse de Saint-Alban. Les hameaux de Challes sont Cizot ou Cisod et Samériat.

La superficie de cette commune est de 764 hectares et sa

population de 406 habitants, elle a un revenu de 594 francs et en outre paye 57 centimes valant chacun 18 francs 84 centimes.

CEIGNES, cette commune qui s'appelait Etables avant 1880, est à 15 kilomètres d'Izernore, 16 de Nantua, 39 de Bourg. La route nationale n° 84 de Lyon à Genève traverse son territoire sur deux kilomètres environ.

La paroisse d'Etables était déjà mentionnée au XIIIᵉ siècle, aujourd'hui elle est transportée à Ceignes qui n'avait qu'une chapelle rurale desservie par le curé d'Etables.

Etables est situé sur le sommet de la montagne à plus de sept cents mètres d'altitude. Les autres hameaux de la commune de Ceignes sont le moulin Chabod et la Levée.

La superficie de cette commune est de 1,001 hectares, elle a 267 habitants, son revenu est de 1,100 francs et elle paye 36 centimes communaux valant chacun 13 francs 36 centimes.

GRANGES, à 15 kilomètres d'Izernore, 26 de Nantua, 40 de Bourg. Cette commune ne possède qu'une chapelle et fait partie de la paroisse de Napt. Le territoire de cette commune forme une longue bande étroite le long de la rivière d'Ain, au bas de la montagne sur laquelle sont Sonthonnax et Napt.

Granges n'a qu'un seul hameau, Bombois. La superficie de cette commune est de 394 hectares, elle a 139 habitants ; son revenu est de 360 francs, elle a en outre 191 centimes valant chacun 5 francs 38 centimes.

LEYSSARD, à 12 kilomètres d'Izernore, 14 de Nantua, 29 de Bourg, est situé comme Challes sur les plateaux qui sont dominés à l'est, par la montagne sur laquelle est Etables ; à l'est de Chapiat, au point où se rejoignent les limites des communes de Ceignes, de Peyriat et de Leyssard, cette montagne s'élève à 797 mètres. Cette commune descendait autrefois jusqu'à la rivière d'Ain, mais on en a détaché Serrières qui occupe toute la rive de l'Ain.

Les hameaux de Leyssard sont : Balvay, Chapiat, Moulins de Cramans, Ecuvillon, Mens, Solomiat.

Le sommet de la montagne à l'ouest de Balvay est couronné par le château de Belvoir ou Beauvoir, seigneurie avec château-fort possédée originairement par les archevêques de Lyon.

En 1257, l'Archevêque la remit au sire de Thoire et Villars, à charge de l'hommage. Le château fut ruiné en 1402, par Jean de Vergy, Maréchal et gouverneur du comté de Bourgogne ; la seigneurie resta depuis annexée à celle de Poncin.

Leyssard a une superficie de 961 hectares et 422 habitants, elle a un revenu de 955 francs et en outre paye 56 centimes d'une valeur de 18 francs 69 centimes chacun.

MATAFELON, à 6 kilomètres d'Izernore, 16 de Nantua, 38 de Bourg, occupe la partie nord de la montagne qui sépare l'Oignin de la rivière d'Ain.

On vient d'établir deux foires dans cette commune.

C'est dans cette commune que se trouvent les ruines du château de Thoire, dominant la rivière d'Ain et le vallon par lequel on monte à Matafelon et qui met en communication directe la vallée de la Valouse et celle de l'Oignin.

De ce château, qui fut au XIe siècle le berceau de la très puissante famille qui en portait le nom, il ne restait déjà plus au XVIIe siècle qu'un portail. Cette forteresse dépendait alors de Matafelon qui jadis n'en était que le moindre fief.

En 1250, Humbert III, sire de Thoire et Villars, fit bâtir le château de Matafelon dont, au XVIIe siècle, il ne restait plus qu'une tour.

Le 7 mai 1280, Humbert IV déclara le village de Matafelon libre et franc et accorda à ses habitants des franchises et des libertés qui furent plusieurs fois confirmées par ses successeurs.

En 1402, Humbert VII vendit la seigneurie de Matafelon, avec la plus grande partie de ses autres terres, à Amédée VII, comte de Savoie.

Matafelon était le siège d'un mandement comprenant Heyriat, Izernore, Matafelon, Samognat et Sonthonnax.

Les hameaux de Matafelon sont : Charmine, auprès duquel se trouve la très belle cascade du Saut de Charmine, formée par l'Oignin, et utilisée pour produire de l'électricité pour Oyonnax ; Chongeat ; Coiselet, fief en toute justice avec maison-forte bien conservée et que l'on répare aujourd'hui ; il y a au Coiselet plusieurs usines, un bac sur la rivière d'Ain et un beau pont sur l'Oignin ; Corcelles ; Courtouphle, en face de Thoirette, au-dessus de ce village est la grotte que l'on appelle *Borne du Pesson* qui a été fouillée par M. le Grand de Mercey ; Liliaz ; le Montillet, seigneurie avec maison-forte ; Le Moux ou Mons, ancienne chapellenie rurale sous le vocable de saint Michel ; Mulliat ou Meuillat ; Le Planet, seigneurie avec château ; Le Port, sur l'Ain ; Sorpiat.

La commune de Matafelon a 1,765 hectares, 566 habitants, un revenu de 1,244 francs, on y paye 79 centimes, valant 26 francs 77 centimes chacun.

Mornay, à 7 kilomètres d'Izernore, 10 de Nantua, 34 de Bourg, a été le chef-lieu du canton jusqu'en 1827.

Le village de Mornay et son ancien château sont placés sur un petit mamelon, en arrière du quel le petit ruisseau d'Evoaz prend naissance.

Le grand tunnel de Nurieux est presque en entier sous le territoire de cette commune, qui comprend, au sommet de la montagne de Berthiand, le petit vallon dans lequel est le hameau de Vers, à l'extrémité sud-ouest de la commune, à 661 mètres d'altitude ; à l'extrémité nord-ouest, le hameau de Crépiat est sur le plateau dominé par des sommets qui s'élèvent jusqu'à 980 mètres. Le hameau de Nurieux et celui de la gare de Nurieux sont au pied de la montagne, sur le bord du ruisseau qui, de Volognat, descend à l'Oignin.

La superficie de la commune de Mornay est de 1,149 hectares et sa population de 335 habitants, son revenu est de 721 francs, elle a en outre 44 centimes valant chacun 19 fr. 82 centimes.

NAPT, à 6 kilomètres d'Izernore, 12 de Nantua, 33 de Bourg. Cette commune est tout entière sur le plateau et le village est à 668 mètres d'altitude, elle ne forme qu'une paroisse avec Granges, comme nous l'avons déjà dit.

La superficie de cette commune est de 433 hectares, elle a 115 habitants, son revenu est de 378 francs, elle a en outre le produit de 92 centimes valant chacun 5 francs 93 centimes.

PEYRIAT, à 6 kilomètres d'Izernore, 12 de Nantua, 33 de Bourg. Cette commune occupe le fond d'une combe marneuse qui prolonge directement au sud la basse vallée de l'Oignin, elle est séparée de la commune de Maillat par des montagnes s'élevant jusqu'à 851 mètres d'altitude et à sa limite avec celles de Leyssard et de Ceignes, se trouve un sommet qui atteint 797 mètres, le hameau de Giriat est une ancienne paroisse existant déjà au XIIIe siècle.

La superficie de la commune de Peyriat est de 593 hectares, sa population de 174 habitants. Cette commune possède un revenu de 610 francs, et en outre le produit de 54 centimes valant chacun 9 francs 51 centimes.

SAMOGNAT, à 4 kilomètres d'Izernore, 15 de Nantua, 41 de Bourg. Cette commune, située au nord de celle d'Izernore, occupe la rive droite de l'Oignin et est séparée du canton d'Oyonnax par des montagnes dont plusieurs sommets dépassent 700 mètres d'altitude.

Les hameaux d'Arfontaine de Curtil et des Royères, sont dans la partie nord de la commune. A la Platière était une ancienne maison-forte. Au sud de Charmine, on a construit des usines utilisant une chute pour produire de l'électricité qui est employée à l'éclairage d'Oyonnax et qui y sert en même temps de force motrice.

Le hameau de Condamine est dominé par des retranchements en terre, traversés par un vieux chemin, et qui sont à l'extrémité du plateau d'Izernore.

La commune de Samognat a une superficie de 1,413 hectares et 305 habitants, elle a 1,480 francs de revenu, et 62 centimes valant chacun 19 francs 51 centimes.

Serrières-sur-Ain, à 16 kilomètres d'Izernore, 19 de Nantua, 23 de Bourg. Cette commune a été formée en 1830 de la partie sud-ouest de l'ancienne commune de Leyssard.

Le pont suspendu de la route nationale la relie à l'arrondissement de Bourg.

Sur la route, un peu au-dessus de Serrières, on a essayé d'exploiter de la pierre lithographique dans les étages du Kimmeridien.

Serrières possède un beau moulin actionné par le ruisseau de Noirefontaine.

Les hameaux de la commune de Serrières sont : Merpuis sur la rivière d'Ain, qui était autrefois une paroisse, Malaval et Sonthonnax le vignoble.

La superficie de la commune de Serrières est de 768 hectares et sa population de 285 habitants, elle a 836 francs de revenu et a en outre le produit de 87 centimes valant chacun 16 francs 52 centimes.

Sonthonnax-la-Montagne, à 3 kilomètres d'Izernore, 13 de Nantua, 38 de Bourg. Cette commune est tout entière sur le plateau au nord de celle de Napt, elle a un sommet qui s'élève à 700 mètres.

Au hameau d'Heyriat, qui était un fief, se trouve un ancien château encore habité.

Il y a un autre hameau à Revers.

La superficie de la commune de Sonthonnax est de 981

hectares, et sa population de 360 habitants; la commune a un revenu de 647 francs, elle a en outre, le produit de 76 centimes valant chacun 18 francs 32 centimes.

Volognat, à 7 kilomètres d'Izernore, 9 de Nantua, 37 de Bourg. Cette commune, située au nord de Peyriat, dans la même combe marneuse qui prolonge directement au sud la basse vallée de l'Oignin, au soir elle s'étend jusqu'au col ou la route nationale traverse la montagne de Bertiand à 755 mètres d'altitude; au matin, elle est séparée de la commune de Brion par une montagne qui a 690 mètres d'altitude au rocher du Degoley.

Le village de Volognat est situé dans un renfoncement de la montagne où coule une petite rivière.

On vient d'y constituer une Société de fromagerie dont l'installation est des plus perfectionnées.

A Volognat, on a gardé le souvenir d'une ancienne ville nommée Iser, située sur un sommet au milieu de la vallée qui descend de Peyriat. M. Prénat a fouillé sur ce sommet des restes d'enceintes dont les dispositions rappellent, ainsi que les tombes et les divers objets qu'on a trouvés dans les champs voisins, la fin de l'époque gauloise.

La superficie de la commune est de 784 hectares, elle a 269 habitants; son revenu est de 837 francs, elle a en outre 86 centimes valant chacun 19 francs 26 centimes.

Canton d'Oyonnax

Le canton d'Oyonnax est borné à l'est par le canton de Châtillon-de-Michaille, au sud par celui de Nantua, à l'ouest par celui d'Izernore et par l'Ain, au nord par le département du Jura dont il est séparé par la Bienne sur une longueur de 7 kilomètres.

Le canton d'Oyonnax est tout entier montagneux ; entre la vallée de la Semine et celle de l'Ange s'étend un massif carré qui est la continuation du massif d'Apremont que nous avons signalé dans le canton de Nantua ; les altitudes aux angles sont sur la limite sud, à l'ouest 831, à l'est 860 ; sur la limite nord, à l'ouest 1,087 et à l'est 1,200. A l'ouest de l'Ange, on trouve deux chainons moins élevés : le premier, la montagne d'Emondeau commence au confluent de la Bienne et de l'Ain à 760 mètres, et va du Nord au sud en diminuant de hauteur jusque vers Geovresset à 730, pour remonter ensuite à 784 mètres à sa sortie du canton ; le second, la montagne de Tamas, prend vers Arbent et va nord-sud en s'élevant jusqu'à ce qu'il ait rejoint le précédent vers Geovresset. Entre les deux, coulant au nord, se trouve le Merloz. A l'est de Tamas, s'étend la vallée de l'Ange, profonde et peu large relativement. L'Ange reçoit dans le canton, sur sa droite, la doie de Geilles et la Sarsouille.

Le canton est encore arrosé à l'est par la Semine, au nord par le Merdanson grossi du Merloz. Il est en plus limité par la Bienne et l'Ain sur une longueur de 11 kilomètres.

Le canton tire ses principales richesses de son industrie : travail du bois partout, de la corne à Oyonnax, de la soie dans le sud du canton. Il faut y ajouter les produits de l'élevage, bestiaux, lait, fromage ; les arbres fruitiers fournissent aussi un bon contingent surtout vers l'ouest.

Le canton est traversé par la route de La Cluse à Saint-Claude qui passe à Martignat, Oyonnax et Dortan. De Saint-Germain-de-Joux un chemin se détache de la route de Bourg à Bellegarde et remonte par Echallon, Belleydoux dans le Jura ; un autre chemin part d'Oyonnax pour Thoirette par Veyziat. Une seule voie ferrée, La Cluse-Saint-Claude, traverse le canton et y a des stations à Martignat, Bellignat, Oyonnax, Arbent et Dortan.

Le canton d'Oyonnax, d'une superficie de 154 kilomètres carrés, comprend 11 communes d'une population totale de 9,908 habitants.

En 1805, la population totale était de 7,674 soit, malgré la dépopulation de 8 communes, une augmentation de 2,234 habitants due à Oyonnax et Dortan.

Oyonnax, à 16 kilomètres de Nantua et 49 de Bourg.

La ville d'Oyonnax est bâtie à une altitude de 557 mètres, adossée à un côteau ; elle descend en amphithéâtre dans la plaine où elle s'étend vers l'ouest. Ce serait une jolie ville, si ce n'était ses rues montueuses ; elle possède de belles places pour ses marchés et de nombreux monuments : la mairie qui est très jolie et derrière laquelle s'étend un grand parc servant de promenade et de jardin public ; un groupe scolaire tout nouvellement construit et comprenant une école primaire supérieure et une école de garçons ; l'église inaugurée en 1849, toute en pierre de taille d'Oyonnax. La vieille église de style roman était très ancienne, elle a été restaurée à différentes époques, aujourd'hui elle est désaffectée et sert de salle de réunion à la Société de gymnastique. De l'ancien château, il ne reste plus rien ; on en voyait encore il y a quelques années, la porte d'entrée de la cour.

La ville est éclairée à la lumière électrique ; l'usine fournissant l'électricité nécessaire à l'éclairage et aux usines est établie à 12 kilomètres d'Oyonnax, à Charmines. L'Oignin fait là plusieurs sauts qui forment la plus belle cascade du département. Un petit canal prend les eaux de l'Oignin en avant de la première chute et les amène à l'usine où elles font une chute de près de 30 mètres.

Au nord de la ville s'étend un plateau quelque peu marécageux ; à l'est s'élèvent de hautes montagnes couvertes de noires sapinières. La commune a 2,040 hectares de superficie, elle ne compte qu'un hameau, Geilles et de nombreuses fermes isolées ; elle est arrosée par la Sarsouille et l'Ange dont une partie alimente la doie de Geilles ; elle a une partie du lac Genin sur la montagne. On trouve sur cette commune, d'assez nombreuses curiosités naturelles : les grottes du Lordon et des Etales, les rochers pittoresques du Perret, la vallée de Geilles et de splendides forêts de sapins.

Les terrains de culture sont très peu étendus : quelques hectares en blé, avoine, maïs et pommes de terre ; mais il y a beaucoup de prairies naturelles et artificielles. Dans les fermes éloignées on fabrique du fromage gruyère ; dans celles avoisinant Oyonnax on vient vendre le lait chaque matin à la ville. Ces fermes, de peu d'importance chacune, sont presque toutes occupées par leurs propriétaires.

S'il y a peu de culture à Oyonnax, les industries y sont nombreuses. On y trouve une vingtaine d'usines dont la moitié marchant à eau et à vapeur en même temps, et l'autre moitié ayant l'électricité pour force motrice. Dans toutes ces usines, on travaille la corne, le celluloïd dont on fait une infinité d'objets d'une réputation universelle. Ces industries qui font vivre la meilleure part de la population sont malheureusement soumises aux caprices de la mode ; à une saison prospère succède rapidement un certain temps de chômage qui peut être remplacé lui-même bien vite par une reprise active du travail.

A ces industries très particulières à Oyonnax, il faut ajouter l'exploitation des forêts de sapins qui donnent un bois sans nœud et de qualité supérieure, l'exploitation des carrières d'une excellente pierre de taille un peu dure à travailler.

Il se tient à Oyonnax 6 foires par an et un marché tous les lundis.

Oyonnax comptait 800 habitants en 1805 ; il en avait 3,817 en 1831 et 4,461 en 1891. Cette augmentation si rapide a été amenée par l'établissement de nouvelles usines et l'extension du commerce des peignes. Le chiffre des naissances n'a pas suivi la même progression que celui de la population ; le chiffre des décès, au contraire, a augmenté d'une façon plus rapide ; ceci doit tenir à l'exiguïté des usines et des locaux dans lesquels on a voulu faire travailler et loger un plus grand nombre d'ouvriers. Voici d'ailleurs les chiffres des naissances et des décès par période décennale. Les premiers nombres se rapportent à la période 1802-1812. — 327 n. et 286 d. — 435 n. et 322 d. — 564 n. et 412 d. — 774 n. et 546 d. — 864 n. et 699 d. — 912 n. et 914 d. — 801 n. et 1,079 d. — 1,061 n. et 1,032 décès.

Oyonnax paye 88 centimes valant 233 fr. 39 l'un ; c'est la ville la plus endettée du département : au 31 mars 1891 le montant de sa dette en capital s'élevait à 565,675 francs.

On trouve à Oyonnax plusieurs Sociétés de secours mutuels ; une compagnie de pompiers, une Société de gymnastique et plusieurs Sociétés musicales. Une bibliothèque populaire protestante y est établie.

Ne quittons pas Oyonnax sans parler de la fête de la Breytouze. Le premier dimanche de Juillet toute la population s'en va dans la vallée de la Breytouze, située à 2 kilomètres d'Oyonnax, et là, au milieu des sapins, ont lieu des réjouissances, des danses sans fin.

ARBENT, à 5 kilomètres d'Oyonnax, 21 de Nantua et 54 de Bourg.

Le village d'Arbent est entouré de trois côtés, au nord, à l'est, à l'ouest par de hautes montagnes couvertes de riches forêts de sapins. Les légendes du pays peuplent ces forêts au sombre aspect d'esprits méchants qui s'aperçoivent, parait-il, pendant les nuits d'ouragan. Au sud, s'étend la plaine d'Arbent qui depuis le village va s'élargissant jusqu'à Oyonnax. Cette plaine, formée d'alluvions est fertile ; on y cultive le blé, l'orge, l'avoine, les pommes de terre ; elle justifie la première partie de ce distique bien connu dans tout le canton : « Arbent, bonne terre, mauvaises gens ». Disons vite que la seconde partie ne nous a pas paru du tout justifiée. Bien que la commune soit riche, les gens sont généralement pauvres ; ils s'occupent d'agriculture et de tournerie ; on fabrique surtout à Arbent les *roquets* pour enrouler la soie. On y trouve une fromagerie façon gruyère, il y avait autrefois une tuilerie aujourd'hui abandonnée. Il s'y tient annuellement trois foires.

L'église d'Arbent est une des plus anciennes et des mieux conservées du canton; on y voit de très beaux vitraux avec les armes des Thoire-Villars et l'écusson de Louis Aleman, comte de Lyon, archevêque d'Arles, président du Concile de Constance et natif de la commune. Au sud d'Arbent on aperçoit derrière le cimetière, les ruines d'un vieux monastère : c'est le hameau du *Môtier*.

Plus loin, au sud, près des marais d'Oyonnax, les terres forment une espèce d'entonnoir que les gens du pays appellent le *gouffre* ou l'entonnoir et dans lequel les eaux des environs se perdent. Ce sont ces eaux qui vont, dit-on, entretenir la source du parc de Dortan.

Arbent comptait 842 habitants en 1802; il en avait 757 en 1881 et aujourd'hui il y en a 775. Ils payent 10 centimes valant 50 fr. 62 l'un.

Belleydoux, à 14 kilomètres d'Oyonnax, 23 de Nantua et 62 de Bourg.

Belleydoux est situé sur la frontière du Jura au nord-est du canton et dans sa partie la plus montagneuse. Tout entière sur la montagne, la commune n'est traversée que par une vallée étroite et profonde au fond de laquelle coule la Semine qui, en face du village, est à 230 mètres en contre-bas du niveau de la Mairie. De chaque côté du torrent se dressent des rochers abrupts d'un coup d'œil très pittoresque.

Les terrains de culture sont peu étendus à Belleydoux : 5 hectares semés en blé; 20 hectares en orge, quelques hectares en pommes de terre et tout le reste des 1,763 hectares, surface totale de la commune, est occupé par des forêts et d'immenses pâturages; comme conséquence : de nombreux troupeaux et plusieurs fromageries où l'on fabrique d'excellent fromage bleu.

La commune n'a ni lac, ni étang ; elle possède seulement quelques sources dont les eaux sont recueillies dans des réservoirs placés dans le village et les hameaux. Il y a sur la place du village une belle fontaine mais qui ne donne de l'eau qu'à l'époque des grandes pluies ; autour de la fontaine se groupent les maisons du village qui est tout entier bâti sur une pente et est dominé par la maison commune.

Belleydoux comptait 928 habitants en 1802 ; il y en avait 687 en 1881 et seulement 638 en 1891. Cette rapide décroissance a été amenée par la diminution du nombre des naissances et par l'émigration vers les villes ; par suite de cette émigration plusieurs maisons sont inoccupées.

La population de Belleydoux est estimée d'aisance moyenne ; elle est formée en grande majorité de petits propriétaires qui ajoutent aux produits de leurs terres ceux de leur industrie ; ils sont en majeure partie lapidaires, puis tourneurs. On trouve dans la commune, deux moulins et une scierie ; une carrière d'assez bonne pierre fournit les matériaux nécessaires à la construction des maisons de la commune.

L'église de Belleydoux est de style ogival : elle date de 1867 ; une petite chapelle dédiée à Sainte Anne s'élève à 2 kilomètres du bourg.

La commune compte sept hameaux : Bas-Belleydoux, La Merle, Les Granges, Gobet, Bellecombe, La Roche, tous sur la montagne et Orvaz, le seul qui soit dans la vallée.

Belleydoux paye 10 centimes valant 27 fr. 47 l'un ; il s'y tient 2 foires par an. Une brigade de douaniers y est installée depuis quelques années.

Bélignat ou Bellignat, à 3 kilomètres d'Oyonnax, 14 de Nantua, 50 de Bourg.

Le territoire de Béliguat, de 787 hectares, occupe une partie de la vallée de l'Ange entre deux chainons de montagnes allant du nord-ouest au sud-est ; il s'étend jusqu'au sommet des chainons dont l'un est dominé par la commune d'Apremont, canton de Nantua, et l'autre celui de l'ouest par Géovresset. Le village est agréablement situé au fond de la vallée près de la rivière et de la grand'route.

En dehors de l'agglomération principale on ne compte que trois fermes isolées : la caserne, située sur la route départementale ; le Pré des saules ; Montrond.

La population de cette commune est en majorité agricole, pourtant l'industrie d'Oyonnax y occupe quelques ouvriers et les fabricants de soie de La Cluse y ont établi quelques métiers. Les cultures sont celles des pays montagneux ; céréales, pommes de terre, fourrages. Une fromagerie donne des produits façon gruyère.

La commune avait 361 habitants en 1802, en 1881 on en comptait 296 et en 1891 ce chiffre s'élevait à 301.

L'établissement d'une gare sur la ligne La Cluse-St-Claude ; les industries citées plus haut ont contribué à maintenir ce niveau. Une autre cause est l'augmentation du nombre des naissances. Ce nombre était de 78 pour la période 1801-1814 avec une population de 360 habitants, il est de 84 pour la décade 1874-1884 avec une population de 300 habitants.

Les habitants payent 10 centimes produisant 20 francs 13 l'un

On a découvert dernièrement, sur le territoire de Bélignat, des ossements humains appartenant à des hommes de grande taille.

Bouvent, à 4 kilomètres d'Oyonnax, 20 de Nantua et 47 de Bourg.

La commune de Bouvent est située sur un plateau très peu élevé, incliné vers l'ouest et dominé à l'est par le château de Tamas. Le village est formé d'une vingtaine de maisons d'aspect pauvre et placées irrégulièrement. Tout disparait d'ailleurs derrière de nombreux noyers, seule, la maison d'école, toute nouvelle s'aperçoit de loin ; elle est bâtie sur une petite éminence à laquelle on arrive de la route par une douzaine de marches d'escalier. Le hameau, Massiat, situé dans la plaine à l'ouest, disparait aussi dans les arbres fruitiers. L'étang, qui se trouve à côté de Massiat, déverse ses eaux dans le Merloz, ruisseau venant de Veyziat et qui arrose la partie ouest de la commune.

La population formée de petits propriétaires est en totalité agricole et cultive le froment, la pomme de terre. Les pâturages sont étendus, les prairies artificielles nombreuses, aussi la fromagerie du village donne en assez grande quantité d'excellent fromage façon gruyère. Pendant l'hiver, les hommes s'occupent à tourner de petits objets en bois, aussi la population est-elle estimée d'aisance moyenne. Les arbres fruitiers entrent pour une bonne part dans cette aisance. Un propriétaire de Bouvent possédant environ 50 noyers faisait dans les années moyennes 200 doubles-décalitres de noix ; un seul de ces noyers fournissait dans les bonnes années 25 à 30 doubles-décalitres. Il avait, il est vrai, environ 25 mètres de diamètre et couvrait à peu près 6 ares de terrain.

La commune à 410 hectares de superficie ; elle paye 93 centimes rapportant 8 fr. 37 l'un. Elle était peuplée, en 1802, de 184 habitants ; en 1881, il n'y en avait plus que 143 et en 1891 seulement 125, soit une diminution de 1/8 en 10 ans. Les causes de cette diminution ne doivent pas être imputées là, à la diminution des naissances ; le nombre de celles-ci reste stationnaire ou a très peu près depuis 1813, malgré la diminution de population, mais les parents gagnant péniblement leur vie dirigent tous leurs enfants, moins un, celui qui remplacera le père dans la propriété, vers les centres ouvriers et vers les fonctions publiques.

Il n'y a pas d'église dans la commune ; pour le service du culte, Bouvent dépend de la paroisse de Veyziat. On y trouve par contre, les ruines d'un vieux château, le château de Tamas qui date de l'époque romaine ; on découvre de temps en temps dans les propriétés voisines des pièces de monnaie. On y a découvert aussi une petite statuette de Mars qui est déposée au Musée de Bourg.

DORTAN, à 8 kilomètres d'Oyonnax, 24 de Nantua et 50 de Bourg.

La commune de Dortan, la plus importante du canton après Oyonnax, est située au confluent de la Bienne et de l'Ain, a une altitude de 386 mètres. Son territoire a pour limite, la Bienne sur une longueur de 7 kilomètres et l'Ain sur une longueur de 4 kilomètres. Elle est de plus arrosée par le Merdanson qui vient d'Arbent et se grossit du Merloz et des eaux fournies par la source du Parc, dont il est parlé plus loin. Le Merdanson traverse ensuite le bourg en actionnant la plupart des usines, puis se jette dans la Bienne.

Dortan a 1,892 hectares de superficie sur lesquels on cultive les céréales et les pommes de terre. Mais la richesse de la commune réside surtout dans ses industries : on trouve à Dortan 7 tourneries, 3 scieries, 2 moulins, une tannerie ; les tourneurs s'occupent à faire de petits objets, tels que poivrières, cuillers à moutarde, robinets, etc.

Les rues de la ville sont montueuses, les maisons ne sont pas alignées ; l'église date du XVIIe siècle, elle est assez belle ; on n'en peut pas dire autant de la maison d'école. En arrivant d'Oyonnax, on trouve à l'entrée de Dortan, un joli château, entouré d'un parc immense et splendide, connu surtout par ses sources qui créent dans le parc plusieurs forts ruisseaux, lesquels après de nombreux méandres, vont se jeter dans le Merdanson. Ce château appartient aujourd'hui à un richissime Lyonnais.

La population de Dortan n'a cessé d'augmenter depuis 1805 ; à cette époque, elle était de 1,066 habitants ; en 1881, il y en avait 1,249 et aujourd'hui 1,261. Ils payent 31 centimes valant 54 fr. 36 l'un.

Dortan, possède un bureau de postes et télégraphe, une station sur le chemin de fer La Cluse-Saint-Claude ; on y trouve une Compagnie de pompiers, une Société musicale, une Société de gymnastique, deux Sociétés de secours mutuels, une pour les hommes, une pour les femmes; il s'y tient annuellement 6 foires et tous les jeudis il y a marché.

Hameaux : Uffel, Maissiat, Emondeau, Bonaz, Sinissiat, Vouaix. — Uffel possédait un château-fort qui dominait la Bienne et l'Ain; il y avait aussi des maisons-fortes à Maissiat, Emondeau, Bonaz; les ruines de cette dernière sont bien conservées.

Echallon, à 10 kilomètres d'Oyonnax, 19 de Nantua et 61 de Bourg.

Cette commune est située sur le plateau montagneux qui occupe la partie est du canton; le village est adossé à un repli de la montagne et regarde l'ouest; au bas du village, un petit ruisseau coule parallèlement à la Semine qu'il va rejoindre quelques kilomètres plus bas. La vallée profonde, creusée par la Semine sur le territoire de Belleydoux, se continue à Echalon en s'élargissant un peu toutefois car on trouve ici sur la rivière deux hameaux : Moulin-Neuf et Fichin.

La commune est très riche en forêts de sapins qui couvrent tout le plateau; elle a tiré de ce chef, en 1892, plus de 16,000 francs; mais les habitants sont pauvres; les terres à culture étant très peu étendues, les ressources de la population se limitent aux produits de leurs troupeaux et à ceux de leur industrie qui consiste surtout dans la fabrication de seaux, cuviers, etc.

La commune a une superficie de 2,800 hectares; c'est de beaucoup la plus étendue du canton; sa population est de 955 habitants; en 1881, elle était de 1,069 et en 1805 de 1,374.

Cette rapide diminution doit être attribuée à la pauvreté du sol. Les habitants payent 10 centimes valant 49 francs 06 l'un.

Géovresset, à 4 kilomètres d'Oyonnax, 20 de Nantua et 47 de Bourg.

Cette petite commune de 350 hectares de superficie est située sur le flanc d'un coteau incliné à l'est vers Oyonnax. Le village composé d'une trentaine de maisons est placé presque au sommet; il est entouré d'arbres fruitiers, noyers surtout; de loin, on n'aperçoit guère que le clocher très élancé de son église, la maison commune toute nouvelle et un château moderne qui domine le village.

La population, en majorité agricole, est formée de propriétaires, elle s'occupe de ses troupeaux et de ses fromages; elle cultive le blé, l'orge, l'avoine, les pommes de terre. L'hiver on s'y adonne quelque peu à des travaux de tournerie.

Le village comptait 214 habitants en 1802; en 1881, il y en avait 128 et seulement 121 en 1891. Cette diminution est due en partie à l'émigration des jeunes gens qui vont dans les centres industriels chercher des occupations plus lucratives; mais elle est due aussi à la diminution constante du nombre des naissances. Voici les chiffres des naissances pour des périodes de 10 ans de 1813 à 1883 — 61 — 43 — 46 — 31 — 29 — 31 — 28.

La commune paye 45 centimes valant 5 fr. 81 l'un; elle n'a pas de hameaux, quant aux souvenirs historiques, ils se bornent à quelques tombes récemment découvertes et contenant les squelettes de personnes de très grande taille.

Groissiat, à 7 kilomètres d'Oyonnax, 11 de Nantua et 45 de Bourg.

La commune de Groissiat de 613 hectares de superficie est située dans la vallée de l'Ange; le bourg et Ijean, un des hameaux sont à flanc de coteau sur la rive droite; l'autre hameau Alex est situé dans le fond de la vallée sur la route d'Oyonnax à La Cluse. L'Ange reçoit sur le territoire de cette commune le petit ruisseau d'Alex et celui d'Ijean. Le territoire est partagé entre de petits propriétaires estimés d'aisance moyenne à part deux dont les propriétés sont supérieures à 60 hectares. On y cultive le blé, les pommes de terre, le maïs ; on y élève des troupeaux dont les produits travaillés dans 2 fromageries se transforment en fromage façon gruyère.

Au village, le tissage de la soie occupe encore quelques ouvriers ; dans le fond de la vallée sur l'Ange se trouvent un moulin et une scierie.

La population de Groissiat était de 280 h. en 1802, de 238 en 1881 et de 218 en 1891. L'établissement d'un plus grand nombre de métiers à soie est la cause de la légère augmentation de ces dix dernières années. La commune paye 77 centimes valant 14 fr. 51 l'un.

Le village de Groissiat est cité dans une charte de 1081 ; ses registres municipaux sont régulièrement tenus depuis 1697. Depuis cette époque, Groissiat a donné naissance au général Robin 1751 ; à l'amiral Andréa 1778, à Jean-Baptiste Picquet, né le 21 février 1771 et qui devint chirurgien en chef des armées de la République ; à Hippolyte Picquet, né en 1801 et qui fut l'introducteur de l'industrie du tissage de la soie dans le Haut-Bugey. Un buste a été élevé à la mémoire de ce dernier sur la place publique de Groissiat.

A part les deux hameaux Ijean et Alex, déjà cités, la commune compte plusieurs fermes isolées : Nerciat, Covet, Champrion. A Nerciat se voient les ruines d'un château-fort bâti en 1410 et détruit en 1636 par les Espagnols, après un siège de 2 ans pendant lequel ils perdirent le général commandant leurs troupes. A la suite de ce siège Groissiat fut complètement ruiné.

Martignat, à 7 kilomètres d'Oyonnax, 9 de Nantua et 43 de Bourg.

La commune de Martignat est située dans la vallée de

l'Ange à sa sortie du canton ; elle est limitée à l'ouest par la montagne d'Emondeau qui est là à 784 mètres et à l'est par celle d'Apremont à 1,037 mètres; sur cette dernière, sont de grandes et belles forêts appartenant à Martignat. Le territoire est un des meilleurs du canton, aussi la culture des céréales y est prospère, les troupeaux nombreux. En plus, les habitants s'occupent beaucoup d'industrie ; ils travaillent la soie pour les maisons de La Cluse ; les peignes, la tabletterie pour les fabricants d'Oyonnax.

Le village est bâti dans le fond de la vallée sur la route de Nantua à Oyonnax, près de la rivière et de la voie ferrée. La gare est reliée au village par une belle allée d'arbres nouvellement plantés. L'église est ordinaire, la maison d'école toute nouvelle est très jolie.

Martignat a une superficie de 1,325 hectares pour une population de 597 habitants ; il y en avait 658 en 1802 et pourtant là, la terre est riche, l'industrie prospère, on y a établi une gare.

Martignat paye 16 centimes valant 37 fr. 81 l'un ; il s'y tient 3 foires par an. On y trouve une Compagnie de pompiers et une Société de secours mutuels.

Veyziat, à 3 kilomètres d'Oyonnax, 19 de Nantua et 46 de Bourg.

La commune de Veyziat a 1,149 hectares de superficie, elle est située sur un plateau peu fertile ; à l'ouest, le plateau s'abaisse et forme une petite vallée, au milieu de laquelle coule, du sud au nord, le ruisseau le Merloz. Sur la rive gauche du Merloz, la commune se continue jusqu'au sommet du chainon d'Emondeau où se trouve Chatonnax un des hameaux.

Les habitants cultivent le blé, l'orge, les pommes de terre ; ils élèvent des troupeaux dont ils vendent le lait à Oyonnax. Depuis le 1er janvier 1892, ils ont organisé une fromagerie produisant du gruyère. Les industries d'Oyonnax occupent une bonne partie des ouvriers de la commune ; d'autres s'occupent de tournerie, aussi la population est-elle estimée d'aisance moyenne.

Veyziat comptait 629 habitants en 1805 ; il en avait 437 en 1881 et 426 en 1891. Ils payent 25 centimes en valeur de 17 fr. 14 l'un.

La commune compte deux hameaux : Chatonnax et Mons ; son église est antérieure à la Révolution.

En haut du chainon d'Emondeau on trouve, au lieu dit à Diès, une chapelle qui fut pendant quelque temps, de 1871 à 1874, le but d'un pèlerinage.

Canton de Poncin

Le canton de Poncin, situé au coin sud ouest de l'arrondissement de Nantua, est bordé à l'ouest par l'arrondissement de Bourg (cantons de Ceyzériat et de Pont-d'Ain), au sud par l'arrondissement de Belley (cantons d'Ambérieu et de Saint-Rambert). Au nord, il est limité par le canton d'Izernore et à l'est par celui de Brénod. Celui d'Hauteville de l'arrondissement de Belley le touche aussi un peu à l'est.

La limite est naturelle à l'est et à l'ouest. A l'est, elle suit un des chainons du Jura, chainon dont le sommet principal, le signal de l'Avocat, est à 1,017 mètres d'altitude ; il domine Cerdon, mais il est en dehors de la limite du canton ; à l'ouest, la limite suit la rivière d'Ain tout du long excepté en deux endroits : en face de Poncin dont le hameau Allement est sur la rive droite, puis en face de Neuville où la tête de pont sur la rive gauche appartient au canton de Pont-d'Ain.

Il avait d'abord été formé de six communes et joint à l'arrondissement de Belley ; en 1808 on le rattacha à l'arrondissement de Nantua à cause des communications qui sont plus faciles avec cette ville qu'avec Belley ; on l'augmenta alors des deux petites communes de Saint-Alban et La Balme enlevées au canton d'Izernore.

La surface du canton est de 9,997 hectares pour une population de 9,110 habitants, ce qui donne 91 habitants par kilomètre carré. En 1856, la population était de 10,105 habitants, et en 1805 les huit communes qui composent actuellement le canton comptaient ensemble 9,515 habitants.

Voici un tableau de la répartition de la population entre les communes à différentes époques :

	1805	1856	1881	1891
Poncin	2.696	2.240	2.006	1.831
Boyeux-St-Jérôme	1.062	875	818	783
Cerdon	1.490	1.770	1.503	1.430
La Balme	420	445	302	295
Mérignat	488	285	297	280
Jujurieux	1.532	2.470	3.004	2.737
St-Jean-le-Vieux.	1.392	1.550	1.628	1.404
Saint-Alban	435	470	387	348
Totaux	9.515	10.105	9.915	9.110

On voit par ce tableau que Poncin a eu son maximum de population pour ce siècle en 1805 ; quatre communes : Cerdon, La Balme, Saint-Alban et

Boyeux, l'ont atteint en 1856 ; trois autres, Saint-Jean-le-Vieux, Jujurieux et Mérignat, dont les vignobles ont été épargnés ou visités très tard par le phylloxéra ont vu leur population croître jusqu'en 1881.

Cerdon, malgré ses vignobles bien conservés, n'a pu suivre ce mouvement ascensionnel à cause de l'établissement de la ligne ferrée de Bourg à Nantua qui a tué le roulage sur la route de Pont-d'Ain à Nantua.

Depuis le commencement du siècle deux communes, Saint-Jean-le-Vieux et Jujurieux ont augmenté de 1,217 habitants ; les six autres ont diminué de 1,414 dont 865 pour Poncin seulement, ce qui donne en définitive une diminution de 405 habitants pour l'ensemble du canton depuis 1805.

Au point de vue des communications, le canton est assez favorisé, quoique pourtant aucune voie ferrée ne le traverse. Plusieurs courriers, en suivant la route nationale n° 84 de Lyon à Genève, mettent ses communes les plus importantes en relation avec les stations de La Cluse et Pont-d'Ain. Un autre courrier relie Jujurieux et Saint-Jean-le-Vieux à Pont-Ain. D'autre part, la gare d'Ambronay est à quelques kilomètres seulement de Saint-Jean-le-Vieux.

La route nationale n° 84 entre dans le canton par le pont de Neuville : elle passe à Poncin, Cerdon, La Balme, après avoir gravi la grande montée de Cerdon où la route s'élève de plus de 500 mètres sur une distance assez courte. Une route départementale d'Ambérieu à Neuville-sur-Ain traverse Saint-Jean-le Vieux. Enfin, plusieurs tramways à vapeur sont projetés qui faciliteront encore énormément les relations du canton ; l'un irait de Cerdon à Ambérieu par Poncin, Jujurieux, Saint-Jean ; un autre irait de Jujurieux à Pont-d'Ain.

La population est en grande majorité agricole; dans les communes de Cerdon, Mérignat, Saint-Jean-le-Vieux, Jujurieux, elle entretient des vignobles importants et dont les produits sont appréciés ; le vin des « *vieilles* » vignes de Chaux, commune de Jujurieux, ont obtenu les premières récompenses aux récents concours entre les vins du département. La culture des céréales est assez importante à Cerdon, Jujurieux, Saint-Jean ; les arbres fournissent le principal revenu à La Balme et à Saint-Alban.

Il y a pourtant quelques industries importantes : des usines sur le cuivre à Cerdon, une fabrique de soie et une de ciment à Jujurieux.

En outre de la rivière d'Ain qui le borde à l'ouest, le canton est arrosé par le Veyron qui sort de l'Avocat, arrose Cerdon et Poncin ; par le Riez qui vient des combes de Cornelle et de Vieillard, passe entre Jujurieux et Saint-Jean ; par l'Oiselon qui vient de l'Abbergement, passe au pied de Varey, traverse Saint-Jean et va se jeter dans l'Ain un peu plus haut que Pont-d'Ain, après avoir actionné le moulin d'Hauterive. Les gens de Varey, de Saint-Jean y pêchent d'excellentes écrevisses.

PONCIN, le chef-lieu du canton, est à 29 kilomètres de Nantua et à 26 de Bourg.

L'agglomération principale de Poncin est située entre la rivière d'Ain et la route nationale de Lyon à Genève, à une centaine de mètres de l'une et de l'autre. Un petit groupe de maisons fait rue sur la route même.

Poncin doit sa fondation à Humbert IV, sire de Thoire et de Villars qui, en 1202, accorda des franchises à ceux qui viendraient y habiter. Le village se peupla très vite, si bien que les sires de Thoire transportèrent la châtellenie de Beauvoir à Poncin et y firent bâtir le beau château qu'on aperçoit encore aujourd'hui sur une éminence au N.-E. du village. Ce château, qui était regardé comme un des plus beaux et des plus logeables du Bugey, devint bientôt la demeure ordinaire des sires de Thoire. Il fut abandonné vers 1400, quand il passa, ainsi que les autres terres de Bresse et du Bugey, sous la domination du duc de Savoie. Aujourd'hui, il est encore habité.

De nos jours, Poncin, qui n'était pas sur la route, qui avait peu d'industrie, a beaucoup perdu ; il garde comme témoins de son importance au moyen âge, ses maisons à arcades et ses vieilles halles en bois.

Un pont nouvellement construit sur la rivière d'Ain relie Poncin à la rive droite de l'Ain et particulièrement à son hameau Allement.

Le territoire de la commune presque tout entier en plaine est occupé de chaque côté de la route nationale par des prairies arrosées par le Veyron qui se jette dans l'Ain en face de Poncin.

Plus haut se trouvent de bonnes terres à blé et

quelques vignobles. A l'est, autour des hameaux de Bregnes et de Leymiat se voient des quantités d'arbres fruitiers.

Les hameaux en plus de ceux cités précédemment sont La Cueille, Champeillon, Avrillat. A signaler, à La Cueille, un joli vignoble d'environ 20 hectares de superficie d'un seul tènement et supérieurement entretenu.

La commune a 1,992 hectares de superficie ; elle compte 1,830 habitants. La population a continuellement baissée depuis le commencement du siècle : 2,696 en 1805, — 2,245 en 1856, — 2,006 en 1881 — et 1831 en 1892, soit une diminution de 865 habitants en 80 ans.

Il y a à Poncin 9 foires annuelles et marché tous les lundis, la commune paye 66 centimes valant 155 fr. 74 l'un.

Il faut signaler sur la commune de Poncin le pensionnat congréganiste de Ménestruel établi dans les bâtiments de l'ancien prieuré de même nom.

La partie de la route nationale comprise entre Neuville-sur-Ain et Poncin est très belle ; elle est bordée d'un côté par la rivière d'Ain, et de l'autre par des roches verticales d'une trentaine de mètres de hauteur.

Boyeux-Saint-Jérome est à 11 kilomètres de Poncin, 27 de Nantua et 35 de Bourg.

Cette commune de 1,694 hectares de superficie est située dans la partie montagneuse du canton ; c'est là qu'on rencontre les plus hautes altitudes. Au nord de Châtillon, un des hameaux, on trouve un point à 612 mètres ; à l'est, un de 692 mètres ; à l'est de Boyeux, une crête s'élève à 706.

Aussi, la culture des céréales y est peu prospère ; par contre, on y récolte beaucoup de vin et beaucoup de fruits, noix et châtaignes surtout.

Il n'y a pas d'agglomération importante ; la population qui est actuellement de 783 habitants est disséminée à Boyeux, à Saint-Jérôme et dans les hameaux : Châtillon, Cornelle, Poncieux.

La population est en diminution de 279 habitants sur celle de 1805.

La commune paye 125 centimes, valant 40 fr. 82. Il y a à Boyeux une compagnie de sapeurs-pompiers.

Cerdon, à 5 kilomètres de Poncin, 20 de Nantua et 32 de Bourg.

Cerdon est la plus grosse agglomération du canton ; la commune n'a qu'un hameau Préau et très peu de fermes isolées, les maisons sont réunies toutes ensemble au fond d'un vallon entouré de tous côtés par de hautes montagnes, entre autres, à l'est, par l'Avocat qui s'élève à 1,017 mètres. A l'ouest s'étend une longue plaine jusqu'à Poncin.

Cerdon est placé à l'endroit où la nouvelle route quitte l'ancienne ; celle-ci, passant à l'ouest du village, grimpait sous les rochers de Saint-Alban avec une pente tellement forte qu'une rectification a été nécessaire. La route rectifiée passe à Préau et contourne Cerdon qu'on aperçoit à ses pieds pendant plus de 5 kilomètres. Cette route, avec sa montée si longue et si rapide était une source de revenus importants pour les gens de Cerdon qui se faisaient convoyeurs et louaient des chevaux ou des bœufs de renfort. L'établissement de la ligne ferrée de Nantua, qui a enlevé au roulage tout le trafic de Lyon pour les arrondissements de Nantua et de Saint-Claude, a diminué de beaucoup l'importance de Cerdon.

Il n'y a pas d'industrie importante à Cerdon ; on n'y trouve guère qu'une fabrique d'ustensiles de cuivre ; mais par contre la belle côte qui est à l'ouest de Cerdon et qui est toute couverte de vignobles fournit en grande quantité d'excellents vins.

La commune a 1,230 hectares de superficie, elle paye 30 centimes, valant 103 fr. 97 l'un. Il s'y tient un marché tous les vendredis, cinq fois par an il y a foire.

La commune possède une compagnie de sapeurs-pompiers, une brigade de gendarmerie, un bureau de postes et télégraphes.

A Préau, il y a une vierge noire dont la chapelle est le but d'un pèlerinage fréquenté le 8 septembre, jour de la Nativité. Nous signalons aux amateurs de beaux paysages la vallée de la Fouge ou d'Espierre au fond de laquelle se trouvent les ruines d'une ancienne chartreuse ; on la rencontre en allant de Préau à Châtillon-de-Cornelle.

JUJURIEUX, à 7 kilomètres de Poncin, 31 de Nantua et 28 de Bourg.

Jujurieux est la plus importante commune du canton ; elle n'a cessé de croitre en population jusqu'en 1881. Elle devait cette situation prospère à son territoire très riche, à ses vignes qui avaient été jusqu'alors épargnées par le phylloxéra et dont les produits se vendaient d'autant plus qu'il y en avait moins dans les communes voisines. A partir de 1881, les vignobles ont moins rapporté et la commune a vu diminuer sa population, bien qu'elle ait des industries importantes et prospères, parmi lesquelles il faut citer la fabrique de soierie et celle de ciment. Cette dernière est située à la Roche-Noire ; elle occupe une cinquantaine d'ouvriers ; elle va chercher sa pierre sur la commune voisine et amène ses produits à la gare de Pont-d'Ain ; l'établissement du tramway Cerdon-Ambérieu est appelé à lui donner une plus grande importance encore.

La fabrique de soierie est un établissement mi-usine, mi-couvent dirigé par des sœurs et où l'on occupe environ six cents jeunes filles au dévidage et au tissage de la soie. L'usine donne en plus beaucoup de travail à faire à domicile soit dans Jujurieux, soit dans les communes environnantes.

Le bourg de Jujurieux ne possède aucun monument remarquable à part l'usine de soierie et le château de son directeur; les rues sont étroites, montueuses, mal alignées.

Jujurieux compte plusieurs hameaux : Chaux, dont les vins sont très appréciés dans la région ; Vieillard, pays de vignobles aussi ; Bévieux, Cucoin, Chenavel avec son château dominant l'escarpement qui surplombe la rivière d'Ain en face de Thol, sur la rive droite.

La commune de Jujurieux compte 1,540 hectares de superficie et paye 65 centimes, en valeur de 163 fr. 76 l'un. Elle avait 1,532 habitants en 1805 ; — 2,479 en 1856 ; — 3,001 en 1881 et seulement 2,737 en 1891.

Un courrier relie actuellement Jujurieux à Pont-Ain par Saint-Jean ; deux tramways sont projetés qui joindront Jujurieux à Ambérieu d'une part et à Pont-d'Ain de l'autre.

Jujurieux possède une compagnie de sapeurs-pompiers et deux Sociétés de secours mutuels, dont une pour Chenavel ; il s'y tient 4 foires par an et il y a un marché tous les mardis, on y trouve un bureau des postes et télégraphes.

La Balme, à 10 kilomètres de Poncin, 18 de Nantua et 36 de Bourg.

Cette commune est en montagne; elle est située sur la route de Lyon à Genève, au sommet de la montée de Cerdon. Son territoire de 870 hectares est peu productif; quelques céréales et des vignes, beaucoup d'arbres fruitiers sont les seules ressources des gens de la commune. On y trouve pourtant une verrerie installée à Sappey.

La commune qui en 1805 faisait partie du canton de Mornay comptait 420 habitants ; elle n'en compte plus aujourd'hui que 297 ; elle paye 64 centimes, valant 19 francs l'un seulement.

Mérignat, à 5 kilomètres de Poncin, 23 de Nantua, 30 de Bourg.

Cette commune est située sur une éminence à droite de la route nationale ; la plus grande partie de son territoire est plantée en vignes d'un assez bon rapport.

Le village est situé au sommet du plateau, au fond d'un vallon étroit qui s'ouvre à l'ouest, et où l'on aperçoit sur le côté nord des quantités d'arbres fruitiers au milieu des vignes.

On y a trouvé dernièrement, en faisant des fouilles pour construction, quelques gouttes de mercure qu'on prétend natif. Ce qui peut porter à le croire, c'est que la trouvaille a été faite à deux endroits distants l'un de l'autre d'environ 150 à 200 mètres. C'est peut-être aussi à la présence du mercure que le terrain des environs de Mérignat doit sa couleur rouge.

Mérignat n'a que 317 hectares de superficie et une population de 280 habitants ; elle paye 85 centimes valant 24 fr. 94 l'un.

Saint-Alban, à 5 kilomètres de Poncin, 21 de Nantua et 33 de Bourg.

Cette petite commune de 898 hectares de superficie est située en montagne, sur un plateau qui domine Cerdon à l'ouest, à des altitudes qui varient de 500 à 600 mètres.

L'ancienne église est bâtie seule au sommet d'un rocher à pic à 550 mètres d'altitude, elle surplombe la vieille route de Cerdon à Maillat. On en bâtit aujourd'hui une nouvelle au milieu du hameau de Chamagnat.

La commune n'est pas riche, elle possède des bois et des vignes sur les versants les mieux exposés.

Elle compte 348 habitants; elle en a perdu 87 depuis 18[illegible]5. Elle paye 94 centimes, valant 17 fr. 84 l'un.

Les hameaux sont Boches avec un ancien château-fort ;

Chamagnat et Mortarey où se trouve aussi un château du xve siècle et qui sert aujourd'hui d'entrepôt de fourrages et de vins.

Saint-Jean-le-Vieux, à 8 kilomètres de Poncin, 32 de Nantua et 26 de Bourg.

Le bourg, situé au pied de la montagne, est très important; ses maisons forment rue sur la route d'Ambérieu à Neuville-sur-Ain. Au centre du village se trouvent d'un côté de la route l'église qui n'a rien de remarquable, de l'autre, la mairie, derrière laquelle s'étend une grande place plantée d'arbres et où ont lieu les foires et marchés.

La commune s'étend ensuite en plaine du côté de la rivière d'Ain et sur la montagne. La plaine formée d'alluvions récentes est très fertile ; en Bresse on trouve certainement des champs de blé plus vastes, mais dans bien peu le blé est supérieur à celui qui pousse en avant de Saint Jean.

Plus loin, dans la plaine se trouve le hameau de Hauterive où il y a un moulin et une tannerie.

Du côté de la montagne se trouve le hameau de Varey caché au milieu des noyers et entouré de vignobles excellents.

Varey est dominé par un château-fort d'où l'on jouit d'une belle vue sur l'Ain et la Cotière. Ce château, complètement restauré vers 1868, est certainement le plus beau reste de la féodalité dans notre département. On y peut voir encore une grande partie des fossés, les murs d'enceinte et le donjon qui est à peu près intact ; on y remarque une belle salle de fête avec sa grande cheminée et ses meubles en chêne massif ; la cour de justice, les oubliettes, des escaliers pratiqués dans l'épaisseur du mur...

Ce château fut assiégé en 1325 par le duc de Savoie Edouard, qui avait à se plaindre du seigneur de Varey ; celui-ci appela à son secours le dauphin du Viennois qui accourut et livra bataille aux troupes d'Edouard sous les murs de Varey, sur une ligne qui s'étendait de Saint-Jean-le-Vieux à la rivière d'Ain vers Priay. Cette bataille, qui fut perdue par Edouard de Savoie, est la plus importante livrée dans notre département au moyen-âge.

La commune paye 52 centimes, rapportant chacun 122 fr. 92 centimes.

Saint-Jean-le-Vieux possède une Société de secours mutuels, un bureau des postes.

Saint-Jean-le-Vieux a une étendue de 1,537 hectares pour une population de 1,401 habitants. Il en avait 1,392 en 1805, il est arrivé à 1,628 en 1881 pour redescendre au chiffre cité plus haut.

Aujourd'hui que les vignobles replantés ont repris leur ancien rapport, la population aura vite atteint le chiffre maximum de 1881, surtout quand le tramway Cerdon-Ambérieu viendra faciliter le trafic de ses cinq foires annuelles et de son marché hebdomadaire du samedi.

Arrondissement de Gex

APERÇU GÉNÉRAL

L'arrondissement de Gex a la forme d'un rectangle qui s'allonge sur une longueur d'environ 40 kilomètres, entre les départements de l'Ain et du Jura d'un côté et la Suisse de l'autre, avec une largeur d'à peu près 10 kilomètres. Il est situé au nord-est du département qu'il touche seulement par une petite portion de sa limite sud-ouest confinant à l'arrondissement de Nantua.

Il fut formé par quelques communes du Bugey, Lélex, Chézery, Confort, Lancrans, Vanchy, Léaz et l'ancien pays de Gex, c'est-à-dire tout le territoire français qui s'étendait sur le versant oriental du Jura, depuis la gorge de l'Ecluse jusqu'à la limite suisse.

Le pays de Gex avait d'abord formé au moyen-âge une petite principauté indépendante ; vers le XIVe, XVe et XVIe siècle, elle fut prise et ravagée à tour de rôle par ses voisins les Bernois, les Genevois, les Savoisiens. Son voisinage avec Genève fut cause que la Réforme s'y développa assez rapidement, un grand nombre de temples se construisirent dans les différentes communes ; en 1685, lors de la révocation de l'Edit de Nantes, Louis XIV les fit tous démolir. Le pays de Gex proprement dit faisait partie de la France depuis 1601 ; les autres communes n'ont été réunies qu'en 1760 au traité de Turin.

En 1798, cet arrondissement fut détaché de l'Ain et compris dans le département du Léman ; à la chute de l'Empire, il fut rendu au département de l'Ain, mais diminué de plusieurs communes : Collex-Bossi, Versoix, Mattegnin, Grand-Saconnex, Vernier, Meyrin qui étaient données à la Suisse par les traités de 1815.

La limite de l'arrondissement est formée par le Rhône au sud, de Pougny à Coupy ; elle remonte ensuite la Valserine jusqu'à la commune de Lélex, elle quitte alors la rivière pour suivre la crête de la montagne sur la rive droite, laissant toute la vallée de la Valserine à l'arrondissement de Gex. Passé Lélex, la limite revient à la Valserine. L'arrondissement est ainsi séparé au sud de la Haute-Savoie, à l'ouest de l'arrondissement de Nantua et du Jura.

Au nord et à l'est, la limite est toute conventionnelle ; elle suit seulement pendant quelques kilomètres le cours de la Versoix. L'arrondissement forme ici la frontière avec la Suisse dont il borde deux cantons : Vaud et Genève.

La surface ainsi limitée a 41,537 hectares occupés par des prairies dans la haute vallée de la Valserine, par de riches forêts sur les deux versants du Jura et par de belles vignes, prairies, taillis, terres à culture dans la plaine. Les forêts communales de l'arrondissement de Gex produisent annuellement en moyenne pour 100,000 fr. de bois.

L'arrondissement comprend trois cantons : Gex, Collonges, Ferney ; les deux premiers sont montagneux, le troisième n'a que deux communes adossées à la montagne, aussi est-ce celui où la population est la plus dense.

Voici leur population et leur étendue respectives :

Gex 7,632 habitants pour 183 kilomètres carrés, soit 41 habitants par kilomètre carré.

Collonges 7,991 habitants pour 153 kil. carrés 8, soit 51 habitants par kilomètre carré.

Ferney 4,896 habitants pour 78 kil. carrés 4, soit 61 habitants par kilomètre carré.

La population totale de l'arrondissement est donc de 20,519 habitants, ce qui donne 49 habitants par kilomètre carré.

Le nombre total des communes de l'arrondissement est de 31, dont 9 pour le canton de Ferney et 11 pour chacun des deux autres.

Deux routes nationales traversent l'arrondissement ; au nord, c'est la route n° 5, Paris à Genève, qui entre dans l'arrondissement à son angle nord-ouest, franchit le col de la Faucille à 1,323 mètres d'altitude, passe à Gex, Ferney et sort de l'arrondissement 2 kilomètres après cette dernière ville.

Au sud se trouve la route n° 84, de Lyon à Genève, qui entre dans l'arrondissement au pont Coupy-Bellegarde, suit le Rhône jusqu'à Collonges, puis longe le pied du Jura jusqu'à Saint-Genis où elle bifurque pour aller à Genève. Il y a en plus dans l'arrondissement 398 kilomètres de chemins vicinaux ou de grande communication, 173 pour le canton de Collonges, 132 pour le canton de Gex et 93 pour celui de Ferney.

La ligne de chemin de fer Mâcon-Genève pénètre dans l'arrondissement en franchissant la Valserine sur un magnifique pont, elle traverse ensuite le chaînon du Jura par un long tunnel de 4 kilomètres sous le Crédo, elle a des stations à Collonges et à Pougny. Les stations de Sattigny-la-Plaine, Meyrin (sur territoire suisse) desservent aussi quelques communes du pays de Gex.

La ligne Bellegarde Annemasse emprunte le tunnel du Crédo, puis à sa sortie, traverse immédiatement le Rhône sur un léger pont tubulaire ayant trois arches principales.

Une ligne est projetée de Longeray (sortie du Crédo) à Divonne ; elle aurait 39 kilomètres et desservirait toutes les principales communes de l'arrondissement.

Un tramway à vapeur relie Ferney à Genève.

La population de l'arrondissement est agricole en majeure partie; elle récolte des pommes de terre, du blé, fabrique du vin blanc, du cidre, élève des bestiaux, fait des fromages façon gruyère. Dans la vallée de la Valserine, où il n'y a pas de fruitière, on fabrique dans chaque ferme le fromage bleu et d'autres petits fromages plats et carrés qu'on appelle des chevrets. L'apiculture est assez développée; on ne connait dans le pays de Gex que les ruches à cadres et on y trouve de nombreux ruchers comptant vingt ruches et plus.

La principale industrie consiste dans la taille du diamant, du faux, des pierres précieuses. Cette industrie, qui décline dans la plaine du pays de Gex où la culture est assez rémunératrice, est encore prospère dans la vallée de la Valserine où le sol fournit moins.

Il n'y a aucune autre industrie importante dans l'arrondissement; il faut pourtant citer les nombreuses scieries servant à débiter les bois qui couvrent la montagne, les grandes tuileries de Pougny, les poteries de Ferney, les quelques carrières qui fournissent des matériaux aux constructions locales et à Genève. Les moulins sont peu nombreux et ne suffisent pas aux besoins du pays.

Le commerce du pays de Gex est dans une situation précaire depuis la dénonciation des traités de commerce et la rupture avec la Suisse qui a fermé le marché de Genève aux producteurs du pays; ils se trouvent ainsi placés entre deux barrières douanières et ne peuvent écouler leurs produits ni d'un côté ni de l'autre.

Seul, le commerce de détail des denrées coloniales est très prospère dans la vallée de la Valserine, surtout à Lélex, Chézery, Coupy, grâce à la tolérance de la douane qui permet aux habitants des communes voisines d'aller s'approvisionner en zone franche. C'est Louis XVI qui, par lettre patente de 1776, a déclaré le pays de Gex franc quant aux droits sur le sel et le tabac. Ces franchises, qui étaient dues en partie aux instances de Voltaire, ont été maintenues jusqu'ici.

Un des chainons du Jura traverse l'arrondissement d'un bout à l'autre, c'est celui qui renferme les plus hauts sommets; on y rencontre en commençant au nord : la Dôle à 1,414 mètres; le mont Thoissey à 1,671 ; le crêt de la Neige à 1,723; le Reculet de Thoiry à 1,720. Le col de la Faucille, à 1,323 mètres, est dominé au nord par un point Vieille-Maison à 1514 mètres et au sud par le Colomby de Gex à 1,691 mètres.

Le chainon se termine au sud par la large masse du Crédo dont le point culminant est à 1,624 mètres.

Le Jura ne présente ici qu'une seule crête; vers le Colomby pourtant un petit contrefort se détache et, remontant au nord, forme derrière Gex un vallon appelé le creux de l'Envers.

Dans la plaine qui s'étend du pied du Jura au lac se voient deux mamelons : au sud, le mont de Challex et au nord, en face de Gex, le mont de Mourex ou de Mussy.

On trouve sur le flanc occidental du Crédo des gisements de phosphates dont l'exploitation vient d'être commencée sur différents points à Lancrans.

C'est sur la commune de Vanchy, c'est-à-dire sur l'arrondissement de Gex, que se trouve le lieu connu sous le nom de « perte du Rhône ». Quoique le Rhône ne se perde plus aujourd'hui qu'on a fait sauter les rochers qui le couvraient autrefois, le paysage n'en est pas moins bien beau et digne d'être visité. A voir aussi dans l'arrondissement toute la vallée de la Valserine, la gorge de l'Ecluse prise un peu après Léaz; enfin, de tous les points élevés de l'arrondissement et principalement de la Faucille, le magnifique panorama du bassin du Léman.

Le climat de l'arrondissement de Gex est froid ; dans la vallée de la Valserine surtout, une épaisse couche de neige couvre les terres pendant cinq grands mois ; dans la plaine, les gens craignent un vent violent et froid qui souffle du nord-ouest, de la Faucille et qu'ils appellent le Jorand.

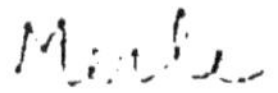

Canton de Gex

Le canton de Gex est situé à la pointe extrême-nord du département, à l'est ; il s'enfonce entre la Suisse d'un côté et le département du Jura de l'autre. Au nord il est borné par le canton de Vaud (Suisse) ; au sud il est limité, sur le versant occidental du Jura, par Chézery, du canton de Collonges, et sur l'autre versant par le canton de Ferney-Voltaire, qui limite aussi au sud la partie plaine.

Ce canton est formé par la haute vallée de la Valserine, par les deux versants du chainon du Jura, puis au pied de celui-ci par une partie plane d'une altitude peu élevée : 475m à Vesenex, 485 à Segny, 505 à Divonne, 506 à Grilly, pour arriver au pied du Jura, à 540 à Chevry, 557 à Echenevex, 600 à Gex (1). Les plus hauts points du Jura dans le

(1) Ces altitudes, ainsi que plusieurs autres renseignements sur la population, la constitution géologique du sol, etc., ont été puisés dans le travail que M. Mandrillon adressa à la Société de géographie en 1882, travail qui valut une médaille à son auteur.

canton sont le Reculet (d'un côté seulement) à 1.720 mètres, le Colomby de Gex à 1.691.

Le canton de Gex est riche ; le sol, fertile dans la plaine, produit toutes les céréales, du vin blanc, des pommes de terre ; plutôt tourbeux dans le fond de la vallée de la Valserine, il n'est guère occupé que par des pâturages ; dans la montagne, il se couvre de belles forêts de sapins. Il y a sur le versant est du Jura de nombreuses carrières de pierre à bâtir et des sources utilisées pour le traitement hydrothérapique à Divonne. A ces produits du sol, ajoutons encore les produits de l'industrie des lapidaires qu'on trouve dans la plupart des communes du canton.

A part la Valserine, le canton n'est arrosé par aucun cours d'eau important ; on y trouve seulement la Versoix et ses affluents : l'Oudard, le Journan, la London.

Dans la plaine, les communications sont faciles, les chemins vicinaux nombreux (132 kilomètres) et bien entretenus. La vallée de la Valserine ne communique avec le reste du canton que par la route Saint-Claude à Gex qui rejoint, au col de la Faucille, la route nationale n° 5. Cette route nationale, après avoir franchi le col de la Faucille, descend à Gex en faisant de nombreux lacets et sort du canton après avoir traversé Gex, Cessy, Segny.

Le canton de Gex compte deux bureaux de postes et télégraphes, à Gex et à Divonne. La commune de Lélex est desservie par le bureau de Chézery.

Il a une superficie de 18.318 hectares ; la population y est de 7.632 habitants, ce qui fait 41 habitants par kilomètre carré ; elle était de 7.580 habitants en 1820, de 7.915 en 1856, de 7.818 en 1872. La diminution est due pour la plus grande part au petit nombre des naissances, les gens étant généralement aisés émigrent peu.

La population est répartie entre 11 communes, qui sont : Gex, Cessy, Chevry, Crozet, Divonne, Echenevex, Grilly, Lélex, Segny, Vesancy, Vésenex (1).

Gex, à 83 kilomètres de Bourg, 432 de Paris.

C'est la commune la plus étendue du département ; elle compte 5.406 hectares de superficie ; son hameau le plus éloigné, les Sept-Fontaines, est à vingt kilomètres de Gex. La ville de Gex étale ses maisons sur les premières pentes du Jura, 609 mètres d'altitude dans la partie basse et 647 mètres à la partie supérieure ; cette position lui donne de loin l'aspect d'une ville très populeuse. La plus grande partie des maisons sont réunies le long d'une rue étroite, tortueuse et très montante, c'est la partie vieille de la ville ; on y voit encore quelques maisons garnies de créneaux, tourelles, meurtrières. Au bas de cette rue principale, il s'en est formé

---

(1) Beaucoup de communes de l'arrondissement ont leur nom terminé par *ex* que les habitants du pays prononcent *é* : Echenevé, Vésené (Gex excepté).

deux autres le long de la route de Collonges et le long de la route nationale, en plaine, c'est le faubourg d'en bas. A l'autre extrémité, la rue principale s'élargissant, débouche sur un plateau où se trouve le point de départ pour la montée de la Faucille ; là, autour d'une large place irrégulière, se sont construites quelques maisons, l'école communale, l'église : c'est le faubourg d'en haut. Au nord de la place, sur le prolongement du plateau se trouve la promenade de Perd-Temps, ombragée de beaux marronniers et d'où le coup d'œil est superbe. De la place, une petite rue descend par une pente très forte rejoindre la route nationale. A leur rencontre se trouvent d'un côté la mairie d'un assez bel aspect et de l'autre une petite place ombragée de platanes, la place Léon Gambetta, autrefois place de l'Appétit. A quelque distance, au nord de la Mairie, on aperçoit le Palais de Justice nouvellement construit et dont l'intérieur est bien aménagé, mais que sa position fait paraître écrasé et dont la façade en pierres blanches tendres se crevasse déjà.

Il y a à Gex un bel hôpital, récemment reconstruit, et au hameau de Tougin, un asile pour les vieillards. On y trouve aussi de nombreux couvents : Carmes, Capucins, Ursulines, Saint-Vincent-de-Paul...

La principale industrie de la commune consiste dans la fabrication des fromages dits de Gex, dans la taille des pierres précieuses et dans le travail des bois vendus comme bois de chauffage ou de construction ; on compte à Gex trois fromageries, une taillerie de diamants et une dizaine de scieries.

La majorité de la population est agricole ; elle est formée de petits propriétaires qui entretiennent des prairies naturelles et artificielles et cultivent un peu de blé et d'avoine.

La population de Gex était de 2,325 habitants en 1821, elle était de 2.785 en 1841, 2.675 en 1872, 2.720 en 1881, 2.659 en 1891.

En démolissant une des portes de la ville, on a trouvé une pierre avec cette inscription : *statio militum*, ce qui indiquerait qu'il y a eu à Gex une station de soldats romains. Ce qui vient à l'appui de cette assertion est la présence d'une voie romaine traversant Gex et plusieurs communes de l'arrondissement où elle est désignée sous le nom de Vi de l'Etraz.

Au moyen âge, Gex fut d'abord l'apanage de la branche cadette des comtes de Genève, puis en 1353 il passa au comte de Savoie Amédée III dit le Comte Vert, qui vint assiéger le château de Florimont, s'en empara après quinze jours de siège et passa la garnison au fil de l'épée.

En 1536, les Bernois brûlèrent le château et occupèrent la ville ; en 1564, les Savoisiens reprirent Gex et en restèrent maîtres jusqu'en 1589 ; à cette date, nouveau siège par les Bernois qui sont vainqueurs, deuxième siège par le comte de Savoie qui reprend Gex ; en 1590, troisième siège par les Bernois qui, cette fois démantèlent la ville, démolissent le château. Enfin, en 1601, Gex retrouva la tranquillité en devenant français.

Gex comprend plusieurs hameaux : Mijoux, dans la vallée de la Valserine, à 16 kilomètres de Gex (voir plus loin la description de Lélex) ; Tougin, avec un asile pour les vieillards ; Pitegny, à 3 kilomètres à l'est ; les Maladières, à 2 kilomètres au nord, il y avait là un hospice pour les lépreux, les Bernois l'ont détruit en 1590 ; à deux kilomètres des Maladières, sur un monticule que contourne la route, il reste quelques vestiges du château de Florimont détruit aussi en 1590. C'est à Florimont, sur les bords de la grande route, que se trouve la belle source appelée Fontaine Napoléon, aux eaux abondantes et intarissables, fraiches et limpides. Cette source qui alimente l'Oudard est entourée d'un bassin en pierre de taille avec un fronton sur lequel on lit : « Napoléon empereur ; Crettet, directeur général des ponts et chaussées ; Barante, préfet, 1805. » A 5 kilomètres de la Fontaine Napoléon, on trouve la Faucille, avec quelques maisons, deux hôtels, la gendarmerie, etc.

Une coutume intéressante à signaler à Gex où elle est de tradition depuis plus de 300 ans est le tir à l'oiseau qui a lieu chaque année vers le mois de mai. Le meilleur tireur est déclaré roi et reçoit un petit oiseau d'argent, les anciens rois passent chevaliers, etc.

CESSY, à 2 kilomètres de Gex et 106 de Bourg.

La commune de Cessy est située en plaine, au pied du Jura, sur les premières pentes de la montagne. Son territoire, de 639 hectares, est arrosé par deux ruisseaux, le Journans à l'ouest et l'Oudard au nord-est. La route nationale Paris-Genève le traverse du nord au sud. — Le bourg est situé sur un chemin vicinal de Gex à Vetsonnex, à quelque distance de la route nationale ; il ne présente rien de remarquable ; quatre fontaines couvertes qui ne tarissent jamais fournissent aux habitants une eau excellente. On ne voit plus aucune trace des deux châteaux qu'il y avait autrefois dans la commune.

Cessy compte deux hameaux : 1° le Martinet, agglomération de cinq à six maisons, sur la route nationale au bas de Gex. Ce hameau, qui renferme 26 habitants, possède une brigade de gendarmerie à pied et un atelier pour la taille du diamant, qui occupe environ une quinzaine d'ouvriers ; 2° Tutegny, à environ 2 kilomètres du bourg, à mi-côte du versant sud-est du mont de Mourex ; il compte 13 maisons et une population essentiellement agricole de 64 habitants.

La population totale de la commune est de 424 habitants ; en 1821 elle était de 827. Cette diminution rapide provient de ce qu'on a distrait de la commune de Cessy plusieurs hameaux pour en former Echenevex, en 1835 ; le hameau de Tougin a de même, à cette dernière époque, été rattaché à Gex ; mais là, comme ailleurs, la diminution provient aussi de ce que les décès surpassent aujourd'hui les naissances. Pendant la période décennale 1792-1802, il y a eu dans la commune 241 naissances pour 125 décès ; et pendant la période 1872-1882, il y a 87 naissances seulement et 104 décès. Ainsi, tandis que le nombre de décès reste stationnaire, le nombre des naissances devient trois fois moindre.

La culture du sol est la principale richesse du pays ; on y récolte du blé, de l'avoine, du seigle, des pommes de terre.

Les vignes donnent un bon vin blanc ; il y a une fromagerie qui produit du gruyère et du beurre.

L'industrie de la commune est représentée par un moulin, un battoir, une huilerie, une scierie et un atelier pour la taille du diamant déjà cité plus haut. Il y a aussi quelques opticiens et quelques lapidaires, une vingtaine environ, qui travaillent à domicile.

Cessy paie 19 centimes, valant 41 francs l'un.

CHEVRY, à 6 kilomètres de Gex et 98 de Bourg.

Chevry est en plaine, à quelques kilomètres du Jura ; le bourg, formé de maisons propres, de bonne apparence, est à cheval sur la route de Saint-Genis à Gex ; l'église, à l'extérieur, n'offre rien de particulier ; à l'intérieur on voit la chapelle, richement entretenue, de la famille Girod de l'Ain.

Cette commune a 581 hectares d'un sol fertile et qui produit des fruits, du froment et du vin ; elle est limitée à l'ouest par la London, parcourue à l'est par le Journan, qui coule du nord au sud, mais est souvent à sec. Le sol est assez divisé ; on rencontre pourtant un grand domaine, celui appartenant à M. Girod de l'Ain ; il se compose d'un château moderne, d'un parc et d'une grande ferme, dans laquelle on entretenait autrefois un beau troupeau de mérinos ; il n'y en a plus aujourd'hui.

En 1821 la commune comptait 441 habitants, 501 en 1846, 411 en 1881 et 398 en 1891. Cette diminution provient de ce que là, comme dans les communes voisines, le nombre des décès dépasse celui des naissances.

La commune compte deux hameaux, Naz-Dessous, 65 habitants, Véraz, 80 habitants; elle paye 10 centimes valant 30 fr. 61.

Chevry est le berceau de la famille Girod de l'Ain, dont plusieurs membres ont occupé des postes élevés dans l'administration de notre pays. Girod de l'Ain (Gaspard-Amédée) fut député, pair de France et ministre sous Louis-Philippe ; son fils Félix fut député et général.

Crozet, à 8 kilomètres de Gex et 97 de Bourg.

La commune de Crozet à 2,749 hectares de superficie ; une partie de ce territoire est en plaine et produit des céréales, des fruits, du vin ; l'autre partie est formée par le versant est du Jura ; elle est couverte de forêts de sapins qui sont une source de gros revenus pour la commune.

Le village est bâti au pied du Jura, il n'a rien de remarquable, l'église est de 1833 ; plus loin dans la plaine sont les hameaux : Lépeneux au nord, Avouzon à l'est et Villeneuve au sud.

Le territoire de la plaine est assez divisé, le plus grand domaine, celui de l'Arrey, n'a pas 40 hectares. Outre les produits du sol déjà cités, il faut mentionner parmi les richesses de la commune : 5 carrières de pierres à bâtir, 2 moulins, 1 fromagerie à Avouzon et de nombreux ruchers.

La commune paye 11 centimes valant 40 fr. 14 l'un ; elle compte aujourd'hui 517 habitants, elle en avait 548 en 1881 — 583 en 1872 — 645 en 1846 — 612 en 1821. C'est là encore l'excès des décès sur les naissances qui cause la diminution.

On voit encore à Crozet les ruines du château-fort de Rossillon et les ruines d'une ancienne église qui aurait été dès l'abord un hospice de pestiférés. Cette commune avait un temple, abattu en 1662

Divonne, à 8 kilomètres de Gex et 112 de Bourg.

Cette grande commune de 2,844 hectares de superficie s'étend de la limite suisse au sommet du Jura, traversant ainsi l'arrondissement dans toute sa largeur. La partie de son territoire qui est en plaine est fertile ; on y récolte du blé, de l'avoine, des pommes de terre et d'excellent vin blanc Au pied du Jura s'étendent de grands pâturages ; 5 fromageries transforment en beurre et en gruyère mi-gras le lait des bestiaux qu'y paissent. Plus haut, la montagne est couverte de forêts considérables dont l'essence principale est le sapin. Ces forêts, source d'importants revenus pour la commune, fournissent du bois de chauffage et du bois de service débité dans quatre scieries.

Divonne possède un domaine communal de 740 hectares, le comte La Forêt de Divonne en possède un de 624 hectares, et le domaine des Rousses compte 76 hectares ; le reste du territoire, assez divisé, est cultivé par les propriétaires. La commune est arrosée par la Versoix qui y prend sa source. Cette source, la fontaine des Dieux de Jean Jacques Rousseau, est très forte et intarissable ; on voit encore les restes d'un aqueduc construit par les Romains pour en conduire les eaux à Nyon ; aujourd'hui elle fait marcher moulins, battoirs et scieries ; elle nourrit d'excellentes truites.

Le bourg, situé dans la partie plaine, près de la Suisse, est assez important ; la plus grande partie des maisons forment rue le long de la route départementale n° 15.

Cette rue, longue et tortueuse, se termine par une large place entourée par les écoles et l'église ; celle-ci, avec sa façade en grosses pierres de taille, son clocher bas et carré, a un aspect lourd et disgracieux. Il y a aussi à Divonne un temple protestant.

A une cinquantaine de mètres de la rue principale, sur le chemin qui mène à Gex, se trouve l'Institut hydrothérapique du docteur Paul Vidal, le seul établissement balnéaire du département.

Il comprend un hôtel de premier ordre avec vaste salle de concert, salle de lecture, parc, et enfin l'établissement de bains où sont réalisés les derniers progrès de la science médicale pour le traitement des maladies nerveuses. L'efficacité de ses eaux, sa position charmante près du Léman et en face des Alpes, les belles promenades des environs lui ont fait une grande réputation.

L'industrie de Divonne est assez importante ; outre les

5 fromageries et les 4 scieries déjà citées, il y a dans la commune 2 moulins avec 2 machines à battre, 1 tuilerie, 6 carrières de calcaire jurassique avec chantier pour la taille, et enfin un atelier pour la taille du diamant ; cet atelier a été construit pour 70 ouvriers, 35 tours au rez-de-chaussée, 35 au 1er étage, mais cette industrie traverse une période de chômage là comme dans tout le pays de Gex.

La population de Divonne était de 1,296 habitants en 1821 ; depuis elle n'a cessé d'augmenter : 1,385 en 1846 ; — 1,445 en 1881 ; — et 1,560 en 1891. Divonne doit cette situation à l'établissement de bains, car, là aussi, les naissances ont cédé le pas aux décès : de 1792 à 1802, il y avait 446 naissances pour 281 décès ; de 1872 à 1882, il n'y a plus que 342 naissances pour 366 décès.

La commune a un revenu de 17,000 francs, elle paye 15 centimes valant 117 fr. 70 l'un. Elle compte quatre hameaux : Arbère au sud, Plan, Villard, le plus important, et Saint-Gise.

On voit à quelque distance au sud de Divonne le beau château du comte La Forêt de Divonne, bâti près de l'emplacement d'un ancien château féodal dont on aperçoit encore quelques ruines ; un autre château-fort en ruines se voit aussi à la limite de Divonne et de Vesenex, celui de Contremble.

Au pied du Jura, à quelque distance de la Dôle, il y a une grande excavation verticale, le creux du Mont-Grevez, réputé insondable par les gens du pays.

ECHENEVEX, à 3 kilomètres de Gex et 101 de Bourg.

Echenevex, d'une superficie de 1,616 hectares, est situé au pied du Jura, en grande partie sur un plan incliné à l'est et particulièrement exposé aux coups du Jorand qui parfois est si violent qu'il enlève les toitures et renverse les arbres. Le village et le hameau de Naz-dessus ont surtout à souffrir du vent ; Mury et Chenaz, les deux autres hameaux, sont dans la plaine et mieux abrités.

La population toute agricole est formée d'un tiers de fermiers et deux tiers de propriétaires ; elle est estimée d'aisance moyenne.

L'industrie de la commune consiste dans l'exploitation de plusieurs carrières de pierres à bâtir qui s'expédient surtout à Genève. Il y a aussi plusieurs moulins et une fromagerie.

Cette commune fut formée en 1832 ; elle faisait autrefois partie de Cessy, dont elle dépend encore au spirituel, Echenevex n'a pas d'église.

La commune comptait 444 habitants en 1841 — 360 en 1872 — 322 en 1881 et 341 en 1891. Elle paye 25 centimes valant 31 fr. 25 l'un.

Grilly, à 6 kilomètres de Gex et 108 de Bourg.

Cette commune est située au sud d'une colline appelée le mont de Mussy ou de Mouret, et du sommet de laquelle on a une superbe vue sur le Léman, Genève, Lausanne et les Alpes.

Les hameaux Mouret et Bellevue s'étendent sur la colline ; l'agglomération principale est au pied du mont, à cheval sur la route de Ferney à Divonne.

La commune est arrosée par un petit ruisseau le Munet ; elle est de plus séparée du canton de Vaud par la Versoix.

La population est agricole en majeure partie ; elle cultive la vigne, le ble, les pommes de terre ; elle est formée en grande partie de propriétaires estimés d'aisance moyenne.

Il y a deux fromageries produisant des fromages gruyères.

La commune compte 360 habitants ; il y en avait 404 en 1881, — 446 en 1841 et 435 en 1820

Cette décroissance vient de l'émigration vers la ville et du grand nombre de célibataires hommes : 80 ayant plus de 20 ans sur 360 habitants.

L'étendue de la commune est de 750 hectares, elle paye 86 centimes valant 28 fr. 25 l'un.

Au centre du village, se trouve l'ancien château, du xve

siècle, restauré de nos jours et dont on aperçoit encore une portion des tours et des fossés.

Les seigneurs de Grilly, la plus ancienne seigneurie du pays de Gex, étaient une puissante famille au moyen âge. Henri IV compte un sire de Grilly parmi ses aïeux de la ligne maternelle.

Au milieu d'un pré, bordant la route au sud du village, on voit un bloc erratique ayant environ 8 mètres cubes.

LÉLEX, à 20 kilomètres de Gex et 83 de Bourg.

Cette commune, avec Mijoux, un des hameaux de Gex, occupe la partie supérieure de la vallée de la Valserine. Rien de plus riant que cette partie de la vallée pendant l'été ; elle a environ 15 kilomètres de longueur sur une largeur qui ne dépasse guère 1 kilomètre. De chaque côté la montagne s'élève assez rapidement ; ses flancs sont couverts de noires forêts de sapins servant de bordures aux vertes prairies qui occupent le fond de la vallée. Au milieu serpente lentement la Valserine ; les maisons blanches aux toits grisâtres sont toutes éparses au travers des prés et complètent ce gracieux tableau.

Lélex occupe la partie sud de cette partie de la vallée. Un peu avant d'arriver à Lélex, la vallée s'élargit beaucoup, puis l'horizon se referme complètement ; c'est là que se trouvait autrefois le lac dont la tradition a gardé le souvenir en donnant à cette partie de la vallée le nom de Le Lex ; les habitants de Mijoux disent encore : je vais *au Lex*. Ce lac, dont l'existence est révélée par la nature du sol, véritable tourbe élastique, noire et humide, a cessé d'exister quand le filet d'eau qui s'en échappait a pu creuser assez profond à côté de l'énorme rocher qui, au Niaiset, barre complètement la vallée de la Valserine et sépare la verte combe de Mijoux de la vallée sauvage et pittoresque qu'on trouve ensuite jusqu'à Chézery.

Les maisons de Lélex, comme celles de Mijoux, sont blanches, recouvertes en bataillages ou tavillons, petites planchettes de sapin, de 20 centimètres sur 8, que la pluie rend grisâtres. Le mur du sud qui reçoit toutes les pluies est aussi recouvert de tavillons ; on y met des doubles fenêtres pour garantir du vent et de la neige. Vues du haut de la montagne quand le soleil fait briller leurs toits, elles ont toutes l'air d'être construites d'hier.

La plupart des maisons de Lélex sont disséminées ; le bourg est pourtant assez important ; on y trouve une école, une église reconstruite en 1846 une caserne de douaniers, plusieurs hôtels et un grand nombre d'épiceries prospères, à cause de la permission qu'ont les gens des communes voisines de venir s'approvisionner là de denrées coloniales.

Les seuls produits du sol sont le foin et les bois ; les gens élèvent des vaches, font des fromages bleus et des chevrets.

Avec le bois des forêts on fait des planches, des échalas, des tavillons, du charbon. Un moulin et deux scieries sont mus par la Valserine, dans laquelle on pêche d'excellentes truites.

L'industrie du lapidaire est assez prospère dans la commune ; quelques-uns s'y livrent complètement, d'autres sont lapidaires quand les travaux agricoles leur en laissent le loisir ; tous taillent avec rapidité et une habileté étonnante les pierres de couleur : le saphyr, la topaze, l'émeraude, l'améthyste, le grenat. Quelques-uns travaillent aussi sur le faux, petites boules de verre imitant le diamant.

Un chemin de grande communication suit toute la vallée de la Valserine et joint Lélex à Chézery, Bellegarde au sud, à Mijoux au nord. A Mijoux, ce chemin rencontre une route départementale venant de Saint-Claude et qui, par de nombreux lacets, monte rejoindre la route nationale au col de la Faucille.

La commune de Lélex a 1,763 hectares de superficie et une population de 492 habitants. Cette population a continuellement baissé depuis 1821. Elle était à cette époque de 765 habitants. On y paye 15 centimes, qui valent 28 fr. 98 l'un.

Les hameaux sont Cernaz, Chapellon, Le Niaiset, où se trouve une caserne de douaniers.

SEGNY, à 5 kilomètres de Gex et 106 de Bourg.

La commune de Segny est en plaine, dans un pays autrefois inculte et marécageux, aujourd'hui couvert d'arbres fruitiers et produisant des céréales, des pommes de terre.

Les maisons forment une seule agglomération sur la route de Genève à Gex ; il n'y a point d'église, la commune dépend de la paroisse de Cessy ; l'ancienne église est occupée par une fromagerie. Il y avait autrefois un temple dans la commune, les habitants l'ont détruit en 1662.

La population est formée en majorité de propriétaires d'aisance moyenne ; elle s'élevait à 253 habitants en 1821, à 280 en 1846, à 292 en 1881 et elle est retombée à 253 en 1891.

La surface de la commune est de 322 hectares, un seul domaine dépasse 60 hectares. Les habitants payent 57 centimes valant 17 fr. 79 l'un.

Cette commune, qui n'a pas de hameau, est la plus petite et la moins peuplée du canton.

VESANCY, à 3 kilomètres de Gex, 107 de Bourg.

Cette commune est située à flanc de coteau avec vue sur Gex : le mont de Mourex lui cache le lac. Les maisons ne forment qu'une seule agglomération de 373 habitants. Il y en avait 413 en 1872, 466 en 1856, 449 en 1841, 363 en 1821.

La population est aisée, car la commune est riche, ainsi que l'indique le dicton : Vesancy, bouquet du pays ; les gens exploitent les vastes forêts communales dont ils vendent les bois à Genève et à Nyon. Les terres fournissent du blé, beaucoup de pommes de terre ; il y a un peu de vigne, mais le raisin mûrit difficilement. Comme industrie, il y a dans la commune un moulin et une scierie à vapeur, une fromagerie et des carrières occupant une trentaine d'ouvriers.

La commune paye 10 centimes valant 24 fr. 27 l'un, elle a 1,070 hectares de superficie.

L'ancien château-fort de Vesancy est encore debout, au milieu du bourg ; on y a installé l'école des garçons.

En Riantmont, monticule au nord du bourg et d'où l'on a une belle vue sur le Léman, se trouve une chapelle, lieu de pèlerinage.

VÉSENEX-CRASSY, à 11 kilomètres de Gex et 113 de Bourg.

Cette petite commune a 544 hectares de superficie, d'un sol fertile qui produit des céréales et des fruits : elle est entourée en partie par le canton de Vaud qui la limite au nord-est et au sud. Le bourg est situé sur un tertre d'où l'on découvre la belle plaine qui s'étend jusqu'au lac ; il n'y a pas d'église dans la commune, qui fait partie de la paroisse de Divonne.

La population de Vésenex est actuellement de 255 habitants, elle a été de 272 en 1872 et elle était de 263 en 1821.

On y paye 10 centimes valant 25 fr. 05 l'un.

Il n'y a qu'un hameau, Crassier ou Crassy avec 80 habitants ; c'est le berceau de la famille de Prez-Crassier qui y possède encore une très belle propriété. Un Prez-Crassier fut général et ministre sous la première République.

Canton de Collonges

Le canton de Collonges est limité, à l'est et au sud, par le Rhône qui le sépare de la Suisse et de la Haute-Savoie; à l'ouest par la Valserine qui le sépare du canton de Châtillon-de-Michaille; enfin, au nord, une limite conventionnelle le sépare des cantons de Gex et de Ferney-Voltaire.

Le canton est partagé en deux par le chaînon du Jura, depuis le Reculet (1,723 mètres) au Crédo (1,650 mètres). Ce dernier mont est tout entier dans le canton; il couvre toute la partie sud de ses ramifications : six communes sur onze s'appuient contre ses flancs. Quelques géographes écrivent son nom Crêt d'eau, orthographe impropre croyons-nous, car il ne sort de la montagne que de tout petits ruisseaux. Son nom Crédo lui viendrait de ce fait que, après un traité passé vers 1580 entre les protestants de Berne et les catholiques, traité partageant le chaînon du Jura entre les protestants au nord et les catholiques au sud, ceux-ci firent mettre sur les poteaux marquant la limite de leurs possessions le mot symbolique de leur religion : Crédo. Le plus important des contreforts du Crédo est le mont Sorgia, à l'est, contre lequel s'appuie Fort-l'Ecluse.

Les deux parties formées dans le canton par le Jura sont bien différentes d'aspect et de productions : sur le versant occidental, une vallée souvent très étroite, abondant en points de vue pittoresques, où les habitants sont obligés de demander à l'industrie, fabrication des fromages, travail du bois, taille des pierres précieuses, exploitation des phosphates, les ressources que le sol leur refuse ; sur le versant oriental, une plaine fertile et qui le devient de plus en plus à mesure qu'on s'avance vers Genève ; les ressources des habitants sont les produits du sol : bon vin blanc, pommes de terre, céréales, bois de la montagne. Sur le versant sud du Crédo, les deux communes de Vanchy et de Léaz ont encore un aspect différent : dans des situations moins sauvages que les communes de la vallée de la Valserine, leur sol n'a pas encore la fertilité de celui du pays de Gex, et les seules richesses des habitants sont les produits de l'élevage, des bois et des vignes.

En plus des deux rivières qui forment la limite, le canton est arrosé par plusieurs petits ruisseaux : le Troubléry, le Pisson, affluents de la Valserine ; le ruisseau de Rochefort, le ruisseau des Isles, l'Anne, affluents du Rhône.

Les communications des communes avec le chef-lieu du canton sont difficiles pour les communes de la vallée de la Valserine, mais en général les moyens de communications sont relativement commodes. Les trois communes de la vallée de la Valserine sont toutes sur le chemin de Bellegarde à Mijoux, parcouru tous les jours par un courrier régulier de Chézery à Bellegarde; dans la partie est, les communes sont toutes sur ou près la route nationale parcourue régulièrement aussi par un courrier Gex-Collonges ; elles sont en plus à proximité des gares de Collonges et de Pougny-Chancy. Plusieurs chemins vicinaux conduisent de Collonges, Farges, Logras à la gare de Pougny. La gare de Bellegarde à la limite du canton facilite encore ses relations.

Le canton de Collonges, d'une superficie de 15,380 hectares, comprend 11 communes, dont la population totale est de 7,991 habitants; il en comptait 7,955 en 1881; 8,135 en 1872; 8,879 en 1846, et seulement 6,985 en 1821.

Nous répartissons les communes en 2 groupes : celles situées dans le pays de Gex proprement dit, et comprenant Collonges, Challex, Farges, Saint-Jean, Peron, Pougny; celles des vallées du Rhône et de la Valserine, comprenant Léaz et Vanchy, Chézery, Confort et Lancrans.

Collonges, à 26 kilomètres de Gex, 78 de Bourg.

La commune de Collonges est située sur le flanc

oriental du Jura ; appuyée à un contrefort du Crédo, elle comprend une partie montagneuse couverte de bois taillis, broussailles et sapins, puis, faisant suite à celle-ci, une plaine fertile d'un sol argilo-siliceux et produisant du froment, différentes céréales et beaucoup de vin ; enfin, au bas de cette seconde, une partie marécageuse bordant le Rhône et faisant suite aux marais de Pougny, dont il est parlé plus loin. C'est dans cette dernière partie dénommée les Isles qu'était située l'ancienne gare de Collonges, à 4 kilomètres du bourg. La commune a 1,625 hectares de superficie ; elle paye 55 centimes, valant 66 fr. 28 l'un.

La population de Collonges était de 1,200 habitants en 1821 ; elle montait à 1,293 en 1846, pour redescendre ensuite régulièrement : 1,115 en 1872 ; 1,081 en 1881 ; 1,075 en 1891, diminution à attribuer uniquement à l'excédent des décès sur les naissances. Cette population est en grande majorité agricole ; il n'y a à Collonges aucune industrie spéciale. On vient d'y établir (janvier 1894) une école de fromagerie.

Le bourg a peu d'importance ; il se compose d'une seule rue, sud-nord, formée le long de la route Lyon-Genève, et d'une ou deux ruelles s'en détachant vers l'est. La mairie, très ordinaire, est ancienne, elle est sur la rue ; l'église n'a rien de remarquable non plus. Elle est située dans un endroit écarté au nord-est du bourg, près d'un grand champ de foire ombragé de beaux arbres ;

elle fut construite vers 1698 sur l'emplacement d'un vieux château.

Les hameaux sont : Ecorans au nord, 260 habitants, au milieu d'arbres fruitiers. C'était un fief important avec château-fort, dont on voit encore des traces, — Pierre, 50 habitants ; la baronnie de Pierre était aussi un fief d'importance, son château-fort soutint en 1589 un siége de trois jours contre les Bernois, puis, emporté d'assaut, il fut rasé, — les Isles et Villard vers le Rhône. L'ancienne gare était aux Isles ; la nouvelle est construite sous Villard, près du pont qui conduit en Savoie ; ce sera probablement le point de départ de l'embranchement qui doit desservir le pays de Gex. Collonges, pendant le moyen âge, a eu beaucoup à souffrir de son voisinage avec Fort-l'Ecluse. Les troupes qui venaient assiéger celui-ci pillaient la ville.

Collonges a une société de secours mutuels, une compagnie de pompiers ; il s'y tient 5 foires par an et il y a marché tous les mardis. Un courrier relie Collonges à Gex.

CHALLEX, à 9 kilomètres de Collonges, 20 de Gex et 88 de Bourg.

La commune de Challex s'étend sur un monticule assez élevé, 528 mètres, d'où l'on jouit d'une belle vue sur le Rhône et tout le pays environnant. Elle a 867 hectares de superficie exposés pour les 3/4 au sud-est ; cette partie, la mieux exposée, est la plus fertile ; on y récolte des céréales, des fruits et d'excellent vin blanc réputé le meilleur du pays de Gex : le vignoble a environ 100 hectares. Au sud, le sol trop argileux est bien moins fertile, à l'ouest s'étendent des bois. Deux fromageries fabriquent du gruyère.

Le village est à flanc de coteau à l'est ; rien de remarquable, beaucoup de maisons de plaisance pour des Genevois qui y viennent passer l'été.

La population de Challex était de 580 habitants en 1821 : elle a augmenté jusqu'en 1881 ; 626 en 1846, 682 en 1881 ; en 1891, il n'y a plus que 607 habitants. Cette population est entièrement agricole et exclusivement composée de propriétaires.

Les hameaux sont : Mucelle et Marongy. La commune paye 81 centimes, valant 36 francs l'un.

Sont originaires de Challex :

Mgr Dépery, évêque de Gap, auteur d'une histoire du pays de Gex ;

Mgr Bonnaz, évêque de Temesvar;

M. Lépine, né en 1720, et inventeur de la montre Lépine.

On trouve encore à Challex les ruines de deux châteaux-forts ; le plus important, celui de la Corbière, est sur les bords du Rhône ; il fut rasé par les Bernois en 1536. De l'autre, partagé aujourd'hui entre plusieurs propriétaires, il ne reste que quelques parties de plafonds assez ornementés.

Farges, à 3 kilomètres de Collonges, 23 de Gex et 81 de Bourg.

Farges est une jolie commune située au pied du Jura, sur un plan légèrement incliné à l'est ; le bourg forme rue sur la route Lyon-Genève, à une altitude de 600 mètres ; on y jouit d'une belle vue sur le pays de Gex et la Savoie. Il possède un joli groupe scolaire nouvellement construit ; son église date de 1829, elle n'a rien de remarquable ; il y a aussi une école protestante libre.

La commune compte 1,427 hectares de superficie arrosés par l'Anne, et sur lesquels on récolte des céréales, des pommes de terre, du vin, beaucoup d'arbres fruitiers; fabrication de cidre, nombreux ruchers. La fromagerie produit pour 15,000 francs environ de fromage persillé. La commune tire aussi quelques revenus de ses carrières de pierres à bâtir.

Les habitants, presque tous propriétaires, sont au nombre de 573. Ils étaient 624 en 1821, 767 en 1846, 628 en 1872 et 602 en 1881.

La commune paye 60 centimes, valant 20 fr. 93 l'un ; elle compte deux hameaux principaux : Airans et Asserens, autrefois paroisse distincte de Farges.

L'ancien château-fort dont il restait une tour et quelques pans de murs a été reconstruit dernièrement et est aujourd'hui habité.

On conserve à la mairie de Farges des registres municipaux de 1700 à 1792.

PERON, à 7 kilomètres de Collonges, 20 de Gex et 82 de Bourg.

Peron est la seconde commune du canton pour l'étendue, elle compte 2,601 hectares ; elle est située au pied du Jura, dans une jolie situation, avec vue sur tout le pays de Gex et la Savoie. Elle est traversée par la route nationale Lyon-Genève, sur laquelle se trouve l'important hameau de Logras, avec deux écoles, des scieries, beaucoup de maisons de plaisance. Les autres hameaux sont La Crête, Feigères, Greny, Ruttey.

Le sol de la commune est fertile ; il produit des céréales, des fruits, des pommes de terre, des fourrages. Les pâturages sur la montagne sont très beaux, il y a plusieurs fromageries fabriquant du gruyère et du persillé de Gex. La Groise, un petit ruisseau, parcourt la commune et fait mouvoir quelques moulins et scieries.

Peron a 10,000 francs de revenus ordinaires : elle paye 62 centimes, valant 58 fr. 24 l'un.

Quoique la deuxième commune du canton pour l'étendue, Peron passe au troisième rang pour la population : elle comptait 1,100 habitants en 1821 ; — 1,327 en 1846 ; — 1,139 en 1872 ; — diminution causée par le départ d'une portion de ceux qui, dans la commune, vivaient du roulage, — 1,008 en 1881 et 1,016 en 1891.

Le bourg de Peron est situé à quelques centaines de mètres de la route ; il est de peu d'importance, et formé de quelques maisons dispersées au milieu des arbres fruitiers ; l'église est nouvelle et assez jolie.

Près du hameau de Greny, au N.-E. de Peron, se voient les ruines d'un manoir, berceau de la famille Sauvage, une des familles nobles les plus anciennes du pays de Gex.

Pougny, à 5 kilomètres de Collonges, 25 de Gex et 82 de Bourg.

Le village de Pougny est situé sur un plateau à 550 mètres d'altitude ; tout autour, le sol se déprime brusquement, au sud et à l'est une vallée, parfois large d'un kilomètre, puis réduite souvent à une insignifiante bande de terrain, sépare le pied du plateau du Rhône qui roule ses eaux grises entre le canton de Genève, la Haute-Savoie et Pougny. Cette bande de terrain, depuis Pougny jusque près le fort l'Ecluse, était autrefois fréquemment recouverte par les eaux du Rhône, formant ainsi un marais qui rendait le pays fort insalubre ; aujourd'hui des travaux de canalisation l'ont assainie en grande partie, et Pougny ne mérite plus le surnom de Dombes du pays de Gex qu'on lui donnait jadis. Ce marais est très probablement un ancien lit du Rhône.

Au N.-E., le plateau de Pougny est séparé du reste du pays de Gex par une vallée assez profonde, au fond de laquelle coule l'Anne, qui arrose la commune sur un parcours de deux kilomètres. Sur le versant de la rive gauche de l'Anne se trouvent de belles vignes et au sommet le hameau du Crêt.

La commune de Pougny comprend en plus les hameaux de Létournel, la Gare (Pougny-Chancy), les Rippes. Près la gare, on aperçoit à la tranchée du chemin de Collonges d'épais bancs d'argile qui servent à alimenter une très importante tuilerie à vapeur établie à quelque distance et où on fabrique drains, tuiles de toutes formes, briques, etc. C'est, avec une fromagerie, la seule industrie de Pougny qui a une superficie de 764 hectares, d'un terrain argileux, produisant des fourrages, du bois de chauffage (taillis), du vin ; on y paye 65 centimes, valant 24 fr. 04 l'un.

La commune de Pougny n'est formée que depuis 1823, avant elle faisait partie de Collonges ; elle comptait à sa formation 312 habitants ; en 1811 — 394 ; en 1881 — 425 et 420 en 1891. Si la population ne décroit pas ici, il faut attribuer ce résultat à l'arrivée de familles étrangères, suisses, italiennes, car, comme ailleurs, il y a émigration de la population locale vers les villes et disproportion entre les naissances et les décès : de 1827 à 1837, il y a 35 décès pour 63 naissances ; de 1877 à 1881, il y a 100 décès pour 93 naissances.

Il y a, à Pougny, plusieurs châteaux en ruines : 1° à Pougny même, on aperçoit encore quelques pierres du château-fort ; il a été démoli, et les matériaux ont servi à construire des maisons agricoles ; dans ses caves, il y a une belle fontaine. Mandrin aurait logé plusieurs jours dans ce château. On garde encore, à Pougny, une plaque de fonte pour foyer de cheminée provenant du château ; cette plaque présente en relief le châtelain et la châtelaine à genoux devant un animal fantastique, la Vouivre, qui dévorait chaque année une jeune fille de Pougny et qui, cette année, réclamait la fille du châtelain ;

2° Au confluent du Rhône et de l'Anne, on voit encore les ruines du Château-Vert, bâti par le comte Vert, puis devenu la propriété de la famille Bernex de Rossillon, et détruit, en 1536, par les Bernois qui venaient attaquer le fort l'Ecluse ;

3° Au milieu du hameau du Crêt se trouve une maison en ruines que les habitants appellent le Château ; autour, on a trouvé des médailles antiques, des monnaies rares, des cadavres, dont l'un portait au bras un anneau d'or. C'est de ce château qu'était originaire la famille de Varicourt.

Un pont en bois, construit en 1425 par les Bernex de Rossillon, faisait communiquer Pougny avec Chancy (Suisse); il fut détruit en 1447. En 1491, Philippe de Bresse bâtit au passage de ce pont Claude de Seyssel; en 1589, le pont fut de nouveau détruit. De nos jours, on a rétabli à sa place un léger pont métallique.

SAINT-JEAN-DE-GONVILLE, à 10 kilomètres de Collonges, 17 de Gex et 83 de Bourg.

Saint-Jean est situé au pied du Jura; le village et deux des hameaux, Mornex et Choudans, sont sur une partie légèrement inclinée à l'est; le 3e hameau « Sur la Route » est en plaine.

La commune a 1,237 hectares de superficie; elle est arrosée par un petit ruisseau, le Clerfond, qui dans les grosses eaux fait mouvoir des moulins, des scieries; le sol produit des céréales, des pommes de terre, du vin; il y a deux fromageries fabriquant l'une du gruyère, l'autre du bleu persillé.

L'industrie est représentée dans la commune par une tannerie occupant une dizaine d'ouvriers; il existe, paraît-il, un filon de minerai de fer, il n'est pas exploité.

La population, formée en majorité de propriétaires, est de 588 habitants. Elle était de 612 en 1881; de 672 en 1872; de 750 en 1846 et seulement de 638 en 1821. La diminution ici ne peut être attribuée à l'émigration, les gens d'aisance moyenne étant assez attachés à leur pays; mais les décès par périodes décennales sont montés de 104 au commencement du siècle à 157, pendant que les naissances descendaient de 201 à 129.

La commune de Saint-Jean-de-Gonville paye 52 centimes, valant 33 fr. 12 l'un.

CHÉZERY, à 28 kilomètres de Collonges, 31 de Gex et 71 de Bourg.

Chézery, la plus grande commune du canton, est située dans

la partie la plus étroite et la plus sauvage de la vallée de la Valserine ; elle s'y étend sur une longueur de 16 kilomètres, limitée d'un côté par la Valserine, derrière laquelle s'élève le Crêt de Chalam à 1,550 mètres, et adossée de l'autre au Jura qui est là, du Crédo au Reculet, à une hauteur de 16 à 1,700 mètres. Aussi la commune compte un grand nombre de hameaux, dont les principaux sont, au fond de la vallée : la Rivière avec 131 habitants, les Rossets 77 habitants, détruit au XIVe siècle par un éboulement de la montagne, Fontaine-Bénite, Eperry 61 habitants, Champeroux 29 hab., Grand-Essert 86, Sous-Roche, la Serpentouze, et au sommet du Jura, sur un vaste plateau à 1,160 mètres d'altitude, Menthières avec 145 habitants. Le chef-lieu de la commune, situé sur la rivière, porte le nom spécial de l'Abbaye ; il compte 229 habitants.

En plus de la Valserine qui est très poissonneuse en truites d'excellente qualité, la commune est encore arrosée par quelques petits torrents descendant de la montagne ; l'un d'eux, le Troubléry, 1 kilomètre de longueur, est si rapide à de certains moments, charrie tant de matériaux qu'il cause momentanément en bas de son confluent avec la Valserine une destruction presque complète de la truite. Le sol est peu fertile en général, on n'y récolte qu'un peu de froment. La plus grande partie de la superficie de la commune est occupée par des bois et des pâturages ; les bois sont exploités pendant les neiges, car l'hiver ici est long et rigoureux ; on en fait du charbon, du bois de travail, des outils et ustensiles ; les pâturages nourrissent un grand nombre de bestiaux (race bovine et caprine) dont le laitage est transformé en fromage bleu, persillé, dit de Gex, dans une vingtaine de fromageries.

Il y a environ à Chézery deux cents lapidaires qui taillent les pierres fines de couleur ; quelques autres ouvriers de Chézery exploitent sur la commune de Forens une scierie hydraulique et une mine d'asphalte. Ce dernier produit se retrouverait, paraît-il, au sommet du plateau de Menthières.

Le commerce des bois, charbon, fromages, denrées coloniales est très prospère dans la commune.

La population de Chézery était de 1,026 habitants en 1821 ; montée en 1846 à 1,131, elle redescendait à 957 en 1872, pour remonter à 976 en 1881 et 1,017 en 1891. Ici les naissances contrebalancent les décès et les gens émigrent peu, le commerce et l'industrie étant assez prospères dans la commune.

Chézery a 2,871 hectares de superficie ; elle paye 79 centimes, valant 40 fr. 27 l'un.

L'église de Chézery, de style grec, a été construite en 1167, elle a été réparée en 1700. Auprès de l'église sont les ruines réparées plusieurs fois et aujourd'hui habitées de l'ancienne abbaye de l'ordre de Citeaux, fondée en 1140 par Amée III, comte de Savoie, et détruite en 1590 par les Bernois. Roland, troisième abbé de ce monastère, est compté parmi les saints ; patron de Chézery, il possède au lieu dit la Fontaine-Bénite une petite chapelle qui, le 14 juillet, jour de la fête patronale, est le but d'un pèlerinage très fréquenté autrefois dans l'intention d'obtenir le beau temps.

A visiter encore à Chézery : la grotte de don Roulet, à 1,670 mètres d'altitude ; la grotte de Sous-Balme, la grotte de Bramboeuf, la source du Troubléry, la chute du ruisseau de Brion, le Moulin des Pierres, etc.

CONFORT, à 17 kilomètres de Collonges, 42 de Gex et 73 de Bourg.

Confort est un petit bourg qui fut, comme Vanchy, distrait en 1858 de la commune de Lancrans. Il est situé dans la partie la plus large de la vallée de la Valserine ; autour du bourg, les terres à culture sont assez étendues et meilleures que dans le reste de la vallée ; on y voit un peu de chanvre, du maïs. La commune s'étend aussi sur le Crédo, contre lequel elle a de grands bois et de beaux pâturages ; au sommet de la montagne, sur le plateau de Menthières, Confort possède le petit hameau de ce nom avec 63 habitants. Un autre hameau, la Mulaz, compte une cinquantaine d'habitants.

La population totale de la commune était à sa formation de 423 habitants ; elle s'éleva en 1881 à 522, pour redescendre, en 1891, à 497, soit une augmentation de 74 habitants depuis sa formation. Cette augmentation a été amenée par le développement pris par la maison de convalescence tenue à Confort pour les personnes riches par Mlle de Constallin. Cet hôpital, possède un beau parc, a été fondé par une demoiselle Re[illegible], Sœur Rosalie, originaire de Confort.

Comme industrie, on trouve à Confort un moulin, une fromagerie et quelques scieries pour le travail des bois de la montagne. La commune, qui a 1,129 hectares de superficie, paye 63 centimes, valant 20 fr. 14 l'un.

On voit à Confort les ruines d'un ancien château-fort et une chapelle qui est le but d'un pèlerinage assez fréquenté. On vient d'installer dans la commune une recette des postes desservie par le courrier Bellegarde-Chézery.

Lancrans, à 13 kilomètres de Collonges, 38 de Gex et 69 de Bourg.

Cette commune est située dans la partie inférieure de la vallée de la Valserine, entre cette rivière à l'ouest et le Crédo à l'est. De la base de la montagne à la rivière se trouvent des terrains assez fertiles, produisant des céréales, des pommes de terre. Quelques vignes y donnent un petit vin rouge, léger et dur. Contre la montagne sont des bois dont les produits sont importants. Comme industrie, il faut citer à Lancrans, outre le travail du bois, l'exploitation très active de plusieurs carrières de sable, l'exploitation des phosphates qui, après avoir été longtemps abandonnée, vient d'être reprise ; plus deux moulins, deux fromageries de peu d'importance.

Le chef-lieu de la commune est caché dans une agréable situation, au fond d'une des combes du Crédo ; même situation pour le hameau Ballon ; la commune comprend en outre un certain nombre de maisons éparses le long du Crédo.

La population totale de Lancrans était de 1,299 habitants en 1821, de 1,767 en 1846, mais elle comptait à cette époque comme hameaux les deux communes de Vanchy et de Confort, qui furent formées le 25 mars 1858. A ce moment, la population laissée à Lancrans fut de 583 habitants; elle est descendue depuis à 508 en 1881 et 503 en 1891. La commune, d'une surface de 965 hectares, paye 56 centimes, valant 23 fr. 22 l'un.

Les curiosités naturelles sont assez nombreuses dans la commune : c'est d'abord la cascade du Pissou ; le petit ruisseau, sorti du Crédo, fait, un peu avant d'arriver à la Valserine, un saut d'une sixaine de mètres assez joli aux fortes eaux ; mais c'est la Valserine elle-même qui fournit les points de vue les plus pittoresques. A mesure qu'elle s'avance vers son confluent, elle s'encaisse de plus en plus et, près du pont du chemin de fer, vers Bellegarde, on peut la voir couler au fond d'un ravin à pic de quarante mètres de profondeur, sur un lit de rochers nus. Plus haut se trouve un pont naturel d'un très pittoresque effet et bien connu sous le nom de Pont des Oules. La Valserine disparait sous un énorme rocher de la largeur du lit et d'une centaine de mètres de longueur. Ce rocher horizontal et uni se trouve percé à différents endroits de longues fissures étroites ou de trous ronds au fond desquels, à une dizaine de mètres de profondeur, on entend gronder la Valserine. Ces trous ronds, semblables à des ouvertures de marmites (en patois oula), auraient fait donner à ce passage le nom de Pont des Oules, qui, selon d'autres, ne serait qu'une onomatopée du bruit que fait la Valserine.

Léaz, à 6 kilomètres de Collonges, à 31 de Gex et à 82 de Bourg.

Léaz doit tirer son nom de Lée qui, dans les langues du Nord, signifie lieu exposé au vent, et jamais dénomination ne fut mieux méritée, car la commune, située en face la gorge de l'Ecluse, est continuellement tourmentée par la bise ou les ouragans. Par contre, sa situation est des plus pittoresques et en fait un des lieux à visiter de notre département. La commune est adossée au sud-est du Crédo, à la base du Sorgia, sur un plateau surplombant à pic le Rhône qui coule, sinueux et bruyant, à une grande profondeur. Une légende, connue de tous dans le pays, raconte que les nappes d'écume qui couvrent le fleuve au-dessous des rochers de Léaz ne sont autre chose que le voile d'une jeune fille qui sauta du haut du plateau dans le Rhône.

A la pointe extrême du plateau, à 351 mètres d'altitude, se trouvent les ruines du château-fort de Léaz et à côté le village chef-lieu qui ne présente rien de remarquable, 187 habitants.

Il y a plusieurs hameaux importants : au sud Grésin, 258 habitants, sur la grand'route, vignes, fruits, pâturages ; il y a sur le Rhône, en face de Grésin, un pont très pittoresque : au milieu du fleuve se trouve un fort rocher vers lequel s'inclinent les deux rives taillées à pic, si bien qu'il n'y a eu qu'à poser un tablier pour avoir ce pont dont les culées, la pile centrale et une portion des cintres sont naturels ; la chapelle de Grésin est un lieu de pèlerinage ; au nord Longeray, 234 habitants, à une des extrémités du tunnel du Crédo, une école, pont tubulaire pour la ligne Bellegarde-Annemasse, coupant le Rhône obliquement ; tout près, Fort-l'Ecluse, 69 habitants, et sur le Crédo quelques fermes éparses comptant 20 habitants.

Le sol, très accidenté, n'est fertile que dans les alentours du chef-lieu ; il produit en céréales, blé, orge, avoine, environ 3,400 hectolitres ; mais la plus grande partie de la superficie de la commune, 858 hectares sur 1,140, est occupée par des prairies, pâturages, bois. Il y a trois fromageries : à Léaz 13,000 kilogs de gruyère ; à Grésin 8,000 kilogs ; à Longeray 6,000 kilogs. On trouve en plus, à Léaz, une petite carrière de pierres à bâtir et les anciens moulins de Condière, sur le Rhône, activés par le ruisseau de Rochefort qui descend du Crédo.

Léaz comptait, en 1821, 518 habitants ; il y en avait 824 en 1846 ; — 957 en 1872 ; — 699 en 1881 et 788 en 1891. Les mouvements brusques de populations ici ne sont que la répercussion de ce qui se passe à Fort-l'Ecluse : pendant qu'on y fait des travaux la population augmente ; après 1872, on retire une grande portion des troupes du fort ; les gens qui vivaient sur la garnison émigrent et la population descend à 699. Si elle augmente un peu dans la dernière période, cela tient à ce qu'à Léaz, par extraordinaire, le chiffre des naissances dépasse souvent celui des décès :

De 1800 à 1810, il y 106 naissances pour 112 décès.
— 1810 à 1820 — 134 — 113 —
— 1820 à 1830 — 172 — 124 —
— 1830 à 1840 — 255 — 168 —
— 1840 à 1850 — 211 — 164 —
— 1850 à 1860 — 192 — 204 —
— 1860 à 1870 — 154 — 194 —
— 1870 à 1884 — 192 — 184 —

Léaz paye 113 centimes, valant 24 fr. 33 l'un.

Le château de Léaz, dont il reste quelques ruines à côté du village, était l'un des plus importants de la contrée ; il était regardé comme la clef du pays de Gex, aussi fut-il souvent attaqué et saccagé depuis 1272, époque à laquelle il fut vendu 388 livres genevoises par Guichard de Balan à Lionnette, dame de Gex ; en 1285, il fut pris par Amédée V de Savoie ; en 1316 par Jean de Châlon ; — par Lurbigny, commandant des Suisses ; — par les confédérés de Berne et de Genève qui le détruisent en 1536.

A l'emplacement actuel du fort l'Ecluse existait autrefois une construction appelée la Tour-César, dont l'histoire, au moyen âge, se confond avec celle du château de Léaz. Au XVIe siècle on l'agrandit beaucoup, et au commencement du XVIIIe on lui donna une enceinte crénelée. A partir de 1820, tout fut changé, et on construisit la forteresse actuelle, toute taillée dans le roc, et formée d'un fort sur la route et d'une citadelle communiquant avec la première partie par un escalier souterrain de 1,300 marches. Fort-l'Ecluse fut assiégé et pris, en 1814 et en 1815, par les Autrichiens.

Vanchy, à 10 kilomètres de Collonges, 36 de Gex et 69 de Bourg.

Vanchy fut érigé en commune en 1858 ; on le forma alors de Vanchy le chef-lieu, de Coupy, hameau important sur les bords de la Valserine et du Rhône, et de la Maladière, sur le Crédo ; le tout comptait 802 habitants. Ce chiffre tombe à 753 en 1881, pour remonter à 907 en 1891. Cette augmentation est due à l'extension prise par Coupy-Bellegarde, qui a vu s'établir de l'autre côté de la limite douanière bon nombre de commerçants de détail.

Vanchy compte 754 hectares de superficie d'un sol fertile, surtout aux environs du chef-lieu où il y a de belles vignes, des vergers importants ; plus bas, vers le Rhône, des pâturages et quelques vignes où le phylloxéra vient de faire son apparition.

Comme industrie, on trouve à Vanchy plusieurs poteries, des scieries, une fromagerie.

En aval du pont de Grésin, sur le territoire de Vanchy, le Rhône est souvent coupé de rochers, les bords prennent plus de hauteur et d'escarpement, les eaux forment des rapides fougueux dont le plus connu est la perte du Rhône. Ce dernier, déjà décrit dans la *Géographie de l'Ain*, est une étroite fissure de deux à trois mètres de large dans laquelle un fleuve, ayant déjà trois cents kilomètres de cours et une largeur de quarante mètres, s'engouffre avec un bruit formidable. Dans les hivers rigoureux et secs seulement, le Rhône se perd complètement, mais la chose est rare.

Canton de Ferney-Voltaire

Le canton de Ferney-Voltaire, d'une forme très irrégulière, est allongé du sud au nord entre les cantons de Collonges et de Gex d'un côté et la Suisse de l'autre ; ses deux extrémités sont à plus de vingt kilomètres l'une de l'autre pendant qu'il compte tout au plus cinq kilomètres dans sa plus grande largeur.

Deux de ses communes seulement ont une partie de leur territoire contre le Jura, tout le reste du canton est plat, légèrement incliné au sud et à l'est. Le sol y est fertile et bien cultivé ; il produit partout des céréales, du vin, des pommes de terre, des fruits ; les communes qui sont au pied du Jura ont contre la montagne des bois importants.

L'industrie du canton consiste dans l'exploitation des carrières de pierre à bâtir vers l'ouest et de l'argile à tuilier et à potier vers l'est ; chaque commune possède au moins une fromagerie, les plus voisines de Genève y conduisent journellement le lait. Saint-Genis compte aussi quelques lapidaires.

Le canton de Ferney-Voltaire n'a pas de grands cours d'eau ; il est arrosé seulement par quelques petits ruisseaux affluents de la Versoix qui le limite un moment à l'est, et dans le sud par la London et ses affluents le Lion, le Journan.

Il compte neuf communes : Ferney-Voltaire, Moëns, Ornex, Prévessin, Pouilly-Saint-Genis, Sauverny, Sergy, Thoiry, Versonnex ; il a une superficie de 7,839 hectares et il compte 4,896 habitants ; il en a compté 5,388 en 1846, mais en 1821 il n'en avait que 3,964. C'est, dans notre département, le canton qui compte le plus de protestants.

Aucune voie ferrée ne traverse le canton, mais plusieurs gares suisses sont à proximité et le tramway à vapeur de Ferney relie le centre du canton à la gare de Genève ; il est par contre fortement pourvu de routes : nationale de Paris à Genève, nationale de Lyon à Genève, chemins de grande communication de Meyrin à Versoix, de Saint-Genis à Ferney, de Saint-Genis à Divonne, etc. Au temps du roulage, c'était un pays très animé, aujourd'hui les routes nationales sont presque désertes.

Le Longeray-Divonne, dont la construction est commencée, y aura quelques stations.

Ferney-Voltaire, à 10 kilomètres de Gex et 102 de Bourg, à 9 kilomètres de Genève.

Ferney n'était qu'un petit village sans importance quand Voltaire vint l'habiter ; il fit défricher le sol, bâtir une église, installer une fontaine publique, il y établit une manufacture d'horlogerie, une fabrique de poterie commune et appela sur ses terres plusieurs familles d'artisans. En même temps il faisait affranchir le village ainsi agrandi des bureaux des douanes. Quelques années plus tard, l'ingénieur Racle, de Pont-de-Vaux, appelé par Voltaire à Ferney, y établissait une poterie artistique qui y subsiste encore.

Aujourd'hui, Ferney-Voltaire est une commune de 477 hectares d'un sol fort et argileux produisant du blé, des pommes de terre, du vin. L'élevage du bétail y est assez prospère, le lait est en grande partie conduit journellement à Genève ; le surplus est transformé en fromage gruyère. Les habitants en majeure partie propriétaires s'occupent d'agriculture ; l'industrie n'est plus guère représentée à Ferney que par quelques poteries communes, une tuilerie, et la poterie artistique dont il est parlé plus haut. L'industrie de l'horlogerie qui y a été longtemps importante est agonisante aujourd'hui.

Ferney-Voltaire comptait 720 habitants en 1821 ; ce chiffre s'élevait à 1,238 en 1846, à 1,232 en 1872, à 1,274 en 1881 et 1,200 en 1891. Cette dernière diminution a été causée par la suppression du collège de Ferney. La commune paye 74 centimes valant 78 fr. 60.

Le bourg de Ferney-Voltaire est bâti en plaine,

à l'intersection de la route nationale Paris-Genève avec le chemin de grande communication de Meyrin à Versoix ; la partie nord est adossée à une légère éminence. Aux deux extrémités du bourg, mais surtout au nord, on aperçoit de chaque côté de la route de jolies villas cachées dans des bosquets et qui sont désignées par des noms significatifs : la Rêverie, la Solitude, etc. ; l'une d'elles fut quelque temps la retraite de Mgr Mermillod.

Au centre du village se trouve une place publique ombragée de beaux arbres avec une fontaine surmontée du buste de Voltaire ; au bas de la partie nord du bourg se trouvent les Promenoirs, jolie promenade au fond de laquelle on aperçoit un beau groupe scolaire nouvellement construit. A l'entrée des Promenoirs on a élevé dernièrement une belle statue à Voltaire. Le monument qui représente Voltaire debout et appuyé sur une canne, son chapeau sous le bras, est une des plus belles statues du département de l'Ain; elle est l'œuvre de M. E. Lambert, le propriétaire actuel du château de Voltaire. Ce château est bâti à 200 mètres environ du village sur l'éminence nord; on y accède de la route par une allée de tilleuls et d'ormeaux. De nombreux admirateurs de Voltaire visitent chaque année la chambre à coucher et le petit salon du philosophe qui ont été conservés intacts.

L'église élevée par Voltaire, avec sur le fronton l'orgueilleuse inscription : « *Deo erexit Voltaire,* » a été remplacée en 1826 par une nouvelle construction de style grec élevée par souscription publique. La commune avait un temple protestant depuis l'occupation bernoise, il fut démoli en 1685 ; il est aujourd'hui reconstruit en face d'un pensionnat où l'on reçoit les orphelins protestants.

Ferney est joint à Genève par un tramway à vapeur et à Gex par un courrier régulier.

Ferney doit sa prospérité à Voltaire; mais il ne lui ménage pas sa reconnaissance. Outre les deux statues déjà citées, on trouve des bustes de l'illustre écrivain dans les écoles, dans les cafés, dans les maisons particulières; les habitants ne l'appellent jamais que le Patriarche de Ferney.

Moens, à 2 kilomètres de Ferney, 9 de Gex et 105 de Bourg.

Moëns est une petite commune de 268 hectares de superficie ; son sol produit des céréales et du bon vin blanc ; elle paye 75 centimes valant 14 fr. 50 l'un.

C'est sur le territoire de Moëns que se trouvait autrefois le prieuré dit de Prévessin ; la chapelle du prieuré qui servait d'église paroissiale et n'avait rien de remarquable a été transformée en grange. Un temple protestant qui existait dans la commune fut démoli en 1662 par ordre de Louis XIV.

Moëns comptait 102 habitants en 1821 ; 236 en 1846 ; 232 en 1872 ; 2,7 en 1881 et 243 au dernier recensement de 1891. La fertilité du sol, le voisinage de Genève où les produits s'écoulent facilement doivent être les principales causes de cette situation si différente de celle de quelques communes voisines.

La commune ne compte qu'un hameau, Magny ; il est peu important.

Le vieux château de Moëns a appartenu autrefois à la famille de Saconnex.

Ornex, à 2 kilomètres de Ferney, 10 de Gex et 105 de Bourg.

Cette commune compte 563 hectares bien cultivés et produisant des céréales, du vin, des fourrages. Le village est situé au sommet d'une petite éminence à 492 mètres d'altitude ; il est traversé par la route nationale Paris-Genève ; les maisons sont propres et gaies.

La commune compte trois hameaux : Maconnex, Villard, Tacon ; elle a aujourd'hui 312 habitants ; elle en avait 333 en 1881 ; 330 en 1816 et 262 en 1821. Les habitants, dans une bonne aisance, émigrent peu ; ils payent 46 centimes valant 21 fr. 82 l'un.

L'industrie de la commune se réduit à deux fruitières fabriquant du gruyère et une taillanderie où se font des instruments d'agriculture assez répandus dans le pays et qui sont l'invention d'un habitant de la commune.

Au sud du village, on montre encore la maison des Jésuites qui furent appelés dans le pays en 1640, par le curé d'Ornex, pour travailler à la conversion des protestants. Les propriétés rapportant 300 livres de revenus qui leur avaient été données tout d'abord s'agrandirent par suite d'acquisitions successives, et elles donnaient 5,000 livres de revenus lorsque, à la destruction de l'Ordre en France, elles furent vendues pour 62,000 livres à M. de Prez-Crassier avec lequel les Jésuites avaient eu quelque temps auparavant un procès que Voltaire leur fit perdre en fournissant de l'argent à leur adversaire.

A deux kilomètres d'Ornex, se trouve le hameau de Maconnex qui possédait autrefois une maison de Templiers. On y voit aujourd'hui un château qui a appartenu à la famille noble Dupuis de Maconnex. C'est à un Dupuis de Maconnex que

Voltaire fit épouser en 1764 la petite-nièce de Corneille, à laquelle il avait préalablement donné une dot convenable.

Prévessin, à 4 kilomètres de Ferney, 8 de Gex et 76 de Bourg.

Cette commune est formée de 3 groupes de maisons distants de 1,500 mètres environ les uns des autres et de quelques fermes isolées. Prévessin qui donne son nom à la commune compte 23 maisons toutes séparées par des vergers jardins, vignes, environ 120 habitants ; Bretegny, le plus important des hameaux, a 19 maisons toutes réunies sur le chemin de Chevry à Ferney, une centaine d'habitants ; entre les deux se trouve Vésegnin avec 16 maisons, 80 habitants, et à l'ouest Bel-Air avec 35 habitants. Vésegnin était autrefois bien plus important, il possédait un moulin, deux martinets, deux papeteries.

La population totale de la commune est aujourd'hui de 317 habitants ; elle était de 201 en 1790 ; de 236 en 1821 ; de 389 en 1846 ; de 332 en 1872 et de 362 en 1881.

Le territoire de la commune est de 974 hectares, il est à peu près plat et arrosé par plusieurs petits cours d'eau : le Lion qui fait mouvoir un moulin, une machine à battre, et dans lequel on pêche d'excellentes truites ; le Journan qui sert de moteur à un martinet, la Bossonnaz, tous deux affluents du Lion. Le sol est argileux ; il produit des céréales, des fourrages, du vin ; il y a environ 25 hectares de vignes, 160 hectares de bois, 240 hectares de prés et 445 hectares de terres bien cultivées.

Une soixantaine d'hectares étaient autrefois incultes, couverts de joncs, de genêts, ils ont été défrichés ces dernières années. Une portion des produits sont vendus sur le marché de Genève ; les cultivateurs élèvent de nombreux et beaux bestiaux, dont le lait vendu à Genève ou converti en gruyère dans la fromagerie de Bretegny représente environ pour les habitants de la commune un revenu de 50,000 francs. Le centime communal produit 30 fr. 87 et il s'en paye actuellement 23.

L'école de Prévessin se trouve au hameau de Vésegnin, point central des hameaux ; l'église est ordinaire, le porche est soutenu par deux fûts de colonne identiques portant chacun une inscription latine ; c'étaient, paraît-il, des poteaux indicateurs placés le long d'une voie romaine. On les a trouvés au lieu dit la Brula avec des monnaies et une hache romaines. Sur la place du village se trouve, depuis 1884, une fontaine jaillissante.

A Vésegnin et à Prévessin on aperçoit deux vastes constructions carrées bien aménagées, avec des écussons aux linteaux des portes. Ces châteaux ont été habités par les de Brosses, les Dauphin de Champeaurouge, les Rouph de Varicourt, les Thomegay, les Thalouët.

Saint-Genis-Pouilly, à 9 kilomètres de Ferney, 11 de Gex et 98 de Bourg.

Cette commune est située dans la partie la plus plane du pays de Gex, à une altitude moyenne de 420 mètres. C'est aussi le point central où viennent converger tous les chemins de la région : une route nationale permet d'aller de Saint-Genis à Collonges d'un côté, Genève de l'autre ; deux routes départementales conduisent l'une à Gex, l'autre à Ferney ; plusieurs chemins vicinaux font communiquer Saint-Genis avec Thoiry, Sergy, Crozet, Divonne... Aussi, au temps du roulage, y avait-il à Saint-Genis de la vie et de l'animation ; sur la grande place, au centre du village, on ne voyait que diligences, chaises de postes, chariots. Aujourd'hui, cette position centrale fait de ses foires les plus importantes du pays de Gex.

Le sol est argileux et produit des céréales, des fruits, des fourrages ; il est arrosé par la London, par le Lion et le Journan. Les habitants presque tous propriétaires cultivent leurs terres et élèvent du bétail dont le lait est transformé en gruyère dans deux fromageries. Un grand domaine dit du Malivert.

L'industrie de Saint-Genis consiste en une clouterie, un moulin, un pressoir à huile, deux scieries à Prégnin, un des hameaux. Un grand nombre d'habitants taillent le diamant à la maison.

Saint-Genis compte 938 hectares de superficie, elle paye 10 centimes valant 54 fr. 63 l'un ; elle a un revenu annuel de 7,000 fr. environ ; on y trouvait 614 habitants en 1821, — 781 en 1846, — 736 en 1872, — 889 en 1881 et 752 en 1891. L'établissement des chemins de fer, les fluctuations de l'industrie du diamant doivent être les causes de ces brusques variations de population.

La commune est divisée en quatre sections : Saint-Genis, la plus importante, possède la mairie, le bureau de poste ; Pouilly a l'église reconstruite peu après sa démolition en 1789 ; Flies, qui fut autrefois un établissement romain, possède les ruines d'un château-fort saccagé et détruit en 1536 par les Bernois ; on y a trouvé des tombes et des objets anciens ; Prégnin, au nord, dans la partie la plus humide de la commune, avait aussi un château-fort détruit en 1590 par les Genevois.

Sauverny, à 9 kilomètres de Ferney, 6 de Gex et 106 de Bourg.

Cette commune, la plus petite commune du canton, est située à la partie nord sur la limite suisse, elle est formée d'une plaine inclinée à l'est et allant du chemin de grande communication Ferney-Divonne jusqu'à la Versoix ; le village est au bas, toute la partie supérieure est couverte d'un vignoble fournissant un vin blanc estimé. Vers la rivière, le sol est argileux : il produit des céréales, des fourrages. Une fruitière fabrique du fromage façon gruyère. La Versoix, qui limite la commune, fournit d'excellentes truites; sur la rive gauche se trouvent quelques maisons, des moulins, battoirs à blé, martinet, qui faisaient autrefois partie de Sauverny et qui en ont été détachées en 1815 pour être réunies à Versoix du canton de Genève.

La population a beaucoup diminué depuis le commencement du siècle; il y avait 275 habitants en 1821 et 279 seulement en 1846. L'augmentation constatée presque partout dans la première partie du siècle est insignifiante ici; la décroissance est ensuite rapide : 218 en 1872; 195 en 1881; 178 en 1891.

La commune, qui n'a que 189 hectares de superficie, paie 106 centimes valant 10 fr. 10 l'un; elle compte deux hameaux: La Craz et la Barousse.

En 1666, le prince de Condé était seigneur de Sauverny. Un Guillaume de Sauverny, qui était gouverneur de Fort-l'Ecluse en 1325, fut pendu après la prise du fort par les Suisses.

Sergy, à 10 kilomètres de Ferney, 10 de Gex et 93 de Bourg.

Sergy est adossé au Jura; son territoire, en partie plaine, comprend aussi une portion du versant est de la montagne. Le sol léger et pierreux produit des céréales, de la vigne et des fruits; il est arrosé par la London qui limite la commune à l'est.

Le village est à 500 mètres d'altitude au milieu de vergers et d'arbres fruitiers. Quelques carrières de pierres s'ouvrent au pied du Jura, mais de moindre importance que celles qu'on trouve à Thoiry.

La commune, d'une superficie de 916 hectares, paie 51 centimes valant 21 fr. 13 l'un; elle compte aujourd'hui 313 habitants, elle en avait 353 en 1872 et 385 en 1846; en 1821, il n'y en avait que 311.

La commune, divisée en Sergy dessus et Sergy dessous,

compte trois petits hameaux : le Carré, la Charrière, la Fontaine.

En 1590, les Savoisiens brûlèrent l'église et tout le village qui, une fois reconstruit, eut un temple réformé jusqu'en 1685, à la révocation de l'Edit de Nantes.

Le château de Sergy est ruiné depuis longtemps, il appartenait à la puissante famille des Livrons.

Sergy est la patrie du général Tissot.

THOIRY, à 11 kilomètres de Ferney, 14 de Gex et 91 de Bourg.

Thoiry est une des deux communes adossées au Jura ; son territoire s'étend du sommet du Reculet (1,723 mètres) jusqu'à la limite suisse ; il est de 2,893 hectares. plus du tiers de la surface totale de tout le canton. Ce territoire offre des productions variées, mais importantes partout : dans la plaine, ce sont toutes les céréales et la vigne qui donnent de beaux produits ; au bas du Jura, huit carrières importantes de pierre à bâtir fournissent les matériaux pour les constructions de Genève et du pays ; contre la montagne, s'élevant presque jusqu'au faite, s'étalent de riches forêts de sapins.

Le sol, cultivé par ses propriétaires, est assez divisé ; on trouve pourtant deux domaines dépassant 60 hectares de superficie.

En plus des carrières dont il est parlé plus haut, l'industrie est représentée à Thoiry par trois fromageries travaillant toute l'année et deux chalets sur la montagne travaillant l'été seulement, — les produits sont le fromage de gruyère ; — par un atelier pour la taille des diamants ; par plusieurs usines où se fabriquent des filières en diamants pour tréfilerie d'or et d'argent ; par plusieurs scieries ordinaires, une taillanderie. On y trouve aussi bon nombre d'ouvriers horlogers travaillant à la maison.

La population de Thoiry, grâce à ses industries très prospères, à son sol fertile, grâce aussi à l'immigration de familles étrangères, a peu diminué depuis le milieu du siècle ; de 1,121 habitants en 1821, elle est montée à 1,490 en 1846 et redescendue ensuite à 1,393 en 1872, — 1,339 en 1881 et 1,355 en 1891.

Les naissances sont tombées de 394 par période décennale (1792-1802) à 292 pour la période 1872-1882, pendant que les décès montaient de 252 à 349 pour les périodes correspondantes. Sur les 1,355 habitants actuels, 742, soit la majorité, appartiennent à des familles vivant d'agriculture.

La commune paye 72 centimes valant 91 fr. 50 ; malgré ses 10,000 francs environ de revenus annuels, Thoiry a une dette de plus de 150,000 francs.

Les curiosités naturelles de la commune sont : le mont Reculet et le Puits-Mathieu. L'ascension du premier est faite par de nombreux touristes ; de son sommet on jouit d'une belle vue sur le val de Mijoux, sur le Léman, les Alpes, le Mont-Blanc ; on vient d'y faire placer une grande croix d'une dizaine de mètres de hauteur et qu'on voit briller au soleil de tout le pays de Gex.

Le Puits-Mathieu, tout près du village de Thoiry, est une source remarquable formée par un bassin naturel creusé dans le roc ; au fond est une excavation où, au moment des pluies, les eaux jaillissent en forme de gerbe de près de trois mètres d'élévation.

Le ruisseau qui sort en temps ordinaire du Puits-Mathieu coule de l'ouest à l'est et se joint au ruisseau d'Allemogne qui fait mouvoir trois moulins, trois scieries et deux martinets, après avoir traversé le bel établissement de pisciculture de la maison Lugrin, où l'on élève les truites avec une nourriture préalablement cultivée dans des bassins séparés.

Les eaux de la source d'Allemogne sont d'une remarquable limpidité ; diverses tentatives ont déjà été faites pour y construire un établissement de bains.

La commune est en outre arrosée par la London qui se grossit de l'Allemogne et du Nant, tous deux en entier sur la commune.

Thoiry compte 6 hameaux et quelques maisons isolées : Fenières, le plus important, possède une école, Allemogne, Baizenas, Gremaz où se trouvent l'établissement Lugrin, Badian et Massonnex. Au hameau d'Allemogne, dans une position admirable, on aperçoit les ruines d'un vieux château fortifié entièrement détruit par un incendie il y a une cinquantaine d'années ; il avait appartenu à la noble famille des Livron, puis à celle de Conzié.

Versonnex, à 6 kilomètres de Ferney, 6 de Gex et 101 de Bourg.

Cette petite commune, située au nord de Ferney et à l'est de Gex, sur la limite suisse, n'a que 589 hectares de superficie. Son sol rouge argilo-calcaire produit toutes les céréales, du vin, des fourrages en quantité ; il est arrosé par la Versoix qui sépare la commune de la Suisse, par l'Oudard qui traverse le village et baigne les fondations de l'église qu'il rend très humide, par un affluent de l'Oudard, l'Illette qui, dans la partie ouest de la commune, traverse des prairies marécageuses et fait, à son confluent, au hameau de Villard-Dame, mouvoir une scierie, un moulin et un battoir à blé.

Versonnex paye 48 centimes valant 20 fr. 65 l'un.

Les habitants tous agriculteurs sont aussi tous propriétaires, le sol étant très divisé ; il y avait autrefois le grand domaine des Borsat comprenant tout le hameau de Villard-Dame ; en 1840, il a été vendu et morcelé.

La population de Versonnex, de 233 habitants en 1821, est montée à 251 en 1846, pour redescendre ensuite légèrement à 229 en 1872, 223 en 1881 et 202 en 1891. La dépopulation qui n'est pas encore bien forte va s'accentuer rapidement aux recensements prochains ; il n'y a plus que des personnes âgées dans la commune ; sur 60 électeurs, 33 ont dépassé cinquante ans ; plus guère de jeunes ménages, ils émigrent ; plus de naissances, le plus jeune des enfants de la commune (en septembre 93) avait deux ans et demi.

On montre, à l'entrée du village, la maison qui fut la demeure de la famille Varicourt dont un des membres fut évêque d'Orléans ; un autre, garde du corps de la reine, fut tué à sa porte le 5 octobre 1789 ; une de leurs sœurs, épouse du marquis de Villette et filleule de Voltaire, avait reçu de ce dernier le surnom de Belle-et-Bonne.

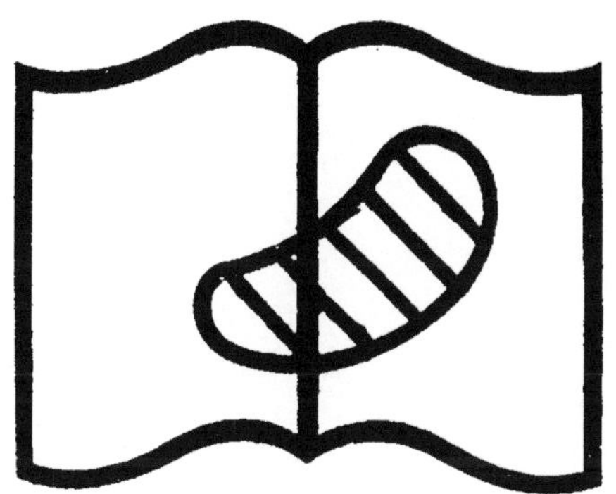

Illisibilité partielle

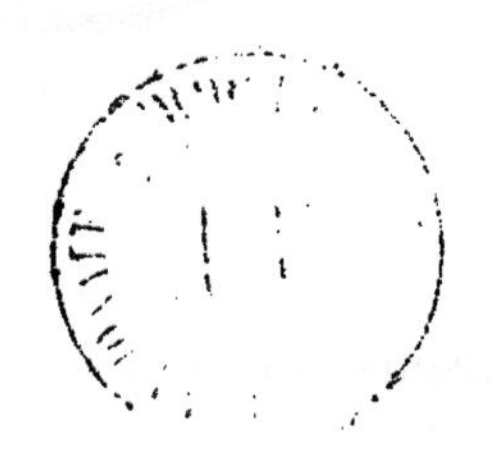

GÉOGRAPHIE DE L'AIN

LES LACS DU DÉPARTEMENT

Le Jura est un système montagneux très riche en lacs. De tous côtés, au fond de ses combes mystérieuses, on voit scintiller des nappes d'eau, d'étendue et de profondeur très inégales. Ces lacs donnent de la grâce au paysage de la région. Ils mettent une no[illegible] et vive dans une contrée qu'assombrit souvent la végétation triste des sapins. Mais les savants les avaient un peu dédaignés jusqu'à ce jour, avaient négligé de nous initier à leur formation, à leur aspect extérieur et intérieur, à leur flore et à leur faune. Voilà que tout à coup on s'est mis à étudier les lacs à l'étranger et puis en France. Une science nouvelle, la limnologie, s'est constituée avec rapidité ; elle a ses méthodes, ses instruments spéciaux pour apprécier la densité, la température, la composition de l'eau.

Grâce à cet enthousiasme, nos lacs français sont mieux connus ; il vient de paraître un *Atlas des lacs français,* dressé par un distingué ingénieur des ponts et chaussés, M. Delebecque. Parmi les autres travaux déjà très nombreux sur ce sujet, nous ne voulons citer que celui qui est dû à notre compatriote le Dr Magnin, le savant professeur de la Faculté des sciences de Besançon. Il a pour titre : *Contribution à la limnologie française : les lacs du Jura.* Il a paru dans les *Annales géographiques.* Nous en rendrons compte avec exactitude pour la partie qui regarde notre département. Les premières pages de cette notice devront leur valeur en partie aux emprunts que nous lui ferons. Ajoutons, du reste, que nous avons visité presque tous les lacs que nous allons énumérer.

SITUATION

Le département compte vingt-cinq lacs au moins. Disons d'abord que le mot « lac » est un peu ambitieux pour nos petites cuvettes jurassiques. Les lacs dont il va être question sont souvent de dimension très exiguë et leur profondeur est assez faible ; mais pour éviter toute complication, nous les rangerons tous sous le même vocable. Ils sont de forme ronde en général, quelques-uns sont très allongés.

C'est l'arrondissement de Belley qui en possède le plus grand nombre. C'est dans l'arrondissement de Nantua que se rencontrent les deux plus étendus et les plus profonds.

RÉPARTITION

Ces lacs se répartissent en trois groupes bien distincts : 1° le bassin de Belley; 2° la région de Tantaine et des Hôpitaux ; 3° la région de Nantua.

Le bassin de Belley est le mieux partagé : on y compte 16 lacs ou grands étangs. Le pays est propice à la formation des lacs. Tous sont enfermés dans ces vallées caractéristiques du Jura, les combes et cluses. Ces vallées sont généralement étroites; elles semblent fermées de tous côtés par des montagnes élevées et continues. Quelquefois la combe s'ouvre faiblement d'un seul côté, et c'est par là que s'échappe l'émissaire du lac. En général, il tombe d'un escarpement à pic. Ailleurs, la vallée est si bien close qu'il n'y a pas d'écoulement apparent. Le lac écoule son trop-plein par les couches inférieures du sol, et fait jaillir au loin ces belles sources aux eaux claires et abondantes, richesses inappréciables de nos vallées.

Nous avons rencontré aussi des lacs qui étaient en plaine et dont les eaux dormaient au pied des collines du Bugey, dans des failles profondes et silencieuses.

BASSIN DE BELLEY

Le bassin de Belley, centre naturel du Bugey, est parcouru par de nombreux plissements du Jura, au fond desquels ont trouvé place soit des lacs, soit de riches vallées circulaires, qui elles-mêmes ont été recouvertes autrefois par les eaux.

Nous énumérons ces lacs par ordre alphabétique pour éviter tout désordre et tout oubli.

Le lac d'Andert ou Etang du Loup n'a que très peu d'importance. Il est compris dans une des prairies d'aspect tourbeux qui appartiennent à la vallée du Furan. Il ne nous a frappé par aucun caractère particulier, et si nous n'avions pas le souci d'être complet, nous oublierions volontiers l'Etang du Loup. Nous pouvons en dire autant du lac de Cressieu qui est situé dans la même région. Il appartient à la commune de Chazey-Bons. Nous avouons même humblement avoir parcouru à maintes reprises la région avoisinante sans l'avoir découvert. Il nous semble même qu'il a disparu, pour faire place à une série de biefs, destinés à fournir la force motrice pour une usine. Ici l'œuvre des hommes a changé les projets de la nature et les amis de la solitude et des paysages tranquilles sont déçus.

Le lac d'Armaille existe toujours ; il a été, il est vrai, pendant l'été de 1893, réduit de près de moitié. Sa cuvette apparaissait desséchée et blanche. Jamais de mémoire d'homme son niveau n'avait été sujet à des variations d'une amplitude si considérable. En général, le lac d'Armaille étend ses eaux bleues et profondes dans son vallon gracieux. Pendant quelques mois il a été transformé en étang vaseux. La ville de Belley, qu'il est chargé d'alimenter d'eau potable, a vu ses fontaines tarir pendant de longues semaines. Le phénomène, vu sa rareté, vaut la peine d'être noté ici. Le lac a deux émissaires : l'un profond, l'autre littoral. Lorsque les eaux sont très grosses, elles se précipitent par un petit ruisseau qui va à ciel ouvert jusqu'au Furan. L'altitude est de 372 mètres, la superficie de 13 hectares en temps ordinaire et la profondeur de 12 mètres. Elle est très variable, en raison des changements de niveau dont nous venons d'indiquer un curieux exemple.

Le lac de Bertherand ou Bartherand est situé dans la commune de Cressin-Rochefort. Il est fort gracieux. Il est situé au fond d'une combe arrondie, entourée de collines verdoyantes et de prairies encore tremblantes. Les collines qui l'entourent présentent quelques caractères curieux. Elles renferment des mines de schistes, qui ont été exploitées. Le rendement a été jusqu'à ce jour jugé insuffisant. L'effluent qui va grossir le Seran saute brusquement dans la grande prairie du Rhône par-dessus un brusque escarpement de 50 mètres. Il fait tourner les roues grinçantes et moussues de vieux moulins, les moulins de Lezieux. La cascade est curieuse et pittoresque. Le site que les guides ordinaires ne mentionnent pas vaut la peine d'être remarqué. Son altitude est de 300 mètres. Sa superficie de 19 hectares, sa profondeur maxima de 15 mètres.

Le lac de Barque ou de Bar, sur la commune de

Massignieu-de-Rives, est situé dans la plaine qui longe l'escarpement où saute l'émissaire du lac de Bertherand, à 250 mètres d'altitude. Il n'a que 8 hectares de superficie. Sa profondeur atteint 20 mètres. D'un côté les roches calcaires s'enfoncent brusquement dans le lac et l'eau devient subitement noire. Le lac est situé à peu de distance de la route qui relie Belley à Seyssel et à Genève.

Le lac de Chailloux, sur la commune de Contrevoz, ne présente que peu d'intérêt. Il diminue très rapidement, nous a-t il semblé. Il occupe le fond d'une vaste dépression (altitude 326 mètres). On lui attribue une profondeur de 14 mètres, peut-être parce que ses eaux sont noirâtres ; il nous apparait comme une mare destinée à disparaître à bref délai. Il est cependant redouté dans le pays, et on raconte volontiers des noyades terribles dont il a été le théâtre. L'endroit où il se trouve est d'ailleurs solitaire et un peu sinistre.

La commune de Ceyzérieu possède deux lacs, que nous indiquons en même temps : le lac de Chavoley et celui de Mornieu. Le lac de Chavoley est le plus important des deux, situé à 317 mètres d'altitude, il a une étendue de 13 hectares et une profondeur approximative de 15 mètres.

Il est situé au fond d'une combe jurassique d'une forme parfaite, une véritable conque verte. Un ancien château le domine du haut d'un rocher escarpé, que ses eaux battaient autrefois. Les deux lacs sont conjugués souterrainement. Les lacs ont des émissaires profonds très nombreux. De tous côtés, sur les pentes des collines, on voit sourdre des sources, aux eaux limpides, d'une fixité remarquable. La plus grosse est celle d'Archaille dont le débit considérable n'a pas fléchi très sensiblement dans les grandes sécheresses.

Je mentionne seulement les trois petits lacs conjugés de Conzieu, altitude 341 mètres, profondeur 19 mètres, de Lhuis, de Pluvis, de Pugieu. On compte deux petits lacs à Pugieu. Ils se rattachent au lac de Virieu.

Nous finissons l'énumération des lacs de la région de Belley par celui de Virieu-le-Grand. Les voyageurs qui suivent le Lyon-Genève peuvent l'apercevoir dormant au milieu d'une prairie verte. Ses rives sont indécises. C'est le sort de tous les lacs de plaine. Son altitude, 260 mètres, est une des plus basses de la région. Toutes les sources avoisinantes s'y rendent. La construction de la voie ferrée a diminué et l'abondance et la profondeur de ses eaux. Il a une forme circulaire, s'étend sur quatre hectares.

Nous l'avons vu à l'époque des grandes eaux recouvrir une étendue de terre plus considérable. Le terrain qui l'avoisine est en pente douce. C'est l'ancien lac dont on retrouve encore les traces vivantes sur le sol. La profondeur atteint quinze mètres.

BASSIN DES MONTAGNES DE TANTAINE ET DES HOPITAUX

Avec le bassin des montagnes de Tantaine et des Hopitaux, nous entrons dans une région plus sauvage, d'une altitude considérable. Les combes deviennent moins riantes, moins peuplées, moins fertiles. Sur le plateau élevé qui domine le bassin de Belley, nous trouvons le petit lac circulaire d'Ambléon, environné de bois taillis. Son altitude sur la carte d'état-major est indiquée par le chiffre de 630 mètres ; sa superficie est de 6 hectares, sa profondeur de 11 mètres. Autour du lac une prairie tourbeuse. L'étang de Crotel, dans la commune de Groslée, n'a qu'un hectare de superficie, une profondeur très minime, une altitude de 528 mètres. Au lac de Crotel se rattache un curieux souvenir archéologique. Groslée, dans la période gallo-romaine, a été une sorte de petite ville, comme l'attestent les ruines nombreuses qui ont été retrouvées sur son territoire. Un aqueduc, en partie souterrain, construit par l'intendant des chemins, Agrippa Montanus, amenait à Groslée les eaux du lac de Crotel. Il est infiniment probable qu'à cette époque lointaine le petit lac était plus important qu'à l'heure actuelle.

Dans l'étroite gorge des Hopitaux, crevasse profonde et désolée, où l'écoulement des eaux est à peine sensible, on peut voir, en passant en chemin de fer, des lagunes tristes et boueuses auxquelles on a donné le nom caractéristique d'Eaux Noires. L'un est situé à 350 mètres d'altitude, l'autre à 343 ; ils ont une étendue qui varie de 8 à 10 hectares. Les prairies qui s'étendent vers la Burbanche ont été autrefois leur domaine.

RÉGION DE NANTUA

Enfin nous arrivons à la région de Nantua, au cœur même du Jura méridional, dans le pays des grandes cluses et des lacs étendus.

Le plus important est celui de Nantua, le plus remarquable du département.

Il s'étend à côté de la petite cité industrielle du même nom. Il est situé presque au même niveau (altitude 474 mètres) et est même pour elle un danger. Un quartier de la ville est sans cesse menacé par ses infiltrations. Sa superficie est de 141 hectares et sa profondeur atteint 43 mètres. Nous n'insisterons pas sur cette grande nappe d'eau allongée aux pieds des monts d'Ain. C'est de toutes les curiosités du haut Bugey la plus connue.

Le lac de Sylans nous semble un des types les plus curieux des lacs de combes. On se fait difficilement une idée de l'étrangeté de cette cluse sombre et étroite, qui s'élève à 584 mètres, au fond de laquelle le lac étend ses eaux limpides. L'étendue du lac est de 50 hectares ; sa profondeur de 22 mètres. Le lac de Genin, situé dans les communes d'Oyonnax, Echallon, Charix est encore plus haut dans la montagne (831 mètres). Il est de petite proportion (8 hectares), mais sa profondeur atteint 17 mètres.

Enfin, à ce groupe nous voulons rattacher le Groin, vaste entonnoir qui appartient à la commune de Don en Valromey. Ce gouffre, où semble dormir en tout temps une eau verte et claire, est extrêmement capricieux. Pendant de longs mois, son niveau reste le même. Il est réduit à une petite nappe circulaire qui disparait sous une voûte basse. Puis subitement il monte et pendant quelques jours donne naissance à un gros torrent qui va grossir le Seran, un affluent du Rhône. Nous ne saurions mieux le comparer qu'à la Fontaine de Vaucluse. Il lui a manqué seulement un Pétrarque, pour chanter le charme sauvage de son site.

PROFONDEUR DES LACS. LES EAUX

On trouve trois catégories bien tranchées : 1° Les lacs étangs, qui sont peu profonds, avec une cuvette de forme rudimentaire, et des bords très plats ; les deux exemples caractéristiques dans les lacs que nous avons étudiés, ce sont les lacs d'Armaille et surtout des Hopitaux ;

2° Viennent ensuite les lacs des tourbières, très

dangereux. Les bords sont à pic en raison de l'avancement de la prairie. Les mottes de gazon sont comme autant de bateaux qui flottent sur les eaux, cachant sous leurs racines touffues des précipices où tombent les marcheurs imprudents. Le bord du lac, en raison de ce phénomène, est à pic et l'eau est bientôt profonde. Le lac de Chavoley peut être regardé comme le type de ces lacs à bord tourbeux, aux eaux noires. Son voisin de Mornieu offre les mêmes caractères.

Enfin, la troisième catégorie est formée par les lacs véritables assez étendus et assez profonds pour que les vagues, agissant avec force, déterminent sur leur bord la formation d'une beine ou blanc-fond : lac de Nantua. Quant au relief du fond, il n'est pas toujours très régulier. Les sondages opérés par M. Delebecque nous ont révélé de nombreuses irrégularités.

L'eau des lacs n'est pas bleue, elle est verte et d'une transparence médiocre. Cette coloration est due sans doute à certains principes organiques en suspension. Des expériences précises et nombreuses ont été faites avec des tubes gradués du bleu au jaune de la gamme Forel. L'eau est riche en carbonate de chaux : aussi trouve-t-on au fond de très riches dépôts de calcaire. Ajoutons que la température des eaux est très variable, et qu'on note de sensibles changements du jour à la nuit. En hiver, les congélations totales sont fréquentes.

ÉTENDUE

Nous avons indiqué l'étendue des lacs. Quelques-uns des chiffres cités n'ont qu'une valeur approximative. Ce qu'il y aurait de curieux à étudier, ce sont les variations de niveau des lacs. Elles sont en général très apparentes. Cette année nous avons constaté des retraits énormes dans les lacs du Bugey. Ils étaient dus à l'extrême sécheresse de la saison et aussi au peu d'étendue des bassins d'alimentation. Ils sont alimentés seulement par les eaux de ruissellement. Mais dans les périodes normales, on peut constater que ces lacs sont soumis à une diminution progressive, due sans doute au déboisement des pentes avoisinantes. Nous avons constaté ce phénomène notamment aux lacs de Bar, de Bertherand, de Chavoley, de Mornieu. Les prairies tourbeuses gagnent peu à peu sur le lac et en rétrécissant la cuvette.

UTILISATION

Les nombreux lacs dont nous venons d'indiquer rapidement les caractères ne rendent en général aux hommes que de très minimes services. Les eaux de quelques-uns d'entre eux sont utilisées pour les irrigations ou l'alimentation des villes. Celui d'Armaille se débarrasse de son trop plein par un entonnoir souterrain, qui forme un peu plus loin et à vingt-quatre mètres plus bas la source du Loup ou d'Errefontaine. Cette source jaillissante et salubre a été captée : ses eaux alimentent Belley. Les émissaires font mouvoir quelques usines. Le ruisseau des Neyrolles, qui est formé par le lac de Sylans, actionne des scieries assez importantes. Ailleurs, c'est la roue d'un vieux moulin que l'émissaire fait tourner, comme par exemple au lac Bartherand. Mais d'une façon générale, au point de vue industriel, nos lacs ne rendent aucun service.

Autrefois, lorsque dans nos vallées on semait beaucoup de chanvre, on avait coutume de mettre rouir dans les lacs la précieuse plante textile. Cela était commode pour les riverains, mais les pêcheurs n'étaient point contents. Le poisson, en effet, prenait un goût détestable et ne fournissait qu'une friture très amère.

Enfin la pisciculture, qui a fait de nos jours de très grands progrès, semble inconnue des propriétaires de nos lacs. Elle pourrait cependant fournir de très beaux revenus. Tous nos lacs ne sont pas propices à l'élevage des poissons de premier choix. Mais on pourrait multiplier les essais pour varier les espèces, au lieu de rester dans une routine stérile. Il est évident que nos lacs sont déserts, dépeuplés, en comparaison de petits lacs du massif central par exemple. Le petit lac de Saint-Front, dans la Haute-Loire, dont le bassin n'est autre qu'un ancien cratère, nourrit des salmonidés en grande quantité. Et les truites qu'on y pêche sont grosses et grasses. A côté de cela nos lacs sont bien pauvres. Le lac de Nantua, avec ses eaux profondes et nourricières, a bien quelques truites, de petits paquets d'arêtes connus sous le nom d'échattous et quelques poissons blancs. Autrefois, il possédait des légions d'écrevisses. Un fléau les a fait disparaitre sans qu'on ait pu fixer la cause déterminante de cette singulière épidémie. Le lac d'Armaille près de Belley est bien empoissonné. Quelques essais ont été faits au lac de Bartherand sans grand succès. D'autres lacs, celui de Bar ou de Chavoley, n'ont que des poissons d'espèces très inférieures, au goût vaseux, des tanches ou de grosses carpes. Nous croyons du reste qu'en raison de la nature de leurs eaux, de leur cuvette boueuse et tourbeuse, il sera bien difficile d'obtenir des améliorations notables.

Pour en finir avec ces considérations sur l'utilisation de nos lacs, il ne faut pas oublier que le lac de Sylans est le centre d'un commerce original. Situé au fond d'une combe élevée et fort étroite, il gèle très régulièrement en hiver. Les eaux tamisées, filtrées dans les terrains avoisinants, sont d'une limpidité vraiment merveilleuse. La glace qu'elles fournissent est d'une belle homogénéité, la transparence en est parfaite. Elle est exploitée par un industriel et est expédiée de tous côtés.

ANTIQUITÉS

Les lacs suisses, les lacs de la Savoie, d'Annecy, du Bourget et d'Aiguebelette, ont été habités aux temps préhistoriques. Ils ont possédé de nombreuses stations lacustres ; on a retrouvé les pilotis qui soutenaient les habitations et les instruments rudimentaires dont se servaient nos aïeux. Nos petits lacs n'ont pas été explorés par les archéologues et n'ont point augmenté les collections de nos musées. Il est cependant hors de doute que les anciens Celtes les ont habités. Il y aurait croyons-nous, de fructueuses recherches à faire dans cet ordre d'idées.

LÉGENDES

Les légendes auxquelles nos lacs ont donné naissance ne se distinguent point par leur originalité. Nous les avons trouvées un peu partout ces légendes lacustres, avec leur même imprécision et leur même naïveté. La plus originale est celle du lac de Bar.

Un village a été englouti par le lac. Les maisons, l'église et son clocher gisent au fond des eaux. Dans les jours de grand vent, lorsque la cime des arbres se balance dans le ciel noir et que ce lac, réputé insondable, se couvre de mousse blanche, on entend au fond de la petite mare, des cris déchirants et comme le son lointain d'une cloche, la cloche des Trépassés.

La tradition veut encore que cette cloche, de grandeur colossale, ait tenté les villageois de Parves, une commune voisine dont les maisons blanches se dressent au sommet de l'escarpement qui domine le lac. Ils promirent à leur saint patron de jeuner dévotement le vendredi et le samedi s'il les aidait à tirer du fond des eaux noires la cloche merveilleuse. Ils descendirent avec de grosses cordes, les lancèrent dans le lac et réussirent à en tirer l'objet désiré. Ils le montaient péniblement à travers les sentiers de la montagne, suant et soufflant. Lorsqu'ils furent près d'atteindre le village, l'esprit gaulois reprit le dessus, et ceux qui montaient la cloche qu'ils croyaient déjà tenir, d'ajouter : « Nous ferons maigre, quand nous n'aurons pas de viande à manger. » Aussitôt les cordes cassent, et la grosse cloche roule de rocher en rocher et retourne pour toujours dormir au fond du petit lac bleu. Nous avons trouvé cette légende délicieuse et assez originale pour être conservée.

Ceyzérieu, novembre 1893.

J. Corcelle.

GÉOGRAPHIE MÉDICALE

DU

DÉPARTEMENT DE L'AIN

C'est une tâche ingrate entre toutes que celle de parler des misères humaines, mais les lecteurs voudront bien nous excuser, car au fond de ces arides statistiques, il y a l'indication précise de l'endroit où gît le mal, et par conséquent le moyen de le combattre et de le vaincre.

A l'article consacré au recrutement, deux choses frapperont, sans doute : c'est, d'une part, les différences souvent considérables que des cantons limitrophes présentent dans l'intensité d'une infirmité ; et, d'autre part, c'est le groupement de la même infirmité dans quelques cantons voisins, ce qui permet d'affirmer qu'il y a un facteur important dont la découverte donnerait la clef de l'étiologie de cette infirmité. Que les médecins, que les hygiénistes du département de l'Ain, qui connaissent à merveille toutes les circonstances de milieu, d'hygiène, de race, etc., dans lesquelles se trouvent ses habitants, veuillent bien ajouter leurs observations aux nôtres, et il sera alors facile de reconnaître les causes pathologiques que nous signalons dans le cours de cette étude et le degré de salubrité des diverses localités.

2

Lorsqu'on dresse la carte géographique des infirmités dans un département, on est souvent frappé de voir que des cantons voisins sont les uns presque complètement épargnés, les autres très maltraités par telle ou telle maladie ; l'hygiène publique a le devoir de rechercher les causes de cette inégalité devant la maladie et d'y remédier dans la mesure du possible, elle doit s'enquérir des progrès qui sont réalisés, et quand des cartes des principales infirmités auront été faites pour chaque département, il suffira de comparer les cartes dressées à quelques années d'intervalle pour se renseigner à cet égard ; un coup d'œil apprendra au savant ou à l'administrateur qui consultera ces cartes si les zones noires de la maladie s'étendent, ou si, au contraire, elles diminuent d'étendue.

Nous nous occuperons d'abord du mouvement de la population pour parler ensuite du recrutement et de la nosographie des différentes régions du département. Mais, avant d'entrer en matière, il est nécessaire de donner un aperçu de la physionomie générale de cette contrée.

Physionomie générale

Le département de l'Ain se divise en deux parties aussi différentes par la configuration que par la nature du sol et le caractère des habitants : l'une, à l'ouest, est formée de vastes plaines, l'autre, à l'est, est formée de montagnes et de plateaux.

La plaine comprend : 1° La Bresse ; 2° les Dombes. La région montagneuse a reçu le nom de Bugey.

Bresse

La plaine bressane ou le plateau bressan a la forme d'un quadrilatère irrégulier, dont le côté occidental, qui mesure 90 kilomètres, s'appuie à la Saône ; le côté nord est formé par la limite artificielle qui sépare le département de ceux du Jura et de Saône-et-Loire. Le côté oriental longe la montagne jusqu'à Druillat pour s'appuyer ensuite à l'Ain ; enfin, le côté méridional, le plus court, s'appuie au Rhône. Ces deux derniers sont fortement relevés, d'où il résulte que les rivières qui sillonnent cette contrée se dirigent d'abord du sud au nord, puis vers la vallée de la Saône.

Le Bressan est calme, laborieux, sensé et lourd ; il est généralement blond ou châtain ; ses yeux sont bleus ou gris, le teint pâle, la tête et la figure ovales, la taille haute, svelte, le tempérament lymphatique ou lymphatico-sanguin.

En consultant les registres du recrutement de la subdivision de Bourg, nous avons trouvé pour cette région de 1878 à 1884 3.839 cheveux châtains, 666 blonds ; 2.659 yeux châtains et 1.794 bleus ; les deux types blonds et châtains y prédominent donc réellement.

Ce serait un Arya venu d'Asie à une date tardive. A l'époque gauloise, la Bresse dépendait de la tribu des Edues gouvernée par les Druides. La féodalité y fut laïque avec les trois grandes seigneuries de Bâgé-le-Châtel, de Coligny et de Villars.

Dombes

Au sud, la Bresse se continue par le pays des Dombes, plateau assez élevé au-dessus des vallées de l'Ain, du Rhône et de la Saône, qui l'entourent.

C'est une contrée très curieuse, qui, pendant longtemps, a joui d'une grande réputation d'insalubrité, bien méritée du reste, car, à cette époque, elle se composait d'innombrables étangs qui avaient été établis aux XIIIe, XIVe et XVe siècles, et qui sont, pour la plupart, desséchés aujourd'hui ; ces étangs étaient et sont encore, pour les Dombistes, un mode particulier de culture du sol, c'est la jachère en eau substituée à la culture ordinaire.

La culture en eau dure ordinairement deux ans ; elle constitue l'évolage (vente de poisson) ; la culture du terrain, l'assec a lieu ordinairement la troisième année. Les causes principales sont : 1o d'abord la dépopulation résultant des longues guerres féodales ; 2o la facilité de l'écoulement du poisson dans le voisinage d'une grande ville et à une époque où les jeûnes étaient observés rigoureusement ; 3o l'état physique du sol et la faiblesse de ses pentes.

Le sol, en effet, est tout à fait imperméable, et cette imperméabilité est due à la boue glaciaire et à ses dérivés. L'examen des matériaux qui entrent dans la composition des moraines et de la boue glaciaire, la nature des blocs erratiques disséminés sur toute la surface de la Dombes et constitués par des roches alpines, protognie, phyllode, diorite, grès houillers, etc., ou jurassiques néocomiens, ne laissent pas de doute qu'ils ont été arrachés aux flancs du Jura et des Alpes. De plus, la conservation de leurs angles et la présence de stries parallèles prouvent que ces blocs n'ont pas été charriés par des torrents, même boueux, mais bien par des glaciers, seuls agents qui, de nos jours, produisent des phénomènes semblables.

Bugey

Le massif montagneux qui porte le nom de Bugey a la forme d'un parallélogramme allongé dans le sens du méridien et limité par le Rhône, la Valserine et l'Ain qui en font une péninsule Ces montagnes appartiennent à l'époque géologique, dite secondaire ou jurassique, et leur charpente se compose de roches calcaires avec toutes leurs variétés de marnes et de tufs. Le Jura, soit du côté français, soit du côté suisse, présente un caractère d'uniformité qui contraste avec les formes tourmentées des Alpes. La partie nord du Bugey, qui comprend l'arrondissement de Nantua, est essentiellement forestière, le ciel y est dûr, inclément. La partie sud, au contraire, que représente l'arrondissement de Belley, renferme des vallées plus larges, des versants moins âpres ; le sol y est plus fertile, le climat plus doux.

Antérieurement à l'arrivée des Romains en Gaule, on ne trouve guère qu'obscurité dans l'histoire du Bugey. Au temps de César, le territoire compris dans les limites actuelles du département de l'Ain appartenait à la Celtique, et était occupé par les Ambarres, de la Saône au Revermont et aux montagnes du Bugey par les Séguèvioses dans la

Dombe, les Séquanes dans le Bugey et les Helvètes dans le pays de Gex.

C'est le 18 janvier 1601 que fut signé, à Lyon, le traité par lequel la Bresse, le pays de Gex et le Bugey étaient réunis définitivement à la monarchie française.

Les Bugistes sont actifs, intelligents, industrieux. Les premiers occupants du sol furent des Mongoloïdes devenus par des croisements avec les Aryas (Celtes puis Burgondes) plus beaux et plus grands. La race qui habite le Bugey est brune de cheveux, d'yeux et de teint, la tête et la face sont rondes, les membres robustes et le tempérament bilieux ou bilioso sanguin. A l'époque gauloise, le Bugey du clan des Séquanes était gouverné par une aristocratie guerrière. Cette région des montagnes, moins sombre, moins humide, moins boisée que la Bresse, appartient à la féodalité ecclésiastique avec les abbayes de Saint-Rambert, Nantua, Ambronay et l'évéché de Belley. Ces trois grandes abbayes se partagèrent les meilleures positions du pays.

Mouvement de la population depuis 1789.

La population de l'Ain a suivi, depuis 1789, une progression croissante au début ; mais depuis quelques années, notamment de 1856 à 188', elle a subi une légère diminution pour se relever un peu en 1886.

Ainsi, la population, qui n'était que de 281.913 habitants en 1789, atteint le chiffre de 297.071 en 1801 ; en 1851, 372 935 ; en 1856, 370,969 ;

en 1861, 369.767 ; en 1866, 371.673 ; en 1872, 363.290 ; en 1881, 363.492 ; enfin, en 1886, le chiffre de 364.408 avec une augmentation de 936 habitants sur le recensement de 1881. En somme, de 1789 à 1886, le département a gagné 82.495 habitants.

Maintenant, examinons le mouvement de la population dans quelques-unes de ses communes, en commençant par Bourg, son chef-lieu, et voyons ce qui s'est produit, sous ce rapport, depuis un certain nombre d'années.

L'évaluation de la population de Bourg, la plus ancienne qui nous soit parvenue, est due à Bouchut, intendant de la province de Bourgogne, en 1668. Elle porte le nombre d'habitants à 6.100. En 1742, l'abbé d'Expilly, dans son dictionnaire de géographie, portait la population de cette ville à 4.500 habitants. Or, en comparant ces deux chiffres, on pourrait être tenté de croire à une erreur. Mais, il n'en est rien. Cette diminution de la population doit être attribuée aux misères affreuses de la fin du règne de Louis XIV et à des conditions hygiéniques déplorables qui occasionnèrent les épidémies de peste qui vinrent s'abattre sur les habitants en 1664, 65 et 74. Les ducs de Savoie, rapporte Guichenon, firent cependant tous leurs efforts pour accroître le nombre des habitants de la ville de Bourg, en leur accordant toutes sortes de privilèges.

Malheureusement, Bourg se trouvait entouré, au nord et à l'est, de prairies excessivement marécageuses ; à l'ouest, de marais ; au sud et au sud-ouest, d'étangs nombreux qui rendaient le climat très humide et répandaient dans l'atmosphère, pendant les chaleurs, des miasmes délétères. D'un autre côté, les fossés situés au pied des remparts de la ville étaient larges et présentaient alors des flaques d'eau croupissante. Les rues étaient étroites, tortueuses, couvertes dans les trois quarts de leur largeur par les toits des maisons dont les étages supérieurs surplombaient l'inférieur et le rez-de chaussée au point de se toucher, en ne laissant pénétrer ni air, ni lumière. L'étroit couloir qui conduisait à l'escalier en colimaçon était en terre battue, et pendant l'hiver il se transformait en un sentier boueux. Dans les cours, en formes de puits étroits et profonds, s'accumulaient les immondices de toute sorte, jusqu'à ce qu'une pluie abondante vînt les entraîner. En outre, plusieurs ruisseaux circulaient dans les rues, à découvert, tantôt entre les maisons dont ils baignaient les murs, tantôt sous les maisons elles-mêmes. Ces ruisseaux, avons-nous besoin de le dire, étaient le réceptacle des eaux ménagères, des eaux pluviales et enfin des matières usées de chaque maison, en un mot, des matières fécales des habitants. Le tout à l'égout était déjà en honneur ; mais les tuyaux de conduite n'étant ni étanches, ni suffisamment inclinés, ni balayés par des charges d'eau suffisantes, il en résultait des amas de détritus qui, s'amoncelant dans l'intérieur de ces canaux, devenaient, en été, des foyers de putridité et de pestilence, pour employer une expression sans cesse formulée par les habitants ; foyers délétères qui subsistent encore aujourd'hui dans quelques quartiers de la ville par suite de l'installation excessivement défectueuse des latrines et des conduits des latrines de la plupart des maisons de l'agglomération urbaine. Ce réseau souterrain infect constitue, même actuellement, il ne faut pas se le dissimuler, une vaste fosse d'aisance dont les gaz fétides se répandent librement dans l'atmosphère des rues de la ville (Rue d'Espagne, rue Bourgneuf, rue du Gouvernement, rue Teynière) (1).

A partir de la deuxième moitié du XVIIIe siècle, de grands travaux rendirent Bourg plus salubre. Le comte de Montrevel s'occupa de l'assainissement des prairies de Challes, et plusieurs propriétaires livrèrent à la culture leurs étangs du voisinage. Enfin, par des lettres patentes, datées de 1771, le roi céda à la ville la propriété des fossés et des remparts qui, au nord, servirent à former les belles promenades du Quinconce et du Bastion.

Bref, en 1784, la population s'élevait à 7.000 habitants ; en 1830, à 8.424 et la vie moyenne était de 33.75 A partir de ce moment, l'accroissement s'est accentué davantage. Ainsi, en 1869, on comptait 10.930 habitants et la vie moyenne était de 34.9 ; en 1867, 13,789 ; en 1876, 13.079 ; en 1881, 14.324, et en 1887, 14.375. Nous ferons observer que depuis 1867, la population de la caserne, des prisons, des séminaires, des pensions, ne figure plus dans les recensements.

---

(1) Décembre 1891. Le Conseil municipal vient de voter 2.000.000 de francs pour la réfection des égouts et l'assainissement de la ville.

Une seule ville de l'Ain, Oyonnax (fabriques de peignes), a pris un rapide développement. Ainsi, cette ville qui ne comptait, en 1796, que 800 habitants, en compte actuellement 4 194, c'est-à-dire qu'elle a gagné 3.394 habitants en 92 ans. Par contre, Gex a perdu 365 habitants depuis 1836 ; Nantua, 229 de 1876 à 1886 ; Trévoux, 110 de 1851 à 1886.

Dans la région des Dombes, nous constatons que Villars, qui est à peu près au centre de cette région insalubre, n'avait que 1.036 habitants en 1846 ; 1.153 en 1851 ; 1.094 en 1856 ; 1.141 en 1861 ; 1.304 en 1866 ; 1.472 en 1871 ; 1.612 en 1876 ; 1.535 en 1881 et 1.607 en 1886, ce qui montre un accroissement périodiquement supérieur. Il y a une vingtaine d'années, la moyenne de la vie était de 24 ans 2 mois 1/2, tandis qu'en 1886 elle était de 36 ans 9 mois.

Dans six communes d'étangs, comme Birieux, Bouligneux, Le Plantay, Marlieux, La Peyrouze et Saint-Nizier, la densité de la population a subi un accroissement proportionnel au desséchement des étangs.

A Chalamont, agglomération située au milieu des étangs, la population, qui était de 1.186 habitants en 1802, atteint actuellement le chiffre de 1.857 habitants.

Il est donc bien évident que l'état sanitaire de Chalamont, comme celui du reste de la Dombes, s'est singulièrement amélioré depuis le commencement du siècle et que le pays est loin d'y être aussi malsain qu'autrefois.

Depuis une vingtaine d'années, 6.000 hectares d'étangs ont été desséchés, un chemin de fer à double voie a été construit, de nouvelles routes ont été faites, des arbustes en assez grand nombre ont été plantés. Ce qu'il y a de certain, c'est que les nombres proportionnels des fiévreux paraissent entrer dans une phase décroissante manifeste ; en effet, depuis 1869, année où le dessèchement était en partie terminé, l'Hôpital de Bourg ne reçoit plus que 14 — 12,7 — 12,5 — et même 11 fiévreux sur 100 malades, au lieu de 16 — 17 et 20 qui se présentaient auparavant.

Si maintenant, nous jetons un coup d'œil sur le mouvement des naissances et des décès, nous constatons en faveur des naissances un excédent de 437 pour 24 communes de la Dombes dans les deux périodes décennales de 1853 à 1875.

Dans le Bugey, à Oyonnax, cet excédent atteint le chiffre de 119 de 1876 à 1886 ; à Izernore, 66 ; à Virieu-le-Grand, 26 ; dans la Bresse, à Coligny, 44 ; dans la Dombes, à Villars, 95. Hâtons-nous d'ajouter qu'à part ces quelques cantons que nous venons de citer, c'est ordinairement le contraire qui est la règle, c'est-à-dire un excédent de décès sur les naissances, comme à Gex, Collonges, Trévoux, Châtillon-sur-Chalaronne, Montluel, Meximieux, Treffort, Thoissey. Un des cantons les plus éprouvés sous ce rapport est celui de Treffort, au voisinage de Bourg, dont les communes présentent une natalité sans cesse décroissante dans la dernière période décennale. Parmi ces communes, nous devons citer particulièrement Meillonnas, Corveissiat, Arnans surtout, où la population qui était de 443 habitants en 1865 n'est plus que de 257 ; Pouillat, Chavannes-sur-Suran et Germagnat. Les causes de cette dépopulation sont : l'émigration des paysans vers les villes où les attirent une existence plus agréable et un travail plus rémunérateur, et où aussi la mortalité est plus élevée et la natalité moindre ; 2° la diminution de la natalité, par intérêt, par cupidité, par misère ou par crainte de privations. En un mot, on cherche à vivre avec un maximum de luxe et un minimum de travail.

D'après Bertillon, le département de l'Ain appartiendrait à la classe des départements où le croît de fait l'emporte notablement sur le croît phisiologique, où la gemellité est au minimum, et où l'excès de mortalité de 20 à 30 ans dépasse la moyenne générale de 1,24 au lieu de 0.82 pour le reste de la France. Comme mortalité générale, l'Ain occuperait le 71e rang et constituerait un département à faible mortalité du premier âge, probablement parce que l'allaitement naturel y est très répandu ; mais à forte mortalité pour les célibataires, 76.9.

Si la population de l'Ain ne diminue pas, c'est grâce aux immigrants qui y arrivent, car la natalité, par 1.000 habitants, qui était de 34 de 1801 à 1810, n'était plus que de 22.9 de 1861 à 1869 (Annuaire du ministère de l'intérieur).

Quant à la vie moyenne, elle s'élève à 37 ans 6 mois.

Au point de vue de la protection des enfants du premier âge en sevrage ou en garde, nous sommes heureux de constater que la loi Roussel, cette loi tutélaire de l'enfance, y a donné jusqu'à présent des résultats très satisfaisants, grâce à une surveillance active et à une sage direction.

Ce service de la protection des enfants en bas âge a été réellement organisé dans l'Ain en 1883 1884, par M. l'inspecteur Saucerotte.

En 1884, sur 1.183 nourrissons, 923 étaient allaités au sein et 130 au biberon.

Dans chacun des arrondissements, la mortalité a été comme il suit : (1)

Bourg ..	38	décès sur	792	soit 4.80	0/0.
Trévoux.	46	—	586	soit 7.85	—
Belley...	36	—	732	soit 4.92	—
Gex.....	4	—	56	soit 7 32	—
Nantua..	28	—	325	soit 8.58	—

En 1884-85, sur 1.948 enfants visités, on relève 131 décès, soit 6.70 0/0, et sur 1.018 non visités, 109, soit 10.70 0/0.

Les enfants élevés au sein ont fourni 138 décès sur 1.537 enfants, soit 10.80 0/0, et au biberon, 77, soit 29.76 0/0.

Sur ces 1.537 enfants de 1 à 12 mois, 932 visités ont fourni 121 décès, soit 12.98 0/0, et 605 non visités, 94 décès, soit 15.54 0/0.

En 1885-86, sur 1.165 enfants élevés au sein, il y

(1) Température douce et régulière pendant l'été. Aucune épidémie n'a sévi sur les enfants.

a eu 145 décès, soit 12.43 0/0, et sur 248 élevés au biberon, 71, soit 28.62 0/0.

En 1886-87, la mortalité générale infantile a été de 245 sur 2.803 enfants inscrits de 1 jour à 2 ans, soit 8.50 0/0 ; celle des enfants visités a été de 114 sur 1.729, soit 6.50 0/0, et celle des enfants non visités, de 131 sur 1.074, soit 12.25 0/0.

De 1 jour à 12 mois, la mortalité des enfants a été de 222 sur 1.438 nourrissons, soit 15.43 0/0. Pour les nourrissons allaités au sein, elle a été de 138 décès sur 1.139, soit 12 0/0, et pour ceux nourris au biberon, 84 décès sur 299, soit 28 0/0.

En résumé, en 1886, malgré les nombreuses épidémies qui ont sévi sur les enfants, dans plusieurs cantons, nous voyons le chiffre de la mortalité rester à peu près identique à celui des années antérieures, et cela grâce au bon fonctionnement de la loi Roussel.

Pendant ce laps de temps, nous constatons que les maladies dominantes qui ont occasionné le plus de décès sont celles de l'appareil intestinal et respiratoire, et que les mois les plus chargés en décès ont été les mois d'août et de septembre.

En résumé, les trois quarts des décès proviennent de maladies (athrepsie lutérite, diarrhée, dysenterie, choléra infantile) imputables à un allaitement défectueux et particulièrement à une alimentation prématurée, si à la mode à la campagne où les enfants sont admis de très bonne heure à la table commune où ils mangent de tout.

On rencontre, en effet, à chaque instant, des mères qui se vantent de donner à manger à des enfants de six semaines ; il est incontestable qu'un bon nombre résistent à ce régime ; mais on ne voit que ceux qui surnagent et on les remarque, tandis que ceux que la bouillie prématurée a envoyé peupler le rivage des Ombres ne sont plus là pour protester.

La diarrhée est le critérium d'un allaitement mal rempli, et elle se produit à deux époques différentes, pendant l'allaitement ou pendant le sevrage, cette époque ordinairement si critique du premier âge. Dans tous les cas, il est bien reconnu que les enfants élevés au biberon payent aux affections intestinales un tribut autrement rigoureux que ceux qui sont élevés au sein, surtout dans les contrées méridionales de la France et pendant les chaleurs.

Pour nous résumer, nous dirons que le lait doit être l'aliment exclusif de l'enfant jusqu'à 6 mois ; qu'à cet âge seulement on peut introduire quelques potages légers, au lait, dans l'alimentation du nourrisson (tapioca, panades, biscottes de Bruxelles, arow root), une fois par jour, puis deux ou trois fois le septième mois, suivant l'état de santé du nourrisson et le degré de susceptibilité de son intestin. Le lait, qui est l'aliment exclusif pendant les six premiers mois, doit devenir l'aliment principal jusqu'au sevrage et l'aliment accessoire, mais nécessaire, jusqu'à l'omnivorité complète.

Une fois le sevrage accompli, on devra se défier du vin, du thé, du café (*vinum et adolescentia duplex incendium voluptatis*), ainsi que des mets épicés, des ragoûts et de la charcuterie, car le système nerveux des enfants a plus besoin de sédatifs que de stimulants.

C'est en propageant activement et en vulgarisant les préceptes d'hygiène relatifs à l'élevage des jeunes enfants que l'on fera disparaître les préjugés qui, sous prétexte d'expérience, se transmettent religieusement des mères aux filles et qui constituent un des plus redoutables fléaux du premier âge.

C'est au médecin à recommander surtout l'allaitement maternel (*mater est quæ lactavit, non quæ genuit*) qui est une des conséquences naturelles de la parturition, et qui, bien dirigé, n'est l'occasion ni de grandes fatigues ni de souffrances sérieuses. On ne saurait trop réagir, par tous les moyens, contre ce fâcheux oubli des devoirs de la mère ; on ne saurait trop, en un mot, encourager ce mode d'allaitement si naturel pour les nouveau-nés.

Au milieu de nos misères humaines, il est consolant de pouvoir reposer ses regards sur le spectacle d'améliorations sanitaires qui tournent tout à l'avantage des populations de notre cher pays. C'est en effet en protégeant sans cesse l'enfant contre l'incurie, l'ignorance et les préjugés des parents qu'on parviendra à diminuer la lithalité qui pèse encore trop sur le jeune âge, surtout dans quelques communes rurales déshéritées qui, par leur situation, échappent plus aisément à la surveillance administrative et médicale.

Recrutement

Le bon choix des éléments de l'armée importe à l'État comme aux individus. La profession militaire augmente la mortalité, diminue la vie moyenne. Les militaires faibles sont une non-valeur pour l'armée qui ne peut compter sur eux aux jours de fatigue et de combat, une charge pour l'État qu'ils grèvent de journées d'hôpital, une perte pour la Société qui pourrait les employer utilement dans d'autres professions; car beaucoup meurent soldats qui pourraient vivre dans les conditions variées de la vie civile.

Nous allons passer en revue les principales infirmités qui, depuis 15 ans, ont motivé soit l'exemption, soit le classement dans le service auxiliaire des conscrits de tous les cantons du département. Nous commencerons par la taille, pour nous occuper ensuite des hernies, des varicocèles, des varices, du goître et de la faiblesse de constitution.

Taille. — Dans les relevés destinés à faire connaître la taille normale d'une race ou des populations d'une région donnée, il est de toute nécessité de ne tirer de conclusion qu'en se basant sur un grand nombre de faits. Or, en se guidant sur les besoins de la pratique, on peut établir les quatre divisions suivantes :

1° Au-delà de 1 m. 70, les hautes tailles ;

2° De 1 m. 70 à 1 m. 65, les tailles au-dessus de la moyenne ;

3° De 1 m. 65 à 1 m. 60, les tailles au-dessous de la moyenne ;

4° Au-dessous de 1 m. 60, les petites tailles.

Les jeunes conscrits du département de l'Ain, ainsi que Boudin, Broca et Bertillon père l'avaient déjà reconnu, sont, en général, de haute taille. Aussi les hommes actuellement classés dans le service auxiliaire pour défaut de taille sont-ils peu nombreux. Contrairement à ce qui s'observe dans une population homogène, où la répartition des hommes selon la taille constitue une série régulière de groupes croissants, comprenant des individus de plus en plus nombreux depuis la taille inférieure jusqu'à la taille moyenne qui correspond au groupe maximum ; puis, de groupes décroissants comprenant les individus de moins en moins nombreux depuis cette taille moyenne jusqu'à la taille plus élevée ; dans le département de l'Ain, en 1886, comme antérieurement, de 1858 à 1867, on constate qu'il y a deux groupes maxima d'individus : de 1 m. 63 à 1 m 68 et de 1 m 68 à 1 m 70, avec un groupe intermédiaire moins nombreux d'individus de 1 m. 66 à 1 m. 67. Ces deux maxima semblent témoigner de la persistance de deux types ethniques coexistant dans cette région ; l'un ayant une taille inférieure à 1 m. 62 et l'autre une taille supérieure à 1 m. 70 (Bertillon-Lagneau : *Bulletin de la Société d'anthropologie*, t IV, p. 237, 240 et 346, 1863). En effet, le territoire qui constitue actuellement le département de l'Ain faisait anciennement partie de la Celtique qui s'étendait de l'Océan aux Alpes, de la Seine à la Garonne. Or, les Celtes, d'après les recherches de Broca, étaient de taille peu élevée. Par contre, les Burgondes, qui occupèrent au commencement du ve siècle le pays qui s'étend des Alpes à la Saône (fouilles du cimetière de Ramasse, par MM. Broca et Topinard, en 1873), nous sont dépeints, par Sidoine Apollinaire, comme ayant sept pieds romains de haut (2 m. 07). (*Hic Burgundio septipes...* I, VIII, épist. IX, p. 316 du t. II. Voir aussi p. 203 du t. III, texte et traduction de Grégoire et Collombet.)

Il ne faut donc pas être surpris de voir que malgré le croisement incessant de ces deux éléments ethniques si différents par la stature, nous retrouvions encore de nos jours, parmi leurs descendants, deux maxima dans la répartition des jeunes gens au point de vue de la taille.

Mais, si l'influence ethnique sur la taille est incontestable, l'influence favorable ou défavorable de certaines conditions biologiques sur le développement de cette dernière n'est pas moins évidente. En un mot, le développement normal de l'organisme est trop souvent entravé par la vie sédentaire, confinée de l'ouvrier des fabriques, des manufactures, ou par la sédentorité dans les écoles. C'est pour cette raison qu'à Bourg, où les demeures ouvrières sont humides et sombres (fabriques de sabots), à Trévoux (tréfileries d'or et d'argent, lapidaires), à Montluel (fabriques de draps), à Saint-Rambert et Tenay (fabriques de bourres de soie), à Nantua (horlogeries, lunetteries, lapidaires), à

Thoissey (tanneries), on rencontre le plus d'hommes classés dans le service auxiliaire pour ce motif; tandis que dans les cantons tout à fait agricoles, ce chiffre est relativement peu élevé ; notamment à Champagne, Izernore, Brénod, Hauteville et Gex.

HERNIES. — Cette infirmité est plus fréquente dans les cantons montagneux que dans ceux de la plaine. Ainsi, il a été prononcé, à ce titre, de 1872 à 1886, 787 exemptions ; à savoir, 462 dans la subdivision de Belley et 325 dans celle de Bourg; ce qu'il y a de certain, c'est que les hernies se voient de préférence chez les sujets de haute taille, à tempérament lymphatique et exerçant, dans la position debout, des travaux de force. De l'étude de la carte de Lagneau, dressée sur les données de Boudin, il semble qu'il existe peu de rapport entre la généralisation des hernies et la race.

VARICES, VARICOCÈLES. — Les démographes ont élevé ces infirmités à la hauteur d'un caractère ethnique tout en constatant une distribution parallèle des varices et des varicocèles ; ils en ont fait l'attribut de la race Belge ou Kymrique caractérisée par une haute taille et des phlébocèles, tandis qu'une petite taille et la rareté des anomalies vasculaires sont les caractères dominants de la race Celtique. De 1872 à 1886, nous avons relevé 263 varices et 93 varicocèles pour la région de la montagne ; 76 et 73 pour la région de la plaine, et la distribution est inverse de celle des exemptions pour défaut de taille, ce qui fait que la répartition des deux races serait d'accord avec les données anthropologiques acceptées.

GOITRE. — Dans l'Ain, comme dans l'Isère et la Haute-Savoie, départements limitrophes, l'endémie goitreuse est très exactement cantonnée aux formations de molasse miocène, de lias, chisteux et des marnes néocomiennes inférieures. Dans le bassin de Belley et du Rhône, en effet, les sables molassiques abondent ; il est donc permis de rapporter à cette cause les cas de goitre que l'on observe encore à Seyssel, Ferney-Voltaire, Gex, Collonges, Oyonnax, Nantua, Belley, Champagne, Châtillon-de-Michaille, Lagnieu et Lhuis, où en 14 ans les conseils de révision ont enregistré un total de 93 goitres ayant nécessité l'exemption définitive.

D'une façon générale, les argiles, les marnes, les calcaires marneux, les schistes friables, de même que les alluvions formées des débris de ces couches goitrigènes, doivent être tenus pour suspects ; quoi qu'il en soit, le principe goitrigène des eaux reste toujours à isoler. On a eu tort, jusqu'à présent, dans les analyses chimiques, de ne pas tenir compte suffisamment des particules en suspension qui les troublent, et qui proviennent de terrains dont la nomenclature a pu être établie avec assez de précision. En principe, c'est moins une question d'âge et de formation que de caractères physiques et composition chimique de la roche.

Les calcaires compacts de tous les étages doivent sans doute à leur inaltérabilité relative de conférer aux eaux qui en émanent un caractère d'innocuité presque absolu.

En outre, à Belley, où de 1872 à 1886 11 exemptions ont été prononcées, des épidémies de goitre viennent assez fréquemment frapper la garnison ; or, ces épidémies constituent tout simplement des manifestations aiguës de l'endémie goitreuse; le soldat, réactif très sensible du principe goitrigène, ne peut que le dénoncer partout où il existe.

Mais si c'est bien par l'eau que le principe goitrigène spécifique du sol est introduit dans l'organisme humain comme tant de faits semblent le démontrer, l'aménagement d'une source, la réfection d'une conduite, la filtration d'une eau souillée pourront changer du tout au tout les destinées sanitaires d'un village entier.

En somme, la partie la plus touchée du département de l'Ain est voisine des cantons de la Haute-Savoie où règne également l'endémie goitreuse, et elle occupe précisément les terrains incriminés par Saint-Lager, le véritable créateur de la théorie hydro-tellurique dans l'étiologie du goitre.

Faiblesse de constitution. — *(Tuberculose, scrofule, rachitisme)*. — De 1872 à 1886, les conseils de révision ont éliminé 541 conscrits dans la subdivision de Belley et 1.213 dans celle de Bourg pour ces infirmités. Le chiffre des exemptés est, comme on le voit, beaucoup plus élevé dans la subdivision de Bourg, dont la population de la plaine (Bresse et Dombes) se trouve dans des conditions d'infériorité manifestes, tant au point de vue de l'hygiène qu'au point de vue ethnique. Ainsi, dans une période de 14 ans, 1.754 conscrits ont été exemptés ou classés dans le service auxiliaire pour l'un ou l'autre de ces quatre états morbides. Les cantons qui tiennent la tête sous ce rapport sont : Bourg, Belley, Châtillon sur-Chalaronne, Montrevel, Thoissey, Trévoux, Nantua, Chalamont et Montluel.

Pieds plats. — Pendant le même laps de temps, on a exempté 101 conscrits atteints de pieds plats et déviés ; 36 pour la plaine et 65 pour la montagne. La prédominance de cette infirmité, dans la région montagneuse, s'observe également dans un département limitrophe, l'Isère, tandis que dans la Haute-Savoie, c'est dans la montagne que cette infirmité est à son minimum.

Mauvaise dentition. — L'instruction relative à une mauvaise dentition, ne prévoyant comme motif d'exemption que la perte d'un grand nombre de dents avec état fougueux et ulcération des gencives, etc., a seulement en vue les difficultés qui peuvent en résulter au point de vue de l'alimentation.

Aussi, les occasions de prononcer l'exemption sont-elles bien plus rares qu'autrefois. Pendant les 14 dernières années, on compte seulement 44 exemptions de ce chef (10 pour la plaine (subdivision de Bourg) et 34 pour la montagne (subdivision de Belley). Quant à la répartition par canton, elle est à peu près la même que pour les varices et les varicocèles, c'est-à-dire que la fréquence des exemptions pour mauvaise dentition est conforme au classement Kymrique de ces cantons.

Pour ne rien omettre, nous dirons que chez plusieurs conscrits du Bugey (à Seyssel, à Ambérieu, notamment), nous avons observé une bourse séreuse, un kyste de la grosseur d'une noix, développé sur la nuque par suite du port de lourdes hottes remplies de fumier.

Aptitude militaire — Jadis les peuples cantonnés en grandes races gardaient pendant de longues années leurs caractères distinctifs. Mais aujourd'hui que les chemins de fer, les voyages circulaires et toutes les facilités de communication ont amené une diffusion, les races, tout en gardant leur origine, s'entremêlent et s'empruntent leurs types propres. Dans l'Ain, comme d'ailleurs dans plusieurs de nos départements, nous voyons la population se diviser en deux groupes bien nets qui perpétuent en quelque sorte, sous nos yeux, les caractères de leurs souches ethniques : d'une part, le groupe Celtique à individus petits, trapus, bruns, à dentition robuste ; d'autre part, la famille Kymrique ou Burgonde qui a envahi la Gaule vers le ve siècle de notre ère, à individus grands, blonds et à dentition défectueuse. Mais ici comme dans le reste de la France, les croisements, les migrations ont été, avec le climat et le milieu, la cause la plus active des métamorphoses que nous constatons, et les effets combinés de ces deux ordres d'influences indéniables sont gravés en caractères héréditaires dans les générations successives.

Pour se faire une idée nette de l'aptitude militaire du département, il est bon de grouper ses cantons suivant les régions qu'ils occupent, et de les étudier ensuite séparément afin de bien se rendre compte de l'écart que certains d'entr'eux présentent. Ainsi, on est surpris, tout d'abord, du chiffre élevé des exemptions de la plaine, comparativement à celui de la montagne. Cette infériorité de la plaine (Bresse et Dombes) relève de causes multiples qu'il est intéressant de connaître et que nous allons exposer succinctement.

La vaste plaine ondulée de la Bresse, au sol rougeâtre, en général, argileux et imperméable, forme une immense cuvette orientée vers le sud et le sud-ouest, couverte par de nombreux étangs qui donnent lieu à une abondante évaporation sur toute leur surface D'un autre côté, les vents sud et sud-ouest qui accompagnent presque toutes les pluies soufflent particulièrement sur la Bresse avec une grande intensité, et c'est sur le flanc de nos chaines (le Revermont) que, sous l'influence de leur basse température, viendraient se condenser les vapeurs qu'engendre, dans toute son étendue, le bassin bressan. Si, à l'influence du sol, du milieu et du climat, nous ajoutons l'influence défavorable exercée par la profession sur le développement physique des jeunes gens, nous remarquons que c'est dans les agglomérations urbaines, placées dans des conditions hygiéniques défectueuses, dans les villes manufacturières, que l'on enregistre le plus d'exemptions d'une manière générale, et, sous ce rapport, Bourg occupe le dernier rang. Viennent ensuite, Saint-Trivier-de-Courtes, Montrevel, Pont-d'Ain, Thoissey, Pont-de-Veyle.

Si nous passons à l'examen des tableaux du recrutement de la Dombes, nous y voyons la preuve manifeste de l'action nuisible des étangs sur l'organisme humain. Ainsi, tandis que dans le reste de la France, sur 100 jeunes conscrits examinés on n'en repousse que 15 ou 16 (1/6) comme impropres au service, dans la Dombes, le chiffre des exemptés s'est élevé à 65 0/0 dans certains cantons, de 1852 à 1857 ; il est descendu à 7 0/0 dans la période de 1872 à 1886, grâce aux travaux d'assainissement qui ont été exécutés depuis une trentaine d'années (Chemin de fer des Dombes).

Enfin, si nous pénétrons dans le Bugey, nous y trouvons au contraire le meilleur contingent du département. Dans cette belle région de montagnes, si féconde en souvenirs, si richement dotée par la nature et qui offre un champ si vaste à de ..toresques explorations, les cantons les plus favorisés, au point de vue de l'aptitude militaire, sont : Brénod, Hauteville, Châtillon-de-Michaille et Champagne.

En totalisant les exemptions du service actif et les cas de classement dans le service auxiliaire qui, tout en reconnaissant à l'inscrit un degré relatif d'aptitude militaire, n'en consacrent pas moins une infériorité organique, nous trouvons que les 45.546 inscrits des classes de 1872 à 1886 ont fourni 2.057 exemptions du service actif, soit 4,51 p. 0/0. Or, la moyenne pour toute la France est de 20,65.

Les cantons de l'Ain se classent ainsi qu'il suit

dans l'ordre de décroissance de l'aptitude physique de leur population. Le classement serait un peu différent si, au lieu de prendre seulement pour point de comparaison les exemptions définitives du service actif, on y avait ajouté les cas de classement dans le service auxiliaire; certains cantons de la montagne occuperaient alors un bien meilleur rang.

(Suivent les tableaux.)

Tableau de classement des cantons du département d'après leur aptitude physique milita
de 1872 à 1880.

Nos de classement	et Noms des Cantons	Nombre total des Conscrits de 1872 à 1880	Nombre total des exemptés pour défaut de taille ou faiblesse de constitution	Taux (
1	Poncin	1.096	12	1.0
2	Ambérieu	854	10	1.1
3	Champagne	1.057	13	1.2
4	Ceyzériat	1.040	14	1.3
5	Saint-Trivier-sur-Moignans	1.190	17	1.4
6	Châtillon-sur-Chalaronne	1.994	29	1.4
7	Saint-Rambert	1.543	23	1.4
8	Pont-de-Vaux	1.473	22	1.4
9	Brénod	928	14	1.5
10	Lagnieu	1.510	23	1.5
11	Bâgé	1.676	26	1.5
12	Seyssel	814	13	1.5
13	Coligny	1.239	20	1.6
14	Treffort	1.076	18	1.6
15	Châtillon-de-Michaille	1.135	19	1.6
16	Hauteville	654	11	1.6
17	Thoissey	1.418	25	1.7
18	Lhuis	1.056	19	1.7
19	Ferney	671	13	1.9

N°s de classement et Noms des Cantons	Nombre total des Conscrits de 1872 à 1886	Nombre total des exemptés pour défaut de taille ou faiblesse de constitution	Tant 0/0
Bourg	2.905	56	1.91
Montrevel	1.970	37	1.92
Saint-Trivier-de-Courtes	1.562	31	1.98
Virieu-le-Grand	984	20	2.03
Montluel	1.589	34	2.13
Nantua	1.215	26	2.13
Belley	1.971	43	2.18
Villars	687	15	2.18
Oyonnax	1.274	28	2.19
Pont-d'Ain	1.298	29	2.24
Gex	1.055	24	2.[illegible]7
Izernore	731	17	2.32
Meximieux	1.115	26	2.33
Pont-de-Veyle	1.212	30	2.47
Trévoux	1.709	47	2.75
Collonges	1.133	34	3.00
Chalamont	712	25	3.51
Total et moyenne générale	45.546	863	1.89

Climat

Le premier qui se soit occupé de météorologie dans le département est Jérôme Lalande, en 1798.

Si le climat d'un pays ne dépendait que de sa latitude, le département serait tempéré, puisqu'il est coupé par le 46° et que, par conséquent, il n'est pas beaucoup plus éloigné de l'équateur que des pôles.

Mais l'altitude des lieux habités a sur le climat une influence plus considérable encore.

Voici comment, dans l'Ain, se sont distribués les jours de pluie de 1879 à 1882, inclusivement.

Trévoux a reçu, en 4 ans,		3.295	millimèt. d'eau,	soit 824.
Montluel	—	3.681	—	soit 920.
Pont-de-Vaux	—	3.911	—	soit 977.
Bourg	—	3.950	—	soit 987.
Belley	—	3.956	—	soit 989.
Nantua	—	4.219	—	soit 1.054.
Ambérieu	—	4.329	—	soit 1.082.
Gex	—	5.253	—	soit 1.313.
Hauteville	—	6.130	—	soit 1.532.

Les jours couverts, et surtout brumeux, sont les plus nombreux dans la Bresse ; les jours d'orage avec tonnerre, plus nombreux dans le Bugey. Les froids sont plus vifs, la neige plus précoce et plus persistante entre l'Ain et le Rhône. En résumé, le climat de nos montagnes est plus rigoureux que celui du plateau bressan. Le chiffre de 9 à 10 décimètres d'eau reçue à Bourg pendant les 12 mois de l'année se répartit assez inégalement entre chacun d'eux. Le plus pluvieux est le mois d'août, et après vient le mois d'octobre. L'humidité du sol, dit M. le docteur Magnin, dans son excellent mémoire sur l'impaludisme des Dombes, entretenue par des pluies abondantes, détermine la formation fréquente de brouillards dans la Bresse, particulièrement en automne. A cette époque de l'année, la plaine est couverte d'une brume épaisse, lourde, opaque, ressemblant de loin à une mer calme et peu profonde.

Quant aux vents qui soufflent le plus habituellement, ce sont ceux du nord et du sud, c'est là du reste une des particularités du climat rhodanien, qui, d'une manière générale, est caractérisé :

1° Par un grand écart de température moyenne ;

2° Par les chaleurs intenses de l'été, les froids rigoureux de l'hiver ;

3° L'énorme quantité d'eau pluviale ;

4° La fréquence des orages.

Nosographie

Cette étude est évidemment du plus haut intérêt ; mais, pour arriver à donner de la constitution médicale d'un pays une description exacte, il est de toute nécessité de se baser sur les chiffres d'une statistique sérieuse, établie depuis de longues années, ce qui n'existe pas dans ce département. D'un autre côté, on ne saurait appliquer à la totalité de la population de l'Ain les conclusions tirées de l'état sanitaire particulier de la garnison qui se compose d'hommes choisis, généralement vigoureux, âgés de 20 à 25 ans, venus un peu de tous les départements, astreints à une même règle et vivant dans des conditions tout à fait différentes de celles de la population civile qui l'entoure. Ce manque presque absolu de documents nous met, à notre grand regret, dans l'impossibilité absolue d'écrire un chapitre détaillé de nosographie de ce département.

Obligé de nous en tenir à de simples généralités, nous ne parlerons que de ce que nous avons bien observé nous-même, ou de ce que nous ont appris les rares opuscules que nous avons pu consulter, ou encore les récits de quelques médecins du département.

La pathologie régionale peut être tracée de la façon suivante, dans ses grandes lignes. Dans le Bugey, les principales affections sont celles qui intéressent les voies respiratoires et circulatoires ; les brusques changements de température y deviennent souvent le point de départ d'affections inflammatoires graves, tandis que dans la Bresse et la Dombes, ce sont les bronchites, les angines, les rhumatismes sous toutes les formes, les fièvres intermittentes et les fièvres larvées (migraines, névralgies faciales). Le climat de la Bresse et de la Dombes est mou et humide, mais son action est loin d'être aussi défavorable qu'on pourrait le craindre, et il est assez facile d'en combattre les effets par de sages mesures d'hygiène. En 1849, le docteur Vaulpré disait, en parlant de ces deux contrée : « Les habitants de ce pays, se trouvant enveloppés par cet air humide, sont en quelque sorte dans un bain de vapeur permanent ; ils sont par là moins exposés aux maladies franchement inflammatoires. » Dans tous les cas, les affections nerveuses se trouvent bien de ce bain d'air chargé d'humidité, plus que dans les pays montagneux, les étouffements, les douleurs, les névralgies, etc., y trouvent une certaine amélioration.

Fièvre paludéenne. — La fièvre paludéenne a fait autrefois beaucoup de ravages dans les Dombes et dans la Bresse ; chaque année les atteintes y étaient nombreuses et les accidents pernicieux n'étaient même pas rares en Dombes ; mais, depuis une vingtaine d'années, la vraie fièvre d'accès tend à diminuer de plus en plus dans les Dombes et dans la Bresse ; c'est plutôt sous la forme de fièvres larvées qu'elle se manifeste, frappant particulièrement les nouveaux venus.

Angines. — C'est une des maladies les plus communes en hiver et en automne, ce qui s'explique facilement quand on songe à la grande quantité d'eau qui tombe chaque année, et au degré d'imperméabilité du sol. Ajoutons à ces conditions climatériques défavorables des logements ordinairement sans cave, avec sol argileux.

Les angines pultacées s'observent même fréquemment à la caserne de Bourg, pendant les mois de novembre et décembre, janvier et février ; mais ordinairement elles ne présentent aucune gravité et nécessitent simplement un traitement d'une huitaine

4

de jours à l'infirmerie. En ville, l'angine diphtérique fait son apparition pendant ces mêmes mois et dans certains quartiers, comme les faubourgs de Mâcon, du Jura, régnant de préférence dans les rez-de-chaussée noirs et humides, occupés ordinairement par la classe ouvrière dont la population infantile paye, chaque année, son tribut à cette affliction.

Rhumatismes. — La quantité de rhumatismes musculaires et articulaires aigus, et surtout chroniques, observés dans la plaine et la montagne, est vraiment considérable chaque année. Toutes les classes de la société sont indistinctement frappées, et ils entrent pour une large part parmi les causes d'indisponibilité de la population militaire tant à Bourg qu'à Belley.

Pour la garnison de Bourg, nous avons relevé 17 cas en 1883, 22 en 1884, 23 en 1885, 27 en 1886 et 31 en 1887.

Fièvre typhoïde. — Cette affection règne quelquefois épidémiquement dans quelques villages ; mais à Bourg elle y est certainement plus rare que partout ailleurs. Le fait mérite d'autant plus d'être mentionné qu'avec le système excessivement primitif de vidanges actuellement en usage, on ne devrait pas s'étonner de la voir sévir avec une certaine intensité. A notre avis, la cause de cette immunité relative dont jouit le chef-lieu semble tenir à l'imperméabilité du sol sur lequel est bâtie la ville. Les détritus de toutes sortes ne peuvent pas pénétrer très profondément, car ils rencontrent une couche aquifère souterraine qui les entraine au loin en les oxydant. Il en serait tout autrement, on le comprendra aisément, si les habitants venaient à puiser leur eau de consommation dans cette nappe d'eau. Mais heureusement que, depuis 1879, la ville de Bourg possède une eau de bonne qualité qui est employée dans l'alimentation à peu près exclusivement.

Avant l'installation de ce service des eaux de Lent, si apprécié aujourd'hui par les habitants de Bourg, les bons puits de la ville (puits des Jacobins et des Oliviers) s'alimentaient au-dessous de la couche imperméable ce qui mettait l'eau complètement à l'abri des contaminations qu'auraient pu faire naître les infiltrations superficielles.

Dans l'espace de cinq ans, de 1883 à 1887, 32 cas de fièvre typhoïde ont été traités à l'hôpital de Bourg; mais sur nombre 10 venaient des environs : 1 de Revonnas, 1 de Chavannes-sur-Suran, 3 de Saint-André-le-Panoux, 1 de Bohas, 1 de Péronnas, 1 de Grand-Corent et 1 de Lent.

En somme, 22 cas seulement appartiennent à la ville de Bourg.

A la caserne de cette ville, la fièvre typhoïde, cette maladie généralement si fréquente dans l'armée, est l'exception. Ainsi, en 1886, nous n'avons eu que 2 cas bénins, et, en 1887, un cas seulement a été observé dans les salles militaires chez un soldat du 44e régiment qui venait de Pont-d'Ain où il se trouvait en congé depuis plusieurs mois.

Quant aux maladies épidémiques qui affligent encore trop souvent l'enfance, dans nos villes et nos village, comme les fièvres éruptives, la coqueluche, les oreillons, etc., on arrivera à circonscrire l'étendue de leurs ravages le jour où on sera bien décidé, en France, à mettre à profit les règles de l'hygiène et où on confiera à une direction unique, autonome et compétente, la sauvegarde de la santé publique.

MORTALITÉ COMPARÉE

	1801 à 1810	1861 à 1870	1871 à 1880
France.......	2.80	2.25	2 27
Ain	3.10	2,41	

	1801 à 1803	1872 à 1883
Gex..		2.86
Trévoux......	4.60	3.80
Nantua.......	1.83	2.65
Belley........	2.73	2.36
Oyonnax......	2.67	2.61
Chalamont. . .	5.88	2.39
Bourg........	2.91	2 21

MORTALITÉ ET MOYENNE DES AGES VÉCUS A BOURG DE 1872 à 1883

	Combien de décès par 100 habitants.	Combien d'habitants pour 1 décès.	Moyenne des âges vécus.
1872.	2.41	41.3	39.7
1873......	2.52	39.5	40.5
1874......	2.68	37.2	39.0
1875......	2.52	39.5	42.9
1876......	2.95	31.0	35.1
1877......	2.05	48.5	42.8
1878......	2.28	43.8	41.9
1879......	2.35	42.6	44.5

1880......	2.30	43.3	37.7
1881......	1.82	53.3	29.1
1882......	2.18	45.8	35.2
1883... ..	1.47	65.7	40.0
	Moyenne 2.21	moyenne 44 3	moyenne 38.9

Réflexions. — Avant de terminer ce modeste travail, qu'il nous soit permis de dire quelques mots de l'hygiène à la ville et à la campagne. Si la thérapeutique a des incrédules, l'hygiène n'en connait pas; son langage est intelligible pour tous les hommes éclairés. Les dépenses qu'elle nécessite sont de l'argent bien placé, car il n'y a rien de plus dispendieux que la maladie, si ce n'est la mort, et tout ce qu'on donne à l'hygiène se traduit, en fin de compte, par une économie réalisée. Dans la campagne, la population n'est pas assez nombreuse, en général, pour constituer par elle-même une cause d'insalubrité. L'intervention de l'hygiène publique y est réduite à son dernier degré de simplicité, et peut sé résumer dans les précautions suivantes que nous recommandons tout spécialement :

Faire usage, pour l'alimentation, d'eau de source ou de fontaine, et si l'on est forcé de recourir à celle d'un ruisseau, éviter d'y puiser en aval des lavoirs ou des fabriques qui y déversent leurs produits. Ne pas se servir d'eaux stagnantes, telles que celles des étangs et des routoirs; éloigner les fumiers de la cour des fermes, et surtout de la voie publique; faire disparaitre les mares, les cloaques infects qu'alimentent les liquides échappés des étables : nettoyer les ruisseaux dans lesquels chaque habitant vient déverser ses immondices: maintenir les chemins en bon état au voisinage des habitations; veiller à la propreté des cours, des maisons et des étables, et y entretenir une aération convenable. Tout cela ne demande qu'un peu de soin, n'entraine aucune dépense, et pourtant chacun sait combien ces précautions si élémentaires sont négligées dans nos campagnes, par routine, par paresse et par ignorance. Malheureusement cette incurie y est de temps en temps le point de départ d'épidémies meurtrières qu'il est au pouvoir de l'hygiène de désarmer.

Quant à l'assainissement des villes, c'est une œuvre difficile, lente et dispendieuse. Mais, parmi les dépenses que doivent inscrire à leur budget les villes un peu soucieuses de leur hygiène, l'entretien de la voirie doit figurer au premier rang Les travaux d'amélioration ne viennent qu'en second lieu, et ils doivent eux-mêmes être appropriés aux conditions particulières de chaque localité, à ses ressources et aux mœurs de ses habitants.

Le jour où l'on sera bien pénétré de l'utilité des mesures de protection sanitaire, le jour enfin où on arrivera à triompher de l'indifférence des habitants de nos campagnes et de nos villes, relativement aux préceptes de l'hygiène, le pays ne tardera pas à en ressentir les effets qui se traduiront, en peu de temps, par une amélioration notable de son état sanitaire et par un abaissement de la mortalité.

Géographie militaire du département de l'Ain

Caractère général. — Genève. — Route du Jura et Fort-l'Ecluse.— Après Bellegarde, Culoz.— Pierre-Châtel — Valeur tactique de nos routes. — Lyon.

CARACTÈRE GÉNÉRAL

Le département de l'Ain est un département frontière. Toute sa lisière orientale confine à la Suisse. Il n'a cependant au point de vue militaire aucune importance. Les routes qui le traversent, et elles ont cependant une véritable valeur stratégique, ne sont aucunement gardées, et si de temps à autre on voit se dresser, chez nous, quelques forts, on pourrait presque dire que ce sont des forts d'opéra-comique à belle et élégante façade, mais incapables d'arrêter une troupe nombreuse, et de résister aux projectiles de l'artillerie nouvelle. C'est là une situation qui n'est pas sans danger.

On dira sans doute que le pays voisin est un pays ami, et qu'il est neutralisé, que nous n'avons à craindre de lui aucune agression. La Suisse, république fédérative est, par tradition, un pays pacifique. Si elle entretient une armée assez considérable, ce n'est pas pour la lancer contre nous, c'est uniquement pour défendre sa neutralité. Et c'est bien là le point inquiétant pour nous. Trois pays touchent à la Suisse : c'est l'Allemagne, l'Autriche, l'Italie : ils ont formé la triple alliance, qui ne nourrit pas à notre égard d'excellents sentiments.

Peut-on douter, un instant, qu'en cas de conflit européen, la neutralité suisse serait violée au lendemain même d'une déclaration de guerre. C'est une éventualité prévue, dont on doit tenir compte dans les plans préliminaires. On n'en a pas, semble-t-il, tenu assez compte sur le terrain et pour ce qui touche le département de l'Ain, nous en sommes encore aux défenses de 1815. Et, depuis lors, elles ont singulièrement vieilli ; nos ennemis ont augmenté leurs forces militaires, suivant une progression constante, leur audace ne connait pas de borne, ils n'ont pas pour les traités gênants un respect illimité. Il est évident, que des armées peuvent se concentrer sur le plateau suisse, et de là, envahir notre pays, par les routes mal gardées qui traversent notre Jura. Il y a là une situation pleine de péril, sur laquelle l'attention publique n'est pas assez vivement attirée. Sans doute, il est urgent de surveiller les routes classiques par où passaient nos ennemis. Il est imprudent de ne regarder que d'un côté.

GENÈVE

Deux villes se trouvent aux extrémités de la frontière suisse, Bâle et Genève. Elles sont, par leur position géographique, deux postes d'invasion en France et deux points naturels d'opérations pour l'offensive comme pour la défensive. Bâle, située au coude du Rhin et à cheval sur ce fleuve, fournirait aux troupes allemandes, violant la neutralité de la Suisse un point de passage assuré et un appui précieux en face de Belfort.

« Genève, situé entre le Jura et les Alpes est la clef du bassin du Léman et de la partie sud du plateau suisse. La ceinture nord du bassin du lac de Genève n'est, en effet, marquée que par les plateaux du Jorat qui séparent les eaux de la Méditerranée de celles de la mer du Nord, mais qui ne créent pas d'obstacles entre le plateau suisse et le lac de Genève. L'ennemi, maître de Genève, posséderait une base d'opérations pour agir soit sur Lyon, soit sur Mâcon, soit sur la Savoie; aussi Napoléon disait-il, en 1814, que le meilleur moyen de couvrir Lyon, était de reprendre Genève. Genève n'est pas fortifiée ; complètement entourée de territoire français, elle tomberait en notre pouvoir à la première menace de violation de la neutralité suisse et nous fournirait un solide appui pour nos opérations ultérieures, soit par la route du Simplon, soit par l'Aar. Elle serait, du reste, facilement mise en état de défense et couverte par la fortification passagère Les monts du Vuache, du Sion et du Salève forment, avec le grand Crédo, un immense hémicycle qui enveloppe complètement Genève. C'est cette position demi-circulaire qui fut utilisé par César dans sa guerre contre les Helvètes, pour leur fermer de ce côté l'entrée des Gaules Elle fut aussi occupée en 1814, par le général Desaix, après la retraite des Autrichiens sur Genève (1)».

ROUTES DU JURA ET FORT-L'ÉCLUSE

Le Jura méridional qui couvre la frontière de notre département est beaucoup plus difficile à franchir que le

---

(1) M. Marga, *Géographie militaire*, t. I ; *La France*, p. 286, excellent ouvrage auquel nous ferons plus d'un emprunt.

A consulter, sur ce sujet, l'ouvrage d'Eugène Ténot : *Les nouvelles Défenses de la France : La Frontière*, 1870-1882. Germer-Baillière. – Paris, 1881, ch. XII, la Frontière du Jura, p. 335-379. — Le livre de Ténot est déjà un peu ancien : il renferme cependant d'utiles renseignements et de judicieuses réflexions sur les travaux qu'il serait bon d'exécuter sur la frontière du Jura.

Jura septentrional, et l'on peut même prévoir que dans le cas où l'Allemagne et l'Italie seraient unies contre nous, elles chercheraient à atteindre la France en passant au nord de Pontarlier.

Une première route s'ouvre dans notre Jura, c'est celle du *Col de la Faucille*, qui débouche sur Gex et Genève, à l'Est, et sur Saint-Claude à l'Ouest. Elle n'est pas gardée au sommet du col par un fort permanent. Le génie militaire croit cependant qu'un fort serait utile en cet endroit. En effet, la route du col de la Faucille est en relation avec le Jura central et peut mener l'ennemi dans la Saône centrale. A la fin de la dernière guerre, au moment où l'armée de l'Est allait être internée en Suisse, la brigade commandée par le colonel Goury, s'échappa par la vallée des Dappes et parvint à gagner Gex et Lyon. Une route carrossable suit la combe de Mijoux et le couloir au fond de laquelle coule la Valserine, elle établit entre les Rousses et le fort de l'Ecluse, une communication parfaitement couverte par la crête la plus élevée du Jura, de la Dôle au Grand Credo (1).

La seconde route de notre Jura est celle qui suit la vallée du Rhône, sur la rive droite du fleuve. Arrivée vers l'étranglement formé par le Credo et le Vuache elle

---

(1) V. J. Corcelle, *Le Tunnel du Simplon* (Revue de Géographie, avril 1898, p. 284. — On trouvera, dans cette étude, les considérations sur l'importance, au point de vue militaire, d'une ligne ferrée reliant l'Est au Rhône supérieur. Je rappelle que mon ancien maître, M. Berlioux, a publié sur *le Jura* un livre d'une importance capitale, d'une hardiesse et d'une hauteur de vue remarquable. M. Berlioux est un des promoteurs des réformes qui ont transformé, chez nous, les études géographiques.

se rapproche du fleuve. Avec la voie ferrée elles font pour ainsi dire corps avec lui, tant est étroite la fente par où passe le Rhône. Cet étroit défilé est gardé par le fort de l'Ecluse dont on aperçoit de très loin la façade blanche et les murs crenelés. Il a très bel air dans ce paysage sombre, et s'il ne sert à rien pour la défense, du moins rend-il des services au point de vue pittoresque. Son nom indique à la fois son rôle et la nature du passage qu'il doit défendre.

« Ce fort, composé de deux ouvrages dont le plus élevé domine la vallée d'une centaine de mètres au moins, n'était en 1814, qu'une simple caserne tellement dominée par un rocher à pic que nos troupes la reprirent sur les Autrichiens en faisant rouler des quartiers de roc qui l'écrasèrent. Il a été reconstruit et tout à fait transformé en 1814, mais il peut encore être battu avantageusement du *Mont du Vuache*, situé de l'autre côté du Rhône, et de positions prises sur la route de Collonges. On a ouvert un chemin d'accès au Vuache et on y avait même projeté un fort, mais l'opinion publique s'est émué en Suisse et le Conseil fédéral a adressé des réclamations au Gouvernement français. Le Vuache se trouve, en effet, dans la partie du territoire de la Savoie qui a été neutralisée en 1815 et jamais cette question de neutralité n'a été nettement définie, élucidée. Si on ne peut construire un ouvrage permanent sur le Vuache, on établira un nouvel étage au-dessus du fort l'Ecluse pour dominer le Vuache.

APRÈS BELLEGARDE, CULOZ

Après le fort de l'Ecluse, nous arrivons à Bellegarde, autrefois petit village sans importance, aujourd'hui gros bourg industriel avec bifurcation de chemin de fer. La route de terre abandonne alors le Rhône, qui coule dans un cànon très étroit, avec berges à pic, et se dirige par Châtillon-de-Michaille, Nantua, Bourg, sur Lyon. C'est une route ouverte sur laquelle n'est placé aucun ouvrage.

Si nous continuons à suivre le Rhône, nous trouvons une route sur la rive gauche, qui escalade l'escarpement de la Semine (vallée de la Haute-Savoie), une route sur la rive droite qui dessert les rares villages, épars sur les terrasses terminales du Grand-Colombier. Le fleuve est très étroit, si étroit, qu'en 1815, une colonne autrichienne le traversa sur une simple planche qui reliait les deux berges. A Seyssel, où le Rhône est déjà navigable (c'est à quelques mètres en amont de cette localité qu'on voit apparaitre, dans son lit, le premier banc de sable), on trouve un pont suspendu reliant la Savoie et l'Ain.

La rive droite est bordée par le revers oriental du Grand-Colombier, qui ne présente aucune cassure. L'énorme massif ne possède des routes qu'à ses deux extrémités. Au nord, la route de Nantua par le Valromey, route longue, à fortes pentes, à longs circuits, qui atteint l'altitude de 1060 mètres après la grande montée de Jalinard. Pour défendre ce passage, le comité de défense, nous dit M. Marga, a décidé la construction d'un ouvrage permanent sur l'éperon septentrional du Grand-Colombier, au-dessus de Châtillon-de-Michaille ; on y a tracé un chemin d'accès ; peut-être se contentera-t-on d'un ouvrage à créer au moment du besoin. C'est le parti auquel on semble s'être arrêté.

Il en est de même pour la route qui longe l'extrémité

méridionale du Colombier. Elle passe à Culoz, Virieu, La Burbanche et suit les gorges pittoresques de l'Albarine. Dans cette région, elle est d'une défense facile, notamment dans la région des Hôpitaux ou de la Combe Noire, en raison des étranglements formidables que subit la vallée et des montagnes à pic qui l'entourent. On a songé à en défendre l'entrée, à Culoz, à l'endroit où la vallée du Rhône s'élargit subitement, occupant l'emplacement d'un ancien lac glaciaire. Des prairies, absolument horizontales, entourent le fleuve, leur sol est mobile et l'établissement des routes y présente des difficultés assez sérieuses. Aussi les voies de communication ont-elles été installées sur les derniers ressauts de la montagne. Le Grand-Colombier présente au sud, un aspect singulier ; il s'élève d'un seul jet à 1,400 mètres, comme une muraille à pic, sans ramification. On dirait qu'il a été taillé avec intention. De son ancien prolongement il reste, épars dans la zone des prairies, quelques « molards », petites pierres échappées à un grand cataclysme. Ces molards commandent la route du Rhône, et il était tout naturel de songer à les fortifier. Et cela est d'autant plus urgent que Culoz est un centre important pour les chemins de fer. Il est de première nécessité de protéger cette gare d'où part la ligne de Modane qui peut servir au ravitaillement de la Savoie et aux communications avec Lyon, centre de défense et d'approvisionnement.

On a commencé à fortifier le molard de Vions, qui se dresse au-dessus des marais de la Chautagne et surveille le lac du Bourget et la vallée du Rhône, jusqu'à Bellegarde. Une route menant au sommet de l'éminence a été construite : on avait commencé aussi des travaux de terrassement, puis tout a été abandonné. Le molard se trouve en effet dans la zone neutre. Il est du reste dominé du côté de la Savoie par les montagnes de la Chambotte et par celle de Chanaz.

On s'est reporté alors sur le molard de Culoz, le Jan, que les cartographes appellent improprement le Jujan. Une route a été aussi construite là, route protégée par un vallonnement intérieur du monticule. On a aménagé le plateau supérieur. On y avait élevé même une petite baraque, annonce de construction plus sérieuse. Puis tous les ouvriers ont disparu et on semble s'être arrêté à l'idée d'y installer une batterie en temps de guerre. L'endroit est cependant bien choisi pour une défense sérieuse. Le Jan s'élève au-dessus du bourg et de la gare de Culoz, et il constituerait une position importante, s'il s'appuyait sur un ouvrage élevé sur le Colombier méridional. Pour le moment, tout est à l'état de projet, ou si l'on aime mieux, on attend, pour la mise en défense de cette partie de notre territoire, la déclaration de guerre.

PIERRE-CHATEL

Descendant le Rhône que longent deux routes également praticables, tant que sa vallée se maintient dans la zone des terres herbeuses et des prairies. Subitement, la vallée se rétrécit et voilà le grand torrent réduit à 30 mètres et obligé de couler entre deux rochers calcaires dont il ronge la base et où il a creusé des grottes spacieuses. Un pont est jeté en cet endroit, c'est le pont de la Balme, sur lequel passe la route de Chambéry à Nantua.

La route est gardée par deux forts, un ancien et un

nouveau. Le nouveau, c'est le fort des Bancs, il se dresse sur un plateau de la montagne de Parves. Il n'est gardé en temps ordinaire que par quelques hommes, ses batteries protègent le fort inférieur, et réduiraient au silence les batteries que l'ennemi pourrait établir sur la rive gauche.

Le deuxième fort est celui de *Pierre-Châtel.* Il se dresse à mi-hauteur de l'escarpement au pied duquel coule le Rhône. Il occupe l'emplacement d'une ancienne chartreuse qui date du XIVe siècle. Ce couvent, était à lui seul une place forte, et on n'a eu à lui faire subir que des remaniements insignifiants, puis au fond, une caserne à l'abri, croit-on, des boulets et obus. Nous avons visité ces casemates un peu rudimentaires, avec leurs couchettes en fer surperposées, leurs murs enfoncés dans le rocher, leurs pare-éclats, leurs fenêtres étroites, leurs cuisines mystérieuses. Il n'y a là rien de bien effrayants. Et on a peine à comprendre que ces obstacles aient pu arrêter des troupes nombreuses.

Le rocher sur lequel s'élève ce « joli » fort est comme sculpté à l'intérieur. Un escalier, taillé dans le roc, permet de descendre presque au niveau du fleuve. De temps à autres on a ménagé quelques plate-formes où gisent inoccupés d'anciens canons. Et l'on descend tout près du torrent qui coule là rapide et bruyant. En face, sur la rive gauche, on voit blanchir la route qui, de Belley mène à Yenne, en traversant une gorge resserrée et fort pittoresque. Le passage est étroit ; la route peut facilement être rendue impraticable : une batterie bien dirigée la maitrisera toujours ; mais en somme, il ne faut pas se faire grande illusion, sur les forts d'arrêt que nous avons à cet endroit. Ils nous rassurent : ils nous trompent peut-être, si on admet comme un facteur toujours possible, la violation de la neutralité suisse.

VALEUR TACTIQUE DE NOS ROUTES

Voici la conclusion de M. Marga sur nos défenses militaires : « Saint-Genix et Pont de-Beauvoisin sur le Guiers sont aussi des débouchés que l'ennemi peut atteindre pour pénétrer vers le Sud, être maître de Chambéry et de toute la Savoie. Le meilleur moyen de couvrir les points de passage, de Culoz, de la Balme, de Saint-Genix et de Pont-de-Beauvoisin, est d'occuper avec des troupes actives la ligne du Fier, l'arête du Mont-du-Chat, les Bauges et le massif de la Chartreuse.

Les routes qui franchissent le Rhône au sud de Bellegarde mènent directement sur Lyon ; mais comme l'investissement de cette place doit être précédé d'une marche sur la Saône pour couper ses communications avec le nord de la France, et pour gagner les hauteurs qui dominent la ville au nord et à l'ouest, les routes qui partent de Genève et se dirigent plus au nord seront peut-être préférées par l'ennemi. La haute chaîne du Jura, de la Dole au fort de l'Ecluse, forme une excellente position qui barre les routes partant de Genève sur la rive droite du Rhône ; elle se prolonge au nord par le Noirmont et le mont Tendre, jusqu'au col de Jougne ; mais cette dernière partie appartient à la Suisse.

Elle n'est abordable qu'au col de Saint-Cergues, au col de la Faucille, et au défilé de l'Ecluse ; en arrière, il existe une très bonne ligne de rocade, formée par la route du fort des Rousses à Bellegarde qui permet à la défense de garder à la fois tous les passages. De cette crête, on surveille le bassin du lac de Genève comme d'une terrasse élevée et on est en mesure d'aller occuper les lignes de défense de la vallée de l'Aar si la Suisse est impuissante à y arrêter l'ennemi. Cette position couvre donc Lyon et est intimement liée à la ligne du Rhône, qui la prolonge au sud. »

Notre système militaire se complète par l'immense camp retranché de Lyon, principal objectif de toute agression en Savoie ou dans le bassin du lac de Genève. Lyon est fortifiée depuis 1840 : une ligne de forts l'enveloppe, reliés par un vaste chemin de ronde. Mais Lyon s'est étendue depuis 50 ans, sa population a doublé. Les quartiers extérieurs ont peu à peu entourés les anciens forts. Aussi les a-t-on déclassés et réduits à l'état de caserne. On a élargi dans des proportions colossales, la surface garantie par les canons.

Le nouveau camp retranché est divisé en trois secteurs, le secteur de la rive droite de la Saône et du Rhône, le secteur de la rive gauche ou du Dauphiné, et enfin le secteur d'entre Rhône et Saône. C'est celui qui nous appartient en partie. Sur le Plateau des Dombes qui vient finir à la Croix-Rousse, on trouve le fort de Vancia : au sud de Vancia, la batterie de Sermenaz, qui surveille la route de Genève ; à l'ouest la batterie de Sathonay. « La ligne de défense s'étend depuis le village de Neyron jusqu'à Fontaines en passant par Vancia et Sathonay ; plusieurs ravins qui aboutissent à la Saône et qui coupent le plateau en avant du camp de Sathonay permettraient d'abriter des troupes pour les sorties. Les communications de Lyon avec cette position sont faciles et sûres. »

J'ajoute que non-seulement nous possédons le camp

de Sathonay avec des casernements réguliers et permanents, mais à quelque distance du confluent du Rhône et de l'Ain, dans l'immense plaine caillouteuse formée par ces deux torrents se trouvent le camp d'instruction de la Valbonne, occupé en été par une garnison très nombreuse.

Nous avons constaté, au cours de notre rapide étude, que les défenses militaires du département étaient insuffisantes, qu'on n'y trouvait pas d'importants groupements de troupes, et que les ouvrages de défense n'étaient pas en rapport avec les nécessités d'une guerre future. Nous avons omis d'indiquer que depuis plusieurs années le fort de Pierre Chatel et celui des Bancs avait été déclassés, privés de leur artillerie, et les troupes de cantonnement réduites à quatre cents hommes. Et cela au moment où se faisait sentir la nécessité de couronner d'ouvrages nouveaux la montagne de Parves qui domine le fort des Bancs, et d'établir des emplacements de batterie sur les montagnes de la Savoie. On ne peut avoir la naïveté de faire entrer en ligne de compte, pour la sécurité de la frontière, le respect de la neutralité Suisse, surtout lorsque ces belligérants ont employé leur énergie, au triomphe de la force sur la justice.

GÉOGRAPHIE ÉCONOMIQUE

DU

Département de l'Ain

AVANT-PROPOS

Nous diviserons la Géographie économique du département de l'Ain en trois parties principales :

I. — *Nous avons indiqué, dans un chapitre préliminaire, les vues générales qui seront comme les lignes directrices de notre travail. Nous étudierons l'Agriculture, qui est la grande ressourse du pays. Nous verrons ce qu'elle était au début du dix-neuvième siècle, les transformations et améliorations qu'elle a subies depuis cette époque. Cela nous permettra d'étudier l'homme, ses habitudes anciennes, sa transformation intellectuelle, grâce à la diffusion de l'instruction publique.*

II. — *L'Industrie nous occupera moins longtemps, parce qu'elle ne tient encore, dans notre vie économique, qu'une place assez minime. Elle est de création récente. Bossi observe très justement qu'en 1789 elle n'existait pas. L'absence de houille, les lenteurs apportées à la construction de notre réseau de routes, ont empêché son rapide développement. Elle a cependant pris un rapide essor en ces dernières années, et l'étude de son organisation est intéressante.*

III. — *Au chapitre du Commerce, nous rattacherons l'étude des chemins de fer, qui ont une importance générale, à cause de leurs rapports avec les réseaux étrangers de la Suisse et de l'Italie.*

A ce point de vue, la vie économique de nos petits pays de l'Ain contribue, pour sa part, à la vie générale de la France. En somme, ce que nous chercherons à mettre en relief, c'est la façon dont l'homme a tiré parti de son domaine, quelles transformations il y a apporté : c'est un tableau du travail permanent, des efforts continus faits par nos robustes populations, pour améliorer leur sort, que nous voulons présenter dans les pages qui vont suivre.

J. Corcelle,

Agrégé de l'Université.

Ceyzérieu (Ain), 1901.

Vues Générales

Importance de la Géographie économique et de l'étude des transformations qu'elle subit. — L'Agriculture, anciens usages, méthodes nouvelles, rareté de la main-d'œuvre : la dépopulation, ses causes profondes, l'émigration. — L'Industrie, son extension, la soierie, l'utilisation des chutes d'eau. — Le Commerce, imperfection de notre réseau de communication.

La géographie économique d'un département était autrefois l'objet d'une attention distraite. Si on énumérait volontiers le nom des rivières, des montagnes, des préfectures, sous-préfectures et bourgades, on était ignorant des conditions intimes de la vie du pays lui-même. La géographie était une science toute de surface, se préoccupant de détails inutiles ou nuisibles. Elle s'appliquait à dresser des catalogues d'une monotonie extrême, s'attardait dans de puérils détails. Presque jamais elle ne faisait appel à la raison. L'enchainement des faits, leurs dépendances mutuelles, les liens délicats qui les réunissent, tout cela échappait à des yeux, qui ne savaient pas regarder. On était incapable de faire ce qu'on peut appeler l'analyse psychologique d'une contrée.

Nous avons changé de méthode, et avons suivi en somme, bien que timidement, l'évolution formidable qui a transformé depuis cinquante ans nos moyens de connaître la vérité. Le géographe se préoccupe encore sans doute des faits précis, il décrit les phénomènes naturels, le climat, le régime des eaux par exemple. Mais il en cherche avant tout la cause efficiente. Il interroge les sciences voisines pour leur demander des lumières sur les phénomènes, phénomènes qu'il constate et qu'il expose, phénomènes qui sont d'une complexité effroyable. C'est pour cela que sa tâche est devenue à la fois si délicate et si passionnante : c'est pour cela qu'il a dû transformer complètement ses méthodes d'investigation, et reculer très loin les limites du domaine qu'il décrit.

Non seulement, il doit étudier avec soin la terre, celle qui existait il y a des millenaires, mais aussi celle qu'éclaire maintenant les rayons du soleil. La terre ancienne est, pour ainsi dire, la maîtresse de la terre actuelle. En toutes choses ce sont bien souvent les morts qui parlent et dirigent les vivants. La géologie est l'assise fondamentale d'une description sérieuse du monde : sans ses lumières tout reste ténèbres et obscurité.

Les races sont, elles aussi, choses très anciennes : il importe d'en démêler les éléments avec les données que nous fournit l'histoire, d'étudier leurs structures primitives, les routes qu'elles ont suivies, les alluvions qu'elles ont dû accepter, les modes d'existence qu'elles ont apportés de leur patrie primitive.

La vie économique, autrefois dédaignée, est l'objet maintenant d'enquêtes minutieuses et prolongées. L'étude des faits sociaux, est regardé comme de premier ordre, parce que leur importance dans la vie contemporaine, prend tous les jours une influence dominante. De leur développement rationnel et scientifique dépend la puissance d'expansion d'un peuple. Aussi, dans une monographie géographique, doit-elle avoir une place éminente. Nous voulons lui donner l'importance qu'elle comporte dans la vie générale du département, d'autant mieux que nous sommes dans une période de transformation, où disparaissent les derniers vestiges d'un ancien monde, et où apparaissent les premiers linéaments d'une vie nouvelle.

Quelques idées générales, avant les expositions de détail, nous ferons mieux saisir ce fait capital, qui commandera toute la série de faits qui vont suivre.

L'agriculture a été la grande industrie de nos

pays de l'Ain, et sans doute elle gardera ce rôle longtemps encore. Mais des modifications importantes se sont produites dans ce domaine de l'activité humaine, les unes heureuses, les autres plus contestables. J'appelerai heureuses, celles qui consistent à abandonner les anciens usages et à modifier les procédés culturaux, malheureuses celles qui poussent les jeunes gens à émigrer vers les villes et à laisser péricliter l'héritage paternel.

Et cependant, parmi les anciens usages, il en était qui méritaient d'être conservés : la vie était très facile et très simple, parce que les besoins généraux étaient moins grands. On voyageait fort peu et on ne pouvait établir aucun point de comparaison.

Dans nos campagnes, on vivait comme avaient vécu « les anciens »; on n'avait point souci d'améliorer une situation qu'on jugeait très supportable, on se contentait des menus ordinaires, des meubles de famille. La toile était tissée tous les ans pour les besoins du ménage, une toile solide, épaisse et raide qui défiait le temps et ne craignait pas l'usure rapide. Les vêtements n'étaient renouvelés qu'à de très rares intervalles.

On conservait pieusement les modes ancestrales, tandis qu'aujourd'hui, tous les ans, apparaissent des formes nouvelles. Les costumes étaient traditionnels : on aurait regardé comme un sacrilége d'y changer un atour, un ruban, une dentelle. Je crois qu'au fond on avait grandement raison, non pas au point de vue un peu étroit de l'économie budgétaire, mais au point de vue de l'originalité, de la personnalité de tous nos petits pays de France. Le luxe était grand, comme nous le verrons, dans ces costumes anciens, mais c'était un luxe solide qui n'avait point besoin d'être renouvelé. Maintenant les journaux de modes pénètrent dans toutes nos campagnes, et chacun tient à honneur d'obéir à leur ordre annuel. Cela entraine des dépenses assez considérables.

Regrettons aussi ces vieux costumes au point de vue esthétique. Ils étaient, en effet, le produit très raffiné d'une observation lointaine. Nos aïeux avaient choisi certaines formes de coiffures, par exemple, très seyantes au visage, et destinées à faire ressortir la finesse des traits, l'allure générale de la physionomie. Adieu, les chapeaux de perles, les coiffes de dentelles.

Ajoutez à cela, et c'est fort heureux, que le paysan se nourrit mieux qu'autrefois. Le temps est lointain où on allait chez le boucher aux dates des grandes fêtes, Noël, Pâques, lors des cérémonies de famille, baptême, mariage ou mort ; on a pris l'habitude d'avoir des repas réguliers et substantiels. On ne se contente plus d'un morceau de « salé » le dimanche et je trouve qu'à ce point de vue, il y a réellement progrès. Mais ces conditions d'existence meilleure ne vont pas sans frais plus étendus pour le budget. Autrefois, dans les jours de travail pénible et prolongé on ajoutait à la soupe du matin, de midi et du soir, une grosse poignée de fève. Ce sont là vieux usages, et qui nous paraissent extrêmement lointains, avec le reculement incertain des siècles.

Les maisons sont devenues plus élégantes : leurs façades, autrefois très frustes, sont soigneusement blanchies et percées d'ouvertures suffisantes; on a des meubles modernes, du linge fin et une batterie de cuisine variée. Ce qui vaut mieux, l'instruction est largement répandue dans tous les villages. Le nombre des illettrés au début du siècle était considérable: vous n'avez qu'à feuilleter les actes notariés pour le constater. Chacun aujourd'hui sait lire et écrire : aussi les idées qui évoluaient très lentement autrefois, se modifient avec aisance. Ainsi les méthodes culturales se perfectionnent, grâce aux lectures faites, aux voyages accomplis. On prend l'habitude de se renseigner sur ce que fait le voisin ; ce n'est plus l'immobilité, la fidélité aux vieux usages qui est la marque caractéristique de nos populations agricoles. Bien au contraire, elles s'efforcent de suivre les progrès que fait accomplir la science agissante à l'amélioration du sol, au drainage des terres, à la répartition normale des engrais de ferme et des engrais chimiques. Les batteuses, les faucheuses, les pressoirs perfectionnés sont adoptés avec rapidité. Il y a là une évolution intellectuelle, qu'on pourrait désirer plus complète, mais qui est très remarquable. J'ajoute qu'en toutes choses, l'esprit du cultivateur doit évoluer avec une rapidité inaccoutumée. Les vignes disparaissent : du jour au lendemain, il doit transformer ses façons de cultiver le sol et enfouir dans la terre d'énormes capitaux ; cela n'a pas épouvanté, ni les vignerons du Revermont, ni ceux du Bugey et du Pays de Gex. L'inégalité des rendements nous explique aussi pourquoi, en Dombes, on demande la remise en eau des étangs, le blé cessant d'être rémunérateur. Mais, si cette remise en eau a une valeur au point de vue économique, elle ne peut être utilement soutenue au point de vue sanitaire. A un moment où de tous côtés s'organise la lutte contre le paludisme, il paraît téméraire de fournir aux moustiques des champs d'éclosion nouveaux (1).

---

(1) Nous avons résumé ces discussions, dans notre *Etude sur la population du département de l'Ain*. Bourg 1897, p. 80-92.

La tendance fâcheuse de notre monde agricole, c'est l'émigration vers les villes. Elle est très forte, irrésistible dans le département de l'Ain. En 1851, le recensement accusait 372,939 habitants, en 1901, il ne donne plus que 349,205 (1). La diminution porte naturellement sur les cantons purement ruraux, où le travail des champs est l'unique source de revenus. Dans ces régions, on observe que les villages deviennent de moins en moins peuplés, et presque partout la mortalité est supérieure à la natalité, malgré les progrès incontestables de l'hygiène, et surtout l'amélioration raisonnée de la nourriture.

Il y a des causes énergiques à cette dépopulation : d'abord la volonté de chaque chef de famille d'avoir le moins d'héritiers possible. On n'aime guère à voir se disperser le domaine qu'on a péniblement formé. « Le code civil est là avec ses exigences égalitaires : il ordonne le partage de tous les biens quels qu'ils soient. Le seul moyen d'arrêter ses effets est de limiter énergiquement le nombre des ayants droits. De là, la rareté des familles nombreuses : autrefois, on voyait huit ou dix enfants et plus dans chaque

(1) Voir pour plus de détails, J. Corcelle. *Etude sur la population du département de l'Ain*, p. 24 et suivantes et les ouvrages cités dans la note bibliographique.

maison. Aujourd'hui, il y a limitation très rigoureuse; un ou deux enfants sont chargés d'assurer la perpétuité du nom. On semble surtout préoccupé d'assurer, au survivant, un héritage considérable, des champs arrondis, une maison spacieuse (1).

Puis on émigre très volontiers vers la grande ville ; et la mévente des produits agricoles auquel s'ajoute l'augmentation constante des impôts, active encore cette désertion du métier agricole, métier à salaires incertains. Lyon, Genève ont des colonies importantes venues de l'Ain. Les fonctions publiques, les chemins de fer, l'industrie attirent un grand nombre de jeunes gens instruits. Le courant est irrésistible; les paysans lâchent la bêche, abandonnent la charrue, vendent ou afferment leurs lopins de terre et se lancent bravement sur le pavé de la grande ville.

(1) Une des passions les plus anciennes, les plus dominantes du campagnard est celle qui le pousse à arrondir son domaine, à acheter dès qu'il en trouve l'occasion, le champ voisin du sien. Il l'a convoité ardemment : sou par sou, il a constitué le pécule qui va l'en rendre maître. Dès qu'il lui appartient, sa joie la plus intense, est de le visiter aux jours de fêtes. Il a la plus belle pièce des environs. Il n'a qu'un désir : transmettre intact ce beau domaine à sa descendance. Il ne veut qu'un fils, puisque la loi l'oblige à faire un partage égal entre ses enfants. Il y a mieux : s'il y a deux fils dans la même maison, l'un d'entre eux émigre et va dans la grande ville. (*La Population du département de l'Ain.*)

Ils ne trouvent pas toujours dans la grande cité, le bonheur et la richesse. Mais le salaire journalier semble plus assuré et, par suite, l'existence peut être plus douce ; c'est sans doute une illusion, comme beaucoup d'autres choses.

J'ajoute qu'il ne faut pas regarder le dépeuplement de nos campagnes comme un mal irrémédiable. Nous avons observé plusieurs faits qui rendent cette crise moins redoutable qu'elle semble de prime abord. Les champs demandent moins de bras, parce que les instruments de culture sont plus perfectionnés et plus expéditifs. Pour cela, les exemples sont nombreux et probants. Les charrues remplacent l'homme et sa lourde pioche dans le travail de la vigne. C'est la charrue qui pique et arrache les pommes de terre. D'où il résulte que la dépopulation des campagnes n'est point une calamité. C'est une évolution forcée : elle n'atteint, en réalité, que le propriétaire aisé, qui doit recourir aux tâcherons pour cultiver sa terre. Il voit ses revenus diminuer dans des proportions effroyables. Il est appelé à disparaître.

Les propriétés auront une tendance à être moins disséminées, par suite des facilités de rachat. Un jour viendra où le lotissement des terres sera chez nous plus logique : sans demander la reconstitution des grands domaines, on peut entrevoir, si l'esprit des populations s'y prête, un émiettement parcellaire, moins anti-économique que celui qui existe dans nombre de nos cantons.

Au point de vue industriel, le département de l'Ain a bénéficié de deux phénomènes économiques d'une actualité immédiate : d'abord l'émigration de l'industrie lyonnaise de la soie, ensuite, l'utilisation de la force motrice fournie par les torrents du Jura. Grâce à cela, aux vieilles industries sans rayonnement extérieur, sont venues s'ajouter des industries actives, c'est-à-dire d'exportation. La soie est travaillée surtout dans la vallée de l'Albarine, où ont surgi, en des régions étroites et infertiles, des villes importantes et prospères, comme Tenay et Saint-Rambert. Des usines ont été construites qui occupent des milliers d'ouvriers. Il est vrai qu'on a eu recours, pour faire marcher leurs métiers, à la main d'œuvre étrangère, notamment à celle qui nous est fournie par le Piémont : ce sont là autant de salaires qui sont en partie perdus pour la région.

Une autre industrie nouvelle, créée par l'impulsion très vive donnée aux travaux d'utilité publique : canaux, ponts, constructions de tous genres, c'est celle de la chaux hydraulique, qui a vivifié les localités entre Ambérieu et Culoz. Elle doit sa prospérité à la proximité des grands centres de production, où les maisons nouvelles s'élèvent tous les jours, où les travaux d'art exigent des matériaux sans cesse renouvelés.

Dans la région montagneuse, les torrents sont nombreux; les sources vauclusiennes à débit presque permanent sourdent un peu partout, à des altitudes diverses. Il y a là des réserves de force motrice considérables, qui peuvent faire d'une région en apparence déshéritée, un pays d'une activité très grande. Les vallées de la Savoie, Tarentaise et Maurienne, n'offraient à leurs très nombreux habitants que de précaires ressources, avec leurs montagnes dénudées, leurs torrents dévastateurs. On a capté l'eau des torrents, on a utilisé leur chute et des industries d'une importance énorme, ont surgi dans des endroits déserts, tel la fabrication du sulfure de calcium, du chlorate de potasse. Dans le Haut-Bugey, vers Oyonnax, la même transformation s'opère, grâce à l'utilisation des chutes de l'Oignin, au saut des Charmines. A Bellegarde, le Rhône renferme des énergies pour ainsi dire inépuisables. Des industries variées ont, pour ainsi dire, surgi de terre, dans l'étroit cânon du Rhône. Scieries, papeteries et tissages utilisent l'électricité produite. Mais il y a là de quoi faire mouvoir bien d'autres mécanismes et de quoi fournir l'énergie nécessaire aux usines qui s'échelonneront le long du grand fleuve, lorsque le transport de la force à grande distance sera devenu une réalité. L'évolution produite par la houille blanche est à peine commencée chez nous; il y a là des réserves de richesses, qui présagent à la partie montagneuse du pays une prospérité économique d'une grande envergure.

On a eu raison de dire que l'électro-chimie, la grande industrie du vingtième siècle, demandait son développement merveilleux surtout aux procédés hydro-électriques. Il y a quelques années, les torrents de nos montagnes bondissaient gais et libres de roc en roc. Aujourd'hui, combien d'entre eux, enfermés dans un corset d'acier, s'en vont tourner la meule au fond des usines! Ainsi, formant des chutes artificielles, ils dévalent du haut de léurs montagnes, à une vitesse de projectiles, jusqu'aux ailes de bronze des turbines, qu'ils entraînent et dont la rotation commande celle des générateurs électriques, dynamos à courant continu pour l'électrolyse, alternateurs pour les fours électriques(1). L'heure est venue de tirer de toutes ces forces nouvelles, les éléments de richesses hier insoupçonnés. Dans l'avenir, les grandes usines trouveront leur place, dans la partie montagneuse du pays, à l'endroit que les torrents dévastaient au siècle précédent.

---

(1) *Revue de Paris*. — Août 1901

Il est vrai que les communications ne sont pas encore multipliées, commodes et peu coûteuses. Le réseau des grands chemins de fer est à peu près complet et facilite l'exportation des produits vers les grands centres. Mais il nous manque encore un réseau rationnellement établi de chemins de fer à voie étroite, de tramways électriques, et d'automobiles poids-lourds, pour que le drainage de nos produits agricoles puisse s'accomplir avec rapidité.

Aussi, le commerce général est-il depuis longtemps stationnaire. Il a sans doute changé de physionomie : on ne voit plus les colporteurs et les maringottiers parcourir les villages comme il y a cinquante ans. Les corporations anciennes, les émigrations saisonnières comme celles des peigneurs de chanvre, ne sont plus qu'un souvenir.

Le roulage sur route est mort. Des anciens moyens de transport, il ne reste plus guère que la batellerie, sur le Rhône et l'Ain: quelques rigues chargées de pierre de taille, quelques radeaux de troncs de bois descendent encore sur les flots bleus et rapides du grand torrent alpestre. Mais les échanges importants se font uniquement sur certains grands marchés; les chemins de fer emportent dans le Midi et à Paris, les volailles de la Bresse; les vins du Bugey, qui allaient à Genève, il y a vingt-cinq ans, s'écoulent vers Lyon et les centres avoisinants. Il y a dans le commerce général un manque d'unité, de direction : cela tient à la contexture physique du département et à la variété de ses centres d'attraction. Si le Bugey et une partie de la Bresse regardent Lyon, Gex est tourné vers Genève, certains cantons vivent avec Mâcon ou Saint-Claude. Il y a là une variété qui déconcerte, et cela donne à notre vie économique une allure un peu incertaine. Il nous manque une poussée formidable irrésistible, comme celle qu'imprime Lyon à la région qui l'avoisine.

PREMIERE PARTIE

L'Agriculture

Les régions principales. — Chiffres généraux. — L'ancienne agriculture. — La nouvelle agriculture. — L'homme, la maison, les grandes cultures.

Le département de l'Ain est, par nature, voué à l'agriculture : une majeure partie de son territoire est en dehors des voies commerciales. Son sous-sol est fort pauvre en dépôts miniers. Ce sont là deux conditions essentielles pour éloigner de notre pays la grande industrie : cette grande industrie qui absorbe à son profit toutes les forces vives d'une région, et met au service d'un mode de production toutes les énergies vitales des habitants. Elle ne s'est développée qu'aux endroits où les chemins de fer lui permettaient de conduire à bon marché les matières premières à transformer. Ces régions ce sont les vallées nouvelles créées par le chemin de fer de Lyon à Genève : je dis vallées nouvelles, parce qu'à l'heure actuelle, la science est arrivée à un tel point d'audace, que les anciennes divisions naturelles disparaissent avec une grande rapidité.

Ce n'est pas là du reste la seule force évolutive, qui transforme peu à peu la physionomie des pays de l'Ain. Ils ont beau être très pauvres en dépôts de métaux comme tous les pays du Jura, ils possèdent des cours d'eau à pente rapide et à débit régulier, qui peuvent donner naissance à des centres d'activité d'une intensité de vie exceptionnelle. En raison de leur proximité de grands centres, on y installe de grandes usines. Lyon nous a donné l'industrie de la soie, Genève, dans le Pays de Gex, a établi l'industrie horlogère et celle plus délicate encore, de la taille des pierres précieuses. Ce sont là des facteurs nouveaux, qui peuvent, à bref délai, changer l'aspect de certaines régions de l'Ain, et augmenter, dans des proportions énormes, ses forces productrices.

I

Les Régions.

I. La Montagne : Le Bugey, le Valromey, le Haut-Bugey, le Pays de Gex. — II. La Plaine : Le Revermont pays de transition, la Bresse, le Dombes.

Au point de vue agricole, l'Ain se divise en régions absolument dissemblables et dont il importe avant tout de fixer les caractères distinctifs.

Lorsque s'est opéré le groupement départemental, personne n'a pris souci de former des unités géographiques. Dans la dislocation de l'ancienne France, on a procédé sans méthode précise, sans plan bien raisonné, et le département de l'Ain, comme beaucoup d'autres du reste, s'est trouvé constitué d'une façon très hétérogène. Aussi, sa géographie agricole est-elle très compliquée, et pour la bien comprendre, le mieux est encore de déterminer exactement les régions qui le composent, parce que chacune d'elles, a sa personnalité physique, sa culture principale, son commerce dominé pour ainsi dire par la pente de son sol. Rien n'est aussi varié au point de vue économique qu'un voyage à travers le département. Il y a des changements complets dans la végétation, dans l'aspect des terres, dans les habitations, dans le caractère des habitants. Les hommes obéissent, en effet, bien souvent, au climat, aux plantes qui les entourent, aux éléments qu'ils essayent d'asservir. Ils sont comme le reflet du sol sur lequel ils vivent.

On distingue, d'ordinaire, deux grandes régions, la plaine et la montagne : ce sont les cotes d'altitude qui nous donnent cette première division. A l'ouest, le relief est, en effet, très uniforme : l'œil ne perçoit que de vagues ondulations, depuis les bords verdoyants de la Saône, jusqu'aux montagnes qui dominent la rive gauche de la rivière d'Ain. A l'est, au contraire, le relief est tourmenté par les plissements de la chaine jurassique.

Aux vallées encaissées ou élargies par d'anciennes cuvettes lacustres, succèdent des chaînes d'aspect rectiligne, couronnées de forêts de sapins ou d'alpages. Dans la réalité, la division agricole est moins simple et pour bien saisir la vraie physionomie du département, il importe d'introduire un plus grand nombre de divisions territoriales.

Prenons d'abord la montagne : elle se sectionne en régions très différentes qui sont confondues sous le nom général de *Bugey*. Or, on trouve là des pays d'aspect très divers. Le Bugey comprend la région de Belley, région à collines onduleuses, à rivières claires et chantantes, à vergers fleuris, à côteaux tantôt boisés, tantôt surchargés de vignes. C'est un pays riche, où l'on fait bonne chère : il a vu du reste naître l'auteur de la *Physiologie du Goût*, l'éternel Brillat-Savarin. Cette région se continue naturellement par le canton d'Yenne, en Savoie, qu'on appelle communément le Petit Bugey. C'est l'annexe naturelle de la région onduleuse de Belley, dont la limite est non le Rhône, mais le profil montagneux, dont la Dent du Chat est le signe caractéristique. La lumière de cette région, privilégiée entre toutes, rappelle déjà celle du Midi, celle par exemple de Romans ou de Valence ; elle est éclatante sans être aveuglante ; elle enveloppe tous les objets d'une teinte bleu gris d'une finesse extrême. Elle permet aussi à l'agriculture les cultures variées. C'est elle qui dore les fruits et perfectionne leur saveur. La terre est partout fertile, tantôt elle est composée de boues glaciaires, tantôt elle est ameublie par les torrents anciens. Il y a aussi beaucoup d'anciennes cuvettes lacustres où l'herbe pousse haute et drue. Ce qui caractérise le Bugey, c'est donc l'égalité de son climat, la variété de ses productions, la fécondité inépuisable de son sol, et ce qui en est la conséquence, la grâce aimable de ses paysages.

Le *Valromey* est une plaine triangulaire comprise entre le massif du Grand Colombier qui lui appartient, et les montagnes qui délimitent la région d'Hauteville-Thézillieu. Il est d'aspect uniforme dans la partie cultivée : ses terres labourables sont consacrées aux céréales ; le reste forme des prairies où se nourrissent les bêtes à cornes, prairies à foin parfumé, que décorent d'innombrables florules, qui les font ressembler aux alpages de la Savoie. La population est clairsemée, les villages éloignés les uns des autres. Le climat est froid, sec, mais très salubre, parce que le pays est dominé par d'immenses forêts de sapins, comme celle de Gervais, des Moussières, de Meyriat, par exemple. La vie économique y est en apparence peu active, en raison de la simplicité des produits. L'élevage est l'industrie fondamentale ; elle a amené avec elle, grâce à l'association, la fabrication des fromages façon gruyère. En hiver, le bois est exploité dans les forêts et conduit vers les scieries du bas pays.

Le *Haut-Bugey* comprend Nantua et Oyonnax : nous entrons là dans la véritable région montagneuse, dans la région des hautes combes ou cluses, de grande élévation où, par suite, le climat est rigoureux, la saison froide prolongée. Les terres labourables sont peu étendues, les surfaces occupées par les prés ou les rochers, sont très importantes. C'est la région des sources abondantes et des torrents à débit constant. Autrefois, l'émigration saisonnière ou définitive était importante : les jeunes gens allaient à la ville, s'employaient dans des métiers temporaires, comme celui de peigneurs de chanvre. De nos jours, on a su utiliser la « houille blanche » et des centres industriels populeux ont surgi dans des vallées autrefois désertes. De là résulte, pour le Haut-Bugey, des conditions de vie bien particulières : les bourgs ne voient pas leur population diminuer trop vite parce que l'industrie est venue attacher, pour ainsi dire, les habitants à leurs montagnes. La corne, le celluloïd, les pierres précieuses ont opéré ce miracle.

Une place à part doit être faite au *Pays de Gex* : il est dans des conditions économiques spéciales, étant compris en vertus des traités (1) dans une zône neutralisée, au point de vue douanier. Ainsi Gex est une des villes de France où la vie générale est extrêmement facile, à cause des détaxes obtenues par les objets de consommation courante. En raison de sa situation topographique, il est surtout en relation avec la Suisse, et bien que très attaché à sa vraie patrie, il a une existence pour ainsi dire extérieure. Sa grande in-

(1) J. Brossard, *Histoire du Pays de* [illegible].

dustrie de la taille des pierres précieuses ou similaires, la rattache encore plus étroitement à Genève.

La Plaine comprend la rive droite de l'Ain, et elle mérite son nom, si on en retranche le *Revermont* et ses vignes étendues sur des côteaux. Le Revermont est comme la transition naturelle entre deux régions d'aspect très différent. Cela justifie le proverbe : « Entre la rivière d'Ain et le Suran, ni Bugistes, ni Bressans. » Cette contrée comprend les deux cantons de Ceyzériat et de Treffort, une partie de ceux de Coligny et de Pont-d'Ain. C'est une succession de vallées très verdoyantes, bien arrosées, d'une fertilité moyenne.

Le *plateau bressan* est beaucoup plus étendu : il s'appuie à l'ouest sur la Saône, devant lequel il vient finir sous forme de collines gracieuses qui embellissent les bords de la paresseuse rivière. A l'est, il s'arrête au pied de ces plissements du Jura qui accompagnent l'Ain sur sa rive droite. Au sud, il est limité par la Dombes, au nord, il se continue en Saône-et-Loire. Son altitude moyenne varie entre 212 et 270 mètres, altitude sensiblement moins élevée que celle de la Dombes.

Il est d'un relief assez varié : les cours d'eau qui l'arrosent comme la Veyle et la Reyssouse sont accompagnées de collinettes arrondies et boisées, qui dominent la plaine environnante d'une vingtaine de mètres. Elles ont le même régime d'eau et la même allure paisible que la Saône dans laquelle elles se jettent. Elles ne sont pas dévastatrices, leurs crues sont lentes, par conséquent bienfaisantes. C'est un pays fertile, grâce à « l'épaisse couche de terre végétale, sablonneuse ou marneuse sableuse que l'on retrouve presque partout et qui neutralisa l'effet du sous-sol formé par l'alluvion glaciaire. Cette perméabilité et la présence du calcaire donnent à la Bresse une incontestable supériorité. Le sol est donc d'nne culture facile, les rendements y sont rémunérateurs. Il donne en quantité considérable du blé, et des grains divers comme le maïs et le sarrazin. De là, est venue cette industrie spéciale fort ancienne et très lucrative, l'élevage et l'engraissement des volailles. L'industrie pastorale est aussi fort développée, grâce à l'humidité du sol, aux irrigations abondantes, qui permettent la multiplication des prés. Il faut ajouter que le relief a ici une importance considérable ; en raison de son uniformité, il a facilité les échanges : les communications extérieures sont très faciles, plus faciles que dans le Bugey, et l'exportation des produits est constante.

La Dombes n'est autre chose que la partie

méridionale du plateau bressan, et j'ajoute la partie la plus élevée. On lui donne comme altitude moyenne 280 mètres. On a eu raison de dire que de ce pays solitaire, aux horizons toujours noyés dans la brume, se dégage un grand charme. Ses claires nappes d'eau, et, çà et là, les masses sombres de ses petits bois de chênes et de bouleaux, rompent la monotonie des prairies et des champs étroits, aux sillons profonds. Détachées du troupeau voisin, quelques bêtes, dans l'eau jusqu'à mi-jambes, paissent la *brouille* des étangs, tandis que de jeunes chevaux d'élevage, l'entrave aux pieds, parqués dans de vastes enclos, animent ce paysage un peu triste. De loin en loin, émergeant de la verdure, apparaît la large toiture d'une ferme ou le clocher d'un village dont les maisons construites en terre ou en briques, n'ont cependant rien de misérable. Au levant, se dressent les crêtes du Jura et des Alpes; au couchant, les sommets plus arrondis du Beaujolais. N'était quelquefois l'odeur du marécage, lorsqu'on approche de la *queue* des étangs, ou la rencontre de quelque vieux paysan souffreteux, au teint jauni par la fièvre, rien ne rappelerait plus l'ancienne Dombes. Cette régénération rapide est un des plus beaux exemples de ce que peuvent les efforts intelligents et méthodiques de l'homme sur la nature.

En 1808, lorsque Bossi publiait sa *Statistique du département de l'Ain*, la Dombes était dans un état lamentable. Les habitants mouraient comme des mouches, et si le pays n'était pas un désert, c'est qu'une forte immigration remplaçait les individus disparus.

Malgré tout, la Dombes restait pauvre, déshéritée, avec de maigres cultures, des communications difficiles. En 1808, la densité de la population est de 19 habitants par kilomètre carré. Peu à peu les étangs disparaissent et la population augmente très rapidement, la densité atteint le chiffre de 32, grâce à la disparition de ces petits lacs saumâtres, remplis d'herbes où grouillaient les larves de moustiques, par myriade.

Malheureusement, cette prospérité a pour ainsi dire une limite dans le sol qui, en raison de sa contexture, ne se prête pas à des cultures variées. Il est parsemé de mamelons boisés, peu élevés, amas de cailloux et de sables charriés par les glaciers. La première couche des terres arables est formée d'un limon brunâtre, jaunâtre ou blanchâtre d'épaisseur variable. Viennent ensuite des cailloux roulés et du sable rouge, et enfin une couche argileuse, noirâtre de quelques mètres d'épaisseur absolument imperméable. De là, pour les eaux pluviales, un manque d'écoulement, qui a amené la formation des étangs, et un régime spécial de culture. C'est la terre du blé, des broussailles marécageuses, fertiles en gibier, des étangs où s'engraissent les tanches et les carpes.

Ce sont les principales régions du département de l'Ain. On voit qu'elles ont toutes une individualité bien marquée comme physionomie physique et comme production, individualité qui se précisera davantage dans la suite de cette étude.

II

LES CHIFFRES GÉNÉRAUX

Première partie : Les cultures.

Les statistiques officielles et leur valeur. — I. Les céréales, leur importance décroissante. — II. La vigne, son extension. — III. Culture fruitière, son développement possible. — IV. Tubercules et racines. — V. Fourrages : prairies, prés et fourrages artificiels. — VI. Cultures industrielles, graines oléagineuses et tabac. Le vieux tisserand. — VII. Les forêts, les sapinières, les taillis et le rosat.

Nous allons indiquer, d'après les documents officiels, c'est-à-dire les statistiques publiées par le Ministère de l'agriculture, les produits principaux donnés par la terre cultivée ou livrée à elle-même (1). Observons que malgré leur

(1) Voir la *Statistique agricole annuelle*, 1899. Imprimerie nationale 1900. Elle forme le quatrième fascicule (novembre) du bulletin officiel du Ministère de l'agriculture. — De très nombreux et excellents renseignements se trouvent dans *La Statistique agricole de la France, résultats géné-*

caractère officiel, ces statistiques sont loin d'être l'expression de la vérité absolue. Elles sont au contraire remplies d'erreurs, de non-sens : les chiffres qu'elles renferment demanderaient à être révisés avec soin. Ceux qui sont chargés de réunir les premiers éléments de ces travaux, n'ont pas toujours la compétence voulue, et à plus forte raison sont privés de tout esprit scientifique. On se borne souvent, pour établir les dites statistiques, à recopier d'anciens tableaux, on omet de les mettre à jour. De l'avis des hommes compétents, il résulte que toutes ces statistiques et leurs colonnes de chiffres ne doivent être acceptées qu'avec défiance.

Malheureusement, à cause des difficultés de contrôle, on est obligé de les utiliser malgré leurs imperfections connues, et de les regarder comme véridiques, au moins dans leurs lignes générales : si l'instrument est imparfait nous devons nous en servir puisque c'est le seul dont nous disposons.

I. — **Les Céréales.** — Les céréales sont une des productions principales du département : la Bresse, n'étant en somme qu'un grand champ de

---

raux de l'enquête décennale de 1892. Imprimerie nationale. 1897. Dans les chiffres qui sont insérés dans les notices suivantes, nous indiquons ceux fournis par les statistiques de 1892, 1896, 1899.

blé. Voici les chiffres qui les concernent : Froment : surface cultivée en 1892, 99,741 hectares, en 1896, 97,296, en 1899, 94,480 : la diminution des emblavures s'explique par l'augmentation du vignoble. Le rendement a été de 1,615,718 hectolitres, 1,459,440, 1,699,760. La production moyenne par hectare a été de 16,2 hectolitres, 15, 18, 02. Nous sommes loin du département du Nord dont la moyenne est de 26 hectolitres, et il semble qu'il y a, chez nous, de notables progrès à faire. J'ai bien vu employer, avec l'engrais de ferme, des scories de déphosphoration, dans les terres compactes de la Dombes et dans certains sillons de la Bresse, mais ce n'est pas une mode générale et peut-être faut-il le regretter. (1)

La question de la fumure rationnelle des terres est loin d'être résolue : on a en trop grand respect

---

(1) V. Valentin-Smith, *Statistique sommaire du département de l'Ain*, 1858. Les amendements consistent dans la chaux, le plâtre et les cendres. La chaux répandue dans les terres de la Bresse et de la Dombes, qui sont dépourvues de calcaires, produit surtout d'heureux résultats. Les engrais employés sont : le fumier des écuries, la boue des chemins et les terres qui ont coulé dans les parties basses des chaintres et des fossés. Quelques propriétaires de la Dombes font usage du guano. La fabrique de peignes d'Oyonnax voit rapidement enlever sa cornaille pour l'agriculture du Bugey. — Voir aussi Nivière, *Conférences agricoles sur la Dombes*, 1860 et l'ouvrage plus rare de H. d'Angeville, *Recherches sur les améliorations agricoles*, 1842.

les usages anciens pour changer du jour au lendemain les méthodes ancestrales. Il semble parfois qu'un siècle a passé sans amener à ce sujet des changements notables : la science a trouvé les principes directeurs. On n'a pas toujours l'air de s'en apercevoir.

Voici ce qu'on écrivait en 1808 ; vous allez voir que le tableau pourrait s'appliquer à de nombreux villages : « Ce département est encore bien éloigné de la perfection dans l'art de préparer et de faire les fumiers. On ne les laisse point assez macérer, surtout dans les lieux où l'on emploie la fougère pour litière ; il ne s'établit ni fermentation ni décomposition suffisante. Si on examine les fumiers dans les cours de la plupart des cultivateurs, on les trouve mal soignés, souvent mal entassés ; les surfaces ne sont pas dressées avec égalité ; ils sont exposés aux ardeurs du soleil ; les pluies entraînent les meilleurs sucs ; les côtés se dessèchent ; le dedans se moisit, l'évaporation est extrême. Quelquefois on les laisse aussi trop longtemps à l'écurie et la fermentation, qui s'y commence, est ensuite interrompue par le déplacement et le transport. »

Allez dans quelques villages écartés, vous verrez pratiquer les mêmes errements. Si vous visitez ensuite un canton de la Suisse vous observerez combien nos vosins sont plus au courant des nouvelles méthodes que nous. C'est à cette négligence dans l'art de confectionner les engrais, qu'il faut attribuer certains rendements incertains. On laisse errer sur les chemins les meilleures substances fertilisantes : il en résulte non seulement des désagréments hygiéniques, mais une perte très sérieuse de capital. Il faudrait opérer des réformes radicales, rompre avec les errements anciens. La terre est fertile, mais elle ne donne toujours de riches produits que si on lui restitue, sous une forme ou sous une autre, les fruits qu'elle fait mûrir au clair et chaud soleil. Ayons des étables bien aménagées, des fumiers bien entretenus et arrosés régulièrement, répartissons d'après des principes scientifiques, c'est-à-dire en s'appuyant sur une analyse du terrain, les engrais de nature diverse dont nous disposons. Nous aurons alors des rendements satisfaisants.

Le seigle occupe, en 1892, 7.060 hectares, en 1896, 6.013, en 1899, 5.800 ; la production a été en hectolitres de 108.279, 96.208, 92.800, avec une moyenne par hectare dépassant un peu 11. La culture du seigle est en décadence. Autrefois, le pain noir apparaissait souvent sur les tables de nos campagnes ; il a été remplacé par le pain blanc. La disparition graduelle des couvertures en chaume pour les maisons est aussi une des raisons de l'abandon de cette culture. La paille allongée du seigle servait à l'entretien de ces toits moussus et épais, qui, dans nos villages, étaient si pittoresques et si dangereux. Elle est remplacée par la tuile et l'ardoise.

Le méteil, mélange de seigle et de froment, produit des terres médiocres, destiné à la consommation personnelle du cultivateur, est réparti sur 4.172, 4.176, 2.300 hectares, produisant 66.808, 66.816, 50.970 hectolitres, avec une moyenne qui passe de 16 à 22. L'orge est réparti sur 5.602, 5.418, 3.850 hectares, produisant 84.902, 86.688, 69.400, avec une moyenne qui passe de 16 à 18 hectolitres. Le sarrazin est réparti sur 19.029, 18.133, 18.300 hectares, produisant 225.610, 181.330, 183.000 hectolitres, avec une moyenne qui passe de 11 à 10 hectolitres. Le sarrazin est quelquefois transformé en farine et sert pour la confection des crêpes et des gaufres. Il est utilisé pour la nourriture de la volaille. Récolté assez tard, il n'a pas toujours le temps de mûrir et est détruit par les gelées précoces.

L'avoine est répartie sur 19.977, 20.095, 18.960 hectares, produisant 399.540, 182.040, 568.680 hectolitres, avec une moyenne qui passe de 21 à 30 hectolitres. Le maïs est réparti sur 16.676, 17.470, 16.690 hectares, produisant 301.616, 262.170,

283.810 hectolitres, avec une moyenne de 18, 15, 17 hectolitres. Le millet, qui sert seulement à l'alimentation des volailles et des oiseaux d'agrément, est réparti sur 205, 175, 170 hectares, produisant 3.518, 2.800, 2,740 hectolitres, avec une moyenne de 16 hectolitres.

II. — **La Vigne.** — La vigne est, avec le blé, la culture principale du département (1): elle est très développée dans la partie vallonnée, c'est-à-dire dans le Bugey, le Pays de Gex et le Revermont. Là s'étendent des collines plissées d'une altitude variant de 200 à 500 mètres, avec exposition au midi, avec sol riche et profond, malgré le cailloutis calcaire. Voici les chiffres officiels : pour qui est un peu au courant de la question, ils sont d'une inexactitude tellement apparente que je ne veux pas insister. En 1892, en vignes pleines, nous avions 8.143 hectares avec 10.490 pieds chacun, un rendement moyen de 22 hectolitres, 77; d'où une production totale de 185.277 hectolitres. La valeur moyenne de l'hectolitre est de 34,50.

Viennent ensuite les vignes avec cultures intercalaires : 3.018 hectares, 1,822 pieds à l'hectare, production 48,197 hectolitres, valeur de

(1) La vigne est l'objet, dans ce travail, d'une étude spéciale. Voir plus loin.

l'hectolitre 34 fr. 10. Cela donne, comme production totale, 233.474 hectolitres, d'une valeur de 8,012,018 francs.

En 1896, nous trouvons 15.146 hectares 9,600 pieds à l'hectare, produisant 377,809 hectolitres d'une valeur moyenne de 28 fr. 21 centimes : 1,391 hectares sont occupés par les vignes plantées dans l'année. En 1899, nous trouvons 14,830 hectares produisant 257,710 hectolitres d'une valeur moyenne de 39 fr. 32 l'hectolitre : 1,054 hectares sont occupés par les vignes plantées dans l'année.

C'est une culture en croissance très vive. L'invasion phylloxérique l'avait atteinte mortellement. Elle a reconquis le terrain perdu, comme nous le verrons dans la suite. Les vignerons n'ont pas hésité à enfouir dans le sol d'énormes capitaux, pour repeupler leurs propriétés dévastées. Il faut ajouter qu'ils n'ont pas toujours été récompensés de leur bonne volonté : les frais de culture suivent une loi de progression croissante, le produit de la vente des produits est en baisse presque régulière.

III. — **Cultures fruitières.** — Les cultures fruitières pourraient être fort importantes, si on prenait l'habitude de multiplier, dans chaque canton, les espèces qui végètent le mieux en raison de l'exposition, de l'altitude et du sol. En outre, si l'instruction agricole était plus complète, si elle était bien adaptée aux besoins des régions très diverses du département, on arriverait très vite à créer des vergers merveilleux, à peupler nos vignes de pêchers de bonne race. Chacun devrait savoir greffer sur sauvageon les meilleures espèces, et propager autour de lui les sujets les plus fructifères.

Seulement, les arbres ont beaucoup d'ennemis : on les coupe de tous côtés ; nos chemins autrefois si ombreux, sont brûlés dès l'aube, par le soleil. Il y a vingt ans, dans le Bugey, on pouvait, sur des routes blanches et fraîches, passer d'heureux moments : les noyers plantés sur les deux rives entremêlaient leurs branches, et les oiseaux, alors très nombreux, chantaient dans les hautes ramures. Mais les arbres ont disparu, les oiseaux ont été sacrifiés sans merci, et nos routes sont désertes et silencieuses. Les maladies cryptogamiques se développent dans nos vignes, parce que personne n'est là pour manger les spores d'infection. Les arbres et les oiseaux, voilà deux amis de la terre, qu'on devrait essayer de conserver, en raison des services immenses qu'ils peuvent nous rendre. On obtiendra du reste de véritables progrès en agriculture le jour où l'enseignement primaire sera radicalement transformé. Il est inutile de connaître la carrière militaire de Clovis, il est indispensable d'avoir des notions de chimie agricole. Mais on n'a point l'air de s'en douter.

En 1896, on comptait une production de 12.490 quintaux de châtaignes, en 1899, 3.970 quintaux, les noix donnaient aux mêmes dates, 4.350 quintaux et 1.870, les pommes à cidre 10.696 et 620 quintaux, les prunes, 1.512 et 260 quintaux, les mûriers feuilles 3.816 et 4.490 quintaux. Je n'ai point besoin de faire ressortir la parfaite inutilité de ces chiffres en même temps que leur incertitude. Il faut vraiment la force extraordinaire de la routine administrative, pour produire des relevés semblables. Si, en cette matière, on se préoccupait de faire des statistiques intelligentes, on chercherait à connaître le nombre d'arbres, ce qui permettrait de connaître les progrès de la culture fruitière. Mais les rendements sont si variables qu'ils ne peuvent donner à ce sujet aucune indication.

Les pommiers à cidre, que mentionnent les statistiques et qui étaient d'importation assez récente, tendent à disparaître, depuis la réfection complète du vignoble et les rendements considérables en vin qui en ont été la conséquence. Les pommiers ordinaires sont nombreux dans les vergers et sont l'objet, le long du Rhône, d'un commerce curieux, qui tend à disparaitre depuis quelques années. Il était cependant bien original ce commerce et bien dangereux aussi comme vous allez en juger.

Il me rappelle de lointains souvenirs : au temps de ma prime jeunesse, j'ai voyagé avec les pommes roses parfumées et en leur compagnie, bravé les écueils et les naufrages possibles. Il y a quelques vingt ans, en automne, les barcots chargés de fruits qui descendaient à Lyon étaient nombreux ; à chaque instant, des ports de la rive, de Rochefort, de Massignieu, de Nattages, on les voyait partir, chargés et lourds. On cherchait le milieu du fleuve on évitait les bancs de sable ou les iles verdoyantes ; l'eau clapotait joyeuse le long de la coque de sapin ; sur nos têtes resplendissait le grand ciel bleu. Le passage dangereux était le Sault-Brenaz. Là, se rencontrent des remous énormes : c'est une sorte de barrage naturel que le fleuve franchit avec une rapidité vertigineuse. Il n'y avait au centre qu'un petit passage : malheur à celui qui le manquait. C'était le naufrage, la perte du chargement et souvent la mort. Il y avait aussi les « rigues » pour les pierres et le sable, et les radeaux pour les troncs de bois. Maintenant le fleuve est solitaire ; aucune embarcation ne part des villages aux maisons blanches, qui s'égrennent le long du grand torrent aux flots tumultueux et rapides. Et nos fruits s'en vont vers Genève ou Lyon, empilés et meurtris dans de petits barils de bois. Beaucoup de nos fruits sont savoureux. Les pêches qui mûrissent sur les collines ensoleillées de Trévoux ou de Thoissey, sont délicates et parfumées.

IV. — **Tubercules et Racines.** — Sous cette rubrique, on comprend les pommes de terre et les betteraves fourragères, deux cultures assez développées, un peu coûteuses encore, parce que ce n'est point une coutume générale de les semer en ligne et de les arracher à la charrue.

Ces cultures sont restées à peu près dans le même état depuis vingt-cinq ans : le dernier recensement (1899) donne pour elle les chiffres suivants : Pommes de terre : 19,880 hectares, production 2.386.080 quintaux, production moyenne à l'hectare, 120 quintaux, valant l'un 5 francs. Betteraves fourragères : 4.690 hectares, production 960.630 quintaux, production moyenne à l'hectare, 204 quintaux, valant l'un 2 francs.

On plante encore beaucoup d'espèces anciennes de pommes de terre, d'un rendement fort réduit : les variétés productives, Magnum bonum, Imperator, Institut de Beauvais s'introduisent peu à peu au milieu des espèces indigènes.

Malheureusement, elles s'abatardissent un peu, à cause des mariages de fleurs opérés par les abeilles. Ce précieux tubercule est un des éléments principaux de la nourriture journalière dans nos campagnes. Il vit très bien avec la vigne : il nécessite fumure et travail régulier, comme son feuillage est peu élevé, il ne porte aucun préjudice à la culture principale. Faut-il dire que la pomme de terre tient la place d'honneur sur nos tables villageoises : on l'accommode de multiples manières. Nos ménagères excellent avec le secours du lait, du poivre et du sel, à les confectionner en « farçons » qui cuits au four banal constituent un met parfumé et appétissant.

V. — **Fourrages.** — Je prends d'abord les prairies de nature marécageuse, produisant « de la blache », des roseaux, des prêles, toutes choses servant de litière et constituant, d'après la tradition, les éléments d'un engrais excellent pour la vigne. Ces prairies se trouvent situées surtout le long du Rhône, à l'endroit où s'étendait ce grand lac, qui partait de Seyssel et avec plusieurs étranglements, allait se terminer vers Yenne. Ce sont là terres régulièrement inondées par les petits torrents descendus du Jura : le sous-sol est souvent tourbeux, comme autour de nos petits lacs de combe. On voit ces prairies vers Culoz, Ceyzérieu, Rochefort : on fait une coupe par an ; au printemps et à l'automne la vaine pâture y est autorisée. C'est même grâce à cette coutume qu'un peu d'engrais est répandue sur ces vastes étendues. Le Rhône et surtout les petits torrents comme le Seran, y déposent des couches de limon. La vaine pature est réglée par les usages locaux : elle commence en avril pendant une courte période, elle est surtout prolongée après la fauchaison, fin août (1).

Les prés, avec arbres fruitiers quelquefois, et qu'on fauche deux fois l'an, « sont naturellement très humides dans la Bresse où le sol est bas : l'irrigation est souvent inutile et le foin n'est pas de bonne qualité, on y met rarement du fumier. Dans la Dombes, ils produisent le jonc, le glaïeul, la prêle, la menthe, qui résistent à l'action de l'eau toujours stagnante, tandis que la bonne herbe est fourrée. » Au début du XIXe siècle, on observait déjà qu'on ne donnait aucun engrais

---

(1) Puvis, dans *Notice statistique sur le dép. de l'Ain en 1828*, donne d'excellents conseils pour l'amélioration de nos prairies où coule le Rhône, le Séran, etc... « Il est tout à fait à croire que de puissants fossés latéraux qui intercepteraient les eaux souterraines qui viennent des cotaux, des coupures transversales qui verseraient les eaux des fossés latéraux dans la rivière, changeraient la face des choses. » On pourrait ainsi améliorer la qualité du foin et en beaucoup d'endroits, au lieu d'herbe de litière obtenir un foin que le bétail ne dédaignerait pas.

aux prairies ; l'usage a continué, et si on fauche les prairies, si tous les ans on leur enlève des voitures innombrables de foins pour litière on ne leur restitue rien. Aussi des prairies jadis fertiles deviennent stériles ; nous avons vu en Savoie des alpages, où les propriétaires pratiquaient une coutume plus rationnelle. Leur bétail pâturait dans des cantonnements déterminés. Tout le fumier qu'il produisait était ensuite distribué avec soin avant l'hiver : la neige recouvrait le tout et, au printemps, l'herbe poussait haute et drue. C'est le mode accepté par exemple à Roselend dans le canton de Beaufort.

L'irrigation est pratiquée un peu partout et donne, surtout dans le voisinage des bourgs, de bons résultats parce qu'on ne sait pas soigner les fumiers. On les laisse en plein air, exposés au soleil et surtout à la pluie. Le purin s'écoule sur les chemins, glisse sur les pentes et va s'épendre sur les prés qui sont en général en contrebas des villages. Rien n'est perdu dans la nature (1). J'ajoute, avec Bossi, que dans la partie montueuse du Bugey, il n'y a pas de prés si on ne les arrose ; le sol sans cela serait trop sec. Les eaux sont

(1) Il est bon de dire que le purin a souvent des inconvénients graves. Jeté par les averses en quantité trop grande sur les prés, il surexcite la végétation pendant quelques années. Puis la terre, étant épuisée par cette surproduction, ne donne ensuite que des herbes très inférieures.

meilleures et les foins valent mieux qu'en Bresse; ces prés, en raison des circonstances que j'indiquais tout à l'heure, n'ont pas besoin d'engrais quand ils ont de l'eau. On ouvre des rigoles transversales qui distribuent les eaux régulièrement et assurent une poussée uniforme de l'herbe; parfois on se sert d'écluse pour la distribution entre chaque propriétaire (1). Ce sont là des exemples isolés. « La culture des prés est encore généralement négligée, les clôtures sont mal tenues. On laisse propager dans les prés les herbes destructives, ligneuses, désagréables pour les bestiaux; on y introduit des animaux dont le pied et la dent sont nuisibles. Les surfaces n'y sont pas assez nivelées, on y souffre des bas-fonds, des joncs, des tertres desséchés : on n'y remédie point aux ravages des taupes et des mulots; on n'a pas assez soin d'ensemencer les places vides, de profiter des eaux des chemins et des terres labourées. »

La faux était le seul instrument usité il y a quelques années : en raison de la rareté et de la cherté de la main d'œuvre, on voit se répandre

(1) « Quinet a fait établir, en 1804, sur le territoire de Certines, une vis d'Archimède, destinée à porter les eaux sur un pré qui en était privé. Elle devait être mise en mouvement par un cheval. Mais Quinet a imaginé de la faire agir par le vent. » (Bossi).

l'usage des faucheuses mécaniques à traction de chevaux (1). On fait généralement deux coupes dans les prés ordinaires, l'herbe qui pousse ensuite est consommée sur place par le troupeau.

Les prairies artificielles sont plus fréquentes et mieux aménagées qu'autrefois. Dans les pays à fruitières et dans ceux où les vaches sont attelées, on donne aux bêtes à corne une nourriture substantielle. Aussi sème-t-on, la luzerne, le trèfle, le sainfoin. C'est d'un rendement plus sûr

---

(1) Ainsi, je trouve à Bouligneux quinze faucheuses, 6 rateaux à cheval ; à Marlieux les faucheuses tendent à devenir d'un emploi habituel. Dans le canton de Montluel les faucheuses et les moissonneuses sont en petit nombre. Dans le canton de Champagne on trouve 10 faucheuses. (Voir l'enquête agricole. Les instruments seraient plus répandus si leur prix n'était pas élevé et si la propriété était moins morcelée. On peut bien dire aussi que si l'esprit d'association, de coopération était plus répandu, l'usage de ces instruments précieux serait plus général.

J'ajoute que ces progrès pour lents qu'ils soient, sont réguliers ; Puvis, qui a été chez nous un initiateur en matière agricole le constate dans sa *Statistique* de 1828. Il attribue cette marche en avant aux établissements agricoles où les améliorations, les innovations de toute espèce, s'essayent pour se répandre ensuite et s'appliquer, après leurs succès, à de grandes étendues. Il cite, à ce propos, la Société d'agriculture sur laquelle nous reviendrons. Il constate aussi que dans les grands domaines de la Dombes, les transformations dans les méthodes de cultures, ont été très heureuses. Il cite les domaines de Greppo fils, de Belvey, de Perrier, près Trévoux, etc., v. p. 70-100.

et plus rémunérateur que le blé. La luzerne a-t-on observé judicieusement, prendrait la place des autres fourrages artificiels si elle n'exigeait un terrain de bonne qualité et profond où ses racines puissent pénétrer verticalement. Elle tient en ce cas le premier rang par la durée, l'abondance et la supériorité de l'aliment qu'elle fournit.

J'arrive maintenant aux chiffres : je cite d'abord ceux de la dernière statistique 1899. Trèfle, 14.994 hectares ensemencés, donnant 674.930 quintaux avec une moyenne de 45 quintaux à l'hectare ; luzerne, 3.017 hectares ensemencés, donnant 190.071 quintaux, production moyenne 63 quintaux ; prés naturels, 89.220 hectares, donnant 1.461.000 quintaux avec une production moyenne de 50 quintaux ; herbages, 19.182 hectares, production 383.640 quintaux, moyenne 20 quintaux (1).

(1) La statistique décennale de 1892 donne d'autres divisions, v. p. 42 et suivantes : « Prairies irriguées par les crues des rivières, 26.459 hectares. 754.035 quintaux, moyenne 28 ; à l'aide de canaux d'irrigation ou de travaux spéciaux, 19.865 hectares, production 629.366 quintaux, moyenne 31 ; prairies non irriguées, 40.436 hectares, production 1.107.759 quintaux, moyenne 27 ; herbages paturés de plaine, 3.970 hectares, production 69.855 quintaux, moyenne 17 : herbages paturés de coteaux, 7.414 hectares, production 96.358 quintaux, moyenne 23 : herbages paturés alpestres, 3.780 hectares, production 61.652 quintaux, moyenne 16. Je néglige certains chiffres, portant sur les prix du fourrage qui sont d'une estimation pas trop fantaisiste, pour quiconque est au courant des prix du pays.

VI. **Cultures industrielles.** — La culture des plantes industrielles n'occupe pas une place importante dans le département. Il en était une qu'on rencontrait, il y a un demi siècle, dans toutes les exploitations, c'était celle du chanvre.

Bossi nous dit que le chanvre était cultivé avec beaucoup de succès dans les arrondissements de Bourg et de Trévoux, sur les bords de la Saône et dans la partie occidentale de celui de Belley, sur les bords de l'Ain. Dans tous ces endroits, il atteint la hauteur de deux mètres. On en voit souvent d'une grosseur extraordinaire. Les plantes qui ont 5 ou 6 centimètres de diamètre, ne sont point rares aux environs de Pont-de-Vaux. Cette qualité est très propre au service de la marine. On cultive le chanvre plus ou moins dans tout le département : mais ceux de l'arrondissement de Nantua et des bords du Rhône ne sont que d'une force et d'une longueur médiocre. L'usage de rouir le chanvre dans l'eau et surtout dans les rivières est à peu près général. Il se teille à la main. Dans quelques endroits, on le voit passer au battoir avant de le peigner.

Dans tous nos hameaux, on trouvait de modestes tisserands qui, dans les froides journées et veillées d'hiver, tissaient pour leurs voisins de solides étoffes (1). Les unes étaient confectionnées avec le chanvre, les autres avec la laine. On portait, en effet, beaucoup de vêtements de serge ou d'escot d'une solidité incomparable. Une veste de serge durait autant et plus que son propriétaire. La toile de couleur grisâtre était, elle aussi indestructible. Nos anciens, grâce à elle, avaient à leur chemise, des cols très raides et sans empois. Le linge confectionné avec ces toiles était inusable. On en donnait à une jeune mariée une ample provision, ce qu'il fallait pour garnir la grande armoire en noyer sculpté. Elle en avait pour son existence terrestre. Nous avons vu disparaître peu à peu les tisserands de village, le dernier que nous avons connu était presque aveugle et perclus de rhumatisme. Il se lamentait sur les modes nouvelles. Aujourd'hui, les chemises et les linges de nos maisons sont en fine toile ou en léger calicot : tout cela vient des magasins de la ville.

Cette décadence du chanvre nous rappelle une

---

(1) V. Bossi, p. 637. Chaque ménage fait lui-même ou fait faire sa pièce de toile et souvent aussi la quantité d'étoffes grossières en laine et en fil de chanvre qui est nécessaire à sa famille ; on trouve partout des tisserands qui y travaillent pendant l'hiver et les jours pluvieux où ils n'ont point d'ouvrage à la campagne. Par ce moyen, la grande majorité des laboureurs n'achètent et ne vendent point de toile : ils ont précisément ce qui est nécessaire à leur consommation ordinaire. Le canton de Saint-Rambert exporte des toiles de sa fabrication.

vieille industrie du haut Bugey, celle des peigneurs de chanvre, originaires surtout des plateaux d'Hauteville et de Brénod, ils descendaient dans le bas pays, s'en allaient vers la Sarthe, la Meurthe, le Bas-Rhin ; ils étaient plusieurs milliers pratiquant cette curieuse industrie (1).

Les chiffres des cultures industrielles sont les suivants. 1899 : Colza, 2.250 hectares, 27.000 hectolitres, 17.550 quintaux, moyenne 12 hectolitres ou 7.80 quintaux, valeur totale 591.000 fr. — Navette, 1.249 hectares, 17.186 hectolitres, moyenne 14 hectolitres, valeur 381.692 fr. — Chanvre, 866 hectares, production en filasse 8.660 quintaux, valeur 995.900 fr. — Lin, 1 hectare, production en filasse 5 quintaux, valeur 420 fr. — Betterave à sucre, 290 hectares, pro-

(1) V. Bossi. — J. Corcelle. *Etude sur la population de l'Ain*. Nous avons tracé dans la *Revue du Siècle* 1899, le portrait de notre vieux tisserand : « Le tisserand allait de maison en maison, chercher le chanvre. Il avait son métier dans un petit réduit qu'éclairait une petite fenêtre, que chauffait un modeste poèle en fonte. Lorsque venait la nuit, l'artiste allumait sa lampe, « le crouesié », une lampe triangulaire, venue directement des Romains, remplie d'huile de noix. Elle répandait une lumière tremblante et une forte odeur de chiffon brûlé. Cela n'avait aucune influence sur l'humeur du tisserand. Jusqu'à une heure assez avancée de la nuit, on entendait sa joyeuse chanson et le tic-tac argentin de la « navette » qui passait et repassait à travers les fils grossièrement ourdis. Ces fils étaient l'œuvre des maitresses de maisons qui filaient laine et chanvre dans leurs moments de loisir. »

duction 59.530 quintaux, valeur 119.660 fr. — Tabac, 41 hectares, production 1.120 quintaux, valeur 83.500 fr. (1). On ne peut plus signaler la culture du mûrier à feuilles, autrefois très importante dans les chaudes vallées du Bugey. A la suite des maladies qui ont atteint les vers à soie, et que Pasteur a, depuis, domptées, les éducateurs se sont découragés et ont en grande partie arraché leurs arbres.

VII. **Les Forêts.** — On peut encore dire que le département est un des plus favorisés en forêts

(1) J'observe que la statistique de 1899 est muette sur l'œillette : celle de 1896, donne 10 hectares, production 80 hectolitres, valant 1.520 fr., elle indique 909 hectares pour le chanvre, 119 pour la betterave à sucre, 26 hectares pour le tabac donnant 503 quintaux, valant 47.329 fr. — La statistique décennale de 1892 donne les chiffres suivants : Colza, 3.047 hectares ; navettes, 1.804 ; œillette, 38 ; chanvre, 1.165 ; lin, 0 ; houblon, 1 hectare. Ces chiffres appellent quelques brèves réflexions : ils nous montrent un certain fléchissement pour les cultures de plantes oléagineuses. Cela a lieu de surprendre si l'on considère qu'en beaucoup de communes on a arraché les noyers, et qu'on les a remplacés par les cultures indiquées comme décroissantes. Le chanvre est négligé dans beaucoup de communes nous avons dit pourquoi. Le tabac est d'importation très récente et sa culture est strictement limitée par l'administration. On la trouve répandue surtout dans les environs de Belley. Elle prospère du reste depuis longtemps en Savoie et peut devenir pour nos cantons à terres fertiles, une source appréciable de revenus.

et en bois. Les forêts de sapins qui couronnent sa partie orientale, quoiqu'ayant souffert de dégradations notables pendant les premières années de la Révolution, se sont beaucoup améliorées. Les arbres de cette partie du département rivalisent en force et en beauté avec ceux du Nord de l'Europe et ne sont pas moins propres à tous les usages de la marine. La partie Sud-Est de l'arrondissement de Bourg offre des forêts de chênes également importantes. Les campagnes y sont aussi parsemées d'arbres de toute espèce qui, réunissant l'agréable à l'utile, y entretiennent la fraîcheur, empêchent l'appauvrissement des sources et la dessication progressive du terrain. Il s'en faut de beaucoup cependant que le nombre des arbres épars dans les campagnes, soit aujourd'hui aussi élevé qu'il l'était autrefois. Pendant plus de trente ans, la majorité des propriétaires s'est acharnée à faire tomber les arbres de toutes parts. Ils ne se contentaient pas d'abattre ceux dont les têtes immenses couvrent les moissons précieuses, ils travaillaient à dénaturer le climat, à préparer la stérilité et la sécheresse du sol, à le livrer à la fureur des vents, à léguer à leurs neveux, le plus aride et le plus triste des héritages (Bossi).

Vous voyez que les plaintes contre le déboisement sont déjà anciennes : on les trouve exagérées si on compare notre Jura aux Alpes. Le Jura est revêtu depuis la Saône jusqu'à Belfort d'admirables forêts, tandis que les Alpes, décharnées, brûlées par le soleil, rongées par le froid tombent en ruine, s'écroulent comme au Dévoluy en d'immenses laves schisteuses.

Les plus belles forêts se trouvent dans la partie montagneuse, dans la combe du Valromey et d'Hauteville surtout : je cite celles d'Arvières, de Champfromier, Corinaranche, Genevray, Jailloux, Meyriat, Montréal. On y trouve des hêtres, des chênes et surtout des sapins. Ceux de la forêt d'Arvières, bien exploités sont énormes. Parfois il s'y produit des catastrophes terribles ; témoin cet ouragan, qui vers 1891, coucha par centaines de mille les arbres de Jailloux et de la Lèbe. C'est un accident assez fréquent dans ces étroits couloirs.

Ces forêts doivent leur existence et leur conservation aux moines qui en ont été longtemps les propriétaires. Les Bernardins de Saint-Sulpice, en avaient d'immenses étendues qu'ils disputaient avec âpreté aux communes, leurs voisines. Lorsqu'ils se dispersèrent, leurs propriétés allèrent en grande partie, à ces collectivités de villageois qui les possèdent encore : ces forêts fournissent aux habitants du bois, grâce au droit d'affouage et aux communes, des revenus considérables qui ont permis l'établissement de routes merveilleuses.

Il existe, en Bresse, Dombes et Revermont, des forêts étendues, mais moins belles que celles du Bugey (1) La déforestation ne s'y est guère produite, et cette région, de très faible relief, a beaucoup d'arbres. On en trouve réunis en forêts. Celle de Seillon, belle futaie de chêne a 600 hectares ; la Réna et la Rousse deux petits massifs traités en taillis sous-futaie à la révolution de 35 ans, l'un en Bresse, l'autre en Revermont s'améliorent et s'enrichissent chaque jour. Les fermes du bas pays ont chacune un taillis, « brosse ou rippe, se rapprochant plus ou moins du pâturage boisé. L'essence dominante est le chêne, rouvre ou pédonculé, le charme et le hêtre. » Mais l'arbre qu'on rencontre le plus souvent, celui dont la grêle silhouette blanche, que surmonte un panache vert-tendre, se dessine à chaque pas sur l'étendue de la plaine, c'est le bouleau. C'est l'arbre sobre par excellence : il vit sur des sols où il n'y a plus que des traces de potasse et d'acide phosphorique. Son bois léger est utilisé dans la fabrication des fins et blancs sabots de Bresse.

Tous ces bois sont traités en taillis et à un âge

(1) V. M. Tripier, les forêts en Bresse et la question du Rosat 1901. — Consulter les ouvrages de Varenne de Fenille.

beaucoup trop jeune. Les plus longues révolutions ne dépassent pas 20 ans : on ne laisse que peu d'arbres de réserves. On fait pâturer les troupeaux même dans les bois jeunes, ce qui est une cause très active de ruine. Enfin, chose plus grave, on fauche l'herbe qui pousse à l'ombre des arbres, pour l'utiliser comme litière, d'où dessèchement du sol et rabougrissement des arbres (1).

L'Ain possède 124.000 hectares de forêts : il occupe le vingt-cinquième rang si l'on considère la proportion de ses bois et de son territoire, 21 % du territoire ; la moyenne en France est de 17 %. Les taillis en occupent la majeure partie : 92.315 hectares en 1892, donnant 274.643 mètres cubes de bois, contre 136.886 fournis par les futaies.

(1) V. Tripier, loc. cit. Nous touchons là à une question capitale, celle du *Rosat*. Au printemps, les bois en Bresse se garnissent d'une herbe vivace, la molinie bleue (molinia cœrulea) de la famille des festucacées, appelée rosat. On la coupe en novembre, lorsque les premières gelées ont désarticulé les feuilles. Les rosats sont recueillis au râteau, amoncelés en tas dans les vides, ou sur les traces où les charrettes viennent les chercher. Le sol est nettoyé, rendu aussi net qu'une salle de danse. Le rosat, à cause du petit nombre de prés en Bresse est employé à la fabrication des fumiers. Les forestiers s'élèvent avec raison contre cette funeste pratique qui, pour les forêts, amène la dégradation profonde du peuplement et la stérilisation du sol.

Deuxième partie. — Les Animaux

I. Situation générale. — II. Les chevaux. — III. L'espèce bovine. — IV. L'espèce ovine, l'espèce caprine, l'espèce porcine. — V. Produits divers.

I. — **Situation générale.** — En raison de l'étendue des pâturages et de l'extension de certaines cultures comme celle des fourrages artificiels, l'élevage s'est beaucoup amélioré et les troupeaux sont à la fois plus nombreux, mieux nourris et par suite plus productifs. Il est seulement à regretter qu'une sélection sévère des types n'ait pas présidé aux choix des animaux reproducteurs. En Savoie, par exemple, on est parvenu à constituer des races de premier ordre, comme la race tarine ou la race d'Abondance. Dans chaque département, il y a un Herdbook très bien tenu, indiquant les filiations, et permettant aux acheteurs sérieux de se rendre compte de la valeur de chaque sujet. Dans l'Ain, il n'y a pas de race dominante : des essais ont été tentés avec les races suisses. Ils n'ont pas réussi en raison des sacrifices consentis. Peut-être faudrait-il s'adresser à ces races robustes de la montagne que je viens d'indiquer. Les tarines (1) de taille moyenne, habituées à pâturer dans les alpages, couchant dehors pendant la saison d'été, sont de santé vigoureuse, donnent du lait en abondance, et pendant l'hiver, n'ont pas besoin de soins particuliers. Elles couchent sur un plancher en pente, dans des écuries bien aérées, quelquefois même dans l'habitation qui sert de logis aux montagnards. Il y a d'autant plus intérêt d'abord, à perfectionner l'espèce bovine, que les fruitières se multiplient, ensuite à prendre pour les écuries, des soins de propreté à cause de la fréquence de la fièvre aphteuse. Il y a là un beau champ d'action pour les syndicats agricoles. Avec les fonds dont ils disposent, par d'habiles achats, ils pourraient aider les éleveurs à améliorer leurs écuries. Cela aurait des résultats plus lointains, mais plus profonds que l'achat, à prix un peu réduit, de marchandises courantes.

II. — **Chevaux.** — Le département de l'Ain, observe Bossi, doit être compté au nombre de ceux qui fournissent de bons chevaux. Il est vrai que l'industrie chevaline est en décroissance en raison des transformations des industries de transport. Le pays d'élevage par excellence c'est la

(1) Race originaire de la Tarentaise.

Bresse-Dombes. Commynes nous apprend que le cheval sur lequel était monté le roi Charles VIII, à la bataille de Fornoue, était de la Bresse, le plus beau cheval qu'il eut vu de son temps ; il était noir et s'appelait Savoie. Il avait été donné au roi par le duc Charles de Savoie. François Ier et Henri IV montèrent des chevaux du même pays. Ces chevaux vivent en liberté dans des pâturages, qui, hier, étaient des étangs. Ils sont agiles, robustes et deviennent d'excellentes bêtes de trait. (1). Il est vrai que l'émigration vers la ville fait un peu tort à l'industrie de l'élevage. Les jeunes s'éloignent des champs, et les anciens ne peuvent ni soigner ni dompter les poulains. Nous avons observé cette décadence de l'élevage dans une commune du canton de Belley, Lavours, bourg situé au centre de prairies mouillées. Il en sort encore des bêtes de prix, vives et élé-

(1) « Nous avons eu souvent occasion de constater la robustesse des chevaux dombistes, bêtes paisibles et douces, solides et d'un « entretien facile ». Cette excellence des chevaux dombistes est reconnue depuis longtemps. Les ducs de Savoie possédaient dans le pays, un bel établissement de haras, dont on voit encore les vestiges au marais des Echets. On peut calculer (1800) que l'arrondissement seul de Trévoux exporte chaque année 5 à 600 poulains de l'âge d'un an à 15 mois. Presque tous les domaines ont une jument poulinière, quelquefois deux. Ces poulains sont conduits dans les départements formés de la Normandie, de la Bretagne et de la Franche-Comté. On commence à les mettre à la voiture à 4 ans. »

gantes, mais en plus petit nombre, malgré les primes qu'on distribue avec générosité. Cette décadence est un fait général, et elle ira s'accentuant avec les modes nouveaux de locomotion.

La statistique de 1892 indique 417 étalons, 5.974 chevaux hongres de trois ans et au-dessus, 919 juments de trois ans et au-dessus, employées uniquement pour la production, 7.580 juments de travail, 739 de l'année, c'est-à-dire au-dessous de 1 an (1). Ajoutons l'espèce mulassière représentée par 372 têtes et l'espèce asine par 2.510 têtes. En 1896, le nombre d'existences pour l'espèce chevaline, 19.138, pour l'espèce mulassière, 392, pour l'espèce asine, 2.250 ; en 1899, 14.260, 330, 2.750. Quoi-qu'il en soit, l'élevage reste prospère en Dombes, qui s'occupe surtout du cheval de remonte. On y compte sept stations d'étalons. Des courses ont lieu à Chalamont et à Bourg, où se concentre la production chevaline. Un troisième centre important se trouve à Châtillon.

III. **Espèce bovine.** — Les pâturages sont abondants aussi bien dans le bas que dans le haut pays, et les exploitations même les plus médiocres possèdent des bêtes à cornes : de ce côté, il y a progrès notable, et pour deux causes principales. Les vaches, dans nos campagnes, sont de plus en

(1) Nombre total 15.719.

plus employées aux travaux courants de l'agriculture et remplacent les chevaux, pour les labours et les charrois. De plus, elles alimentent l'industrie nouvelle au moins par sa grande extension des fruitières. Dans nos pays, le lait était simplement un aliment : il était utilisé pour la fabrication de vulgaires fromages : la crème, trop longtemps conservée, servait à confectionner un beurre d'un goût douteux. L'outil de fabrication était la vieille baratte en bois de peuplier, en forme de tonneau très allongé. Les ménagères laissaient fermenter leur crème, sous le fallacieux prétexte qu'elle rendait beaucoup plus.

C'est là une routine qui n'a point partout disparu et qui est préjudiciable à notre commerce d'exportation. On dirait vraiment qu'au XXe siècle les progrès merveilleux de la science française, restent trop souvent lettre morte. Pasteur et ses successeurs, comme le docteur Roux, ont trouvé des règles infaillibles, non seulement pour préserver nos troupeaux des épidémies, mais, par une conduite rationnelle des fermentations, pour jeter sur le marché des produits parfaits. Nous n'en tenons pas compte et le résultat est navrant, d'autant plus qu'à l'étranger on immite par notre somnolence. Le Danemark, qui applique, dans ses laiteries et et fruitières, les indications pasteuriennes, fait en

Angleterre une concurrence victorieuse aux beurres normands et bretons. Nous pourrions chez nous obtenir, par l'association, par l'achat en commun des écrémeuses, des malaxeurs, des produits excellents. Nous restons dans l'ornière ancienne, défaut capital dans un siècle où tout s'organise en vue d'une utilisation parfaite des forces de la nature (1).

En 1892, l'espèce bovine est représentée par 237.633 têtes, qui se répartissent ainsi : 10.064 taureaux, 28.721 bœufs de travail, 3.776 bœufs à l'engrais, 118.258 vaches, 15.587 bouvillons, 26.947 génisses d'un an et au-dessus, 25.320 élèves de 6 mois à un an, 8.960 veaux au-dessous de 6 mois. En 1896, le chiffre global est de 235.645 têtes, en 1899 de 240.190 têtes. A noter une augmentation notable de vaches dont le nombre atteint 122.170.

J'ai dit qu'il n'y a pas de race dominante. En

(1) Bossi écrivait les lignes suivantes : c'était en 1808. Les étables sont mal entretenues, à peine y donne-t-on un faible courant d'air par une petite ouverture pratiquée dans le fond vis-à-vis de la porte. On y laisse trop croupir le fumier, qu'on ne relève pas et qu'on ne sort pas assez souvent de l'étable ; mais à cela près le bétail est fort bien soigné pendant l'hiver, parce que dans cette saison, les gens de la maison étant peu occupés, sont sans cesse dans l'écurie. La bonté du beurre dépend de la qualité du fourrage : il est bon sur les bords de la Saône, excellent dans le Bugey ; dans l'intérieur de la Dombes, il est blanc et se dépouille difficilement de la partie aqueuse et laseuse, p. 549.

Bresse et même en Dombes on a adopté en partie la race charolaise, à robe uniforme brune et surtout blonde, donnant de bonnes bêtes de trait d'un engraissement facile (1). Dans le Bugey, les écuries sont peuplées de bêtes de provenances très diverses : dans la montagne, on cherche des améliorations par des croisements avec la race tourache Montbéliard. Pour la généralité, et d'après nos observations, le recrutement est incertain et se fait sans contrôle dans les foires. A nos portes, il y a trois races, qui ont fait leurs preuves, la Tarine, celle d'Abondance, celle de Villars de Lans. Les syndicats agricoles et les sociétés d'agriculture auraient là d'utiles efforts à faire, et une répartition intelligente à entreprendre des subventions qu'on leur attribue. L'agriculture est une science : elle a une ennemie, la routine, un ami, l'esprit d'initiative.

---

(1) Dans la *Statistique sommaire du département de l'Ain*, par Valentin Smith, 1858 : La race bovine de la Bresse doit être considérée comme appartenant au pays : elle a une conformation et des qualités qui lui sont propres ; elle est également apte au travail et à l'engraissement. La vache de Bresse et de Dombes, bien nourrie, présente, sous tous les rapports de conformation et de nutrition des caractères d'étonnante ressemblance avec la vache d'Ayr, si justement appréciée par ses qualités laicifères. ». Puvis observe que la race suisse ne réussit que dans les cantons à pâturages sains et féconds ; elle consomme beaucoup et ne donne relativement que peu de lait.

IV. — L'espèce ovine. — L'espèce caprine. — L'espèce porcine.

L'espèce ovine n'est pas en progrès. Malgré les essais tentés autrefois pour introduire chez nous les espèces de choix. « Le département de l'Ain est un de ceux où l'on pourrait se livrer à l'éducation des moutons avec le plus de succès. Quoiqu'une partie de la plaine n'y paraisse pas très propre à cause des pâturages trop humides qui les feraient dépérir promptement, toutes les collines du Revermont qui manquent d'eau une partie de l'année et qui n'offrent pas aux autres quadrupèdes des pâturages assez abondants semblent destinés par la nature à nourrir des moutons. Les montagnes du Bugey présentent aussi les plus grandes ressources pour ceux qui voudraient se livrer à cette sorte de spéculation. Malgré tous ces avantages il y a peu de pays où l'on élève moins de moutons ; ils ne suffisent pas à la consommation et les bouchers sont obligés d'en tirer des départements voisins. On ne voit des troupeaux que dans le Bugey et aux environs de Meximieux et de Montluel. L'espèce qu'on y élève est petite, chétive et ne donne qu'une laine très commune. »

Des essais ont été tentés pour améliorer la race : au Plantay en Dombes, on a vu un troupeau de merinos, dont les premiers éléments avaient été fournis par la station de Rambouillet ; même observation pour Dortan. Dans le Valromey et le pays de Gex, des faits semblables sont à retenir. Mais là encore on manque de plan d'ensemble. L'initiative individuelle est impuissante à secouer l'indifférence de la généralité des éleveurs. On semble attendre tout de l'État. Là encore les syndicats agricoles ont un rôle immense à remplir.

Je dois insister ici sur une amélioration très importante de l'espèce ovine, entreprise dans le Pays de Gex ; j'emprunte les détails qui suivent à Puvis, qui a, en ces matières, une grande autorité (1): « Dans l'arrondissement de Gex se trouve un grand établissement, fondé depuis quelques années, qui n'a fait que croître chaque jour, qui s'est acquis une célébrité européenne, et parait destiné à doter notre agriculture d'un produit qui manque à nos fabriques, et qu'elles reçoivent de l'étranger à un prix très élevé. C'est le troupeau à laines fines de Naz, dont les laines semblent obtenir la préférence sur la plus belle de Saxe. Il y a plus de trente ans, M. Girod, de l'Epeneux, prit, dans les extractions Gilbert et Delessert, des lots de mérinos de haute finesse ; il s'attacha, pour multiplier son troupeau, à choisir les indi-

(1) V. *Statistique de 1828*, p. 89 et suiv.

vidus qui donnaient la laine la plus fine, la toison la plus égale ; il pensa que pour conserver, accroître même la finesse, il ne fallait pas élever la taille, ni grossir les formes primitives. Pour cela, Girod adopta un régime convenable pour entretenir ses animaux dans un bon état de chair et de santé ; la finesse de ses laines s'accrut sensiblement. Il se forma une race particulière, de taille moyenne, peu maladive ; elle prit un type à elle, dont le principal caractère est la finesse et l'égalité, et surtout une grande abondance de laine prime.

Cette race de Naz devint bientôt célèbre. En 1828, la laine de Naz obtint, à l'Exposition, la plus haute récompense pour la finesse et la beauté des toisons. Mais, et c'est là le point triste, les moutons sélectionnés de M. Girod ont disparu. Mais, il n'en reste pas moins prouvé que nous pouvons élever, chez nous, des moutons donnant des laines très belles. Nous achetons cette laine à l'étranger : il semble qu'il y aurait lieu de renouveler cet essai, qui avait si bien réussi. Tout nous y incite, l'industrie du tissage de la laine est encore une des grandes industries françaises.

Il y a un demi siècle, dans chaque étable, à côté des vaches, on trouvait quelques moutons ; la laine qu'ils fournissaient, servait pour le tricolage des bas de la famille, ou pour la fabrication des serges solides, qui constituaient l'armature des vêtements ordinaires. On achète les bas chez le mercier et les draps chez le tailleur et dans les étables la place des moutons est vide. Il n'est pas à souhaiter de voir l'élevage du mouton se développer trop largement. Le mouton avec son pied tranchant et sa façon de secouer l'herbe en pâturant, peut rapidement amener la dévastation des prairies en pente (1). Mais, avec un peu de surveillance, on pourrait reconstituer, sans danger, les anciens troupeaux.

En 1892, l'espèce ovine est représentée par 41.791 têtes, en 1896, par 42.270, en 1899, par 50.320. Il y a donc un progrès sérieux dans l'effectif.

(1) Si nos moutons sont petits ils sont excellents pour l'alimentation : « Les moutons du Colombier, autrefois justement appréciés pour la délicatesse et le parfum de leur chair étaient de très petite taille et dans le Bugey, on désignait cette espèce sous le nom de bâtarde. Au printemps, conduits dans les forêts, ils s'engraissaient en mangeant les herbes fines et courtes des prés et des taillis. A la fin de l'été, les bergers ramenaient les troupeaux et dans les boucheries des cantons de Seyssel et de Champagne, on trouvait de petits gigots à la graisse blanche ; on les faisait rôtir, après les avoir frotté d'ail, ils rendaient en abondance un jus clair et doré et leur chair tendre et rose délectait les gourmands. » Lucien Tendret. *La table au pays de Brillat-Savarin*. On peut encore faire les mêmes réflexions à l'aurore du vingtième siècle, à condition d'avoir un bon fournisseur.

L'espèce porcine. — L'élevage du porc, n'est pas industrialisé dans le département. Il sert avant tout à alimenter le saloir qui est un meuble ordinaire de nos exploitations agricoles : dans chaque maison, on élève un cochon, qui est ensuite consommé en hiver et au printemps sous des formes diverses.

Pour la race les observations suivantes sont encore justes : on élevait autrefois qu'une race de cochons qui était noire, avait le corps allongé et plat et était très haute sur jambes. On en voyait aussi de tout blancs amenés sur nos foires par des marchands du Charolais. On s'est avisé de croiser ces deux races. On a obtenu des métis pies, noirs et blancs. Tous ceux qui élèvent les cochons estiment que cette dernière variété est la meilleure. Les cochons du Charolais, qui sont plus rablés, moins élevés que les noirs, ont transmis cette qualité à ces derniers et les noirs ont donné aux Charolais la taille qu'ils n'avaient pas ; en sorte qu'il y a une race nouvelle qui réunit les qualités des deux races dont elle est issue. Ils sont en outre plus robustes, plus faciles à engraisser, deviennent très gros et sont cependant toujours en état de marcher. La Dombes est la partie du département où l'on élève le plus de cochons. Elle alimente en partie le marché de Lyon.

Notons ici une vieille coutume, qui s'éteint un peu avec les vieux carillons de Noël. Dans chaque famille, c'était fête le jour où on saignait le cochon, « l'habillé de soie », qu'on dorlotait depuis des mois, avec des mixtures bien cuites. Le spécialiste était appelé pour l'opération, et la famille était occupée à préparer la saumure, le récipient pour cet ingrédient de conservation. A la mère de famille revenait l'honneur de préparer le boudin : elle accomplissait son sacerdoce avec honnêteté. Au sang du supplicié, elle mélangeait la crème onctueuse et les herbes odorantes finement hâchées, jetait le sel, le poivre et d'autres condiments plus mystérieux. Elle mélangeait avec gravité tous ces éléments divers et regardait la couleur et la densité du liquide. Puis, elle glissait le tout dans de fins boyaux, faisait cuire dans un bouillon spécial et alors commençait la *coutume*. La ménagère coupait le boudin en parts égales, y ajoutait du foie, de la rate, de la coiffe ; puis on allait chercher les belles assiettes ; on disposait chaque « fricassée » sur la porcelaine blanche, on prenait un panier qu'on tapissait d'une serviette fleurant l'iris et le laurier : on y introduisait avec précaution une des parts. Et alors, par les chemins givrés et glissants, la ménagère, portait « le boudin » dans toutes les maisons amies. C'était une « politesse » qui se rendait avec régularité ; pendant plusieurs semaines on faisait bombance avec ce met si bien préparé ; quelques châtaignes et du vin blanc, pétillant dans les verres complétaient la fête. C'est peut-être une de ces joies innocentes qui sont en train de disparaître.

L'espèce porcine, en 1892 est représentée par 81.592 têtes, en 1896, par 91.704, en 1899, par 87.030. L'espèce caprine compte aux mêmes dates 25,368, 20.636, 15.520.

Produits divers. — Je réserve pour un chapitre spécial où j'indiquerai en détail les meilleures industries agricoles de notre pays, ce qui a rapport à la basse-cour, à cause de l'élevage important des volailles de la Bresse et de leur réputation universelle (1). Voici les chiffres principaux fournis par la statistique de 1872 : Poules, 822.740 têtes, oies 11.006, canards 34.094, dindes 10.346, pintades 1.610, pigeons 220.444, lapins 74.764.

L'élevage des abeilles est assez négligé dans nos campagnes, malgré l'étendue des prairies à fleurs nombreuses : 25.070 ruches en activité, beaucoup de modèle ancien, donnant 134.145 kilogrammes de miel et 63.928 kilogrammes de cire. Il y a là un

(1) Même observation pour les poissons, notamment pour ceux fournis par les Dombes, les champignons, etc. Le pays qui a donné Brillat-Savarin doit avoir dans sa géographie agricole un chapitre de produits gastronomiques.

moyen commode, non pas de se faire des rentes, mais d'ajouter au menu ordinaire, un plat très sain et très nourrissant. Pour cela il ne faut pas suivre les vieux errements et maintenir dans son rucher, les anciennes ruches, qui pour être vidées, demandent la mort de leurs ouvrières. Une ou deux ruches, à rayons mobiles, systèmes Layens ou autre similaire, pourraient trouver place dans nos petites exploitations et donner des produits d'autant plus rémunérateurs, qu'ils coûtent moins de débours préalables.

Des pages qui précèdent je conclus ceci : le département de l'Ain a des terres fertiles, jouissant d'un climat assez tempéré et assez pluvieux. Les produits de la terre sont abondants : on pourrait les perfectionner et les multiplier en adoptant les méthodes de culture scientifiques, appliquées jusqu'à ce jour avec trop de timidité. On pourrait en faciliter l'écoulement, je pense surtout au vin, en usant de l'association. Le moment est venu, pour les campagnes, d'user des syndicats. Il est de toute nécessité, pour les producteurs, de se grouper, de former des faisceaux solides. La prospérité de nos régions est à ce prix.

Les principales industries agricoles

Les produits caractéristiques des pays de l'Ain.

I. La Poularde de Bresse. —

II. Les Vins. — III. Produits gastronomiques.

Dans toutes les régions d'un grand pays, il existe des industries agricoles qui donnent, à ces subdivisions térritoriales, leur physionomie particulière, leur originalité. Le département de l'Ain ne fait pas exception à cette règle ; il en est même une des plus belles preuves. Nous avons vu, dans le chapitre précédent, que ses ressources sont très variées, en raison des diversités de composition de son sol, en raison des différences d'altitude et d'exposition que présente ses vallées. Mais on y trouve encore des produits de choix, qui plaisent aux gourmets et permettent d'orner nos tables de mets savoureux. Cela vous expliquera pourquoi nous possédons, parmi nos écrivains les plus célèbres, le plus connu des gastronomes du monde entier, Anthelme

Brillat-Savarin, de Belley, l'auteur de la *Physiologie du Goût*, livre de douce et aimable philosophie, précieux pour ceux qui veulent ressusciter la bonne cuisine de nos pères. En ces derniers temps (1892) a paru, encore à Belley, un livre signé Lucien Tendret, intitulé: *La Table au pays de Brillat-Savarin :* c'est à sa manière un petit chef-d'œuvre, il n'a point été assez remarqué. Il a paru en province, son auteur se contente d'avoir de l'esprit et de ne pas le dire. Au point de vue géographique, il mérite d'être consulté.

Il nous fournit une preuve de ce que je viens de dire : vous y trouvez un éloge des produits précieux fournis par nos terres. Le voici : Belley est situé au milieu de nombreuses collines, près du Rhône, des Alpes et du Jura. Dans cette contrée, on trouve les sites les plus pittoresques et les plus gracieux. Ici, des côteaux boisés ou couverts de cultures, de fraiches vallées, des rivières limpides, d'immenses tapis de verdure; là, des torrents, des chutes d'eau, des cascades, des lacs où se reflètent les rochers environnants et les noires forêts de sapins qui descendent en pente. Pour cadre à ce tableau, des montagnes bleuâtres se terminant en dômes ou en flèches et, dans le fond, les Alpes dont les glaciers étincellent sous les rayons du soleil. Aucun pays n'offre pour la table des provisions plus variées.

Notre viande de boucherie est de bonne qualité, la chair des moutons nourris dans les montagnes a le parfum et la succulence de celle des agneaux de Pré-Salé, les jambons, préparés dans nos ménages, sont aussi appréciés que les plus renommés, et l'ancien saucisson de Belley vaut la mortadelle de Bologne. Nos dindons n'atteignent pas la taille de ceux du Berry, mais leur chair est plus fine et plus délicate. Sur nos marchés, on trouve des chapons, des poulets et des canards finement engraissés. Les écrevisses, les truites, les brochets abondent dans nos rivières et le lac du Bourget nous fournit le lavaret, la perche et l'ombre chevalier. Sur nos côteaux, dans nos bois et dans nos prairies, on rencontre le gibier-plume de toute espèce. Le rable d'un lièvre de la Combe à la Done ou du rocher de Talbacon est un morceau plus fin que le cuissot d'un chevreuil. Les truffes, les morilles et les champignons sont répandus à profusion dans nos bois ; nous n'envions ni le beurre d'Isigny, ni les fromages les plus recherchés, et nos fruits et nos légumes ont la saveur qu'ils acquièrent seulement sous certaines latitudes de la zone tempérée.

Les vins de Virieu, de Manicle, de Pontet et de

Culoz vieillissent plus longtemps que nous et s'ils n'ont pas le bouquet de ceux des grands crus de la Bourgogne et du Bordelais, ils ont cependant des arômes enchanteurs et laissent la bouche fraiche et le cerveau libre. Charles Revel, avocat au présidial de Bourg-en-Bresse, écrivait, il y a deux siècles, ces mémorables paroles : « Touchant le gibier, il y en a de toutes sortes en Bresse et en Bugey ; il est vrai que le Bugey a cela de particulier qu'on y trouve des faisans et des gelinottes, en récompense de quoi la Bresse a des chapons gras meilleurs que ceux du Mans et de Loudun ; en un mot, si ces provinces avaient l'invention de faire les draps, qu'il y eut de l'épicerie et du sel, elles se pourraient vanter d'avoir toutes choses nécessaires à la vie de l'homme, sans être obligées d'aller à la quête chez leurs voisins. »

Ce vénérable ancêtre aurait pu ajouter que la science culinaire devait progresser dans une contrée aussi riche en produits alimentaires. Autrefois, les moyens de communications étaient insuffisants ou n'existaient pas, chacun restait chez soi et les plaisirs de la table étaient presque les seuls qu'on pût se procurer (1). Balzac disait

---

(1) Consulter le très intéressant et très philosophique travail de M. Ferraz : *Brillat-Savarin et Lucien Tendret. 1856.*

très judicieusement qu'en province le défaut d'occupations et la monotonie de la vie attirent l'activité de l'esprit sur la cuisine. On ne dîne pas aussi luxeusement en province qu'à Paris, mais on y dîne mieux, les plats y sont médités et étudiés. Au fond des provinces, il existe des Carêmes en jupon, génies ignorés, qui savent rendre un plat de haricots digne du hochement de tête par lequel Rossini accueillait une chose parfaitement réussie. L'ancienne cuisine bourgeoise de Belley était délicate et soignée. J'ajoute qu'elle l'est encore, et que soit à Bourg, soit à Nantua, soit à Gex et autres lieux, on peut s'apercevoir que les pays de l'Ain encouragent la gourmandise.

I

La Poularde de Bresse

Son élevage. — Méthodes employées. — Choix de la nourriture.— Commerce d'exportation. — Chiffres de statistique. — Les poètes de la poularde.

Après ce préambule, je commence les quelques monographies que je veux vous présenter. Je donne la première place à la poularde de Bresse, parce que sa réputation est universelle et méritée. Alors que d'autres industries agricoles n'ont qu'une réputation régionale, l'élevage des volailles est poussé chez nous à un point de perfection tel qu'il a forcé l'admiration de l'Europe et donne, à notre petite patrie, une enviable célébrité. La poularde de Bresse « si blanchette, si joliette, ronde comme une pomme » dit Brillat-Savarin, parait sur les tables souveraines; je parlerai d'elle tout d'abord (1).

(1) Je dois la meilleure partie de mes renseignements sur la poularde à l'inépuisable obligeance de M. Th. Charnay, instituteur à Fleyriat-Viriat, chevalier du Mérite agricole. Il s'est donné la peine d'établir des statistiques, de rechercher et de rédiger des renseignements précis. Les pages qui vont suivre lui doivent beaucoup. Si nous avions trouvé toujours des collaborateurs aussi désintéressés, l'œuvre très difficile, à cause de sa complexité, que nous avons entreprise par pur

Et d'abord existe-t-il une race de volaille bressanne. Pour les races gallines, une faune synoptique a été dressée par le professeur Cornevin, professeur distingué de l'Ecole vétérinaire de Lyon, d'après les caractères morphologiques de chacune : il distingue l'espèce qui nous occupe par le tarse gris et mince. En voici le signalement scientifique : « Cette race dut son nom à l'ancienne province française où on la trouve presque exclusivement. Ses qualités en tant que ponte et finesse de chair lui en ont fait franchir les limites, et, aujourd'hui, elle tend, avec juste raison, à prendre de plus en plus d'importance. La taille est moyenne, mais la finesse du squelette permet la production d'une quantité de viande relativement forte : cette chair fine, d'un goût exquis, justifie la réputation que possèdent depuis longtemps ces volailles.

« La crête d'un bon développement est simple, régulièrement dentée, portée droite chez le mâle, renversée chez la femelle. Les oreillons presque toujours d'un blanc pur sont parfois cependant sablés de rouge (1). »

---

amour pour notre pays, nous aurait coûté moins de peine. Nous devons donc des remerciements très vifs à M. Th. Charnay. Sirand, en 1853, a publié, *De l'Engraissement des Volailles de Bresse*, in-8°, 23 pages.

(1) Paradis et Montoux, *Elevage des Volailles*, encyclopédie agricole.

La race qui donne les meilleurs chapons et poulardes est la race blanche de Bény qui dérive de la variété grise de Bourg. Elle a été obtenue en prenant toujours les sujets au plumage le plus blanc. On a ainsi des sujets complètement blancs. La race est mauvaise pondeuse et les quelques œufs obtenus dans le courant d'une année sont soigneusement conservés et mis à couver. Par contre, elle a de remarquables dispositions à l'engraissement et arrive très vite à avoir une chair très blanche et très fine.

Les jeunes poulets destinés à l'engraissement restent en liberté jusqu'à l'âge de six à sept mois : on les voit voleter en troupes considérables dans la cour des grandes fermes, mettant dans l'habitation silencieuse beaucoup d'animation. Nés au printemps, ce n'est guère qu'en septembre, qu'on les met en cage. Ils reçoivent pendant le temps de liberté une nourriture ordinaire, mais abondante, pour qu'ils soient en bonne forme au moment de la mise en cage. Un mois avant la mise en cage, les mâles subissent le chaponnage ou castration. Les sujets chaponnés ont en outre la crête coupée, opération qui n'a d'autre utilité que de les faire distinguer.

On a dit souvent qu'on crevait les yeux aux

chapons et aux poulardes mis en cage : c'est une erreur. Mais, ce qui est moins cruel et revient au même, on les tient dans un endroit très obscur. La cage est recouverte de toiles, les portes sont closes. Les poulets sont entassés dans la cage, de telle sorte qu'ils ne peuvent faire aucun mouvement. Cette immobilité contribue beaucoup à l'engraissement.

Quelle est leur nourriture dans leur nouvel état social ? Les poulets en cage reçoivent une pâtée assez dure, fabriquée avec de la farine de blé noir, d'orge et de maïs blanc, de ce maïs blanc dont on tapisse les larges auvents des maisons et des granges. On y ajoute quelquefois du riz cuit, du petit lait, même du lait. On ne se sert point d'un entonnoir pour ingurgiter la pâtée qui est fort épaisse. Trois fois par jour, la fermière gave les poulets : pour cela, elle s'asseoit et place entre ses genoux, les pattes de cinq ou six poulets. De la main droite, elle fait avec la pâtée, des boules qu'elle roule pour les allonger en forme d'olives. Elle les trempe alors dans de l'eau ou dans du lait, puis elle les introduit dans l'estomac de la volaille, la main gauche maintenant la tête et ouvrant le bec, pendant que la droite fait glisser le pâton dans le cou avec le pouce et l'index. C'est l'opération de « l'emboquage » (1).

Toute la Bresse engraisse des poulets : mais un phénomène, semblable à celui qui existe pour le vin, se produit dans la qualité. Il y a des terroirs privilégiés où les grains, l'air, la nourriture des premiers mois donne à la chair de la poularde des qualités qu'elle ne peut acquérir nulle part ailleurs. La poularde fine se fait à Bény, à Saint-Etienne-du-Bois. C'est là que vont tous les prix des concours spéciaux qui se tiennent chaque année à Bourg vers Noël (2). Les produits sont parfaits : « ce sont de vraies boules de graisse ». La poularde est tuée, plumée. On la met confire un instant dans du lait d'où elle sort avec la blancheur devant laquelle s'extasient nos

(1) Voir M. Ardouin-Dumazet : *Voyages en France*, 24e série, *Haute-Bourgogne* : page 226. Ce volume, et aussi le 23e, *Plaine comtoise et Jura*, renferme la description de quelques vallées de l'Ain. Les autres vallées se trouvent dans la 8e série. Livres toujours intéressants, mais l'ordre adopté par l'auteur déroute un peu nos habitudes de régularité.

(2) Du palmarès du dernier concours, j'extrais quelques indications : Lots de 4 chapons et plus, 1er prix, Gautheret Joseph, médaille d'argent ; 2e, Poncet Théophile, à Saint-Etienne ; 3e, Mme Meunier, de Bény ; 4e, Maitre J.-M., de Saint-Etienne. — Lots de 4 poulardes et plus, 1er prix. M. Perdrix, J.-M., à Bény, médaille d'or ; 2e, Perdrix J.-F., de Bény ; 3e, Perret J.-M., à Saint-Etienne ; 4e, Perdrix F., à Bény.

ménagères. Cette industrie est très lucrative : il n'est pas rare de voir des éleveurs payer une ferme de 1,000 à 1,200 francs avec le seul produit de leur poulailler : on a craint un moment la ruine de cette industrie, une épidémie ravageait les basses-cours. L'école pasteurienne a découvert un remède. Mais si les gallinacés échappent à la maladie, ils n'échappent pas à la broche, ayant beaucoup d'amis. Certains poulaillers, vers Noël, ont de 300 à 400 têtes.

Le prix des poulardes varie beaucoup : celles de moyenne grosseur et de moyenne finesse, valent trois francs le kilogramme. Une poularde moyenne ne pèse pas moins de 4 à 5 livres. Les pièces de concours, les lots primés, qui sont achetées par des amateurs, se vendent jusqu'à 25 francs la pièce : il est vrai qu'elles pèsent de 8 à 10 livres. Et pour celles-là, il y a plus d'honneur que de profit pour l'éleveur. Pour arriver à la perfection, il a fallu prodiguer au volatile des soins minutieux, de toutes les heures, durant la longue et délicate période de systématique engraissement.

Le commerce auquel donnent lieu les poulardes est assez original : il est fait par des négociants qui s'approvisionnent de marchandises vivantes. Les principaux marchés, classés autant que faire se peut, par ordre de finesse des volailles sont : Bourg, Cras-sur-Reyssouze, Montrevel, Attignat, Foissiat, Marboz, Saint-Julien-sur-Reyssouze, Polliat, Mézérial, Vonnas. Les marchés ont lieu de très bonne heure. Les volaillers s'y rendent en voiture, voiture rustique, de forme trapézoïdale. Rien n'est pittoresque comme ces longues et hautes charettes, chargées de cages vides à l'aller, pleines au retour de volailles au blanc plumage, qui égayent la route par des gloussements rapides ou de joyeux cocoricos. A midi, le coquetier est rentré. Une armée de femmes « les plumeuses » l'attendent à l'atelier. Immédiatement les bêtes sont tuées, plumées, emmaillotées, placées dans des balles d'un modèle uniforme et expédiées le jour même.

Il serait curieux de savoir où vont ces victimes de notre gourmandise, et en quel nombre. Beaucoup sont consommées sur place, ou expédiées par pièce isolée, comme cadeau familial. Les chiffres que nous allons donner concernent les principaux marchands de Bourg et quelques commissionnaires lyonnais, qui suivent très régulièrement nos marchés.

L'année 1901 donne les chiffres suivants pour les poulets :

Nombre de poulets. 1.242.000 pièces.
Poids approximatif. 1.870.009 kilogr. (1).
Valeur............ 5.200.000 francs.

Un peu moins des deux tiers, soit environ 1.075.000 kilogrammes, sont envoyés dans les différentes parties de la France ; c'est Paris qui en absorbe le plus : un peu plus du tiers, soit 795.000 kilogr. sont expédiés à l'étranger. La Suisse à elle seule reçoit les trois quarts de l'exportation, l'Allemagne et l'Angleterre se partagent le reste. On trouve mention de quelques envois en Italie, en Belgique, en Russie, en Algérie, en Autriche (2). Notez que ces chiffres ne représentent qu'une partie du revenu fourni par l'élevage des poulardes. Si vous réfléchissez que cet élevage est concentré dans un nombre restreint de com-

(1) La moyenne serait donc de 1 kilog. 500 par volaille : elle serait plus élevée si dans le chiffre global on ne comprenait pas les poulets de grain. Le prix moyen, suivant la saison, varie de 2 fr. 50 à 3 fr.

(2) Journée du 21 décembre 1901.
Voici ce qui a été expédié ce jour-là, à la gare de Bourg, à la suite du concours : 3.000 colis postaux de 3, 5, 10 kil. contenant plus de 6,000 volailles. Il a été expédié en messagerie, 15,000 kilos de volailles mortes, soit pour un seul jour, plus de 40.000 kilos. Sur les 3.000 colis-postaux, 500 (en chiffres ronds) étaient à destination de l'Angleterre, 100 de l'Allemagne, 100 de l'Italie, 50 de l'Algérie, 300 de la Suisse. Un seul et même destinataire de la Suisse a reçu 1.500 kilos de volailles. Le reste est allé dans tous les coins de la France.

munes, vous vous rendrez compte du rapport extraordinaire que tire la Bresse de cette industrie. Les chiffres que je viens de transcrire m'ont étonné moi-même ; ils seront une révélation pour nombre de mes compatriotes.

Et ce n'est pas tout : il existe à Bourg, une fabrique de conserve de volailles de Bresse, à la gelée, dont le mouvement d'affaires en 1901 a été considérable. Le voici :

Nombre de poulets employés........	25.000
Nombre de boites de poulets........	45.905
Nombre de boites de produits divers (crêtes, foies)....................	21.105
Galantines de pâtés (volaille et viande de boucherie)...................	3.165
Gibier (perdreaux, grives)..........	810

Cela donne un total de 71.030 boites de conserves, pesant 39,910 kilos ; deux tiers de ces produits sont consommés en France, un tiers au moins est vendu pour l'exportation. La Société a un marché avec le Ministère de la Marine et fournit les cinq préfectures maritimes pour les hôpitaux des colonies. Ce sont les deux frères Dupont, de Bourg, qui ont pris l'initiative de cette industrie et qui sont arrivés à une réelle perfection par le procédé de stérilisation Appert.

Chaque année, est marquée par une extension sensible des débouchés.

La poularde, qui a tant d'amis, a été célébrée à l'envie par les littérateurs, j'ai cité le plus connu, Brillat-Savarin. Les poètes ne lui ont pas ménagé les éloges : Berchoux en a parlé dans sa *Gastronomie*. Les poètes de chez nous ne l'ont pas oublié. Dans une chanson la *Bresse*, que M. Perroud, devenu depuis un historien éminent, écrivait, il y a longtemps, je trouve, ce joli couplet.

Nos voisins les Bourguignons
Ont leur vin, mais nous avons
Nos poulardes,
Rondes sur tous les côtés
Emblèmes de nos beautés
Campagnardes.
Poulardes aux flancs savoureux !
Blanches fermières aux doux yeux !
Que peut-on désirer de mieux ?
Vivre entre vous deux.

Gabriel Vicaire, le délicat et joyeux auteur des *Emaux bressans*, ne l'a pas oubliée dans les chants en l'honneur de sa province, qu'il crayonnait à Paris, et dont il composa plus tard un délicieux volume :

Naïve enfant de la Bresse
Etre honnête et succulent
Qui t'enveloppe d'un blanc
Justaucorps de fine graisse,

Cousine des hommes gras
Dont notre pays fourmille,
On t'aime dans la famille.
Nous ne sommes point ingrats.

Ta respectable bedaine
Semble celle d'un gourmet,
Ta chair a comme un fumet
D'amourettes et de fredaines.

Sur la fin d'un bon repas
Quand je te vois apparaître
Pomard aidant, je crois être
Transporté là-bas, là-bas.

Grands prés couleur d'émeraudes
Bois feuillus, petits étangs,
Laboureurs du bon vieux temps,
Fortes mangeuses de gaudes

Sous mes regards attendris
Tout le cher pays défile.
Quel air de bonheur tranquille !
Suis-je aussi loin de Paris (1).

---

(1) Pour compléter ce chapitre, il faut dire que les meilleures poulardes se mangent chez nous et qu'on sait très bien les faire cuir. Lucien Tendret nous donne la recette suivante : c'est encore un produit du cru : « Poularde truffée. Choisissez une poularde de race pure, ayant la graisse blanche, la peau fine et soyeuse et les pattes noires ou grises. La vider, la saler, la dégraisser. Ayez une livre ou deux de truffes noires, rondes et dont la peau soit fine, les laver, les couper en dés de la grosseur d'une noisette, les mêler à un hachis fait du foie de la bête et de deux truffes, les sauter dans la graisse fondue et tiède de la poularde, les arroser d'un demi verre de Bordeaux, de fine Champagne, les saler, les poivrer, les in

C'est avec intention que je me suis étendu longuement sur la plus célèbre de nos industries agricoles : sa monographie n'a jamais été faite en détail, et nous avons pu révéler à ce sujet des faits nouveaux et des statistiques intéressantes. Elle est un exemple, et un exemple frappant des résultats auxquels on a pu aboutir en développant dans un pays l'industrie à laquelle la nature l'a destiné. Ici, c'est une industrie de luxe, qui exige, pour réussir, une forte tradition, de la patience et de l'intelligence. Je crois que c'est de ce côté que notre agriculture devrait s'orienter. Le blé pousse partout ; grâce à un lotissement

---

troduire dans le corps de la volaille, l'envelopper d'un linge, et pour la cuire, attendez que l'arôme des truffes noires ait parfumé ses chairs. Disposez dans le fond du vase de terre, dit pot au feu, un trépied en fer battu, muni de pieds de dix centimètres de hauteur, versez y six verres de bouillon de bœuf et deux de vin blanc sec, placez la poularde sur le trépied sans qu'elle touche le liquide, la saler et lutez le couvercle du pot au feu en l'entourant d'une bande de papier enduite et recouverte de pâte à faire le pain. La durée de la cuisson sera d'une heure et demie. On sert avec une sauce composée du liquide resté dans le pot, de crème et de jaunes d'œufs. Les volailles grasses cuites à la vapeur sont d'un meilleur goût que celles bouillies dans un consommé. » Bien compliquée la recette, mais pour la reine de nos tables, on ne saurait trop prendre de précautions. Je rappelle que dans la *Physiologie du Goût*, dans la onzième variété, il y a une jolie histoire à propos de la poularde, oh bien jolie ! Donc la poularde a sa littérature.

spécial des propriétés, il pousse ailleurs, sans exiger des déboursés onéreux, comme chez nous. Restreignons avec prudence sa culture, et élevons des volailles, le plus possible, dans ces communes privilégiées où elles ont la chair fine et savoureuse. Là, est la fortune pour les fermes de la Bresse.

II

Les Vins.

Importance de la culture de la vigne. — Du rôle des moines dans cette culture. — Nos principaux crus. — Les vins blancs.

Une des grandes cultures du département de l'Ain, est celle de la vigne : elle a pris dans ces dernières années, une extension prodigieuse, et a donné des rendements dangereux. La mévente est arrivée, et malgré l'abondance de la récolte, les vignerons ne se sont pas enrichis. Les chiffres approximatifs pour 1901, sont : 16,083 hectares plantés ayant donné 458,559 hectolitres.

On trouve la vigne un peu partout : elle étend ses rameaux flexibles sur les pentes de nos côteaux du Bugey, et elle allonge ses sarments vers les plaines à peine ondulées de la Bresse. Les produits qu'elle donne sont de natures diverses : le vin dépend du terroir d'abord, qui lui apporte son fumet caractéristique, de l'exposition plus ou moins favorable, qui lui enlève, suivant les calories qu'il reçoit, une quantité plus ou moins notable d'acidité, de la taille qui exagère ou restreint la production. Or, la taille a été dans ces dernières années, dirigée de telle façon, qu'on est arrivé à des rendements énormes, au détriment de la qualité. Il faudra revenir à de meilleures coutumes et essayer de retrouver ces vins fruités, pétillants, d'un goût très fin qui ont fait la joie de nos pères.

Si la Bresse et le Bugey se donnent la main pour la production vinicole, il ne s'en suit pas qu'il y ait égalité entre les deux pays. Les vins de Bresse ne sont pas de premier ordre et sont peu connus : ce sont des vins de plaine, produit de vignes dont le fruit n'arrive pas toujours à une maturité parfaite. Il se boit sur place et ne fournit aucun appoint au commerce extérieur. Sur les pentes des collines qui bordent la Saône aux eaux tranquilles et vertes, le jus de la treille n'est point à dédaigner et il fait penser parfois aux vins légers et parfumés du Beaujolais. Thoissey et Trévoux, sont privilégiés à ce point de vue.

Mais la purée de septembre, comme dit Rabelais, a des qualités supérieures dans le Revermont, dans le Bugey et le pays de Gex. C'est la culture nationale et la fête des vignerons, celle de la Grande Margot, vers Ceyzériat, est toujours célébrée avec entrain.

Seulement nos crus ne sont ni assez connus, ni assez vantés. En toutes choses, il faut un peu de charlatanisme. Puisse ce que nous allons dire, les tirer de l'injuste oubli où ont les tient au-delà de nos frontières.

La culture de la vigne a été étendue et perfectionnée chez nous par les moines. Autour de leurs abbayes, ils possédaient des terres importantes qu'ils faisaient travailler avec beaucoup de soin. A ce point de vue même, ils ont été des initiateurs fort utiles.

Leurs couvents étaient en général situés dans des cantons élevés, assez froids; mais d'eux dépendaient des terres, dans le bas pays, très étendues, qui leur venaient à la suite d'achats ou de dispositions testamentaires favorables. Ils avaient construit, en des endroits ensoleillés et bien abrités des vents du Nord, de solides et plantureuses villas, où ils venaient se reposer des rigueurs de la règle, imposée par les supérieurs.

J'en connais deux vers les pentes du Grand Colombier où les moines de Saint-Sulpice et les Chartreux d'Arvières, avaient établi des vignobles remarquables. A l'aide de plants bien choisis et bien mélangés, ils étaient arrivés à créer de toutes pièces des vins très fins, d'un goût fort délicat. Les Bernardins s'étaient établis dans une des combes adjacentes du Valromey, dans la commune de Thézillieu « sur une des plus hautes montagnes de l'arrondissement, à au moins cinq mille pieds au-dessus du niveau de la mer. Autour du couvent s'étendaient des prés ; le gazon en était si doux et si serré qu'il valait bien les tapis de la Savonnerie. La cave était bien garnie de vins généreux qu'ils tiraient de Virieu. »

Ils possédaient, dans la commune d'Artemare, une maison de campagne, modeste, à deux étages, orientée au midi, de laquelle on avait vue sur les plaines environnantes, la Dent du Chat et les collines onduleuses de Belley. Elle a été transformée depuis et ornée de tours et annexes. Un clos très étendu environnait la maison ; il était, nous dit Brillat-Savarin, « favorisé de l'astre père de la chaleur ». C'est pour cela que les Bernardins y passaient volontiers la froide saison. Ils avaient établi un vignoble dont le produit avait une allure particulière. Il rappelait un peu les vins de l'antiquité, ces vins épais, au fumet capiteux, dont on a retrouvé les traces dans les amphores de Pompéï. Le vin de Machuraz était de couleur très foncée : ce n'était pas le noir d'encre, mais c'était un parent très rapproché. A cela s'ajoutait, au bout de six ou sept ans de bouteille, un bouquet original. Le vieux vignoble de Machuraz, que nous avons connu, dont nous avons dégusté sur place, les récoltes diverses, était planté avec art : les cépages qui le composaient étaient dosés d'une certaine façon. Le dosage avait dû exiger des moines et surtout du père cellerier, le gardien et le fournisseur de la cave, des méditations profondes. Et vraiment, ils étaient arrivés à produire une délicieuse merveille.

Je crois que je serai peut-être le dernier à rappeler cette création des moines du temps jadis. C'est une chose disparue et nous autres modernes n'auront ni la patience, ni l'ingéniosité d'esprit nécessaire pour la ressusciter. Le vignoble de Machuraz a été ravagé entièrement par le phylloxéra, il a été reconstitué en plants greffés. Mais avant que le vin ait retrouvé sa saveur antique, il faut un mariage étroit entre la plante et le sol et cela est très long à obtenir.

Les chartreux d'Arvières avaient deux grands vignobles, le premier, à Lavanche, commune de Chavornay (1). Il fournissait un vin de mondeuse fort estimé : la cave où il était emmagasiné, était remarquable comme outillage : de grands foudres s'alignaient le long des murs. Les moines savaient que le vin devient meilleur dans de copieux récipients. Un pressoir monumental, armé d'un immense levier taillé dans un gigantesque sapin

(1) Ceux qui veulent étudier la formation de ces grands domaines des moines, consulteraient utilement un des premiers travaux de M. C. Guigne : *Notice sur la Chartreuse d'Arvières en Valromey*, 1869. L'origine de la constitution du vignoble de Lavanche, remonte au douzième siècle. En 1402, il comptait 500 ouvrées, v. p. 38 et suiv.

de la forêt, pouvait contenir le marc d'une cuve de deux cents hectolitres. Le cellier des moines est dans un état de conservation parfait, il a gardé son style particulier et sa disposition ancienne. Les chartreux avaient aussi à Culoz un vignoble de premier ordre, connu sous le nom de « La Chèvrerie » d'une contenance de 200 ouvrées (1). Au-dessus du bourg moderne, vous pouvez voir encore, en un coin abrité, une jolie maison aux volets verts, aux fenêtres ouvertes au midi, solide sur ses fondations. Dans les caves aérées et fraiches se dressaient de robustes tonneaux. Les moines venaient là oublier le froid et la solitude de leur Chartreuse, perdue dans une combe bleuâtre du Grand Colombier. Ils descendaient par les chemins de la montagne, montés sur de fortes mules et s'installaient dans cette gracieuse maison de campagne. Leur vignoble était composé de plants habilement mélangés comme à Machuraz : il donnait un vin qui différait beaucoup de celui des environs, un vin à couleur de bordeaux, au parfum délicat, au bouquet subtil, facilement assimilable pour les estomacs délicats. Il y aurait à propos de ces créations de vignobles par les moines une plus lon-

---

(1) Dans la même localité, ils possédaient, dans d'excellents terroirs, des propriétés importantes : à la Craz 30 ouvrées, à Brachet 6 ouvrées, à Pontenay 18 ouvrées.

gue étude à faire. Ce qui est hors de doute, c'est qu'en nos pays les abbés des grands monastères ont contribué à répandre une des cultures les plus difficiles, mais la plus rémunératrice dans notre département.

Nos vins rouges sont, en général, des vins de consommation courante qu'apprécient tous ceux qui les ont goûtés une fois. Ils sont bien préférables aux vins épais, lourds et plâtrés du Midi, qui n'excitent pas l'appétit et sont souvent désagréables à force de fadeur. Nos vins ont une vive couleur que le soleil pénètre. Ils ont une saveur particulière qui saute au nez et rend gais les personnages les plus moroses. Ils sont de digestion facile. L'ivresse qu'ils procurent lorsqu'on les absorbe en trop grande quantité, n'est pas de nature dangereuse : elle délie les langues et hausse le timbre de la voix. Bossi nous dit : « Le vin a acquis assez de qualité aux environs de Montmerle et de Thoissey, pour être souvent confondu dans le commerce avec les vins du Mâconnais ». Il ne mentionne pas les vins du Revermont et d'autres des côtes du Rhône. Nous avons vu à Nattages du vin des « Furettes » qui était délicieux. Mais nous devons une mention spéciale aux vins qui viennent sur les pentes orientales et méridionales du Grand Colombier, et au vin très généreux de Virieu-le-Grand. Il avait la propriété de se conserver un demi siècle sans perdre aucune de ses vertus premières.

Les vins blancs de notre pays ne sont point à dédaigner; ils peuvent lutter et sans désavantage avec les vins renommés du Chablais en Savoie, du canton de Vaud en Suisse. Les meilleurs viennent en terrain calcaire et ont parfois un léger goût de pierre à fusil qui finit par être agréable lorsque l'habitude en est prise. Pour eux aussi le phylloxéra a été un ennemi terrible; il a tué les ceps, et pendant longtemps dans les sols surchargés de craie, on n'a pu songer à replanter. Cependant, le vigneron entêté est ingénieux. On peut dire qu'il a vaincu son terrible ennemi. Et de nouveau le vin blanc pétille au fond des verres, dans les caves obscures, dans les celliers et les grangeons (1) semés le long des collines.

Dans l'Ain, on boit de très bons vins blancs un peu partout. Le pays de Gex en a qui rivalisent avec ceux du pays de Vaud ou du Chablais. Le

(1) Les grangeons, petites constructions isolées dans les vignes, un peu enfoncées en terre, avec une petite façade blanche à la chaux. Au rez-de-chaussée, se trouve la cave, avec pressoir et tonneaux, au premier étage une pièce avec mobilier sommaire, une table et quelques chaises. On s'y réunit pour vider un terrasson de vin et manger un « ramequin », fondue de gruyère, de vin blanc, le tout fortement assaisonné de poivre. On boit sec dans les grangeons et on chante à gorge déployée.

Revermont et les bords de la Saône, en ont dont ils sont fiers. Je vais parler de ceux que je connais le mieux. Nous avons les vins blancs de Virieu-le-Grand, capiteux et alcooliques. Ils sont exquis lorsqu'ils ont trente ans de bouteille. C'est alors seulement qu'ils révèlent toutes leurs qualités. Les nouveaux sont moins bons. A Cheignieu-la-Balmé, se trouvent les vignobles de Manicle. Leur produit est bon, mais dangereux. Le buveur imprudent qui se laisserait aller au charme de ce breuvage brillant, serait bien vite couché sous la table. Non loin de là, de petits crus, à Brens, Châtonod, à Flaxieu, etc., sont à citer.

Mais la palme revient, sur les côtes du Rhône, au capiteux Seyssel, mousseux et pétillant. C'est notre Champagne à nous, et il n'est point sans charme, lorsqu'il égrène ses perles légères dans un limpide verre de cristal. Toppfer, qui visita Seyssel avec sa caravane d'écoliers, en parle avec enthousiasme dans ses fameux voyages en zigzag. Les baigneurs d'Aix en font leurs délices. Il est vrai que tout ce qui est vendu sous le nom de Seyssel n'est pas cru authentique. La ville même de Seyssel a un territoire peu étendu. Mais la commune voisine Corbonod, fournit du vin de roussette, notamment dans les hameaux de Gigniez, Fontaine, Rhemmoz.

Je pourrais allonger encore ma nomenclature.

Mais, en toutes choses, il faut savoir se borner. Retenons ceci : notre département produit beaucoup de vin, ce vin est généralement bon à boire à l'ordinaire, comme on dit en langage courant. Nous possédons des cantons privilégiés dont les produits peuvent être dégustés avec plaisir à la fin d'un repas d'amis. Je ne sais plus qui a dit que nos vins étaient un rayon de soleil dans un verre, un nectar savoureux dans le palais, une douce flamme dans l'estomac.

Les plants qui peuplent nos vignes sont de natures très diverses : le cépage ordinaire pour la vigne basse, c'est la mondeuse. Il mûrissait avec difficulté même dans une bonne exposition. Greffée sur un plant direct, la mondeuse est plus hâtive, le raisin est plus gros, plus fourni, la pellicule restant fort mince. Le vin qu'elle donne n'a pas l'aspect de jadis. A côté, on place le Montmélian donnant des raisins considérables, à gros grains, il est de maturité précoce, et produit un vin plat, mais fortement coloré. Pour les blancs, je nommerai la roussette, le gros blanc, le sardonnet, un plant mielleux qui disparaît, et j'observerai qu'il est difficile de citer tous les noms, d'autant plus qu'il y entre beaucoup de fantaisie (1). On a souvent le tort de préférer la quan-

---

(1) Bossi signale dans le Revermont la *mellie* qui paraît avoir été apportée d'Italie sous le gouvernement de la maison

tité à la qualité du produit, ce qui nous explique pourquoi certains de nos vins sont sujets à la pousse, à la casse. Malgré les soins donnés aux tonneaux, malgré les soutirages hâtifs, les vins faibles subissent des détériorations fâcheuses.

La vigne, sauf dans la Dombe (1), où en raison de l'humidité, des brouillards et de la nature du sol elle végète difficilement, gèle au printemps, la vigne est cultivée partout avec succès. Deux méthodes de culture : les vignes basses, le hautin. Pour la plantation des premiers, on pratique d'abord des minages profonds. Dans l'ancien temps, les vignerons disent qu'on plantait le cep un peu incliné dans un fossé comme un provin avec fumure légère. On comblait le fossé des terres qu'on en avait sorties. Quelquefois, on plantait droit dans des trous pratiqués à égale

---

de Savoie. C'est un raisin à feuilles découpées comme celles des raisins grecs, à baie de moyenne grosseur, oblongue et rougeâtre, même dans leur parfaite maturité. La pellicule est mince et le goût douceâtre, ce qui le fait trouver agréable à manger. Il donne un vin rouge, léger, de peu de durée. On en fait même du vin blanc. Vient ensuite le *chetuan*, plus gros que le précédent, plus rond, plus noir. On y trouve encore le mornan, le gouan, le [illegible] plant. Dans le Bas Bugey, on trouve le persagne, le [illegible]eux, le pelossard. Les deux premiers se rapprochent beaucoup de la mondeuse.

(1) V. M. Morgon. *La Dombes* (1911) : L'auteur remarque très justement que si l'on veut maintenir l's il faut dire les Dombes. L'orthographe en usage est irrationnel.

distance avec une tarière; l'espace vide était rempli avec des terres fines d'engrais enchassant le cep. Le jeune sarment était soutenu par des échalas de bois de chêne, de saule, de châtaignier. On provignait souvent, et le sous-sol était occupé par un nombre incalculable de vieilles souches. Maintenant, on est obligé à plus de soins : minages profonds, fumures abondantes et répétées, espacement des ceps. Autrefois, la première récolte se faisait au bout de cinq ans, maintenant le rendement est appréciable aprés la troisième année.

La culture en *hautins* était autrefois assez rare, beaucoup plus rare qu'en Savoie, où elle revêt des formes diverses; elle était réservée aux terrains de plaine : les hautins taillés fort long donnant des récoltes abondantes, mais de peu de valeur; depuis trente ans on les a multipliés démesurément, pour plusieurs raisons. La première est actuellement beaucoup plus expéditive. Les hautins séparés les uns des autres par des terres assez larges peuvent être travaillés à la charrue, tandis que les vignes ordinaires se travaillent à la pioche, au « bigard ». Étant donné la cherté et aussi la rareté de la main-d'œuvre, la supériorité des hautins est évidente. Mais on en a planté un peu partout, même dans les terrains que nos anciens avaient reconnus impropres à la culture, dans les terres mouillées, dans les terres froides, à l'orée des bois. On utilise les tailles à grand rendement depuis les anciennes en archets jusqu'à la taille Guyot améliorée. On obtient ainsi des vins en abondance, mais ce sont des vins plats, fades, qu'on devrait améliorer par le sucre. On aurait ainsi des vins solides et corsés.

Les travaux exigés par la vigne sont de tous les instants; on commence la taille fin février, ou au début de mars, suivant l'état de la lune. Les fosségrages et les binages sont subordonnés aux saisons. Les traitements au sulfate de cuivre et au soufre ont lieu dès le mois de mai, et sont répétés trois ou quatre fois dans la période de végétation. On vendange à la fin septembre ou dans la première quinzaine d'octobre (1). Au début du siècle, on observait déjà que les cuves étaient trop grandes et ne pouvaient être remplies en un jour, on y apporte la ven-

(2) En 1808, on n'apportait pas beaucoup de soin aux vendanges, et les principes élémentaires de l'œnologie étaient violés un peu partout. Bossi observe que nos plants sont très mélangés avec époques de maturité tres diverses. L'inconvénient de ce mélange de divers plants est qu'ils ne fleurissent et ne mûrissent point en même temps : et comme le vigneron se presse de vendanger dès que les premiers sont mûrs, il reste toujours une partie de raisins verts qui nuisent à la qualité du vin. Il est vrai aussi que la floraison des différents plants n'étant point simultanée, une partie de la récolte

dange pendant cinq ou six jours ; de là des arrêts fâcheux dans la fermentation. Il y a eu amélioration de ce côté ; mais les choses iraient mieux si on s'efforçait, par brochures et conférences, de répandre les véritables principes de la fermentation.

On prend soin des tonneaux et la pratique du méchage tend à se généraliser ; pour les évaluations et la vente, on se sert, comme commune mesure, de la pièce de 220 litres. Autrefois, les mesures étaient plus variées : sur les rives de la Saône on employait la mâconnaise ; la feuillette avait nom *anée*, elle contenait 108 litres. Dans le Revermont, le tonneau commun était de 228 litres. Dans le Bugey on se servait du septier qui correspond à l'*anée*, dans le Valromey de la *somaï* qui contient un quart de plus que le septier : c'est la charge d'une mule (soma en patois). Les vignes sont travaillées par leurs propriétaires ou données à moitié fruit, le propriétaire fournissant l'armature et l'engrais, et les produits pour les traitements contre le mildiou et l'oïdium. Les marcs sont utilisés pour la fabrication de l'eau-de-vie.

échappe plus souvent à l'inclémence des saisons. Cependant, à mesure que l'on renouvelle les vignes, on ne fait plus choix que de bons plants : gamey et bourguignon. Dans quelques années, les vins de cette côte (Revermont, Bugey) seront très améliorés

On emploie volontiers les grandes machines à pression de vapeur. Les gourmets préfèrent l'eau-de-vie distillée au petit alambic : le goût, paraît-il, en est plus fin. Il est très difficile d'indiquer un prix moyen pour les vins : il y a variété suivant les cantons et suivant l'année. En cas de mévente, amenée par la surproduction, les cours officiels sont purement fictifs.

III

Produits Gastronomiques.

Le Pays de Brillat-Savarin. — Les Champignons et nos Châtaigneraies. — Rivières et Lacs, Truites et Ecrevisses. — Les Poissons des Etangs de la Dombes. — Le Gibier, Perdreaux, Bécassines. — Autres produits de choix. — Valeur du département de l'Ain au point de vue gastronomique.

Un gourmet, cherchant une définition de notre pays, a trouvé cet aphorisme charmant : « contrée heureuse qui de l'art de bien vivre a su faire une institution. » Cela est vrai, et, dans ce chapitre, je vais dresser un petit inventaire qui sera la démonstration de ce théorème. D'avance je déclare que mon inventaire ne sera ni complet ni régulier.

C'est ainsi que je commence par les bois. J'ai dit que nous possédions d'admirables forêts. Celles d'essences résineuses alimentent les scieries du haut pays. Mais nous avons des forêts de bois clairs, châtaigniers, chênes, fayards. Dans ces bois, qu'échauffent les rayons tamisés du soleil, les champignons viennent à ravir. On en trouve à l'ombre de nos grands arbres, dans les prés verdoyants, des champignons parfumés et comestibles, des champignons hauts en couleur et vénéneux, hélas ! Leur odeur provocante s'étend partout depuis la forêt de Seillon jusqu'au Jura. Vous avez pu lire à leur sujet ces mélancoliques paroles : « Les bois des environs de Belley sont remplis de cèpes, d'oronges et de chanterelles. Sous les peupliers bordant autrefois la route de Valence à Genève, dans la partie s'étendant entre Belley et Culoz, on trouvait l'agaric sauvage, le meilleur de tous les champignons. Mais depuis dix ans il a disparu, comme nos écrevisses et nos bons vins ». Consolez-vous, amis des champignons, vous pouvez faire, en automne notamment, des chasses fructueuses, si vous avez bon œil, bon pied, bon odorat. Et la chasse aux champignons est fort agréable ; je vous la recommande, si, au hasard de la pensée, vous aimez à errer dans les clairières ensoleillées ou dans les futaies ombreuses. C'est un exercice très sain et point monotone. Le poète, qui existe dans chacun de nous, y rencontre ample matière à rêve délicieux, au milieu des jeux de lumière délicats. Le gourmet y trouve aussi la satisfaction de ses appétits distingués. C'est un charme. Ici vous voyez s'épanouir le beau parasol brun du cèpe parfumé qu'on appelle aussi bolet, notamment dans les grandes châtaigneraies du Bugey. Plus loin, la fine coupe frangée, aux délicates ciselures de la jaune chanterelle.

Dans les recoins un peu chauds, s'étale le roi des champignons, la fastueuse oronge dont les empereurs romains, Claude et Néron, faisaient leurs délices. L'oronge de nos pays n'a pas la saveur de l'oronge du Midi, mais enfin les feuillures et la chair de ce champignon, autour d'une fine poularde de Bresse ou d'une jeune « poussine du Bugey » constituent un mets divin.

Une place distinguée doit être réservée aux morilles noires du Valromey. J'ajoute qu'on peut en manger de très savoureuses dans les régions voisines. Dans le canton d'Hauteville, par exemple, vous pouvez vous offrir, comme un régal véritable, un plat de morilles à la crème parfumée de sainfoin et de serpolet. C'est en avril, ou mieux en mai, dans les régions élevées, que ce cryptogame à forme d'éponge se montre dans la terre humide, lorsque pousse la fine feuille verte ou la violette parfumée du printemps. Il apparait sous les sapins, à la lisière des forêts (1). L'espèce en

(1) Consultez sur la mycologie les nombreuses communications faites par M. Trablit, à la *Société des Naturalistes de l'Ain*. C'est une de nos plus jeunes Sociétés scientifiques. Elle a pour président M. Chanel, professeur au Lycée : elle organise des promenades, des conférences d'hiver très suivies. C'est une petite lumière nouvelle qui éclaire notre pays. Pour le sujet particulier qui nous occupe, on trouvera, dans

devient rare. Il y a des chasseurs acharnés après elle.

Enfin, ce que l'on ne sait pas très loin, il existe dans tout le Bugey des truffes qui valent bien celles du Périgord, noires ou blanches comme les morilles, timides comme elles, se cachant dans les landes, dans les teppes, dans les vignes abandonnées. Nous avons parcouru notre pays avec le Dr Repin, de l'Institut Pasteur, qui a reconnu en maints endroits le terrain et le petit chêne rabougri au pied duquel se trouvent les truffes. On en trouve d'exquises à Saint-Germain-les-Paroisses ; il en existe à Ceyzérieu, autour de la petite côlline de Saint-Marcel sur laquelle vivait autrefois un ermite. Sur les flancs du Grand-Colombier, elles ne sont pas rares. Il existe dans ces régions, dans la commune de Corbonod, par exemple, des chasseurs de truffes qu'on voit aller de tous côtés, avec de petits chiens savants, dont l'unique science est de déterrer la truffe odorante. Voilà de bien délicats produits avec lesquels les successeurs de Vatel peuvent confectionner des sauces parfaites.

Des forêts, passons aux rivières : il ne serait

la collection des bulletins parus depuis 1896, des renseignements précis. On ne saurait être trop précis en ces matières : les champignons étant aussi délicats à manier que les substances explosives.

pas inutile d'adresser un adieu attristé à l'écrevisse, ce charmant crustacé, qu'on rencontrait jadis sur toutes les tables bien servies, en buissons rouges ou en « coulis » onctueux. Autrefois, on trouvait des écrevisses à foison dans tous nos ruisseaux. Au temps de Brillat-Savarin, elles étaient si abondantes qu'on en faisait des potages; elles se promenaient dans les omelettes, autour des riz de veaux, dans les « magistères » restaurants. On n'avait qu'à se baisser pour en ramasser. Il nous souvient, dans un clair ruisseau du Bugey, à l'eau chantante et vive, avoir tendu nos balances, et, quelques heures après, être rentré à la maison lourd de gibier. Il nous souvient aussi de coulis d'écrevisses à la mode du Bugey, mangés dans la douce ville de Belley, qui nous ont laissé un inexprimable souvenir(1).

---

(1) V. bull. de la Soc. d'hist. naturelle 1896. — Cet excellent crustacé était, il y a 20 ans, très commun dans tous les cours d'eau du département. La Veyle, la Reyssouze, le Suran étaient d'une fécondité prodigieuse en écrevisses. Aussi n'étaient-elles pas chères à cette époque. Les vieux pêcheurs vous diront qu'ils ne trouvaient pas à les vendre à 0,20 c. la douzaine. L'épidémie qui a sévi en Europe les a fait disparaitre de nos cours d'eau et lacs. J'ai pu observer ses ravages dans la Veyle et dans la Reyssouze (1878 79). On pouvait voir à cette époque les écrevisses se mouvoir péniblement et chercher à fuir la rivière comme si les eaux avaient été empoisonnées. L'épidémie ne s'est pas répandue dans les affluents de ces deux rivières : les biefs des Leschères, de la Vallière,

La petite ville de Nantua, avec son lac tranquille et ses torrents rapides, était la vraie patrie des écrevisses. Il y a vingt ans, vous en trouviez dans les plus petites auberges. Vous n'aviez qu'à lever une pierre couverte d'eau, vous aperceviez des douzaines de crustacés. Dans cette antique sous-préfecture on avait appris à les cuire d'une façon particulière et à en confectionner un plat digne des tables aristocratiques (1). Tout cela a dis-

du Dévorat et du Jugnon, affluents de la Reyssouze; des Pommiers à Lent, des Poches à Saint-Denis, l'Irance, le Vieux-Jone, le Menthas ont été exempts de la contamination (G. Montain)

(1) Il faut la conserver, cette recette; je la trouve précisément dans un almanach bugiste paru en 1901. L'écrevisse, en patois, s'appelle *chambères* : écrevisses à la Nantua ou chambères ecavata : Prenez des écrevisses bien vivantes, jetez les dans un seau d'eau fraiche pour les laver : mettez-les dans une marmite avec un peu d'eau et de sel et faites-les cuire vivement. Il faut les remuer à mesure qu'elles cuisent. Dès qu'elles sont bien rouges et qu'elles ont bouilli cinq minutes, retirez-les du feu et versez-les dans une corbeille. Il faut alors les décoquiller, c'est-à-dire séparer la queue et chaque patte dont on enlève la coquille. Lorsque toutes vos queues et vos pattes sont bien dépouillées, mettez-les dans une casserole avec un bon morceau de beurre bien frais; faites-les cuire et bien passer au beurre un bon moment, de 10 à 15 minutes, sur feu doux ; ajoutez de la farine en quantité suffisante suivant la grosseur du plat (une cuillerée par livre d'écrevisses) ; laissez cuire et remuez pour que la farine se mélange bien : salez ; cinq minutes après, mettez du lait peu à peu, laissez cuire et bouillir un petit moment. Dès que

paru : nous n'avons plus que quelques écrevisses. Sur les sables de nos ruisseaux on ne trouve que des coquilles vides. Et les gourmets prétendent que c'est là une perte plus irréparable que celle des livres de la sibylle de Cumes.

On s'est beaucoup préoccupé de la disparition des écrevisses. Les corps élus ont fait des essais de repeuplement : en 1884 et 1885, dans l'Oignin et dans l'Ange, dans le lac de Nantua, en une seule année, on a jeté 257 kilos d'écrevisses provenant du ruisseau des Anconnans. Les résultats ont été négatifs. Les études faites par M. Dubois, professeur à la Faculté des Sciences de Lyon, ont expliqué en partie ce mécompte. La peste des écrevisses, suivant lui, n'est pas produite par un

---

la sauce ainsi faite est bien liée, dressez et servez. — Il faut quatre livres d'écrevisses entières pour un plat ordinaire. Si le cuisinier a bien su tourner, remuer, saler, apprêter, faire un feu pas trop doux, ni trop vif, vous aurez un mets délicieux. Je tiens la recette en ligne directe de ma tante, une bonne tante comme il y en a peu, qui, possédant l'art culinaire à un haut degré, parce qu'alors les boulangers ne se faisaient pas pâtissiers et que les pâtissiers n'abondaient pas dans nos campagnes. Alors les demoiselles de bonnes maisons apprenaient de leurs mères à « tenir la queue de la poêle » — A lire aussi la recette du gâteau de foies blonds de poulardes de la Bresse baigné de la sauce aux queues d'écrevisses. — Tendret. — A Nantua parut un humoristique journal « *L'Ecrevisse* », allant tantôt en avant, tantôt en arrière, se montrant quand bon lui semblait, à consulter.

ver parasite ou distome, mais par un parasite végétal « qui pénètre dans le tube digestif où il se localise, et où il agit plutôt à la manière des champignons vénéneux lorsqu'ils sont ingérés, que comme la plupart des micro-organismes des maladies contagieuses ». On n'a pas encore pu détruire ce parasite végétal : de là les insuccès du repeuplement. La meilleure mesure à prendre serait d'empêcher les pêches intempestives dans nos cours d'eaux qui renferment encore quelques écrevisses saines.

Si nos cours d'eau n'ont plus guère d'écrevisses, du moins possèdent-ils des poissons de haute qualité, malgré les dévastations périodiques des braconniers. Leur eau est claire, courante, d'une pureté très grande; elle se tamise et chante sur de jolis cailloux. Les poissons qui y vivent sont excellents. Voici le signalement de l'une de ces rivières : « Le Furans, qui prend sa source au-dessus de Rossillon, passe près de Belley et se jette dans le Rhône au-dessus de Peyrieux. Les truites qu'on y prend ont la chair couleur de rose et les brochets l'ont blanche comme l'ivoire ». On pourrait en dire autant des torrents dont les eaux blanches égayent les combes du Jura. Le Seran, qui prend sa source dans le Haut Valromey, qui saute dans le bas pays vers le Pont-du-Diable, à travers des gorges aussi belles que celles du

Fier, a des truites blanches et des truites saumonées, des ombres-chevaliers, des brochets, des goujons. Que dire de l'Albarine, qui prend sa source dans la Combe noire, et qui traverse Tenay, Saint-Rambert, nourrissant de ses eaux des poissons savoureux? Que dire de l'Ain, la grande rivière, et de tant d'autres? Le Haut-Bugey a le même privilège et les eaux tranquilles de la Bresse donnent aussi naissance à des légions de poissons. Mais il faut constater un dépeuplement progressif, et, si l'on n'y prend pas garde, nos rivières seront bientôt des déserts, et les pêcheurs à la ligne seront désolés (1).

---

(1) Ecoutez ces lamentations spirituelles : Nos forêts, autrefois, étaient pleines de gibier, et nos rivières de poissons. La vie à la campagne avait pour perpétuel charme un garde-manger bien garni, une cuisine ornée de broches luisantes et de réchauds toujours prêts à fonctionner. Les maitresses de maison n'étaient ni surprises ni embarrassées quand tout à coup elles voyaient tomber chez elles une troupe de joyeux convives à bon appétit : elles savaient où prendre la truite tachetée, la fine anguille, le lièvre dodu, la perdrix grise ou rouge et ces essaims d'oiseaux d'eau qui, les jours maigres, sauvaient les consciences délicates et permettaient même, le vendredi, un de ces diners plantureux dont les convives charmés gardaient le précieux souvenir. Aujourd'hui, grâce aux bateaux à vapeur dont le sillage détruit le frai et dépeuple les rivières, grâce au dessèchement des étangs qui supprime la carpe, la tanche et le brochet, les tables bourgeoises sont désertes, les garde-manger vides ; la caille devient un objet de luxe, la truite se paie au poids de l'or, la bartavelle est un

Il ne faut pas oublier les lacs, qui sont nombreux dans notre pays : ils ne sont pas tous très productifs, et les poissons qu'ils donnent, point de première qualité (1). Beaucoup ont un fond

---

mythe. A Lyon même, c'est à la percée des Alpes qu'on doit de voir ces brochets ventrus et pauvres que l'Italie nous envoie et qui sont destinés à remplacer le fin poisson, si ferme et si potelé dont nos rivières et nos torrents étaient jadis prodigues.... Nos rivières, orgueil de la France, sont déshonorées par des engins perfides et dévastateurs. D'un bout à l'autre de son cours, du Jura au Rhône, la rivière d'Ain est, de distance en distance, coupée par des barrages en mailles métalliques contre lesquels le poisson qui veut remonter se heurte, et qui le livrent sans merci à l'avidité du pêcheur nocturne. La Valserine, la Semine, l'Albarine, la Bienne, l'Oignin, le Furans, tous les torrents, tous les cours d'eau du Bas-Jura sont empoisonnés par la chaux vive ou des drogues vendues ouvertement, même par les pharmaciens, et le poisson asphyxié, flottant au fil de l'eau, le ventre en l'air, est pris à la main par des femmes, des enfants, emporté à pleins paniers à la prochaine gare, enregistré, envoyé à la barbe des gendarmes. (Vingtrinier.)

(1) Je rappelle que nous avons publié, dans le *Bulletin* de la Société de Géographie de l'Ain, une étude sur « *Les Lacs du département de l'Ain*, 1893. Nous disions déjà : La pisciculture, qui a fait de nos jours de très grands progrès, semble inconnue des propriétaires de nos lacs. Elle pourrait cependant fournir de très beaux revenus. » Il y a un effort à faire. Le Rhône, ravagé par le « lotu » qui mange le frai, se dépeuple ; il serait temps de mettre en culture tous nos lacs. Les pêcheurs de Nantua disent que le leur est très productif ; mais il en est d'autres, aux eaux vives, qui pourraient nourrir une savoureuse population.

tourbeux et des bords un peu marécageux. Un des plus remarquables comme productivité, c'est celui de Nantua. On y trouve, dit un de ses pêcheurs, truites, carpes, tanches, perches, brochets, arrousses, échatous. Ces deux derniers sont des variétés du gardon pâle (leuciscus pallens). Je signale aussi en nombre d'endroits la présence de la lotte, dont la chaire fine et grasse n'est point à dédaigner.

Je dois une mention spéciale au pays des étangs, qui a été un grand producteur de poissons et qui veut le redevenir (1). Je crois que les habitants du pays se trompent en essayant de faire une contre-révolution. En ces matières, chacun doit avoir la franchise de son opinion.

---

(1) Le pays des étangs a été, dans ces dernières années, à l'ordre du jour. On l'a réhabilité de toutes façons, et nous ne désespérons pas d'y voir établir des sanatoria. Je signale une thèse de doctorat de M. E. Bollach : « *Des Etangs de la Dombes.* considérations médicales et hygiéniques. » L'amélioration de santé est due à l'abandon de l'ancienne nourriture, farine de maïs délayée, galette de sarrazin. Le Dombiste s'est habitué à vivre mieux ; il a construit sa maison selon les préceptes de l'hygiène : le sol est en briques, le toit en tuiles, et de larges fenêtres apportent l'air, la lumière et la vie dans les maisons. Le café est d'un usage courant ; le vin a remplacé l'eau de puits. M. Bollach conclut en disant que les étangs ont été accusés à tort d'être la seule cause de l'insalubrité du pays : le dessèchement n'a pas diminué la mortalité, n'a pas relevé l'âge moyen, la natalité est en décroissance manifeste. Les étangs sont le seul mode pratique de drainage et d'assai.

La remise en eau des étangs nous apparait comme une opération funeste à tous points de vue. On a dressé, pour prouver le contraire, des statistiques très régulières. Les statistiques sont toujours menteuses. En la circonstance, elles ne tiennent pas compte de facteurs très importants comme l'accroissement du bien-être et de la richesse dans les communes à étangs, de l'amélioration dans le vêtement, de l'assainissement général qui a son effet partout. Mais je m'éloigne de la question que je veux traiter : la Dombes a produit beaucoup de poissons de second ordre, qui étaient l'objet d'un commerce étendu.

L'assolement normal des étangs (v. M. Truchelut) est de trois ans : *assec*, culture en avoine un an ; *évolage :* eau et poissons deux ans. Au moment du changement de culture, le poisson est consommé sur place ou vendu ; ce poisson, c'est la carpe, la tanche, le brochet. Il s'expédiait en *tonnelles* (1) ou mâconnaises allongées à Lyon. Il est entreposé dans la Saône dans de grands

---

nissement, le seul moyen de combattre la formation des marais qui abondent en cette région. — V. *Chronique du Foyer*, sept. 1898, notre article sur les Etangs de la Dombes. — V. encore J. Corcelle, *Géographie du département de l'Ain*, 1900. — *Etude sur la population de l'Ain*. (Libr. Perrin, Cl[illegible]ry.)

(1) Be[illegible] cit., 328 et suiv.

bachots ou réservoirs en bois où l'eau entre et sort à volonté; il prend le goût de l'eau courante et, après un rapide séjour dans les bacs à eau vive des Halles centrales, il est vendu au détail. La ville de Lyon ne consomme pas tout le poisson qui y arrive pendant l'hiver. Des marchands font métier d'acheter des poissons sur les bachots et les descendent par le Rhône dans des filets pour l'approvisionnement des villes de Vienne, Valence, etc...

On les transportait aussi dans les départements de l'Isère et du Mont-Blanc (1808), mais à cause des difficultés que présente le passage des montagnes, « on emploie une manière particulière. C'est sans eau, à dos de mulets, dans de grandes panières d'osier, que se fait le transport. Les voituriers rangent les carpes dans des paniers, à côté les unes des autres et sur le ventre. Un premier rang formé, ils le couvrent de paille; ils en forment un second au-dessus du premier qu'ils recouvrent de même et ainsi de suite jusqu'à ce que le panier soit plein. Ils cheminent ensuite, sans trop s'arrêter, toute la journée jusqu'au lieu de leur couchée, qui est toujours le même, parce qu'ils y trouvent un réservoir approprié où ils mettent rafraichir leurs poissons pendant la nuit pour le reprendre le lendemain matin. Ils voyagent ainsi pendant trois jours pour se rendre à

Chambéry, où leurs poissons arrivent assez frais pourvu qu'un froid trop rigoureux ne les saisisse pas en route. » Ce commerce a disparu depuis longtemps, et les grosses carpes de la Dombe ne viennent plus en Savoie. Elles continuent à aller à Lyon « en Saône » vers le pont de La Feuillée, où, il y a 30 ans, nous les avons vues enfermées dans de petits barils, à la grande joie des garçonnets qui assistaient à leur arrivée (1).

---

(1) *La Pêche*. C'est ordinairement depuis le 1er novembre jusqu'au 1er avril que l'on procède à la pêche. A cet effet, on lève le *thou* ou bonde ouverte dans le milieu de la chaussée qui entoure l'étang, et les eaux, s'échappant avec fracas par cette issue, se déversent dans un autre étang destiné à les recevoir. L'étang met quelquefois trois jours à se dégorger, malgré le volume et la rapidité du ruisseau qui s'en échappe. Enfin, les eaux s'abaissent peu à peu et laissent, en se retirant, les anciens sillons à découvert. Bientôt, il n'en reste plus que dans le *goure* ou *doure*, canal large de quelques toises, creusé au milieu de l'étang et dans toute sa longueur. Tout le poisson s'y est réfugié, chassé de toutes parts par le décroissement des eaux. La pêche va commencer : la nuit, la plaine s'anime de bruits de voitures et de chevaux. Ces charrettes légères, qui vont s'aligner comme des caissons d'artillerie le long de la chaussée, sont munies d'une tonnelle, sorte de baril à large gueule, remplie en partie d'eau fraiche, dans laquelle se fait le transport du poisson.

Les pêcheurs sont à l'ouvrage : avec une *traine* on chasse les poissons en avant. Ceux-ci se réunissent dans un bassin carré : ils sont pris avec des troubles, le maître de pêche les distribue aux voituriers. Chaque voiturier reçoit son chargement et se hâte de se mettre en route de peur de l'exposer à

Les étangs demeurent nombreux autour de Châtillon, Chalamont, Villars, vers Saint-Paul-de-Varax, où s'étend le Grand Bataillard. Bossi estimait ainsi leurs produits : 85.750 myriagrammes de carpes, 16.700 de tanches, 18.900 de brochets, en tout 121.350 myriagrammes. Le produit de vente a baissé depuis les dessèchements opérés le long de la ligne du chemin de fer de Bourg-Lyon. Par une loi récente, on a autorisé la remise en eau des étangs desséchés. On a prouvé que les étangs étaient très sains, qu'ils n'avaient jamais engendré le paludisme, que partout où ils existaient la population était en croissance. Enfin l'étang est une merveille pour la salubrité, la natalité, etc. L'avenir montrera qu'il y a là un paradoxe et une inexactitude. On n'a pas osé donner la seule raison qui plaide en faveur de la remise en eau. L'agriculture, qui a pour culture principale le blé, se meurt : les impôts sont trop lourds, les prix de vente trop bas, la main-d'œuvre trop chère. Et alors on veut en revenir à la cul-

---

la mort. Puis on entend le bruit des charrettes qui s'éloignent et l'on aperçoit leurs ridelles au-dessus des haies du chemin, puis tout disparait, tout rentre dans le silence ; les alentours de l'étang, redevenus déserts, ont repris leur physionomie accoutumée. Le conducteur ne dételle jamais en chemin. Il a soin, en outre, d'introduire, de temps en temps, un bâton dans la tonnelle afin d'inquiéter le poisson, seul moyen de le tenir éveillé.

ture ancienne qui exige moins de bras, point d'engrais, et on écrit : La remise en eau des étangs de la Dombes, c'est la renaissance à la fécondité de nombreuses fermes tombées en décadence, c'est l'aisance, le bien-être rendus aux fermiers : c'est la fortune publique augmentée et dont tout le monde ressentira l'heureuse influence. » Je comprends cette raison, mais il ne faut pas en ajouter d'autres (1).

Le gibier trouve dans l'Ain des logis de prédilection et une nourriture abondante, des montagnes, des forêts des champs cultivés, des ma-

---

(1) Les Etangs de la Dombes, par M. A. Bérard. — Publications de MM. Truchelut, Passerat, *Journal officiel*, 13 et 15 nov. 1901. — Quand je songe à la remise en eau des étangs, je revois la peinture de la population dombiste par Bossi et tant d'autres tableaux navrants, tracés par des hygiénistes et des médecins fort compétents. (V. MM. Valentin-Smith, Rollet, Dr Magnin.) Du reste, la remise en eau n'est pas une thèse nouvelle. Dans un dossier que j'ai réuni sur la question, je trouve « Cours de culture des étangs de la Bresse ou Mémoire sur l'importance et l'utilité de ces étangs, par le médecin Vaulpré, membre du Conseil général du département, 1811. — A Bourg, imprimerie Bottier. — Le docteur Vaulpré démontre que les étangs ne sont point responsables de la fièvre paludéenne, des brouillards, etc. : « Au lieu de s'occuper de la destruction de ce genre de propriété, on devrait élever des autels aux Bressans qui, les premiers, ont eu l'idée de tirer parti de leur mauvais sol. » Il ajoute que l'insalubrité venait quelquefois de ce fait qu'on semait trop rarement les étangs. Lorsqu'avant 1761, le prix du poisson l'emportait sur celui du grain, on avait six années d'eau pour une année d'assec. — M. Truchelut, expert

rais. Aussi, était-il très abondant, au temps où les chasseurs étaient rares. On avait des cailles rondelettes, engraissées dans les plaines de la rivière d'Ain, aux chairs fondantes et délicates; les perdrix étaient logées en compagnie un peu partout et descendaient sans méfiance dans les vignes. Dans la Bresse et la Dombe, sur les bords des étangs, dans les landes paisibles, les bêtes foisonnaient. Dans nos montagnes, la palme de la saveur revient au lièvre. Le lièvre de notre département a un signalement caractéristique : son poil est foncé; il est très court et fortement rablé, sa chair est presque noire et sent le thym et le serpolet. On en trouve encore un peu partout. Mais il devient bien sauvage; il a tant d'ennemis. En première ligne il faut placer les chiens de chasse et les braconniers.

On a cherché à se défendre contre eux surtout dans la Dombe, en organisant de vastes associations de propriétaires, assez riches pour entretenir des gardes, et donner des primes d'encouragement pour la destruction des renards, fouines,

---

géomètre, a bien montré la supériorité de revenu de l'étang. Voici les revenus d'une propriété :

	Par an	Par hectare	Pour 100
Domaine	2.200	36,66	3,66
Taillis........ ...	2.350	39	3,90
Etang............	3.540	59	5,90

putois et autres fauves. Les terrains de chasse sont tous loués et surveillés ; la multiplication du gibier est possible par ce système. Mais la répression des moindres délits qui en est la suite naturelle, excite des animosités regrettables, et cause parfois des conflits sanglants. On admet difficilement que la chasse soit le monopole de quelques-uns, que la fortune a trop favorisé.

L'abondance du gibier en Dombes s'explique par l'état de la propriété. Les grands domaines sont plus fréquents qu'ailleurs et rendent possible l'établissement de réserves. Cela tient à la culture générale du pays. Ce petit tableau vous l'expliquera : « Des perdreaux s'étaient établis au printemps dans le pli d'un charmant vallon de la Dombe, à la sortie d'une forêt et non loin d'un vaste étang dont parfois la brise du soir faisait doucement rider les ondes. Les foins étaient rentrés, les orges étaient coupées, mais de vastes champs de blé noir s'étendaient encore au loin, promettant une nourriture aussi saine qu'abondante. » Les gibiers-plume ont ici tout ce qui leur rend la vie heureuse et paisible. Des bois de vernes touffus où ils peuvent s'abriter et trouver en hiver un peu de nourriture, des champs de blé, de sarrazin, d'avoine où la table est toujours mise, des myriades d'insectes qui tourbillonnent à la surface des eaux dormantes des étangs.

Aussi la gent ailée est-elle très bien représentée dans cette région (1). Bossi, dans sa statistique, nous fait une énumération très réjouissante de ces volatiles de marque qui passent chez nous à jour fixe. Je vais en citer quelques-unes. L'oie. La saison d'hiver amène sur nos rivières et nos étangs, les oies sauvages. On les voit arriver formant de longs triangles, quelquefois des losanges et conservant le rang que leur assigne le hasard ou l'autorité. Leur cri les annonce de loin... La cigogne, suit volontiers la Saône et les rivières, s'arrête sur les vieux murs et les tours abandonnées. Le héron est plus commun. Lorsque la Saône est glacée, il se place pour l'hiver entier. Le cormoran, le butor, le martin-pêcheur, la grèbe, le harle.

Les oiseaux aquatiques bons à manger sont encore plus nombreux ; le plus prisé est la bécasse. Nous en avons deux passages : l'un a lieu au mois de mars, temps où les bécasses sont en pariade dans les forêts du Bugey. L'autre passage a lieu aux premières gelées blanches : elles restent d'autant plus longtemps que la gelée devient plus forte ; souvent elles trompent le chasseur par un départ subit. Elles voyagent à petites journées, émigrant peu à peu vers les pays du

(1) V. Bossi, p. 201. Son énumération est encore juste de nos jours et pourrait être répétée ici.

soleil. Elles se cantonnent sur les flancs des montagnes, dans les taillis épais et sauvages où elles peuvent pâturer à loisir. C'est quand les feuilles jaunissent et tombent avec un bruit mélancolique sur l'herbe que le chasseur doit se mettre en route et viser avec justesse si, dans la clairière solitaire, la bécasse au plumage sombre passe à portée de fusil (1).

---

(1) Voici une page que nous écrivions jadis, d'après un auteur connu, sur ce sujet intéressant : Les bécasses sont fort rusées et pleines de sang-froid. Elles se cachent avec art dans les buissons, dans les hautes herbes. Pour ne pas perdre la tête elles font preuve d'une grande audace. Le chasseur passe à côté d'elles, elles restent immobiles, font corps pour ainsi dire avec les plantes. Il faut que les chiens les poursuivent pour qu'elles se décident à s'envoler un peu lourdement : c'est le moment où le fusil doit être vivement manié. La bécasse n'attend pas que son ennemi l'ait bien visée. Cette chasse, pleine de hasard et d'imprévu, est la plus attrayante. Lorsque la bécasse est tuée, il faut se garder de la faire vite rôtir. On doit attendre longtemps, très longtemps. Suspendez-là dans un endroit frais et laissez-le tranquille, jusqu'au moment où ses yeux sont enfoncés et fondus. Elle est faite à point et répand alors une forte odeur faisandée. La chair a du goût et de la saveur. Si, au contraire, vous la passez à la broche trop tôt, vous servirez quelque chose d'innommable, dépourvu d'arôme et fort coriace. Pour la cuisson, tous les chasseurs sont d'avis de suivre les préceptes suivants : on ne vide ni on ne truffe la bécasse, le parfum des truffes absorbant tous les autres ; en gastronomie, comme en littérature, la pureté de goût distingue les gourmets et le *sortita decenter* d'Horace n'est compris que des délicats. La règle est de la rôtir. Gardez-vous de la barder de lard, comme l'étaient de fer les che-

J'ai à peine besoin d'ajouter que la partie montagneuse du département est, ou était giboyeuse. Dans les marais de Culoz et de Lavours, les passages étaient nombreux et abondants. Dans nos vignes, les grives ne sont pas trop rares. Les compagnies de perdrix et les lièvres sont un peu clair-semés. Il est vrai que les sangliers deviennent nombreux, et que certains chasseurs (1902) prétendent avoir vu un ours dans les forêts qui avoisinent Thézillieu (1). Nous n'en finirions pas si nous voulions dresser un catalogue complet de

---

valiers du Moyen-Age. Les *honneurs* tombés de la bête, pendant sa rotation, sont reçus sur des canapés recouverts de beurre frais. Le moment est venu de boire votre meilleur vin. Il faut ici un accord parfait entre l'arôme qui se dégage du gibier et le bouquet qui s'élève du verre de cristal. Une histoire racontée aussi dans ma terre natale : Un magistrat du Bugey était un fervent amateur de la bécasse. Quand on la lui apportait rôtie, ce dévot gourmet remplissait son hanap de vieux vin, déposait sur son assiette la bécasse fumante et, se couvrant la tête d'une serviette blanche, il cachait la victime et le vin précieux du sacrifice sous les plis savamment disposés de son voile gastronomique ; isolé des profanes, il méditait les inénarrables fumets renfermés et retenus, pour lui seul, dans le tabernacle improvisé. On avouera que la gourmandise poussée à ce point est un vice capital !

(1) 1898. — On a vu des ours approcher quelquefois jusqu'à un kilomètre de Bourg ; les poursuites les ont forcés à se retirer et à regagner la montagne. Il y en a très souvent près de Corveissiat. En 1805, le maire organise une chasse contre trois d'entre eux. Les loups étaient nombreux, causaient d'abominables ravages, étant souvent enragés.

nos richesses gastronomiques, cela ferait venir l'eau à la bouche au moins gourmand des hommes. Tout est bon dans notre sol privilégié. Les fruits sur les côtes du Rhône, dans la combe de Belley, sur les bords de la Saône ont beaucoup de saveur : même les raves, ces fruits de la terre aqueux et fades, ont de telles grâces chez nous, qu'elles ont trouvé un poète au XVIe siècle, Claude Bigothier, pour en chanter les mérites et la grâce exquise.

Il nous resterait à consacrer une mention aux produits de laiterie : fromages et beurre qui sont importants en un pays possédant un troupeau extrêmement nombreux (1). La statistique décennale (1892) donne les chiffres suivants : Quantité de lait employé, 675.699 hectolitres ; production en fromages, 4.310.378 kilogr. ; valeur, 4.153.378. Le gruyère entre dans ces chiffres pour plus de moitié. Beurre, 2.873.339 kilogr. à 2 fr. 09, valant 5.998.047 fr. Un autre chiffre nous est fourni par la statistique du ministère de l'agriculture 1899 : Production de lait, 1.598.300 hectolitres ; valeur, 22.376.200 fr. ; valeur moyenne de l'hectolitre, 14 fr.

Dans la région montagneuse, se sont développées les fruitières, associations de producteurs

(1) Je signale, parmi les troupeaux les plus remarquables du département, celui du pays de Gex, apparenté avec celui de la Suisse.

pour la fabrication des gruyères. Ce sont des institutions à encourager. Il serait à désirer aussi qu'on organisât des associations purement laitières, pour la réunion de produits abondants. De véritables usines pourraient alors être établies pour l'utilisation en grand des produits de l'étable. On aurait aussi des beurres de premier ordre, obtenus avec des crèmes fraiches. Nous pourrions avoir des produits supérieurs, avec une alimentation rationnelle du bétail et l'observation des méthodes scientifiques. Les beurres du Valromey, du pays de Gex, sont déjà excellents; ceux obtenus à Retord, par exemple, sont de premier ordre. Les fromages façon gruyère sont bons dans les mêmes régions, grâce aux principes répandus par les écoles de Maillat, Ruffieu, Collonges. A Gex et dans la montagne, on fabrique le persillé, qui a une réputation ancienne et méritée.

J'arrête ici ma géographie gastronomique de l'Ain ; j'avoue humblement qu'elle est très incomplète. De tous les coins de mon département, j'entends s'élever des cris d'indignation pour les oublis que j'ai commis. Mais, en ces choses délicates, il est difficile d'arriver à la perfection ; j'ai essayé de dégager les lignes principales et de m'arrêter sur les plus hauts sommets.

IV

L'homme, son habitation, ses traditions

Il nous reste, après nous être occupé de la terre et de ses produits principaux, à parler de celui qui la cultive, et qui, par son ingéniosité a peu à peu modifié sa physionomie primitive. Nous étudierons son caractère, son costume, sa maison ; puis nous résumerons ses coutumes anciennes, les traditions naïves avec lesquelles, dans les fermes de Bresse et du Bugey, on se rattache à la longue chaîne des ancêtres. L'étude de ces traditions constitue le folklore de chaque province ; c'est une de ces nombreuses sciences annexes, qui élargissent peu à peu le domaine de la géographie, et en font comme la science générale, dont la connaissance doit être à la base de toute éducation moderne.

Il est d'autant plus urgent de rappeler ces choses séculaires, conservées avec soin pendant de longues suites d'années, que de nos jours la physionomie morale de l'homme se modifie avec rapidité : je devrais dire qu'elle s'uniformise. Aux temps jadis, la vie était si particulière à chaque province, à chaque vallée, à chaque canton, qu'il y avait, entre les hommes d'une même nation, des habitudes d'esprit très différentes, des modes de costumes spéciales.

Les coutumes avaient leur originalité dans chaque petit pays, on naissait, on se mariait, on mourait de façon très différente. Où sont les neiges d'antan ? Nous nous efforçons de ressembler à nos voisins. D'un bout de la France à l'autre, les mêmes lois dominent. Il faut donc se hâter de recueillir quelques-uns de ces souvenirs anciens pour qu'ils n'entrent pas tous dans l'éternel et définitif oubli.

I

L'homme

I. Sa physionomie morale. — II. Son costume

Je dirai quelques mots seulement de l'homme, ayant déjà eu l'occasion de le décrire dans sa généralité (1). Ce n'est pas une raison pour oublier de rappeler ici sa physionomie, les traits principaux de son caractère et sa manière de vivre. J'indiquerai ensuite comment il s'habille et comment il se loge.

I. Sa physionomie morale. — L'habitant des pays de l'Ain, est, par nature et par éducation, un agriculteur : c'est la terre qui l'occupe, c'est elle qui le nourrit, c'est vers elle que se porte tout son amour et toute son ingéniosité. Il aime la terre, s'attache au petit héritage paternel et le cultive avec amour. Arrondir son patrimoine, voilà sa grande ambition. Malheureusement, ce n'est plus sa seule ambition, comme au temps jadis. La terre, comme on dit dans nos campagnes, ne nourrit plus son homme, et bien qu'on ait pour

---

(1) V. J. Corcelle, Etude sur la population du département de l'Ain, in-8° 100 p. 1897.

elle un amour passionné, on l'abandonne pour aller à la ville.

Ce qui caractérise le campagnard de nos jours, c'est son indépendance d'esprit, son goût pour l'instruction. Le temps n'est plus où il allait chercher le mot d'ordre au château ou à la cure. Il ne veut plus de maître, et ne marche plus dans un chemin tracé par une autre main que la sienne. Il a de la défiance pour celui qui lui donne trop ouvertement des conseils et semble le traiter comme un mineur. Il sait très bien démêler ses vrais et ses faux amis. S'il ne parle pas toujours beaucoup, il sait réfléchir, et ses décisions sont remarquables par leur finesse et leur fermeté.

Cet esprit de libre examen, il l'apporte en toutes choses. Il ne croit plus guère aux miracles et il se défie des solutions qu'on veut lui imposer au nom de l'autorité. De tous temps, il s'est un peu moqué des moines : il va plus loin, il essaye maintenant de secouer les jougs anciens, et sans s'élever aux larges idées philosophiques, du moins il écarte résolûment les explications trop enfantines qu'on lui propose.

Une évolution s'opère dont le résultat final est facile à prévoir et dont les auteurs sont précisément ceux qui auraient voulu une solution opposée. Le clergé, dans nos campagnes, s'est peu à peu détaché des idées de progrès. La bourgeoisie, celle qui était arrivée aux affaires en 1789, qui avait conquis la fortune par l'achat des biens nationaux et grâce au développement de l'industrie, a conservé longtemps la maitrise sur les villageois. Nous avons connu de ces bourgeois anciens : ils avaient une édition complète des œuvres de Voltaire dans leur bibliothèque; car ils avaient une bibliothèque. Ils n'ignoraient aucun des travaux de la campagne et participaient aux joies et aux peines de ceux qui les entouraient. Ils avaient l'esprit libre, indépendant; ils aimaient le progrès, et volontiers marchaient de l'avant. Ils ont, depuis, ralenti leur train, sont restés en arrière, et maintenant ils sont là-bas très loin sur la route. D'où il résulte qu'à l'heure actuelle nous assistons à la formation d'une nouvelle classe dirigeante, issue directement de la masse populaire, qui arrive au pouvoir avec l'idée bien arrêtée d'imposer ses volontés à ses anciens maitres. C'est le peuple qui veut gouverner : il représente la force, le droit, la justice : aveugles ceux qui veulent rester en arrière. L'action efficace ne vient que de ceux qui savent prévoir l'évolution de la société moderne.

Le paysan d'aujourd'hui fréquente avec assiduité l'école, lit le journal, adopte volontiers les idées nouvelles. Il transforme très vite son outillage agricole : songez à l'évolution qu'a dû accomplir le vigneron. Du jour au lendemain, il a changé ses méthodes culturales, a employé des traitements variés contre des maladies hier inconnues. Il s'est mis avec résolution et avec intelligence à son nouveau métier. Croyez-vous que cela aurait été possible, si l'esprit d'initiative n'avait pas été éveillé par une bonne instruction générale ? J'ajoute que si on veut retenir le paysan chez lui, il faut l'aider à tirer un meilleur parti de son domaine. Les moyens : alléger le fardeau des impôts, encourager les associations et les syndicats, élargir l'enseignement agricole. La fuite des campagnards vers les villes s'explique surtout par des faits économiques. Aux champs il est difficile de gagner sa vie et d'avoir des bénéfices réguliers. Au salaire incertain, on préfère le petit traitement de l'employé ou de l'ouvrier d'usine qui permet de satisfaire les besoins de luxe modéré et de distraction (1).

S'il y a unité au point de vue moral, si on peut noter partout une vive tendance vers le progrès, on doit constater qu'il y a dans l'Ain des diffé-

(1) Voir notre étude *sur la population de l'Ain*, p. 35-45, où nous avons indiqué les principales causes de la dépopulation. — V. M. de Boissieu, *La Région de la Basse Bresse*, une vallée à métamorphoses sociales, étude fort intéressante pleine de renseignements précieux, et que nous citerons encore au cours de ce travail.

rences notables entre les populations des divers pays qui le composent. Le dombiste est d'allure paisible, il n'aime ni le bruit ni les mouvements rapides. Il est de santé solide, et de taille assez haute. Il n'a pas le teint très animé, mais il est loin de ressembler à l'ancêtre de 1808 dont Bossi nous a laissé le terrifiant portrait : « Un teint pâle et livide, l'œil terne et abattu, les paupières engorgées, les rides nombreuses sillonnant la figure, dans un âge où les formes molles et arrondies devraient seules s'y observer, des épaules étroites, des poitrines resserrées, un cou allongé, une voix grêle, une peau toujours sèche... » Cela a disparu et le dombiste est revenu à la santé. Le bressan est robuste et fort : il travaille avec lenteur et continuité, sait borner ses désirs. Il est heureux quand il peut tous les jours manger des gaufres craquantes et du pain blanc, éteindre sa soif avec de la piquette parfumée. On le raille quelquefois sur sa lenteur d'esprit. C'est une injustice. Ce n'est point lenteur qu'il faut dire, c'est prudence. Le bressan parle peu ; lorsqu'il à une résolution grave à prendre il réfléchit longtemps, c'est un méditatif plein de finesse, sachant à l'occasion décocher de mordantes épigrammes.

M. Aimé Vingtrinier, dans sa délicieuse *Langue de ma nourrice*, s'exprime ainsi : le bressan est fermier, il dépend complètement de celui qui, à chaque fin de bail, peut l'augmenter jusqu'à la ruine et le chasser dans un autre canton. Il occupe la maison du maître, vastes bâtiments isolés au milieu des terres qu'il cultive. Les bœufs ne sont pas à lui, le berceau de ses enfants ne lui appartient pas, il est soucieux, méfiant, craintif et sauvage. Le bugiste est vigneron : il cultive à moitié; il ne dépend que du temps et des saisons : il est gai, sociable, sans souci; il dit volontiers à celui qui l'emploie : « Venez partager notre moitié. » Il ne reste pas isolé comme le bressan; il se rapproche de ses voisins et vit dans des villages ou des hameaux.

L'air de la Bresse est tranquille, un peu lourd, l'air du Bugey est léger et vif : le bressan médite ses projets et pour ainsi dire jusqu'à ses désirs. Le bugiste est plus hardi, plus entreprenant, sa résolution est vite prise, il l'exécute avec une ténacité que n'effraye pas l'obstacle. Il a la voix sonore et le verbe haut; il aime la discussion et soutient très vivement ses idées. Il est robuste et solidement charpenté; dur à la fatigue, il laboure avec opiniâtreté son champ, le tourne et le retourne pour lui arracher la nourriture de sa famille.

II. **Le costume.** — On s'habille de la même façon dans la France entière : chacun s'efforce de ressembler à son voisin, et de suivre la mode courante. Est-ce un bien? Est-ce un mal? Je ne le dirai pas, ayant pour habitude de croire que le rôle de médisant des coutumes nouvelles est une marque d'esprit rétrograde ou chagrin. En ma qualité de géographe, je constate un fait : un moraliste trouverait ici un beau sujet de dissertation, d'élégie, et de pleurs. Il faut être de son temps : vouloir empêcher l'eau de couler vers sa pente naturelle, c'est le fait d'un rêveur. Vivons avec notre temps : je suis convaincu qu'il vaut beaucoup mieux que l'ancien temps. Constatons ce qui existait hier : en toute franchise, pour le costume, je dois dire qu'il y avait beaucoup de choses à conserver dans ce qui existait; cela constituait pour nos petits pays une originalité, qui valait la peine d'être préservé de l'oubli. Il faut regretter ces atours anciens, les conserver dans des musées, pour en garder le souvenir. Il y avait, en effet, beaucoup d'art raffiné dans ces costumes, beaucoup d'études, une adaptation savante aux physionomies et à la manière de vivre. Nos costumes modernes sont inartistiques. Les costumes anciens étaient admirables, en harmonie avec les formes du corps, avec le paysage : ils étaient à leur façon des créations artistiques. On répare un vieil édifice de pierre qui tombe, c'est un sacrilège : on ferait mieux de conserver ces dentelles et ces bonnets qui faisaient de nos grand'mères des objets si désirables. Enfin, ce sont d'inutiles regrets, la civilisation marche, elle détruit quelquefois des merveilles. Rappelons-en quelques-unes pendant qu'il est temps encore.

Le Bugey. — Les vêtements de travail étaient de forme grossière. Dans chaque village habitait un tisserand : les femmes filaient, au rouet ou à la quenouille le chanvre et la laine. Ce tisserand habitait un logis spécial, une sorte de cave au-dessous d'une grange garnie de foin. Au centre un métier, qu'éclairait, dans les longues veillées d'hiver, un « croisié » fumeux. Ce tisserand était chargé de confectionner la toile des ménages de la commune, chaque ménage ensemençant le chanvre nécessaire à sa consommation. Dans les longues soirées d'hiver on « teillait le chanvre. » Le fil était destiné à former la trame de ces toiles inusables, dans lesquelles on taillait draps, serviettes, chemises. Les cols des chemises n'avaient pas besoin d'empois pour rester rigides. Les vêtements de travail étaient confectionnés avec la serge, étoffe grossière et inusable, faite de laine et de fil, de couleur incertaine. Le dimanche on sortait le veston en drap noir, qu'on avait soin de protéger contre l'usure par une blouse qu'on enlevait en entrant à l'église. Les femmes avaient de très originales coiffures d'une richesse et d'une délicatesse infinie. Elles plaçaient sur leur tête une coiffe de forme ronde, assez semblable à un chapeau haut-forme sans bord. Cette coiffe, qu'on serrait précieusement dans le respectable garde-robe de noyer, était de dentelles, entre lesquelles passaient parfois des fils d'or. L'armature était de toile fine, de tulle ou de mousseline. Une ruche légère de cinq ou six rangs coupait la monotonie de son aspect. Une bride de soie maintenait l'édifice en équilibre. Nos grand'mères avaient vraiment bel air avec ce couvre-chef original.

Dans le Pays de Gex, le costume diffère un peu de celui du Bugey : les femmes ont longtemps porté une béguine, espèce de coiffe très vaste en toile de chanvre. Le rebord se relevait et s'appliquait exactement sur la tête par devant, s'élargissait en ailes sur les côtés et pendait en deux fanons larges et courts par derrière. Elle fut remplacée par la coiffe à la jardinière, sorte de bonnet en coton ou en lin, muni d'une dentelle plissée. Le bonnet de dentelles l'a remplacée avec avantage. Le chapeau de paille est aussi fort en honneur. Les hommes avant la Révolution portaient le chapeau bicorne dit à claque ou gancé ; les ailes fort larges se relevaient droites de chaque côté et étaient maintenues appliquées contre la coupe qu'elles dépassaient de beaucoup.

La chevelure pendait sur le dos en forme de queue, serrée par un cordon ou un ruban. L'habit se boutonnait par devant et ne descendait pas plus bas que la ceinture, mais, par derrière, il descendait jusqu'aux genoux : on l'arrêtait au moyen de quelques boutons. Des guêtres ou « garaudes » complétaient ce costume. Peu à peu, ces atours originaux sinon trés esthétiques ont disparu, et il serait difficile de reconstituer le costume que nous venons d'indiquer.

La Bresse. — Dans le pays de Bresse on a conservé longtemps des costumes et des usages d'une piquante originalité. Les hommes ne se sont jamais habillés avec art, mais les femmes, coquettes et désireuses de plaire, avaient inventées des ornements vraiment bien originaux. Pour les jours ouvrables, le paysan de Bresse avait des vêtements grossiers, solides, faits le plus souvent avec de la toile de chanvre, « la bourra ». La blouse en toile fine ou en coton est d'un usage courant. Le tricot de laine ou le veston de coutil, le veston de drap ont pris la place de ces vénérables antiquités. En hiver, les hommes portaient des vêtements de gros draps ; leurs gilets des dimanches étaient bariolés, rouge sur noir, bleu sur blanc. Ils mettaient des bonnets de laine noire ou de coton une grande partie de l'année.

Comme chaussure, il faut noter l'emploi général du sabot en bois blanc de bouleau ; ce sabot est léger, résistant : garni d'un peu de paille sèche, il constitue pour nos terrains humides une chaussure hygiénique, je pourrais ajouter artistique. Il a une forme élancée, se termine par une pointe recourbée qui le fait ressembler à une de ces fines barques qu'on voit courir sur les eaux bleues de l'Hellade.

J'arrive aux femmes : aujourd'hui le costume est presque le même pour les riches et pour les pauvres ; il n'en était pas ainsi autrefois. Aux champs elles avaient une grande blouse de toile qui garantissait les autres vêtements. Leur coquetterie ne se montrait que le dimanche. Voici une toilette de mariée, vers 1820, telle qu'elle nous a été décrite par Denis Bressan : L'épousée mettait une robe de gros drap bleu ou vert, brodée de velours et courte de jupe. Le corsage, excessivement court, était garni de cordons en escargot, de galons ou de dentelles en soie ou laine. Les manches de la robe, très larges, garnies de dentelles, s'arrêtaient au coude. Sur la robe un « devanti » en soie rouge ou verte. Sur la tête une petite coiffette surmontée d'un chapeau dont il sera question plus loin. Comme chaussure des sabots blancs très coquets ou de petits souliers blancs très découverts et bordés en velours, des bas de couleur voyante.

La robe, très échancrée devant, laissait voir une chemise en toile de chanvre, à petits plis et bien repassée. Cette chemise était fermée au-dessous du cou par une épingle d'or. Un étroit collier d'or à grosses plaques rondes émaillées complétait la toilette. J'ai réservé, comme pièce principale, le chapeau caractéristique de la bressane, qui était si commun encore il y a un quart de siècle, chapeau qui était, comme la coiffe du Bugey, un meuble essentiel dans toute bonne maison, et un signe de richesse et de bien-être. Il se composait d'une sorte d'assiette plate en feutre noir; autour pendait une bande de dentelles de six à huit centimètres de largeur: d'autres larges bandes de dentelles retombaient sur les épaules et sur le dos. Ce chapeau était surmonté d'une sorte de cheminée de quinze à vingt centimètres de hauteur, de six à huit centimètres de diamètre à la base. Le sommet allait en se rétrécissant. Cette cheminée ou « coupé » était constituée par une armature en fil de fer recouverte de dentelle noire. Au sommet et à la base une chaînette d'or se terminant par des glands qui retombaient sur les côtés de la coiffure. Une bride en soie noire, passant derrière le chignon, rendait l'édifice très solide. Ces chapeaux étaient fort chers: ils avaient le mérite de dure très longtemps. La mode les protégeait toujours et on se les transmettait en héritage. Nous avons indiqué les objets caractéristiques de la toilette ancienne ; à moins qu'un musée ne reçoive tous ces vestiges du temps jadis, il est à craindre que le souvenir s'en perde très vite (1).

(1) M. Ch. Guillon a recueilli des documents fort précieux sur ces vieux costumes. Il est à souhaiter qu'à Bourg on en ait une collection et qu'on lui offre un logis convenable. Ces choses anciennes c'est un peu notre histoire, c'est-à-dire quelque chose de précieux et de respectable.

II

La maison

Chaque région possède des maisons de formes particulières : ces habitations où la fantaisie des architectes pouvait se donner libre carrière, étaient une des joies de nos vieux paysages. Leurs façades singulières, leurs toitures variées, leurs galeries ajourées, retenaient l'œil du passant. Elles disparaissent aussi ces vénérables demeures, et nos constructeurs donnent aux édifices nouveaux un plan uniforme. Ils ont proscrit, par exemple, les petites fenêtres à meneaux, les cheminées à grand manteau ; ils les remplacent par de larges ouvertures et des fourneaux de taille exigue. Fixons donc, pendant qu'il est temps, les conditions particulières de l'habitat dans le département de l'Ain (1).

(1) Bibliographie : V. Bossi, Statistique, Annales de la Soc. d'Emulation. 1808. Consulter surtout. *Enquête sur les conditions de l'habitation en France*, 2 v. 1894-1899. Leroux faite sous la direction de M. de Foville. — Voir dans ce recueil les mémoires suivants : MM. Rambaud, les maisons-types de la Bresse riche, les maisons-types de la Bresse pauvre et des bords de la Saone, p. 131-148, t. I. M. J. Corcelle, les maisons-types en Savoie, avec annexe pour le Bugey, p. 231-249, t. II. Nous utiliserons ces travaux, et les citons ici une fois pour toutes.

Il n'y a pas, dans l'Ain, de différences aussi accusées entre les habitations des divers pays qui le composent, que dans la Savoie. Dans la haute montagne, on construit des chalets en bois, dans les vallées basses en emploie la pierre ou l'argile. Dans l'Ain, sauf quelques exceptions, les matériaux employés sont presque partout les mêmes. Les progrès réalisés dans les constructions neuves, s'ils nuisent au caractère pittoresque sont du moins excellents au point de vue de l'hygiène. On sait très bien qu'il faut, dans la maison, de l'air, de la lumière; autrefois les ouvertures étaient exiguës, elles sont larges dans les constructions récentes. On voit que le peuple est plus instruit et qu'au lieu de se laisser diriger par la routine, il s'oriente avec décision vers les méthodes rationnelles.

Dans le Bugey. — Les maisons de la région montagneuse, sont de construction solide : on emploie, pour les murs, la pierre calcaire très commune dans la région : nous avons noté un trait qui se rapproche assez de celui qui caractérise la maison de plaine en Savoie, c'est la galerie qui occupe le premier étage. Toutes maisons anciennes, ayant cent ans au moins, sont ainsi distribuées : le rez-de-chaussée est occupé par les magasins de vivres ou d'outils, tenaillers ou retirages. Le premier étage sert d'habitation avec sa cuisine et ses chambres à coucher. On y accède par un escalier en pierre qui donne sur un vaste palier « l'etra ». En raison de sa largeur, on peut y circuler commodément. On y suspend la cage à fromage et la claie où sèchent les noix. Cette disposition montre combien les souvenirs sont persistants. La Savoie, qui a été longtemps maitresse de notre pays, y a laissé quelque chose de ses habitudes. En Savoie, les maisons ont toutes de larges galeries couvertes.

On construit maintenant les maisons sur un autre plan : au rez-de-chaussée se place la cuisine qui est, dans nos campagnes, la pièce principale: elle est spacieuse, meublée d'un grand buffet de noyer, d'une table, de quelques chaises. La cheminée est dans un angle ; elle avait autrefois de majestueuses proportions; elle était très large, un vaste manteau la terminait. Sous cet abri se réunissait la famille, pendant que dans l'âtre pétillait une grosse bûche de bois. Le père de famille occupait la meilleure place : les enfants se plaçaient comme ils pouvaient, écoutant la conversation des anciens, ne s'y mêlant jamais. Un vif courant d'air venait souvent refroidir les veilleurs, amenant parfois avec lui des brins de neige. Dans les bonnes maisons, on installait un monumental tourne-broche dont le grincement régulier égayait les journées d'hiver. On a restreint ou supprimé le manteau ; le tourne-broche a disparu et dans maintes cuisines on a vu apparaître le fourneau. Dans un coin se place l'évier dont les résidus, conduits à l'extérieur, séjournent souvent dans les cours.

Derrière la cuisine se trouve une petite pièce qui sert de retirage en été, et qui en hiver devient le lieu de réunion ordinaire. On y installe le fourneau : et c'est là, que dans une atmosphère chaude, humide, se passent de longues soirées d'hiver. La bise hurle au dehors, la neige fouette les vitres de la petite fenêtre, pendant que les hommes causent ou lisent le journal. Les femmes filaient autrefois avec une quenouille ou un rouet la laine nécessaire pour le ménage : ce sont là métiers perdus.

Les chambres à coucher sont au premier étage. Les lits étaient cachés derrière des courtines de cretonne de couleur vive. Cet usage anti-hygiénique tend à disparaître. Le toit était recouvert en tuile rouge, on lui préfère l'ardoise aux tons gris, devenue plus abondante depuis que les chemins de fer nous ont rapproché de la Savoie. Je regrette pour ma part la tuile qui donne une note gaie aux villages. Les toits de chaume sont en voie de disparition très rapide ; à cela deux raisons. On a presque abandonné la culture du seigle, dont la paille longue et mince réunie en fagots ou « cliets » fournissait la matière première de ces couvertures primitives. La loi interdit pour les bâtiments neufs l'usage du chaume et les compagnies d'assurance ne garantissent les risques d'incendie que moyennant une très forte prime. Les anciens prétendent qu'il faut regretter le chaume ; il conservait mieux le foin et en hiver constituait pour les écuries une couverture plus chaude. Les peintres aussi le regrettent à cause des végétations pittoresques qui le recouvraient dans sa vieillesse.

Dans la région élevée du Bugey, la tuile est remplacée par des « tavaillons ». Ce sont de fortes lames de sapin, fendues et non sciées, imbriquées les unes dans les autres, et maintenues par des crochets ; elles constituent un mode de toiture excellent, résistant aux fortes bises d'hiver; la neige glisse très bien le long des toits fortement inclinés. On tapisse aussi les murs avec ces tavaillons pour augmenter leurs forces protectrices et les défendre contre l'humidité. Si les tavaillons ont des avantages, ils ont l'inconvénient de noircir à la longue et de donner aux maisons un aspect un peu funèbre. J'ajouterai que je préfère à ce mode de construction celui qui est usité dans les Alpes : le chalet des montagnes, avec son sou-

soubassement bâti à la chaux, ses murailles de bois jaune d'or, ses balcons ajourés, est fort décoratif (1).

Les bâtiments accessoires ou d'exploitation, grange, écurie, remise, cave, ne sont pas toujours réunis autour d'une cour. Ils se développent plutôt le long de la route. Cela tient à ce fait que les maisons sont groupées en agglomération : nous sommes ici dans un pays de petite propriété où la division de la terre est arrivée à sa limite extrême. Les domaines étendus, d'un seul tènement, suffisant pour une famille, ont disparu depuis longtemps, rien ne s'est donc opposé à la réunion des maisons autour d'une source, dans un endroit à proximité de la grande route. La grange est en maçonnerie non crépie, avec charpente grossière : elle est assez spacieuse pour abriter le foin comestible, la paille et la litière. Ce n'est que dans les années d'abondance qu'on fait à l'extérieur des meules de blache ou de paille. L'écurie tient à la grange, ce qui évite une manutention du fourrage : l'aération n'y est pas toujours suffisante. L'habitude de la paver avec des cailloux, est cause de la stagnation prolongée du purin, ce qui nuit et à la propreté et à la santé du troupeau. Il faut souhaiter la construction de

(1). V. J. Corcelle et Revil, *La Savoie*, guide du touriste, du naturaliste, de l'archéologue.

planchers en ciment et à forte pente, avec rigole d'écoulement. Le fumier est placé souvent à proximité de l'habitation : la construction de fosses étanches, serait un progrès sanitaire et éviterait la déperdition des éléments fertilisants. Un puits ou une citerne complète l'ensemble de ces constructions.

Le matériel agricole tend à se transformer. Les cultivateurs sont plus instruits et ils ne s'entêtent plus dans la routine ancestrale. Ils sont aussi de moins en moins nombreux : ce fâcheux phénomène économique les oblige à économiser leur temps et à adopter les modes rapides pour travailler la terre, pour ensemencer les champs et coucher par terre le foin, le blé, la luzerne. A la faucille avait succédé la faulx, puis sont venus les faucheuses à traction animale. Le blé est battu par de puissantes machines à vapeur. Jadis on l'entassait dans les granges : lorsqu'on avait rentré toutes les récoltes, en hiver commençait le battage au fléau. Dès trois heures du matin les gerbes étaient déliées, étendues sur l'aire, et les fléaux maniés par des bras vigoureux frappaient en cadence les épis. C'était une musique vive et gaie ; elle s'est arrêtée pour toujours.

Dans la Bresse. — Les constructions diffèrent de celles de la région montagneuse. Les grandes fermes isolées ne sont pas rares en Bresse et en Dombe : tous les bâtiments sont groupés autour d'une cour centrale. En raison de la rareté de la pierre, on construit une partie des murs en pisé. Voici comment on a fixé la physionomie générale de la maison : un buisson borde la route : un mur de 7 à 8 pieds, crépi, lui succède sur une vingtaine de mètres ; puis il se soude à la maison dont la façade mesure 5 à 7 mètres d'élévation et dont la toiture s'élève à 3 mètres plus haut. Un portail en bois peint, blanc ou gris, glissant sur rails, est la principale ouverture. Rarement une fenêtre sur la voie publique : on pénètre dans une remise où s'abritent les chariots.

La cour franchie, on se trouve en face de la maison d'habitation. Celle-ci possède une maîtresse porte élevée d'une ou deux marches et flanquée de deux fenêtres. L'une d'elles éclaire la cuisine. Au premier étage une pièce et un grenier : la toiture est en petits bardeaux de châtaignier espacés, soutenant des tuiles creuses, ou des tuiles à crochets. Parfois un bâtiment en retour d'équerre réunit maison et remise. Les dimensions ordinaires sont les suivantes : bâtiment sur la route, 15 mètres ; maison, 10 mètres. La maison était autrefois habitée par une famille nombreuse. Aujourd'hui les enfants la quittent lors de leur mariage. La dissémination est un indice du développement de la personnalité, de l'instruction, de la richesse.

La cour spacieuse est remplie de volailles ; la remise comprend, outre l'écurie, le poulailler qui a ici une importance de premier ordre. Du côté ouvert de la cour un portillon mène au jardin. Les fourrages sont entassés dans la partie supérieure de la remise. N'oublions pas de mentionner la loge à porcs, article essentiel dans le Bugey et dans la Bresse. C'est un appentis formé de planches clouées transversalement sur des poteaux et couvert en tuile. Dans la Dombe les porcs paissent en liberté dans les champs; ailleurs ils sont enfermés. Les avantages hygiéniques des dispositions que nous venons d'indiquer sont certains : absence de lieux d'aisance dans les bâtiments, éloignement du bétail, du fumier, usage d'une cour très spacieuse, dépourvue de batisse sur l'un au moins de ses côtés, par où elle reçoit le soleil. Le grand portail de la façade sert à doser l'introduction du vent.

J'ai dit tout à l'heure que la volaille occupait une place importante dans cette exploitation rurale : on s'en aperçoit bien vite en automne. De l'auvent partent de longues cordées d'épis de maïs : ils mettent une note gaie dans la façade un peu triste de la maison.

Dans la Bresse pauvre, sur les bords de la

Saône, on peut noter quelques dispositions intéressantes, que nous avons du reste observées aussi en Dombe. La maison d'habitation se trouve au premier étage, elle est desservie par une galerie en bois sur laquelle se trouve la cage où sèchent les fromages ; les enfants peuvent s'amuser là pendant la saison pluvieuse ou froide. A l'intérieur, une cuisine qui est le centre de la vie des propriétaires: les autres pièces ne sont que d'étroites logettes, avec mobilier très sommaire. Les habitations des pêcheurs de la Saône sont encore plus restreintes. Ce sont des maisons carrées sans dépendance importante, avec retirage pour les filets, un bateau est amarré à la rive. L'eau fait des dégâts fréquents dans ces demeures construites en pisé. La pêche, du reste, est ici, en décadence par l'abus du filet trainant.

J'ajoute que les villages en Bresse et en Dombe ne s'aperçoivent pas de loin, ils sont perdus en été au milieu d'une végétation drue et forte, composée de vernes, de saules, de peupliers ; on les voit lorsqu'on y entre, et qu'on entend aboyer les chiens ou chanter les poules. Dans le Bugey au contraire, les villages s'égrènent au penchant des coteaux, et leurs maisons blanches animent et diversifient le paysage. Ces maisons sont toutes en progrès au point de vue de l'hygiène et même du luxe. On les blanchit plus souvent qu'autrefois; leur mobilier est confortable, quelquefois élégant. Autour des portes, sur les fenêtres on voit s'épanouir les géraniums et les roses. Non seulement la nourriture a été améliorée, mais encore le logis a perdu son aspect triste et noir des siècles passés.

Pays de Gex. — Une mention spéciale pour le pays de Gex qu'on néglige souvent dans la géographie de l'Ain, parce qu'il regarde la Suisse, et qu'il jouit de privilèges douaniers, qui l'isolent de la grande patrie, et lui font une situation particulière qui n'aurait pas sa raison d'être si les principes de vraie justice étaient une réalité (1).

Les maisons isolées sont fort rares, construites en pierres, elles ont autant que possible la façade tournée du côté du levant. L'intérieur se compose d'une cuisine, d'une pièce adjacente qui sert de salon en tout temps, presque toujours de chambre à coucher pour le père de famille, et de salle de réunion en hiver; au premier étage des chambres; au-dessus le grenier que recouvre un toit, composé autrefois de tuiles creuses. La cave est attenante à la maison, soit de plein pied, soit sous terre. Dans les bâtiments qui ont plus de cinquante ans d'existence, les murs latéraux

(1) V. Delaigue, Description du pays de Gex. — Nous empruntons à ce travail publié en 1880, les détails qui suivent, — l'auteur était originaire du pays.

s'avancent de un ou deux mètres en avant de la façade ; on a ainsi un avant toit, qui abrite l'escalier du premier étage.

L'intérieur est mieux éclairé, plus sain qu'autrefois, la fenêtre étant plus grande et mieux placée. Il y a 50 ans on trouvait encore beaucoup de châssis de fenêtre en papier huilé. La cuisine est parquetée en briques. Dans l'embrasure de la fenêtre est le cendrier, toujours couvert d'une molasse percée de quelques trous pour servir de potager. La cheminée est contre le mur qui sépare la cuisine du poêle. Son manteau en forme de hotte carrée et renversée est assez élevé pour qu'on puisse passer dessous; tout autour règne un « tablard » pouvant servir d'entrepôt. Contre le mur opposé est le « ratelli » meuble où l'on met la vaisselle. Sa partie inférieure est en forme de placard; au-dessus sont des tiroirs, et sur ceux-ci est une tablette pour entrepôt, un dressoir le surmonte, assiettes et plats s'y étalent bien en vue.

La grange et l'étable ne forment qu'un bâtiment; lorsqu'il y a deux étables, la grange est toujours au milieu. Dans l'écurie, le plancher est légèrement incliné, disposition heureuse pour la bonne tenue du logis. Dans un coin, des lits rudimentaires pour les domestiques ou pour les enfants de la maison.

L'écurie constitue la pièce essentielle de l'exploitation agricole : les bêtes à cornes sont nombreuses. Elles sont destinées surtout à la production du lait. Ce lait est transformé en gruyère, en bleu ou persillé ; je rappelle que dans la vallée de la Valserine on fabrique aussi du chevret qui s'écoule vers Genève.

Dans la saison d'été les bêtes à cornes changent de logis, on les inalpe dans les pâturages élevés. Elles couchent alors en plein air, comme dans les montagnes des Alpes. Le propriétaire ou le locataire du troupeau habite dans un chalet qui se compose d'un rez-de-chaussée fort bas, d'un galetas recouvert en tavaillons. Il n'y a point de fenêtre, la lumière entre par la porte et par la cheminée. Le galetas sert de dortoir. A côté de ce rustique bâtiment, se trouve une étable et parfois une loge à pourceaux. Il y aurait lieu d'apporter plus de soin dans ces constructions. Les produits fabriqués s'en porteraient mieux.

IV

Quelques usages locaux

Naissance, mariage et chansons

Disparition des vieux usages. — Nous ne pouvons étudier en leurs détails les usages particuliers aux habitants de l'Ain; ceux que ce sujet intéresse n'ont qu'à se reporter aux publications spéciales, malheureusement peu nombreuses et incomplètes. Elles rendront d'inestimables services à ceux qui par l'imagination veulent reconstituer la vie parfois si originale de nos anciens. Ces usages appartiennent déjà à l'histoire : l'uniformité constatée dans le costume s'impose aussi dans le domaine moral. On s'habille partout avec des vêtements de même coupe et de même couleur. On danse de la même façon dans tous les villages de France. On a mis une hâte incroyable à oublier les vieilles coutumes, conservées et augmentées pendant des siècles, et qui, avec leurs apparences symboliques, pouvaient nous dire ce que pensaient nos ancêtres dans le lointain des siècles. Les jeunes gens trouvent non plus plaisantes mais ridicules ces légendes; instruits d'après des méthodes uniformes, ils n'ont qu'une préoccupation vivre : dans la Bresse ou le Bugey, de la même façon qu'à Lyon ou à Paris. L'individualisme des usages à vécu en France : il faut se hâter de consigner dans des livres ce qu'il y avait d'originalité savoureuse dans nos pays (1).

Les fêtes. — Moins instruits qu'aujourd'hui, les gens de la campagne lisaient très peu de jour-

(1) Quelques indications bibliographiques : Je dois tout d'abord remercier M. Berthillet, instituteur dans ma commune de Ceyzérieu, des précieuses indications qu'il a bien voulu me fournir. C'est lui du reste qui sait le mieux chez nous la vie des paysans d'autrefois. Il a parcouru notre département pour en recueillir les derniers vestiges. Il est connu comme folkloriste sous le nom de *Denis Bressan*. Il a publié dans le *Courrier de l'Ain*, de nombreux articles que conservent les collectionneurs ; il en a réuni quelques-uns sous le titre général d'*Histoire d'un campagnard*. Les parties parues sont : *Les Ebaudes, les Grau d'veillées, Vers Carmentran*. M. Aimé Vingtrinier, *Etudes populaires sur la Bresse et le Bugey*, livre incomplet dit l'auteur, mais écrit avec grâce par un homme qui aime passionnément le pays dont il parle, et auquel nous sommes redevables d'œuvres charmantes que j'ai déjà eu l'occasion de signaler. — Désiré Monnier et A. Vingtrinier, *Traditions populaires comparées*, Paris 1854. — Ph. Le Duc, a rendu de véritables services aux études qui nous occupent en éditant l'*Enrôlement de Tivan*, en publiant des recueils de chansons, etc. — Ch. Jarrin : il y aurait une moisson précieuse à faire dans ses œuvres multiples. N'oublions pas les *Chansons populaires* de l'Ain, par M. Guillon, avec préface de G. Vicaire.

naux et voyageaient très rarement, sauf ceux qui faisaient un congé. C'est ainsi qu'on désignait les sept ans ou cinq ans passés à la caserne. Nous avons connu des vieillards qui n'étaient jamais sortis de leur village et n'avaient pas mis le pied dans un wagon. Pour eux le bout du monde c'était le tribunal, la sous-préfecture. Leur village leur tenait fortement au cœur: le respect des usages et coutumes étaient pour eux comme une religion. Ils aimaient les fêtes et réjouissances rustiques, y prenaient une part active. « Les vogues » d'antan étaient plus gaies que celles d'aujourd'hui, le village entier y prenait part, c'était « la fête nationale ». On allait plus régulièrement aux offices pour y apprendre les nouvelles et aussi parce que les croyances religieuses étaient plus vivaces : ce qui nous explique, soit dit en passant, l'existence de nombre de superstitions, de pélerinages destinés à favoriser la guérison des maladies. J'ajoute que les écoles étaient clairsemées, peu fréquentées. Les maitres, venus souvent de l'extérieur, — la région des Alpes nous en fournissait beaucoup, — avaient une instruction élémentaire, des méthodes peu pratiques, des livres mal rédigés « ou rudiments » qu'ils faisaient apprendre par cœur. Ils réunissaient leurs élèves dans des logis obscurs, à peine meublés; l'usage des cartes murales, des collections d'objets pour leçons de choses n'existait pas.

Aussi, dans l'esprit de nos anciens, trouvent place des fables puériles : croyances aux revenants, aux sorciers, aux feux-follets, à toutes sortes d'esprits mystérieux comme ces « sarvants » qui punissaient domestiques et maitres de leurs négligences. On avait pour conjurer les mauvais sorts, des recettes extraordinaires, qu'on exécutait avec ponctualité. Ces recettes avaient le don de guérir les maladies, ou de détourner la malechance d'une maison (1). Tout cela ferait sourire aujourd'hui les paysans. Pour montrer ce qu'il y avait de naïveté, de pittoresque dans certains de ces usages, nous allons rappeler ceux

(1) J'ai connu des sorciers en qui on avait une énergique confiance. Ils ont disparu de nos villages : on leur doit un souvenir, maintenant que leur action malfaisante est éteinte. Personnages mystérieux, ils habitaient dans des lieux écartés. On les redoutaient en raison des pouvoies extraordinaires qu'ils tenaient du diable, et des momeries ridicules qui accompagnaient toutes leurs démarches. Ils guérissaient les maladies avec des recettes extraordinaires. Le mal de dent, cédait à une application de fiel de coq. La foudre ne tombait pas dans la maison où avaient eu lieu certaines incantations. Les sorciers lançaient des sorts. Leur règne est à peine fini. Il y aurait bien d'autres superstitions à signaler: je ne suis pas sûr qu'elles aient toutes disparues. Les contes de fées sont éternels .

qui se rapportent à quelques cérémonies ordinaires de la vie.

La naissance de l'enfant était suivie de son baptême. Les amis sollicitaient l'honneur d'être parrain : un repas copieux suivait la cérémonie ; le compère et la commère s'embrassaient s'ils étaient jeunes. Ils ne jetaient pas de dragées dans la rue. Une mort était une occasion de manifestations bruyantes. On veille nombreux autour du décédé. On arrête l'horloge familiale à l'heure du décès. On va jusqu'à mettre un voile noir ou crêpe aux ruches d'abeille : une pleureuse prend la tête du cortège. Ce sont les voisins qui portent le défunt en terre. Au retour, dans la maison du décédé, a lieu un banquet copieux, qui se termine souvent par l'ivresse et des chants. C'est là, du reste, une coutume qui remonte très loin.

Le mariage. — Mais la cérémonie la plus originale était celle du mariage. Il y a quelque cinquante ans, chaque village avait sa mode. Notons que les mariages étaient fréquents et féconds : le célibat est encore resté l'exception dans nos campagnes.

Le mariage, surtout en Bresse, était précédé de « cérémonies courtoises ». Le jeune homme ou *magnat* faisait une cour longue et régulière à l'élue de son cœur. En son honneur, il donnait une *ébaude* : bien curieuse la cérémonie des ébaudes. C'était une réjouissance qui existait dans toute la Bresse. Dans différentes circonstances, mais plus particulièrement le soir de la vogue, la veille d'une noce ou pendant les fêtes de Noël, les magnats se rendaient chez les jeunes filles qu'ils aimaient et qu'ils voulaient honorer. Ils chantaient et dansaient un moment à la porte, puis on s'empressait de les faire entrer. Alors un abondant repas était servi. Et c'était des plaisanteries, des rires, des danses et des chansons à n'en plus finir. Pendant les fêtes de Noël, les plaisirs apportés par les ébaudes différaient encore : les garçons mangeaient les noisettes que les jeunes filles avaient conservées pour eux et ils ne se faisaient pas faute de les payer. On imposait au fiancé des épreuves : il devait exécuter tous les travaux d'usage en la veillée, fabrication de mouchetières, de paniers, de moulerons, de benons, de corde. C'est après l'épreuve que commençait, au son des musettes, des vielles et des clarinettes les danses locales, le chibreli, le rigodon, le branle à quatre et à six (1).

Arrivait le mariage : la cérémonie était fort

---

(1) V. un volume très curieux et très rare « *Le traité de la musette* » édité en 1672 par Borjon, de Pont-de-Vaux. M. Guillon, y a trouvé des airs à deux temps, d'origine locale, qui donnaient à nos danses une curieuse physionomie.

originale : le soir, d'après Denis Bressan, le garçon d'honneur allait souper chez le futur, on lui remettait la robe de l'épousée, ses jarretières, deux paniers, l'un contenant le mauvais déjeuner, gâteau avec des étoupes, plumes, allumettes; l'autre, le bon déjeuner plié dans un linge blanc. De grand matin, il arrivait chez l'épousée, avec de jeunes garçons et le ménétrier, très au courant des vieilles coutumes. Il chantait d'abord, frappait à la porte ; on parlementait longtemps. La porte s'ouvrait et il se mettait à la recherche de la jeune fille, cachée avec soin. Tout était bouleversé dans la maison de la cave au grenier. Quand la mariée était trouvée, c'était un charivari indescriptible.

Puis venait le fiancé, avec sa culotte de gros drap à la cavalière, ses bottes, son gilet à grand col, très bariolé, sa veste courte de taille, un ruban à son chapeau. La cérémonie faite, on allait à la maison du mari : on jetait sur les époux des « grenatons » grains de blé qui disaient : viens seulement ma fille, tu n'auras pas faim. Et le dîner commençait long, copieux, puis on dansait dans la grange : sur le tard venait la « soupe au vin ». Lorsque le marié était veuf, on lui faisait « le tracassin » musique spéciale et déplaisante, exécutée sur de vieilles casseroles et des couvercles de marmite. Le bruit ne s'apaisait qu'au moment où les conducteurs du bruit recevaient vin et victuailles abondantes : « Nous voulons, disaient-il, la pistole ou bien le charivari. »

La nourriture. — La nourriture était autrefois grossière. Le pain de blé était rare : on usait du pain de méteil, de seigle et d'orge mélangés; en hiver, de pain de maïs lourd et indigeste. En Bresse, en hiver et au printemps, on mangeait les gaufres de blé noir épaisses et dures. Les gaudes, avec un peu de lait, figuraient sur la table. Avec le lard, des œufs, du fromage frais, ou la tome séché, la salade à l'huile de noix ou de colza constituait le menu; on buvait peu de vin. Maintenant on a du pain blanc, de la viande, et de grands « terrassons » de vin, du café. Autrefois les femmes se mettaient rarement à table et mangeaient debout.

Les chansons. — Nos ancêtres, en plusieurs circonstances étaient plus gais que nous : s'ils étaient moins libres, moins heureux, par suite, en revanche, ils chantaient en toutes occasions, et la chanson était pour eux un commode moyen de se moquer de leurs maîtres tout-puissants. Ils y mettaient toute leur malice et tout leur esprit caustique. Ils se moquaient dans ces chansons de leurs seigneurs, du curé, des maris trompés. Ils célébraient aussi l'amour, et les jolis filles, qui autrefois étaient déjà les reines du monde et faisaient commettre des sottises.

Je rappelle la célèbre cantilène intitulée la « Liaudaina » : Elle est bien jolie, mélancolique et douce, larme et sourire : Oyez plutôt : « Quand j'étais cher à Ma Claudine, — rien ne manquait à mes désirs. — Alors sa peine était ma peine ; — ses plaisirs mes plaisirs. — Nous nous disions dessous le saule, — que nous nous aimerions toujours. — Maintenant elle en écoute un autre, — elle oublie hélas, nos amours. » Mais ce sont là les neiges d'antan, et sauf les anciens au front ridé, personne ne chante plus ces délicieuses chansons, que les bergères égrenaient jadis le long de nos clairs ruisseaux, et dont le rythme lent et doux, convenait si bien à nos campagnes paisibles.

Dans les landes du Valromey, dans les vignobles du Bugey, dans les plaines jaunes d'épis de la Bresse, on entendait la tranquille et trainante mélopée d'un gardeur de vache ou d'un moissonneur. C'était une mélodie lente, un peu triste et qui s'harmonisait avec le grand et solennel silence de la campagne, lorsque le soleil disparait derrière la colline rose.

∴

Ne croyez pas cependant qu'il soit utile de regretter le temps passé dont je viens de rappeler quelques souvenirs. Il faut aimer son temps, vivre la vie actuelle, croire aux destinées nouvelles des sociétés. L'humanité progresse et s'oriente vers des idées meilleures que les anciennes. Donnons un souvenir aux choses disparues, mais regardons avec confiance vers l'aube nouvelle.

NOTES ET DOCUMENTS

I

Sociétés agricoles

Le rôle des Sociétés d'agriculteurs, des Comices agricoles est d'une importance extrême. De ces associations partent des initiatives fécondes : là se donnent rendez-vous les gens instruits, pouvant se tenir au courant des publications nouvelles, des inventions et perfectionnements. Le rôle social de ces Sociétés est capital, à une époque où toute industrie doit progresser, doit se transformer avec rapidité, si elle veut rester prospère et écouler ses produits sur le marché à des prix rémunérateurs. Ces Sociétés, avec leurs ressources pécuniaires provenant des cotisations de leurs membres ou des subventions gouvernementales, font les essais des méthodes nouvelles. Le petit propriétaire n'a ni le temps ni l'argent nécessaire pour se livrer à ces coûteuses études. Mais pour cela il faut bannir de ces Sociétés la stérile politique, confier leur direction à des hommes qu'anime seul le bien public, qui sont incapables de tirer de leurs fonctions autre chose que la satisfaction du devoir accompli. C'est un idéal que je recommande : approchons-nous en le plus possible.

Une institution à encourager est celle des syndicats agricoles ; le cultivateur aime à vivre seul, il s'isole volontiers dans son petit héritage, laboure son champ, conserve en un mot son individualité complète. C'est ce que j'appellerai la vie du passé. Il faut résolument abandonner cette manière d'agir ; l'association est pour nos populations rurales l'instrument du salut ; c'est elle qui lui permettra d'imposer sa volonté, et de faire comprendre aux pouvoirs publics qu'elle aussi a droit à une existence supportable. C'est par l'association qu'on pourra se défendre contre l'avilissement des prix des denrées à vendre et contre le renchérissement des matières premières à acheter. Je juge inutiles les fêtes et les concours dans lesquels nos Sociétés usent le plus clair de leurs revenus. La moindre amélioration du marché ferait mieux l'affaire de l'agriculteur sacrifié. Si la campagne se dépeuple, c'est que la vie y devient difficile et que le travail du propriétaire n'y est plus rémunéré.

De toutes nos Sociétés, la plus ancienne est la Société d'émulation et d'agriculture. Lalande et douze notables habitants de Bourg, la fondèrent en 1755 (1). Elle disparut pour se reconstituer en 1783. Après avoir eu divers logis, elle se rendit, en 1793, chez Varenne de Fenille. L'agriculture tient la première place dans ses préoccupations.

Au lendemain de l'Empire, des agronomes de haute valeur, essayèrent de propager chez nous des méthodes nouvelles pour la culture de la terre. Je cite, Varenne de Fenille fils, Riboud, Hudellet, Tiersot, Chevrier et Puvis. auquel nous devons « une notice statistique sur le département, publiée en 1828, qui renferme de très judicieux aperçus » et qu'anime un esprit de progrès. Ces novateurs créèrent la ferme de Challes, sorte d'école d'agriculture pratique « où furent mis à l'épreuve théories et instruments nouveaux, où l'on distribua, avec une libéralité

---

(1) V. Jarrin, la Société d'Emulation de l'Ain 1875. Notice sur le même sujet, 1899.

avisée, des greffes, des plançons, des graines ». *Le Journal d'Agriculture*, édité par la Société, nous montre avec quelle largeur d'esprit, ces hommes d'initiative avaient compris leur rôle.

Chevrier-Corcelles, qui succède à Puvis dans la direction de la société, continue son œuvre. Peu à peu autour de cette vénérable assemblée sont venues se placer d'autres associations, comices, etc., qui ont élargi son œuvre. Mais la société d'Emulation, fidèle à ses origines, n'a jamais oublié la terre. Si vous consultez ses bulletins, vous y trouverez à côté de savantes dissertations sur notre histoire, des œuvres qui intéressent l'agriculteur. Ici M. Truchelut codifie les usages et coutumes de la Bresse; là MM. Sommier et Huteau étudient les plantes. Je ne saurai tout citer : mais il faut se souvenir que si cette société a élargi aujourd'hui le champ de ses recherches, et si elle laisse à d'autres plus jeunes, le soin de répandre les idées nouvelles, elle a été la première et longtemps la seule association qui ait répandu chez nous les meilleures méthodes de cultures et ait signalé les transformations fécondes à opérer dans la mise en valeur de nos champs. L'ouvrage de Puvis, que je citais tout à l'heure, est la démonstration la plus probante de ce que je viens de dire, il peut même encore être consulté avec fruit.

Nous possédons des sociétés d'horticulture, des comices agricoles dans les arrondissements qui s'efforcent d'accomplir œuvre utile : des professeurs d'agriculture font des conférences sur des sujets pratiques. Il faudrait, pour aboutir à des résultats plus fructueux, multiplier les champs d'expérience et organiser, d'une façon méthodique, l'enseignement agricole dans nos écoles primaires.

II

Quelques notes sur le costume

Je dois compléter les indications trop sommaires données, dans les pages précédentes, sur les vieux costumes de nos pays. Je les dois à un spécialiste en ce genre de questions, M. Guillon, qui a essayé de nous conserver les souvenirs des anciens âges en des collections précieuses qu'admireront nos arrières neveux. J'espère bien voir un jour, à Bourg, s'ouvrir un musée, où ses découvertes seront mises en valeur. Il s'est pris de passion pour ces vieilles choses qu'il voyait disparaître : il a parcouru les villages à la recherche des dentelles anciennes, des nœuds de rubans, des meubles ancestraux. Il a mis beaucoup de passion et de ténacité dans son investigation, et il a fixé des figures et des objets qui allaient disparaître pour toujours.

Il a pénétré au fond des choses et il connaît aussi bien l'homme que la terre en Bresse. Car c'est de la Bresse surtout dont il s'occupe : il a oublié un peu mon Bugey fleuri et qui sent le thym et la lavande. Du paysan de Bresse il dit : il fait comme le sage, il cache sa vie. Il n'y a personne de fermé comme lui quand il redoute une raillerie. Pour peu qu'il ait confiance et qu'on l'écoute, il n'a pas son pareil pour détailler ses affaires les plus intimes. Comme caractère, on lui trouve de l'énergie plutôt que de la tendresse, de la patience plutôt que de la timidité. Très calme, il suit le cours des eaux dans leur lenteur toujours égale. Rien d'agité dans son esprit, pas plus que dans ses actes toujours méthodiques Remarquable par le bon sens de ses idées et la justesse de ses appréciations, rude dans sa vie, il développe tout ce qu'il a en lui-même, mais il ne va pas au-delà. La patience fait sa force et la persévérance sa prospérité... La femme prépare les aliments, prend soin de la basse-cour, trait les vaches, pétrit le pain blanc de froment et le pain jaune de maïs. C'est elle qui file la quenouille de chanvre et remplit les armoires de linge.

Le costume de cette active ménagère était autrefois très original et très riche, comme je l'ai fait observer plus haut. M. Guillon a décrit aussi la robe : Celle des grands jours était faite avec des draps épais, de couleurs très voyantes, de soie changeante, de velours aux tons éclatants, d'une extrême solidité : elle se transmettait par héritage. Le devant était recouvert par un tablier. Le corsage était toujours doublé d'une toile grossière sortie de l'atelier domestique. La manche, fort courte, était garnie jusqu'au coude de fines dentelles de couleurs semblables à celles qui recouvraient le corsage, on les remplaçait souvent par des broderies d'or ou d'argent.

Au tablier était fixée une bavette, formée de plis symétriques : deux épingles la retenaient. Une chaine d'or a double ou triple rang complétait la parure. Un fichu en soie, de nuance brillante, recouvrait une faible partie du dos, il était retenu sur le devant par une épingle d'or en forme de boule ou de cœur. Sur la tête se dressait la coiffe pailletée de broderie d'or. Du chapeau, la partie la plus précieuse était la dentelle, presque toujours d'un très grand prix. Si cette coiffure était d'une originalité seyante, elle n'était pas, parait-il, sans engendrer de graves inconvénients, la migraine, la calvitie précoce.

Vous avez remarqué que les bijoux tiennent une place importante dans la toilette de la bressane : nous n'avons pas encore parlé du collier. C'était le complément nécessaire du costume féminin, il se composait de plaques d'or, enrichies de pierres précieuses reliées entre elles par de petites chaines segmentées et à trois rangs. Tous ces bijoux, formant l'écran d'une bressane, étaient conformes à la tradition et ne variaient comme valeur qu'en raison du poids de l'or.

Les enfants jusqu'à 12 ans étaient mis avec coquetterie, vêtus de robes chamarrées de tons éclatants, coiffés de bonnets garnis de dentelle, d'or ou d'argent. Derrière, pour les fillettes, se trouvait une échancrure d'où s'échappaient les cheveux noirs ou blonds, entremêlés de rubans. Concluons : luxe dans les costumes, prodigalité d'or, de dentelles, d'étoffes précieuses. Seulement, la mode n'était pas tyrannique, elle durait un siècle et plus. La fille s'habillait comme s'était habillée sa grand'mère.

Le mobilier : le lit large et profond était placé sous un dais de serge verte ou rouge, avec des baldaquins flottants ; à côté du lit des objets de piété. Autour étaient rangés des bahuts, des crédences, des coffres, des vaisseliers, toutes pièces variées de dimensions, mais dont les types ont été reproduits avec un caractère tel d'uniformité, qu'on les croirait sortis de la même fabrique. La vaisselle était souvent précieuse, en belle faïence. Sous l'immense cheminée, de lourds landiers en fer forgé, des gauffriers curieux, des marmites en cuivre de forme originale. Tout cela a disparu, et ces antiquailles ornent les collections des curieux : on les avait acheté très bon marché. En 1648, chez un menuisier de Foissiat, on payait une table de noyer 8 livres 10 sols, un petit lit 9 livres et les sculptures n'y manquaient point. Voilà ce que vous dirait M. Guillon, et bien d'autres choses encore, mais il faut savoir se borner et ne pas trop sortir de notre cadre.

De tout ce que je viens de transcrire se dégage comme un parfum subtil, précieux et rare. A remuer ces vieilles reliques, on sent la même impression qu'en pénétrant dans une antique demeure élégante, dont les volets sont restés longtemps clos. On marche avec précaution à travers les meubles anciens, et on éprouve cette mélancolie douce et aimable qu'éveille toutes les choses, hier éclatantes, aujourd'hui fanées, et qui demain seront poussière et ruine.

J. Corcelle.

Juin-Août 1902.

Ceyzérieu (Ain).

TABLE ANALYTIQUE

DE LA

Géographie Agricole

DU

DÉPARTEMENT DE L'AIN

AVANT-PROPOS.

I. — VUES GÉNÉRALES.

Importance de la Géographie économique et de l'étude des transformations qu'elle subit. — L'Agriculture, anciens usages, méthodes nouvelles, rareté de la main-d'œuvre ; la dépopulation, ses causes profondes, l'émigration.— L'Industrie, son extension, la soierie, l'utilisation des chutes d'eau. — Le Commerce, imperfection de notre réseau de communication.

II. — L'AGRICULTURE. — RÉGIONS PRINCIPALES.

I. La Montagne : Le Bugey, le Valromey, le Haut-Bugey, le Pays de Gex. — II. La Plaine : Le Revermont, pays de transition, la Bresse, la Dombes.

III. — LES CHIFFRES GÉNÉRAUX.

Première Partie : Les Cultures. — Les statistiques officielles et leur valeur. — I. Les céréales, leur importance décroissante. — II. La vigne, son extension. — III. Culture fruitière, son développement possible. — IV. Tubercules et racines. — V. Fourrages : prairies, prés et fourrages artificiels. — VI. — Cultures industrielles, graines oléagineuses et tabac. Le vieux tisserand. — VII. Les forêts, les sapinières, les taillis et le rosat.

Deuxième Partie : Les Animaux. — I. Situation générale. II. Les chevaux. — III. L'espèce bovine. — IV. L'espèce ovine, l'espèce caprine, l'espèce porcine. — V. Produits divers.

IV. — Les Produits caractéristiques des Pays de l'Ain.

I. La Poularde de Bresse. — Son élevage. — Méthodes employées. — Choix de la nourriture. — Commerce d'exportation. — Chiffres de statistique. — Les poètes de la poularde.

II. Les Vins. — Importance de la culture de la vigne. — Du rôle des moines dans cette culture. — Nos principaux crus. — Les vins blancs.

III. Produits gastronomiques. — Le pays de Brillat-Savarin. — Les champignons et nos châtaigneraies. — Rivières et lacs, truites et écrevisses. — Les poissons des étangs de la Dombes. — Le gibier, perdreaux, bécassines. — Autres produits de choix. — Valeur du département de l'Ain au point de vue gastronomique.

V. — L'Homme. Son Habitation, Ses Traditions.

I. L'homme, sa physionomie morale, ses anciens

costumes et leur disparition, Bugey, Pays de Gex, Bresse.

II. La maison, l'ancienne et la nouvelle, la maison de la montagne, les constructions de la plaine.

III. Quelques usages locaux, naissance, mariage, fêtes et chansons.

Notes et Documents :

I, Sociétés agricoles.

II. Quelques mots sur le costume.

DEUXIÈME PARTIE

L'industrie, le commerce et les voies de communication des pays de l'Ain.

Les mines d'asphalte de Seyssel. — Les carrières de Villebois. — L'affinage de l'or et de l'argent de Trévoux. — Les lapidaires du Haut-Jura. Les vieilles faïences de Meillonnas. — Les industries du bois. — Les ouvriers émigrants. — Le travail de la corne et du celluloïd. — La soierie et l'industrie de la schappe. — Le commerce ancien. — Les poulardes de Bresse. — Les routes et les chemins de fer.

L'Industrie

Originalité de l'industrie des pays de l'Ain. — Son caractère ancien. — Utilisation des forces motrices.

L'Ain n'est pas un pays de grande industrie (1). On peut même dire qu'au milieu du XIXe siècle il vivait presque uniquement des produits de la terre.

(1) Je rappelle que j'ai publié, en 1900, la *Géographie du département de l'Ain*, — grand in-8°, 82 p., 12 gravures et cartes — où nous avons indiqué, en raccourci, les idées que nous avons développées dans notre longue étude sur l'agriculture. C'est dans le même livre qu'on trouvera le résumé de ce qui va suivre.

La raison en a été facile à trouver : « le voisinage de deux grandes villes commerçantes, Lyon et Genève, qui, placées aux deux extrémités opposées du département de l'Ain et près de ses limites, le doivent envelopper dans leurs rayons commerciaux, rend plus difficile, en le rendant moins nécessaire, le développement de l'industrie dans son centre. La facilité de s'approvisionner dans l'une ou l'autre de ces deux cités, jointe à celle que tous les individus actifs du département trouvent à se placer et à travailler dans les maisons et les ateliers de ces grandes villes, les rend ses métropoles quant au commerce et aux manufactures. S'il est à regretter qu'aux avantages d'une agriculture florissante, l'Ain ne réunisse pas ceux d'un commerce et d'une industrie qui lui soit propre, on peut s'en consoler en réfléchissant qu'il a lui-même sa part dans ceux des grandes villes qui l'avoisinent, indépendamment de ce que leur population et leur luxe donnent une plus grande valeur à ses produits agricoles et lui en assurent la vente en tout temps (1) ». Ainsi le département est resté long-

---

(1) V. *Statistique du département de l'Ain*. M. Bossi, préfet, 1808. Nous citons, une fois pour toutes, ce recueil auquel nous ferons, dans la suite de cette étude, de notables emprunts. Nous avons déjà eu plusieurs fois l'occasion de recourir à lui : il est juste de dire qu'il renferme de précieux

temps privé de tout commerce et de toute industrie.

L'agriculture suffisait aux besoins de ses habitants, besoins qui étaient fort restreints. Le luxe dans les vêtements et le mobilier était chose inconnue. On n'a qu'à se reporter, pour s'en convaincre, aux minutes des notaires, on verra, en les feuilletant, combien étaient rapides les inventaires du mobilier de nos ancêtres et combien peu de variété ils apportaient dans leurs habillements. Le tisserand du village filait le chanvre qu'on cultivait autrefois partout, et, avec la toile grossière et dure qu'il livrait, on faisait « le linge » inusable. La serge était utilisée pour robe, pantalon. On ne possédait qu'un costume pour les fêtes qui durait une vie entière.

La situation économique s'est modifiée sous l'influence de deux causes : évolution de l'industrie, création d'un vaste réseau de communications. Lyon est la grande capitale de la soierie : longtemps les ouvriers tisseurs ont résidé sur le plateau de la Croix-Rousse, exécutant, sous la surveillance du patron, ces étoffes merveilleuses,

renseignements. Qui en est l'auteur ou les auteurs ? Tous ont gardé l'anonymat, et la signature du chef d'œuvre, ici, comme dans tous les travaux de ce genre, les rapports écrits par les chefs de service des administrations du département. C'est à ces hommes trop modestes que doit aller notre reconnaissance.

comme richesse, comme teinte, comme dessin. Mais la concurrence étrangère a changé les conditions du marché. Pour pouvoir vendre à plus bas prix, les fabricants ont dû transformer leur outillage; substituer, au petit atelier familial, la grande usine. Cette usine, pour avoir une main-d'œuvre moins onéreuse, ils l'ont construite à la campagne. Peu à peu, les tissages ont essaimé dans l'Isère et aussi dans l'Ain. Cette émigration forcée nous explique, et la crise économique dont a souffert si longtemps la vaillante population de la Croix-Rousse, et la formation rapide, le long de la voie ferrée du Lyon-Genève, de nombreuses cités ouvrières. Dans le Bugey, vers Bellegarde et Oyonnax, on s'est mis à utiliser la force motrice que fournissent en abondance des torrents impétueux comme le Rhône. Le long des rivières autrefois solitaires, dans ces combes verdoyantes où l'on n'entendait que le bruit monotone de l'eau courante, des usines importantes ont été organisées.

Il existe aussi, dans l'Ain, des industries très variées : les moins importantes sont les plus anciennes, leur déclin tient sans doute à ce qu'elles ne répondent plus aux besoins actuels et que leur outillage est démodé. Les plus prospères sont les plus récentes : grâce aux mécanismes perfectionnés dont elles disposent, elles peuvent lutter à armes égales avec les industries similaires de l'étranger. Nous verrons cependant qu'elles sont menacés par l'inégalité de certains tarifs de douane.

J'insisterai surtout sur les industries caractéristiques de l'Ain, celles qui ont pris ici un développement particulier et qui donnent au pays son originalité. Je cite : Les mines d'asphalte de Seyssel. Les carrières de Villebois. L'affinage de l'or et de l'argent de Trévoux. Les lapidaires du Haut-Jura. Les vieilles faïences de Meillonnas. Les industries du bois, et surtout la tournerie. Le travail de la corne et du celluloïd, et enfin la soierie qui a pris dans l'Ain une importance considérable. Nous ajouterons ainsi un chapitre intéressant à l'histoire de l'industrie française, histoire qui montre l'ingéniosité et l'esprit d'invention de notre race.

I

Mines et Carrières

Les mines d'asphalte de Seyssel-Pyrimont. — Les carrières de pierre de taille de Villebois. — La pierre lithographique. — Usines de chaux hydraulique et de ciment.

Les mines d'asphalte de Seyssel-Pyrimont. — Les mines sont peu abondantes, et d'une richesse très médiocre. En voici une statistique : l'Ain compte 11 concessions de mines, dont 10 inexploitées, savoir : la concession de *lignite* de Soblay, Société constituée le 6 janvier 1898, au capital de 200,000 fr. ; les concessions de *fer* de Vaux, Villebois et Serrières-de-Briord, dont les minerais sont très pauvres ; les concessions d'*asphalte* d'Orbagnoux, Lélex, Chézery et Forens-Sud (30 tonnes), faute de moyens de transport suffisants, sauf celle de Chézery, presque épuisée ; la concession de *schiste bitumeux* de Confort et de Saint-Champ, par suite du manque absolu de débouchés.

La seule concession exploitée est la mine

d'asphalte de Seyssel. Une mine productive se trouve sur la rive gauche du Rhône, à Volant-Seyssel, une autre à Pyrimont-l'Hôpital. L'usine de traitement est à Pyrimont. Son importance a diminué depuis qu'on emploie d'autres substances que l'asphalte pour les trottoirs des villes.

Elle est fort ancienne, a eu son heure d'éclatante prospérité, et son exploitation n'est pas d'hier. La mine du Parc, dans la commune de Surjoux, fut découverte en 1795, par Secretan, géomètre à Seyssel; en 1806, il en obtint la concession définitive pour 50 ans. On avait reconnu son existence sur quinze points. La direction des couches se prolonge du nord au sud, dans le même gisement que le Colombier, sur une inclinaison de vingt degrés. Ces couches ne se maintiennent jamais dans une épaisseur égale; elles ont quelquefois trois mètres, se perdent et reparaissent. Le bitume que l'on retire de cette mine est consistant, et adhère fortement aux corps contre lesquels il est appliqué. L'asphalte est noir, luisant, pesant et d'une odeur forte; il est semblable en tout au brai noir ou poix de Stokholm, excepté qu'il n'a pas une aussi mauvaise odeur. La gangue de cette mine est généralement en sable quartzeux ou en cailloutage, composé de silex, de quarfz et de pierres roulées de nature calcaire. Ces petits cailloux sont agglutinés ensemble par le bitume et forment une espèce de poudingue très difficile à briser (1).

On tirait alors des pierres du Parc des produits variés, asphalte, brai, goudron, vernis mastic huile. Ces divers produits étaient employés, soit pour brûler dans les lampes, soit pour les nombreuses manipulations que subit le cuir, soit pour graisser les rouages des grandes machines ou les roues des voitures; soit encore pour enduire les vaisseaux, les bateaux et en général tous les bois plongés dans l'eau, fichés en terre ou exposés aux intempéries de l'air; cet enduit leur donne une plus longue durée. On délaissa ces produits pour se borner à l'exploita-

(1) V. Statistique, p. 627. — Puvis, dans sa *Notice statistique du département de l'Ain*, donne sur les mines d'asphalte de nombreux détails qu'il emprunte au rapport de son frère, ingénieur en chef des mines : « Le bassin du Rhône, à partir de Seyssel et au-dessus, entre la Savoie et la France, est rempli d'un dépôt tertiaire formé de grès molasses, de marnes, mêlés de cailloux, de 2 à 300 mètres d'épaisseur, qui recèle des dépôts de lignites, et dont quelques-unes des couches sont fortement imprégnées de bitume. Le bitume s'est étendu jusque dans les couches du calcaire secondaire. La graisse ou asphalte ou bitume, s'extrait du minerai concassé ou pour mieux dire écrasé par le marteau ; le grès, tenu dans l'eau bouillante, achève de s'y désagréger, se dépouille du bitume qui, quoique plus lourd que l'eau, est amené sous forme d'écume, à la surface, d'où on l'enlève à mesure... »

tion du ciment asphaltique qui, fondu et mélangé avec du sable et de petits cailloux, est employé pour les terrasses et les trottoirs.

Cette exploitation est dirigée par la Compagnie générale des asphaltes de France. Elle a produit en 1900, 6.965 tonnes, contre 12.958 l'année précédente; personnel : 75 ouvriers, y compris ceux occupés au triage de l'asphalte sur les quais du Rhône (1). Le produit est employé pour les chaussées : la livraison est faite en rocher a des usines étrangères qui le pulvérisent. Il est encore mélangé à des asphaltes de Sicile et du Gard, qui, n'ayant pas les qualités de consistance de l'asphalte de Seyssel, ne sauraient être employés seuls. Les parties les plus pauvres sont destinées aux trottoirs. C'est la mine de Voland-Seyssel qui est le centre le plus actif de production. On peut citer encore la mine de Chézery, à la société des asphaltes du centre qui a donné, en 1900, 250 tonnes de minerai.

Pyrimont est le dépôt de tout le minerai extrait des carrières: c'est là qu'on le prépare avant de le livrer au commerce sous la forme de gros pains ronds. Ils sont expédiés, comme la pierre blanche des carrières voisines, par la voie ferrée. Autrefois on utilisait le Rhône pour le transport de ces

(1) V. le rapport adressé en 1900 au préfet par M. Champy, ingénieur des mines

marchandises encombrantes Le grand torrent est maintenant solitaire : on ne fabrique plus à Seyssel, ces grands bateaux à fond plat qu'on appelait savoyardeux. L'usine de Pyrimont, longtemps maîtresse du marché a dû subir la concurrence d'usines similaires dont quelques unes sont situées en Haute-Savoie.

Les carrières de pierre de taille de Villebois. — La grande richesse minérale de l'Ain est dans les carrières de pierre de taille, on en trouve un peu partout à cause de l'abondance des roches calcaires, de composition bien homogène. Puvis fait déjà observer que les communes des bords du Rhône et particulièrement celles de Villebois et du Saut, présentent, à la surface, des bancs de calcaires qui fournissent d'excellents et superbes matériaux de constructions. Ces pierres prennent sous la main de l'ouvrier, toutes les formes que demandent les architectes (1). Le Rhône les conduit aux nombreux édifices qui s'élèvent à Lyon, où elles portent le nom de *choin*. Les carrières occupent 4 à 500 ouvriers (1828) tant pour l'extraction que pour le travail de la pierre. Ces carrières sont d'une grande importance pour le pays; elles donnent du mouvement à la navigation, entretiennent une population forte et hardie.

(1) V. Raverat, les Vallées du Bugey, T. I., p. 113.

Au Sault-Brénaz, les carrières se trouvent le long du Rhône ou sur le plateau en montant vers Souclin. Ces pierres sont remarquables par la finesse de leur grain, leur éclat, et les facilités qu'elles présentent pour le polissage. On trouve ailleurs des carrières qui fournissent aux besoins locaux, à Hauteville, Anglefort-St-Cyr, Ceyzérieu, Culoz, etc. Cette abondance des carrières dans le Bugey, leur absence en Bresse, nous expliquent pourquoi toutes les maisons de la région montagneuse sont en pierre, tandis, que dans la plaine, dominent le pisé et l'argile.

Villebois est une cité très active, où résonne de tous côtés le bruit argentin des marteaux frappant sur des blocs sonores. Le monument principal de la ville est un monolithe de 9 mèt. 30 de hauteur, surmonté d'une statue de la République. La pierre, extraite aux frais de la population, a été taillée par les ouvriers de Villebois, à leurs heures perdues, pour ériger un monument à la Révolution et célébrer le Centenaire de 1789. On ne travaille pas, à Villebois, que ce calcaire d'une couleur grise, légèrement rosé, particulier à la région ; on fait venir l'admirable pierre d'Hauteville, d'un grain comparable aux plus beaux marbres. Elle est polie, sculptée, tournée dans les ateliers dont le torrent du Rhéby fait mouvoir les machines.

Un peu partout s'ouvrent les carrières de pierres de taille. Les strates sont horizontales, disposées en épaisseurs pouvant atteindre jusqu'à un mètre, espacées par des « délits » de roches brisées. Sur la table, dégagée des délits, on fore à l'acide les trous de mine qui permettent d'obtenir les blocs. Il y a, ainsi, une couche de calcaire exploitable de quatre à cinq mètres d'épaisseur. Au-dessus, on ne trouve plus que du silex. La roche est, soit expédiée, soit travaillée dans les ateliers. Les ouvriers de Villebois sont de véritables artistes, et Lyon doit à ces travailleurs bugeysiens, une grande part du caractère monumental de ses édifices. (1).

On extrait aussi le *tuf* à Villebois (2), à La

---

(1) J'emprunte ces détails à M. Ardouin-Dumazet, *Voyage en France*, 8e S., p. 241.

(2) *Du transport des pierres.* C'est par le Rhône que partent les pierres. Sans lui, les carrières qui font la fortune de ce pays ne se seraient jamais ouvertes. On les descend dans des *rigues*, immenses bateaux de sapin, à fond plat ; ils emportent à l'avant les chevaux qui les ramèneront à leur port d'attache. Il y a, au musée de Lyon, un tableau qui représente la remonte d'une rigue sur les berges plates du fleuve, par les graviers et les *brotteaux* ; traversant les lônes calmes, l'équipage, formé de puissants chevaux, empanachés de flots de laine rouge, tire avec une force majestueuse la grande rigue à l'arrière de laquelle un sapin tout entier sert de gouvernail.... Nous n'avons que des pierres à bord, des pierres

Burbanche, dans la Combe des Hôpitaux et à Belmont. Ces tufs, très légers, sont utilisés pour les galendages et les gaines de cheminées (1).

Les expéditions de *castine,* à destination des hauts fourneaux de Chasse et de Givors, en provenance de Riz et d'Artemare, atteignent 35,000 tonnes.

La pierre lithographique. — Une des spécialités du Bugey, c'est la pierre lithographique. La mine productrice se trouve à Marchamp-Cirin (2). Ses pierres sont, depuis longtemps, fort

---

brutes destinées à devenir des marches et des paliers d'escalier, des piliers-supports pour les maisons, des moellons. Il y a là près de 200 tonnes que le Rhône transportera en moins d'une journée sans nécessiter aucun effort de traction. La rigue passe sous le tablier du pont Saint-Clair et sous l'une des majestueuses arches du pont Morand (Lyon); un homme saute dans un bachot qui nous suivait à la remorque et porte une amarre sur le quai des Brotteaux, bientôt nous sommes à quai.... »

(1) Une mine de fer oolithique, s'étendant de Souclin à Villebois, a été exploitée ; mais ses produits étaient de qualité inférieure, le prix de revient très élevé ; elle a été abandonnée. Id. à Vaux et à Serrières-de-Briord. V. Puvis, op. c. 231. — Je note ici l'absence presque complète *d'eaux minérales,* quelques sources ferrugineuses à Pont-de-Veyle, à Toy, à Ceyzériat, à Ceyzérieu, pas trace d'exploitation ; dans l'établissement hydrothérapique de Divonne, on utilise, pour réaction, des sources froides.

(2) V. Jacquemin. Géologie de l'Ain. Stratigraphie. Annales de la Société d'Emulation. 1891. — Détails sur les bancs de pierres lithographiques.

appréciées en France et à l'étranger. Elles sont d'un grain très fin et le polissage en est facile. Les géologues trouvent, dans ces mines, de nombreux fossiles d'espèces très rares. La carrière est en très bon état, mais la Compagnie qui la possède la délaisse depuis quelques temps, préférant exploiter des carrières similaires dans l'Isère. Les pierres sont polies à Vérizieu, commune de Briord. Cette mine fut découverte, en 1807, par Lefèvre, dessinateur à Belley : ses produits furent reconnus égaux, en bonté, à ceux des mines de Munich, alors très célèbres.

Je note que l'industrie de la pierre subit une crise assez violente (1), contre-coup naturel de celle qui a atteint l'industrie du bâtiment. Voici les chiffres de 1890 à 1900 : la moyenne annuelle des expéditions, tant en France qu'en Suisse, a été de 15,000 mètres cubes comme pierre taillée, et pour les autres matériaux de construction, tels que moëllons, pierres de maçonnerie, castines, destinées aux hauts-fourneaux, de 50,000 mètres cubes. Pour la pierre taillée, les fournitures ont été faites, en France, dans un rayon de 5 à 500 kilomètres, et en Suisse, dans les cantons de Genève, Vaud et Neuchâtel. La fourniture des moëllons, pierres de maçonnerie, castines, ne se font que dans un rayon de 100 kilomètres, le transport à grande distance pour ce genre de matériaux étant trop onéreux par rapport à leur valeur. En 1900, la production pour la pierre taillée tombe à 5,000 mètres cubes, et pour les autres matériaux à 40,000 mètres cubes, Pour rendre à cette industrie son activité, on demande la réduction des tarifs pour les grandes distances, la revision des tarifs douaniers avec la Suisse, qui grève la pierre polie de 7,50 les 100 kilos, et retour à l'ancien tarif, abrogé il y a six ans (1).

Usines à chaux hydraulique et à ciment. — On fabriquait, autrefois, de la chaux un peu partout, dans des usines de village qui ont peu à peu disparu. Quelques-unes se sont réveillées depuis qu'on a eu besoin de chaux éteinte pour les traitements appliqués à la vigne. Mais une industrie l'a remplacée, celle de la fabrication des chaux hydrauliques et ciments prompts, utilisés pour les maçonneries ou autres travaux.

(1) Compte rendu des travaux de la Chambre de commerce de Bourg, 1901, p. 138. Le rapport de M. Champy donne 63.000 tonnes en 1899, 42.500 tonnes en 1900. Saint-Germain-de-Joux, appartenant à la société anonyme des carrières de Villebois, 2.400 tonnes de pierre tendre à bâtir ; Genissiat-Injoux, 3.000 tonnes de pierre blanche pour construction ; Montanges, 2.500 tonnes de plâtre. Pont-d'Ain, calcaire pur et blanc, expédié à la Cie de Saint-Gobain. à Saint-Fons, 10.000 tonnes. D'autres carrières à Saint-Cyr-Anglefort, Ceyzérieu, etc. ; à Glandieu, importante scierie de marbre, dont les machines sont actionnées par la chute du Gland.

Les usines à chaux et ciments sont nombreuses dans le Bugey, en raison de l'abondance des dépôts miniers et de leurs facilités d'exploitation. La plupart d'entre elles sont situées à proximité des lignes de chemins de fer : ce qui leur donne facilité d'approvisionnement en charbon, et d'exportation de produits fabriqués. Si l'on excepte l'usine de Jujurieux et celle de Tacon, près de Trebillet, toutes les autres sont situées entre Tenay et Culoz.

A Tenay se trouve, l'usine Porteret, qui fabrique les ciments à prise lente et à prise prompte : elle s'est spécialisée dans ces deux produits, 5.000 tonnes. Les autres usines, que nous allons indiquer fournissent tous les produits hydrauliques en usage dans les constructions : chaux légère, chaux lourde, ciment portland, ciment prompt. A Virieu-le-Grand, deux usines : M. Buscal, force motrice, la vapeur; M. Lourdel, force motrice donnée par le ruisseau de Claire-Fontaine, venu de la Combe de Ponthieu (1). A l'origine on pouvait rattacher à cette usine les fours abandonnés de Poirin. A Bons-Chazey, l'usine Trolliet-Villegente avec force

(1) La maison Jurron-Lourdel exploite la chaux hydraulique et le ciment de l'oxfordien, partie à ciel ouvert. partie en souterrain, 30.000 tonnes ; la maison Buscal a quelques galeries souterraines, 20.000 tonnes.

motrice donné par le ruisseau de Farabot, émissaire du lac de Chavoley (Ceyzérieu), et enfin l'usine de Béon-Culoz, installée récemment ; la vapeur fournit la force motrice. On y fabrique en quantité considérable des tuyaux en ciment, des briques, des carreaux comprimés, des dés, des tonneaux, etc. L'usine est reliée à la gare de Culoz par un embranchement spécial.

En 1900, le tonnage vendu était évalué à 100.000 tonnes, dont 18.000 en Suisse, 82.000 en France (Ain, Savoie, Isère, Rhône, Loire, Saône-et-Loire, Jura, Doubs, Haute-Saône, Côte-d'Or); il était en diminution de 25 % sur celui des années précédentes. Les causes de cet arrêt de production sont faciles à indiquer. La principale, est le ralentissement général de la construction; cet arrêt provient de la crise industrielle qui s'est généralisée et surtout de l'abaissement fatal et rapide des revenus.

En dehors des villes, où les maisons nouvelles, par suite du surcroit de population, deviennent nécessaires, on se contente des édifices actuels. L'Etat, qui avait élevé beaucoup de maisons d'école, réparé beaucoup de routes, arrête les commandes. Ce fléchissement considérable des commandes n'explique pas seul la crise que nous signalons. La deuxième cause, c'est la fermeture du marché suisse. Nos voisins ont installé chez eux de nombreuses usines, et, à la faveur des tarifs douaniers, ils vendent chez nous des produits qu'ils nous demandaient il y a quelques années (1).

---

(1) D'un rapport de M. Couibes, présenté le 12 février 1903 à la Chambre de commerce de Bourg, j'extrais les lignes suivantes : « L'industrie des chaux et ciments, qui est représentée dans l'Ain par sept usines, après avoir connu une époque de prospérité florissante, voit, depuis plusieurs années, son activité diminuer.... Jusqu'à ces dernières années, les fabricants écoulaient une partie très importante de leur tonnage en Suisse ; ce pays avait bien quelques fabriques de ciment de Portland artificiel, mais ces rares producteurs n'apportaient qu'un faible appoint à la consommation devenue considérable par suite du développement des localités des rives du Léman. Tous les travaux d'art, nécessités par les chemins de fer de la Suisse française, les quais, les utilisations industrielles du Rhône, par Genève, etc., ont absorbé plusieurs centaines de mille de tonnes de ciments de l'Ain. L'industrie suisse, secondée par les administrations fédérales, s'est développée, suffit à toute la consommation ; nos usines n'expédient plus en Suisse en un mois ce qu'elles livraient naguère en un jour. Les produits suisses envahissent la zône et même pénètrent à l'intérieur de notre ligne de douane. » Le remède : suppression du privilège créé par P. L. M. au profit d'un seul producteur pour la fourniture des chaux dans les travaux de construction des nouvelles lignes ; suppression de la concurrence suisse : nous payons, à l'entrée suisse, 5 francs par tonne pour la chaux, les Suisses payent à l'entrée en France 2 fr. 60. A Pontarlier, une distillerie incendiée a été reconstruite par un architecte suisse, il a imposé aux entreneurs les produits suisses. Même concurrence désastreuse

II

L'industrie métallurgique

Trévoux, capitale de la Dombes : le tirage de l'or et de l'argent. — Les filières de diamant. — L'ancienne imprimerie.

L'industrie métallurgique n'est pas très active dans l'Ain. Elle répond aux besoins locaux pour les outils d'agriculture, la clouterie : citons les forges de Dortan, les fonderies de fonte de Bourg et de Saint-Laurent-lès-Mâcon ; les ateliers de taillanderie de Bourg, Ceyzériat, Peron et Trévoux ; des établissements de constructions mécaniques disséminés dans le département. A Bourg, on fabrique aussi des alambics et des pompes à incendie.

A Cerdon, se trouve l'usine de cuivrerie et maillechort de M. Main. Elle livre des plateaux

---

sur la frontière belge. Donc relèvements des tarifs et suppression de la zone.

A consulter, sur cette question, l'ouvrage très bien documenté de M. Charousset : *Les Zones franches*. L'auteur conclut à la suppression de la zone, qui est en contradiction avec le principe d'égalité, et avec l'intérêt général du pays.

de balances, des casseroles évasées pour les grainetiers, des creux à poucette pour les tabacs, des batteries de cuisine. C'est la même maison qui exécute la chaudronnerie nécessaire aux grandes filatures de soierie. Ces appareils sont allés en Espagne, en Italie, en Grèce, en Syrie, aux Indes, au Japon. J'ajoute qu'en cuivre, on confectionne encore à Cerdon, les ustensiles employés en Orient, braseros, aiguières, amphores, plateaux ronds ou ovales. A l'aide du maillechort, ce composé de laiton et de nickel, on produit de l'orfèvrerie courante, assiettes à gâteaux, baquets à bière, etc.

Trévoux. — Les fils d'or et d'argent. — L'imprimerie. — Nous nous arrêterons longtemps à Trévoux, capitale de la principauté de la Dombes; c'est une des villes du département qui ont l'histoire la plus curieuse. Elle a possédé jusqu'en 1772 son parlement particulier et ses privilèges : son souverain, le duc du Maine, fils de Louis XIV, était sujet du roi à Versailles, et souverain en Dombes. C'était alors une puissante cité avec remparts, maisons fortes, palais. Elle n'a gardé de son passé glorieux que sa situation délicieuse, en face des horizons merveilleux du Lyonnais et du Maconnais; à ses pieds coule la Saône majestueuse et lente. Elle a conservé une industrie de luxe, fort prospère aux temps lointains où les habits des hommes étaient luxueux, ornés de broderies et de passementeries précieuses.

Cette industrie curieuse est *l'affinage et le tirage de l'or et de l'argent.* De tous temps les métaux susceptibles d'allongement ont été tréfilés ou mis en fils pour des emplois variés. Il y des siècles que l'on tréfile le fer, le laiton, le cuivre pour la fabrication de toile métallique. L'argent, qui se prête d'une façon si généreuse au travail de la tréfilerie, a fourni des ornements à tout l'univers, soit pour les objets religieux, soit pour les galons de l'armée. L'or ne s'étire pas, il est employé à dorer le galon d'argent et à lui donner un titre plus ou moins élevé. On croit que la tréfilerie fut introduite à Trévoux par les Juifs, qui vinrent s'y établir vers l'an 1400. Au 18e siècle, elle fut prospère ; on y fabriquait jusqu'à 6.000 lingots par an (le lingot 13 kil.). Il y eut arrêt pendant la Révolution par défaut de consommation de dorures et de galons (1).

---

(1) V. *Chronique du Foyer* (direction L. Parant), février 1890, art. de M. Ballofet. — *Statistique*, détails curieux, p. 631 : « La perfection du tirage d'or et d'argent dépend des filières. Le sieur Charbonnet, tireur d'or à Trévoux, possède un secret particulier pour en faire la fonte. Par le moyen de filières qu'il fabrique, un lingot d'or résiste à tous les frottements ; l'acier des filières où passe ce lingot est préparé de manière à devenir malléable et à conserver la résistance né-

La perfection du tirage dépend de la qualité des filières. Un tireur d'or, Charbonnet, en faisait d'excellentes en acier qui permettaient d'obtenir des fils très tenus, mais qui exigeaient une main-d'œuvre coûteuse. Un ouvrier tournait une roue dentée horizontale qui faisait mouvoir, au moyen d'une chaine Vaucanson, une bobine où s'enroulait le fil passant par la filière d'acier. Dans la maison de l'Argue, se trouvait l'hôtel des Monnaies où était contrôlé l'argent employé par les tréfileries; il a contribué à donner à cette industrie son excellente réputation.

Cette industrie a progressé très vite, grâce aux inventions nouvelles. A Trévoux se sont créées les premières machines mécaniques, permettant à un seul ouvrier de faire le travail de huit avec moins de peine et plus de précision : en 1801, s'est établie, à Trévoux, une fabrique *filières en rubis et en saphirs* pour remplacer la filière d'acier; plus tard sont venues les *filières en diamant*. Ces dernières ont permis l'étirage de métaux très divers qu'on n'avait pu tenter avec des instruments imparfaits. Elles sont employées pour la

---

cessaire, sans altérer la surface du trait doré le plus mince. » Le secret fut gardé et assura à Trévoux une supériorité marquée. Voir pour Oyonnax, la même politique et les mêmes résultats L'industrie de Trévoux est liée à celle de Lyon. Elle est concurrencée par celle de Pont-de-Chérui en Isère.

fabrication des fils d'acier, fer, cuivre, laiton, nickel, maillechort, bronze, argent et or faux, des fils en usage en électricité, télégraphie, téléphonie, etc. C'est enfin notre département qui a le premier employé les machines multiples qui permettent au trait de passer dans toute une série de 12, 15 et même 20 filières à la fois, au lieu d'être amorcé et étiré successivement dans 12, 15 et 20 filières différentes.

A citer les tréfileries de Trévoux, de Villieu près Meximieux, les fabriques de filières de Trévoux, de Lagnieu, de Thoiry. Cette coquette cité de Trévoux a du reste toujours été fort active. Elle a été un centre intellectuel de premier ordre : au XVIIe siècle, elle possédait une imprimerie célèbre où s'exécutèrent de véritables travaux d'art. Son fondateur Ganneau, fit venir de Hollande, d'Allemagne et de Genève, des ouvriers habiles. Plusieurs de ces familles étrangères se fixèrent à Trévoux ; leurs descendants s'y rencontrent encore. Là fut imprimé un grand journal sous ce titre : *Mémoires pour l'histoire des sciences et des Beaux Arts*, recueillis par ordre de S. A. S. Mgr., prince souverain de Dombes. De janvier 1701 à avril 1731, 355 tomes. C'est le journal rédigé par les jésuites pour rendre compte des livres nouveaux et réfuter les fausses doctrines qui y seraient émises. A Trévoux furent édités : le *Dictionnaire universel* de Furetière, le *Dictionnaire critique* de Bayle, l'*Etat de la France* du comte de Boulainvilliers, le *Nouveau Mercure*.

Beaucoup des livres sortis des presses de Trévoux, paraissaient avec la rubrique de La Haye. La compagnie des libraires de Trévoux, surtout depuis 1708, se mit à exploiter, sur une très vaste échelle, ce genre de contrefaçon. La beauté du papier et du caractère, la netteté de l'exécution typographique firent le succès de ces livres.

Un œil exercé reconnait facilement les éditions de Trévoux, surtout celles postérieures à 1732, aux caractères qui sortaient de la fonderie établie en Dombes en 1731, par Christophe Moucherel. La plupart des in-12° édités sous une des fausses rubriques de Hollande ou d'Allemagne, portent, dans le titre, une sphère sur bois, bien différente de celle employée par les librairies de ces deux pays. A ce moment, les presses trévoltiennes étaient les premières de France. La Dombes est réunie à la France en Août 1762 : son imprimerie déclina en perdant ses privilèges particuliers ; elle disparut bientôt, laissant derrière elle un lumineux et durable souvenir (1). C'est à Trévoux que vous

(1) Je renvoie ceux qu'intéresse cette question à la *Notice sur l'ancienne imprimerie de Trévoux*, publiée par M. C. Guigue, dans la *Revue du Lyonnais* du 1er mars 1855. C'est

trouverez le plus ancien journal de France, le célèbre *Journal de Trévoux* que les Jésuites fondèrent vers 1701, et qui lutta avec tant d'âpreté contre l'esprit des philosophes et des économistes. Il subsiste encore ce petit journal; mais c'est une humble feuille d'arrondissement qui n'exerce son influence que dans un rayon très restreint.

---

un petit travail d'une grande précision, comme toutes les dissertations écrites par cet érudit auquel notre département doit tant de livres importants. Du même auteur, *Topographie historique du département de l'Ain*, article sur Trévoux, p. 407.

III

Bijoux et Faïences

Les lapidaires du Haut-Bugey : Bijoux, diamants et strass. — Tuileries et poteries. — Les vieilles faïences de Meillonnas.

Bijoux, diamants et strass. — Nous arrivons, avec les *bijoux et les diamants*, aux industries d'art, qui, avec la tréfilerie, sont un des traits caractéristiques de la vie industrielle du département, Je mentionne d'abord les Émaux bressans, de Bourg, qui ont été fort appréciés dans les diverses expositions où ils ont figuré. Ils ont eu l'heureuse fortune de fournir au poète Gabriel Vicaire un titre aimable et brillant pour un livre de vers d'une délicate facture.

Dans le pays de Gex, et dans quelques communes du Haut-Bugey (1), se trouvent de petits

(1) V. La *Chronique du Foyer*, art. de M. Caillat, auquel nous prenons de nombreuses indications. M. Dubois, professeur à l'École supérieure d'Oyonnax, nous a fournis des notes précieuses.

ateliers de famille pour la taille des diamants et des pierres précieuses. Cette industrie a été importée du Jura, par des douaniers qui cherchaient à occuper leurs loisirs. Le centre principal se trouve à Septmoncel « un long bourg du Jura, à 12 kilomètres de Saint-Claude et à un millier de mètres d'altitude, célèbre dans tout le Haut-Jura pour l'aisance et la bonne humeur gasconne de ses habitants. Douze cents ouvriers y vivent des pierres précieuses ».

Les pierres travaillées se divisent en deux catégories : le *diamant* et le *lapidaire.* Par *lapidaire,* on entend la taille de toutes les pierres précieuses autres que le diamant: émeraudes, rubis, topazes, aigue-marine, lapis-lazuli, et qui portent le nom général de *pierres dures,* et celle des imitations ou *pierres fausses.* On y rattache la fabrication des doublés, c'est-à-dire l'application d'un fond coloré à une pierre incolore.

La vallée de la Valserine et le pays de Gex ne taillent guère que le faux et le doublé. Divonne a des ateliers fort importants. Gex a une diamanterie qui occupe une vingtaine d'ouvriers. L'organisation de cette industrie est assez curieuse : elle peut être prise comme type de l'*industrie familiale,* particulièrement recommandable. On évite l'entassement des ouvriers dans des locaux trop petits, envahis par des poussières homicides. Entrez dans n'importe quelle maison du pays de Gex ou de la vallée de la Valserine, et je serai bien étonné si vous n'y trouvez pas un ou deux établis assez semblables à des tours de potiers : ce sont des établis de lapidaires.

On travaille surtout la pierre fausse, silicate de plomb et de potasse, dans des proportions qui varient avec l'effet à obtenir. C'est le strass, qu'on achète à Paris par masses de 5 à 20 kilos. Il est cassé en morceaux de 8 à 10 millimètres cubes, qui sont fondus dans des fours minuscules, en terre réfractaire; il est retiré, refroidi et devient le *chaton* prêt à être travaillé. Fixé au bout d'un batonnet, il est poli à la meule de plomb; lorsque les faces sont faites, on le passe à la meule de cuivre. Dans le *doublé*, le fond ou rose de la pierre, qui lui donne son reflet, étant plus dur, on le polit à la meule d'étain. Pour le diamant, on emploie une meule d'émeri, saupoudrée de fine poussière de diamant. Toutes ces pierres sont expédiées à Paris; elles vont, de là, en Amérique, en Espagne, en Italie. Cette industrie a transformé la situation économique de la région; elle a répandu l'aisance et l'animation, où ne se rencontraient que pauvreté et solitude. Une ombre au tableau : l'aspiration des poussières de la meule de plomb cause une dangereuse intoxication (1).

Tuileries et poteries. Les faïences anciennes de Meillonnas. — Les tuileries ou tuilières sont nombreuses, mais elles luttent difficilement contre la concurrence qui leur est faite par les ardoises qui nous arrivent sans être grevées de frais de transport des carrières de la Savoie. Les tuiles sont plus gaies dans le paysage, mais elles

(1) Quelques renseignements complémentaires sur l'arrondissement de Nantua (Dubois) : Lapidaires à Echallon, Belleydoux, Giron, Champfromier, Montange, Plagne, Saint-Germain-de-Joux, Arbent, Oyonnax. Partout ce sont des cultivateurs qui ne taillent qu'en hiver ou en cas de mauvais temps. Quelques ouvriers seulement travaillent toute l'année. On ne taille que très rarement les rubis ; à Belleydoux, on fait la pierrerie pour boutons-jumelles qui ne sont pas montés dans la région ; un horloger s'occupe seul de ce montage. Arrondissement de Gex : industrie unique à Mijoux, Lélex, Forens, Chézery. — L'industrie lapidaire est peut être plus ancienne qu'on ne le croit dans le Haut-Bugey. Puvis, 1828, dit à ce propos : « Une partie du Haut-Jura, où comme sur nos âpres montagnes, la neige couvre plus de six mois le peu de sol cultivable que laissent les rochers et les accidents du sol, offre dans beaucoup de ses chaumières, une industrie très productive et qui, jusqu'ici, a peu éprouvé d'interruption. La taille des pierres fausses y occupe un grand nombre de bras. Cette industrie, longue à cheminer, commence cependant à gagner nos cantons ; si la demande peut s'accroître, nous pouvons espérer une nouvelle ressource pour nos laborieux montagnards pendant la mauvaise saison. »

ont le tort de se laisser détériorer par la gelée. L'ardoise, triste cependant, lui est préférée un peu partout. Je citerai les tuileries de Priay, Montmerle, Meximieux, La Chapelle du Chatelard, Lavours, Divonne, Ferney. On fabrique, dans cette localité, avec la terre blanche, la brique de cloisons ; avec la terre rouge, la brique de parement et la tuile. L'usine livre par an trois millions de pièces.

La poterie nous arrêtera plus longtemps : c'est chez nous une ancienne et respectable industrie : elle existait déjà à l'époque romaine. Les fouilles de Brou ont révélé l'existence d'une importante fabrique romaine ; à Don-en-Valromey (1), nous avons trouvé des débris d'un atelier de potier important, qui remontait à la même époque. Depuis, la poterie a toujours été en grand honneur dans l'Ain. On la trouve à Bourg, au faubourg de Mâcon, à Ferney-Voltaire, à Vanchy, à la Croze, près Belley. De ces usines viennent des ustensiles de ménage, sans valeur artistique.

Mais à cette industrie se rattache un souvenir extrêmement précieux : celui de la *fabrique de Meillonnas*, d'où sont sorties ces belles faïences émaillées aux dessins si finis, au coloris si chatoyant, qui sont fort rares et très goûtés des

---

(1) V. Bulletin de la Société de Géographie de l'Ain. 1895-1897.

amateurs délicats (1). L'usine fut fondée en 1761 par M. de Marron, seigneur de Meillonnas; sa femme, née à Dijon, dans une société lettrée, avait le goût des arts et s'occupa avec passion de l'entreprise. Elle fit venir des peintres étrangers pour la décoration des grandes pièces de luxe. Nul doute qu'elle n'en ait demandé aux ateliers Moustiers, alors si renommés. Pidoux, qui signait les jardinières, en venait probablement. C'est l'almanach de Gournay, de 1788, qui a, le premier, révélé la fabrique de Meillonnas et appelé l'attention sur ses produits fort estimés; il parle des jardinières marquées Pidoux 1765 à Miliona. Ces pièces, dit-il, de faïence très fine, bien vernissée et d'une forme Louis XV des mieux déterminées, portaient en peinture des paysages d'une délicieuse exécution.

C'est au pied des collines du Revermont, à quelques kilomètres de Bourg, qu'on trouve Meillonnas. Les artistes et les ouvriers travaillaient dans un vieux château dont il ne reste plus que des murailles informes. La matière première est abondante. En 1761, le seigneur de Meil-

(1) Notice sur les faïences artistiques de Meillonnas par Millet, 1876, 13 p , travail excellent qui nous a fourni les renseignements que l'on va lire. Puvis, op. c. p. 143, nous dit qu'à Meillonnas, la fabrique des grès a été introduite avec succès, on y cuit des briques réfractaires à la houille. L'usine occupe 50 ouvriers.

lonnas écrivait : « Il y a plus de 800 ans que les poteries de Meillonnas fournissent de terre à feu le tiers du royaume, et même la Suisse et la Savoye. Ce commerce était autrefois si considérable qu'il y avait à Bourg, une rue, sous les halles, qui lui servait uniquement et qu'on appelait la rue de la Tupinerie. » L'intendant en Bourgogne et en Bresse accorda à cette faïencerie une subvention importante.

On trouve encore, dans les vieux vaisselliers, les spécimens principaux de cette industrie d'art. Les plats sont allongés avec évasement à partir du milieu, les bords sont doucement arrondis, le galbe est gracieux et bien jeté ; dans le milieu s'étale une rose pâle avec tige et feuille d'un dessin précis; sur les rebords, entre les nervures, se glissent des feuilles ; un mince liseré de couleur orne les bords. Les assiettes de formes variées sont décorées d'oiseaux à large bec, de paysages gracieux. Ailleurs, on voit des Chinois avec la pipe traditionnelle, entourés d'arabesque d'un heureux caprice. Ces ornements révèlent une main habile et semblent particuliers aux artistes et aux ouvriers de Meillonnas. Les bouquetières aussi portent, sur leur face, la même rose pâle, plus ou moins grande, avec sa tige. Une main y excellait sans doute dans la fabrique.

Sous la direction de M. de Meillonnas, étaient

fabriquées des pièces de luxe, qu'on envoyait aux personnes amies : ce sont des soupières allongées, des jardinières, des fontaines ; elles sont d'un beau vernis, parsemées d'élégants dessins distribués avec sobriété. Les anses des soupières sont ornées d'ingénieux mascarons. Il existe, dans notre département, des vases avec jardinières décorées avec un goût exquis de fleurs et de *guirlandes en relief* dont la délicatesse peut lutter avec la nature. Ils n'ont été ni coloriés, ni vernis, soumis à une légère cuisson.

La décadence vint pour Meillonnas le jour où se répandit la porcelaine. En 1808, la faïencerie occupe encore 18 ouvriers et la valeur de ses produits s'élève à 24.000 francs. La vaissellerie s'écoulait vers Mâcon et à Bourg. Elle a disparu, et la terre, autrefois si bien utilisée, est envoyée à Bourg. Grâce à sa finesse, l'artiste-potier Bozonnet a pu confectionner ces beaux vases antiques si recherchés des collectionneurs. On a dit justement que nos faïences ne sont ni du Rouen, ni du Nevers, ni du Moustiers, ni du Delf, c'est tout simplement du Meillonnas qui a son prix, étant original. Nous avons insisté sur elles, parce que c'est là une manifestation d'art curieuse ; elle honore ceux qui s'y sont livrés. Nous la donnons en exemple à ceux qui voudraient marcher dans les voies nouvelles : cela ne mène pas à la fortune, mais à la gloire... souvent posthume.

IV

Le blé et le bois

Les moulins anciens. — Les minoteries nouvelles. — Le bois. — Les sabots. — La boissellerie. — Les tourneries. — Scieries et bateaux.

Les industries dérivées du règne végétal sont assez importantes et liées en général aux produits généraux du sol. Sorties de la terre elle-même, elles sont fort anciennes. On doit constater que beaucoup d'entre elles sont en voie de disparition. Peu à peu elles sont tuées par les usines où la machine-outil travaille mieux, à meilleur marché et plus vite. Cette évolution économique est profondément regrettable : ces petites industries fournissaient à beaucoup de familles un utile salaire d'appoint, quelques-unes donnaient aux montagnards un travail régulier pendant les longs mois d'hiver, lorsque la neige recouvre prairies et champs de blé.

Minoteries. — La minoterie est une de nos plus anciennes industries, le blé étant cultivé partout dans le département, dans la montagne et surtout dans la grasse et plantureuse plaine de Bresse. On trouve des moulins dans tous nos cantons, partout où se rencontre une chute d'eau, une rivière à niveau peu constant. Ces moulins, très pittoresques dans le paysage, avec leurs toits moussus et leurs grandes roues à aube, tendent à disparaître : ils ne peuvent soutenir la concurrence contre les grandes usines à outillage perfectionné dont la régularité de marche est assurée par l'emploi des turbines ou de la vapeur.

Ces petits moulins de campagne ou moulins à façon, transforment en farine le blé des propriétaires : ils emploient presque tous la meule en pierre; la force motrice leur est donnée par l'eau, tombant sur les augets d'une roue, ou actionnant une petite turbine. Nous possédons des minoteries importantes (1), à Pont-d'Ain, Bellegarde, Bons, Nurieux, Bourg, Germagnat, Vonnas, Trévoux. On trouve plus de 200 moulins dans l'arrondissement de Trévoux. Quelques-uns servent à fabriquer l'huile de noix ou l'huile d'œillette, à broyer des phosphates, du tan.

(1) V. Compte-rendu de la Chambre de commerce de Bourg, 1901-1902.

Une partie des produits fabriqués est utilisée par la consommation locale : le surplus va à Lyon, en Savoie et en Suisse. Les produits sont, du reste, de bonne qualité étant obtenus au cylindre métallique broyeur. La minoterie de l'Ain doit lutter contre les puissantes usines du Nord, du Centre et de l'Ouest. L'admission temporaire n'est pas faite non plus pour lui ouvrir des débouchés. Elle fournit pour 15 à 20 millions de farine avec une force motrice de 1.000 chevaux-vapeur. L'état instable de cette industrie nous explique pourquoi dans l'Ain on tend à restreindre la culture du blé au profit de celle de la vigne ou des prairies artificielles.

Le Bois. Scieries et Tourneries. — Le bois a donné naissance à des industries considérables. Il est bon de rappeler que le pays est riche en bois, même dans les pays de plaine. La plaine de la Bresse est parsemée de bouquets d'arbres qui enlèvent toute monotonie à son paysage. De plus, on compte 49.992 hectares de bois soumis au régime forestier sur lesquels les communes et divers établissements publics en revendiquent 46.831. La valeur de tous leurs produits a atteint la somme de 1.426.314 fr. Les principales forêts sont, dans la région montagneuse : celle d'Arvières, qui recouvre la pente septentrionale du

Grand-Colombier, celles de Cormaranche et de Jailloux, fort bien aménagées, que le cyclone, en 1890, avait ravagées et privées de leurs arbres les plus majestueux. Les arbres sont remarquables, dans ces trois forêts, par leur hauteur et la régularité de leurs formes. Je cite encore les forêts de Champfromier, Cretet, Genevrais, Meyriat, Montréal, Niermes, Putod, Seillon. Cette dernière aux environ de Bourg, n'a pas le même aspect que les précédentes. C'est une forêt de plaine, avec clairières et fourrés d'accès facile, où les amateurs de champignons peuvent faire d'excellentes récoltes. Les essences consistent surtout en sapins, hêtres, chênes et charmes.

Les bois fournis par les forêts donnent lieu à des manipulations diverses. Les bois légers sont transformés en *sabots*. La fabrication du sabot bressan, à bout relevé, de forme élégante, constitue une des principales industries de Bourg. Quelques maisons en vendent dix à douze mille paires par an. Une fabrique occupe à elle seule 25 à 30 ouvriers. Pour fabriquer le sabot, on emploie plusieurs variétés de bois : le *bouleau*, le *noyer*, la *verne*, le *saule pleureur*, le *peuplier du Canada*, le *tremble*, le *platane*. Les essences les plus usitées sont le bouleau et le noyer. Le sabot, pour sa fabrication, passe entre les mains de cinq ouvriers : l'ébaucheur, le creuseur, le pareur, le sculpteur, le noircisseur ou vernisseur. Il existe aussi une catégorie de sabots connus sous le nom de *petits sabots bressans*. Ce sabot de fantaisie, très en vogue auprès des étrangers, est fabriqué par des spécialistes.

Dans la région du Jura, le bois alimente plusieurs industries fort actives. Vers Echallon et Le Poizat, s'est développée la *boisselerie* : les habitants de ce pays, fort pauvres, avaient coutume d'émigrer pour aller peigner le chanvre. L'hiver ils fabriquaient des seaux, des cuviers, des instruments d'agriculture. Ils faisaient de très belles fourches à quatre dents qu'ils garnissaient de cornes de mouton. Cette industrie est en décadence : une trentaine d'ouvriers s'en occupent encore pendant la saison froide.

Autrement importantes sont les *tourneries*, avec leurs deux centres principaux : Arbent et Dortan. C'est une très ancienne industrie qui nous est venue par infiltration de Saint-Claude. C'est à Arbent qu'on la trouve installée tout d'abord. De nombreux tourneurs sont cités dans les actes des notaires et de l'Etat Civil, des XVIIe et XVIIIe siècles. La raison d'être de cette industrie est facile à trouver : dans les montagnes environnantes, on trouve une quantité de buis, le sol est pauvre, l'hiver long et rude, l'habitant ne peut pas vivre, comme dans le bas pays, des produits du sol. Quelques ouvriers travaillent chez eux avec un tour à pédale. On compte trois ateliers utilisant l'eau du Merdasson. L'industrie va redevenir familiale grâce à la distribution de l'énergie électrique fournie par le Saut-du-Mortier. On travaille à Arbent le hêtre, la charmille ; le buis est déjà rare. Les travaux exécutés sont : rouleaux, roquets de trame et d'organsin pour les canuts de Lyon et de Saint-Etienne, manches d'outils, articles pour zingueurs, patères, cuillers à moutarde.

A Dortan, le tournerie occupe 300 à 350 ouvriers; les machines sont actionnées par la force hydraulique. L'industrie est stationnaire depuis longtemps, elle subit une vive concurrence de la part de la Suisse et de l'Allemagne. Les salaires sont encore élevés, 4 à 5 francs par jour, et la valeur des produits manufacturés atteint deux millions en moyenne par an. En dehors de ces deux centres, il y a des tourneurs à Izernore, Matafelon, Samognat, Bouvent, mais nous ne trouvons dans ces communes aucun atelier important.

Les scieries ont une très grande importance à cause de l'étendue des forêts de sapin. Elles sont éparses le long des cours d'eau nombreux et rapides qui sillonnent le Bugey. Citons Arbent et

Dortan sur le Merdasson ; Oyonnax, Martignat, Montréal, sur l'Ange ; Neyrolles sur le Merloz ; Charix, sur le ruisseau du lac de Sylans, vers la cascade ; Saint-Germain-de-Joux, sur la Semine ; Lélex, Chézery, sur la Valserine ; Champfromier, sur la Volferine ; Brénod, Condamine-la-Doye, Maillat, sur la Doye et l'Oignin (1).

Des scieries importantes existent à Hauteville-Nantuy, à Tenay et surtout à Artemare. Cette lo-

(1) Le *Torrent de Merloz*. Ces rivières du Jura sont délicieuses par leur aspect pittoresque et par la gaieté et la vie qu'elles engendrent. Voici une peinture de l'une d'entre elles : le Merloz : « Je m'engageais dans la fraiche vallée des Neyrolles. Oh ! l'aimable val, celui-là. Il est étroit et les montagnes sont couvertes de bois bien sombres, mais le petit torrent de Merloz a de si amusantes colères entre les pierres de ses rives, il est capté sur tant de points, il fait mouvoir tant de scieries et de petites usines... C'est le faubourg industriel de Nantua. Ici, on travaille le buis, le hêtre, les bois durs ; on y tourne des toupies et des disques pour jeu, des salières, des hochets, des coulants de serviettes, toute cette boisselerie de bazar d'un usage si répandu. Partout, on entend les outils, de toutes les fenêtres s'échappe la poussière blonde des bois travaillés. L'infatigable Merloz prodigue la vie ; dans les scieries, les troncs de sapins et de noyers viennent automatiquement s'équarrir, se transformer en planches, en madriers, en solives. Jusqu'au village des Neyrolles, c'est un bruit d'eau frémissant sous les écluses, de roues tournant sourdement et de scies mordant sur des fûts énormes. Quelques-unes de ces scieries, avec leur installation primitive, leur toit rustique, leurs aqueducs vermoulus, sont du plus pittoresque effet dans cette cluse agreste et profonde.

calité se trouve au pied de l'escarpement qui termine le plateau du Valromey. Des sources considérables jaillissent de tous côtés et actionnent les mécanismes des usines. Celles-ci emploient le sapin, le hêtre, le chêne et le noyer. Ce dernier est fourni par le Bas-Bugey, la Savoie et l'Isère. Le hêtre est débité en bois pour la chaise. Quant au sapin, il est scié en poutres ou en planches. Ces dernières sont souvent utilisées sur place pour la construction de bateaux plats qui servent pour transporter à Lyon les pierres de la région de Villebois, ou de petits barcots utilisés par les pêcheurs de rivières. C'est une très vieille industrie en décadence. Quant aux bois de noyer, ils sont transformés en crosses de fusil, planches, etc., et s'exportent sous cette forme en Allemagne, en Belgique, en Angleterre. (1). On estime à 3.000 le nombre des ouvriers vivant du travail du bois.

---

(1) *Industries diverses*: à citer : une distillerie de betterave à Saint-Trivier-de-Moignans. Dans ces dernières années, nous avons vu apparaitre la culture de la betterave à sucre dans l'arrondissement de Belley, elle se substitue peu à peu à celle du *tabac*, introduite il y a peu d'années. On trouve des brasseries à Bourg et à Belley, des fabriques de liqueurs à Pont-de-Vaux, la marque prunelle bressane est très estimée. — La *papeterie* n'est pas très développée dans l'Ain, bien que nous possédions deux matières premières employées dans la confection des papiers communs : la paille et le bois : usines à Cerdon, Préaux, Saint-Germain-de-Béard, Saint-Rambert. A Bellegarde, on a organisé une fabrique de pâte de bois.

V

Parures, Tissus, la Soierie. Industries mortes

Oyonnax : son ancienne industrie de la corne, l'indusdustrie nouvelle du celluloïd, parures, peignes et bibelots. — L'atelier familial, et l'initiative de l'ouvrier. — L'industrie de la soierie : son ancienneté. — Emigration de l'industrie lyonnaise. — La schappe à Tenay et Saint-Rambert en Bugey. — Le tulle. — La toile et les peigneurs de chanvre. — Les Horlogers de Voltaire.

Deux industries, celle de la corne-celluloïd et celle de la soierie, méritent surtout d'être étudiées avec soin, en raison de leur importance et de la nouveauté des produits qu'elles livrent à la consommation. Elles ont grandi, grâce à l'esprit d'initiative de ceux qui les ont créées. Tenant compte des nécessités de l'heure actuelle, et des dangers que nous font courir nos rivaux de l'étranger, ils ont transformé leur outillage et varié les articles offerts au consommateur. Cette loi d'évolution est fatale; ceux qui ne la suivent pas disparaissent très vite; l'esprit d'initiative sans cesse en éveil, permet seul de suivre les progrès du machinisme et les besoins du marché.

Oyonnax.-- La corne et le celluloïd.-- Les peignes. — C'est une très ancienne industrie que la fabrication des peignes (1). Elle existe dans le Haut-Bugey depuis le XVIIe siècle (1640). Seulement elle était répandue dans plusieurs localités : à Bellignat, Martignat et Oyonnax. Cette localité était de population très restreinte ; en 1625, elle avait 625 habitants ; en 1636, brûlée par les Comtois en guerre avec les Bressans, se relève lentement ; en 1800 elle compte 1275 habitants. Le peigne se faisait alors *en bois*, sa fabrication n'occupait les ouvriers que dans la saison froide. Toute la population était rurale et cultivait la terre en été. Pendant l'hiver, long et rigoureux, les habitants se faisaient tourneurs ou *faiseurs de peignes*, puis, le printemps venu, avant de reprendre la culture, ils partaient, la balle sur le dos, présenter de ferme en ferme, de foire en foire, le produit de leur industrie avec quelques menus bibelots, tabatières, pipes, boutons, de St-Claude.

Les peignes étaient faits à la main, à l'aide

---

(1) Je dois ces renseignements à M. Dubois, professeur à l'école primaire supérieur d'Oyonnax. M. Dubois est l'auteur de deux travaux excellents sur notre département. L'un sur *Pont-de-Veyle*, l'autre sur *Oyonnax*. Consulter aussi, dans la *Chronique du Foyer*, plusieurs articles substantiels de M. Dubois. Je les cite une fois pour toutes.

d'instruments très primitifs dont le principal était l'*estadou*; l'ouvrier en confectionnait une ou deux douzaines dans sa journée; chaque douzaine valait de 4 à 22 sous. La matière employée n'a pas toujours été le bois; vers la fin du XVIIIe siècle on voit apparaître la corne des sabots de bœuf et de cheval (clampon). Applatie à chaud, elle donnait des articles très beaux. Le même ouvrier faisait le peigne tout entier, au lieu de n'en faire qu'une partie; il gagnait ainsi, au début du XIXe siècle, de vingt à trente sous par jour.

A partir de 1820, l'industrie du peigne subit une transformation complète pour la matière première, l'outillage, les débouchés. La corne provient des boucheries du pays et de celles de l'Amérique du Sud. Enduite d'huile ou de graisse fondue, elle est aplatie dans des presses hydrauliques. Grâce à la hardiesse des fabricants dont l'outillage se perfectionne tous les jours, on substitue au peigne classique l'article de fantaisie. Les grands peignes dit « Girafes », à la mode vers 1873, exigent un personnel d'élite de ponceurs, de canneleurs; puis vinrent les peignes Sarah-Bernhardt, montés à charnière avec des boules de jais, les peignes à chignon montés. En 1880 le peigne creux moulé; en 1886 les articles demandés sont les épingles à cheveux en corne et en ergot.

Bientôt la corne est détrônée par le celluloïd. Cette matière, inventée en 1869 par John et Isaiah Hyatt, est obtenue en traitant du papier par un mélange d'acide sulfurique et d'acide azotique, à ce produit on incorpore du camphre. Le tout est réduit en feuilles d'épaisseurs diverses. Le celluloïd est plus malléable que la corne et d'un prix moins élevé (8 à 10 fr. le kil.). Cette précieuse subtance a le grave inconvénient d'être très combustible. Mais le celluloïd se plie avec facilité à tous les caprices de la mode. Chauffé, il devient plastique et malléable; il peut alors prendre toutes formes qu'on veut lui donner, puis il retrouve sa dureté par refroidissement. On le tranforme en objets très divers : peignes, manches de parapluie, cannes, boitiers de montre, ballons, jouets, portes-cigarettes. Le celluloïd est fourni à Oyonnax par la compagnie des matières plastiques de Saint-Sauveur (Calvados), qui en vend pour un million et demi par an, par l'Oyonnithe de Monville (Seine-Inférieure) pour 1.200.000 fr.; par la compagnie française de Stein et la compagnie rhenane de Manheim. Depuis 1902, une société coopérative a construit, à Oyonnax, une usine qui fournit 300 kilos de matière première par jour.

L'outillage a été transformé *grâce aux découvertes faites par les ouvriers eux-mêmes.* Les peignes ont d'abord été « rognés » à la scie à main dans les lames de corne, puis à la scie à ruban, puis à l'emporte pièce. Les dents, taillées à l'estadou, très primitif instrument, se font maintenant à la machine dite « sauteuse » et à la *machine à entrecouper* qui, sans aucun déchet, donne jusqu'à quatre peignes à la fois. Le cannelage est obtenu par la *fraise mécanique.* Seul le découpage des ornements se fait encore à la scie à main. Le polissage au tripoli et à la corne a été remplacé par le ponçage, qui est obtenu mécaniquement. Le vernissage final est donné en plongeant le peigne fini dans l'acide acétique concentré.

Le développement prodigieux de cette industrie, s'explique par l'étendue du marché, et par l'absence de concurrence pendant un temps très long. Au début, les peignes sont vendus comme articles de St-Claude par les colporteurs, et le produit s'élève à 150.000 fr. Vers 1830 d'importantes maisons d'exportation existent déjà à Oyonnax. En 1872, la vente est d'un million; elle atteint, en 1900, douze millions : 4.500 ouvriers des deux sexes travaillent les peignes et objets similaires.

Mais cette industrie est menacée, sinon d'une

ruine prochaine, au moins d'un fléchissement dans sa production (1). Il y a quelques années l'industrie française (Oyonnax, Eure, Seine, Ariège) n'avait pas de rivaux à l'étranger : sur 23 millions de produits, 20 millions étaient destinés à l'exportation. Oyonnax à elle seule figurait dans ce chiffre pour 10 millions (Amérique, Autriche, Allemagne, Angleterre, Russie (2 millions) Italie, Espagne). Les Etats-Unis d'Amérique étaient, il y a 4 ans, notre meilleur débouché ; ils achetaient pour 4 millions par an ; *ils n'achètent plus rien.* Le celluloïd se fabrique chez eux et revient à 12 fr. 50 ; en France il revient à 6 fr. ; ils ont arrêté le celluloïd par un droit. Nos peignes sont frappés d'un droit équivalant à 70 % de leur

(1) V. Statis. 1808. — Les tourneurs du département, joints à 22 fabricants de peignes qui existent dans l'arrondissement de Nantua, fabriquent année commune 30 myriagr. d'os et 100 de cornes. La plupart de ces ouvrages, ainsi que ceux en buis et la boissellerie, sont exportés dans les départements par les habitants des montagnes du Bugey. On estime que cette exportation produit à l'arrondissement de Nantua une somme de 150.000 fr. ; distraction faite du prix de la matière brute et du bénéfice des colporteurs, il y a plus de la moitié du profit pour les fabricants. — Puvis : L'incendie de St Claude (1801) a fait refluer les ouvriers sans asile et sans ouvrage sur Nantua ; ils y ont apporté leur industrie qui s'est beaucoup accrue. Après que cette industrie a eu beaucoup grandi et qu'on a eu établi des fabriques d'un grand nombre d'objets en bois et en corne, la demande a beaucoup diminué.

valeur. Les fabriques indigènes ont pris une extension prodigieuse (1).

Le marché autrichien va se fermer pour les mêmes raisons. L'Allemagne s'est bornée jusqu'à ce jour à la production du celluloïd brut, qu'elle vend à très bon marché. Mais de toutes parts les fabriques se montent, s'organisent sur un grand pied. Il nous reste l'Italie, qui n'a que des usines médiocres à Milan et à Turin, l'Angleterre, qui, maintenant le libre échange et ne fabricant pas l'article fantaisie, fait avec nous pour 1.500.000 francs d'affaires. La Russie nous achète pour 2 millions, mais les négociations y sont difficiles par suite d'une mauvaise organisation du commerce et de l'élévation intolérable des droits d'entrée. L'Espagne ne fabrique pas de peignes, elle nous en achète pour 1.500.000 francs ; les droits énormes d'entrée ne nous permettent pas d'étendre nos relations. La situation, comme on le voit, est sombre. Non seulement l'extension de nos exportations subit un arrêt, mais nous allons rencontrer devant nous de redoutables concurrentes : l'Amérique, l'Autriche, l'Allemagne. On pense avec terreur au sort réservé à la région d'Oyonnax quand elle

(1) V. Rapport de M. Levrier, Industrie des Peignes, objets de coiffure en celluloïd et en corne, sa situation par rapport à la concurrence étrangère. 1903.

n'écoulera que pour 3 ou 4 millions de ses produits. Il y aura alors 4.500 ouvriers sans travail et 8.000 habitants, vivant de cette industrie, qui ne sauront plus où aller gagner leur pain. Le sol de ces hautes régions est presque stérile. Il faudrait aviser : le jour où l'industrie d'Oyonnax n'exportera plus, elle sera morte, et ces industries d'exportation sont les plus utiles, elles maintiennent la richesse en France.

Oyonnax est admirablement pourvue en forces motrices dont on a fait un judicieux emploi. Vers 1850, on se sert de l'Ange et de la Sarsouille pour faire mouvoir l'outillage des usines ; mais ce sont des torrents à sec en été ; on eut alors recours à la vapeur. L'électricité enfin est venue donner une puissante activité à cette industrie. Les eaux de l'Oignin font à *Charmine* une série de chutes d'une hauteur totale de 55 mètres. Elles ont été captées et servent à actionner deux puissants dynamos à haute tension, produisant 450 chevaux de force (1). Deux conducteurs

(1) L'endroit où l'usine est établie mérite d'être vu et attirerait certainement de nombreux touristes s'il était en Suisse ou en Amérique. L'Oignin, qui a fortement raviné la vallée depuis Maillat, s'élargit brusquement et plonge en plusieurs bonds inégaux. C'est une des plus belles cascades de France ; mais il faut la voir en temps de crue, car l'usine des forces prend presque toute l'eau en temps de sécheresse. Le premier bond est merveilleux. La roche a été désagrégée, des cavernes pro-

aériens les mettent en communication avec l'usine réceptrice d'Oyonnax. L'électricité est ensuite distribuée dans tous les petits ateliers où elle fait mouvoir les outils des ponceurs, découpeurs, mouleurs, polisseurs, canneleurs et cylindreurs. Elle a permis la reconstitution du *travail en famille*, beaucoup plus agréable que celui de l'usine.

Une seconde source d'alimentation est fournie par le *Saut Mortier*, situé sur l'Ain à quelques kilomètres au nord du confluent de la Bienne. Cette usine distribue l'énergie électrique à Saint-Claude, à Oyonnax, à Montréal, à Nantua. Enfin on a fait appel à la *Société des forces motrices du Rhône*, à Bellegarde. De puissantes turbines permettent une production indéfinie d'électricité. Le courant triphasé est envoyé à Oyonnax par un fil de 31 kilom. de long. En été, le Rhône, grossi par la fonte des neiges peut suppléer l'Oignin qui est alors à sec.

Nous sommes ici *en présence du premier centre du monde pour le travail de la corne et du celluloïd;* l'augmentation du chiffre de population nous indique les étapes de sa prospérité.

---

fondes ont été creusées, des blocs formidables se hérissent, les uns verticaux, les autres obliques, contribuant par leur bizarrerie à la beauté de la chute, qui n'a rien de la banalité du saut du Doubs. (Dubois)

En 1800, Oyonnax compte 800 habitants, en 1872 2.272 ; en 1896, 4.652 ; en 1900, 6.160. C'est la seconde ville du département. Les causes de cette prospérité sont faciles à indiquer : d'abord, Oyonnax a établi sa suprématie grâce aux inventions d'outils perfectionnés, dûs à de modestes ouvriers comme Nicod, Humbert, etc., et dont le secret fut longtemps gardé. Puis l'industrie est restée familiale ; à part trois ou quatre fabricants qui emploient un certain nombre de personnes, *tous les autres ouvriers sont chez eux*, ont leur outillage, leur dynamo ; père, mère, enfants, travaillent sans trop se fatiguer, la machine faisant presque tout.

Les ouvriers ne dépendent pas étroitement du patron, ils sont à leurs pièces, sont occupés par plusieurs négociants à la fois, ont intérêt à faire vite et bien, à chercher des améliorations aux méthodes de travail. De là, éveil de l'esprit d'initiative. On demande des articles très variés, cela n'arrête pas l'ouvrier d'Oyonnax ; formé par une forte et ancienne tradition, il a l'instinct de l'ornementation et, chaque jour, des modèles nouveaux jaillissent de ses mains.

La soierie, l'industrie de la schappe.— La soierie est une industrie importante du Bugey. Les filatures et les tissages trouvaient dans le Bugey la matière première qui leur était nécessaire. Le murier pousse très bien dans les vallées chaudes et bien abritées. On en voyait d'admirables rangées dans la combe de Belley. Dans ma commune de Ceyzérieu, aux temps déjà lointains de mon enfance, les chemins étaient ombragés par leur feuillage tendre. *Dans chaque maison on installait une magnanerie,* et son produit formait un de ces salaires d'appoint si précieux à la campagne. Le travail était facile, peu pénible : les femmes et les enfants pouvaient en être chargés.

La pebrine apparut et fit le désespoir des éleveurs. On n'eut point la patience d'attendre les découvertes de Pasteur, les muriers furent arrachés un peu partout. Lorsque l'illustre savant eut indiqué la méthode pour éviter la redoutable invasion microbienne, nos éleveurs ne purent reprendre leur industrie, faute de plantations. La dépopulation effroyable dont souffrent nos campagnes a été cause aussi de l'abandon du ver à soie. La main-d'œuvre est rare et chère, le prix des cocons est loin de suivre la même progression ascendante. Les magnaneries n'ont pas repris l'activité d'autrefois; malgré les primes accordées à la sériciculture, les éducateurs de vers à soie disparaissent: ils étaient (statistique agricole de 1892) il y a 10 ans, 985, employant 731 onces de graines et vendant 26.616 kil. de cocons frais. En 1900, la statistique donne 683 éleveurs, 576 onces employées et une production de 23.900 kil.: de jour en jour le fléchissement s'accentue. C'est donc à l'étranger, ou aux régions du Rhône méridional que nos usines doivent demander les cocons.

Ces usines se divisent en deux catégories, celles qui travaillent la soie, celles qui travaillent les déchets de soie. Les premières sont les plus anciennes, la plus importante se trouve à Jujurieux (1040 ouvriers, dont 600 jeunes filles, 500,000 mètres d'étoffes par an). Elle comprend filature et tissage. Son organisation la fait ressembler un peu à un couvent. Les jeunes filles employées sont placées sous la surveillance de religieuses, elles sont nourries et logées dans des habitations spéciales.

Un second centre de tissage se trouve dans l'arrondissement de Nantua. On n'y rencontre aucune usine importante, l'industrie de la soierie a le même caractère familial que nous avons déjà relevé pour la tournerie, la corne et le celluloïd. C'est à M. Picquet, de Groissiat, que le Bugey est redevable de l'industrie de la soierie (1). Il fut employé à Lyon dans diverses maisons de soierie, devint l'associé de la maison Ponson et Cie, il voulut alors doter son pays de l'industrie à laquelle il devait sa fortune. Il ramena de Lyon des ouvriers qu'il installa comme moniteurs à Groissiat. Avec une persévérance incroyable, il répandit l'industrie nouvelle dans tous les villages de la montagne, à Martignat, à Montréal, dans les vallées de l'Ange et dans la Combe du Val. En 1850, quatre à cinq mille métiers battaient dans cette région. Ce fut une période de vive prospérité. Picquet fut vraiment un bienfaiteur pour son petit pays.

L'industrie de la soierie est une industrie de luxe, elle est sujette à des crises fréquentes. Malgré cela, elle a subsisté partout où Picquet l'avait établie, sauf peut être à Oyonnax; elle a eu à lutter contre les métiers mécaniques et la concurrence des pays voisins. Montréal qui comptait, il y a 15 ans, 300 métiers, n'en possède plus que 140. Ces métiers sont par groupes de 2 ou 3 par maison. S'ils ont diminué en nombre à Montréal, en revanche on en trouve dans la vallée d'Izernore. Les principaux centres de tissage

(1) Notes manuscrites de M. Dubois. — A Groissiat, buste d'Hippolyte Picquet, introducteur du tissage de la soie dans le Bugey.

sont encore : Nantua, La Cluse, Martignat, Maillat, etc. Le ralentissement des affaires a causé la ruine de beaucoup de métiers (1).

L'industrie de la schappe (2) est une industrie spéciale au département de l'Ain. Elle a pour objet, à l'aide de procédés chimiques et mécaniques, de décreusage, de peignage, et de filature, l'utilisa-

---

(1) *Notices communales* : Lyon reste la grande capitale industrielle pour l'Ain occidental. Je cite deux exemples typiques en dehors de Trévoux que j'ai étudié ailleurs. — *Miribel*, centre industriel important au commencement de la *Cotière*, qui n'est autre que la pente méridionale de la Dombes. Banlieue de Lyon, grâce à la voix ferrée : possède une teinturerie et apprêtage d'étoffes, appartenant à une société lyonnaise, des ateliers de broderie, une fabrique de tuiles : y attacher Neyron, fab. de boutons de nacre. — *Montluel*, avec des tissages de soiries, de couvertures de laines, ce centre est complété par Beynost avec ses broderies, Dagneux avec son chenillage sur tulle, La Boisse avec ses couvertures. — *Bellegarde-sur-Valserine*, peut être pris comme le type des localités industrielles dont le développement est dû à la *houille blanche* : l'industrie dispose ici de puissantes forces motrices fournies par le Rhône. L'électricité peut devenir, grâce à elles, la providence de toute la région : se rappeler du reste qu'elle éclaire nombre de localités du Bugey, Culoz, Tenay, Lagnieu, etc. A Bellegarde, on trouve : scieries électriques et hydrauliques pour caisses d'emballage, fab. de carbure de calcium, fab. de courroies (cuir, coton, poils de chameaux, balata, etc.. La prospérité de la ville pourrait être plus grande en raison des ressources dont elle dispose.

(2) V. Compte-rendu des travaux de la Chambre de commerce de Bourg, en 1901, p. 139-140.

tion des déchets de filature de soie grége proprement dite et des magnaneries de cocons. Les produits filés, simples ou retors, sont destinés à l'alimentation des tissages mécaniques, pour le foulard, le velours, l'ameublement, les étoffes mélangées pour robe, la dentelle, ainsi qu'à la passementerie, aux soies à coudre et à broder. Le département de l'Ain, et spécialement la vallée de l'Albarine, représente les 4/5 de la production de la schappe en France et plus de 1/3 environ de la production totale du monde.

Les principaux établissements se rencontrent à Tenay et à Saint-Rambert en Bugey : leurs créateurs ont utilisé, dès le début de leur installation, les forces motrices fournies par l'Albarine. Cette rivière, une des plus gracieuses de notre pays, chère aux poètes et aux peintres à cause de la grâce et de la fraicheur de ses rives, aux gourmets qui connaissent tous ses truites roses, est captée dans les bourgades qu'elle traverse, et actionne les machines puissantes qui utilisent ces anciens déchets hier encore inutilisés. L'éclairage électrique est fourni par la même rivière ; son emploi a rendu moins meurtrier le séjour de l'usine. Les deux branches du peignage et de la filature ne sont pas, nécessairement, réunies dans les mêmes établissements, ni les mêmes localités. C'est ainsi que les usines de Saint-

Rambert et de Tenay produisent un excédent notable de peigné destiné à l'alimentation des filatures que possèdent autre part, en France et à l'étranger, ces deux sociétés dont l'une à son siége social à Bâle, celle de Tenay-Argis, et l'autre à Lyon, celle de Saint-Rambert. Le chiffre d'affaires de ces deux sociétés est considérable. Voici le relevé approximatif des chiffres de matières soyeuses, tant en quantité qu'en valeur, qui entrées sous forme de matières premières sont sorties sous forme de peignés et filés des usines de ces deux sociétés pendant l'année 1901.

Matières premières écrues, 5 millions de kilog., représentant une valeur totale d'environ 25 à 26 millions de francs.

Peignés et filés, 2 millions de kilog., dont la première moitié en peignés, expédiés tant à l'intérieur qu'à l'extérieur, la seconde moitié en filés, également livrés à la consommation française et étrangère, valeur approximative 35 millions de francs.

Ces grands établissements occupent de 4 à 5.000 ouvriers dans les trois communes de Tenay, Argis, Saint-Rambert. Beaucoup de ces ouvriers sont venus de l'Italie, et se contentent de maigres salaires et de logements ouvriers plus ou moins sordides, où ne sont pas toujours respectées les lois élémentaires de l'hygiène. Beaucoup aussi viennent des communes voisines qui ont eu ainsi à subir une effroyable dépopulation. L'usine de la basse vallée est là qui attire les robustes montagnards d'alentour. Elle leur promet un salaire régulier en échange d'un travail pénible. Ils préfèrent cela aux produits trop incertains de la terre et font ainsi sacrifice et de leur liberté et de leur santé.

A l'extrémité supérieure de la vallée de l'Albarine, dans cette cluse profonde et grandiose qui se termine à Charabotte, il existe, à Chaley, une très intéressante branche de l'industrie de la schappe, que nous retrouvons aussi à Pont-d'Ain. Ce sont des peignages mécaniques où se travaillent fructueusement les bas-produits, impliquant une main d'œuvre minutieuse et formant une spécialité recherchée, notamment par quelques filateurs suisses. Daus ces usines sont occupés 400 ouvriers.

Industrie tullière. — Lyon a contribué à répandre chez nous l'industrie de la soie et de ses annexes. La fabrication du *tulle*, une de ses annexes, est devenue fort importante dans la région lyonnaise, et fait concurrence à l'industrie similaire de Nottingham. C'est à Calais et à Caudry que se trouvent les métiers les plus importants. Lyon s'est spécialisé dans les tulles unis (Malines,

Chantilly, Alençon, grecques) et dans les pointes, mantilles, écharpes portées surtout en Espagne. Les ateliers où se tisse, où se perfectionne le tulle, sont à Ambérieu-en-Bugey, Nantua, Serrières-de-Briord, Montluel, Saint-Sorlin.

A Nantua et Ambérieu, se fabriquent, sur des métiers Leawers, de construction anglaise, le tulle uni (Malines), le tulle façonné pour voilettes, puis sur des métiers circulaires, français et anglais, le Chantilly et le zéphyr. A Serrières, on ne fait que le tulle uni. De ces trois centres de fabrication, le tissu est envoyé à Lyon pour être teint et apprêté. Certaines catégories reviennent encore à Montluel, Dagneux, Serrières-de-Briord, pour y recevoir des applications de perles ou de chenilles. Les fabricants de Lyon confient les étoffes à des contre-maîtresses qui traitent à forfait et répartissent ensuite le travail autour d'elles. A Serrières, l'usine Richard occupe 50 ouvriers, hommes et femmes, qui fabriquent en moyenne 350 à 400 m. de tulle. L'usine est éclairée à l'électricité. La force est donnée par des turbines, et par la vapeur quand l'eau manque. Une annexe de cette usine fabrique les casses d'imprimerie et des articles de bureau (1).

---

(1) *Industries diverses.* On rencontre dans l'Ain des usines où est tissée la laine, où sont teintes les étoffes, surtout dans deux localités dépendant de l'agglomération Lyonnaise : Miri-

Les industries mortes. — La toile et les peigneurs de chanvre. — Les horlogers de Voltaire. — Je ne veux pas oublier les industries autrefois très actives, et qui ont disparu, emportées par la révolution économique dont j'ai eu maintes fois occasion de signaler les effets; la plus importante était celle du tissage des toiles utilisées dans le ménage, toiles épaisses et dures qui servaient à confectionner le linge de corps et le linge de table, ce linge un peu grossier, mais inusable. Il rappelle un usage ancien. Il était de règle, lorsqu'on mariait une jeune fille, de lui donner un trousseau opulent, confectionné avec cette toile de ménage de couleur « bise » qui devenait blanche en vieillissant. Le tissu en était si serré, les fils si gros, qu'il fallait plusieurs

---

bel et Montluei. Miribel a non seulement des usines de teintureries et d'apprêt, des tissages de velours et de chenillage sur tulle, elle fournit encore des châles. A Montluel, on trouve des couvertures et des draps pour l'armée. V. pour plus de détails J. Corcelle. Etude sur la population du département de l'Ain. 1898. — Je place ici la fabrique de *mèches de sureté* pour les mines qui se trouve à Seyssel, et dont les produits ont un marché fort étendu. — D'une statistique, je détache les chiffres suivants : l'Ain possède en 1906, 1027 établissements industriels, dont 62 ont un personnel féminin, 296 un personnel mixte, 668 n'occupant que des hommes adultes. Le chiffre total de la population occupée s'élève à 12.039 personnes.

générations pour les user. Les cols des chemises d'hommes n'avaient pas alors besoin d'empois pour se tenir droits. Ils se dressaient naturellement avec une rigidité incoercible.

Dans toutes les exploitations agricoles on trouvait un champ réservé au chanvre ; les femmes filaient, et les hommes, dans la saison d'hiver, le tissaient. Dans tous nos villages, dans un endroit bien chaud, éclairé par le « croisië ancestral », on pouvait voir le tisserand avec un métier primitif tissant la toile du ménage. Hâtez-vous si voulez voir encore quelques spécimens de ces artistes primitifs. Le chanvre était si abondant qu'il suffisait à alimenter des fabriques importantes situées à Tenay et à Saint-Rambert (1). Les ouvriers occupés à filer, tisser, blanchir, s'élevait à 3,500. Chacun y trouvait son compte, les femmes filaient avec ce vieux rouet en bois de noyer dont on trouve des échantillons fort rares; les vieillards et les enfants étaient em-

---

(1) Une industrie qui a disparu dans ces deux localités, c'est celle de la filature de duvet cachemire pur ou mélangé de soie. A St-Rambert, l'usine Lardin 200 ouvriers : à Tenay, l'usine Doblet s'occupait des mélanges de laine et de duvets fins avec la soie. (v. exposition de 1827). A Sainte-Julie se faisaient les schals cachemire. A Lagnieu et environs, Dupré occupe 1500 ouvriers à la fabrication des chapeaux de paille. V. Puvis p. 144, H. de St Didier, *Itinéraire pittoresque du Bugey* 18[illegible], p. 40.

ployés à faire des cannettes, les adultes étaient occupés au tissage et dans les blanchisseries. A Saint-Rambert la production annuelle s'élevait à 800 mille mètres, la vente avait lieu surtout à Lyon. Notons que la grande usine n'existait pas à Saint-Rambert, on y comptait 600 métiers sur les trois mille que comptait le département (1808-1828). Sur le métier on tissait le fil de chanvre pur, on l'associait aussi à la laine, pour confectionner la serge, cette étoffe inusable dont on habillait les enfants.

Mentionnons, parmi les industries disparues, les filatures de coton de Montluel, de Bourg, de Pont-de-Veyle, de Nantua; dans cette dernière ville on faisait surtout des toiles de coton, façon de Nankin; les fils étaient filés au rouet.

Parmi les industries disparues, la plus curieuse est sans doute celle des *peigneurs de chanvre.* Tous les ans six, ou sept mille individus dont plus des deux tiers de l'arrondissement de Nantua, quittaient temporairement leurs foyers. Ils allaient chaque année peigner le chanvre dans les départements de la Sarthe, de la Meurthe, du Haut et du Bas-Rhin. Ils partaient vers la fin de septembre et rentraient après trois mois d'absence (1), ils se formaient en petites bandes sous

(1) V. J. Correlle. Etude sur la population de l'Ain, Bourg 1897, p. 71.

la conduite d'un chef. Laborieux et économes, les peigneurs rapportaient presque tout leur salaire.

Le reste de l'hiver était occupé à des travaux de boissellerie. Une partie des émigrants retourne au premier printemps peigner les chanvres des départements voisins. Ils quittent alors sans regret les fertiles plaines qui produisent le chanvre pour regagner avec empressement leurs rochers que la neige commence à quitter, et semer l'avoine, l'orge et les pommes de terre, seuls produits de leur sol. Ils ont gagné à leur émigration leur nourriture d'une partie de l'hiver et rapporté une somme de 80 fr. qui les aidera à grossir, pour la famille, les subsistances que leur refuse le sol natal. Ils parlaient une langue spéciale : le *Belo*, qui est perdu et dont A. Vingtrinier, dans ses « Etudes populaires sur le Bugey », nous a conservé quelques vestiges. Il n'avait du reste rien de très mystérieux ; quelques termes du *Belo* ne sont que des mots plus ou moins déformés du patois local, d'autres semblent forgés à plaisir pour dérouter les curiosités. Le vocabulaire est fort pauvre. Je cite quelques termes : aquaia, eau ; on brito, un peigne à peigner le chanvre ; on brammo, un bœuf ; na borna, un cave ; ona cabra, une chèvre ; la cadola, la maison ; la cagna, le curé ; la prailla, la prairie ; de tacolan, des sabots.

Il serait grand temps de recueillir ces vieux débris de patois, comme font les archéologues des vieux pots cassés, c'est l'heure. Si le *Belo* s'oublie, c'est que l'émigration que je viens de rappeler a cessé depuis quelque temps. Un peigneur de chanvre est encore parti en 1901. Ce sera sans doute le dernier. Cette industrie précieuse fournissait une rente de 500,000 francs. Nous avons vu qu'elle a été remplacée, dans le Haut-Bugey, par d'autres qui donnent à ce pays, sinon la richesse, au moins l'aisance.

Voltaire était un homme très spirituel, un poète et un écrivain très fécond. Cela lui permit de jouer un rôle important, d'être un des rois de son époque. Mais il savait que, pour réussir dans le monde, et obtenir honneur et considération, il fallait avoir le gousset bien garni, ne point avoir besoin de mendier une pension du roi, ou l'hospitalité humiliante d'une noble maison. Il était tout l'opposé d'un pêcheur de lune ; il s'entendait admirablement à faire des affaires. Il luttait pour le triomphe de la tolérance, et en même temps il augmentait ses capitaux par d'heureuses spéculations. Il fit profiter les autres de son expérience. Lorsqu'il vint habiter Ferney, il résolut d'enrichir le pays, en y développant l'industrie horlogère.

Les ouvriers de Genève ayant beaucoup à

souffrir du despotisme des bourgeois, en grand nombre quittèrent leur ville natale. Le seigneur de Ferney les accueillit avec humanité, leur fit construire une cité de cent maisons, leur avança l'argent nécessaire pour établir des ateliers, soit à Ferney, soit à Versoix. Il eut à lutter contre les fermiers généraux. Rien ne l'arrêta. Il logea et nourrit ses protégés : « C'était peu d'établir des fabriques de montres à Ferney, écrit-il ; il fallait des fabriques de pain. J'ai fait venir blés et farines de Genève, de Lyon, de Marseille ; tous les ouvriers sont tombés aussitôt chez moi. » Il fait mieux, lisez plutôt comment il s'occupe de la vente des objets fabriqués : « Mon principal objet a été de leur procurer le débit de leurs ouvrages à l'étranger. Ils ont, en dernier lieu, envoyé pour 600,000 livres de montres à Pétersbourg et 30,000 à Constantinople. »

Ces manufactures de montres se soutinrent jusqu'à la chute de Turgot. Elles périclitèrent après la disparition de ce grand ministre. Les horlogers furent surchargés d'impôts, tyrannisés par des réglements nouveaux ; ils émigrèrent, et Voltaire, désespéré, assista à la ruine de sa cité ouvrière. Malgré la proximité de Genève, cette industrie n'a jamais eu, depuis Voltaire, une importance considérable dans le Pays de Gex.

Le Commerce

Les foires, prospérité et décadence. — Le commerce d'importation. — Le commerce d'exportation. — Les volailles de Bresse. — Les poissons de la Dombes. — Le commerce de transit. — La zone franche du pays de Gex.

Le commerce intérieur et extérieur est assez actif, bien qu'il soit gêné à l'heure actuelle par la politique protectioniste que suivent la plupart des états de l'ancien et du nouveau monde. Il a du reste changé de physionomie. Il y a cinquante ans, les foires avaient une importance capitale; là se vendaient le bétail et les denrées diverses; là s'achetaient les produits manufacturés apportés par les colporteurs et les maringottiers. Certains produits, comme les poissons des étangs de la Dombes, s'exportaient dans les régions voisines, à l'aide de petits chars trainés par des ânes ou des mulets. Ils allaient à Lyon, dans le Dauphiné, dans la Savoie. On trouvait des corporations de métiers fort curieuses, qui avaient leur saison d'arrivée et de départ. Tout cela est mort : les transactions se font plus vite. Les acheteurs parcourent nos campagnes; et, dans le village le plus reculé, on a pris l'habitude de s'approvisionner à la ville et de s'adresser même aux grands magasins de Paris pour les objets de toilette.

Les foires. — Les foires n'ont pas complètement disparu. Quelques-unes ont conservé une partie de leur importance. Je prend un exemple, celui de Montmerle (arr. de Trévoux) : c'est une jolie localité perdue au milieu d'un plantureux vignoble, avec une voisine paisible, la Saône, aux eaux miroitantes. On l'a appelée le *Beaucaire de la Saône*. Elle a dû son importance aux routes qui confluent à l'endroit où elle s'élève. Avant la création des routes et l'établissement des voies ferrées, la Saône était la grande artère de circulation. Montmerle, escale de la navigation, se trouve à un point géographique remarquable ; en face, la vallée de l'Ardière ouvrait le chemin des montagnes et de la Loire par les Echarmeaux ; par Thoissey, on atteignait les plaines de Bresse ; le plateau de Dombes se termine à Montmerle même ; enfin, non loin de là, à Anse, la vallée d'Azergues, par la Turdine et la Brevenne, conduit sur tous les points du Lyonnais.

Toutes ces régions diverses par les productions et les besoins, avaient donc, vers Montmerle, leur centre d'échanges. Ce fut toujours un lieu de commerce. Un des princes souverains de Dombes, François de Bourbon, donna en 1605 de tels privilèges à la Foire que celle-ci devint bientôt un des grands rendez-vous commerciaux de la France (1). Elle durait un mois, puis elle fut réduite à 8 jours. D'un calendrier j'extrais cette note (1800). Foires de Montmerle : le 3 février, le lundi avant la St-Jean-Baptiste, celui après la Notre-Dame d'août, le 8 sept., le lundi après la St-Martin, les 28 oct., 19 déc. La foire de septembre dure 8 jours, c'est *la plus considérable du département.* Elle est encore très fréquentée, et les transactions sur les chevaux et les bestiaux sont très animées. Les maquignons aiment ces grands rendez-vous où les choix sont plus faciles. Les éleveurs de la Dombes y conduisent leurs animaux que les habitants du Charollais viennent acheter. Le commerce des chevaux a aussi une grande importance. Ce dernier est aussi très florissant à Ambérieux-en-Dombes où se tiennent quatre grands marchés en mars, mai, juin, novembre.

Les foires rendent encore de grands services et permettent aux échanges de s'opérer à des dates fixes. Il ne faut point se dissimuler cependant que c'est un mode de commerce en voie de

(1) V. Guigue. Topographie historique, p. 155.

disparition. Il faut le regretter; c'était un moyen, pour les gens de la campagne qui vivent un peu isolés, de fraterniser, d'échanger quelques idées, et de vendre à époque fixe les produits de leurs terres.

Ces marchés ont parfois une physionomie originale : je cite la foire de Talissieu ou foire froide, où se vendent les dindes grasses, et les noyaux de noix. Ce dernier article tend à disparaître. Les beaux noyers du Bugey se font rares, ils n'ombragent plus nos routes de leurs immenses rameaux. A Vieu-en-Valromey, le 9 septembre, se rencontrent les habitants du haut plateau, et ceux de la plaine du Seran. Ces derniers ont d'excellents jardins, se livrent à la culture des oignons rouges dont les montagnards sont très friands, et qui ne poussent pas dans leurs cantons trop froids. L'oignon est l'article principal de cette foire très fréquentée.

Le commerce d'importation. — L'Ain n'est pas un pays de grande industrie, il n'a que des industries spéciales qui ne lui permettent pas de se passer des produits des régions voisines. Il importe beaucoup d'objets manufacturés et de matières premières. Une denrée de première nécessité, qui fait complètement défaut, c'est la houille, dont elle a besoin pour les usines où la force hydraulique et l'électricité ne sont pas employées. Il en achète (en 1900, 110,485 tonnes), aux mines de la Loire et de Saône-et-Loire.

Des dépôts de lignite, assez nombreux, ne sont pas exploités. Les tourbières de Culoz, d'Aignoz ne peuvent satisfaire que les besoins locaux.

Le pays de Gex s'approvisionne en Suisse, et a pour ainsi dire une vie économique indépendante de la France. Les usines de Jujurieux et de la vallée de l'Albarine tirent les cocons nécessaires à leurs filatures et tissages de l'extérieur. La production en cocons est en effet extrêmement restreinte. Ajoutons à ce commerce les articles d'épicerie, les denrées coloniales, les nouveautés, les meubles, les articles de fantaisie.

Le commerce d'exportation. — L'exportation est fort active et porte sur tous les produits du sol (1) et sur les objets manufacturés dont nous avons indiqué l'importance. Les vins sont dirigés vers Lyon, vers le Jura et vers la Suisse. Genève était pour nous le marché par excellence. Avant la construction des chemins de fer, le vin était acheminé par le roulage ordinaire. Les routes étaient cependant fort dures, les chariots passaient par Frangy et la route défoncée de la

(1) V. Les industries agricoles de l'Ain.

Semine. Les montées étaient longues et terribles. Six hectolitres suffisaient pour fatiguer un cheval. Mais le commerce des vins était fort lucratif. Puis subitement se produisit la rupture des traités de commerce qui unissaient la France à la Suisse. Cette rupture dura longtemps. Nos voisins durent recourir pour leurs approvisionnements à l'Italie. L'ancien courant commercial, malgré l'amélioration des rapports entre les deux pays, n'est pas encore rétabli.

Les volailles de Bresse ont une vente très active, sont envoyées à Paris, sur la Côte d'azur, en Angleterre, en Allemagne. Les expéditions sont faites par colis postal, ce qui permet une vente plus fractionnée, et des arrivages plus rapides. C'est à Bourg que se trouve le centre de cet important commerce; le concours de fin décembre, à Bourg, est comme le marché régulateur de cette remarquable industrie. C'est là que se trouvent les produits les plus délicats, ceux qui viennent de Bény ou de Saint-Etienne-du-Bois. Mais il y a d'autres marchés d'où partent aussi des poulets bressans. Citons : Bâgé-le-Chatel, Vonnas, Châtillon-sur-Chalaronne, Pont-de-Veyle, Montrevel, Pont-de-Vaux, Saint-Trivier-de-Courtes, Marboz, Coligny. Le produit, 10 millions, est important, mais il faut ajouter qu'il se consomme de par le monde dix fois plus de volailles de Bresse, que le pays en peut produire. Si cette industrie était dirigée par un syndicat d'éleveurs, ayant ses marques spéciales, et ses dépositaires, la fraude serait beaucoup moins facile, les débouchés deviendraient plus nombreux et l'élevage pourrait prendre un essor plus grand. Notez que je dis syndicat de producteurs, et non comices agricoles; dans ces derniers, en effet, on fait beaucoup plus de vain bruit que de besogne utile; les compétences véritables y sont rares, et les ambitions politiques viennent y prendre souvent la place des intérêts vitaux du pays (1).

Les fruitières de la région montagneuse fournissent à l'exportation un fort contingent. Les 12 millions de kilog. de fromages fabriqués, sont concentrés par de grandes maisons de commission à Bellegarde, Seyssel, Nantua, etc., et expédiés dans les régions avoisinantes. Le *persillé* de Gex, fromage bleu fort apprécié, est vendu en Suisse et en France. Ce commerce prendrait une extension plus considérable, si, dans nos usines de campagne, on employait les procédés scientifiques si bien indiqués par l'école pasteu-

(1) V. J. Corcelle. Les principales industries de l'Ain, étude particulière sur la poularde de Bresse. — Dans la *Nature*, 18 octobre 1902, article du même auteur.

rienne et dont les Suisses et surtout les Danois ont fait de si remarquables applications.

Les autres denrées, les blés et les avoines de la Bresse sont vendus dans les régions avoinantes. Les marchés les plus importants se trouvent à Bourg et surtout à Saint-Laurent près Mâcon. Les produits des carrières, notamment de celles de Villebois vont à Lyon, à Aix, à Genève. L'asphalte sert à divers usages industriels (1). La tournerie, la taille des pierres précieuses, la confection des objets en corne et en celluloïd, sont des industries d'exportation.

Un des objets d'exportation les plus curieux de notre département, ce sont les *poissons de la Dombes* (2) et ceux de nos rivières. Ces derniers ont moins d'importance qu'autrefois à cause du développement prodigieux de la piraterie, et de la pratique criminelle de l'empoisonnement des rivières. Le poisson de la Saône s'achemine en partie sur Mâcon, Chalon et surtout Lyon. Celui

(1) V. M. Malo, *L'asphalte, ses applications*, 1898.

(2) Je signale un ouvrage que vient de publier, dans les *Annales de la Société d'Emulation*, 1903, M. Tripier, inspecteur des eaux et forêts : *Etude des eaux et de la pêche dans le département de l'Ain*, intéressants renseignements sur les rivières, les lacs, les étangs et sur leur population. On y verra quels brigandages sont commis par les braconniers : nos cours d'eau où foisonnaient les poissons deviennent des déserts et le pays est ainsi privé d'une importante source de revenus. Les pouvoirs publics assistent impassibles à cette ruine

du Rhône, de l'Ain et de leurs affluents, à proximité des voies ferrées, au moins pour la truite, le brochet, la lotte, la perche, est dirigé sur Lyon. Le hottu, si abondant dans l'Ain, trouve un débouché facile à Lyon (50 à 60 fr. les 100 kil.).

Enfin les carpes des étangs sont transportées à Lyon dans des tonnelets pleins d'eau qu'on charge sur des charrettes. Les acquéreurs possèdent sur la Saône des *bachuts*, bateaux de commerce réformés ou spécialement construits, percés à claire-voie, où le poisson d'étangs est emmagasiné vivant. Il y est lavé par le courant, dégorge la plus grande partie de sa vase et acquiert ainsi une chair plus ferme, et qui n'a plus aucun goût désagréable. Ces poissons sont ensuite vendus dans toute la vallée du Rhône. Leur marché était autrefois plus étendu. Nous avons constaté qu'au début du XIXe siècle, la Dombes approvisionnait de poisson la Savoie, je veux dire Chambéry et ses environs. Si la remise en étangs est faite rapidement, l'exportation deviendra plus active et il y aura lieu de chercher des débouchés nouveaux. En 1800, la Dombes avait 19,215 hectares d'étangs ; en 1874 elle en possède 8,743. On a remis en eau certains étangs désséchés sans prime. On peut élever la superficie des étangs à 9,000 hectares.

En vertu des récentes mesures législatives

(1901), il est évident, que les étangs vont être rétablis; la Dombes reviendra à l'état où elle se trouvait il y a cent ans, état lamentable au point de vue hygiénique. Je sais qu'on a fait de nos jours des théories étagées sur des statistiques nombreuses; il s'est trouvé même, à la Chambre française, un médecin pour dire que les miasmes qui s'échappent des étangs mal tenus, que les myriades de moustiques qui tourbillonnent au-dessus de leurs eaux saumâtres, ne peuvent avoir aucune influence funeste sur la santé des habitants. La remise en eau ne trouve sa justification que dans la question économique. Les étangs mis en culture permanente ont donné de maigres récoltes; on n'a pas eu soin de convertir la prime de desséchement, en chaux, en engrais chimiques et naturels réclamés par le sol maigre de la Dombes. L'hectare en étang, après une année d'eau, rapporte, net de frais, 141 francs de bénéfice. C'est un résultat merveilleux, si on veut bien penser que le poisson vient tout seul, et que l'année de culture ne réclame ensuite aucune fumure. On comprend alors pourquoi les Dombistes, qui ne pouvaient plus vivre, ont demandé le rétablissement de l'ancien ordre de choses. Je voudrais espérer qu'il n'auront pas à s'en repentir.

Le *commerce de transit* est important, grâce

au développement considérable des voies de communication. Il se faisait autrefois par le roulage sur route. Il était fort actif. De la Suisse, entrent en fraude, des marchandises diverses : café, tabac, phosphore, malgré l'active surveillance des divers postes de douanes. Le transit se faisait aussi par le Rhône qui était beaucoup moins désert qu'aujourd'hui. De grands bateaux de bois de sapins, à fond plat, les *rigues* ou *savoyardes*, emportaient le bois, les pierres, le foin. Elles descendaient sans bruit sur le flot bleu et rapide. A chaque instant, des petits ports de la rive, de Seyssel, de Rochefort, de Massignieu-de-Rives, on voyait partir de petits barcots chargés de fruits; l'eau clapotait joyeusement le long de ces coques de sapin.

Un moyen d'augmenter les relations commerciales pour un pays riche comme le nôtre serait d'*attirer les étrangers*. Non seulement nous possédons des terres fertiles et des industries variées, mais nous avons des régions montagneuses, d'accès facile où tout est disposé pour les cures d'air, et les séjours d'été. Ce sont là des richesses qu'il serait bon de mettre en exploitation par une réclame bien comprise. L'industrie hôtelière si développée chez nos voisins les Suisses, qui tirent d'elle des revenus considérables, n'est pas encore arrivée dans l'Ain à haut point de perfection; cependant le Jura a des paysages qui valent ceux de la Suisse. Déjà se sont créées des stations d'été à Châtillon-de-Michaille, à Lélex, à Ruffieu-en-Valromey; on y rencontre des paysages gracieux, des forêts étendues, des eaux chantantes, un air d'une vivacité et d'une pureté admirables. Ce sont là des richesses inexploitées. Un syndicat d'initiative, comme il en existe à Lyon, à Chambéry, à Annecy, rendrait de grands services, en révélant à tous ces beautés ignorées.

La zone franche et le Pays de Gex. — Nous devons dire deux mots de la situation spéciale faite au *Pays de Gex*, dans ses relations commerciales avec la Suisse et la France, en vertu de traités et de conventions douanières.

Cette situation particulière s'explique surtout par sa constitution géographique. Le Pays de Gex, avant la création de son chemin de fer (Bellegarde-Divonne), était comme isolé du reste de la France. Il est situé sur le revers oriental de la chaîne culminante du Jura : les terrasses étroites qui le constituent regardent la Suisse, et c'est avec ce pays que les habitants ont toujours eu des relations suivies. C'est pour cela que, de tous temps, ce pays a réclamé une situation particulière. Ses avocats disent : dans la banlieue de Genève, sur le prolongement du pays de Vaud, est situé le pays de Gex qui forme la portion S. O. du bassin du Léman. Placé en dehors des frontières naturelles de la France, il en est séparé par une chaine de montagnes de 1.500 m. d'altitude moyenne, renforcée de chaînons parallèles et ne peut communiquer avec la mère-patrie que par les cols de la Faucille et de l'Ecluse. L'échancrure de la Faucille est à 1.323 m. d'alt., le col de l'Ecluse est un passage à niveau entre deux montagnes taillées à pic ; c'est l'issue véritable, celle à laquelle Voltaire faisait allusion, lorsqu'il disait avec humeur : « ce pays est une souricière ». La route de Paris et la route de Lyon, qui franchissent ces deux ouvertures, sont couvertes de neige pendant l'hiver ; et, dès que la fin des travaux des champs permet au laboureur de conduire ses récoltes à la ville voisine, le chemin de France est fermé, le roulage est suspendu, le pays est bloqué. Aucun centre commercial quelconque ne peut d'ailleurs servir de débouché dans le voisinage, et les frais de transport ne permettraient pas aux agriculteurs de retirer de leurs denrées un prix rémunérateur.

Tandis que le Pays de Gex est muré du côté de la France, il est ouvert du côté de la Suisse. La frontière n'a pas même pour prétexte un ruisseau; et des bornes, éparses çà et là au milieu des champs, indiquent seules les limites des Etats. Toutes les rivières qui l'arrosent : la Versoix, la London, le Journan, l'Oudart, naissent au pied du Jura, et vont se jeter au lac ou au Rhône ; françaises à leur source, suisses à leur embouchure. Toutes les routes convergent vers Genève par une pente continue et, des deux extrémités du pays de Divonne et de Collonges, le centre naturel est une ville suisse. Genève est, par la force des choses, le marché obligatoire du Pays de Gex (1), et des limites plantées ne peuvent modifier les conditions économiques qu'impose la configuration du sol.

Cette situation particulière a, de tous temps, nécessité une dérogation aux lois de l'État. Les

(1) F. Gerlier, *Voltaire, Turgot et les franchises du pays de Gex*, 1883. M. Foncin : *Essai sur le ministère de Turgot*. L. Modas, *les franchises du pays de Gex*. Brossard : *Histoire du pays de Gex* 1851, p. 486. Charousset : *les zones franches*, 1902 : la question est étudiée avec clarté et méthode. L'auteur conclut à la suppression de la zone, pour éviter les fraudes et contrebandes. — Consulter les délibérations fortement motivées contre le maintien de la zone, du *Syndicat des Négociants de l'Ain*. Cette question a provoqué, depuis un an, des discussions vives, passionnées, dans lesquelles, surtout du coté zonien, la mesure et le sang-froid n'ont pas toujours été gardés. — Ne pas confondre le pays de Gex qui ne va que jusqu'à la crête du Jura, avec l'arrondissement de Gex qui va jusqu'à la Valserine.

ducs de Savoie, les rois de France reconnurent la liberté de commerce entre Gex et Genève. Les premiers déclarèrent que tous les produits du cru et de l'industrie du Pays de Gex entreraient à Genève et en Suisse en franchise. Par le traité de Lyon de 1601, on stipula la conservation des immunités des pays réunis à la Couronne. Mais l'ancien régime ne fut pas maintenu, et Gex dut subir les gabelles et autres impôts alors en usage et cela jusqu'en 1775. La misère était grande, comme l'indique le remarquable mémoire des syndics généraux adressé en 1775 au controleur général des finances. Turgot rédigea, en faveur de Gex, des lettres patentes d'affranchissement, l'exemptant du droit d'entrée et de sortie établis en 1664. Tous les bureaux de traites et autres, établis à l'intérieur et sur la frontière, sont supprimés ; liberté d'approvisionnement pour le sel et le tabac est accordée *en échange d'un tribut annuel de 30.000 livres*. Voltaire avait contribué au succès de ces négociations, aussi fut-il, dès lors, très populaire à Ferney.

En 1813, ces privilèges, que la Révolution et l'Empire avaient abolis, sont renouvelés. En 1814, les Suisses interviennent dans la question et fixent les quantités de marchandises qu'ils recevront en franchise de la zone, ils établissent une ligne de douanes à la frontière, et arrêtent ainsi l'expansion des produits français chez eux. Les habitants de la zone, qui reçoivent, de l'extérieur, des marchandises non taxées, ont conservé le droit, avec des extraits-permis, d'exporter en France des marchandises diverses. Les quantités de marchandises sont fixées d'après une déclaration fondamentale faite par le propriétaire. Des fraudes considérables ont été maintes fois signalées. Non seulement la zone est un foyer très actif de contrebande, mais encore on y pratique une sorte de contrebande officielle, portant spécialement sur les farines. Les déclarations fondamentales des producteurs sont fixées au premier décembre, à une époque où la terre couverte de neige se dérobe à tout contrôle. Une fraude considérable s'opère aussi sur les farines à l'aide d'un jeu très simple d'acquit à caution. La Suisse n'a pas respecté les traités anciens, et ne veut plus, entre elle et Gex, la réciprocité douanière, qui était le seul argument vraiment fort pour le maintien de la zone. En l'etat actuel, l'industrie ne peut prospérer dans le canton de Gex, et l'agriculture est à la merci d'un accès de protectionnisme de nos voisins.

C'est pour cela qu'on demande tous les jours d'une voix plus haute la suppression des zones, en raison des facilités qu'elles donnent à la contrebande et des perturbations qu'elles apportent dans la répartition des charges publiques qui devraient être chez nous égales pour tous. La zone, disent ses adversaires, doit disparaître; elle était basée sur la réciprocité de liberté commerciale avec Genève. Cette liberté, la Suisse l'a détruite en 1851. S'il résultait de la suppression une crise passagère, la richesse reviendrait bien vite, grâce à la création d'industries nouvelles, création impossible en l'état de choses actuel. Il est toujours dangereux de soustraire à la vie commune, une portion du territoire. De plus, établir un régime exceptionnel, c'est une infraction choquante, dans une démocratie, au principe général de l'égalité de tous les citoyens devant l'impôt. Qu'on multiplie pour la zone les débouchés vers l'intérieur, et elle sera ainsi placée dans des conditions d'existence très normales. C'est le raisonnement des anti-zoniens, et ils sont persuadés qu'il est irrésistible. Il est incontestable que la politique douanière de la Suisse n'est pas favorable aux intérêts de la zone qui est envahie par les produits manufacturés de l'étranger, qui ne vend que difficilement ses produits. La situation sera autrement aigue lorsque le chemin de fer qui s'arrête à Divonne sera prolongé jusqu'à Nyon.

Pour résoudre la question que nous venons d'indiquer, il ne faut pas consulter seulement des intérêts immédiats ; il faut regarder plus haut et plus loin. Gex peut vivre de la vie française et accepter toutes les charges de la nationalité à laquelle elle appartient.

Il faut chercher les moyens pratiques pour que ce laborieux pays n'ait pas trop à souffrir des luttes économiques toujours plus vives.

Les voies de communication

Les fleuves, rivières, canaux. — Les routes anciennes et les routes nouvelles. — Les chemins de fer.

Le département de l'Ain est bien partagé pour les voies de communications, et quand son réseau de chemin de fer à voie étroite sera achevé, toutes les régions qui le composent seront admirablement desservies. Je donne d'abord les chiffres généraux pour la viabilité : Chemins de fer à voie normale 512 kil. 400. Chemins de fer à voie étroite 203 kil. Routes nationales 452 kil. Chemins vicinaux de grande communication 1.713 kil. Chemins d'intérêt commun 1.292 kil. Chemins ordinaires 5.131 kil.

Fleuves, rivières, canaux. — Les communications par eau ne sont pas très commodes, en raison de la nature torrentielle d'une partie des rivières, et des gorges fort étroites au fond desquelles elles coulent. Dans les cluses du Jura, les eaux sont encaissées entre de hautes parois de roches calcaires : quelquefois elles ont été obligées de creuser leur route à travers des obstacles naturels, comme la Valserine au pont des Oulles, le Rhône lorsqu'il franchit le détroit du Cret-d'Eau-Vuache. Souvent aussi, lorsqu'elles entrent en plaine, elles doivent franchir à pic la distance qui sépare le plateau supérieur de la plaine; un exemple : le Seran, qui prend naissance au fond du Valromey, arrivé à Don, fait un saut de cinquante mètres pour descendre à Cerveyrieu, et rejoindre ainsi l'ancienne plaine où s'étendaient jadis les flots paisibles du Bourget.

Dans la plaine bressane ou dombiste, les rivières ont un cours si paresseux, des rives si incertaines, que les ports sont impossibles à établir. Le point navigable des rivières de montagne, noté par les documents officiels, est souvent un mythe. Notre grand fleuve, le Rhône porte bateau depuis Seyssel, mais le parcours, même pour une petite coque de sapin, est fort dangereux. Le lit du torrent est encombré de bancs de sable, qui se déplacent avec une rapidité surprenante. Il en résulte des changements fâcheux dans le courant principal, et une insécurité pour le navigateur, qui nous explique en partie l'inutilisation absolue de cette grande voie navigable. Je dois dire qu'on n'a rien tenté pour améliorer le cours du fleuve.

Les chiffres pour les voies de communication fluviales sont les suivantes : Le Rhône, du Château du Parc à l'Ile Barbe 151 kil.; la Saône 91 kil.; l'Ain, de la limite du Jura à son embouchure 76 kil.; le Seran, des ponts d'Artemare au Rhône 15 kil.; Furans, du pont d'Andert au Rhône 11 kil.; Chalaronne, du creux de la Morelle à la Saône 0 kil. 500; canal de Pont-de-Vaux à Fleurville 3.500 m.

Le Rhône, dans l'Ain, est un grand fleuve désert, inutilisé, soit que le service des ponts et chaussés ne sache pas en tirer parti, soit que la nature l'ait voué, malgré sa force, à une irrémédiable stérilité (1). A quoi sert-il? Un *service de bateau à vapeur* a existé pendant longtemps entre Lyon et Aix. Il rendait de grands services à cette région qui reste isolée (Lhuis, Yenne, Chanaz). De Seyssel partaient autrefois de grands bateaux à fonds plats, fabriqués avec les sapins du Grand Colombier; ils étaient chargés de produits divers. De tous les petits villages situés au-dessous de Culoz, on voyait partir: à l'automne, des bateaux à fonds plats, remplis de pommes. Ils s'arrêtaient au quai Saint-Clair. Les mariniers étalaient leurs marchandises sur le bas-port; les ménagères venaient les leur acheter. Ils restaient ainsi quelques semaines, faisaient un peu la fête, et retournaient au village, joyeux, avec quelques

(1) V. M. Lentherie, Le Rhône, histoire d'un fleuve.

écus dans leur poche. Ce sera bientôt un vieux souvenir.

L'Ain sert à descendre des radeaux de bois et à nourrir, comme le Seran, le Furan ou l'Albarine des poissons savoureux. Il a, dans le département, 76 kil. de cours, il n'a pas de chemin de halage; tous les transports se font à la descente. Les principales marchandises transportées sont le charbon de bois, le poisson, la mousse; par an, 90 radeaux, 100 bateaux, transportant 2700 tonnes de marchandises. Nous ne voyons que la Saône aux flots paisibles et profonds pour nous rendre de réels services. La batellerie, sur cette rivière toujours égale, est fort active, et de Mâcon à Lyon, les bateaux se succèdent nombreux.

Routes anciennes et nouvelles. — Les routes se divisent dans l'Ain en deux catégories: celles de la montagne, celles de la plaine. Celles de la montagne, lorsque la nature ne leur oppose pas de trop grands obstacles, sont d'un entretien facile à cause de la proximité et de la bonne qualité des matériaux; notre calcaire le plus commun est un calcaire dur qui résiste longtemps au passage des voitures. Je cite, comme exemple de routes admirables, celle de Bellegarde à Nantua, celle du Rhône, celles du Valromey.

La plaine n'offre pas les mêmes ressources; le

chargement des routes se fait le plus souvent avec des cailloux, qui adhèrent difficilement entre eux; l'horizontalité du sol ne favorise pas l'écoulement rapide des eaux, et la boue n'est point rare après la pluie. Ces routes ont perdu leur activité d'autrefois, au temps où les diligences les parcouraient à grande vitesse. On a peine à se figurer, en voyant leur abandon, la vie intense qui les animait.

En 1830, voici ce qu'on pouvait en dire : la principale et la plus fréquentée de nos routes royales est celle de Lyon à Strasbourg, et son embranchement sur Genève. Cette route est très fréquentée, lorsque la Saône trop haute, trop basse ou glacée, ne peut recevoir les nombreuses expéditions pour le Nord ou du Nord pour Lyon; un grand nombre de diligences la parcourent, mais très peu de voitures de poste. La circulation a augmenté d'une manière à peine croyable. Il y a dix-huit ans, une seule diligence, celle de Lyon à Strasbourg, passant tous les deux jours, suffisait à la circulation des voyageurs, aujourd'hui, on compte, de Bourg à Lyon, cinq voitures chaque jour, contenant chacune le double des voyageurs de l'ancienne. Le prix des places est trois fois moindre. Sans doute le commerce de Lyon avec nous et le Nord est loin d'avoir cru dans ces proportions; mais le bas-prix des voitures, leur marche expéditive, décident la plupart de ceux qui allaient à pied, ou qui fesaient leurs affaires par correspondance, à prendre les voitures.

Après la route de Lyon à Strasbourg, l'embranchement sur Genève a bien le plus d'importance, c'est le chemin des vins de notre pays, maintenant dédaignés; les vins du Mâconnais, du Beaujolais, qui ont pris leur place; des huiles, des esprits du Midi; des denrées coloniales pour Genève et la Suisse. L'abandon de ces routes nous explique la décadence de certaines localités qui vivaient du roulage et des passants. Le seul défaut de ces chemins, était la fréquence des fortes montées (1). Ils avaient succédé aux chemins de l'antiquité et du Moyen-Age, et suivaient la ligne la plus directe pour desservir les localités importantes. Ces routes étaient mal raccordées avec celles des départements voisins. Puvis constate qu'en 1828 nous ne possédions que trois ponts tout a fait achevés, le pont de Seyssel sur

(1) V. M.-C. Guigue : *Les Voies antiques du Lyonnais, Bugey, etc., déterminées par les hôpitaux du Moyen-Age*. Les voyages en diligence n'étaient point toujours faciles. Nous avons souvent entendu raconter aux anciens les difficultés qu'on éprouvait pour aller à Lyon seulement. On transportait les bagages sur la route. La voiture arrivait au complet, il fallait attendre le prochain passage ou s'installer sur un char de rouliers.

le Rhône, celui de Mâcon sur la Saône, et celui de Neuville-sur-Ain. Les bacs étaient nombreux (trente et un en 1808) et très fréquentés; celui de Chazey-sur-Ain rapportait vingt mille francs par année.

Depuis lors, le réseau de nos routes a été amélioré et mis en relation avec les réseaux voisins. Les progrès ont été sensibles, surtout dans la partie montagneuse où les forêts mises en exploitation ont été sillonnées de belles voies carossables. Je citerai, par exemple, celles qui desservent le plateau d'Hauteville, et relient cette région si salubre à Nantua et Tenay. La route qui descend dans la combe de Charabotte, décrit des voltes très hardies et présente, pour le touriste, des spectacles aussi grandioses, aussi saisissants que ceux plus célèbres du Tyrol.

Les chemins de fer. — Les chemins de fer font une redoutable concurrence aux rivières trop lentes, et aux routes trop longues (1). Ils ont un centre naturel dans notre département, Bourg, qui a aussi l'outillage nécessaire pour devenir une grande place de commerce et une active cité industrielle. La ligne centrale est le *Paris-Genève*

(1) Le service postal et télégraphique est assuré par 126 bureaux. Le téléphone a été installé dans nombre de communes rurales.

(166 kil.), elle entre dans l'Ain au sortir de Mâcon, dessert Bourg, Ambérieu, Culoz, Bellegarde, traverse le Cret-d'Eau sous un tunnel croulant de 3,900 mètres. Après avoir franchi la cluse où mugit le Rhône, elle entre en Suisse vers Chancy-Pougny. Cette ligne a perdu un peu de son importance pour le transport des voyageurs depuis que les grands trains empruntent, pour aller à Paris, le tronçon plus court Bourg, Coligny, *Saint-Amour*, Dijon.

Cette ligne centrale est complétée par le *Lyon-Ambérieu* qui dessert toute la Cotière de la Dombes, et les cités populeuses de Miribel, Montluel, Meximieux. A Culoz se greffe sur elle la voie internationale qui, par Modane et le tunnel du Fréjus, se dirige vers l'Italie.

L'importance de Bourg est attestée par le nombre de lignes ferrées qui en partent : à celles que nous venons d'indiquer, ajoutons celles de *Bourg* à *Chalon-sur-Saône* par Viriat et Montrevel, de *Bourg* à *Bellegarde* par Ceyzériat, La Cluse, Nantua, Châtillon-de-Michaille. C'est une ligne très pittoresque dans la partie qui dessert le Haut-Bugey : les paysages variés se succèdent le long de ce parcours, et devraient attirer dans ces contrées les touristes intelligents. On y trouve des ouvrages hardis comme le léger viaduc de Cize-Bolozon, des combes gracieuses et verdoyantes comme celle de La Cluse ou de Sylan, égayés par des lacs aux eaux limpides et vertes. Puis vient une gorge sauvage, qu'obscurcit de hautes forêts de sapins ; lorsque la vallée s'élargit apparaissent de gracieux villages aux maisons blanches, Charix, Saint-Germain-de-Joux, Châtillon-de-Michaille. Ces localités peuvent devenir d'admirables stations estivales; l'air y est salubre, le paysage varié, les communications faciles.

Cette ligne est complétée par l'embranchement (44 kil.), *La Cluse, Montréal, Oyonnax, Dortan, Saint-Claude* intéressant par lui-même, puisqu'il mène dans une région industrielle, où se fabriquent ces mille objets en corne et en celluloïd qui s'exportent de tous côtés, et qu'il dessert un pays très sain, bien ventilé, de fréquentation agréable pour les villégiaturistes. Il aurait pu prendre une importance plus grande s'il avait été choisi pour point de raccord avec les lignes qui doivent confluer vers le Simplon. Il est juste de dire que pour le tracé des lignes internationales, il est toujours dangereux de faire entrer en ligne de compte les intérêts locaux. L'orientation du réseau européen ne doit pas tenir compte de divisions territoriales, éphémères, en un temps d'évolution très rapide.

De Bourg, part le *Bourg-Lyon par la Dombes,*

59 kil. Il a longtemps appartenu à une compagnie particulière. Il dessert surtout la région des étangs, avec Saint-Paul-de-Varax, Marlieux, Villars, Saint-André-de-Corcy, et c'est en le parcourant qu'on pourra le mieux goûter le charme un peu mélancolique de cette région, où brillent de tous côtés, au printemps, des eaux paisibles et ternes, où s'étendent à l'infini des vernes où le gibier est fort abondant. C'est la compagnie primitive des Dombes et des chemins de fer du Sud-Est qui fait l'effort le plus considérable pour améliorer l'état sanitaire de la région. Le gouvernement lui donna la concession de la ligne de Sathonay à Bourg, à condition de dessécher 6.000 étangs. Le programme fut rempli en dix ans. Il n'est pas inutile de rappeler qu'après avoir fait disparaître ces eaux où pullulaient les moustiques, et les avoir envoyées au Rhône et à la Saône, les chemins furent construits et firent parvenir la vie dans des hameaux perdus, le pays devint riche, des procédés nouveaux de culture furent appliqués dans cette région si déshéritée, et la densité de la population passa de 20 à 32.

A cette ligne se rattachent deux petites lignes régies par des sociétés particulières : *de Sathonay à Trévoux* (19 kil.), desservant les gracieux bords de la Saône, avec ses vignobles et ses prairies; de *Marlieux à Châtillon-sur-Chalaronne* (12 kil.).

Cette ligne parcourt la vallée de la Chalaronne, où alternent les bouquets de bois, les pâturages, les grandes fermes. Ce n'est déjà plus la Dombes mais la Bresse ; la petite ville de Châtillon peut être considérée comme le rendez-vous des deux régions. Une belle porte du château qui a valu son nom à la ville, lui donne un caractère pittoresque. C'est à Châtillon que Vincent de Paul, curé de 1617 à 1618, créa l'ordre des sœurs de charité.

A la grande ligne de Lyon à Genève se rattache quatre lignes desservant toutes des régions importantes. La ligne *Ambérieu-Montalieu* par Lagnieu et Villebois. Elle est utilisée pour le transport des pierres taillées et l'exportation des vins de la région. Elle traverse une vallée grandiose qu'ignorent les touristes, et où résonne, solitaire, la grande voix du Rhône, elle passe en vue du Sault où le fleuve glisse sur un banc calcaire. Le site est très beau, il serait célèbre s'il était à l'étranger. Le saut du Rhône, par la rapidité du courant, ses colères, ses remous est une des parties les plus intéressantes du fleuve. Quelques scieries de pierres utilisent une petite partie des milliers de chevaux que peut donner l'énorme torrent. Jadis, on ne pouvait remonter le courant qu'au moyen d'un cabestan tourné par des bœufs, même le bateau à vapeur devait s'aider de la sorte. Aujourd'hui, un canal de dérivation qui, malheureusement, s'engrave, permet d'éviter l'obstacle du saut. Les travaux ont enlevé une partie du caractère sauvage du défilé, mais le Rhône est encore terrible dans cette fuite bruyante et superbe en sa colère.

Vient ensuite la ligne de *Virieu-le-Grand à Saint-Genix* (31 kil.), mettant ainsi notre réseau en communication directe avec le réseau de l'Isère. Cette ligne dessert Pugieu, où se trouvent les gorges pittoresques du Furan, Chazey-Bons, Belley, l'aimable et plantureuse capitale du Bugey, Brens-Virignin, Peyrieu, Bregnier-Cordon. Non loin de là se trouve la jolie cascade de Glandieu, au pied de laquelle se trouvent d'importantes scieries de marbre.

A Culoz commence la ligne *Culoz-Modane* qui met le réseau français en communication avec le réseau italien par le tunnel du Fréjus. Cette ligne portait, avant l'annexion, le nom de Victor-Emmanuel (1). Elle ne compte que deux kilomètres sur le territoire de l'Ain. Elle était autrefois à voie unique, l'établissement surtout dans la sauvage Maurienne avait été fort difficile et les tra-

(1) V. E. de Quinsonnas, de Lyon à Seyssel, Guide hist. et pitt. du voyageur en ch. de fer, 1857. Livre écrit avec esprit et verve, renseignements nombreux et inédits, p. 505.

vaux d'arts, tunnels, viaducs, tranchées se rencontraient à chaque pas. En raison du développement croissant du trafic, la compagnie P.L.M., à qui l'Etat a rétrocédé cette ligne, a du doubler la voie que fréquentent les grands trains internationaux et la rapide Malle des Indes. Elle avait été inaugurée le 1er septembre 1857. Ce jour-là eut lieu la pose de la première pierre du pont sur le Rhône, qui réunissait alors la France au Piémont. C'est Victor-Emmanuel qui présida la cérémonie. Ce pont, qui était établi en prévision de deux voies, fut construit d'après le système employé en 1850, pour le pont de Rochester. Les piles sont assises sur des tubes de fonte remplis de chaux hydraulique. Il était recouvert d'une armature en fer qui le faisait ressembler à un tunnel. Lorsqu'on l'a élargi en 1902, on a trouvé dans la partie supérieure, la croix de Savoie et l'aigle impérial présidant au passage des trains. Ces emblèmes anciens ont disparu pour toujours.

A Bellegarde se trouve la ligne Bellegarde, Evian, Cluses, Chamonix, qui nous met en rapport avec les vallée du Faucigny en Haute-Savoie, et le Leman français. Enfin la dernière ligne construite est le *Bellegarde-Divonne* passant par Collonges, Fort-l'Ecluse, Paradis, Farges, St-Jean-de-Gonville, Thoiry, Sergy, Chevry, Gex, Grilly. Elle dessert le pays de Gex, qui jusqu'à ces dernières années avait vécu comme isolé du reste de la France, et qui n'avait de relations commerciales qu'avec Genève.

On a commencé la construction d'un vaste *réseau de tramways* à traction mécanique. Ce réseau lorsqu'il sera achevé, desservira toutes les vallées que n'atteignent pas les chemins de fer, il ira porter la vie et la richesse dans toutes les communes. Les facilités de communication sont, pour un pays, l'élément indispensable de toute activité commerciale et industrielle. Dans la région montagneuse surtout, ces chemins de fer à voie étroite rendront les plus signalés services. Le Bugey, au point de vue pittoresque, est un merveilleux pays, son air est limpide et parfumé. Les touristes viendront le visiter en foule, le jour où il leur sera facile d'y arriver.

***

Je suis arrivé au terme de ces études sur la vie économique du département de l'Ain. Dois-je dire qu'elles m'ont couté beaucoup de travail et de recherches? Certes j'ai trouvé des concours dévoués, surtout chez les instituteurs, auxquels je ne me suis jamais adressé en vain. Mais la route à parcourir était longue; elle n'avait pas toujours été explorée avant moi ; je me suis efforcé d'être exact et j'ai essayé de retracer avec vérité et exactitude la vie de ces multiples pays qui s'étendent entre le Rhône, la Saône et la Suisse.

Un semblable travail d'ensemble n'avait pas encore été entrepris. Je n'ai pas voulu être complet dans le sens strict du mot. Le livre qu'on vient de lire n'est ni un catalogue ni un dictionnaire. J'ai essayé de dégager les traits originaux; si l'on aime mieux, la marque caractéristique d'une région. J'ai insisté sur les industries, dont le développement était important, dont la naissance et la longue carrière trouvent leur raison d'être dans l'ingéniosité des hommes et dans les qualités naturelles du sol.

Si cet ensemble de monographies mérite de retenir l'attention de ceux qui aiment la géographie scientifique, c'est parce que nous avons toujours recherché la cause des phénomènes que nous exposions. Nous n'avons point banni la description, mais à côté d'elle nous avons mis beaucoup de cette *psychologie terrestre*, qui permet de pénétrer plus avant dans la marche des événements.

Nous avons aussi éclairé les faits contemporains par les faits anciens. Dans la vie d'une région tout se tient, le présent s'explique par le passé auquel le relie une chaîne aux anneaux étroitement unis. Nous espérons que ceux qui aiment à réfléchir et à penser nous liront jusqu'au bout. C'est à eux surtout que ce travail s'adresse. Nous désirerions aussi que ces pages aient une utilité sociale. Elles disent l'ingéniosité et le labeur constant d'une population solide et vigoureuse ; elles montrent avec quelle opiniâtreté on soutient de la Bresse au Bugey la dure lutte pour la vie. Nous avons souvent indiqué comment il serait possible d'améliorer, par de sages mesures législatives, la vie de ces travailleurs, dont nous avons exposé la vaillante existence. C'est à ceux qui détiennent en leur main le pouvoir qu'en fin de compte nous adressons les vœux formulés en leur nom.

Août 1903, Ceyzérieu-en-Bugey.

J. CORCELLE.

TABLE DES MATIÈRES

DE LA

Géographie économique du département de l'Ain

DEUXIÈME PARTIE

TABLE GÉNÉRALE

DU

Septième Fascicule

DE LA

GÉOGRAPHIE DE L'AIN

I

Annexes aux volumes précédents

II

Géographie économique du Département de l'Ain

NOTE. - Le présent volume, le dernier de la *Géographie du département de l'Ain*, a été rédigé en entier par M. Corcelle, agrégé de l'Université, qui, dans les volumes précédents, avait déjà publié une *Etude sur la Population du département de l'Ain* et les *Notices cantonales de l'arrondissement de Belley*. Il est juste de constater que le programme que s'était tracé, en 1882, la Société de Géographie, se trouve ainsi rempli en son entier. Les sept volumes, édités par ceux qui la composaient, constituent la description la plus complète et la plus exacte de notre petite Patrie. Elle a été menée à bien, grâce au dévouement de tous. Je rappellerai le nom de notre secrétaire général, M. G. Loiseau, qui a réussi à réunir des bonnes volontés, qui, sans lui, seraient restées ignorées. Je rendrai hommage à ceux qui sont morts, avant d'avoir vu l'œuvre achevée, à Jarrin, à Jacquemin, à Tardy. Tous ceux qui ont collaboré à notre œuvre l'ont fait avec le dévouement et le désintéressement le plus rare. Tous ont eu conscience de rendre service à leur pays et de contribuer, pour leur modeste part, à la vie intellectuelle d'une région qui leur est chère. L'œuvre n'est pas parfaite, sans doute ; elle n'a pas de prétention à l'immortalité; mais, au milieu de choses qui passent et disparaissent si vite, elle aura du moins le mérite de fixer, pour quelques années, la physionomie de ces plaines et de ces montagnes, qui ondulent entre la Saône, le Rhône et le Jura.

J. Corcelle.

Bourg, imprimerie du Courrier de l'Ain

Couvertures supérieure et inférieure
manquantes

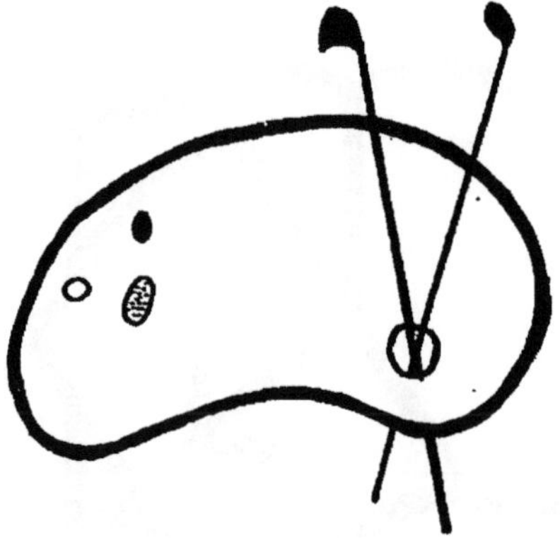

DEBUT D'UNE SERIE DE DOCUMENTS
EN COULEUR

Pour faire partie de la Société, il suffit d'être présenté par un Membre, ou d'envoyer son nom au Secrétaire, M. G. LOISEAU, et d'acquitter la cotisation annuelle de 6 francs.

Les Membres de la Société recevront gratuitement le *Bulletin* et les ouvrages publiés par la Société.

SOCIÉTÉ DE GÉOGRAPHIE DE L'AIN

GÉOGRAPHIE DE L'AIN

Sixième Fascicule

PRIX : 1 Franc 50

BOURG
Imprimerie du COURRIER DE L'AIN

1895

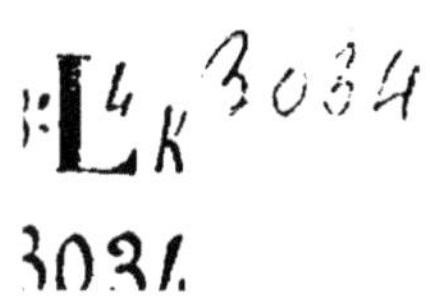

Pour faire partie de la Société, il suffit d'être présenté par un Membre ou d'envoyer son nom au Secrétaire, M. G. [illegible], et d'acquitter la cotisation annuelle de [illegible] francs.

Tous les Membres de la Société recevront gratuitement le *Bulletin* et les ouvrages publiés par la Société.

SOCIÉTÉ DE GÉOGRAPHIE DE L'AIN

GÉOGRAPHIE de L'AIN

Septième Fascicule

PRIX : 1 franc 50

BOURG
IMPRIMERIE DU "COURRIER DE L'AIN"
18, Rue Lalande, 18

1912

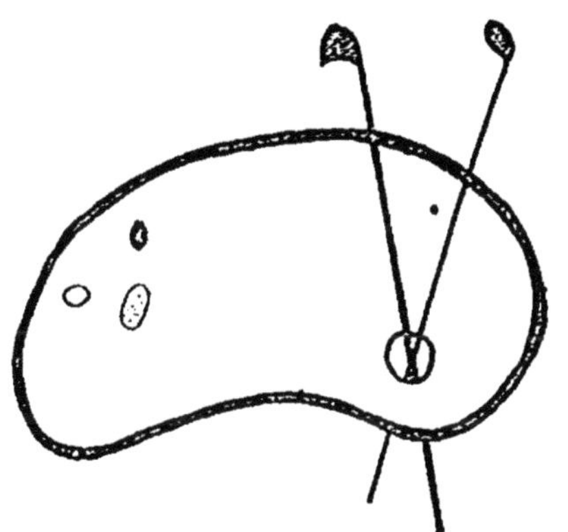

FIN D'UNE SERIE DE DOCUMENTS
EN COULEUR

www.ingramcontent.com/pod-product-compliance
Ingram Content Group UK Ltd.
Pitfield, Milton Keynes, MK11 3LW, UK
UKHW020258200726
13857UKWH00001B/18